Elektrizitätszähler

Elektrizitätszähler

Tarifgeräte, Meßwandler, Schaltuhren

Ein Buch für Zählerfachleute

Von

Dr.-Ing. P. M. Pflier

Nürnberg

Mit 384 Abbildungen

Springer-Verlag Berlin Heidelberg GmbH

ISBN 978-3-662-01315-1 ISBN 978-3-662-01314-4 (eBook)
DOI 10.1007/978-3-662-01314-4

Ursprünglich erschienen bei Springer-Verlag OHG., Berlin/Göttingen/Heidelberg. 1954
Softcover reprint of the hardcover 1st edition 1954

Vorwort.

Dieses Buch wendet sich an alle, die mit Zählern zu tun haben, an Zähleringenieure wie an Studenten, die sich auf diesem Sondergebiet näher informieren wollen, besonders aber an die Zählereicher der Elektrizitätsversorgungs-Unternehmen, denen es alles bringen will, was sie für ihren Beruf wissen müssen. Es setzt nichts voraus als Volksschulbildung und gesunden Menschenverstand, insbesondere keine höhere Mathematik. Das einleitende Kapitel bringt deshalb dem zuerst genannten Leserkreis nichts Neues und mag überblättert werden. Dies schien mir ein weit geringeres Unglück, als wenn ein großer Leserkreis die späteren Abschnitte nicht versteht, weil ihm die Voraussetzungen fehlen.

Die Induktionszähler wurden besonders ausführlich besprochen, weil die Masse der Haushalt- und Industriezähler Ferraris-Systeme haben. Der Abschnitt „Eichverfahren" und „Vorschriften" wurde kurz gehalten, da hierüber das ausführliche Buch von K. Schmiedel „Die Prüfung der Elektrizitätszähler" im gleichen Verlag demnächst neu erscheinen wird.

Es wurde überall größerer Wert auf die allgemeingültigen Prinzipien als auf spezielle Ausführungsformen gelegt, um das Buch vor raschem Veralten zu schützen.

Die Abbildungen und die technischen Angaben ausgeführter Geräte entsprechen SSW-Konstruktionen, weil mir diese Unterlagen am bequemsten zur Verfügung standen und die Zähler aller Firmen im Grundsätzlichen übereinstimmen.

Mein verbindlicher Dank gilt der Siemens Schuckertwerke AG. und der Siemens & Halske AG. für die liebenswürdige Überlassung von Unterlagen sowie meinen Mitarbeitern im Zählerwerk der SSW für ihre freundliche Unterstützung, insbesondere den Herren Dipl.-Ing. Direktor Rudolf Resch und Oberingenieur Hans Nützelberger für manchen wertvollen Rat, Herrn Oberingenieur Hermann Haenel sowie Herrn Dipl.-Ing. Hugo Saiko für das Lesen der Korrektur und vielerlei Anregungen.

Nürnberg, im März 1954.

P. M. Pflier.

Inhaltsverzeichnis.

A. Mathematische und physikalische Grundlagen.

I. Mathematik.

1. Gleichungen.

Die Beziehungen mehrerer Werte zueinander werden in Form von Gleichungen dargestellt, z. B.

$$4 + 11 = 15$$

oder

$$0{,}02 + 3 = 3{,}02$$

oder

$$1648 + 13 = 1661.$$

Eine Gleichung kann man als Waage auffassen, wobei das Gleichheitszeichen den Waagebalken, die rechts und links des Gleichheitszeichens stehenden Werte die auf den Waagschalen liegenden Gewichte darstellen. Man darf demnach an einer Gleichung alle Manipulationen vornehmen, die bei einer im Gleichgewicht befindlichen Waage das Gleichgewicht nicht stören würden. Gleichungen bleiben demnach richtig, wenn man auf beiden Seiten gleiche Werte addiert oder subtrahiert oder auf beiden Seiten mit gleichen Werten multipliziert oder dividiert.

Beispiel.

$$(4 + 11) \cdot 5 = 15 \cdot 5$$

oder

$$0{,}02 + 3 - 6 = 3{,}02 - 6 = -2{,}98$$

oder

$$\frac{1648 + 13}{10} = \frac{1661}{10}$$

oder

$$\frac{4 + 11}{0{,}02 + 3} = \frac{15}{3{,}02} = 4{,}97$$

oder

$$(0{,}02 + 3)(1648 + 13) = 3{,}02 \cdot 1661 = 5016{,}2$$

2. Algebraische Gleichungen.

Den oben stehenden Ausgangsgleichungen ist gemeinsam, daß auf der linken Seite zwei Summanden stehen, auf der rechten Seite ihre Summe erscheint. Diese Beziehung kann man allgemein darstellen, wenn man an Stelle der bestimmten Zahlen Symbole einsetzt, beispielsweise Buchstaben, die beliebige Zahlen bedeuten können. Die allgemeine Form der Ausgangsgleichungen lautet dann:

$$a + b = c, \tag{1}$$

worin die Größen a und b beliebige Werte annehmen können und c

die Summe dieser beiden Werte bedeutet. Dazu ist nicht notwendig, die Zahlenwerte von a und b zu kennen, denn die Buchstabengleichung besagt nur, daß die Summe zweier unbekannten Zahlen a und b gleich der ebenfalls unbekannten Zahl c sein soll. Mit einer solchen Buchstabengleichung darf man ebenso verfahren wie mit einer Zahlengleichung, d. h. man darf wiederum alles tun, was das Gleichgewicht einer Waage nicht stören würde, auf beiden Seiten gleiche Werte addieren und subtrahieren oder mit gleichen Werten multiplizieren und dividieren. Es ändert sich also an der Gleichgewichtsbedingung nichts, wenn man schreibt

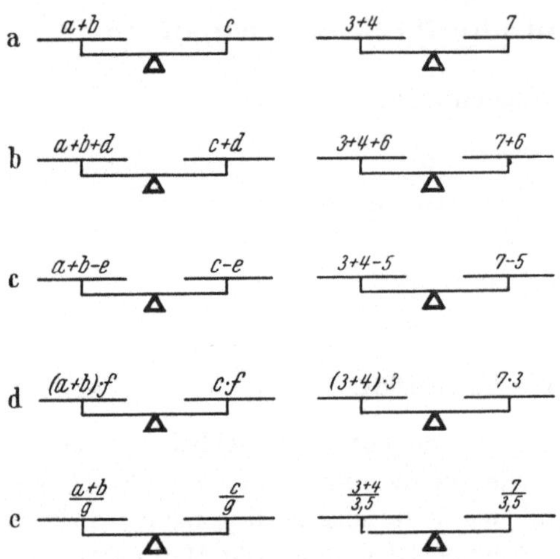

Abb. 1. Im Gleichgewicht befindliche Waage als Symbol der Gleichung.
a Ausgangsgleichung; — b Addition; — c Subtraktion; — d Multiplikation; — e Division.

$$3 + 4 = 7$$

oder $3 + 4 + 6 = 7 + 6 = 13$

oder $3 + 4 - 5 = 7 - 5 = 2$

oder $(3 + 4) \cdot 3 = 7 \cdot 3 = 21$

oder $\dfrac{3 + 4}{3{,}5} = \dfrac{7}{3{,}5} = 2$

oder in allgemeiner Form

$$\left.\begin{array}{ll} & a + b + d = c + d \\ \text{oder} & a + b - e = c - e \\ \text{oder} & (a + b) \cdot f = c \cdot f \\ \text{oder} & \dfrac{a + b}{g} = \dfrac{c}{g}. \end{array}\right\} \quad (2)$$

Abb. 1 zeigt diese Rechenregeln symbolisch an einer im Gleichgewicht befindlichen Waage.

Daraus folgt: Gleichungen dürfen zueinander addiert, voneinander subtrahiert, miteinander multipliziert oder durcheinander dividiert werden, ohne daß sich das Gleichgewicht ändert, denn Gleiches mit Gleichem multipliziert bzw. durch Gleiches dividiert und Gleiches zu Gleichem addiert oder von Gleichem subtrahiert muß wieder Gleiches ergeben.

Zahlenbeispiele. a) Addition.

$$\begin{array}{rcl} 2 + 3 & = & 1 + 4\ ; \quad 5 = 5 \\ 5 + 7 & = & 12\ ; \quad 12 = 12 \\ \hline 2 + 3 + 5 + 7 & = & 1 + 4 + 12\ ; \quad 17 = 17 \end{array}$$

b) Subtraktion.

$$\begin{array}{rcl} 2+3 & = & 1+4 \;; \\ 5+7 & = & 12 \;; \\ \hline 2+3-5-7 & = & 1+4-12; \end{array} \qquad \begin{array}{c} 5=5 \\ 12=12 \\ \hline -7=-7 \end{array}$$

c) Multiplikation.

$$\begin{array}{rcl} 2+3 & = & 1+4 \;; \\ 5+7 & = & 12 \;; \\ \hline (2+3)(5+7) & = & (1+4)\,12\;; \end{array} \qquad \begin{array}{c} 5=5 \\ 12=12 \\ \hline 5\cdot 12=5\cdot 12 \end{array}$$

d) Division.

$$\begin{array}{rcl} 2+3 & = & 1+4 \;; \\ 5+7 & = & 12 \;; \\ \hline \dfrac{2+3}{5+7} & = & \dfrac{1+4}{12}\;; \end{array} \qquad \begin{array}{c} 5=5 \\ 12=12 \\ \hline \dfrac{5}{12}=\dfrac{5}{12} \end{array}$$

In allgemeiner Form stellen sich diese Rechenoperationen so dar:

$$\left.\begin{array}{ll}
\text{Addition.} & \begin{array}{rcl} a+b & = & c+d \\ e+f & = & g \\ \hline a+b+e+f & = & c+d+g \end{array} \\
\text{Subtraktion.} & \begin{array}{rcl} a+b & = & c+d \\ e+f & = & g \\ \hline a+b-e-f & = & c+d-g \end{array} \\
\text{Multiplikation.} & \begin{array}{rcl} a+b & = & c+d \\ e+f & = & g \\ \hline (a+b)(e+f) & = & (c+d)\,g \end{array} \\
\text{Division.} & \begin{array}{rcl} a+b & = & c+d \\ e+f & = & g \\ \hline \dfrac{a+b}{e+f} & = & \dfrac{c+d}{g} \end{array}
\end{array}\right\} \qquad (3)$$

Ebenso dürfen auch die beiden Seiten einer Gleichung potenziert, radiziert und logarithmiert werden, wie sich später noch zeigen wird.

3. Vorzeichenregel.

Das Ergebnis der Multiplikation oder Division zweier Größen mit gleichen Vorzeichen hat stets ein positives Vorzeichen.

Die Multiplikation oder Division zweier Größen mit verschiedenen Vorzeichen ergibt stets eine Größe mit negativem Vorzeichen.

Beispiel.

$$(+4)\cdot(+3) = +12,$$
$$(-4)\cdot(-3) = +12,$$
$$(+4)\cdot(-3) = -12,$$
$$\frac{+12}{+4} = +3; \qquad \frac{-12}{-4} = +3; \qquad \frac{+12}{-4} = -3.$$

oder in allgemeiner Form:

$$\left.\begin{array}{l} a\cdot b = (-a)\cdot(-b) = ab, \\ a\cdot(-b) = (-a)\cdot b = -ab, \\ \dfrac{c}{b} = \dfrac{-c}{-b} = a; \qquad \dfrac{-c}{b} = \dfrac{c}{-b} = -a, \end{array}\right\} \tag{4}$$

Daraus folgt die Vorzeichenregel für das Auflösen von Klammerausdrücken, da man sich den Klammerausdruck je nach seinem Vorzeichen mit $+1$ oder -1 multipliziert denken kann.

Beispiel.

$$2 + 3\,(4+5) = 2 + 12 + 15 = 29,$$
$$2 - 3\,(4+5) = 2 - 12 - 15 = -25,$$
$$2 + 3\,(4-5) = 2 + 12 - 15 = -1,$$
$$2 - 3\,(4-5) = 2 - 12 + 15 = 5$$

oder in allgemeiner Form:

$$\left.\begin{array}{l} a + b\,(c+d) = a + bc + bd, \\ a - b\,(c+d) = a - bc - bd, \\ a + b\,(c-d) = a + bc - bd, \\ a - b\,(c-d) = a - bc + bd. \end{array}\right\} \tag{5}$$

4. Brüche.

Zähler und Nenner eines Bruches dürfen mit derselben Zahl multipliziert oder dividiert werden, ohne daß sich der Wert des Bruches ändert.

Beispiel. $$\frac{8}{4} = \frac{8\cdot 6}{4\cdot 6} = \frac{\frac{8}{2}}{\frac{4}{2}} = 2$$

oder in allgemeiner Form:

$$\frac{a}{b} = \frac{a\cdot c}{b\cdot c} = \frac{\frac{a}{d}}{\frac{b}{d}}. \tag{6}$$

Zwei Brüche werden addiert oder subtrahiert, indem man sie auf einen gemeinsamen Nenner bringt.

$$\frac{9}{2} + \frac{8}{3} = \frac{9\cdot 3}{2\cdot 3} + \frac{8\cdot 2}{2\cdot 3} = \frac{9\cdot 3 + 8\cdot 2}{2\cdot 3} = \frac{43}{6} = 7{,}17$$

oder in allgemeiner Form:

$$\frac{a}{b} \pm \frac{c}{d} = \frac{a \cdot d}{b \cdot d} \pm \frac{c \cdot b}{b \cdot d} = \frac{a \cdot d \pm b \cdot c}{b \cdot d}. \tag{7}$$

Zwei Brüche werden miteinander multipliziert, indem man Zähler mit Zähler und Nenner mit Nenner multipliziert.

$$\frac{7}{2} \cdot \frac{15}{3} = \frac{105}{6} = 17{,}5$$

oder allgemein

$$\frac{a}{c} \cdot \frac{b}{d} = \frac{a \cdot b}{c \cdot d}. \tag{8}$$

Zwei Brüche werden durcheinander dividiert, indem man den einen mit dem reziproken Wert des anderen multipliziert.

$$\frac{\frac{11}{4}}{\frac{5}{3}} = \frac{11}{4} \cdot \frac{3}{5} = \frac{33}{20} = 1{,}65$$

oder in allgemeiner Form:

$$\frac{\frac{a}{c}}{\frac{b}{d}} = \frac{a}{c} \cdot \frac{d}{b} = \frac{a \cdot d}{c \cdot b}. \tag{9}$$

5. Potenzen.

Eine Zahl mit sich selbst multiplizieren nennt man potenzieren und spricht von zweiter, dritter, usw. Potenz, nach der Häufigkeit, mit der man die Zahl mit sich selbst multipliziert hat. Man schreibt dann z. B.

$$4 \cdot 4 = 4^2 = 16,$$
$$4 \cdot 4 \cdot 4 = 4^3 = 64,$$
$$4 \cdot 4 \cdot 4 \cdot 4 = 16 \cdot 16 = 4^4 = 16^2 = 256.$$

Die erste Potenz jeder Zahl ist gleich der Zahl selbst

$$4^1 = 4.$$

Die nullte Potenz jeder Zahl ist gleich eins

$$4^0 = 1.$$

Allgemein kann man demnach schreiben

$$\left.\begin{array}{l} a^0 = 1, \\ a^1 = a, \\ a^2 = a \cdot a \text{ (gesprochen } a \text{ hoch 2 oder } a\text{-Quadrat)}, \\ a^3 = a \cdot a \cdot a \text{ (gesprochen } a \text{ hoch 3 oder } a \text{ zur dritten Potenz)}, \\ a^4 = a \cdot a \cdot a \cdot a \text{ (gesprochen } a \text{ hoch 4)}^{[1]}. \end{array}\right\} \tag{10}$$

[1] Die hochgestellte Zahl gibt an, wie oft die Grundzahl (Basis) mit sich selbst multipliziert werden soll und heißt Exponent.

An Stelle einfacher Zahlen kann man natürlich auch längere Ausdrücke potenzieren, also etwa ins Quadrat oder in die dritte Potenz erheben, und es ist

$$(4+5)^2 = (4+5)(4+5) = 16+20+20+25 = 81$$

oder allgemein

$$(a+b)^2 = (a+b)\cdot(a+b) = a^2 + ab + ba + b^2. \tag{11}$$

Da es bei solchen Multiplikationen gleichgültig ist, in welcher Reihenfolge man sie ausführt, denn $3 \cdot 4$ ist ebensoviel wie $4 \cdot 3$, darf man an Stelle von $a \cdot b$ auch schreiben $b \cdot a$, und es ergibt sich

$$\left.\begin{aligned} (a+b)^2 &= a^2 + 2\,ab + b^2 \\ \text{analog} \quad (a-b)^2 &= (a-b)\cdot(a-b) = a^2 - 2\,ab + b^2. \end{aligned}\right\} \tag{12}$$

Potenzen gleicher Zahlen werden miteinander multipliziert, indem man die Exponenten addiert.

$$\begin{aligned} 2^2 \cdot 2^3 &= 2^{(2+3)} = 2^5 = 2\cdot 2\cdot 2\cdot 2\cdot 2 \\ &= 4 \cdot 8 = 32 \end{aligned}$$

oder allgemein

$$a^n \cdot a^m = a^{(n+m)}. \tag{13}$$

Potenzen gleicher Zahlen werden durcheinander dividiert, indem man den Exponenten des Nenners vom Exponenten des Zählers subtrahiert.

$$\frac{2^2}{2^3} = 2^{(2-3)} = 2^{-1},$$

$$\frac{4}{8} = \frac{1}{2} = \frac{1}{2^1}$$

oder in allgemeiner Schreibweise

$$\frac{a^n}{a^m} = a^{(n-m)}. \tag{14}$$

Daraus folgt, daß man an Stelle von a^{-m} auch $\frac{1}{a^m}$ schreiben darf, wie folgende Rechnung zeigt:

$$2^{-4} = \frac{2^{-4}\cdot 2^4}{2^4} = \frac{2^0}{2^4} = \frac{1}{2^4}$$

oder allgemein

$$a^{-m} = \frac{a^{-m}\cdot a^m}{a^m} = \frac{a^0}{a^m} = \frac{1}{a^m}, \tag{15}$$

da die nullte Potenz aller Zahlen gleich 1 ist. Ebenso ist

$$\frac{1}{a^{-n}} = \frac{a^n}{a^{-n}\cdot a^n} = \frac{a^n}{a^0} = \frac{a^n}{1} = a^n.$$

Die Potenz einer Potenz bildet man, indem man die Exponenten miteinander multipliziert.

Beispiel: $(2^3)^2 = 2^3 \cdot 2^3 = 2^6 = 64$

oder allgemein:

$$(a^m)^n = a^{m \cdot n}. \tag{16}$$

6. Wurzeln.

Die Umkehrung des Potenzierens ist das Radizieren oder Wurzelziehen, und genauso wie man eine zweite, dritte, vierte usw. Potenz bildet, kann man auch die zweite oder Quadratwurzel, die dritte oder Kubikwurzel, die vierte, fünfte usw. Wurzel ziehen.

Die n-te Wurzel einer Zahl b ist diejenige Zahl a, deren n-te Potenz gleich der Zahl b ist. Die Zahl b, aus der die Wurzel gezogen werden soll, heißt Radikand, die Zahl n gibt an, die wievielte Wurzel gezogen werden soll und heißt Wurzelexponent.

Dabei ist zu beachten, daß die Quadratwurzel positives oder negatives Vorzeichen haben kann. Bei der Quadratwurzel braucht man den Wurzelexponenten 2 nicht zu schreiben, da immer die Quadratwurzel gemeint ist, wenn das Wurzelzeichen keinen Exponenten trägt. An Stelle einer Wurzel kann man auch eine Potenz mit gebrochenem Exponenten schreiben.

Zahlenbeispiel.

$$\sqrt{25} = 25^{\frac{1}{2}} = \pm 5; \quad (\pm 5)^2 = 25,$$

$$\sqrt[3]{64} = 64^{\frac{1}{3}} = 4; \quad 4 \cdot 4 \cdot 4 = 4^3 = 64$$

oder in allgemeiner Form:

$$\sqrt[n]{b} = b^{\frac{1}{n}} = a; \quad a^n = \left(b^{\frac{1}{n}}\right)^n = b^{\frac{1}{n} \cdot n} = b^1 = b. \tag{17}$$

7. Abkürzungen der Zehnerpotenzen.

Für einige Zehnerpotenzen hat man zur Abkürzung Buchstaben eingeführt und hat ihnen lateinische bzw. griechische Namen gegeben, wie die nachstehende Tabelle zeigt.

Potenz	Abkürzung	Name
$\frac{1}{10^{12}} = 10^{-12}$	p	Piko
$\frac{1}{10^9} = 10^{-9}$	n	Nano
$\frac{1}{10^6} = 10^{-6}$	μ	Mikro

(Fortsetzung s. S. 8)

Potenz	Abkürzung	Name
$\frac{1}{10^3} = 10^{-3}$	m	Milli
$\frac{1}{10^2} = 10^{-2}$	c	Zenti
$\frac{1}{10^1} = 10^{-1}$	d	Dezi
10^1	D	Deka
10^2	h	Hekto
10^3	k	Kilo
10^6	M	Mega
10^9	G	Giga
10^{12}	T	Tera

Beispiel. $100 \cdot 10^6$ Watt = 100000000 Watt = 100000 Kilowatt = 100 Megawatt.

8. Prozentrechnung.

Das Verhältnis mehrerer Zahlen zueinander kann man auf ein Zahlenverhältnis mit dem Nenner 100 umrechnen; man kann es in Prozenten ausdrücken. Hat man z. B. die Zahlen 10 und 200, so kann man sagen, 10 verhält sich zu 200 wie 5 zu 100, 10 ist 5% von 200, oder in Form einer Gleichung:

$$\frac{10}{200} = \frac{5}{100}.$$

Selbstverständlich hätte man das Verhältnis auch umkehren und sagen können, 200 verhält sich zu 10 wie 2000 zu 100, also ist 200 zweitausend Prozent von 10, oder in Form einer Gleichung:

$$\frac{200}{10} = \frac{2000}{100}.$$

Bei rein mathematischen Betrachtungen ist es gleichgültig, welchen Wert man als Bezugswert nimmt und gleich 100% setzt, in der Physik dagegen kann die Bezugsgröße nicht frei gewählt werden.

a ist x Prozent von b heißt

$$\frac{a}{b} = \frac{x}{100}; \quad x = \frac{a}{b} \cdot 100 \quad \text{oder} \quad a = x \cdot \frac{b}{100}. \tag{18}$$

Mit demselben Recht hätte man sagen können, b ist y Prozent von a oder in Form einer Gleichung

$$\frac{b}{a} = \frac{y}{100}; \quad y = \frac{b}{a} \cdot 100 \quad \text{oder} \quad b = y \cdot \frac{a}{100}. \tag{19}$$

Daraus ergibt sich die Beziehung

$$\frac{x}{y} = \frac{\frac{a}{b}\cdot 100}{\frac{b}{a}\cdot 100} = \frac{a^2}{b^2}. \tag{20}$$

Wenn also a gleich x% von b ist, dann ist b gleich $\frac{b^2}{a^2}$ mal x% von a.

Die Wahl der Bezugsgröße ist wichtig, wenn man den prozentischen Fehler eines Meßwertes ausrechnen will, da man den Fehler sowohl auf den Sollwert wie auf den Istwert beziehen könnte und je nachdem verschiedene Werte erhielte. Es gilt ganz allgemein, daß die Fehler auf den Sollwert der Meßgröße zu beziehen sind.

Beispiel. $a = 5, \quad b = 200,$

$$x = \frac{5}{200}\cdot 100 = 2,5,$$

a ist 2,5% von b.

$$y = \frac{200}{5}\cdot 100 = 4000,$$

b ist 4000% von a.

$$\frac{x}{y} = \frac{5^2}{200^2} = \frac{25}{40\,000} = \frac{2,5}{4000}.$$

Beispiel. Gegeben seien die Zahlen 17 und 138.

a) 17 soll in Prozent von 138 angegeben werden.

$$x = \frac{17}{138}\cdot 100 = 12,32,$$

17 ist 12,32% von 138.

b) 138 soll in Prozent von 17 ausgedrückt werden.

$$y = \frac{138}{17}\cdot 100 = 812,$$

138 ist 812% von 17.

Auf dem Rechenschieber sind die beiden Werte x und y mit derselben Einstellung ablesbar. Man stellt 138 über 17 und liest unter der 1 der beweglichen Skala auf der festen Skala 12,32, über der 10 der festen Skala auf der beweglichen Skala 812 ab.

Beispiel. 23 ist 95,8% von 24, da $\frac{23}{24}\cdot 100 = 95,8$,

24 ist 104,3% von 23, da $\frac{24}{23}\cdot 100 = 104,3$ ist.

9. Logarithmen und Prinzip des Rechenschiebers.

Der Logarithmus einer Zahl a zur Basis b ist die Zahl c, mit der die Basis b potenziert wieder die ursprüngliche Zahl, den Numerus a, ergibt.

Also
$$\left.\begin{aligned} \overset{b}{\log}\, a &= c, \\ b^c &= a. \end{aligned}\right\} \qquad (21)$$
oder

Bei den gewöhnlichen Logarithmen ist die Basis $b = 10$ und braucht nicht besonders angeschrieben werden.

Beispiele.

$$\begin{aligned} &\log 1 &&= 0 \text{ weil } 10^0 = 1, \\ &\log 10 &&= 1 \text{ weil } 10^1 = 10, \\ &\log 100 &&= 2 \text{ weil } 10^2 = 100, \\ &\log 1000 &&= 3 \text{ weil } 10^3 = 1000, \\ &\log 10000 &&= 4 \text{ weil } 10^4 = 10000. \end{aligned}$$

Der Logarithmus steigt also mit jeder Zehnerpotenz um Eins. Der Logarithmus eines Produkts ist gleich der Summe der Logarithmen der einzelnen Faktoren. Der Logarithmus $6 \cdot 8$ ist Logarithmus 6 plus Logarithmus 8, oder allgemein

$$\log (ab) = \log a + \log b. \qquad (22)$$

Der Logarithmus eines Quotienten ist gleich der Differenz der Logarithmen von Dividend und Divisor; der Logarithmus von $\frac{5}{3}$ ist Logarithmus 5 minus Logarithmus 3, oder allgemein

$$\log \frac{a}{b} = \log a - \log b. \qquad (23)$$

Der Logarithmus einer Potenz ist gleich dem Exponenten mal dem Logarithmus der Grundzahl; Logarithmus 4^3 ist 3 mal Logarithmus 4, oder allgemein

$$\log a^n = n \cdot \log a. \qquad (24)$$

Eine Wurzel kann als Potenz mit gebrochenem Exponenten geschrieben und wie eine Potenz logarithmiert werden.

$$\log \sqrt[3]{8} = \log 8^{\frac{1}{3}} = \frac{1}{3} \cdot \log 8$$

oder allgemein

$$\log \sqrt[n]{a} = \log a^{\frac{1}{n}} = \frac{1}{n} \cdot \log a. \qquad (25)$$

Die Logarithmen werden beim Rechenschieber angewendet. Auf der unteren Hauptteilung des Rechenschiebers sind die Logarithmen der Zahlen 1 ... 10 als Strecken aufgetragen und die Endpunkte der Strecken mit dem zugehörigen Numerus beschriftet, die Teilstriche sind in der Mitte quer durchschnitten, so daß ihre untere Hälfte auf dem festen Teil, ihre obere Hälfte auf dem beweglichen Teil des Rechenschiebers liegt. Man kann nun nach Gl. (22) multiplizieren, indem man die als Strecken dargestellten Logarithmen der beiden Faktoren aneinandersetzt.

Beispiel für Multiplikation.

$$2 \cdot 4{,}5 = 9.$$

Man stellt über 2 auf dem festen Teil der Skala die 1 des beweglichen Teils und liest unter der 4,5 des beweglichen Teils auf dem festen Teil 9 ab.

Allgemein ausgedrückt ist

$$a \cdot b = x.$$

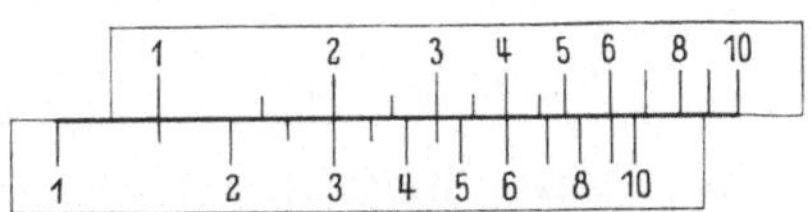

Abb. 2. Multiplikation mit dem Rechenschieber.

Beispiel: $15 \cdot 40 = 600$. Man stellt die 1 der beweglichen Zunge über die 1,5 der festen Skala und liest unter der 4 des beweglichen Teils das Ergebnis 6 auf der festen Skala ab. Den Stellenwert der 6 vermag der Rechenschieber nicht anzugeben, und man muß durch Überlegung finden, mit welchem dekadischen Faktor das gefundene Ergebnis zu multiplizieren ist. Im Beispiel mit dem Faktor 10^2.

Man stellt über a auf der festen Skala die 1 oder 10 auf der beweglichen Zunge und liest unter b auf der beweglichen Zunge das Ergebnis x auf der festen Skala ab (Abb. 2).

Den Stellenwert vermag der Rechenschieber nicht anzugeben, er muß durch Überlegung ermittelt werden, am besten dadurch, daß man die Zahl als Zehnerpotenz schreibt; z. B.

$$17 \cdot 2563 = 2{,}563 \cdot 10^3 \cdot 1{,}7 \cdot 10^1 = 4{,}357 \cdot 10^4 = 43570.$$

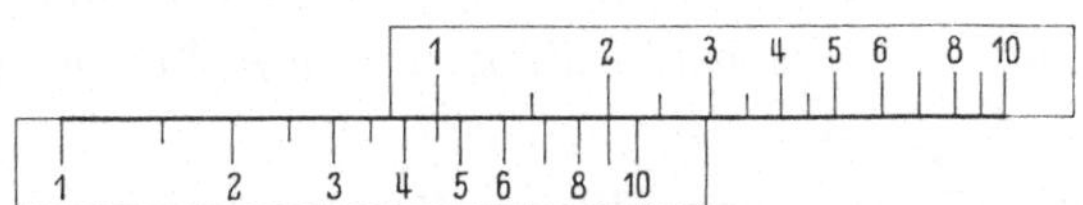

Abb. 3. Division mit dem Rechenschieber.

Beispiel: $\frac{9}{2} = 4{,}5$. Über die 9 auf der festen Skala stellt man die 2 der beweglichen Zunge und liest unter der 1 der beweglichen Zunge auf der festen Skala das Ergebnis 4,5 ab.

Beispiel für Division. Soll beispielsweise 6 : 3 gerechnet werden, so stellt man über die 6 der festen Skala die 3 der beweglichen Skala und liest unter der 1 der beweglichen Skala auf der festen Skala 2 ab. Der Vorgang ist also genau umgekehrt wie beim Multiplizieren. Allgemein ausgedrückt

$$\frac{c}{d} = y.$$

Man stellt über den Dividend c auf der festen Skala den Divisor d auf der beweglichen Zunge und liest unter 1 oder 10 der beweglichen Zunge das Ergebnis y auf der festen Skala ab (Abb. 3).

Auf der oberen Hauptskala des Rechenschiebers sind die Logarithmen der Zahlen 1 . . . 100 als Strecken aufgetragen. Die beiden Einsen stehen also übereinander, über der 10 der unteren Skala steht aber die 100 der oberen Skala. Die Teilstriche sind wieder in der Mitte geschnitten, so daß sie zur Hälfte auf dem festen, zur Hälfte auf dem beweglichen Teil liegen. Die obere Skala ist im halben Maßstab der unteren Skala gezeichnet, und man rechnet auf ihr mit der halben Genauigkeit.

Da der Logarithmus eines Quadrats gleich zweimal dem Logarithmus der Basis ist

$$\log a^2 = 2 \cdot \log a$$

und die obere Skala den halben Maßstab hat, ermittelt man das Quadrat einer Zahl auf der unteren Skala, indem man senkrecht zur oberen

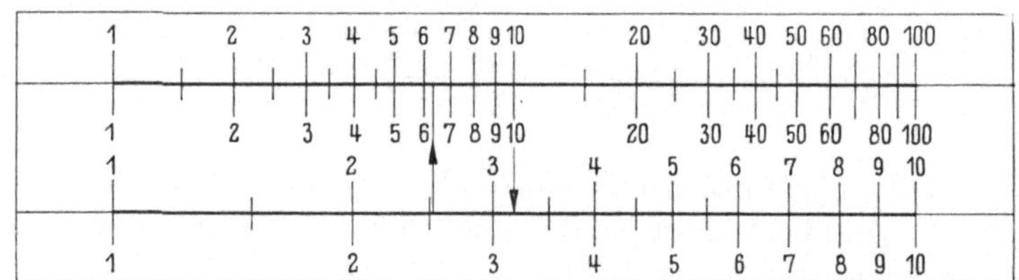

Abb. 4. Quadrieren und Wurzelziehen mit dem Rechenschieber.

Beispiel für das Quadrieren: $2{,}51^2 = 6{,}3$. Man geht von der 2,51 auf der unteren Skala senkrecht nach oben und trifft auf das Ergebnis 6,3 auf der oberen Skala.

Beispiel für das Ziehen der Quadratwurzel: $\sqrt{10} = 3{,}16$. Man geht von der 10 auf der oberen Skala senkrecht nach unten und trifft auf das Ergebnis 3,16 auf der unteren Skala.

Skala geht; und wenn man von einer Zahl auf der oberen Skala senkrecht auf die untere Skala geht, erhält man die Wurzel aus der Zahl auf der oberen Skala (Abb. 4).

Beispiel für Wurzelziehen. Beim Wurzelziehen muß man vom Komma des Radikanden, das ist die Ausgangszahl, deren Wurzel bestimmt werden soll, aus nach links oder rechts, immer zwei Stellen zusammenfassend, unterteilen, damit man weiß, ob man von der Einer- oder Zehnerteilung auf der oberen Skala ausgehen muß.

$\sqrt{0{,}40'8} = \pm 0{,}639$ (Ausgangspunkt 40,8 auf der oberen Skala),

$\sqrt{0{,}04'08} = \pm 0{,}202$ (Ausgangspunkt 4,08 auf der oberen Skala),

oder

$\sqrt{31'27} = 56$ (Ausgangspunkt auf der oberen Skala 31,27),

$\sqrt{3'12{,}7} = 17{,}7$ (Ausgangspunkt auf der oberen Skala 3,127).

Die beschriebenen beiden Hauptskalen sind auf jedem Rechenschieber vorhanden, außerdem kann er noch weitere Skalen tragen, die je nach seinem Spezialzweck verschieden und in seiner Beschreibung erläutert sind. Im allgemeinen sind dies Skalen der Winkelfunktionen, Skalen der dritten Potenzen, usw.

10. Der Lehrsatz des Pythagoras.

In jedem rechtwinkeligen Dreieck ist das Quadrat über der längsten Seite (Hypotenuse) gleich der Summe der Quadrate über den beiden kürzeren Seiten (Katheten) (Abb. 5).

$$c^2 = a^2 + b^2, \qquad (26)$$

z. B.

$$5^2 = 3^2 + 4^2.$$

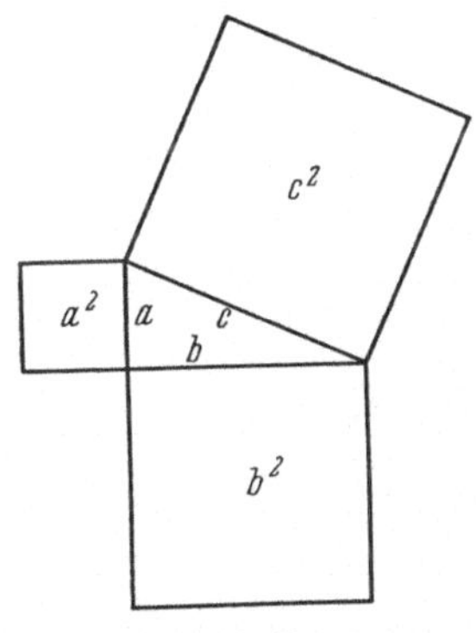

Abb. 5. Lehrsatz des PYTHAGORAS. $a^2 + b^2 = c^2$.

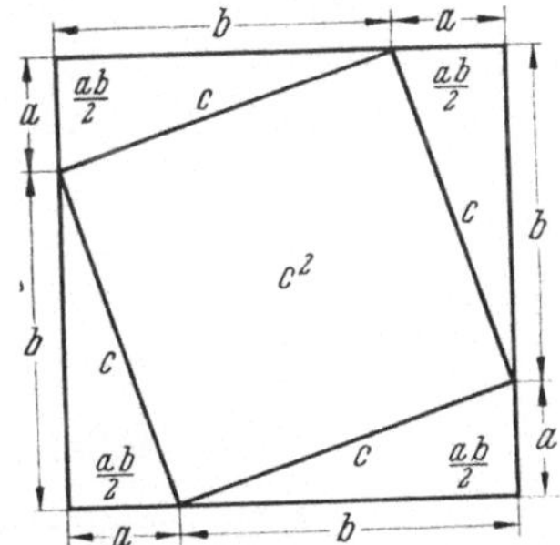

Abb. 6. Beweis für den Lehrsatz des PYTHAGORAS.

$$(a + b)^2 = \frac{4\,ab}{2} + c^2$$

$$a^2 + b^2 = c^2.$$

Dies läßt sich leicht beweisen (Abb. 6). Man zeichnet einem Quadrat mit der Kantenlänge $a + b$ ein zweites Quadrat mit der Kantenlänge c ein; dann ist die Gesamtfläche gleich der Fläche des eingeschriebenen Quadrates und den vier Dreieckflächen

$$(a + b)^2 = 2\,ab + c^2,$$

woraus folgt

$$a^2 + b^2 = c^2.$$

11. Trigonometrische Funktionen.

In einem rechtwinkeligen Dreieck bestehen einfache Beziehungen zwischen den Seitenlängen und den Winkeln. Man nennt das Verhältnis der einem Winkel gegenüberliegenden Kathete zur Hypotenuse den Sinus des Winkels, das Verhältnis der einem Winkel anliegenden Kathete zur Hypotenuse den Cosinus des Winkels, das Verhältnis der einem Winkel gegenüberliegenden Kathete zu der ihm anliegenden Kathete seinen Tangens und das Verhältnis der einem Winkel anliegenden Kathete zu der ihm gegenüberliegenden Kathete seinen Cotangens.

In Abb. 7 ist

$$\left.\begin{aligned}
&\frac{a}{c} = \sin\alpha = \cos\beta = \cos(90 - \alpha), \\
&\text{da die Winkelsumme im Dreieck } 180^\circ \text{ und somit} \\
&\qquad \beta = 90 - \alpha \quad \text{ist;} \\
&\text{ferner ist} \\
&\frac{b}{c} = \cos\alpha = \sin\beta = \sin(90 - \alpha), \\
&\frac{a}{b} = \frac{\frac{a}{c}}{\frac{b}{c}} = \frac{\sin\alpha}{\cos\alpha} = \operatorname{tg}\alpha = \operatorname{ctg}\beta = \operatorname{ctg}(90 - \alpha), \\
&\frac{b}{a} = \frac{\frac{b}{c}}{\frac{a}{c}} = \frac{\cos\alpha}{\sin\alpha} = \operatorname{ctg}\alpha = \operatorname{tg}\beta = \operatorname{tg}(90 - \alpha).
\end{aligned}\right\} \tag{27}$$

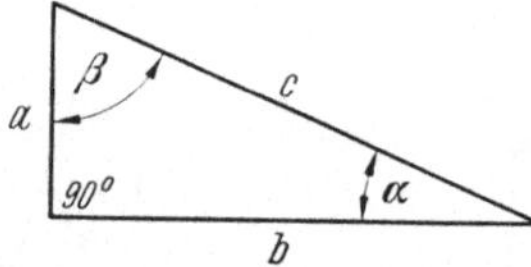

Abb. 7. Winkelfunktionen.

$\frac{a}{c} = \sin\alpha = \cos\beta = \cos(90 - \alpha)$, $\frac{b}{c} = \cos\alpha = \sin\beta = \sin(90 - \alpha)$,

$\frac{a}{b} = \operatorname{tg}\alpha = \operatorname{ctg}\beta = \operatorname{ctg}(90 - \alpha)$, $\frac{b}{a} = \operatorname{ctg}\alpha = \operatorname{tg}\beta = \operatorname{tg}(90 - \alpha)$.

Aus diesen Grundgleichungen lassen sich folgende weitere Beziehungen herleiten:

$$\left.\begin{aligned}
&\left(\frac{a}{c}\right)^2 + \left(\frac{b}{c}\right)^2 = \sin^2\alpha + \cos^2\alpha = \frac{a^2 + b^2}{c^2} = 1, \\
&\qquad \text{da} \quad a^2 + b^2 = c^2 \quad \text{ist.} \\
&\text{Somit ist auch} \\
&\qquad \sin^2\alpha = 1 - \cos^2\alpha, \\
&\qquad \sin\alpha = \sqrt{1 - \cos^2\alpha}.
\end{aligned}\right\} \tag{28}$$

$$\left.\begin{aligned}
&\text{Ferner ist} \quad \frac{\sin^2\alpha}{\cos^2\alpha} = \operatorname{tg}^2\alpha, \\
&\text{daraus} \quad 1 - \cos^2\alpha = \cos^2\alpha \cdot \operatorname{tg}^2\alpha \\
&\text{oder} \quad \frac{1}{\cos^2\alpha} = 1 + \operatorname{tg}^2\alpha.
\end{aligned}\right\} \tag{29}$$

Für den Sinus und den Cosinus der Summe oder Differenz zweier Winkel gilt

$$\left.\begin{aligned}
\sin(\alpha \pm \beta) &= \sin\alpha \cdot \cos\beta \pm \cos\alpha \cdot \sin\beta, \\
\cos(\alpha \pm \beta) &= \cos\alpha \cdot \cos\beta \mp \sin\alpha \cdot \sin\beta,
\end{aligned}\right\} \tag{30}$$

wie man aus Abb. 8 und den nachstehenden Gleichungen leicht herleiten kann.

$$\sin(\alpha+\beta) = \frac{a+b}{d} = \frac{a}{d} + \frac{b}{d}.$$

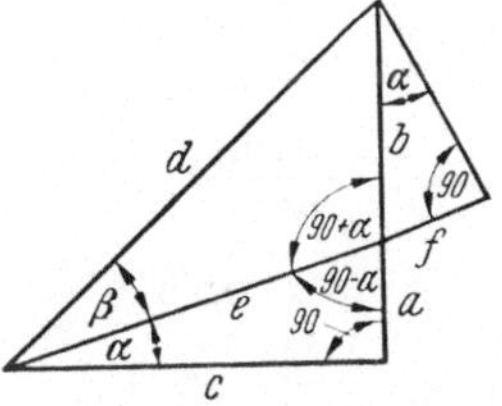

Abb. 8. Sinus und Cosinus der Summe zweier Winkel.

Da sich im schiefwinkeligen Dreieck die Seitenlängen wie die Sinus der gegenüberliegenden Winkel verhalten, ist

$$\frac{b}{d} = \frac{\sin\beta}{\sin(90+\alpha)} = \frac{\sin\beta}{\cos\alpha}, \quad b = d\,\frac{\sin\beta}{\cos\alpha},$$

$$\frac{f}{b} = \sin\alpha, \quad f = \frac{\sin\alpha\cdot\sin\beta}{\cos\alpha}\cdot d,$$

$$\frac{e+f}{d} = \cos\beta, \quad e = d\cdot\cos\beta - d\,\frac{\sin\alpha\cdot\sin\beta}{\cos\alpha},$$

$$\frac{a}{e} = \sin\alpha, \quad a = d\cdot\sin\alpha\cdot\cos\beta - d\,\frac{\sin^2\alpha\cdot\sin\beta}{\cos\alpha};$$

da $\sin^2\alpha = 1 - \cos^2\alpha$, kann man schreiben

$$\frac{a}{d} = \sin\alpha\cdot\cos\beta - \frac{\sin\beta}{\cos\alpha}(1-\cos^2\alpha).$$

$$\frac{a}{d} = \sin\alpha\cdot\cos\beta - \frac{\sin\beta}{\cos\alpha} + \cos\alpha\cdot\sin\beta,$$

$$\sin(\alpha+\beta) = \frac{a}{d} + \frac{b}{d} = \sin\alpha\cdot\cos\beta - \frac{\sin\beta}{\cos\alpha} + \cos\alpha\cdot\sin\beta + \frac{\sin\beta}{\cos\alpha},$$

$$\sin(\alpha+\beta) = \sin\alpha\cdot\cos\beta + \cos\alpha\cdot\sin\beta.$$

Ähnlich läßt sich zeigen:

$$\sin(\alpha-\beta) = \sin\alpha\cdot\cos\beta - \cos\alpha\cdot\sin\beta.$$

Ebenso errechnet sich für

$$\cos(\alpha+\beta) = \frac{c}{d},$$

$$\frac{c}{e} = \cos\alpha, \quad e = \frac{c}{\cos\alpha},$$

$$\frac{e+f}{d} = \cos\beta, \quad e = d\cdot\cos\beta - f,$$

$$d\cdot\cos\beta - f = \frac{c}{\cos\alpha},$$

$$\frac{f}{b} = \sin\alpha\,, \quad f = b \cdot \sin\alpha\,,$$

$$d \cdot \cos\beta - b \cdot \sin\alpha = \frac{c}{\cos\alpha}\,,$$

$$\frac{b}{d} = \frac{\sin\beta}{\cos\alpha}\,, \quad b = d \cdot \frac{\sin\beta}{\cos\alpha}\,,$$

$$d \cdot \cos\beta - d \cdot \frac{\sin\alpha \cdot \sin\beta}{\cos\alpha} = \frac{c}{\cos\alpha}\,,$$

$$\cos\alpha \cdot \cos\beta - \sin\alpha \cdot \sin\beta = \frac{c}{d} = \cos(\alpha + \beta)\,.$$

Ähnlich läßt sich zeigen:

$$\cos(\alpha - \beta) = \cos\alpha\cos\beta + \sin\alpha\ \sin\beta\,.$$

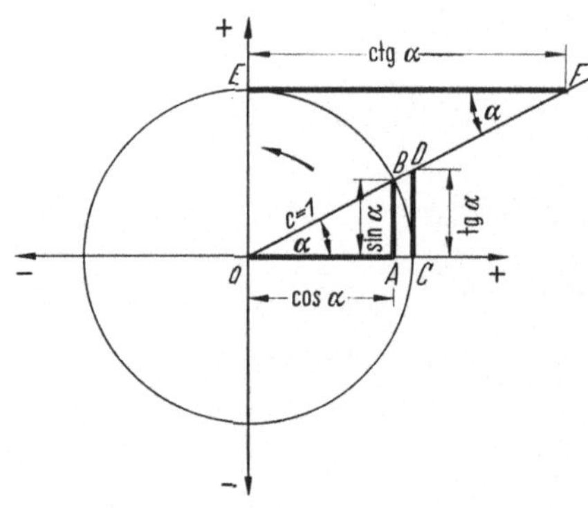

Abb. 9. Ablesen der Winkelfunktionen am Einheitskreis mit dem Radius $c = 1$.
$AB = \sin\alpha$, $CD = \mathrm{tg}\,\alpha$,
$OA = \cos\alpha$, $EF = \mathrm{ctg}\,\alpha$.

Den Verlauf der Winkelfunktionen macht man sich am einfachsten an einem Kreis mit dem Radius $c = 1$ klar (Einheitskreis). In diesem Kreis zieht man zwei aufeinander senkrecht stehende Durchmesser und bezeichnet die vom Mittelpunkt nach oben und rechts laufenden Achsen als positiv, die vom Mittelpunkt nach unten und links laufenden Achsen als negativ. Wie man aus Abb. 9 sieht, ist in diesem Kreis

$$\frac{AB}{c} = \sin\alpha\,, \qquad \frac{OA}{c} = \cos\alpha\,,$$

$$\frac{CD}{c} = \mathrm{tg}\,\alpha\,, \qquad \frac{EF}{c} = \mathrm{ctg}\,\alpha\,.$$

Da der Radius $c = 1$ gewählt wurde, stellt die Strecke AB den $\sin\alpha$, OA den $\cos\alpha$, CD den $\mathrm{tg}\,\alpha$ und EF den $\mathrm{ctg}\,\alpha$ dar.

Läßt man nun den Radius entgegen dem Uhrzeiger umlaufen und somit den Winkel α alle möglichen Werte von $0° \ldots 360°$ annehmen, so ermittelt man für die vier Quadranten folgende Werte der Winkelfunktionen:

Für den Winkel $\alpha = 0$ ist der $\sin\alpha$ ebenfalls gleich Null. Er wächst dann mit zunehmendem Winkel im ersten Quadranten und für $\alpha = 90°$ wird $\sin\alpha = 1$ (Abb. 10a). Im zweiten Quadranten nimmt er wieder ab und wird für $\alpha = 180°$ wieder zu Null. Im dritten Quadranten wächst er mit zunehmendem Winkel α in negativer Richtung, erreicht bei $\alpha = 270°$ den Wert -1 und nimmt im vierten Quadranten wieder ab, bis er bei $360°$ wieder zu Null geworden ist. Ähnlich verhält sich der Cosinus (Abb. 10b). Er hat den Wert 1 für den Winkel

$\alpha = 0$, nimmt dann mit dem im ersten Quadranten wachsenden Winkel α ab, bis er bei $\alpha = 90°$ den Wert Null erreicht. Im zweiten Quadranten wird er negativ und bekommt bei $\alpha = 180°$ seinen größten negativen Wert -1, im dritten Quadranten nimmt er ab und wird bei $\alpha = 270°$ wieder Null, worauf er im vierten Quadranten in positiver Richtung wächst, bis er bei $\alpha = 360°$ wieder den Wert 1 erreicht.

Der Tangens ist für $\alpha = 0$ ebenfalls Null, wächst dann mit α an und erreicht bei $\alpha = 90°$ den Wert ∞; der Cotangens beginnt beim Winkel $\alpha = 0$ mit dem Wert ∞ und wird bei $\alpha = 90°$ zu Null.

Für $\alpha = 45°$ sind Sinus und Cosinus gleich groß, ebenso Tangens und Cotangens. Den Verlauf der Tangens- und Cotangensfunktionen

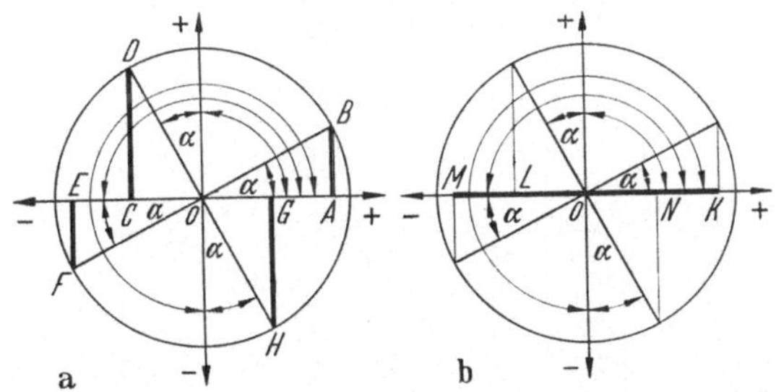

Abb. 10. Verlauf der Sinus- und Cosinusfunktion in den vier Quadranten.

a) $AB = \sin\alpha$,
$CD = \sin(90 + \alpha)$,
$EF = \sin(180 + \alpha) = -\sin\alpha$,
$GH = \sin(270 + \alpha) = -\sin(90 + \alpha)$.

b) $OK = \cos\alpha$,
$OL = \cos(90 + \alpha) = -\cos(270 + \alpha)$,
$OM = \cos(180 + \alpha) = -\cos\alpha$,
$ON = \cos(270 + \alpha)$.

in den anderen drei Quadranten kann man leicht ermitteln, wenn man sich vor Augen hält, daß $\operatorname{tg}\alpha = \frac{\sin\alpha}{\cos\alpha}$ und $\operatorname{ctg}\alpha = \frac{\cos\alpha}{\sin\alpha}$ ist.

Es ergeben sich somit folgende Werte der Winkelfunktionen, wobei zu bedenken ist, daß die Null positives oder negatives Vorzeichen haben kann, da $+0 = -0$ ist.

α	$\sin\alpha$	$\cos\alpha$	$\operatorname{tg}\alpha$	$\operatorname{ctg}\alpha$
0°	0	+1	0	$\pm\infty$
90°	+1	0	$\pm\infty$	0
180°	0	−1	0	$\pm\infty$
270°	−1	0	$\pm\infty$	0
360°	0	+1	0	$\pm\infty$

Die Vorzeichen der Winkelfunktionen in den vier Quadranten zeigt die nachstehende Tabelle:

Quadrant	sin	cos	tg	ctg
I	+	+	+	+
II	+	—	—	—
III	—	—	+	+
IV	—	+	—	—

Abb. 11 zeigt Verlauf und Zusammenhang der Winkelfunktionen im ersten Quadranten.

An Hand des Einheitskreises, das ist ein Kreis mit dem Radius $r = 1$, oder an Hand der Gln. (30) lassen sich die Winkelfunktionen für alle Winkel auf Funktionen von einfachen Winkeln im ersten Quadranten zurückführen. Es ergibt sich

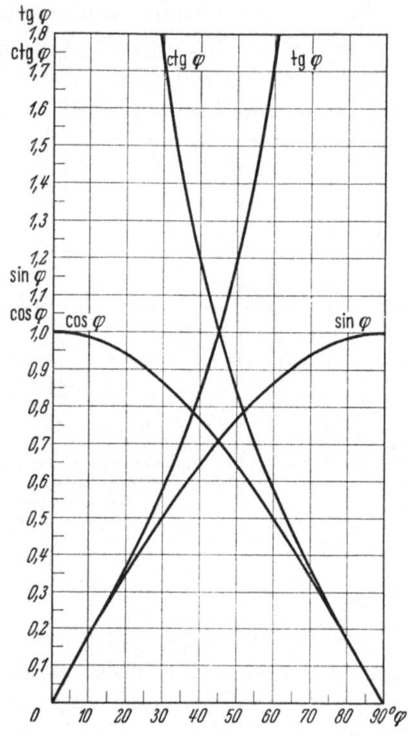

Abb. 11. Verlauf der Kreisfunktionen im ersten Quadranten.

$$\sin(90 - \alpha) = \sin 90 \cdot \cos\alpha - \cos 90 \cdot \sin\alpha,$$

da $\sin 90 = 1$ und $\cos 90 = 0$, folgt daraus

$$\sin(90 - \alpha) = \cos\alpha.$$

$$\sin(90 + \alpha) = \sin 90 \cdot \cos\alpha + \cos 90 \cdot \sin\alpha,$$

also $\sin(90 + \alpha) = \cos\alpha.$

$$\sin(180 - \alpha) = \sin 180 \cdot \cos\alpha - \cos 180 \cdot \sin\alpha,$$

da $\sin 180 = 0$ und $\cos 180 = -1$ ist, folgt daraus

$$\sin(180 - \alpha) = \sin\alpha.$$

$$\sin(180 + \alpha) = \sin 180 \cdot \cos\alpha + \cos 180 \cdot \sin\alpha,$$

woraus folgt:

$$\sin(180 + \alpha) = -\sin\alpha.$$

$$\sin(270 - \alpha) = \sin 270 \cdot \cos\alpha - \cos 270 \cdot \sin\alpha,$$

da $\qquad \sin 270 = -1$ und $\cos 270 = 0$ ist, folgt daraus

$$\sin(270 - \alpha) = -\cos\alpha.$$

$$\sin(270 + \alpha) = \sin 270 \cdot \cos\alpha + \cos 270 \cdot \sin\alpha,$$

woraus folgt: $\sin(270 + \alpha) = -\cos\alpha.$

$$\sin(360 - \alpha) = \sin 360 \cdot \cos\alpha - \cos 360 \cdot \sin\alpha,$$

da $\qquad \sin 360 = 0$ und $\cos 360 = 1$ ist, folgt daraus

$$\sin(360 - \alpha) = -\sin\alpha.$$

$$\sin(360 + \alpha) = \sin 360 \cdot \cos\alpha + \cos 360 \cdot \sin\alpha,$$

woraus folgt: $\sin(360 + \alpha) = \sin\alpha.$

Dasselbe hätte man auch aus dem Einheitskreis ablesen können, wie Abb. 12a zeigt. Analog läßt sich die Größe des Cosinus eines beliebigen Winkels auf einen einfachen Winkel im ersten Quadranten zurückführen (Abb. 12b).

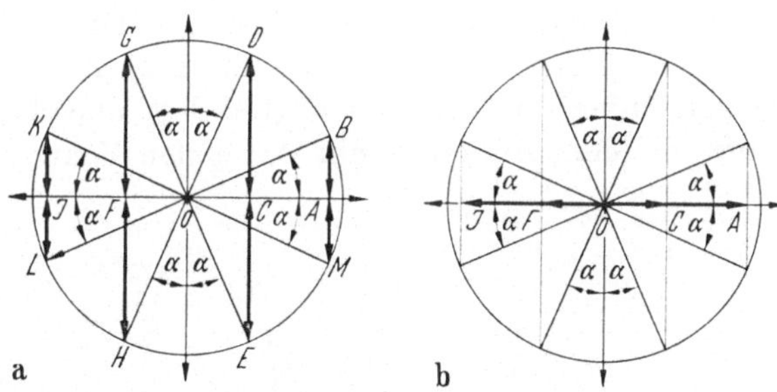

Abb. 12. Zusammenhang der Sinus- und Cosinusfunktion für Winkel über 90° mit den Funktionen von Winkeln im ersten Quadranten.

a) $\sin\alpha = AB$
$\sin(90 - \alpha) = CD = \cos\alpha,$
$\sin(90 + \alpha) = FG = \cos\alpha,$
$\sin(180 - \alpha) = JK = \sin\alpha,$
$\sin(180 + \alpha) = JL = -\sin\alpha,$
$\sin(270 - \alpha) = FH = -\cos\alpha,$
$\sin(270 + \alpha) = CE = -\cos\alpha,$
$\sin(360 - \alpha) = AM = -\sin\alpha,$
$\sin(360 + \alpha) = AB = \sin\alpha.$

b) $\cos\alpha = OA,$
$\cos(90 - \alpha) = OC = \sin\alpha,$
$\cos(90 + \alpha) = OF = -\sin\alpha,$
$\cos(180 - \alpha) = OJ = -\cos\alpha,$
$\cos(180 + \alpha) = OJ = -\cos\alpha,$
$\cos(270 - \alpha) = OF = -\sin\alpha,$
$\cos(270 + \alpha) = OC = \sin\alpha,$
$\cos(360 - \alpha) = OA = \cos\alpha,$
$\cos(360 + \alpha) = OA = \cos\alpha.$

Zum Beispiel

$$\cos(180 + \alpha) = \cos 180 \cdot \cos\alpha - \sin 180 \cdot \sin\alpha,$$

da $\qquad \cos 180 = -1$ und $\sin 180 = 0$ ist, folgt daraus

$$\cos(180 + \alpha) = -\cos\alpha.$$

Es ergibt sich demnach die nachstehende Tabelle:

$$\left.\begin{array}{ll}
\sin(90 - \alpha) = \cos\alpha, & \cos(90 - \alpha) = \sin\alpha, \\
\sin(90 + \alpha) = \cos\alpha, & \cos(90 + \alpha) = -\sin\alpha, \\
\sin(180 - \alpha) = \sin\alpha, & \cos(180 - \alpha) = -\cos\alpha, \\
\sin(180 + \alpha) = -\sin\alpha, & \cos(180 + \alpha) = -\cos\alpha, \\
\sin(270 - \alpha) = -\cos\alpha, & \cos(270 - \alpha) = -\sin\alpha, \\
\sin(270 + \alpha) = -\cos\alpha, & \cos(270 + \alpha) = \sin\alpha, \\
\sin(360 - \alpha) = -\sin\alpha, & \cos(360 - \alpha) = \cos\alpha, \\
\sin(360 + \alpha) = \sin\alpha, & \cos(360 + \alpha) = \cos\alpha.
\end{array}\right\} \quad (31)$$

12. Ebene Vektoren.

Im Gegensatz zur Zahl, die eine rein arithmetische, also eine ungerichtete Größe ist und lediglich ein positives oder negatives Vorzeichen haben kann, ist ein Vektor gerichtet, also eine Größe, die einen bestimmten Betrag und eine bestimmte Richtung hat. Beispielsweise sind Kraft und Geschwindigkeit vektorielle oder gerichtete Größen, denn um sie vollständig zu kennzeichnen, muß außer ihrer Größe auch ihre Richtung bekannt sein. Vektorielle Größen werden dargestellt durch gerichtete Strecken oder Zeiger, deren Länge in einem beliebigen, frei wählbaren Maßstab den Betrag und deren Richtung die Richtung der Größe darstellt. Vektoren (Zeiger) können beliebig parallel verschoben werden. Vektoren werden addiert, indem man sie geometrisch zusammensetzt, also an das Ende des einen Vektors den Anfang des zweiten Vektors legt und das Ende des zweiten Vektors mit dem Anfangspunkt des ersten Vektors verbindet (Abb. 13).

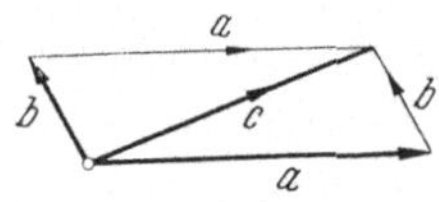

Abb. 13. Addition zweier Vektoren. $\bar{a} + \bar{b} = \bar{c}$.

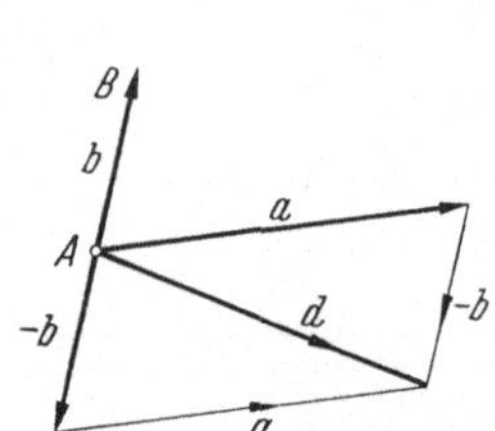

Abb. 14. Subtraktion zweier Vektoren. $\bar{a} - \bar{b} = \bar{a} + (-\bar{b}) = \bar{d}$.

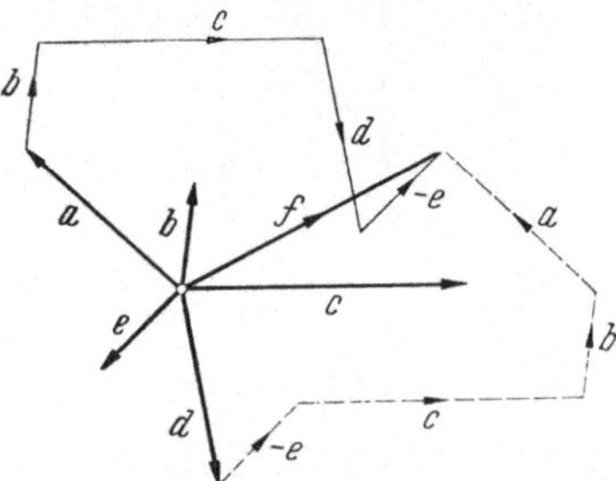

Abb. 15. Addition mehrerer Vektoren. $\bar{f} = \bar{a} + \bar{b} + \bar{c} + \bar{d} - \bar{e} = \bar{d} - \bar{e} + \bar{c} + \bar{b} + \bar{a}$.

Der Summenvektor heißt resultierender Vektor. Im folgenden sind vektorielle Größen durch einen Strich über dem Buchstaben symbolisch gekennzeichnet.

$$\bar{a} + \bar{b} = \bar{c}. \tag{32}$$

Die Reihenfolge der vektoriellen Addition ist beliebig. Es ist also

$$\bar{a} + \bar{b} = \bar{b} + \bar{a} = \bar{c}. \tag{33}$$

Der Vektor $-\bar{b}$ ist genau so groß wie der Vektor $\bar{b}$, jedoch entgegengesetzt gerichtet. Wenn die Strecke $\overline{AB} = +\bar{b}$ ist, dann ist die Strecke $\overline{BA} = -\bar{b}$.

Zwei Vektoren werden subtrahiert, indem man zunächst die Richtung des abzuziehenden Vektors umkehrt und ihn dann addiert (Abb. 14), also

$$\bar{a} - \bar{b} = \bar{a} + (-\bar{b}) = \bar{d}. \tag{34}$$

Addition und Subtraktion sind selbstverständlich nicht auf zwei Vektoren beschränkt, vielmehr können beliebig viele Vektoren zu einem resultierenden Vektor zusammengesetzt werden (Abb. 15).

Zum Beispiel

$$\bar{a} + \bar{b} + \bar{c} + \bar{d} - \bar{e} = \bar{f} = \bar{a} + \bar{b} + \bar{c} + \bar{d} + (-\bar{e}). \tag{35}$$

Die Reihenfolge der Addition ist beliebig.

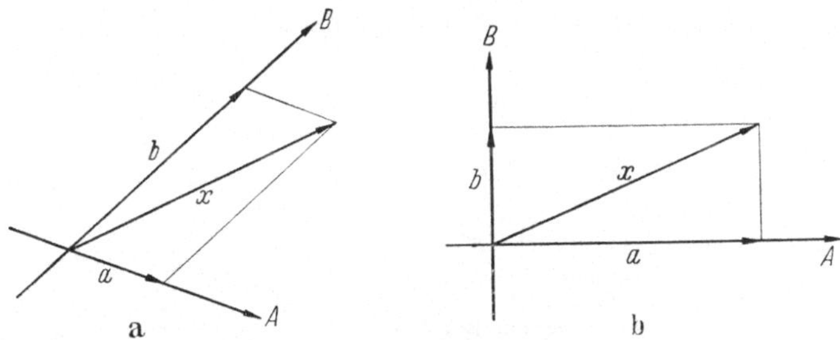

Abb. 16. Zerlegen eines Vektors in beliebige Komponenten.
a Mit schiefwinkligen Koordinaten; — b mit rechtwinkligen Koordinaten.
$\bar{x} = \bar{a} + \bar{b}$.

Ebenso wie man mehrere Vektoren zu einem resultierenden Vektor zusammensetzen kann, lassen sich auch Vektoren in mehrere Teilvektoren oder Komponenten zerlegen. Jeder Vektor kann in beliebig viele Teilvektoren zerlegt werden, man braucht nur die Zerlegungsrichtungen zu wählen. Der Vorgang ist genau umgekehrt wie bei der vektoriellen Addition. Soll beispielsweise der Vektor x in Abb. 16 in zwei Teilvektoren mit den Richtungen A und B zerlegt werden, so sind durch seinen Endpunkt Parallele zu diesen Richtungen zu ziehen; sie schneiden auf den Achsen A und B Teilvektoren a und b ab, deren Summe den ursprünglichen Vektor ergibt.

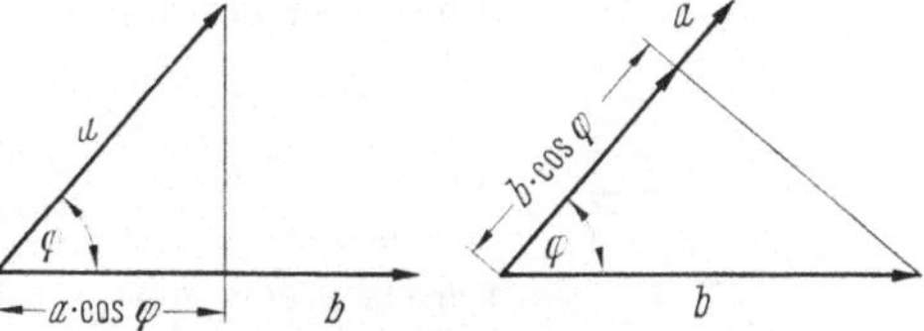

Abb. 17. Skalares Produkt zweier Vektoren.
$\bar{a} \cdot \bar{b} = a \cdot \cos\varphi \cdot b = a \cdot b \cdot \cos\varphi$.

Im allgemeinen werden in der Elektrotechnik die Vektoren in Komponenten zerlegt, die senkrecht aufeinanderstehen, doch ist dies keine notwendige Bedingung.

Multiplikation von Vektoren. Vektoren werden multipliziert, indem man die Beträge der beiden Vektoren miteinander und mit dem Cosinus des Winkels zwischen beiden Vektoren multipliziert oder indem man den Betrag des einen Vektors mit dem Betrag der Projektion des anderen Vektors auf den ersten Vektor multipliziert (Abb. 17). Dieses Produkt nennt man das innere, skalare Produkt der Vektoren. Es ist eine Zahl, also eine ungerichtete Größe. Die anderen möglichen Vektorprodukte werden zum Verständnis dieses Buches nicht benötigt.

II. Zeichenerklärung.

In der nachstehenden Übersicht sind die im folgenden verwendeten zeichnerischen Symbole erklärt, sie decken sich im wesentlichen mit den vom VDE festgelegten Schaltzeichen.

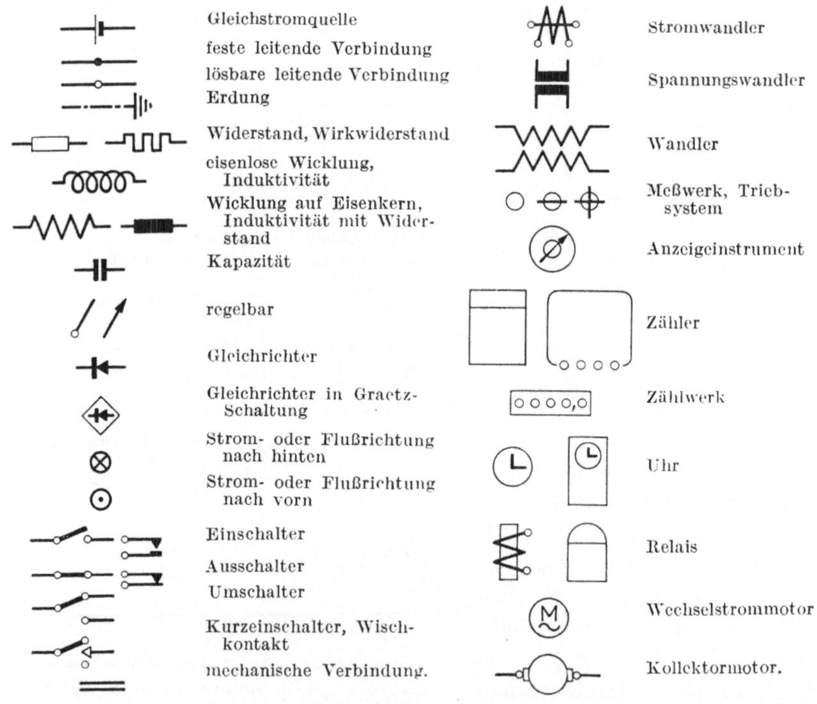

Abb. 18. Zeichenerklärung.

III. Elektrotechnik.

1. Der elektrische Kreis.

Vom Gebirge her, auf das der Regen niederstürzte, strebt das Wasser in Bächen und Flüssen oder unterirdisch als Grundwasserstrom dem Meere zu. Es wählt dabei den Weg des niedrigsten Widerstandes, das sind die Flußtäler; daneben führen wasserdurchlässige Schichten mit großer Leitfähigkeit und großem Querschnitt einen erheblichen Anteil des Grundwasserstromes. Dünnere leitfähige Schichten oder Schichten geringerer Leitfähigkeit führen nur einen kleinen Teilstrom, undurchlässige Riegel vermögen das Wasser vollständig zu hemmen und zu stauen; aber letzten Endes wird alles im Meer gesammelt sein, wo es durch die Sonnenenergie erneut verdunstet, als Wasserdampf hoch in die Luft gehoben und von den Meereswinden ins Landesinnere getragen wird, bis es als Regen wieder auf das Gebirge niederströmt.

Je größer das Gefälle von den Bergen zum Meer ist, desto rascher und kräftiger wird das Wasser fließen; je weiter der Weg, je größer der Widerstand und je geringer der Höhenunterschied zwischen den Bergen und dem Meer ist, desto schwächer wird auch die Strömung sein. Das ist in ganz groben Zügen der Kreislauf des Wassers.

Ähnlich sind die Verhältnisse im elektrischen Kreis. In den Generatoren wird die Elektrizität auf ein hohes Potential gebracht, ähnlich dem Wasser, das durch die Sonnenergie in die Luft gehoben wird und wie das Wasser der niedrigsten Stelle — dem Meer — zustrebt, strömt die Elektrizität auf dem bequemsten Weg den Stellen niedrigeren Potentials zu. Je größer die Potentialunterschiede, desto kräftiger strömt das Wasser und desto stärker ist auch der elektrische Strom. Je größer der Widerstand des Zwischenmediums zwischen den Punkten verschiedenen Potentials ist, je länger also der Weg, je kleiner der verfügbare Querschnitt und je kleiner die Leitfähigkeit dieses Querschnittes ist, desto kleiner ist die Strömung des Wassers und der Elektrizität. Wird die Leitung unterbrochen, so hört der Fluß des Wassers und der Elektrizität auf. Ist ein Speicherbecken vorhanden, so können Wasser und Elektrizität angestaut und später entnommen werden. Bei der Elektrizität nennt man einen solchen Speicher Kondensator.

Liegen zwischen zwei Punkten verschiedenen Potentials mehrere Leiter gleichen Querschnittes und gleicher Länge, so strömt der größere Anteil des Wassers und des elektrischen Stromes durch den Leiter mit der besseren Leitfähigkeit, also mit geringerem Widerstand. Liegen zwischen zwei Punkten verschiedenen Potentials mehrere Leitungen gleicher Art und gleicher Länge, aber verschiedenen Querschnittes, so fließt der größere Teil des Stromes durch die Leitung mit dem größeren Querschnitt. Liegen zwischen zwei Punkten verschiedenen Potentials zwei gleichartige und gleich dicke Leitungen, jedoch verschiedener Länge, so fließt ein größerer Anteil des Gesamtstromes durch die kürzere Leitung.

Betrachtet man irgendeinen Querschnitt eines Leitungsweges, so muß die Wassermenge oder die Elektrizitätsmenge, die diesem Querschnitt zufließt, ebenso groß wie die abfließende sein; denn sonst müßte sich entweder ein See bilden oder eine Quelle vorhanden sein.

Verzweigt sich ein Strom in mehrere Arme oder vereinigen sich mehrere Flüsse zu einem Strom, so muß die Summe der einzelnen Teilströme gleich dem Gesamtstrom sein. Addiert man auf dem ganzen Weg des Wassers vom Gebirge zum Meer die Gefälle der einzelnen Teilstrecken, so muß die Summe den gesamten Höhenunterschied zwischen Gebirge und Meer ergeben.

Genau so liegen die Verhältnisse im elektrischen Kreis. Sie werden durch die Gesetze von Ohm und Kirchhoff beschrieben.

2. Die elektrischen Grundgrößen und Maßsysteme.

Die Mehrzahl der elektrischen Erscheinungen läßt sich auf drei Grundgrößen zurückführen und durch Beziehungen zwischen diesen Größen ausdrücken. Das sind die Größen Strom, Spannung und Widerstand. Eine Anzahl weiterer Größen läßt sich aus den Grundgrößen ableiten, z. B. die Leistung. Selbstverständlich kann man diese Größen in den verschiedensten Einheiten messen, ebenso wie man eine Länge in Zoll oder in Zentimeter oder in beliebigen anderen Einheiten, etwa in Fingerlängen, ausdrücken kann, und dementsprechend gibt es eine Anzahl verschiedener Maßsysteme mit voneinander abweichenden Einheiten, die durch Umrechnungsfaktoren miteinander verknüpft sind. Es ist unerheblich, in welchem Maßsystem man die Beziehungen zwischen den einzelnen Größen ausdrückt, da die physikalischen Tatsachen natürlich unabhängig von der Sprache sind, in der sie beschrieben werden. Man muß nur stets im gleichen Maßsystem bleiben oder beim Übergang von einem zum anderen die Umrechnungsfaktoren berücksichtigen. Im folgenden werden Gleichungen verwendet, die nur die Beziehungen der physikalischen Größen zueinander ohne Rücksicht auf das Maßsystem kennzeichnen, sie heißen Größengleichungen. In den Zahlenbeispielen, in denen man von den Größengleichungen auf Einheitengleichungen übergehen muß, werden die Einheiten des elektrotechnischen Maßsystems, Meter, Kilogramm, Sekunde, Ampere, Volt, Ohm, Watt, verwendet und die einzusetzenden Einheiten in eckigen Klammern angegeben.

Beispiel. Die Arbeit in einem Gleichstromnetz ist durch die physikalische Beziehung

$$\text{Arbeit} = \text{Spannung} \times \text{Strom} \times \text{Zeit}$$

gegeben.

Die entsprechende Größengleichung lautet:

$$A = U \cdot J \cdot t.$$

Die Einheitengleichung würde im elektrotechnischen Maßsystem lauten:

$$A\,[\text{Wattsek}] = U\,[\text{V}] \cdot J\,[\text{A}] \cdot t\,[\text{sek}].$$

3. Das Gesetz von OHM im Gleichstromkreis.

Besteht zwischen zwei Punkten verschiedenen Potentials eine leitende Verbindung, so fließt durch diese Leitung ein Strom J, der proportional der Potentialdifferenz, also der elektrischen Spannung U und umgekehrt proportional dem Widerstand R der Leitung ist (Abb. 19).

$$J = \frac{U}{R}. \tag{36}$$

Der Widerstand R der Leitung ist seinerseits proportional der Leitungslänge l, dem spezifischen Widerstand ϱ und umgekehrt proportional ihrem Querschnitt q. Der spezifische Widerstand ist eine charakteristische Eigenschaft der Werkstoffe, also eine Materialkonstante.

$$R = \varrho \cdot \frac{l}{q}. \tag{37}$$

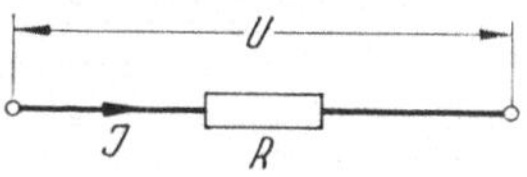

An Stelle des spezifischen Widerstandes $\varrho\,[\Omega\text{cm}]$ kann man auch mit der spezifischen Leitfähigkeit

$$\varkappa = \frac{1}{\varrho}\left[\frac{\text{S}}{\text{cm}}\right], \tag{38}$$

Ω = Ohm, S = Siemens

Abb. 19. Gesetz von OHM. $J = \frac{U}{R}$.

rechnen, dann wird der gesamte Leitwert der Leitung

$$G = \frac{\varkappa \cdot q}{l}, \tag{39}$$

und man kann auch sagen, der Strom J in einem elektrischen Kreis ist proportional der Spannung U und dem Leitwert G.

$$J = U \cdot G = U \cdot \varkappa \cdot \frac{q}{l} = \frac{U \cdot q}{\varrho \cdot l} = \frac{U}{R}. \tag{40}$$

Es ist also

$$G = \frac{1}{R}. \tag{41}$$

Beispiel. Die spezifische Leitfähigkeit des Kupfers ist

$$\varkappa_{\text{Cu}} = 57 \cdot 10^4 \left[\frac{\text{S}}{\text{cm}}\right]$$

der spezifische Widerstand

$$\varrho_{\text{Cu}} = \frac{1}{57 \cdot 10^4} = 1{,}75 \cdot 10^{-6}\,[\Omega\,\text{cm}].$$

Der Widerstand einer 100 m langen Kupferleitung mit 2,5 mm² Querschnitt demnach

$$R = \frac{1}{57 \cdot 10^4} \cdot \frac{100 \cdot 100}{0{,}025}\left[\frac{\Omega \cdot \text{cm} \cdot \text{cm}}{\text{cm}^2}\right] = 0{,}7\ \Omega.$$

Da der spezifische Widerstand ϱ in Ω cm ausgedrückt wurde, mußten auch Länge und Querschnitt auf die Einheiten cm und cm² umgerechnet werden.

Diese Umrechnung kann man dadurch berücksichtigen, daß man die Länge l in m, den Querschnitt q in mm² einsetzt und dafür den Faktor 10^4 bei der spezifischen Leitfähigkeit $\varkappa$ wegläßt. Die Widerstandsgleichung lautet dann

$$R = \frac{l}{\varkappa \cdot 10^{-4} \cdot q} = \frac{100}{57 \cdot 2.5} = 0{,}7\ \Omega.$$

Schaltet man in einem Stromkreis mehrere Widerstände hintereinander, so addieren sich die Teilwiderstände zum Gesamtwiderstand (Abb. 20).

$$R = R_1 + R_2 + R_3. \tag{42}$$

Schaltet man mehrere Widerstände parallel, so addieren sich ihre Leitwerte zum Gesamtleitwert (Abb. 21).

Die Widerstände seien R_1, R_2, R_3, ihre Leitwerte

$$G_1 = \frac{1}{R_1}; \quad G_2 = \frac{1}{R_2}; \quad G_3 = \frac{1}{R_3}.$$

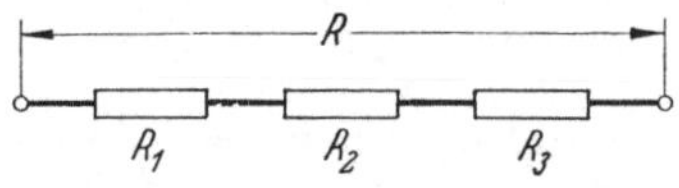

Abb. 20. Reihenschaltung mehrerer Widerstände. $R = R_1 + R_2 + R_3$.

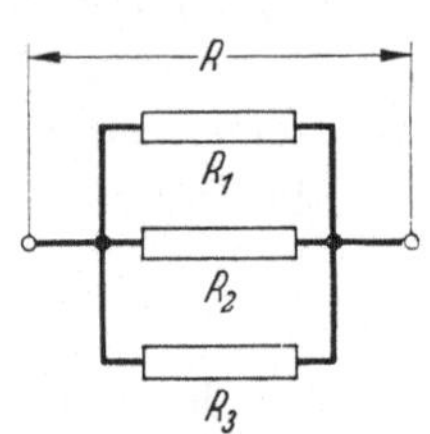

Abb. 21. Parallelschaltung mehrerer Widerstände. $G = \frac{1}{R} = \frac{1}{R_1} + \frac{1}{R_2} + \frac{1}{R_3}$.

Der Gesamtleitwert

$$G = \frac{1}{R} = G_1 + G_2 + G_3 = \frac{1}{R_1} + \frac{1}{R_2} + \frac{1}{R_3}. \tag{43}$$

Daraus folgt

$$\frac{1}{R} = \frac{R_2 R_3 + R_1 R_3 + R_1 R_2}{R_1 R_2 R_3}. \tag{44}$$

Der Gesamtwiderstand ist:

$$R = \frac{R_1 R_2 R_3}{R_1 R_2 + R_2 R_3 + R_1 R_3}. \tag{45}$$

Beispiel. Es seien ein Widerstand $R_1 = 10\ \Omega$ und ein Widerstand $R_2 = 50\ \Omega$ parallel geschaltet, dann ist die Gesamtleitfähigkeit

$$G = \frac{1}{10} + \frac{1}{50} = 0{,}1 + 0{,}02 = 0{,}12\,[\mathrm{S}].$$

Der Gesamtwiderstand

$$R = \frac{1}{0{,}12} = 8{,}33\ \Omega.$$

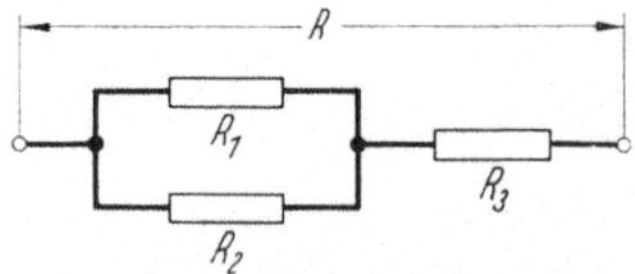

Abb. 22. Reihenparallelschaltung von Widerständen. $R = \frac{R_1 \cdot R_2}{R_1 + R_2} + R_3$.

Sind mehrere Widerstände in Serie und parallel geschaltet (Abb. 22), so rechnet man zuerst den Widerstand der Parallelschaltung aus und addiert zu ihm den Wert des in Reihe geschalteten Widerstandes.

Es ist der Gesamtwiderstand

$$R = \frac{1}{G_1 + G_2} + R_3 = \frac{R_1 R_2}{R_1 + R_2} + R_3.$$

Beispiel.

$$R_1 = 10\,\Omega,$$
$$R_2 = 20\,\Omega,$$
$$R_3 = 30\,\Omega,$$

$$R = \frac{1}{1/10 + 1/20} + 30 = 36{,}66\,\Omega.$$

4. Die Regeln von KIRCHHOFF.

a) Stromregel. Bezeichnet man die in einem Knotenpunkt ankommenden Ströme mit positivem Vorzeichen, die abfließenden Ströme mit negativem Vorzeichen, so ist die Summe aller Ströme in diesem Knotenpunkt gleich Null, oder mit anderen Worten: In jedem Knotenpunkt ist die Summe aller ankommenden gleich der Summe aller abgehenden Ströme (Abb. 23).

$$J_1 = J_2 + J_3. \tag{46}$$

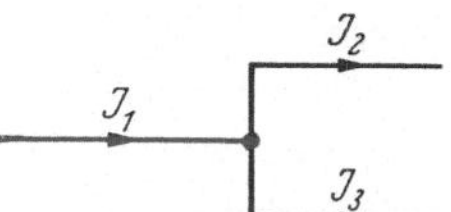

Abb. 23. Stromregel von KIRCHHOFF. $J_1 - J_2 - J_3 = 0.$

Das ist selbstverständlich, da anderenfalls sich entweder in dem Knotenpunkt Elektrizität ansammeln oder ein elektrisches Vakuum entstehen müßte.

b) Spannungsregel. Bezeichnet man in einem geschlossenen Stromkreis die elektromotorischen Kräfte gleicher Richtung mit positivem Vorzeichen und die Spannungsabfälle an den Verbrauchern sowie die elektromotorischen Kräfte entgegengesetzter Richtung mit negativem Vorzeichen, so ist die Summe aller Spannungen gleich Null, oder mit anderen Worten: In jedem elektrischen Kreis ist die Summe der positiven und negativen elektromotorischen Kräfte gleich der Summe der Spannungsabfälle an den Verbrauchern (Abb. 24).

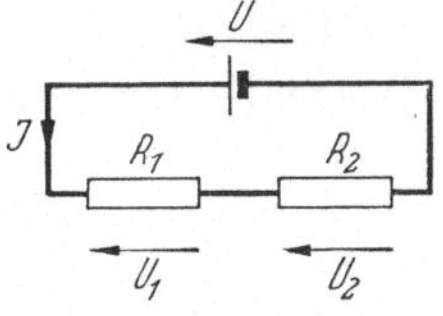

Abb. 24. Spannungsregel von KIRCHHOFF. $U - U_1 - U_2 = 0.$

$$U = U_1 + U_2, \tag{47}$$

was aus dem Gesetz von OHM ohne weiteres hervorgeht, da auch

$$U = J \cdot (R_1 + R_2). \tag{48}$$

5. Der magnetische Kreis.

Für den magnetischen Kreis gilt ein ähnliches Gesetz wie für den elektrischen Kreis. Der elektrischen Spannung U entspricht die magnetische Spannung V, dem elektrischen Widerstand R der magnetische Widerstand R_m und dem elektrischen Strom J entspricht der magnetische Fluß Φ, wobei

$$\Phi = \frac{V}{R_m}. \tag{49}$$

Der magnetische Widerstand R_m ist ebenso wie der elektrische Widerstand proportional der Länge l des magnetischen Kreises, umgekehrt proportional der magnetischen Durchlässigkeit (Permeabilität) μ und umgekehrt proportional dem Querschnitt F.

$$R_m = k \cdot \frac{l}{\mu \cdot F}. \tag{50}$$

Der reziproke Wert des magnetischen Widerstandes R_m ist der magnetische Leitwert Λ.

$$\Lambda = \frac{1}{R_m} = \frac{\mu \cdot F}{k \cdot l}. \tag{51}$$

Die magnetische Spannung V ist proportional der felderzeugenden Ampere-Windungszahl oder Durchflutung.

Für die meisten Stoffe ist die Permeabilität eine Materialkonstante und nur wenig verschieden von der des leeren Raumes, z. B. für Gase, Isolierstoffe und Nichteisenmetalle. Dagegen kann sie bei den Metallen der Eisengruppe, also Eisen, Kobalt, Nickel, sehr viel größere Werte annehmen[1].

Ebenso wie im elektrischen Kreis addieren sich im magnetischen Kreis bei Serienschaltung die magnetischen Widerstände, bei Parallelschaltung die magnetischen Leitwerte.

6. Induktion im Eisen.

Magnetfelder werden durch elektrische Ströme erzeugt. Das Feld H [Oersted] einer unendlich langen, geraden Leitung, die den Strom J [A] führt, umgibt den Leiter wie ein Zylindermantel und nimmt mit der Entfernung vom Leiter rasch ab. Im Abstand r [cm] von der Leiterachse ist die Feldstärke

$$H = 0{,}2 \cdot \frac{J}{r} \quad [\text{Oe}] \tag{52}$$

(Abb. 25).

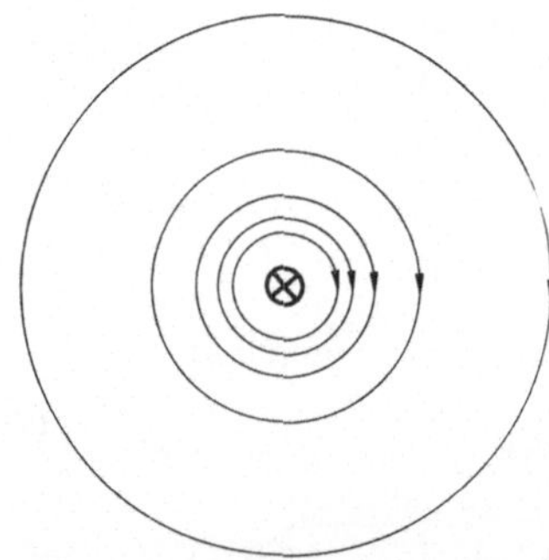

Abb. 25. Feld eines unendlich langen geraden Leiters.

$$H = 0{,}2 \frac{J}{R} \quad [\text{Oe}].$$

Zwischen je zwei Kreisen ändert sich das Feld um den gleichen Betrag.

Das Feld ist eine gerichtete Größe, also ein Vektor, dessen Richtung sich aus der Stromrichtung ermitteln läßt. Blickt man in der Leiterrichtung und fließt der Strom vom Beschauer weg, dann hat das Leiterfeld die Richtung der Uhrzeigerbewegung, ist also rechtsläufig.

[1] Bei diesen Werkstoffen ist sie nicht konstant, sondern abhängig von der herrschenden Feldstärke.

Das Feld im Innern einer Spule kann man sich durch vektorielle Addition der Felder der einzelnen Windungen entstanden denken (Abb. 26).

In der Mitte einer langen, geraden Spule von geringem Durchmesser ist die Feldstärke

$$H = 0{,}4 \cdot \pi \cdot \frac{J \cdot w}{l} \quad [\text{Oe}], \tag{53}$$

worin J die Stromstärke in Ampere, w die Windungszahl und l die Länge der Spule in cm bedeuten.

Abb. 26. Feld im Innern einer Zylinderspule.

Bringt man einen Körper von der Permeabilität μ in ein Feld von der Größe H, so entsteht in dem Körper eine Induktion

$$B = \mu \cdot H. \tag{54}$$

Der magnetische Fluß sucht sich ebenso wie der elektrische Strom den Weg des kleinsten Widerstandes und die Feldlinien drängen sich in dem hochpermeablen Körper zusammen (Abb. 27). Bringt man einen Eisenkörper in eine Magnetisierungsspule und läßt den Strom in der Spule von Null aus allmählich anwachsen, dann steigt die Induktion zunächst viel stärker als die Feldstärke an. Das Eisen saugt gewissermaßen die Feldlinien in sich hinein. Die Kurve, nach der die Induktion ansteigt, nennt man die Magnetisierungslinie des Eisens (Nullkurve) (Abb. 28).

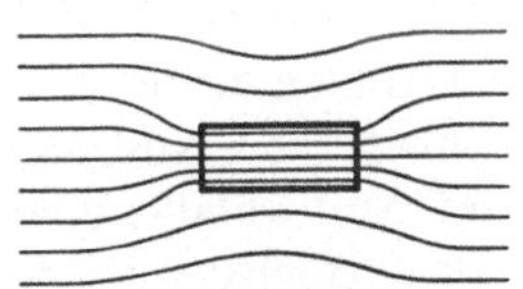

Abb. 27. Verzerrung eines homogenen Feldes durch einen eingebrachten Körper hoher Permeabilität.

Steigert man das Feld immer weiter, so kommt man in ein Gebiet, in dem die Induktion mit der Feldstärke immer langsamer wächst, bis sie zuletzt kaum noch ansteigt; man ist in das Sättigungsgebiet gekommen. Die Sättigungsgrenze ist erreicht, wenn eine weitere Steigerung der Feldstärke die Induktion nicht mehr erhöht. Die Permeabilität des Eisens ist also, wie schon erwähnt, nicht konstant; sie ist in der Nähe des Nullpunktes verhältnismäßig klein, bleibt dann eine Zeitlang konstant (geradliniger Teil der Magnetisierungskurve) und nimmt bei größeren Werten der Feldstärke wieder ab.

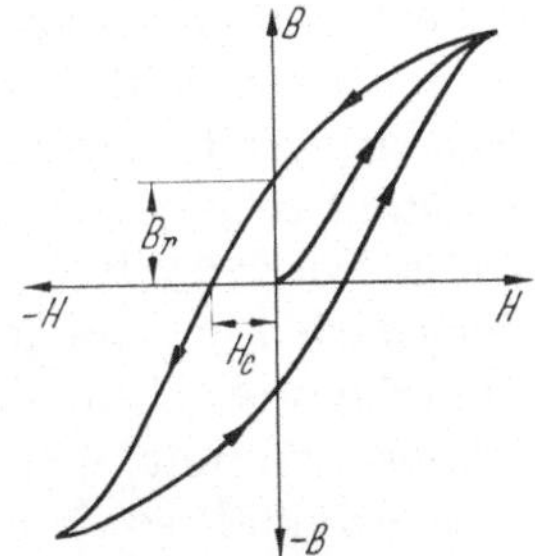

Abb. 28. Verlauf der Hysteresisschleife.
H Feldstärke; — B Induktion; H_c Koerzitivkraft; — B_r Remanenz.

Verringert man den Strom in der Magnetisierungsspule wieder, so sinkt die Induktion nicht nach der Kurve nach der sie angestiegen ist, sondern langsamer; sie hinkt hinter der Feldänderung her, und dies

Nachhinken nennt man Hysteresis. Wenn das magnetisierende Feld zu Null geworden ist, bleibt im Eisen immer noch eine Restinduktion bestehen, die man Remanenz (B_r) nennt.

Wendet man den Strom und steigert ihn in negativer Richtung, so braucht man eine bestimmte negative Feldstärke, um die Remanenz zu beseitigen. Diese Feldstärke bezeichnet man als Koerzitivkraft (H_c). Steigert man das negative Feld über die Koerzitivkraft hinaus, so wächst die Induktion im Eisen in negativer Richtung wieder nach einer Magnetisierungslinie an, und verringert man das Feld wieder, so erhält man Induktionswerte, die höher liegen als die entsprechenden Werte bei steigendem Feld.

Ist das Feld zu Null geworden, so besteht wiederum eine Remanenz, diesmal im negativen Sinn und man muß umpolen und in positiver Richtung die Feldstärke H_c aufbringen, um die Remanenz zum Verschwinden zu bringen. Durchläuft man also eine volle Magnetisierungsschleife von Null ausgehend zu einem positiven Höchstwert, von dort auf Null abfallend und in entgegengesetzter Richtung auf einen negativen Höchstwert steigend und von dort wieder auf Null fallend und wiederum zum positiven Höchstwert ansteigend, so erhält man bei der ersten Magnetisierung eine Nullkurve und dann eine Schleife, zwischen deren Begrenzungslinien die Nullkurve liegt. Diese Schleife nennt man Hysteresisschleife. Der Flächeninhalt der Hysteresisschleife ist ein Maß für die Verluste im Eisen bei der Ummagnetisierung, also für die Erwärmung bei Magnetisierung mit Wechselstrom (Hysteresisverluste). Bei Wechselstrommagnetisierung werden in der Sekunde so viele Magnetisierungszyklen durchlaufen wie der Frequenz des Wechselstromes entspricht. Die Eigenschaften einer bestimmten Eisensorte lassen sich kennzeichnen durch ihre Permeabilität, Sättigungsgrenze, Remanenz und Koerzitivkraft, wobei zu beachten ist, daß die Permeabilität nicht konstant ist, sondern sich mit der Erregerfeldstärke ändert. Die Hysteresiskurve verläuft bei verschiedenen Eisensorten und Legierungen sehr verschieden, und man muß für jeden Verwendungszweck das geeignete Material aussuchen. Für Zähler, Meßgeräte und Wandler braucht man Eisensorten mit schmaler Hysteresisschleife, kleiner Remanenz und Koerzitivkraft sowie möglichst geradlinig ansteigender Magnetisierungskurve, das sind magnetisch weiche Werkstoffe. Für Dauermagnete verwendet man Legierungen mit möglichst breiter Hysteresisschleife also mit großer Remanenz und Koerzitivkraft, das sind magnetisch harte Werkstoffe.

7. Dauermagnete.

a) Prinzip. Bei Werkstoffen für Dauermagnete soll nach dem Verschwinden des magnetisierenden Feldes ein möglichst großer remanenter Magnetismus zurückbleiben, d. h., die Remanenz B_r soll hoch sein.

Außerdem soll der einmal magnetisierte Magnet durch entmagnetisierende Felder möglichst wenig beeinflußt werden, er soll also eine große Koerzitivkraft H_c haben. Zwischen den Punkten B_r und H_c soll sich die Magnetisierungsschleife weit ausbauchen, also einen großen Flächeninhalt haben, weil der Energieinhalt des Magnets proportional dieser Fläche ist. Für die Kennzeichnung dieser Eigenschaften eines Magnetwerkstoffes genügt die Betrachtung des zweiten Quadranten der Hysteresisschleife, der Entmagnetisierungslinie (Abb. 29).

Hat man einen Magnet in geschlossenem Zustand magnetisiert, dann bleibt nach dem Aufhören der Magnetisierung im Magneten eine Induktion bestehen, die der Remanenz B_r entspricht. Öffnet man nun den Luftspalt, so sinkt die Induktion auf einen Wert, der von Länge und Querschnitt des Magnets und des Luftspaltes abhängt. Es stellt sich ein bestimmter Arbeitspunkt ein, der als Schnittpunkt der Arbeitsgeraden AO mit der Entmagnetisierungslinie gekennzeichnet ist. Der günstigste Arbeitspunkt eines Magnets liegt auf der Diagonalen des Rechtecks über Remanenz und Koerzitivkraft.

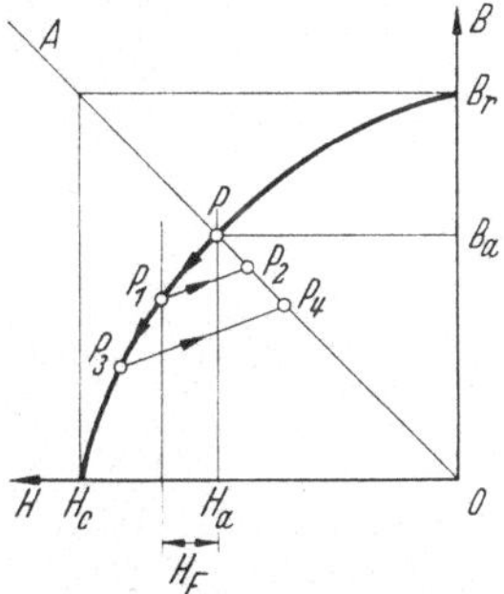

Abb. 29. Entmagnetisierungslinie eines Dauermagnets. B_r Remanenz; — H_c Koerzitivkraft; — B_a, H_a Induktion und Feldstärke im Arbeitspunkt P des nicht gealterten Magnets; — H_F Alterungsfeld; — P_2 Arbeitspunkt des gealterten Magnets; — P_4 Arbeitspunkt des durch einen Kurzschluß geschwächten Magnets.

b) Alterung. Ein frisch magnetisierter Magnet ist nicht konstant, und man muß ihn durch Erwärmen, Klopfen, Lagern oder Entmagnetisieren im Wechselfeld stabilisieren.

Dabei wandert der Arbeitspunkt P (Abb. 29) auf der Hysteresisschleife abwärts nach P_1 und kehrt nach dem Abschalten des entmagnetisierenden Feldes nicht mehr auf seinen alten Wert zurück, sondern geht auf einer inneren Magnetisierungslinie zu dem Punkt P_2. In diesem Punkt ist der Magnet nunmehr stabil. Treten im Betrieb, etwa infolge Kurzschlusses, Fremdfelder auf, die nicht größer sind als das beim Entmagnetisieren angewendete Schwächungsfeld H_F, dann wandert der Arbeitspunkt während des Bestehens des Fremdfeldes von P_2 in Richtung P_1 und kehrt nach dem Verschwinden des Feldes auf den alten Arbeitspunkt P_2 zurück. Die innere Magnetisierungslinie hat dieselbe Neigung wie der Anfang der jungfräulichen Kurve, man kann sie also aus der Anfangspermeabilität (reversible Permeabilität) errechnen.

Treten Fremdfelder auf, die größer sind als das zur Stabilisierung angewendete Schwächungsfeld, dann wandert der Arbeitspunkt beispielsweise von P_2 über P_1 nach P_3 und geht nach dem Verschwinden des Fremdfeldes nicht nach P_2, sondern nach P_4. Der Magnet hat einen neuen Arbeitspunkt erreicht, die Luftspaltinduktion hat sich geändert und ein Zähler mit einem so geschwächten Bremsmagnet zeigt einen positiven Fehler.

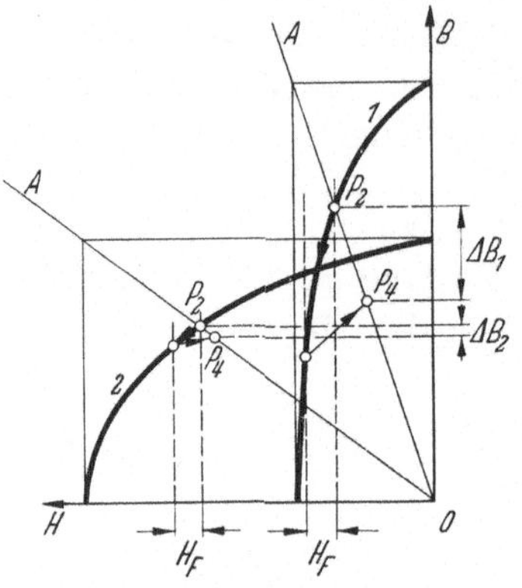

Abb. 30. Entmagnetisierungslinien zweier verschiedener Magnetwerkstoffe. *1* Material mit geringer Koerzitivkraft und großer Remanenz. — *2* Material mit großer Koerzitivkraft und kleinerer Remanenz. P_2 Arbeitspunkt des nichtgeschwächten Magnets; — H_F entmagnetisierendes Feld; — ΔB_1, ΔB_2 Änderung der Induktion durch das entmagnetisierende Feld; — P_4 neuer Arbeitspunkt des geschwächten Magnets.

Abb. 30 gibt eine Gegenüberstellung der Entmagnetisierungslinien eines Magnets mit geringer und eines Magnets mit großer Koerzitivkraft. Wie man sieht, schwächt dasselbe Fremdfeld den Magnet mit der steil abfallenden Entmagnetisierungslinie stärker als den Magnet mit der flach verlaufenden Entmagnetisierungskurve, woraus die Bedeutung der modernen Magnetwerkstoffe klar hervorgeht.

Wenn man den Arbeitspunkt eines Magnets kennt, kann man den Gesamtfluß Φ_m in der neutralen Zone zwischen den beiden Polen des Magnets berechnen. Er ist gleich dem Produkt aus der Induktion B_m im Magnet und dem Magnetquerschnitt F_m

$$\Phi_m = B_m \cdot F_m. \tag{55}$$

Dieser Fluß durchsetzt jedoch keineswegs den Arbeitsluftspalt, da sich viele Kraftlinien schon vorher schließen. Der Magnet streut, und nur 25 ... 45% des Gesamtflusses gehen durch den Arbeitsluftspalt (Abb. 31).

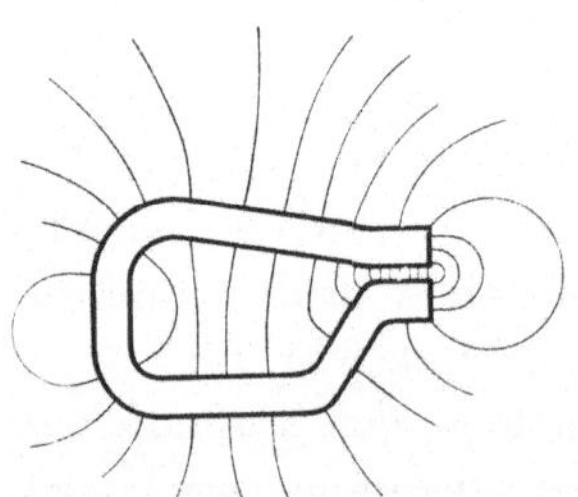

Abb. 31. Schematische Darstellung der Streuung eines Magnets.

Die Luftspaltinduktion ist

$$B_l = C_B \cdot \frac{F_m}{F_l} \cdot B_m. \tag{56}$$

Darin bedeuten F_l den Luftspaltquerschnitt und C_B den Ausnutzungsfaktor, der wie gesagt bestenfalls den Wert 0,45 erreicht.

Die Größe der Streuung hängt von der Form des Magnets und der Länge des Luftspaltes ab.

c) Magnetwerkstoffe. Die Magnete wurden jahrzehntelang aus chrom- und wolframlegiertem Stahl gefertigt. Sie hatten eine verhältnismäßig hohe Remanenz bei kleiner Koerzitivkraft und sind nach heutigen Begriffen recht schwach. Ein großer Fortschritt wurde erreicht, als man begann, dem Magnetstahl einen steigenden Anteil von Kobalt beizumischen, und eine weitere Steigerung der Magnetleistung brachten die Aluminium-

Nickel-legierten Stähle, denen die Aluminium–Nickel–Kobalt- und die Aluminium–Nickel–Kobalt–Titan-Magnete folgten. Durch Magnetisierung der Magnete während des Abkühlungsprozesses des Materials konnte man die Magnetleistung weiter steigern. Das sind die Magnete

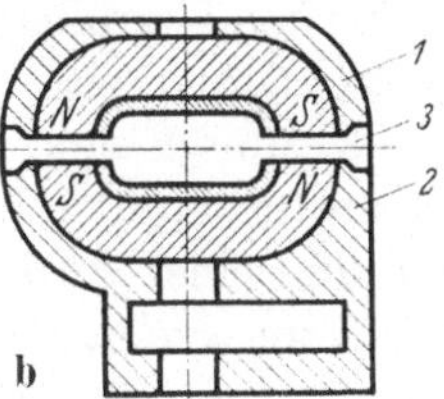

Abb. 32. Eingespritzter Alni-Doppelspurmagnet.
a Ansicht; — b Schnitt; — *1* Spritzmaterial; — *2* gespritzter Befestigungsfuß; — *3* Arbeitsluftspalt.

mit Vorzugsrichtung. Neuerdings sind dazu die Oxydmagnete und Wismut–Mangan-Magnete getreten. Entsprechend der wachsenden Koerzitivkraft sind die Magnete immer kürzer und dicker geworden und moderne Magnete bieten einen recht ungewöhnlichen Anblick. Abb. 32 zeigt einen in den Halter eingespritzten Al–Ni–Co-Doppelspurmagnet. Abb. 33 stellt einen Doppelspurmagnet dar mit vier aus Al–Ni-Pulver gepreßten Magnetstäben in einem Halter mit Feineinstellung. Die Magnetstäbe sind quer magnetisiert. Fast alle modernen Magnetlegierungen sind sehr hart und spröde und lassen sich weder walzen noch biegen oder spanabhebend bearbeiten. Die Magnete werden gegossen, gesintert oder unter Zugabe von Bindemitteln gepreßt und häufig in den Magnethalter eingespritzt. Für die Magnetwerkstoffe hat sich eine Reihe von Kunstnamen und Werksbezeichnungen eingeführt, z. B.

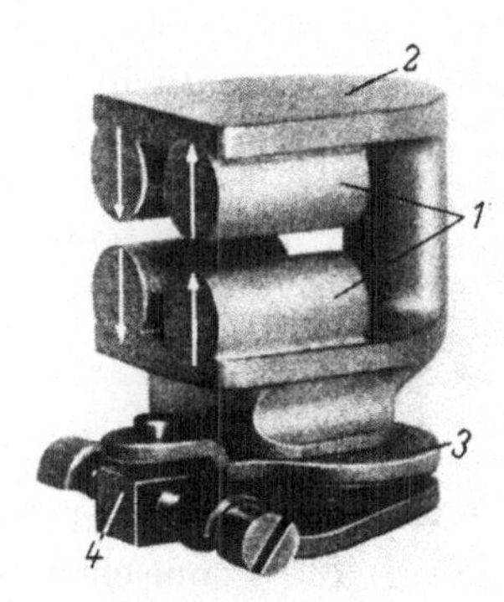

Abb. 33. Gepreßter Doppelspurmagnet mit Halter und Feineinstellung. *1* Magnetmaterial; — *2* magnetischer Rückschluß und Halter; — *3* Spannplatte; — *4* Feineinstellvorrichtung.

Alni besagt Aluminium–Nickel
Alnico besagt Aluminium–Nickel–Kobalt,
Alnicoti besagt Aluminium–Nickel–Kobalt–Titan.

Oerstite und Koerzite sind gegossene oder gesinterte Aluminium–Nickel-Magnete, Tromalite aus Aluminium–Nickel-Pulver unter Zusatz von Kunstharz gepreßte Magnete.

d) Magnetisierung. Die Magnete werden durch Gleichstromfelder magnetisiert, die fünf- bis zehnmal so groß wie die Koerzitivkraft sein sollen. Das Magnetisierungsfeld erzeugt man durch eine Wicklung auf dem Magnet, durch die man einen starken Gleichstrom schickt. Die Wicklung kann auch nur eine einzige Windung haben, also aus einem Stab bestehen, auf den man den Magnet steckt, es sind dann natürlich entsprechend größere Stromstärken anzuwenden. Die Magnetisierungsstromstöße erzeugt man entweder durch einen Stoßtransformator oder durch eine Kondensatorbatterie. Der Stoßtransformator ist ein Transformator mit großem Eisenquerschnitt, vielen Primärwindungen und einer einzigen Sekundärwindung, den man primärseitig mit Gleichstrom erregt. Schaltet man den primären Gleichstrom plötzlich aus, so entsteht in der Sekundärwindung ein Stromstoß, der den auf die Kurzschlußverbindung dieser Windung aufgesteckten Magnet magnetisiert. Beim Stoßkondensator lädt man eine Kondensatorbatterie mit verhältnismäßig kleinem Strom während einer langen Zeit auf und entlädt sie plötzlich über einen kleinen Widerstand, wobei man auf die Entladeleitung den zu magnetisierenden Magnet aufsteckt. Auf diese Weise lassen sich Stromstöße in der Größenordnung von 50 kA und 10 ... 20 μsek Dauer erzeugen. Der Magnetisierungs- oder auch Entmagnetisierungsstromstoß kann sehr kurz sein, da die Magnetisierung außerordentlich rasch verläuft; daher kommt es auch, daß Wanderwellen sehr geringer Dauer, aber von großer Amplitude die Magnete beeinflussen können.

Durch Magnetisieren bei hoher Temperatur und während der Abkühlung entstehen Magnetwerkstoffe mit einer bevorzugten Magnetisierungsrichtung.

8. Vektordarstellung von Wechselstromgrößen.

Wechselströme sind Ströme, die ihre Größe und Richtung periodisch ändern. Die technischen Wechselströme ändern sich nach einem Sinusgesetz und durchlaufen in 1 sek ν Perioden; ν nennt man die Frequenz des Wechselstromes. Einen solchen Strom kann man durch eine Sinuslinie darstellen, deren Scheitel gleich der maximalen Strom-Amplitude ist und deren Wellenlänge der Dauer einer Periode entspricht. Eine solche Sinuslinie wird durch die Gleichung

$$i = J_{\max} \cdot \sin(\omega t) \tag{57}$$

beschrieben, worin i der Augenblickwert, $J_{\max}$ der maximale Wert des Stromes, ω die Kreisfrequenz $2\pi\nu$ und t der Augenblick der Betrachtung ist. Diese Sinuslinie kann man sich folgendermaßen entstanden denken. In einem Kreis vom Radius $J_{\max}$ läuft ein Strahl beim Punkt $t = 0$ beginnend mit der Winkelgeschwindigkeit ω um, er legt in 1 sek ν volle

Umdrehungen zurück, d. h. bei einer Wechselstromfrequenz von 50 Hz läuft er 50mal in einer Sekunde um. Schneidet man diesen Kreis an der Stelle $t = 0$ auf, wickelt ihn in eine Gerade ab und trägt die Projektionen des umlaufenden Radius auf die Senkrechten über den zugehörigen Kreisbögen auf, so erhält man eine Sinuslinie (Abb. 34).

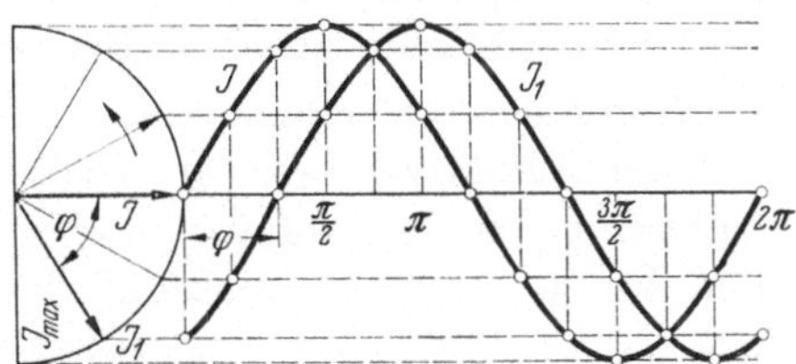

Abb. 34. Entstehung der Sinuslinie aus einem in einem Kreis umlaufenden Radiusvektor. Strom J_1 eilt dem Strom J um den Winkel φ nach. Die Ströme haben gleiche Frequenz und Amplitude.

Die Kurve eines zweiten Wechselstromes J_1 gleicher Amplitude und Frequenz, der gegenüber dem ersten eine Phasenverschiebung von $\varphi°$ aufweist und durch die Gleichung

$$i_1 = J_{1\,\mathrm{max}} \sin(\omega t - \varphi) \tag{58}$$

gekennzeichnet ist, läßt sich entstanden denken durch den synchronen Umlauf eines Radius, der gegenüber dem ersten um den Winkel φ verdreht ist.

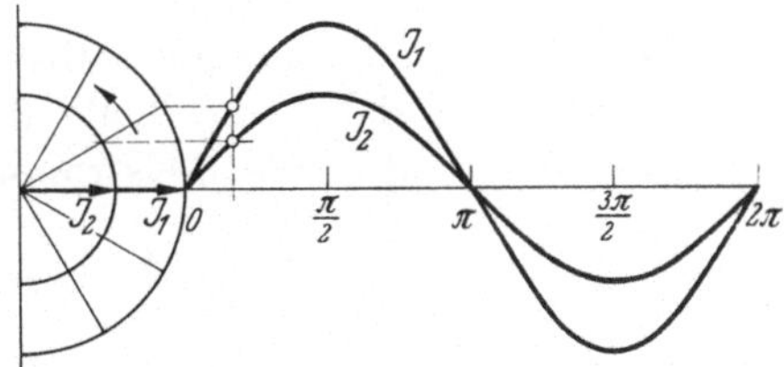

Abb. 35. Darstellung der beiden Wechselströme J_1 und J_2 als Sinuskurven, entwickelt aus dem Umlauf der Vektoren $\overline{J}_1$ und $\overline{J}_2$. Die Ströme haben gleiche Frequenz und Phasenlage, jedoch verschiedene Amplitude.

Die Kurve eines gleichfrequenten und phasengleichen Wechselstromes anderer Amplitude kann man sich entstanden denken durch den synchronen Umlauf eines Radiusvektors gleicher Lage in einem Kreis mit anderem Durchmesser (Abb. 35).

Die Summe zweier Wechselströme kann man bilden, indem man ihre Augenblickswerte addiert; man erhält dann eine neue Sinuslinie. Diese neue Sinuslinie kann man sich aber auch entstanden denken durch den Umlauf eines Radiusvektors, der gleich der Summe der Vektoren der beiden Summanden ist (Abb. 36).

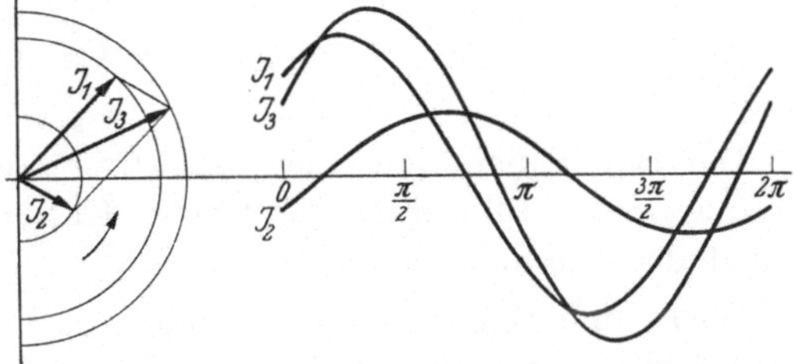

Abb. 36. Addition zweier gleichfrequenten Wechselströme verschiedener Amplitude und Phasenlage.

$\overline{J}_3 = \overline{J}_1 + \overline{J}_2$.

Da das Zeichnen der Sinuskurve beim Arbeiten mit Wechselströmen recht umständlich wäre, verzichtet man auf diese Darstellung und zeichnet nur den umlaufenden Radius, aus dem man die entsprechende Sinuslinie konstruieren könnte. Die Länge dieses Radius entspricht der maximalen Amplitude des darzustellenden Wechselstromes, seine Richtung der Phasenlage des Wechselstromes relativ zu einer anderen Wechselstromgröße oder zu einer Bezugslinie.

Normalerweise rechnet man nicht mit den Scheitelwerten, sondern mit den Effektivwerten der Wechselströme; da diese beiden Werte bei sinusförmigem Verlauf in einem festen Verhältnis stehen, kann man den Vektor auch als Maß für den Effektivwert ansehen. Bei sinusförmigem Verlauf ist der Scheitelwert gleich dem Effektivwert mal $\sqrt{2}$. Die Vektoren laufen dem Uhrzeigersinn entgegen und werden in der Richtung gezeichnet, die sie zu einem beliebig wählbaren Zeitpunkt einnehmen. Im folgenden werden Vektoren durch einen Strich über dem Formelzeichen gekennzeichnet. $\overline{A}$ = Vektor vom Betrag A.

9. Das Gesetz von Ohm im Wechselstromkreis.

Das Ohmsche Gesetz gilt selbstverständlich auch für Wechselstrom, nur muß man dabei an Stelle des Gleichstromwiderstandes R den Scheinwiderstand Z (Wechselstromwiderstand) einsetzen. Es lautet dann

$$J = \frac{U}{Z}. \tag{59}$$

Der Scheinwiderstand setzt sich zusammen aus dem Gleichstromwiderstand (Wirkwiderstand R) und den Blindwiderständen, die induktiver oder kapazitiver Natur sein können. Einen induktiven Blindwiderstand haben Wicklungen, Drosseln, Transformatoren usw. Der Blindwiderstand einer Drossel ist ωL, wenn ω die Kreisfrequenz $2\pi\nu$ und L die Induktivität der Spule bedeuten. Der Blindwiderstand eines Kondensators ist $\frac{1}{\omega C}$, worin ω wieder die Kreisfrequenz und C die Kapazität bedeuten.

Der Blindwiderstand einer Induktivität wächst proportional mit der Frequenz, der Blindwiderstand einer Kapazität ist umgekehrt proportional der Frequenz.

Wirk- und Blindwiderstände addieren sich nicht arithmetisch, sondern sind als gerichtete Größen (Vektoren) anzusehen und geometrisch zu addieren. Induktive und kapazitive Blindwiderstände haben entgegengesetzte Richtung und stehen senkrecht zum Wirkwiderstand.

Der Scheinwiderstand Z der Reihenschaltung eines Wirkwiderstandes R und einer Induktivität L ist bei der Kreisfrequenz ω nach Abb. 37

$$Z = \sqrt{R^2 + (\omega L)^2}. \tag{60}$$

Der Scheinwiderstand Z der Reihenschaltung eines Wirkwiderstandes R und einer Kapazität C ist bei der Kreisfrequenz ω gemäß Abb. 38

$$Z = \sqrt{R^2 + \left(\frac{1}{\omega C}\right)^2}. \tag{61}$$

Abb. 37a u. b. Reihenschaltung eines Wirkwiderstandes R und einer Induktivität L. a Schaltbild; — b Vektorbild.

Abb. 38a u. b. Reihenschaltung eines Wirkwiderstandes R und einer Kapazität C. a Schaltbild; — b Vektorbild.

Aus dem Verhältnis der Blind- und Wirkwiderstände eines Stromkreises errechnet man die Phasenverschiebung φ

$$\operatorname{tg} \varphi = \frac{\text{Blindwiderstand}}{\text{Wirkwiderstand}}.$$

Beispiel. Bei der Frequenz 50 Hz ist der Scheinwiderstand der Reihenschaltung eines Wirkwiderstandes $R = 100$ Ohm und einer Induktivität $L = 0{,}2$ Henry

$$Z = \sqrt{100^2 + (314 \cdot 0{,}2)^2}$$
$$= \sqrt{10000 + 3950} = 118\ \Omega.$$

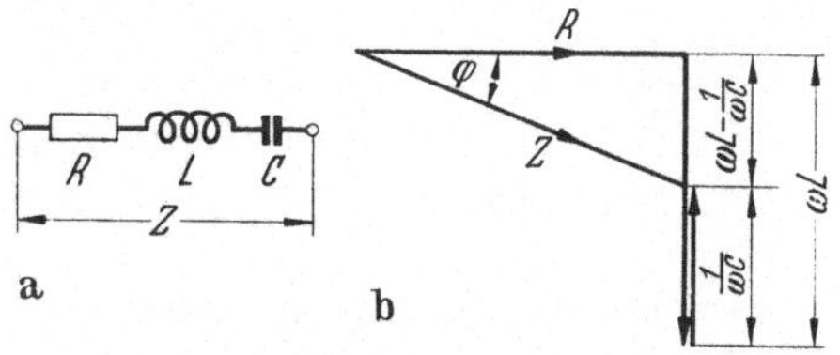

Abb. 39a u. b. Reihenschaltung eines Wirkwiderstandes R, einer Induktivität L und einer Kapazität C. a Schaltbild; — b Vektorbild.

Der Scheinwiderstand einer Reihenschaltung eines Wirkwiderstandes $R = 100\ \Omega$ und eines Kondensators von $2\ \mu\text{F} = 2 \cdot 10^{-6}$ F ist

$$Z = \sqrt{100^2 + \left(\frac{1}{314 \cdot 2 \cdot 10^{-6}}\right)^2}.$$

$$Z = \sqrt{10^4 + \frac{10^{12}}{628^2}} = \sqrt{10^4 + 253 \cdot 10^4} = 10^2 \sqrt{1 + 253} = 10^2 \cdot 15{,}93 = 1593\ \Omega.$$

Der Scheinwiderstand Z einer Reihenschaltung aus Wirkwiderstand R, Induktivität L und Kapazität C ist nach Abb. 39

$$Z = \sqrt{R^2 + \left(\omega L - \frac{1}{\omega C}\right)^2}. \tag{62}$$

Beispiel.

$R = 100$,
$L = 1$ H,
$C = 15\ \mu$F,
$\nu = 50$ Hz,
$\omega = 314$.

$$Z = \sqrt{100^2 + \left(314 - \frac{1}{314 \cdot 15 \cdot 10^{-6}}\right)^2}$$
$$Z = \sqrt{100^2 + (314 - 212)^2}$$
$$Z = \sqrt{10^4 + 1{,}04 \cdot 10^4}$$
$$Z = 10^2 \sqrt{2{,}04} = 142{,}8\ \Omega.$$

Induktive und kapazitive Blindwiderstände heben sich auf, wenn sie gleichgroß sind. In diesem Fall ist der Scheinwiderstand ebenso groß wie der Wirkwiderstand und der Stromkreis ist für die Frequenz ω in Resonanz. Die Resonanzbedingung lautet

$$\omega L = \frac{1}{\omega C} \quad \text{oder} \quad \omega^2 \cdot C \cdot L = 1. \tag{63}$$

Den Wirk- und Blindwiderständen entsprechend kann man auch den Strom in einen Wirkstrom J_W und einen Blindstrom J_B zerlegen (Abb. 40). Der Wirkstrom ist phasengleich mit der Spannung, der Blindstrom steht senkrecht auf der Spannung und eilt ihr bei kapazitivem Blindwiderstand um 90° vor, bei induktivem Blindwiderstand um 90° nach. Der Gesamtstrom ist gleich der geometrischen Summe der Wirk- und Blindströme, also

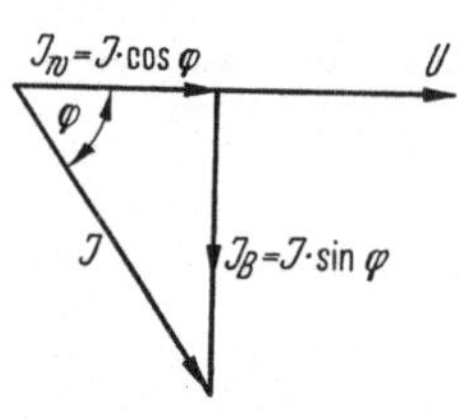

Abb. 40. Zerlegung eines Stromes in Wirk- und Blindanteil.
$\bar{J} = \bar{J}_W + \bar{J}_B$,
$J = \sqrt{J_W^2 + J_B^2}$.

$$J = \sqrt{J_W^2 + J_B^2}. \tag{64}$$

Der Wirkstrom J_W ist gleich dem Gesamtstrom J mal dem Cosinus des Winkels zwischen Strom und Spannung

$$J_W = J \cdot \cos\varphi. \tag{65}$$

Der Blindstrom J_B ist gleich dem Gesamtstrom J mal dem Sinus des Winkels zwischen Strom und Spannung

$$J_B = J \cdot \sin\varphi, \tag{66}$$

$$\frac{J_B}{J_W} = \frac{J \cdot \sin\varphi}{J \cdot \cos\varphi} = \operatorname{tg}\varphi. \tag{67}$$

Das Verhältnis von Blindstrom zu Wirkstrom ist gleich dem Tangens des Phasenverschiebungswinkels.

Aus dem Produkt von Spannung und Strom ergibt sich die Leistung. Es ist

$$\left.\begin{array}{ll} \text{die Scheinleistung} & N_S = U \cdot J, \\ \text{die Wirkleistung} & N_W = U \cdot J_W = U \cdot J \cdot \cos\varphi, \\ \text{die Blindleistung} & N_B = U \cdot J_B = U \cdot J \cdot \sin\varphi. \end{array}\right\} \tag{68}$$

Beispiel. Eine Relaiswicklung habe einen Gleichstromwiderstand R von 1000 Ω und einen mit 50 Hz gemessenen Wechselstromwiderstand Z von 1500 Ω. Um wieviel muß die Spannung erhöht werden, wenn das Relais anstatt mit 50 Hz mit 60 Hz betrieben, den gleichen Strom aufnehmen soll?

$$R = 1000\ \Omega; \quad Z_{50} = 1500\ \Omega,$$

$$1500 = \sqrt{1000^2 + [(\omega L)_{50}]^2},$$

$$1500^2 = 1000^2 + [(\omega L)_{50}]^2,$$

$$2{,}25 \cdot 10^6 - 10^6 = [(\omega L)_{50}]^2,$$

$$[(\omega L)_{50}]^2 = 1{,}25 \cdot 10^6,$$

$$(\omega L)_{50} = 10^3 \cdot \sqrt{1{,}25} = 10^3 \cdot 1{,}12 = 1120\ \Omega.$$

Bei 60 Hz wird

$$(\omega L)_{60} = \frac{1120 \cdot 60}{50} = 1344\ \Omega,$$

$$Z_{60} = \sqrt{1000^2 + 1344^2},$$

$$Z_{60} = \sqrt{1 \cdot 10^6 + 1{,}805 \cdot 10^6} = 1677\ \Omega.$$

Die Spannung muß also mit dem Faktor $\frac{1677}{1500} = 1{,}118$ multipliziert werden, wenn das Relais bei 60 Hz denselben Strom aufnehmen soll wie bei 50 Hz, d. h. es ist eine Spannungssteigerung von 11,8% erforderlich.

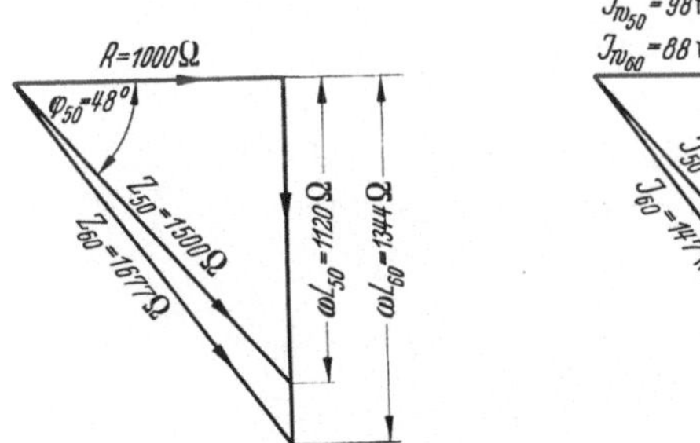

Abb. 41. Beispiel für die graphische Ermittlung des Wirk- und Blindstromes bei konstantem Gesamtstrom und zwei verschiedenen Frequenzen.

Die Stromaufnahme ist bei 220 V

$$J = \frac{220}{1500} = \frac{220 \cdot 1{,}118}{1677} = 0{,}147\ \text{A} = 147\ \text{mA}.$$

Der Phasenverschiebungswinkel φ errechnet sich aus dem Verhältnis des Blindwiderstandes zum Wirkwiderstand. Bei 50 Hz ist

$$\operatorname{tg} \varphi_{50} = \frac{(\omega L)_{50}}{R} = \frac{1120}{1000} = 1{,}12,$$

$$\varphi_{50} = 48^\circ\, 20'; \quad \cos \varphi_{50} = 0{,}665; \quad \sin \varphi_{50} = 0{,}747,$$

Bei 60 Hz ist

$$\operatorname{tg} \varphi_{60} = \frac{(\omega L)_{60}}{R} = \frac{1344}{1000} = 1{,}34,$$

$$\varphi_{60} = 53^\circ\, 20'; \quad \cos \varphi_{60} = 0{,}597; \quad \sin \varphi_{60} = 0{,}802.$$

Dementsprechend teilt sich auch der Gesamtstrom J auf in einen Wirkanteil und einen Blindanteil. Bei 50 Hz ist

$$J_{W50} = J \cdot \cos \varphi_{50} = 147 \cdot 0{,}665 = 98\ \text{mA},$$

$$J_{B50} = J \cdot \sin \varphi_{50} = 147 \cdot 0{,}747 = 110\ \text{mA},$$

bei 60 Hz

$$J_{W60} = J \cdot \cos \varphi_{60} = 147 \cdot 0{,}597 = 88\ \text{mA},$$

$$J_{B60} = J \cdot \sin \varphi_{60} = 147 \cdot 0{,}802 = 118\ \text{mA}.$$

Dasselbe hätte man auch zeichnerisch ermitteln können, wie Abb. 41 zeigt.

Beispiel. Es soll ein Stromkreis aus der Reihenschaltung eines Wirkwiderstandes mit einer Kapazität gebildet werden, der bei 220 V, 50 Hz einen Strom von 0,1 A aufnimmt und eine kapazitive Phasenverschiebung von 30° hat. Der gesamte Scheinwiderstand muß sein

$$Z = \frac{U}{J} = \frac{220}{0{,}1} = 2200 = \sqrt{R^2 + \left(\frac{1}{\omega C}\right)^2}$$

$$\operatorname{tg} 30^0 = 0{,}577 .$$

Das Verhältnis von Blind- und Wirkwiderstand muß sein

$$\frac{\frac{1}{\omega C}}{R} = \operatorname{tg} \varphi = 0{,}577 .$$

Nun ist
$$R^2 + \left(\frac{1}{\omega C}\right)^2 = 2200^2$$

und
$$\frac{1}{\omega C} = 0{,}577 \cdot R ,$$

also
$$R^2 + (0{,}577 \cdot R)^2 = 4{,}84 \cdot 10^6$$

oder
$$1{,}333 \cdot R^2 = 4{,}84 \cdot 10^6 ,$$

daraus
$$R = 1905\ \Omega$$

und
$$\frac{1}{\omega C} = 0{,}577 \cdot 1905\ \Omega = 1100\ \Omega ,$$

$$C = \frac{1}{\omega \cdot 1100} = \frac{10^6 \cdot 10^{-6}}{314 \cdot 1100} = 2{,}895 \cdot 10^{-6}\,\mathrm{F} = 2{,}895\ \mu\mathrm{F} .$$

Kontrolle:

$$Z = \sqrt{1905^2 + \left(\frac{1}{314 \cdot 2{,}895 \cdot 10^{-6}}\right)^2} ,$$

$$Z = \sqrt{(1{,}905 \cdot 10^3)^2 + \left(\frac{10^4}{3{,}14 \cdot 2{,}895}\right)^2} ,$$

$$Z = \sqrt{(1{,}905 \cdot 10^3)^2 + (1{,}1 \cdot 10^3)^2} ,$$

$$Z = 10^3 \sqrt{3{,}63 + 1{,}21} = 2200\ \Omega ,$$

$$\operatorname{tg} \varphi = \frac{1{,}1}{1{,}905} = 0{,}577 .$$

10. Das Induktionsgesetz.

Ändert sich der magnetische Fluß, den eine Leiterschleife umschlingt, so wird in der Schleife eine Spannung induziert, die der Geschwindigkeit der Flußänderung proportional ist. Hatte der magnetische Fluß Φ bei Beginn der Betrachtung zur Zeit t_1 die Größe Φ_1 und ist zur Zeit t_2 der Fluß Φ_2, dann ist die induzierte Spannung

$$u = K \cdot \frac{\Phi_1 - \Phi_2}{t_2 - t_1} . \tag{69}$$

Bei kontinuierlich konstanter Erregung des Magnetfeldes mit Gleichstrom wird also nichts induziert, da der Fluß Φ konstant ist. Wenn der Magnetfluß zunimmt, wird die induzierte Spannung negativ, da Φ_2 größer ist als Φ_1; wenn der Fluß abnimmt, wird eine positive Spannung induziert. Ist der induzierende Magnetfluß ein Wechselfluß, so wird auch die induzierte Spannung eine Wechselspannung. Um die Verhältnisse bei Wechselflüssen zu überblicken, teilt man eine Periode des induzierenden, nach einer Sinusfunktion verlaufenden Wechselflusses in eine größere Anzahl gleicher Teile und errechnet sich für jedes kleine Zeitteilchen Δt die zugehörige Flußänderung $\Delta\Phi$ und daraus die induzierte Spannung (Abb. 42). Dabei zeigt sich, daß an den Nulldurchgängen des induzierenden Magnetfeldes die Flußänderung $\Delta\Phi$ innerhalb der Zeit Δt am größten ist und die induzierte Spannung ein Maximum hat. An den Scheitelpunkten der Flußkurve ändert sich der Fluß innerhalb des Zeitelementes Δt praktisch nicht. Die induzierte Spannung ist also Null, und wenn man noch einige Zwischenpunkte zeichnet, sieht man, daß ein sinusförmiger Induktionsfluß eine Sinusspannung induziert, die dem induzierenden Fluß um 90° nacheilt. Dies gilt nur exakt, wenn der magnetische Fluß in Luft verläuft, bei Spulen mit Eisenkernen eilt die unduzierte Spannung dem induzierenden Fluß nicht genau um 90° nach.

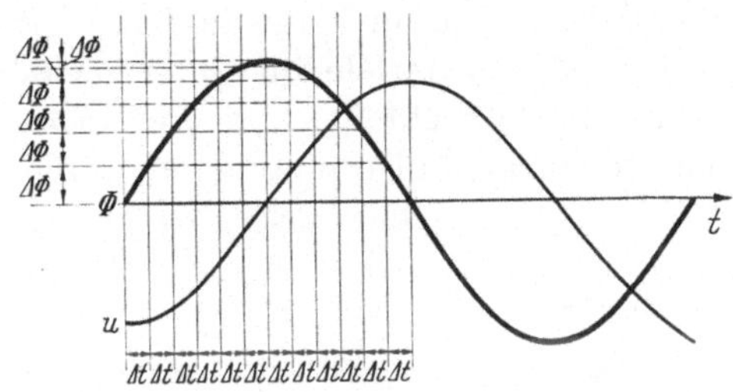

Abb. 42. Induktion einer Wechselspannung u durch einen Wechselfluß Φ.
Δt Zeitelement; — $\Delta\Phi$ Flußänderung innerhalb eines Zeitelements.

11. Wechselwirkungen zwischen Magnetfeldern und stromdurchflossenen Leitern.

Ein Magnetfeld übt auf einen stromdurchflossenen Leiter eine Kraft P aus, die ihn senkrecht zu der Richtung des Flusses und senkrecht zur Längsausdehnung des Leiters zu bewegen sucht. Diese Kraft ist proportional der Länge l des Leiters, der Stromstärke J im Leiter, der Feldstärke H des Magnetfeldes und dem Sinus des Winkels γ zwischen der Feldrichtung und dem Leiter

$$P = K \cdot J \cdot l \cdot H \cdot \sin\gamma. \tag{70}$$

Hat der Leiter w einzelne Drähte und fließt in jedem Draht der Strom J, dann ist die ausgeübte Kraft

$$P = K \cdot J \cdot w \cdot l \cdot H \cdot \sin\gamma. \tag{71}$$

Handelt es sich um einen Wechselstrom und ein Wechselfeld, so ist die Kraft außerdem proportional dem Cosinus des Phasenverschiebungswinkels zwischen beiden, wie leicht einzusehen ist, denn bei 90° Phasenverschiebung ist das Feld Null, wenn der Strom sein Maximum hat und umgekehrt, es kann also keine Kraftwirkung zustande kommen. Das vollständige Gesetz lautet:

$$P = K \cdot J \cdot w \cdot l \cdot H \cdot \sin\gamma \cdot \cos\varphi . \tag{72}$$

Die Bewegungsrichtung kann man sich folgendermaßen klarmachen: Wenn der Strom im Leiter in der Richtung vom Beobachter fort fließt, verläuft das Leiterfeld im Uhrzeigersinn; ist das Magnetfeld von oben nach unten gerichtet, so wird es rechts vom Leiter durch das Leiterfeld verstärkt, links vom Leiter durch das Leiterfeld geschwächt und der Leiter setzt sich in der Richtung nach dem schwächeren Feld zu in Bewegung (Motorwirkung) (Abb. 43).

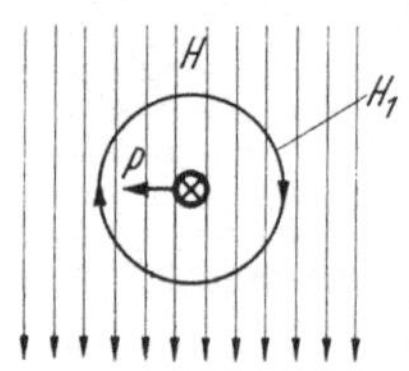

Abb. 43. Kraftwirkung zwischen einem Magnetfeld und einem stromdurchflossenen Leiter.
P Richtung der Kraft: — H Magnetfeld; — H_1 Leiterfeld.

Umgekehrt wird in einer Leiterschleife eine elektromotorische Kraft induziert, wenn man die Schleife so durch ein Magnetfeld bewegt, daß sich der umschlungene Magnetfluß ändert. Wenn die Schleife geschlossen ist, kann die induzierte elektromotorische Kraft einen Ausgleichstrom hervorrufen, und es muß eine Kraft aufgewendet werden, um die Schleife durch das Magnetfeld zu bewegen (Generatorwirkung).

Hat der Leiter eine größere räumliche Ausdehnung, etwa die Form einer Scheibe oder Trommel, von der sich ein Teil in dem Magnetfeld befindet, so kann die induzierte elektromotorische Kraft in dem Leiter Ströme erzeugen, die seiner Bewegung entgegenwirken. Die induzierten Ströme nennt man in diesem Fall Wirbelströme und die ganze Einrichtung Wirbelstrombremse. Die Bremskraft ist auch in diesem Fall proportional der Feldstärke H, der induzierten Leiterlänge l und der Stärke J_s des Wirbelstromes

$$P = k \cdot J_s \cdot l \cdot H \cdot \sin\gamma . \tag{73}$$

Da die Stärke des Wirbelstromes ihrerseits proportional der induzierenden Feldstärke H und dem Leitwert G des Leiters ist,

$$J_s = k_1 \cdot H \cdot G , \tag{74}$$

kann man auch sagen, die Bremskraft P ist proportional dem Quadrat der induzierenden Feldstärke H und dem Leitwert G des Leiters;

$$P = K \cdot G \cdot H^2 \cdot \sin\gamma . \tag{75}$$

Ebenso wie zwischen Magnetfeldern und stromdurchflossenen Leitern treten auch zwischen zwei stromdurchflossenen Leitern Kräfte auf, wie ohne weiteres einzusehen ist, da man sich das Magnetfeld durch einen Strom erzeugt denken kann.

Die zwischen zwei Leitern wirksame Kraft P ist proportional den Stromstärken J_1 und J_2 in den beiden Leitern, der Leiterlänge l und dem Cosinus des Winkels γ zwischen beiden Leitern, bei Wechselstrom außerdem dem Cosinus des Phasenverschiebungswinkels φ zwischen den Leiterströmen; sie ist umgekehrt proportional dem Abstand a der beiden Leiter

$$P = K \cdot \frac{J_1 \cdot J_2}{a} \cdot l \cdot \cos\gamma \cdot \cos\varphi . \qquad (76)$$

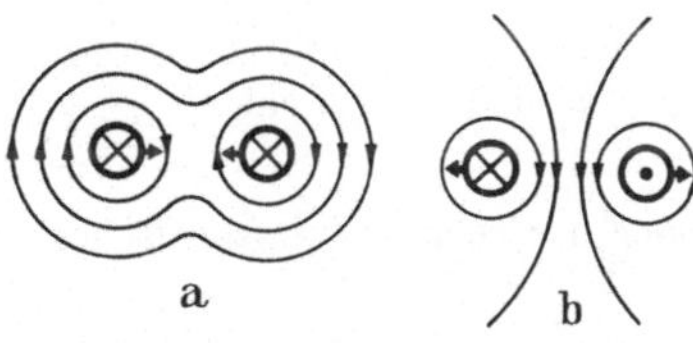

Abb. 44a u. b. Kraftwirkung zwischen parallelen stromführenden Leitern. a bei gleicher Stromrichtung; — b bei entgegengesetzter Stromrichtung.

Zeichnet man die Feldrichtungen der beiden Leiterströme auf, so erkennt man, daß sich parallele Leiter bei gleicher Stromrichtung anziehen, bei entgegengesetzter Stromrichtung abstoßen (Abb. 44).

IV. Grundbegriffe der Meßtechnik.

1. Anzeigefehler.

Infolge der Unvollkommenheit der Meßgeräte und menschlicher Schwächen ist jedes Meßergebnis fehlerhaft, und man muß sich bei allen Messungen über die Fehlerquellen und die mögliche Größe der Fehler klarwerden, wenn man beurteilen will, mit welcher Sicherheit ein Meßergebnis feststeht.

Bezeichnet man den wahren Wert der Meßgröße, d. h. der zu messenden Größe, mit Sollwert und den gemessenen, mehr oder weniger falschen Wert mit Istwert, so ist der Fehler

$$f = \text{falscher Wert} - \text{richtiger Wert} = \text{Istwert} - \text{Sollwert}.$$

Der Fehler ist also positiv, wenn das Meßergebnis größer als der wahre Wert ist. Um aus dem gemessenen falschen Wert den wahren Wert zu bekommen, kann man ihn berichtigen, die Berichtigung oder Korrektur ist das Umgekehrte des Fehlers, also

$$\text{Berichtigung} = -\text{Fehler} = \text{Sollwert} - \text{Istwert}.$$

Der auf den Sollwert bezogene, prozentische Fehler ist

$$\left.\begin{aligned} F_{rel\,\%\,S} &= \frac{\text{falscher Wert} - \text{richtiger Wert}}{\text{richtiger Wert}} \cdot 100 , \\ F_{rel\,\%\,S} &= \frac{\text{Istwert} - \text{Sollwert}}{\text{Sollwert}} \cdot 100 . \end{aligned}\right\} \qquad (77)$$

Beispiel. An einer Spannung $U = 220$ V liege der Widerstand $R = 100$ Ohm. Beide Größen seien auf mehrere Dezimalstellen genau bekannt, dann ist der Sollwert des Stromes

$$J_{Soll} = \frac{U}{R} = \frac{220}{100} = 2{,}20\ \text{A}.$$

Gemessen wurde ein Strom $J_{Ist} = 2{,}15$ A.
Dann ist der Fehler

$$2{,}15 - 2{,}20 = -0{,}05\ \text{A}$$

oder der relative, prozentische, auf den Sollwert bezogene Fehler

$$F_{rel}\%\,s = \frac{2{,}15 - 2{,}20}{2{,}20} \cdot 100 = -2{,}27\,\%$$

und die an dem Meßergebnis anzubringende Korrektur ist $+2{,}27\%$.

Beim Zähler ist der Fehler

$$F_{\%} = \frac{\text{Istanzeige} - \text{Sollanzeige}}{\text{Sollanzeige}} \cdot 100. \tag{78}$$

Beim Motorzähler ist die Anzeige proportional der mittleren Winkelgeschwindigkeit ω_1 und damit auch der Läuferdrehzahl

$$n = \frac{\omega_1}{2 \cdot \pi} \quad [\text{Umdr/min}],$$

und man darf für die Fehlergleichung auch schreiben

$$F_{\%} = \frac{n_{ist} - n_{soll}}{n_{soll}} \cdot 100. \tag{79}$$

Die Läuferdrehzahl ist aber auch gleich der Zahl der Läuferumdrehungen u, dividiert durch die Zeit t

$$n = \frac{u}{t}. \tag{80}$$

Man kann demnach, ausgehend von Gl. (79), den Fehler eines Zählers entweder durch die innerhalb einer bestimmten Zeit t vollendete Anzahl von Umdrehungen u oder durch die für eine bestimmte Anzahl von Umdrehungen u verbrauchte Zeit t ausdrücken und erhält die Gleichungen

$$\left.\begin{aligned} F_{\%} &= \frac{\dfrac{u_{ist}}{t} - \dfrac{u_{soll}}{t}}{\dfrac{u_{soll}}{t}} \cdot 100 = \frac{u_{ist} - u_{soll}}{u_{soll}} \cdot 100 \\ &\text{bzw.} \\ F_{\%} &= \frac{\dfrac{u}{t_{ist}} - \dfrac{u}{t_{soll}}}{\dfrac{u}{t_{soll}}} \cdot 100 = \frac{t_{soll} - t_{ist}}{t_{ist}} \cdot 100. \end{aligned}\right\} \tag{81}$$

Beispiel. Ein Motorzähler soll 40 Umdrehungen in 60 sek machen. Er macht 38 Umdrehungen in 60 sek oder 40 Umdrehungen in 63,16 sek Es ist also

$u_{soll} = 40$ Umdrehungen, $t_{soll} = 60$ sek,
$u_{ist} = 38$ Umdrehungen, $t_{ist} = 63{,}16$ sek

und der Fehler

$$F\% = \frac{38 - 40}{40} \cdot 100 = -5\%$$

oder

$$F\% = \frac{60 - 63{,}16}{63{,}16} \cdot 100 = -5\%.$$

Die Fehler kann man einteilen in systematische und zufällige Fehler. Die systematischen Fehler sind Fehler der benutzten Meßgeräte, beispielsweise Stromdämpfung, Frequenzeinfluß, Kurvenformeinfluß, Temperatureinfluß, Fremdfeldeinfluß usw. Sie haben eine bestimmte Größe und ein bestimmtes Vorzeichen und können durch eine Berichtigung aufgehoben werden, wenn das Gesetz bekannt ist, nach dem sie das Meßergebnis beeinflussen.

Die zufälligen Fehler folgen keinem Gesetz, ihre Größe und ihr Vorzeichen sind unbekannt, und sie können deshalb auch nicht berichtigt werden. Sie sind die Ursache der Streuung der Meßergebnisse.

2. Mittelwert.

Um die Sicherheit eines Meßergebnisses zu erhöhen, kann man dieselbe Messung mehrmals ausführen und aus den Einzelergebnissen den Mittelwert oder Durchschnittswert bilden. Der Durchschnitt weicht vom Sollwert weniger ab als die einzelnen Messungen. Er nähert sich dem Sollwert um so mehr, je größer die Zahl der Messungen ist. Man kann die Sicherheit eines Meßergebnisses also durch häufiges Wiederholen der Messung steigern.

Beispiel. Als Ergebnisse von fünf Messungen der Zeit zwischen zwei Sprüngen des Minutenzeigers einer Nebenuhr erhielt man nacheinander die Werte 60,2; 60,4; 59,6; 59,0; 59,8 sek. Dann ist der Durchschnittswert

$$D = \frac{1}{5}(60{,}2 + 60{,}4 + 59{,}6 + 59{,}0 + 59{,}8) = 59{,}8 \text{ sek}.$$

Der Durchschnitt unterscheidet sich vom Sollwert 60 sek um 0,2 sek; die größte Abweichung eines Einzelwertes ist dagegen 1 sek, also fünfmal so groß.

Sind die Ergebnisse von n Messungen A_1, A_2, A_3, ..., A_n, so ist der Durchschnitt

$$D = \frac{1}{n}(A_1 + A_2 + A_3 + \cdots A_n). \tag{82}$$

3. Streuung.

Die Ergebnisse der einzelnen Messungen streuen um den Durchschnitt. Bezeichnet δ den Unterschied zwischen den einzelnen Meßwerten A und dem Durchschnitt D, dann ist

$$\delta = A - D \tag{83}$$

und bei n Messungen die Streuung

$$\sigma = \pm \sqrt{\frac{\Sigma \delta^2}{n}}. \tag{84}$$

Die relative, prozentische Streuung ist

$$\sigma_{\%} = \pm \frac{\sigma}{D} \cdot 100. \tag{85}$$

Infolge der Streuung ist das Meßergebnis mehr oder weniger unsicher und die prozentische Unsicherheit des Durchschnitts

$$\sigma_{D\%} = \frac{\frac{\sigma}{\sqrt{n}}}{D} \cdot 100. \tag{86}$$

Beispiel. Bei sechsmaliger Wiederholung derselben Messung mit den gleichen Meßgeräten, unter den gleichen Bedingungen und durch denselben Beobachter seien die Werte

$$A_1 = 200{,}2, \quad A_4 = 200{,}2,$$
$$A_2 = 201{,}0, \quad A_5 = 199{,}2,$$
$$A_3 = 198{,}8, \quad A_6 = 200{,}4$$

gemessen worden. Ihre Summe ist 1199,8 und ihr Durchschnitt

$$D = \frac{1199{,}8}{6} = 199{,}967.$$

Die Abweichungen δ vom Durchschnitt D und ihre Quadrate δ^2 sind:

A	D	δ	δ^2
200,2	199,967	+ 0,233	0,0543
201,0	—	+ 1,033	1,0671
198,8		— 1,167	1,3619
200,2		+ 0,233	0,0543
199,2		— 0,767	0,5883
200,4		+ 0,433	0,1875
			$\Sigma \delta^2 = 3{,}3134$

Daraus errechnet sich die Streuung

$$\sigma = \sqrt{\frac{3{,}3134}{6}} = \sqrt{0{,}5522} = \pm 0{,}74.$$

Die relative prozentische Streuung ist

$$\sigma_{\%} = \pm \frac{0{,}74}{199{,}97} \cdot 100 = \pm 0{,}37\,\%.$$

Der Durchschnittswert ist unsicher um den Betrag $\sigma_{D\%}$

$$\sigma_{D\%} = \pm \frac{\frac{0{,}74}{\sqrt{6}}}{199{,}97} \cdot 100 = \pm \frac{\frac{0{,}74}{2{,}45}}{199{,}97} \cdot 100 = \pm 0{,}15\,\%.$$

Das Meßergebnis lautet also

$$M = 199{,}97 \pm 0{,}15\%.$$

4. Rechnen mit Toleranzen.

Wenn man die mit Fehlern behafteten Meßwerte weiter verarbeitet, tritt natürlich auch im Endergebnis ein Fehler auf; seine Größe hängt ab von den Fehlern der einzelnen Meßwerte und von der Art des Rechenvorganges.

a) Multiplikation und Division. Werden mehrere mit Toleranzen behaftete Meßgrößen miteinander multipliziert oder durcheinander dividiert, so ist die Toleranz des Produktes oder des Quotienten gleich der Summe der Toleranzen der einzelnen Glieder. Die einzelnen Meßgrößen seien

$$M_1 = x \text{ mit der Toleranz } \pm a\%,$$
$$M_2 = y \text{ mit der Toleranz } \pm b\%,$$

dann ist

$$M_1 = x \pm a\%,$$
$$M_2 = y \pm b\%$$

und das Produkt

$$M = M_1 \cdot M_2 = x \cdot y \pm (a + b)\% \tag{87}$$

und der Quotient

$$N = \frac{M_1}{M_2} = \frac{x}{y} \pm (a + b)\,\%\,. \tag{88}$$

Die prozentische Toleranz ist in beiden Fällen $\pm (a + b)\%$.

Beispiel.

$$M_1 = 80 \pm 0{,}8 = 80 \pm 1\,\%,$$
$$M_2 = 130 \pm 1{,}95 = 130 \pm 1{,}5\%,$$
$$M = M_1 \cdot M_2 = 80 \cdot 130 \pm 2{,}5\%,$$

wie folgende Rechnung zeigt.

$$M = (80 \pm 0{,}8) \cdot (130 \pm 1{,}95),$$
$$= 80 \cdot 130 \pm 80 \cdot 1{,}95 \pm 0{,}8 \cdot 130 \pm 0{,}8 \cdot 1{,}95,$$
$$= 80 \cdot 130 \pm 156 \pm 104 \pm 1{,}56,$$
$$= 80 \cdot 130 \pm 261{,}56,$$
$$= 80 \cdot 130 \pm 2{,}52\%,$$

$$N = \frac{M_1}{M_2} = \frac{80}{130} \pm 2{,}5\,\% = 0{,}615 \pm 2{,}5\,\%,$$

wie nachstehende Rechnung zeigt:

$$N = \frac{M_1}{M_2} = \frac{80 \pm 0{,}8}{130 \pm 1{,}95} = \frac{80 - 0{,}8}{130 + 1{,}95} \text{ bis } \frac{80 + 0{,}8}{130 - 1{,}95} = 0{,}60 \text{ bis } 0{,}63,$$

$$N = 0{,}615 \mp 0{,}015 = 0{,}615 \mp 2{,}44\,\%.$$

b) Addition. Werden mehrere mit Toleranzen behaftete Meßgrößen addiert, so hängt die Toleranz der Summe von der Größe der Summanden ab. Sind die Summanden sehr verschieden, so ist die Toleranz des größeren Summanden ausschlaggebend für die Toleranz der Summe. Die Meßgrößen seien

$$M_1 = x \pm a\%,$$
$$M_2 = y \pm b\%,$$

ihre Summe

$$M = M_1 + M_2 = (x \pm a\%) + (y \pm b\%) = x + y \pm \frac{a\,x}{100} \pm \frac{b\,y}{100}. \tag{89}$$

Die prozentische Toleranz des Meßergebnisses ist

$$\Delta_{M\%} = \pm \frac{a\,x + b\,y}{x + y}. \tag{90}$$

Beispiel.

$$M_1 = 1000 \pm 10 = 1000 \pm 1\% \quad ,$$
$$M_2 = \;\; 200 \pm \;\; 3 = \;\; 200 \pm 1{,}5\%,$$

$$M = 1200 \pm \frac{1 \cdot 1000 + 1{,}5 \cdot 200}{1000 + 200} = 1200 \pm \frac{1300}{1200} = 1200 \pm 1{,}08\%.$$

Dasselbe hätte man durch folgende Rechnung ermitteln können:

$$M = (990 + 197) \text{ bis } (1010 + 203)$$
$$= 1187 \text{ bis } 1213 = 1200 \pm 13 = 1200 \pm 1{,}08\%.$$

c) Subtraktion. Werden mehrere mit Toleranzen behaftete Meßgrößen voneinander subtrahiert, so hängt die Toleranz des Meßergebnisses sehr wesentlich von der Größe der Differenz ab. Ist die Differenz klein gegen die Einzelglieder, so kann der prozentische Fehler sehr groß werden. Die Meßgrößen seien

$$M_1 = x \pm a\%,$$
$$M_2 = y \pm b\%,$$

ihre Differenz ist

$$M = M_1 - M_2 = (x \pm a\%) - (y \pm b\%) = x - y \pm \frac{a\,x}{100} \pm \frac{b\,y}{100}, \tag{91}$$

die prozentische Toleranz des Meßergebnisses

$$\Delta_{M\%} = \pm \frac{a\,x + b\,y}{x - y}. \tag{92}$$

Beispiel.

$$M_1 = 1000 \pm \;\; 5 = 1000 \pm 0{,}5\%,$$
$$M_2 = \;\; 800 \pm 16 = \;\; 800 \pm 2\%,$$

$$M = 1000 - 800 \pm \frac{1000 \cdot 0{,}5 + 800 \cdot 2}{1000 - 800} = 200 \pm 10{,}5\%,$$

wie die folgende Rechnung zeigt:

$$M = (1000 \pm 5) - (800 \pm 16) = (995 - 816) \text{ bis } (1005 - 784)$$
$$= 179 \text{ bis } 221 = 200 \pm 21 = 200 \pm 10{,}5\%.$$

Es tritt also in der Differenz ein Fehler von 10,5% auf, obwohl der größte Fehler eines einzelnen Gliedes nur 2% betrug.

5. Messen und Zählen.

Messen heißt, eine Meßgröße M mit einer Einheit E vergleichen oder, mit anderen Worten, feststellen, wie oft die Einheit E in der Meßgröße M enthalten ist. Das Meßergebnis lautet

$$x = \frac{M}{E} \tag{93}$$

und besagt, die Einheit E ist in der Meßgröße M x-mal enthalten.

Zählen heißt, die vorhandenen Einheiten E_1 addieren. Das Ergebnis der Zählung ist

$$\left.\begin{aligned} M &= \Sigma\,(E_1 + E_1 + E_1 + \cdots) \\ M &= y \cdot E_1 \end{aligned}\right\} \tag{94}$$

und besagt, die Summe von y Einheiten E_1 ist das Zählergebnis M.

Beim Messen wird also die Meßgröße M in Einheiten zerlegt, beim Zählen werden die Einheiten zum Zählergebnis zusammengesetzt.

Beispiel. Den Inhalt eines Korbes Äpfel kann man wägen oder zählen. In dem einen Fall stellt man durch eine Messung fest, wie oft die Einheit kg in dem Gewicht der Äpfel enthalten ist, in dem anderen Fall stellt man die Einheiten fest, die der Korb enthält. In diesem Fall wird man als Einheit zweckmäßig nicht das kg, sondern die Einheit „Apfel" wählen.

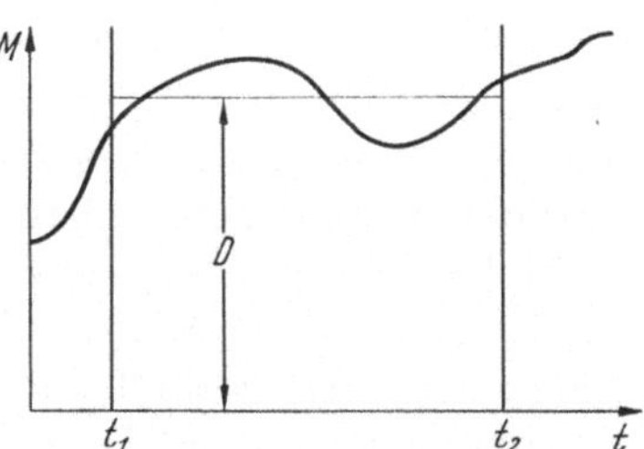

Abb. 45. Verlauf einer Meßgröße M während einer bestimmten Zeit und Ermittlung des Durchschnittswertes D während der Zeit $(t_2 - t_1)$.

Man kann nicht nur Augenblickswerte messen und zählen, sondern Messung und Zählung auch über eine Zeitspanne erstrecken. Beim Messen erhält man durch Aneinanderreihen der Augenblickswerte eine Kurve, die den Verlauf der Meßgröße während der Beobachtungsdauer angibt (Abb. 45). Der Inhalt der Fläche zwischen der Kurve, der waagerechten Achse und den Senkrechten in den Zeitpunkten t_1 und t_2 ist gleich dem Produkt aus dem Durchschnittswert D der Meßgröße M und der Zeitdifferenz $t_2 - t_1$:

$$F = D \cdot (t_2 - t_1)\,. \tag{95}$$

Beim Zählen ermittelt man die Summe der in der Zeit $t_2 - t_1$ aufgelaufenen Einheiten E_1

$$F = y \cdot E_1 = D \cdot (t_2 - t_1)\,. \tag{96}$$

Dividiert man das Zählergebnis durch die Beobachtungszeit $t_2 - t_1$, so erhält man den Durchschnitt D der Meßgröße.

Das Zählergebnis gibt keinen Aufschluß über den Verlauf der Meßgröße M während der Zeit t.

Beispiel. Ein Verbraucher nehme eine schwankende Leistung N auf. Zeichnet man die Momentanleistung N während der Zeit t auf, so erhält man ein Belastungsdiagramm, aus dem der Verlauf der Leistungsaufnahme ersichtlich ist. Durch Ausplanimetrieren dieses Diagramms kann man die Fläche F ermitteln, sie ist proportional der während der Zeit t vom Verbraucher aufgenommenen Arbeit A

$$A = k_1 \cdot F. \tag{97}$$

Durch Division mit der Zeit t erhält man daraus die mittlere Leistungsaufnahme

$$N_{mitt} = \frac{A}{t}. \tag{98}$$

Läßt man nach jeder von dem Verbraucher aufgenommenen Arbeitseinheit a ein Zählwerk um einen bestimmten Betrag weiterlaufen, so erhält man als Zählergebnis die Summe A der in der Zeit t verbrauchten Arbeitseinheiten a

$$A = \Sigma\, a. \tag{99}$$

Aus dem Ergebnis der Zählung kann man ebenfalls die durchschnittliche Leistungsaufnahme N_{mitt} des Verbrauchers durch Dividieren durch die Zeit t ermitteln, jedoch nichts über den Verlauf der Leistung aussagen.

Zusammenfassend kann man feststellen, durch fortlaufendes Messen einer Größe während einer bestimmten Zeit erhält man eine Übersicht über den Verlauf der Meßgröße und kann durch Mittelwertbildung und Multiplikation mit der Zeit das Produkt Meßgröße mal Zeit errechnen. Die Zählung bietet dieses Produkt unmittelbar, gibt aber keinen Aufschluß über den Verlauf der Meßgröße.

Man kann also aus der Zählerablesung lediglich feststellen, wie viele kWh ein Verbraucher entnommen hat, man kann aber nichts darüber aussagen, in welcher Weise und zu welchem Zeitpunkt die Arbeit entnommen wurde. Da die Elektrizitätslieferanten aber gerade an der Art und Weise der Arbeitsentnahme sehr interessiert sind, werden bei größeren Verbrauchern Spezialgeräte eingebaut, die darüber bis zu einem gewissen Grad Aufschluß geben; das sind Doppeltarif- und Maximumzähler, Maximumzeiger, Spitzenzähler und schreibende oder druckende Maximumzähler.

6. Leistung und Arbeit.

In einem Gleichstromkreis ist die Leistung gleich dem Produkt aus Spannung und Strom

$$N = U \cdot J. \tag{100}$$

Wird diese Leistung während der Zeit t aufrechterhalten, so ist die verbrauchte Arbeit, oder kurz, der Verbrauch

$$A = N \cdot t = U \cdot J \cdot t. \tag{101}$$

Im Wechselstromkreis sind die Verhältnisse etwas komplizierter; wohl kann man zunächst auch das Produkt aus Spannung und Strom bilden. Dieses Produkt heißt Scheinleistung

$$N_S = U \cdot J \tag{102}$$

und die von der Scheinleistung in der Zeit t geleistete Scheinarbeit ist der Scheinverbrauch

$$A_S = N_S \cdot t = U \cdot J \cdot t. \tag{103}$$

Wenn der Strom J eine Phasenverschiebung gegenüber der Spannung hat, kann man ihn in zwei Komponenten zerlegen, von denen die eine in Phase mit der Spannung ist, während die andere senkrecht auf ihr steht. Diese beiden Komponenten nennt man Wirkstrom J_W und Blindstrom J_B.

Aus der Abb. 40 läßt sich leicht ableiten, daß der Wirkstrom

$$J_W = J \cdot \cos\varphi \tag{104}$$

der Blindstrom

$$J_B = J \cdot \sin\varphi \tag{105}$$

ist. Durch Multiplikation dieser Stromkomponenten mit der Spannung erhält man die Wirkleistung

$$N_W = U \cdot J \cdot \cos\varphi \tag{106}$$

und die Blindleistung

$$N_B = U \cdot J \cdot \sin\varphi. \tag{107}$$

Die geometrische Summe dieser beiden Leistungen ist die Scheinleistung

$$\begin{aligned} N_S &= \sqrt{N_W^2 + N_B^2} = \sqrt{U^2 \cdot J^2 \cdot \cos^2\varphi + U^2 \cdot J^2 \cdot \sin^2\varphi} \\ &= \sqrt{U^2 \cdot J^2 (\cos^2\varphi + \sin^2\varphi)} = U \cdot J. \end{aligned} \tag{108}$$

Analog ergibt sich bei konstanter Leistung für die Wirkarbeit

$$A_W = N_W \cdot t = U \cdot J \cdot \cos\varphi \cdot t, \tag{109}$$

für die Blindarbeit

$$A_B = N_B \cdot t = U \cdot J \cdot \sin\varphi \cdot t \tag{110}$$

und für die Scheinarbeit

$$\begin{aligned} A_S &= \sqrt{(N_W \cdot t)^2 + (N_B \cdot t)^2} \\ &= \sqrt{U^2 \cdot J^2 \cdot t^2 \cdot (\cos^2\varphi + \sin^2\varphi)} \\ &= U \cdot J \cdot t. \end{aligned} \tag{111}$$

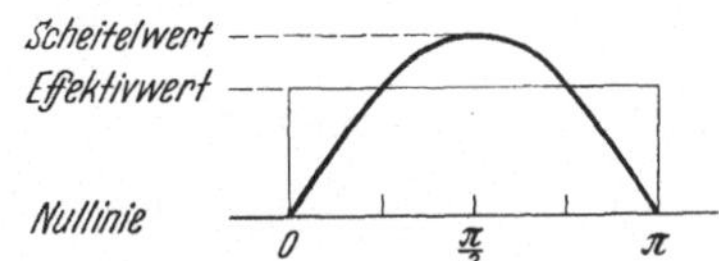

Abb. 46. Scheitelwert und Effektivwert der Sinuslinie.

In diese Gleichungen sind die Effektivwerte der Ströme und Spannungen einzusetzen, das sind diejenigen Werte der Wechselstromgrößen, deren Wärmewirkung ebenso groß ist wie die eines Gleichstromes von derselben Größe.

Bei sinusförmig verlaufenden Größen sind Effektivwert und Scheitelwert durch die Gleichung verbunden:

$$\text{Scheitelwert} = \text{Effektivwert} \cdot \sqrt{2} \tag{112}$$

(Abb. 46).

Wenn nicht ausdrücklich etwas anderes bemerkt ist, beziehen sich alle Größenangaben bei Wechselströmen auf Effektivwerte.

7. Drehstromleistung.

a) Wirkleistung. Bei Vierleiter-Drehstrom kann man die Drehstromleistung als Summe der Leistungen in den einzelnen Phasen ansehen und erhält

$$N = N_R + N_S + N_T, \tag{113}$$

worin N_R, N_S und N_T die Phasenleistungen bedeuten. Setzt man die Ströme, Spannungen und Phasenverschiebungen der einzelnen Leiter ein (Abb. 47), so erhält man für die Wirkleistung

$$N_W = J_R \cdot U_{RO} \cdot \cos\varphi_R + J_S \cdot U_{SO} \cdot \cos\varphi_S + J_T \cdot U_{TO} \cdot \cos\varphi_T. \tag{114}$$

Sind die drei Spannungen und die drei Ströme gleichgroß und ist auch die Phasenverschiebung in allen drei Leitern dieselbe, also

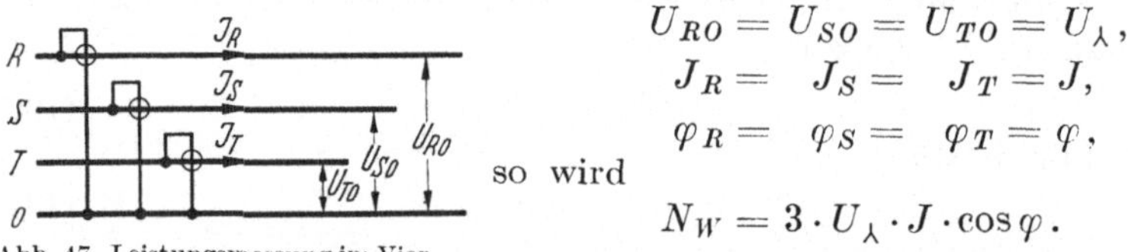

Abb. 47. Leistungsmessung im Vierleiter-Drehstromnetz.

$$U_{RO} = U_{SO} = U_{TO} = U_\lambda, \quad J_R = J_S = J_T = J, \quad \varphi_R = \varphi_S = \varphi_T = \varphi,$$

so wird

$$N_W = 3 \cdot U_\lambda \cdot J \cdot \cos\varphi.$$

Die Spannung der drei Leiter gegen den Nullpunkt ist dabei mit U_λ, die Spannung zwischen zwei Leitern mit $U_\triangle$ bezeichnet und es ist die Dreieckspannung um den Faktor $\sqrt{3}$ größer als die Sternspannung

$$U_\triangle = \sqrt{3} \cdot U_\lambda, \tag{115}$$

so daß man auch schreiben kann

$$N_W = \sqrt{3} \cdot U_\triangle \cdot J \cdot \cos\varphi. \tag{116}$$

Analog die Blindleistung

$$N_B = \sqrt{3} \cdot U_\triangle \cdot J \cdot \sin\varphi \tag{117}$$

und die Scheinleistung

$$N_S = \sqrt{3} \cdot U_\triangle \cdot J. \tag{118}$$

Das Vektordiagramm eines Drehstromnetzes kann man als gleichseitiges Dreieck zeichnen (Abb. 48) und sieht daraus sehr schön die Größenverhältnisse und die Phasenlagen der sechs Spannungen. Da man Vektoren parallel verschieben darf, läßt sich ein solches Drehstromdreieck in einen Stern auflösen, was für die weiteren Betrachtungen zumeist zweckmäßiger ist. Hier und im folgenden ist stets die Phasenfolge $R-S-T$, also ein rechtsläufiges Drehstromsystem, angenommen.

Im Drehstrom-Dreileiternetz kann man selbstverständlich die Leistung ebenfalls mit drei Meßwerken messen, wenn man nach Abb. 49 einen künstlichen Nullpunkt schafft. Grundsätzlich sind jedoch zum

Messen der Leistung in einem Netz mit n Leitern nur $n-1$ Meßwerke erforderlich, also in einem Zweileiter-Wechselstromnetz ein Meßwerk, in einem Vierleiter-Drehstromnetz drei Meßwerke und in einem Dreileiter-Drehstromnetz zwei Meßwerke. Diese beiden Meßwerke sind

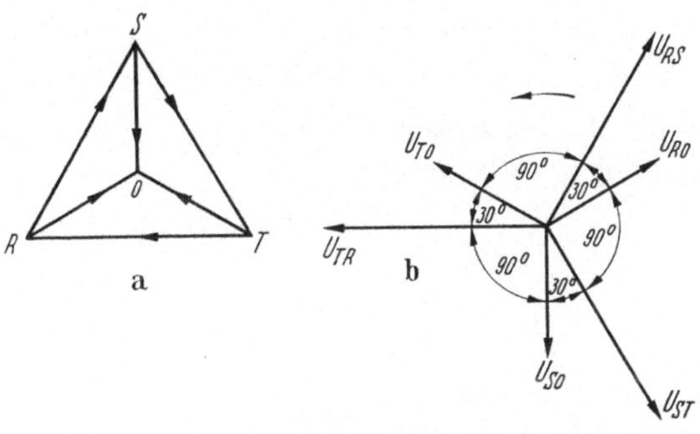

Abb. 48a u. b. Vektordarstellung der Spannungen im Drehstromnetz. a Darstellung in Dreieckform; — b Auflösung des Dreiecks in einen Stern. Zusammenlegen der Anfangspunkte der Vektoren durch Parallelverschiebung.

nach Abb. 50 zu schalten, wie man aus Abb. 48 leicht ableiten kann. Die Drehstromleistung ist nach Gl. (114) in Vektorschreibweise

$$N_W = \overline{J_R\, U_{RO}} + \overline{J_S\, U_{SO}} + \overline{J_T\, U_{TO}}\,.$$

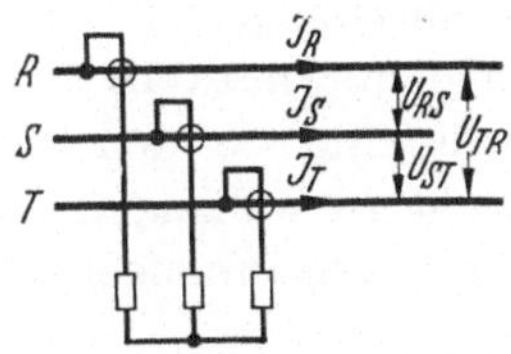

Abb. 49. Leistungsmessung im Dreileiter-Drehstromnetz mit drei Meßwerken und künstlichem Nullpunkt.

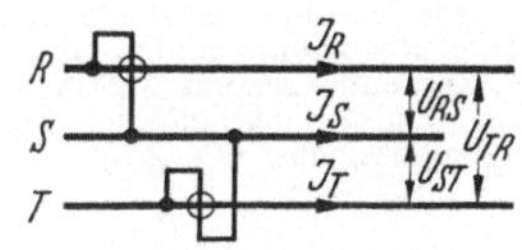

Abb. 50. Leistungsmessung im Dreileiter-Drehstromnetz mit zwei Meßwerken.

Im Dreileiter-Drehstromnetz ist

$$\overline{J}_R + \overline{J}_S + \overline{J}_T = 0 \quad \text{oder} \quad \overline{J}_S = -\overline{J}_R - \overline{J}_T\,;$$

also

$$N_W = \overline{J_R\, U_{RO}} - \overline{J_R\, U_{SO}} - \overline{J_T\, U_{SO}} + \overline{J_T\, U_{TO}}\,;$$

$$N_W = \overline{J_R\,(U_{RO} - U_{SO})} + \overline{J_T\,(U_{TO} - U_{SO})}\,;$$

ferner ist

$$\overline{U}_{RO} - \overline{U}_{SO} = \overline{U}_{RS}$$

und

$$\overline{U}_{TO} - \overline{U}_{SO} = \overline{U}_{TS}\,;$$

woraus folgt:

$$N_W = \overline{J_R\, U_{RS}} + \overline{J_T\, U_{TS}}\,.$$

Geht man von den Vektoren auf die Skalare über, so wird daraus nach Abb. 51

$$N_W = J_R \cdot U_{RS} \cdot \cos(\varphi_R + 30) + J_T \cdot U_{TS} \cdot \cos(\varphi_T - 30) \tag{119}$$

oder

$$N_W = J_R \cdot U_{RS} \cdot (\cos\varphi_R \cdot \cos 30 - \sin\varphi_R \cdot \sin 30) + \\ + J_T \cdot U_{TS} \cdot (\cos\varphi_T \cdot \cos 30 + \sin\varphi_T \cdot \sin 30). \tag{120}$$

Dabei sind die Winkel zwischen Spannung und Strom bei induktiver Phasenverschiebung positiv gezählt.

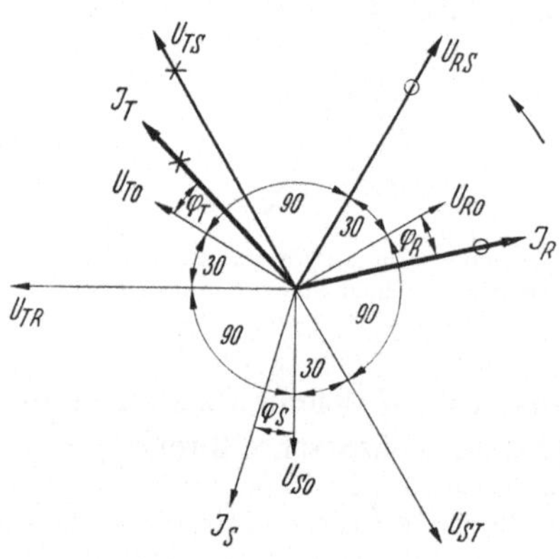

Abb. 51. Vektordiagramm der Leistungsmessung im Dreileiter-Drehstromnetz mit zwei Meßwerken. Zusammengehörende Ströme und Spannungen sind mit den gleichen Zeichen gekennzeichnet (○, ×).

Für symmetrische Belastung ist

$$J_R = J_T = J,$$
$$U_{RS} = U_{TS} = U_\triangle,$$
$$\varphi_R = \varphi_T = \varphi,$$

also

$$N_W = J \cdot U_\triangle \cdot 2 \cdot \cos\varphi \cdot \cos 30$$

oder, da $\cos 30 = 0{,}866$ und $2 \cdot 0{,}866 = 1{,}73 = \sqrt{3}$ ist,

$$N_W = \sqrt{3} \cdot J \cdot U_\triangle \cdot \cos\varphi, \tag{121}$$

was zu beweisen war.

b) Blindleistung. Für die Blindleistungsmessung mit Wirkverbauchmeßwerken sind zu den Strömen Spannungen zu wählen, die gegenüber den für die Wirkleistungsmessung gewählten Spannungen um 90° phasenverschoben sind, da

$$\cos(90 \pm \varphi) = \mp \sin\varphi$$

(Abb. 10).

Im Wechselstromnetz steht keine solche Spannung zur Verfügung, und man muß sie durch eine Kunstschaltung herstellen. Im Drehstromnetz sind aufeinander senkrecht stehende Spannungen verfügbar (Abb. 48), denn bei symmetrischem Spannungsdreieck steht U_{RO} senkrecht auf U_{ST}, U_{SO} senkrecht auf U_{TR} und U_{TO} senkrecht auf U_{RS}. Die Stern- und Dreieckspannungen unterscheiden sich um den Faktor $\sqrt{3}$. Wenn man also an Stelle einer Sternspannung eine Dreieckspannung wählt, muß man gleichzeitig durch $\sqrt{3}$ dividieren, um wieder das richtige Ergebnis zu bekommen und umgekehrt.

α) *Blindleistungsmessung im Vierleiter-Drehstromnetz.* Die Blindleistung des Drehstromnetzes ist

$$N_B = J_R \cdot U_{RO} \cdot \sin\varphi_R + J_S \cdot U_{SO} \cdot \sin\varphi_S + J_T \cdot U_{TO} \cdot \sin\varphi_T. \tag{122}$$

Sie wird mit Wirkverbrauch-Meßwerken gemessen, die nach Abb. 52 geschaltet sind.

Nach dem Vektordiagramm dieser Schaltung (Abb. 53) ist die gemessene Leistung

$$N_B = J_R \cdot \frac{U_{ST}}{\sqrt{3}} \cdot \cos(90 - \varphi_R) + + J_S \cdot \frac{U_{TR}}{\sqrt{3}} \cdot \cos(90 - \varphi_S) + + J_T \cdot \frac{U_{RS}}{\sqrt{3}} \cdot \cos(90 - \varphi_T), \quad (123)$$

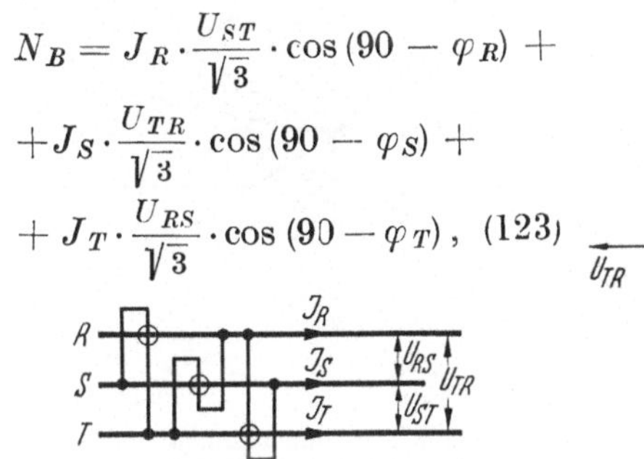

Abb. 52. Blindleistungsmessung im Vierleiter-Drehstromnetz mit drei Meßwerken.

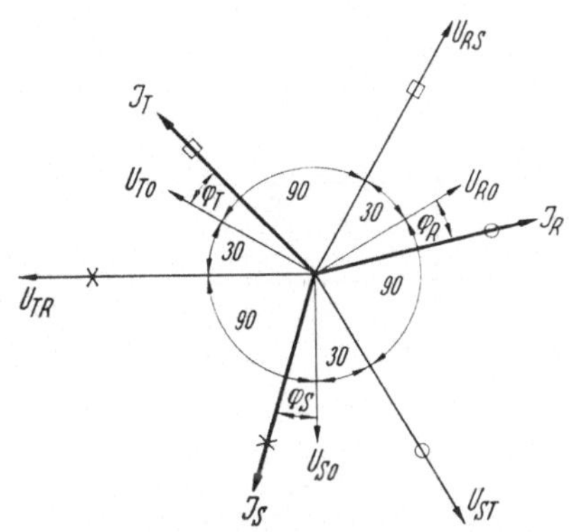

Abb. 53. Vektordiagramm für die Blindleistungsmessung im Vierleiter-Drehstromnetz. Zusammengehörende Ströme und Spannungen sind mit den gleichen Zeichen gekennzeichnet (○, □, ×).

und, da $\cos(90 - \varphi) = \sin\varphi$,

$$N_B = J_R \cdot \frac{U_{ST}}{\sqrt{3}} \cdot \sin\varphi_R + J_S \cdot \frac{U_{TR}}{\sqrt{3}} \cdot \sin\varphi_S + J_T \cdot \frac{U_{RS}}{\sqrt{3}} \cdot \sin\varphi_T. \quad (124)$$

Bei symmetrischer Belastung ist

$$J_R = J_S = J_T = J,$$
$$U_{ST} = U_{TR} = U_{RS} = U_\triangle,$$
$$\varphi_R = \varphi_S = \varphi_T = \varphi,$$

und es wird

$$N_B = 3 \cdot J \cdot \frac{U_\triangle}{\sqrt{3}} \cdot \sin\varphi = \sqrt{3} \cdot J \cdot U_\triangle \cdot \sin\varphi \quad (125)$$

gleich der Blindleistung des Drehstromnetzes, was zu beweisen war.

β) *Blindleistungsmessung im Dreileiter-Drehstromnetz.* Die Blindleistung im Dreileiter-Drehstromnetz kann man natürlich ebenso wie im Vierleiternetz mit drei Meßwerken messen. Man kann aber auch mit zwei nach Abb. 54 geschalteten Meßwerken auskommen, wenn man einen künstlichen Nullpunkt schafft. Gleichzeitig ist mit $\sqrt{3}$ zu multiplizieren, da an Stelle der Dreieckspannungen die Sternspannungen gewählt wurden. Es ist dann nach dem Vektordiagramm (Abb. 55) die gemessene Leistung

$$N_B = J_R \cdot \sqrt{3} \cdot U_{OT} \cdot \cos[90 - (\varphi_R + 30)] + + J_T \cdot \sqrt{3} \cdot U_{RO} \cdot \cos[90 - (\varphi_T - 30)], \quad (126)$$

$$N_B = J_R \cdot \sqrt{3} \cdot U_{OT} \cdot \sin(\varphi_R + 30) + J_T \cdot \sqrt{3} \cdot U_{RO} \cdot \sin(\varphi_T - 30). \quad (127)$$

Für symmetrische Belastung ist

$$J_R = J_T = J,$$
$$U_{TO} = U_{RO} = U_\lambda,$$
$$\varphi_R = \varphi_T = \varphi,$$

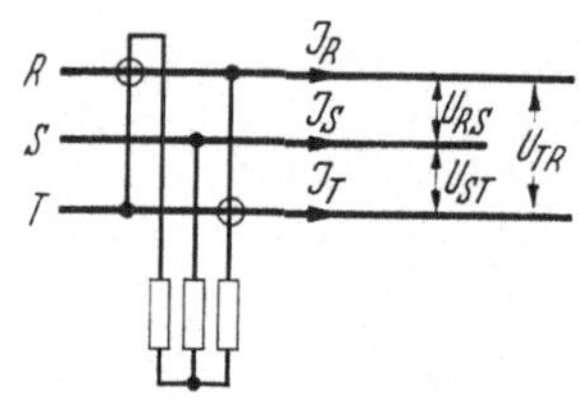

Abb. 54. Blindleistungsmessung im Dreileiter-Drehstromnetz mit zwei Meßwerken und künstlichem Nullpunkt.

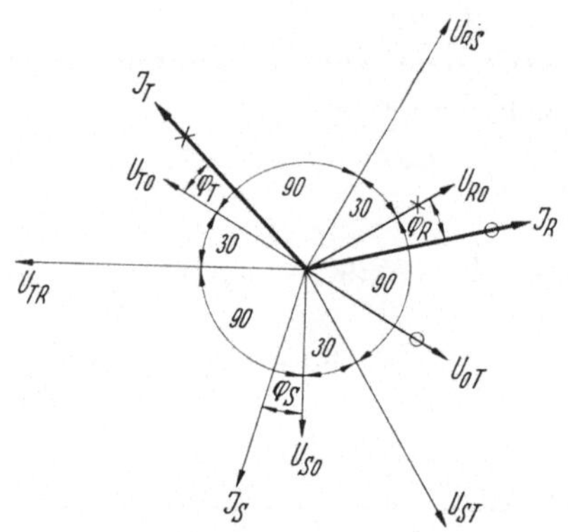

Abb. 55. Diagramm der Blindleistungsmessung im Dreileiter-Drehstromnetz mit zwei Meßwerken. Zusammengehörende Ströme und Spannungen sind mit den gleichen Zeichen gekennzeichnet (○, ×).

und es wird

$$N_B = \sqrt{3} \cdot J \cdot U_\lambda \left[\sin(\varphi + 30) + \sin(\varphi - 30)\right],$$
$$N_B = \sqrt{3} \cdot J \cdot U_\lambda [\sin\varphi \cdot \cos 30 + \cos\varphi \cdot \sin 30 + \\ + \sin\varphi \cdot \cos 30 - \cos\varphi \cdot \sin 30],$$
$$N_B = \sqrt{3} \cdot J \cdot U_\lambda \cdot 2 \cdot 0{,}866 \cdot \sin\varphi = 3 \cdot J \cdot U_\lambda \cdot \sin\varphi,$$
$$N_B = \sqrt{3} \cdot J \cdot U_\triangle \cdot \sin\varphi,$$

also gleich der Blindleistung des Drehstromnetzes, was zu beweisen war.

B. Motorzähler.

I. Allgemeines (Lit. III).

1. Prinzip.

Ein Motorzähler hat zwei Hauptteile, das Meßwerk und das Zählwerk. Das Meßwerk hat ein oder mehrere Triebsysteme und Bremseinrichtungen sowie ein umlaufendes bewegliches Organ, dessen Winkelgeschwindigkeit proportional der Meßgröße ist und dessen Umläufe vom Zählwerk registriert werden. Zwischen der Meßgröße und dem Weg des Zählwerks soll eine lineare Beziehung ohne bzw. mit möglichst kleinen Störgliedern bestehen, insbesondere darf sich diese Beziehung im Lauf langer Jahre nicht ändern. Auf das bewegliche Organ des Meßwerks — kurz Läufer genannt — wirken Kräfte in verschiedenen Richtungen, von den Triebsystemen her ein Antriebsmoment M_a, das der Meßgröße M proportional ist, und von der Bremseinrichtung her ein Bremsmoment M_b, das der Winkelgeschwindigkeit ω_1 proportional ist. Da die beiden Momente gegeneinander gerichtet sind, ist das wirksame Drehmoment

$$D = M_a - M_b. \tag{128}$$

Der Läufer nimmt eine Winkelgeschwindigkeit ω_1 an, bei der sich die antreibenden und die bremsenden Kräfte das Gleichgewicht halten, bei der also

$$D = M_a - M_b = 0. \tag{129}$$

Da $M_a = K_1 \cdot M$ und $M_b = K_2 \cdot \omega_1$ folgt $\omega_1 = K_3 \cdot M$.

Die Winkelgeschwindigkeit des Läufers ist also proportional der Meßgröße M. Die Drehzahl des Läufers ist

$$n = \frac{\omega_1}{2 \cdot \pi} \left[\frac{\text{Umdrehungen}}{\text{Zeiteinheit}}\right]. \tag{130}$$

Die Anzahl der Umdrehungen des Läufers in der Zeit t ist

$$u = n \cdot t = \frac{\omega_1 \cdot t}{2 \cdot \pi} = \frac{K_3 \cdot M \cdot t}{2 \cdot \pi} = C_z \cdot M \cdot t \quad [\text{Umdr.}]. \tag{131}$$

Darin bedeutet M den Mittelwert der Meßgröße während der Zeit t. Die Umdrehungszahl des Läufers ist also proportional dem Produkt aus Meßgröße und Zeit, d. h., sie ist proportional der Zählgröße. Bei veränderlicher Meßgröße hätte an Stelle des Produkts das Integral zu stehen

$$u = C_z \int_0^t m \cdot dt, \tag{132}$$

2. Zählerkonstante.

Die Zählgröße $M \cdot t$ ist die Summe der in der Zeit t aufgelaufenen Meßeinheiten. Der Proportionalitätsfaktor

$$C_z = \frac{u}{M \cdot t} \left[\frac{\text{Umdrehungen}}{\text{Einheit der Zählgröße}}\right] \tag{133}$$

heißt Zählerkonstante.

Ist beispielsweise die Meßgröße M ein Strom J, dann ist die Zahl der Läuferumdrehungen in der Zeit t proportional der Elektrizitätsmenge $J \cdot t$ und die Zählerkonstante C_z bedeutet Umdrehungen je Einheit der Elektrizitätsmenge. Die meist gebrauchte Einheit für die Elektrizitätsmenge ist die Amperestunde. Ist die Meßgröße M eine Leistung N, dann ist die Anzahl der Läuferumdrehungen in der Zeit t proportional der Arbeit $N \cdot t$, und die Zählerkonstante C_z bedeutet Umdrehungen je Einheit der Arbeit. Die gebräuchlichste Arbeitseinheit ist die Kilowattstunde.

Beispiel. Ein Wechselstromzähler sei für den Nennstrom $J_n = 10$ A, die Nennspannung $U_n = 220$ V und die Nennleistung $N_n = 2200$ W ausgelegt und habe eine Nenndrehzahl

$$n_n = 44 \text{ Umdr./min}.$$

Dann ist die Zählerkonstante

$$C_z = \frac{44}{2200}\left[\frac{\text{Umdr/min}}{\text{Watt}}\right] = 20\cdot 10^{-3}\left[\frac{\text{Umdr}}{\text{W.min}}\right],$$

$$C_z = 20\cdot 10^{-3}\cdot 60\cdot 10^{3} = 1200\,\frac{\text{Umdr}}{\text{kWh}}.$$

3. Lastkurve.

Infolge elektrischer und magnetischer Unvollkommenheit des Meßwerks und infolge Unvollkommenheit der mechanischen Ausführung ist die Drehzahl des Läufers nicht bei allen Belastungen streng proportional der Meßgröße, insbesondere ist ein Mindestwert der Meßgröße erforderlich, um die ruhende Reibung zu überwinden und den Läufer vom Ruhezustand aus in Bewegung zu setzen. Der Zähler hat also eine Anlaufschwelle oder einen Anlaufwert, unterhalb dessen er nichts zu zählen vermag.

Die Drehzahlcharakteristik des Zählers stellt den Zusammenhang zwischen der Meßgröße M und der Drehzahl des Läufers dar, sie soll eine Gerade durch den Nullpunkt sein, weicht aber mehr oder weniger von dieser Geraden ab (Abb. 56).

Die ideale Drehzahlcharakteristik hat die Formel

$$n = C_z\cdot M. \tag{134}$$

Die wirkliche Drehzahlcharakteristik lautet:

$$n' = f(M).$$

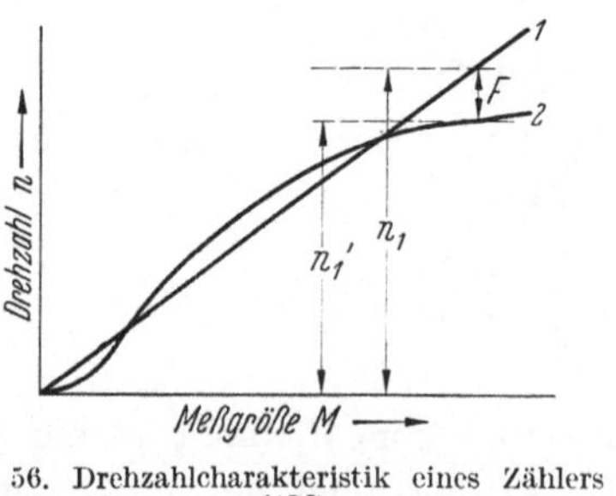

Abb. 56. Drehzahlcharakteristik eines Zählers $n = f(M)$.
1 ideale Drehzahlcharakteristik; — *2* mit Fehlern behaftete Drehzahlcharakteristik; — F = Fehler $= n_1' - n_1$.

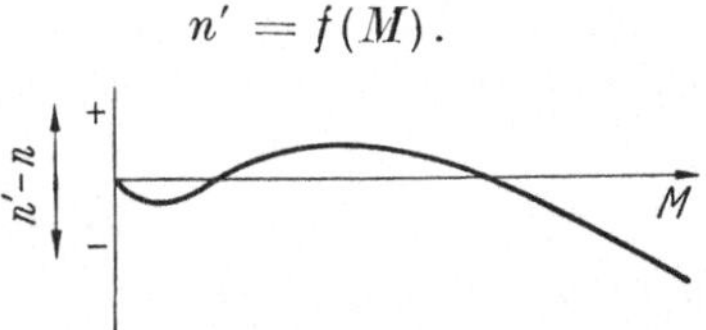

Abb. 57. Aus der Drehzahlcharakteristik abgeleitete Fehlerkurve des Zählers. $n' - n = F$.

Der Unterschied zwischen wirklicher und idealer Drehzahlcharakteristik ist der Fehler des Zählers.

$$F = n' - n = f(M) - C_z M. \tag{135}$$

Anstatt der Drehzahlcharakteristik kann man auch ihre Abweichungen vom geradlinigen Verlauf, also die Fehlerkurve (Lastkurve), auftragen, wie es in Abb. 57 geschehen ist.

4. Wirkung von Beschleunigungen.

Wird der Zähler eingeschaltet oder ändert sich die Meßgröße während des Betriebes, so vermag der Läufer infolge der Massenträgheit nicht sprunghaft die der Meßgröße entsprechende Winkelgeschwindigkeit anzunehmen, vielmehr braucht er eine Beschleunigungszeit, bis er die richtige Winkelgeschwindigkeit erreicht hat. Eine Verzögerung beim Abnehmen der Meßgröße oder beim Ausschalten des Zählers kann als negative Beschleunigung aufgefaßt werden, man unterscheidet deshalb nicht zwischen Beschleunigung und Verzögerung.

Schaltet man auf den stillstehenden Zähler die Meßgröße M_1, so erfährt er ein Antriebsmoment

$$M_{a_1} = K_1 \cdot M_1. \tag{136}$$

Im ersten Augenblick, solange der Läufer noch stillsteht, ist die Bremsung des Zählers unwirksam, und das gesamte Antriebsmoment beschleunigt den Läufer. Das Beschleunigungsmoment D ist also gleich dem Antriebsmoment M_{a_1}. Sobald sich der Läufer in Bewegung gesetzt hat, wird das Bremsmoment M_b wirksam. Es steigt proportional mit der Winkelgeschwindigkeit ω.

$$M_b = K_2 \cdot \omega.$$

Das Bremsmoment M_b wirkt dem Antriebsmoment M_a entgegen und vermindert das Beschleunigungsmoment D auf den Wert

$$D = M_{a_1} - M_b = M_{a_1} - K_2 \cdot \omega. \tag{137}$$

Je mehr die Geschwindigkeit des Läufers steigt, desto größer wird auch das Bremsmoment und desto kleiner wird der Überschuß D des Antriebsmomentes über das Bremsmoment; das Beschleunigungsmoment wird also immer kleiner, und wenn der Zähler die Winkelgeschwindigkeit ω_1 erreicht hat, die dem Wert M_1 der Meßgröße entspricht, ist das Bremsmoment M_{b_1} gleich dem Antriebsmoment M_{a_1} geworden, und das Beschleunigungsmoment D ist Null. Es gilt also für den Gleichgewichtszustand

$$D = M_{a_1} - M_{b_1} = M_{a_1} - K_2 \cdot \omega_1 = 0. \tag{138}$$

Der Zähler läuft stabil mit der Winkelgeschwindigkeit

$$\omega_1 = \frac{M_{a1}}{K_2}.$$

Der Läufer wird ungleichförmig beschleunigt. Die beschleunigende Kraft ist zunächst groß und wird immer kleiner, bis sie im Gleichgewichtszustand zu Null geworden ist. Dementsprechend nimmt die Läufergeschwindigkeit zuerst stark und dann immer langsamer zu, d. h., der Zähler läuft nach einer Exponentialfunktion in seine stabile Endgeschwindigkeit ein.

Ändert sich die Meßgröße vom Wert M_1 auf den Wert M_2, wobei $M_2 = M_1 \pm \Delta M$, so ändert sich das Antriebsmoment vom Betrag M_{a_1} auf den Betrag $M_{a_2} = M_{a_1} \pm \Delta M_a$.

Das Bremsmoment ist im ersten Augenblick nach der Änderung der Meßgröße, bevor die Beschleunigung einsetzt, noch unverändert M_{b_1}. Der Läufer beschleunigt oder verzögert sich mit einem Beschleunigungsmoment

$$D = M_{a_2} - M_b$$

wiederum nach einer Exponentialfunktion, bis er bei der Winkelgeschwindigkeit ω_2 den neuen Beharrungszustand erreicht hat, bei dem das Beschleunigungsmoment D zu Null geworden ist.

$$D = M_{a_2} - M_{b_2} = M_{a_2} - K_2\omega_2 = 0.$$

Das Bremsmoment im neuen Beharrungszustand ist

$$M_{b_2} = K_2\,\omega_2 = K_2(\omega_1 \pm \Delta\omega).$$

Die Winkelgeschwindigkeit ist bei dem neuen Beharrungszustand

$$\omega_2 = \omega_1 \pm \Delta\omega = \frac{M_{a2}}{K_2} = \frac{M_{a1} \pm \Delta M_a}{K_2}. \tag{139}$$

Die Änderung der Winkelgeschwindigkeit betrug

$$\omega_2 - \omega_1 = \pm\Delta\omega = \pm\frac{\Delta M_a}{K_2}, \tag{140}$$

d. h., die Änderung $\Delta\omega$ der Winkelgeschwindigkeit ist proportional der Änderung des Antriebsmoments bzw. der Meßgröße.

Um vom ersten Beharrungszustand mit der Winkelgeschwindigkeit ω_1 in den neuen Beharrungszustand mit der Winkelgeschwindigkeit ω_2 zu laufen, benötigte der Zähler die Zeit Δt. Seine Winkelgeschwindigkeit änderte sich also in der Zeit Δt um den Betrag $\Delta\omega$, d. h., die Winkelbeschleunigung ε betrug

$$\varepsilon = \pm\frac{\Delta\omega}{\Delta t} = \pm\frac{\Delta M_a}{K_2 \cdot \Delta t}, \tag{141}$$

anderseits ist die Winkelbeschleunigung definiert durch das Verhältnis des Beschleunigungsmomentes D zum Trägheitsmoment J

$$\varepsilon = \frac{D}{J}, \quad \text{woraus folgt} \quad \pm\frac{\Delta\omega}{\Delta t} = \frac{D}{J} \tag{142}$$

oder

$$\Delta t = \frac{J}{D}\,\Delta\omega = \frac{J \cdot \Delta\omega}{M_a - K_2\,\omega}. \tag{143}$$

Die Lösung dieser Gleichung gibt für die Beschleunigungsdauer

$$t = -\frac{J}{K_2}\ln\frac{M_a - K_2\,\omega}{M_a}, \tag{144}$$

für die Winkelgeschwindigkeit

$$\omega = \frac{M_a}{K_2}\left(1 - e^{-\frac{K_2 \cdot t}{J}}\right). \tag{145}$$

Darin bedeutet ln den natürlichen Logarithmus und e die Basis der natürlichen Logarithmen ($e = 2{,}71828$).

Die Gln. (144), (145) kennzeichnen die Exponentialfunktion, nach der sich die Winkelgeschwindigkeit ω des Läufers dem Beharrungszustand nähert.

Die Gleichungen besagen: Die Beschleunigungsdauer t ist proportional dem Trägheitsmoment J des Läufers und umgekehrt proportional der Dämpfungskonstanten K_2.

Die Beschleunigungszeit ist theoretisch unendlich groß, d. h., der Zähler erreicht erst nach einer unendlich großen Zeit den Beharrungszustand, weil ja das Beschleunigungsmoment mit der Annäherung an den Beharrungszustand immer kleiner wird. In Wirklichkeit jedoch erreicht der Zähler bereits nach sehr kurzer Zeit eine Winkelgeschwindigkeit, die sich von der Geschwindigkeit des Beharrungszustandes nur noch um einen vernachlässigbar kleinen Betrag unterscheidet.

Für denselben Zähler ist die Beschleunigungsdauer t unabhängig von der Größe der Belastungsänderung. Wird z. B. ein stillstehender Zähler plötzlich mit 10% seiner Nennlast eingeschaltet, so braucht er zum Erreichen des stabilen Zustandes ebenso lange, wie wenn er mit 100% seiner Nennlast plötzlich eingeschaltet worden wäre. Desgleichen dauert der Übergang von einem Beharrungszustand in einen anderen infolge einer Belastungsänderung bei einem bestimmten Zähler immer dieselbe Zeit, unabhängig von der Größe der Belastungsänderung. Das gilt sowohl für Beschleunigungen wie für Verzögerungen, also auch beim plötzlichen Ausschalten des Zählers. Da zwischen positiven und negativen Beschleunigungen kein Unterschied besteht, auf die Dauer gesehen, ebensooft Beschleunigungen wie Verzögerungen auftreten und die Beschleunigungszeit gleich der Verzögerungszeit ist, heben sich die Fehler infolge des Trägheitsmomentes des Läufers praktisch auf. (Lit. I/6.)

Bei dieser Ableitung war vorausgesetzt, daß der Läufer nur durch den Dämpfermagneten gebremst wird. Beim Induktionszähler treten jedoch zusätzliche, von der Meßgröße abhängige Bremsmomente auf (Strom- und Spannungsdämpfung). Das Bremsmoment ist demnach bei steigender Belastung größer als bei fallender, d. h., das zusätzliche Bremsmoment vergrößert in beiden Richtungen die Beschleunigungszeit. Der Zähler macht bei steigender Belastung einen Minusfehler, bei fallender Belastung einen Plusfehler. Die Wirkung dieser von der Meßgröße abhängigen Bremsmomente würde sich aufheben, wenn man den Zähler ohne die Zusatzbremsung justieren könnte. Da aber bei der

Justierung im stabilen Gleichgewichtszustand die Zusatzbremsmomente, nämlich die Strom- und Spannungsdämpfung, wirksam sind, bei fallender Belastung aber die Stromdämpfung bereits dem kleineren Wert des Stromes entspricht, bevor die kleinere Winkelgeschwindigkeit erreicht ist, dauert es bei fallender Belastung etwas länger, bis der neue Gleichgewichtszustand herrscht, d. h., der Zähler macht bei fallender Belastung und beim Ausschalten einen kleinen Plusfehler. In der Praxis ist dieser Fehler vernachlässigbar.

II. Aufbau der Motorzähler.

1. Meßwerk.

a) Allgemeines. Triebsystem, Läufer und Bremsmagnet bilden zusammen das Meßwerk des Zählers, das die zu messende elektrische Größe in eine mechanische Größe, nämlich in eine Winkelgeschwindigkeit, umformt. Das Meßwerk muß eine Reihe von Forderungen erfüllen, deren wichtigste Proportionalität zwischen Meßgröße und Winkelgeschwindigkeit sowie Konstanz über einen längeren Zeitraum sind. Daneben soll das Meßwerk bei kleinem Eigenverbrauch ein großes Drehmoment entwickeln, gegen Störeinflüsse und Änderungen der Umwelt unempfindlich sein, ausreichende elektrische und mechanische Festigkeit haben und die betriebsmäßigen Überlastungen vertragen. Diese Forderungen widersprechen sich zum Teil, und man muß dem Anwendungsgebiet entsprechend die eine oder andere zugunsten der Hauptforderung zurückstellen oder Kompromisse schließen.

b) Die Meßwerkwicklungen. Sowohl das feststehende Triebsystem wie der Läufer können Wicklungen tragen, in denen Meßströme fließen. Stromwicklungen führen den Gesamtstrom oder einen dem Gesamtstrom proportionalen Teil des Stromes im Meßkreis, Spannungswicklungen führen einen der Spannung proportionalen Meßstrom. Die Wicklungen können eisenlos oder auf einem Eisenkörper aufgebaut sein.

α) *Eigenverbrauch.* Um die mechanische Leistung für den Antrieb der beweglichen Zählerteile aufzubringen und die Kupfer- und Eisenverluste zu decken, muß das Meßwerk Energie aufnehmen. Sein Drehmoment ist bei gleicher Leistungsaufnahme um so größer je größer der Wirkungsgrad ist; der Eigenverbrauch muß gegenüber der Leistung im Meßkreis vernachlässigbar sein oder im Zählergebnis berücksichtigt werden.

β) *Induktivität der Wicklungen.* Eine Wicklung hat außer dem Wirkwiderstand (Gleichstromwiderstand) auch eine Induktivität und somit einen Blindwiderstand, wenn sie mit Wechselstrom gespeist wird.

Bei Stromwicklungen die den Gesamtstrom führen, spielt die Induktivität keine Rolle, da sie infolge ihrer geringen Größe die Widerstandsverhältnisse im Stromkreis nicht zu beeinflussen vermag und lediglich den eigenen Scheinverbrauch erhöht. Bei Stromwicklungen die nur einen Teil des Meßstromes führen, während der andere Teil durch einen parallel liegenden Wirkwiderstand fließt, wird jedoch der Anteil des Wicklungsstromes am Gesamtstrom frequenzabhängig, da der induktive Blindwiderstand mit der Frequenz wächst. Ebenso ändert sich die Stromaufnahme der Spannungswicklungen infolge ihres frequenzabhängigen Blindwiderstandes mit der Frequenz nach Größe und Phasenlage. Die Induktivität der Wicklungen ist eine der Ursachen des Frequenzeinflusses auf die Anzeige von Wechselstromzählern.

γ) *Temperatureinfluß.* Die Wicklungen des Meßwerkes bestehen aus Kupfer oder Aluminium mit einem erheblichen Temperaturkoeffizienten des spezifischen Widerstandes, sie ändern ihren Widerstand mit der Temperatur um rund 4%/10°.

Bei Stromwicklungen die den Gesamtstrom führen, erhöht sich dadurch nur der Eigenverbrauch, was meist unwesentlich ist. Bei Stromwicklungen die einen Teilstrom führen, also einen Nebenwiderstand haben, kann sich dagegen die Stromverteilung mit der Temperatur ändern, wenn die beiden Zweige verschiedene Temperaturkoeffizienten haben oder verschiedene Temperaturen annehmen. Bei Spannungswicklungen ändert sich die Stromaufnahme mit der Temperatur nach Größe und Phasenlage, weil sich der Wirkwiderstand veränderte, während der Blindwiderstand konstant blieb. Durch diese Widerstandsänderungen können Meßfehler hervorgerufen werden, und es sind Maßnahmen zur Kompensation des Temperatureinflusses infolge der temperaturabhängigen Kupferverluste erforderlich. Ein weiterer Temperatureinfluß kommt durch die Änderung des Widerstandes und der magnetischen Eigenschaften des Eisens mit der Temperatur zustande; er wird an anderer Stelle näher betrachtet.

δ) *Überlastbarkeit.* Die Stromspulen der Zähler werden für einen bestimmten Nennstrom J_n ausgelegt, sie halten einen meßtechnischen Grenzstrom J_g dauernd aus, ohne daß das Meßwerk die zulässigen Toleranzen überschreitet oder sich unzulässig erwärmt. Im Betrieb können jedoch erheblich größere Ströme auftreten und mancherlei Schäden anrichten. Einmal kann übermäßige Erwärmung die Isolation des Strompfades und das Meßwerk schädigen, zum anderen können die Kräfte zwischen den stromdurchflossenen Leitern und Magnetfeldern mechanische Schäden verursachen. Man kennzeichnet die Überlastungssicherheit eines Meßwerkes durch Angabe des thermischen und eventuell auch des dynamischen Grenzstromes. Der thermische Grenzstrom J_{therm} ist der Effektivwert des Stromes, der 1 sek lang ohne Beschädigung vertragen wird, der dynamische Grenzstrom J_{dyn} ist die höchste Amplitude eines kurzen Stromstoßes, die ohne mechanische Schäden ausgehalten wird. Bei Zählern wird der dynamische Grenzstrom selten angegeben.

Schließlich können sehr hohe Kurzschlußströme noch indirekte Schäden verursachen, indem ihre Magnetfelder die Dauermagnete des Zählers verändern, worüber an anderer Stelle noch gesprochen wird.

Abb. 58 zeigt Stromeisen und Stromwicklung eines Induktionszählers.

ε) *Isolationsfestigkeit.* Sofern die Wicklungen eines Meßwerkes verschiedene Potentiale haben, müssen sie gegeneinander isoliert sein. Außerdem sind die spannungführenden Teile des Zählers gegen die der Berührung zugänglichen Metallteile des Gehäuses mit hinreichender Sicherheit zu isolieren. Die Isolationsfestigkeit wird durch Einhüllen in Isolierstoffe sowie genügend große Kriech- und Luftwege erreicht und durch Anlegen einer Prüfwechselspannung während einer Minute geprüft.

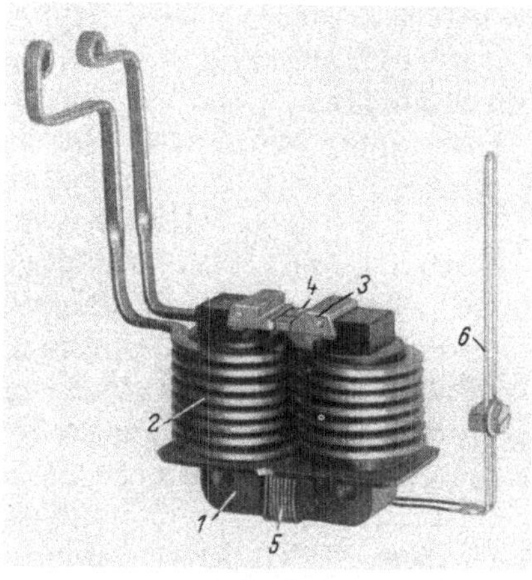

Abb. 58. Stromeisen und Wicklung eines Induktionszählers.

1 Eisenkern; — *2* Wicklung; — *3* magnetischer Nebenschluß; — *4* Kurzschlußring auf dem magnetischen Nebenschluß; — *5* Kurzschlußwicklung auf dem Stromeisen zum Phasenabgleich; — *6* einstellbarer Abgleichwiderstand.

Die Isolation der Wicklungen gegen die Eisenkörper übernehmen im wesentlichen Spulenkörper aus Isolierstoff, sie sollen bei hinreichender mechanischer und elektrischer Festigkeit möglichst dünnwandig sein, um möglichst wenig Wickelraum wegzunehmen. Die Spulen können auch in Isoliermasse eingespritzt oder getaucht sein. Abb. 59 zeigt Spannungseisen und Spannungswicklung eines Induktionszählers.

In den Versorgungsnetzen treten durch Schaltvorgänge und Blitzeinwirkung sehr erhebliche Überspannungen kurzer Dauer, sogenannte Wanderwellen, auf. Diese Überspannungen dürfen die Isolation des Zählers nicht beschädigen, und er muß deshalb neben der Minutenprüfung mit sinusförmiger Wechselspannung von 2 kV noch einer Stoßprüfung mit einem steil ansteigenden Spannungsstoß (Stoßwelle 1/50 nach VDE 0450) unterzogen werden, die Stoßfestigkeit soll 10 kV nicht unterschreiten (Lit. III).

η) *Fremdfeldeinfluß.* Wenn die Zähler in ein äußeres Magnetfeld gebracht werden, das etwa von einem in der Nähe vorbeiführenden Hochstromleiter herrühren kann, überlagern sich den durch die Zählerspulen erzeugten Meßfeldern fremde Störfelder und setzen sich mit den Spulenfeldern vektoriell zu resultierenden Feldern zusammen. Diese resultierenden Felder sind nicht mehr proportional der Meßgröße, und der Zähler zeigt falsch. Er wird durch Fremdfelder um so weniger beeinflußt, je besser er abgeschirmt ist und je größer seine Spulenfelder sind. Eisengeschlossene Zählermeßwerke zeigen deshalb einen geringeren Fremdfeldeinfluß als eisenlose, die zuweilen besondere Eisenschirme erhalten müssen, weil bereits das Erdfeld (Horizontalkomponente 0,2 Oersted) einen merkbaren Fehler hervorruft.

Wenn keine magnetische Abschirmung möglich ist, kann man die Zählermeßwerke astatisch bauen, d. h. zwei Meßwerke so anordnen und schalten, daß sich ihre Antriebsmomente addieren, während die Fremdfeldeinflüsse entgegengesetzte Richtung haben. Die astatische Schaltung vermag jedoch nur den Einfluß homogener Fremdfelder aufzuheben, weshalb die Abschirmung vorzuziehen ist.

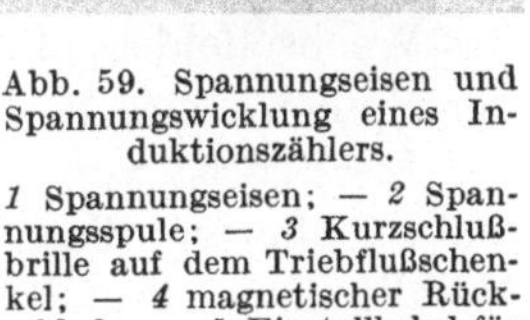

Abb. 59. Spannungseisen und Spannungswicklung eines Induktionszählers.

1 Spannungseisen; — *2* Spannungsspule; — *3* Kurzschlußbrille auf dem Triebflußschenkel; — *4* magnetischer Rückschluß; — *5* Einstellhebel für Grenzlast; — *6* Einstellhebel für Kleinlast; — *7* Hemmzunge.

c) Das Meßwerkeisen. Die Eisenkerne der Meßwerke werden aus Blechen von 0,3 . . . 0,5 mm Dicke aufgebaut. Die einzelnen Bleche sind mit Papier beklebt, lackiert oder mit Wasserglas überzogen, um sie gegeneinander zu isolieren und die Wirbelstromverluste klein zu halten.

Da die magnetischen Eigenschaften des Zählerblechs das Meßergebnis beeinflussen, müssen Sättigung, Permeabilität, Remanenz und Koerzitivkraft sorgfältig überwacht und eventuell verschiedene Blechsorten gemischt werden, um den gewünschten Verlauf der Magnetisierungslinie zu erzielen. Als Zählereisen kommen silizierte und nickellegierte Bleche der Permalloyreihe in Frage.

α) *Sättigung.* Die von den Wicklungen erzeugten Magnetfelder sollen proportional der Meßgröße sein, was stets der Fall ist, wenn die Wicklungen eisenlos ausgeführt sind. Bei Wicklungen auf Eisenkernen trifft dies jedoch nur im geradlinigen Teil der Magnetisierungskurve zu, wo die Induktion im Eisen linear mit der Erregerfeldstärke, also mit dem Wicklungsstrom steigt. In der Nähe des Nullpunktes und im Sättigungsgebiet der betreffenden Eisensorte steigt die Induktion nicht linear mit der Feldstärke, die Magnetisierungskurve ist gekrümmt und der Zähler weist einen Fehler auf, den man zuweilen als Krümmungsfehler bezeichnet.

Bei Wechselstromzählern kann ein Krümmungsfehler auch zustande kommen, wenn die Kurve des Wechselstromes sehr stark von der Sinusform abweicht, weil dann ihr Scheitelwert bereits im Sättigungsgebiet liegen kann, während er bei gleichem Effektivwert jedoch sinusförmigem Verlauf noch auf dem geradlinigen Teil der Magnetisierungskurve läge.

β) *Hystereseverluste.* Die Induktion im Eisen ist bei gleicher Stromstärke in der Wicklung verschieden hoch, je nachdem die betreffende Stromstärke von oben oder von unten her erreicht wurde (Abb. 28).

Gleichstromzähler mit Wicklungen auf Eisenkernen werden also bei steigendem und fallendem Strom verschieden zeigen. Sie haben einen Hysteresefehler, weshalb sie eisenlos gebaut werden mußten, solange keine Eisensorten mit genügend kleiner Hysteresis verfügbar waren.

Die Hysterese macht sich aber auch bei Wechselstromzählern bemerkbar. Das Eisen wird in jeder Periode ummagnetisiert und durch die dabei auftretenden Ummagnetisierungsverluste erwärmt. Die Erwärmung ist abhängig von der Fläche der Hysteresisschleife und steigt mit der Häufigkeit der Ummagnetisierung, also mit der Frequenz, wodurch ein Frequenzeinfluß zustande kommt und den Frequenzbereich der Wechselstromzähler begrenzt.

γ) *Wirbelstromverluste.* Wenn ein Wechselfeld einen Leiter durchsetzt, werden nach dem Induktionsgesetz in dem Leiter elektromotorische Kräfte induziert, die Ausgleichströme hervorrufen können. Diese Ausgleich- oder Wirbelströme steigen mit der Änderungsgeschwindigkeit des Wechselfeldes, also mit der Frequenz und erwärmen die Eisenkerne der Spulen sowie in der Nähe befindliche Metallteile. Deshalb müssen die Eisenkerne von Wechselstromwicklungen aus einzelnen, gegeneinander isolierten Blechen aufgebaut und in der Nähe der Spule liegende Metallteile so gestaltet werden, daß sich keine geschlossenen Strombahnen ausbilden können. Auch die Wirbelstromverluste engen den Frequenzbereich des Zählers ein. Hysterese- und Wirbelstromverluste werden zusammen als Eisenverluste bezeichnet.

δ) *Remanenzfehler.* In einem magnetisierten Eisenkern bleibt nach dem Verschwinden des magnetisierenden Feldes infolge der Remanenz eine Restinduktion zurück, und führt bei eisengeschlossenen Gleichstromzählern in der Nähe des Anlaufstromes beträchtliche Fehlweisungen herbei, weshalb die Eisenkerne dieser Zähler aus Legierungen mit sehr geringer Remanenz gefertigt werden müssen.

d) Der Läufer. Im Läufer werden entweder durch die Magnetfelder der feststehenden Wicklungen des Triebsystems den Meßströmen proportionale Spannungen induziert oder die Meßströme werden ihm unmittelbar über Kollektoren oder Schleifringe zugeführt. Auch an den Läufer werden eine Anzahl von Forderungen gestellt. Er muß den auftretenden Beschleunigungen und Transporterschütterungen gewachsen und dabei so leicht sein, daß er die Lager nicht unzulässig beansprucht. Er muß geräuschlos und vibrationsfrei mit sehr geringem Ungleichförmigkeitsgrad laufen und darf innerhalb des Drehzahl- und Frequenzbereiches des Zählers keine Resonanzstellen haben. Er muß gut ausgewuchtet sein und sich äquilibrieren lassen, da Zähler mit schlecht ausgewuchteten Läufern genau senkrecht montiert werden müssen oder eine erhöhte Anlaufleistung brauchen. Da das entwickelte Drehmoment gering ist, muß die Reibung sehr klein und auf lange Sicht konstant sein. Den Lagern und Stromzuführungen ist deshalb ganz besondere Sorgfalt zuzuwenden.

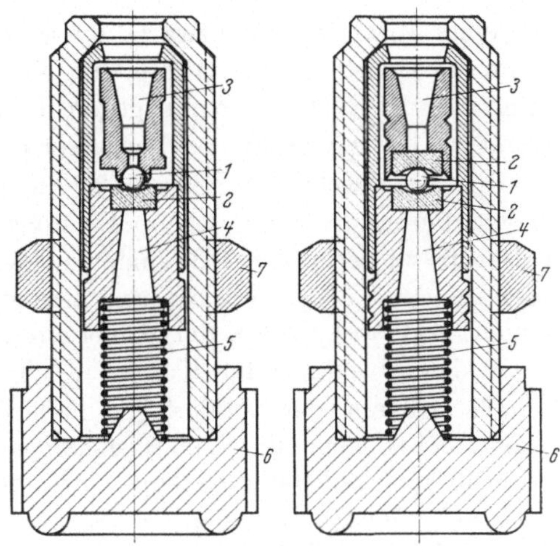

Abb. 60. Schnitt durch ein Einstein- und ein Doppelsteinunterlager.

1 Stahlkugel; — *2* Edelsteinpfanne; — *3* Konushülse zur Aufnahme der Läuferachse; — *4* federnde Steinhülse; — *5* Feder; — *6* Unterlagerkappe; — *7* Arretiermutter für die Höheneinstellung.

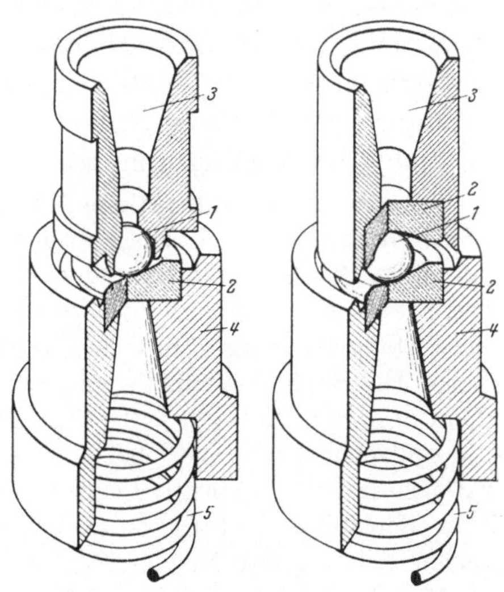

Abb. 61. Perspektivische Ansicht eines teilweise aufgeschnittenen Einstein- und eines Doppelsteinunterlagers.

1 Stahlkugel; — *2* Edelsteinpfanne; — *3* Konushülse zur Aufnahme der Läuferachse; — *4* federnde Steinhülse; — *5* Feder.

α) *Das Unterlager.* 1. Aufbau. Bei den gebräuchlichen Unterlagern läuft eine hochglanzpolierte Stahlkugel in einer Edelsteinpfanne oder zwischen zwei Edelsteinpfannen. Abb. 60 zeigt einen Längsschnitt durch ein Einstein- und ein Doppelsteinunterlager. Abb. 61 ist eine perspektivische Darstellung der teilweise aufgeschnittenen Lager. Das Doppelsteinlager arbeitet ähnlich wie eine Kugelmühle und hat geringere Reibung als das Einsteinlager, da die Kugel stets die Lage einnimmt, in der das Reibungsmoment am kleinsten ist. Doppelsteinlager benötigen eine gewisse Einlaufzeit, was darauf hindeutet, daß die Kugel im Betrieb fortwährend neu poliert wird. Das Einsteinlager wird zu etwa ⅓ der Kalottentiefe mit einer Mischung aus etwa 60% fettem Öl und 40% Mineralöl gefüllt. Beim Doppelsteinlager erhält die Kugel nur einen leichten Hauch Mineralöl als Rostschutz und gegen die Reibungsoxydation, es besteht demnach keine Gefahr des Verharzens.

Die Steinfassung ist federnd in die Lagerhülse eingebaut, um eine Beschädigung des Steines beim Einstellen des Lagers und durch Transportstöße zu verhindern. Besonders schwere Läufer werden beim Transport aus den Lagern gehoben und arretiert. Eine seitliche Führung verhindert das Ausspringen der Kugel aus dem Lager bei Transportstößen sowie das Auflaufen der Kugel auf die Steinfassung.

Die Kugeln der Zählerlager haben etwa 0,8 ... 1,5 mm Durchmesser, sie werden auf $\pm$ 0,5 μ genau geschliffen und bei 40- bis 50facher Vergrößerung auf Fehlerstellen untersucht. Das Kugelmaterial ist legierter Stahl oder Hartmetall; als Lagersteine wählt man fast ausschließlich synthetischen Saphir. Da das Unterlager die Überholungszeit der Zähler maßgebend beeinflußt, hat man selbstverständlich eingehende Versuche mit verschiedenen Werkstoffzusammenstellungen gemacht, ehe man die Stahlkugel auf Saphir allgemein einführte, so z. B.

Stahlkugeln auf synthetischen Spinellen,
Stahlkugeln auf Hartmetallpfannen,
Saphirkugeln auf Stahl- und Saphirpfannen,
Rubin- und Achatkugeln auf Stahl- und Saphirpfannen,
Stahl- und Saphirkugeln auf Diamantpfannen usw.

Von diesen Kombinationen wurde lediglich die Stahlkugel auf Diamantpfanne bei Präzisionszählern in beschränktem Umfang angewendet, nach Einführung der Doppelsteinlager aber ebenfalls verlassen, weil der Diamant sehr spröde ist, leicht splittert, und gegenüber dem Doppelsteinlager mit Saphiren keine erheblichen Vorzüge aufweist. Die Saphire werden senkrecht zu ihrer optischen Achse belastet, denn in dieser Richtung haben sie ihre größte Härte. Die richtige Lage der optischen Achse wird bei 40- bis 50facher Vergrößerung im Polarisationsmikroskop geprüft. Liegt die optische Achse senkrecht zur Blick- bzw. Belastungsrichtung, so erscheint das Bild rein weiß, anderenfalls zeigen sich Figuren in den Regenbogenfarben (Abb. 62).

Kugelform und Radius der Kalotte können mit einem Spezialmikroskop bei 60- bis 70facher Vergrößerung überwacht werden (Steinmikroskop der Fa. Leitz, Wetzlar).

Endlich wird die Oberfläche der Steine, auf Schleifriefen, Risse, Einschlüsse usw. mit einem gewöhnlichen Mikroskop bei 40- bis 50facher Vergrößerung geprüft. Der Radius der Lagerpfanne ist etwa zweimal dem Kugelradius. Die Pfanne wird mit einer Toleranz von + 50 μ geschliffen und ist etwa 0,3 mm tief.

2. Wirkungsweise. Das Zählerunterlager ist außerordentlich hoch beansprucht. Theoretisch berühren sich Kugel und Lagerpfanne nur in einem Punkt; das gibt an der Berührungsstelle einen unendlich großen spezifischen Lagerdruck, unter dessen Wirkung sich die Lager elastisch deformieren und sich eine kleine, kreisrunde Berührungsfläche bildet. In der Mitte dieser Berührungsfläche ist der spezifische Flächendruck am größten, er beträgt dort 100 bis 200 kg/mm² und nimmt einem quadratischen Gesetz folgend nach außen ab, bis er an der Trennungsstelle zwischen Kugel und Stein zu Null geworden ist.

Der Radius der Berührungsfläche ist

$$a = \sqrt[3]{0{,}68 \cdot P\,(\alpha_1 + \alpha_2) \cdot \frac{r_1 \cdot r_2}{r_1 - r_2}}\,. \tag{146}$$

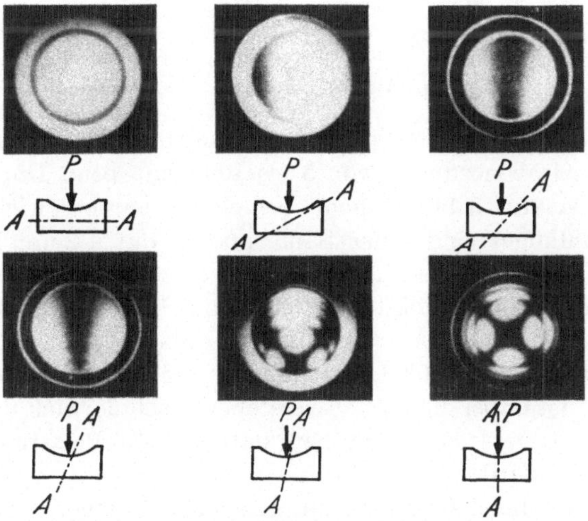

Abb. 62. Bilder von Saphiren im Polarisationsmikroskop bei verschiedener Lage der optischen Achse. $A-A$ Lage der optischen Achse; — P Kraftrichtung.

Der maximale spezifische Flächendruck in der Mitte der Berührungsfläche errechnet sich nach der Gleichung

$$\sigma_{\max} = \sqrt[3]{0{,}235 \cdot \frac{P}{(\alpha_1 + \alpha_2)^2} \cdot \left(\frac{r_1 - r_2}{r_1 \cdot r_2}\right)^2}\,. \tag{147}$$

Das Reibungsmoment ist

$$M_r = \frac{2}{3} \cdot \mu' \cdot P \cdot a\,. \tag{148}$$

Darin bedeuten:

P = Läufergewicht,

α_1, α_2 = Dehnungszahlen der Lagerwerkstoffe,

r_1 = Pfannenradius,

r_2 = Kugelradius,

μ' = Reibungskoeffizient der Lagerwerkstoffe.

Beispiel. Es seien

das Läufergewicht $P = 0{,}03$ kg,
der Lagerradius $r_1 = 1{,}2$ mm,
der Kugelradius $r_2 = 0{,}6$ mm;
für Stahl ist $\alpha = 0{,}5 \cdot 10^{-4}$ mm²/kg,
für Saphir ist $\alpha = 0{,}2 \cdot 10^{-4}$ mm²/kg,
der Reibungskoeffizient von Stahl auf Saphir ist etwa $\mu' = 0{,}13$,
dann ist

$$\sigma_{\max} = \sqrt[3]{0{,}235 \cdot 0{,}03 \cdot \left(\frac{1}{0{,}7 \cdot 10^{-4}}\right)^2 \cdot \left(\frac{0{,}6}{0{,}72}\right)^2},$$

$$\sigma_{\max} = 100 \text{ kg/mm}^2.$$

Der Radius des Berührungskreises ist

$$a = \sqrt[3]{0{,}68 \cdot 0{,}03 \cdot 0{,}7 \cdot 10^{-4} \cdot \frac{1{,}2 \cdot 0{,}6}{1{,}2 - 0{,}6}},$$

$$a = 1{,}2 \cdot 10^{-3} \text{ cm} = 12\,\mu.$$

Das Reibungsmoment ist

$$M_r = \frac{2}{3} \cdot 0{,}13 \cdot 30 \cdot 1{,}2 \cdot 10^{-3} \text{ gcm} = 3{,}1 \text{ mgcm}.$$

Das Reibungsmoment liegt bei normalen Zählern beim Einsteinlager in der Größenordnung von 5 bis 10 mgcm, beim Doppelsteinlager in der Größe von 3 bis 6 mgcm, bei einem Läufergewicht von 70 g, 1,2 mm Stahlkugel und einer Saphirpfanne mit 1,2 mm Radius. Die Lebensdauer eines Einsteinzählerunterlagers kann bei einem maximalen spezifischen Flächendruck von 100 kg/mm² zu etwa $50 \cdot 10^6$ Umdrehungen, die eines Doppelsteinlagers entsprechend der geringeren Reibung zu etwa $75 \cdot 10^6$ Umdrehungen angenommen werden. Unter Lebensdauer ist dabei die Zeit zu verstehen, nach der sich das Reibungsmoment des Lagers so erhöht hat, daß bei 5% Belastung ein merkbarer Fehler auftritt.

Bei einem Haushaltzähler mit Einsteinunterlager, der Nenndrehzahl 45 Umdr./min, einer Durchschnittsbelastung $N = 0{,}5\, N_n$ und einer täglichen Betriebszeit von 4 h entspricht dies einer Überholungszeit von

$$t = \frac{50 \cdot 10^6}{0{,}5 \cdot 45 \cdot 60 \cdot 4 \cdot 365} = 25 \text{ Jahren.}$$

3. Entlastete Lager. Um die Lagerreibung zu verkleinern und die Lebensdauer noch weiter zu erhöhen, kann man den Lagerdruck vermindern, indem man den Läufer magnetisch anhebt, so daß er nur noch mit einem Bruchteil seines Gewichtes auf dem Unterlager ruht. Abb. 63 zeigt die Anordnung einer solchen magnetischen Entlastung in Verbindung mit dem Zähleroberlager (Lit. V)[1].

[1] Der Ringmagnet wirkt auf eine runde Eisenscheibe an der Läufernabe. Die Hülse des Ringmagnets kann man mehr oder weniger tief in den Systemträger einschrauben und dadurch die Luftspaltlänge verändern. Nachdem die gewünschte Zugkraft eingestellt ist, arretiert man den Magnetträger mit 2 Madenschrauben.

Im Grenzfall kann man die magnetische Entlastung so weit treiben, daß der Läufer schwebt; das Spurlager muß dann durch ein dem Oberlager ähnliches Halslager ersetzt werden, um den Läufer seitlich zu

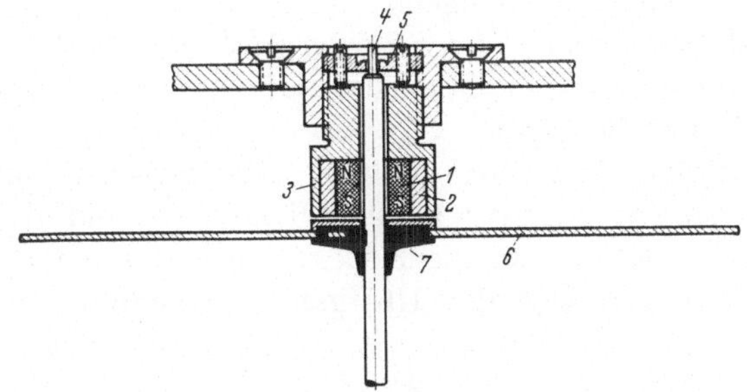

Abb. 63. Magnetische Entlastung des Unterlagers in Verbindung mit dem Oberlager. *1* axial magnetisierter Ringmagnet; — *2* unmagnetische Hülse; — *3* magnetischer Rückschluß; — *4* Lagerzapfen; — *5* Lochstein; — *6* Läuferscheibe; — *7* Läufernabe.

führen; es erscheint jedoch fraglich, ob die völlig freie Aufhängung des Läufers sinnvoll ist.

4. Pflege. Das Unterlager braucht im allgemeinen keine Wartung. Bei der turnusmäßigen Zählerüberholung wird man aber selbstverständlich auch das Lager reinigen, prüfen und eventuell erneuern. Lagersteine reinigt man am besten mit überhitztem Dampf, weniger gut durch Auswaschen mit Benzin und anschließendes Polieren mit einem Weiden-, Buchsbaum- oder Zitronenholzstäbchen und Leder. Die Kugel wird mit Benzin gewaschen und beide werden mikroskopisch auf Fehlerstellen untersucht. Vor dem Zusammenbau wird dann die Steinkalotte des Einsteinlagers unter Verwendung einer feinen Nadel als Ölgeber zu etwa $^1/_3$ mit einer Mischung aus organischem Fettöl und dünnflüssigem Mineralöl gefüllt, beim Doppelsteinlager erhält die Kugel einen leichten Hauch reinen Mineralöls als Rostschutz. Reservekugeln sind in einem Glasröhrchen unter gekochtem Mineralöl aufzubewahren.

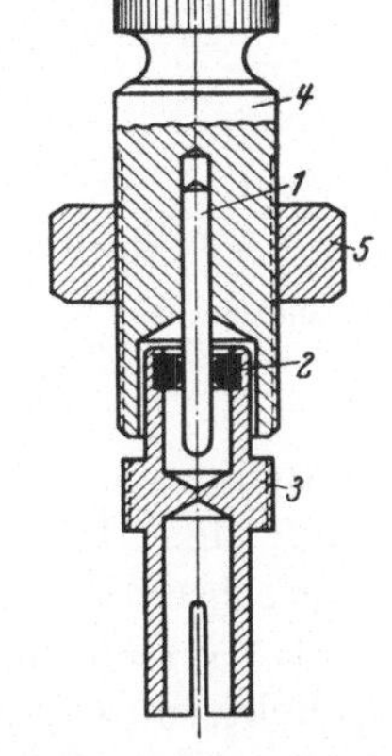

Abb. 64. Schnitt durch ein Zähleroberlager. *1* Lagernadel; — *2* Lochstein; — *3* Lagerhülse zur Aufnahme der Läuferachse; — *4* Lagerkappe; — *5* Gegenmutter für die Höheneinstellung.

β) Das Oberlager. Das Läuferoberlager ist weit weniger beansprucht als das Unterlager und seine Konstruktion entsprechend einfach. Es ist ein Halslager aus einer Stahlnadel und einem Führungsring oder Lochstein. Abb. 64 zeigt eine übliche Lagerkonstruktion mit feststehender Nadel sowie einer ölgefüllten Führungsbüchse mit säurefreiem Mineralöl. Die Nadel ist ein Klaviersaitendraht von etwa 0,4 bis 0,6 mm Durchmesser; als Lagermaterial wird Messing, Kohle, Graphit oder ein olivierter Lochstein aus Achat, Spinell, Saphir oder Rubin verwendet. Das Reibungsmoment des Oberlagers liegt bei normalen Zählern in der Größenordnung von 2 bis 3 mgcm.

Ober- und Unterlager müssen in der Höhe verstellbar sein, damit man den Läufer genau in die Mitte der Luftspalte von Triebsystem und Bremsmagnet einstellen kann.

γ) Stromzuführungen. Bei permanentdynamischen und elektrodynamischen Zählern trägt der Läufer Wicklungen, und es sind Stromzuführungen erforderlich. An die Kollektoren und Bürsten werden folgende Anforderungen gestellt: Übergangswiderstand und Reibungsmoment sollen möglichst klein und konstant sein. Der Auflagedruck der Bürsten soll einerseits so groß sein, daß die Bürsten bei Erschütterungen nicht springen, weil die dabei auftretenden Funken den Kollektor frühzeitig zerstören, anderseits nicht so groß, daß das Reibungsmoment zu groß wird und die Bürsten sich übermäßig schnell abnützen. Der Bürstendruck muß also einstellbar sein. Kollektor und Bürsten müssen auch bei aggressiver Atmosphäre eine hinreichende Lebensdauer haben. Da beide auch bei sorgfältiger Konstruktion und Pflege verschleißen, müssen sie leicht auswechselbar sein.

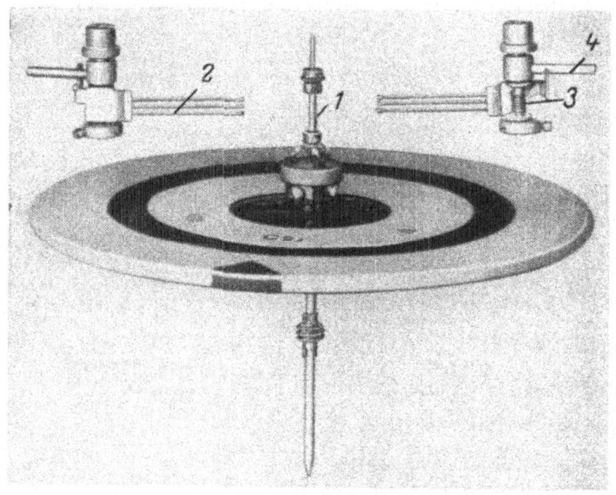

Abb. 65. Anker und Stromzuführung eines Gleichstromzählers.
1 Kollektor; — *2* Bürsten; — *3* Bürstenfeder; — *4* Einstellhebel für den Bürstendruck.

1. Ausführung. Den Forderungen entsprechend macht man den Kollektordurchmesser so klein wie möglich und wählt als Bürsten senkrecht auf dem Kollektor stehende Bändchen oder feine Drähte. Als Material nimmt man Reinsilber, wenn man einen sehr kleinen Übergangswiderstand braucht, Gold-Silber-Legierung, wenn man eine größere Lebensdauer für wichtig hält. Die Kollektordurchmesser liegen zwischen 2 und 3 mm, der Auflagedruck der Bürsten zwischen 0,3 und 0,4 g, das Reibungsmoment beträgt 15 bis 20 mgcm. Abb. 65 zeigt die Bürstenanordnung eines Magnetmotor-Zählers.

2. Pflege. Kollektoren und Bürsten müssen in regelmäßigen Abständen mit einem nicht appretierten Leinenstreifen oder einem Streifen gut geleimten Papiers poliert und anschließend mit einem Haarpinsel

gereinigt werden. Waschen mit Benzin oder anderen Reinigungsmitteln ist unzweckmäßig.

e) Bremseinrichtung. Der dritte wesentliche Bestandteil des Meßwerkes ist die Bremseinrichtung, deren Bremsmoment dem Antriebsmoment des Triebsystems entgegenwirkt. Das Feld des Bremsmagnets induziert in der Läuferwicklung oder in einem besonderen Bremskörper elektromotorische Kräfte, die Ausgleichströme zur Folge haben. Diese Ausgleichströme ergeben zusammen mit dem induzierenden Magnetfeld ein Drehmoment, das der Läuferbewegung entgegenwirkt. Allgemein kann man sich als Naturgesetz merken und daraus die Wirkung von Eingriffen voraussagen: Jede Änderung in einem im Gleichgewicht befindlichen System hat Folgen, die die Wirkung des Eingriffes aufzuheben suchen. Das ist das Gesetz von der Trägheit in der Natur.

So erzeugt beispielsweise die Bewegung eines Leiters durch ein Magnetfeld Ströme, die der Bewegung entgegenwirken. Den Verlauf dieser Scheibenströme bei einem Einspurmagnet zeigt Abb. 66. Es ist demnach eine Kraft notwendig, um den Läufer durch das Feld des Bremsmagnets zu bewegen wie bei einem Generator. Wie alle wesentlichen Bestandteile des Meßwerkes muß auch der Bremsmagnet auf lange Dauer konstant sein und darf sich durch Störeinflüsse und Umweltänderungen nicht wesentlich beeinflussen lassen.

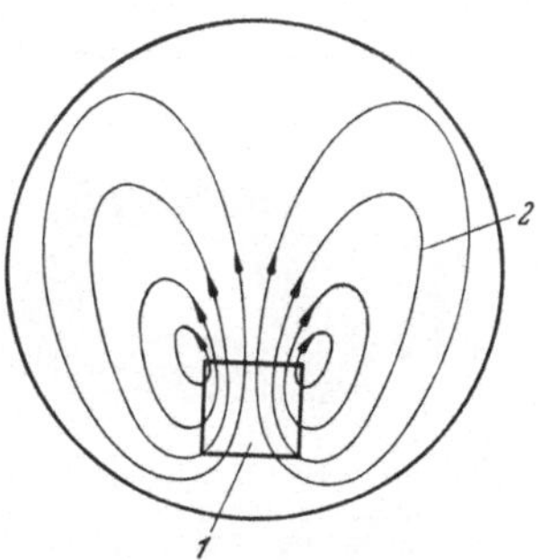

Abb. 66. Vom Bremsfluß in der Läuferscheibe induzierte Bremsströme.
1 Spur des Bremsmagnets; — 2 Bahnen der Scheibenströme.

α) *Anordnung des Magnets.* Gestalt und Anordnung der Bremsmagnete hängen sehr weitgehend von der gewählten Magnetlegierung ab. Je größer die Koerzitivkraft eines Magnets ist, desto kürzer und gedrungener wird er, und da die Koerzitivkräfte der verschiedenen Magnetlegierungen etwa im Verhältnis 1 : 10 variieren, ergeben sich auch außerordentlich verschiedene Magnetformen (Abb. 31 ... 33 u. 67).

Je gedrungener und kürzer der Magnet ist, desto näher kommt auch das Magnetmaterial an den Triebluftspalt und desto geringer wird der Streufluß und damit auch der Einfluß magnetischer Kappen. Es ist also auf jeden Fall vorteilhaft, Magnetwerkstoffe mit hoher Koerzitivkraft zu verwenden.

Der Bremsmagnet kann einspurig oder doppelspurig sein, d. h., der Bremsfluß kann den Läufer einmal oder zweimal, nämlich auf dem Hin- und Rückweg, durchsetzen. Bei Einspurmagneten ergeben die Läuferströme zusammen mit dem Bremsfluß Querkräfte, die das Lager beanspruchen. Bei Doppelspurmagneten erzeugen Hin- und Rückfluß entgegengesetzt gleiche Querkräfte, die sich aufheben, der Läufer dreht sich ruhiger und die Lager werden weniger beansprucht. Dasselbe gilt natürlich für zwei um 180° versetzte Bremsmagnete.

Das Bremsmoment des Zählers muß justierbar sein, damit man den Läufer auf die gewünschte Drehzahl einstellen kann.

Da das Bremsmoment

$$M_b = K \cdot \omega_1 \cdot H^2 \cdot r \qquad (149)$$

ist, worin K eine Konstante, ω_1 die Winkelgeschwindigkeit, H die Luftspaltfeldstärke des Magnets und r den wirksamen Radius für den Angriffspunkt der Bremskraft bedeuten, kann man die Drehzahl des Zählers auf zweierlei Weise verändern, entweder mechanisch durch Verändern des wirksamen Hebelarmes (Abb. 33) oder magnetisch durch Änderung des Bremsfeldes mittels eines magnetischen Nebenschlusses (Abb. 67). Das Material für den magnetischen Nebenschluß muß eine sehr kleine Remanenz haben, da andernfalls Änderungen des Bremsfeldes auftreten können.

Abb. 67. Feineinstellung eines Bremsmagnets durch verstellbaren magnetischen Nebenschluß.

β) *Alterung des Magnets.* Ein frisch magnetisierter Magnet ist nicht konstant, sondern ändert sich zuerst rasch, dann immer langsamer, bis er nach sehr langer Zeit seinen Endzustand erreicht hat. Betrag und Dauer der Alterung hängen vom Magnetmaterial ab. Da die erste Forderung an einen Zählermagnet absolute Konstanz ist, muß er vor dem Einbau sehr lange lagern oder künstlich gealtert werden, was durch Erwärmen oder Klopfen oder durch beides zusammen geschieht.

γ) *Stabilisierung des Magnets.* Ein frisch magnetisierter Magnet ist auch nicht stabil, sondern kann durch entmagnetisierende Felder je nach seiner Koerzitivkraft mehr oder weniger leicht beeinflußt und dauernd geändert werden. Um ihn zu stabilisieren, muß man ihn durch Wechselfelder schwächen, und zwar um so mehr, je kleiner seine Koerzitivkraft ist. Durch das Schwächen wird der Magnet unempfindlich gegen Fremdfelder, die nicht größer als das Schwächungsfeld sind, und gleichzeitig künstlich gealtert, so daß die Lagerzeit verkürzt werden kann. Moderne Magnete mit großer Koerzitivkraft brauchen nach der Stabilisierung nicht mehr gealtert werden.

δ) *Kurzschlußeinfluß.* Bei großen Kurzschlußströmen erzeugen die Stromspulen des Zählers sehr erhebliche Magnetfelder, die weit größer sein können als das beim Schwächen angewendete Entmagnetisierungsfeld und unter Umständen den Magnet dauernd verändern. Nach starken Kurzschlüssen sollten deshalb die Zähler überprüft werden. Um die

Wirkung von Kurzschlüssen zu verringern, kann man den Magnet allseitig in gut leitende Metalle einbetten, etwa stark verkupfern oder einspritzen. Die Kurzschlußströme induzieren in diesem Schutzmantel Wirbelströme, die dem Feldanstieg entgegenwirken und so den Magnet in einem gewissen Umfang schützen. Eine solche Umhüllung ist jedoch nur bei sehr steil ansteigenden Stromstößen wirksam. Die größte Sicherheit bieten Hochleistungsmagnete mit sehr hoher Koerzitivkraft.

ε) *Fremdfeldeinfluß.* Überlagert sich dem Bremsfeld ein Fremdfeld, so setzen sich beide Feldvektoren zu einem resultierenden Feld zusammen und die Bremswirkung ändert sich. Diesen Einfluß kann man klein halten durch Anordnen zweier Bremsfelder entgegengesetzter Richtung, so daß ein Fremdfeld das eine Bremsfeld schwächt, das andere verstärkt. Eine völlige Kompensation des Fremdfeldeinflusses ist jedoch auf diese Weise nicht möglich. Sicherer ist es, das Bremsfeld sehr hoch zu wählen, so daß der Einfluß eines Fremdfeldes prozentual gering ist, und den Magnet durch magnetische Schirme vor der Einwirkung von Fremdfeldern zu schützen. Gegen Kurzschlüsse im Zählerstromkreis und die damit verbundenen sehr starken Felder der Stromspulen vermag das Eisengehäuse natürlich nicht zu schützen, es kann ihre Wirkung sogar erhöhen. Die Richtung des entmagnetisierenden Feldes ist in jedem Fall sehr wesentlich, da nur die in der Magnetisierungsrichtung des Magnets liegende Feldkomponente wirksam wird.

ζ) *Temperatureinfluß.* Das Feld eines Magnets ist mehr oder weniger temperaturabhängig und nimmt mit steigender Temperatur ab. Die Größe des Temperatureinflusses hängt von der Magnetlegierung ab. Bei modernen Alni- und Alnicomagneten ist der Temperatureinfluß sehr viel kleiner als bei Wolfram- und Chrommagneten und praktisch bedeutungslos.

Steigende Temperatur erhöht aber auch den Widerstand der vom Bremsfeld durchsetzten Leiter und vermindert die Bremsströme, so daß auf das Meßwerk ein weiterer Temperatureinfluß gleicher Tendenz entsteht.

η) *Kappenfehler.* Eisenkappen und magnetische Schirme können einen magnetischen Nebenschluß für den Bremsmagnet bilden und die Größe des Bremsfeldes beeinflussen. Dieser Einfluß ist um so kleiner, je weniger der Magnet streut, es ist deshalb zweckmäßig, das Magnetmaterial möglichst nahe am Arbeitsluftspalt anzuordnen und Magnetformen und Magnetwerkstoffe mit geringer Streuung zu wählen.

ϑ) *Oberflächenschutz.* Die Magnete müssen durch galvanische Überzüge oder Lackierung gegen Korrosion geschützt werden; Lacküberzüge haben sich bis jetzt am besten bewährt.

f) Behandlung des Magnets. Der Magnet bedarf keiner Pflege. Wird er bei der Überholung eines Zählers ausgebaut, so ist dafür zu sorgen, daß er keine Eisenspäne fängt. Muß ein Magnet ausgetauscht werden, weil er sich infolge eines Kurzschlusses oder infolge böswilliger Einwirkung geändert hat, so ist er durch einen Magnet gleicher Art zu ersetzen. Die Herstellerfirmen kennzeichnen die Magnete nach ihrer Feldstärke, und es ist stets ein gleicher Ersatzmagnet einzubauen. Unzweckmäßig ist es, die Feldstärke eines Magnets durch Streichen mit einem anderen Magnet oder mit einem eisernen Werkzeug zu verändern, weil solche Magnete nicht stabil sind. Muß ein Magnet neu magnetisiert werden, so ist er nach der Magnetisierung wieder zu altern, um ihn zu stabilisieren.

Eisenspäne entfernt man aus dem Magnetmaul mit der Schwungfeder einer Taube, mit einem gezähnten Pertinaxstreifen, mit einem Magnetmaulreiniger oder durch Preßluft, auf keinen Fall mit einem magnetischen Werkzeug.

Ersatzmagnete sind einzeln und gut verpackt aufzubewahren; sie dürfen sich nicht gegenseitig berühren und nicht mit Eisenteilen zusammenkommen.

Die Feldstärke des Magnets kann mit besonderen Einrichtungen gemessen werden. Da für die Bremswirkung das Luftspaltfeld maßgebend ist, wendet man zweckmäßig ein Meßverfahren an, bei dem die Feldstärke im Luftspalt ermittelt wird.

g) Zusätzliche Bremskräfte. Außer dem Feld des Bremsmagnets wirken auf den Läufer auch die Magnetfelder der Triebsysteme ein und erzeugen zusätzliche, mit den Meßgrößen veränderliche Bremsmomente (Strom- und Spannungsdämpfung). Diese zusätzlichen Bremskräfte müssen gegenüber der Bremskraft des Dauermagnets vernachlässigbar sein, da sie sonst den linearen Zusammenhang zwischen Meßgröße und Winkelgeschwindigkeit stören; sie fallen um so weniger ins Gewicht, je stärker die Bremswirkung des Bremsmagnets ist, weshalb die Lastkurve eines Zählers um so günstiger verläuft, je stärker er gebremst ist.

2. Zählwerk.

a) Aufgabe. Das Zählwerk wird vom Läufer über ein Schneckengetriebe und Stirnräder angetrieben und hat die Aufgabe, die Anzahl der Läuferumdrehungen zu registrieren. Im Schneckentrieb liegt eine feste Übersetzung von 1 : 20 . . . 1 : 200, mit dem folgenden leicht auswechselbaren Räderpaar wird das Zählwerk der Drehzahl des Läufers angepaßt. Die Zählwerkreibung muß sehr klein und über lange Zeit konstant sein, da sie ebenso wie die Lagerreibung des Läufers das Zählergebnis beeinflußt. Man unterscheidet zwei Ausführungsformen: Rollen- und Zeigerzählwerke.

b) Das Rollenzählwerk. Das Rollenzählwerk hat meist fünf lose auf einer gemeinsamen Achse sitzende Zahlenrollen, deren letzte durch ein

Stirnrädergetriebe angetrieben wird. Zwischen je zwei Rollen sitzen — ebenfalls lose auf ihrer Achse — Schalttriebe, die nach jeder Umdrehung der rechts von ihnen liegenden Rolle die links von ihnen liegende um $^1/_{10}$ Umdrehung weiterdrehen. Die von den Zahlenrollen zurückgelegten Wege sind also dekadisch gestuft. Jede Zahlenrolle ist von 0...9 beziffert; die letzte trägt außerdem eine 100teilige Skala, so daß ihr Weg auf 1% des Umfangs genau festgestellt werden kann. Die Zählwerke sind auf extrem kleine und konstante Reibung gezüchtet, weshalb alle Teile so leicht wie möglich gehalten und die Lager sehr sorgfältig ausgeführt und behandelt werden müssen. Um die Reibung klein zu halten, bekommt die Schnecke der Läuferachse einen möglichst kleinen Durchmesser (3 ... 7 mm), sie wird aus Messing oder Leichtmetall gefertigt, manchmal vergoldet und stets hochglanzpoliert. Das Schneckenrad besteht meist aus ölgetränktem Isolierstoff mit Faserstoffeinlage, die Stirnräder sind aus Messing oder Leichtmetall geschnitten und ebenfalls zuweilen vergoldet. Die hochglanzpolierten, dünnen Stahlachsen sind in Messingbuchsen gelagert und werden an den Lagerstellen sehr sorgsam geölt. Schnelllaufende Achsen erhalten zuweilen Steinlager aus Rubin[1].

Abb. 68. Ansicht eines Rollenzählwerks.

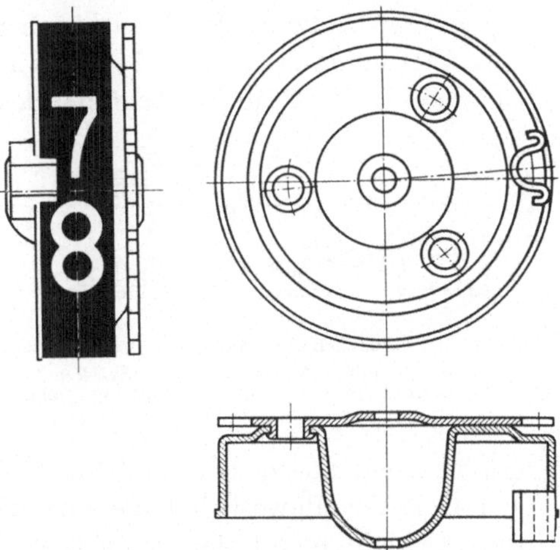

Abb. 69. Aus Leichtmetall gezogene Zahlenrolle. Das Antriebsrad ist mit Hohlnieten aufgenietet.

Die Triebe zwischen den Zahlenrollen sind aus Leichtmetall oder Isolierstoff gespritzt, die Zahlenrollen aus Leichtmetall gezogen oder aus Isolierstoff gespritzt; sie ruhen nur an zwei schmalen Lagerstellen auf der Achse; z. Z. herrscht noch die

[1] In Steinen gelagerte und nicht rostende Achsen werden nicht geölt. Abb. 68 ist die Ansicht eines 5stelligen Rollenzählwerks. Auf der linken Seite sind die auswechselbaren Übersetzungsräder, über den Zahlenrollen die Schalttriebe sichtbar.

Leichtmetallrolle vor, da man bei Isolierstoffrollen und höherer Temperatur Formänderungen befürchtet und noch keine genügend langen Erfahrungen vorliegen. Abb. 69 zeigt eine gezogene Leichtmetallrolle mit aufgenietetem Stirnrad, Abb. 70 die Anordnung des Rollenzählwerks mit einer und mit zwei angetriebenen Rollen.

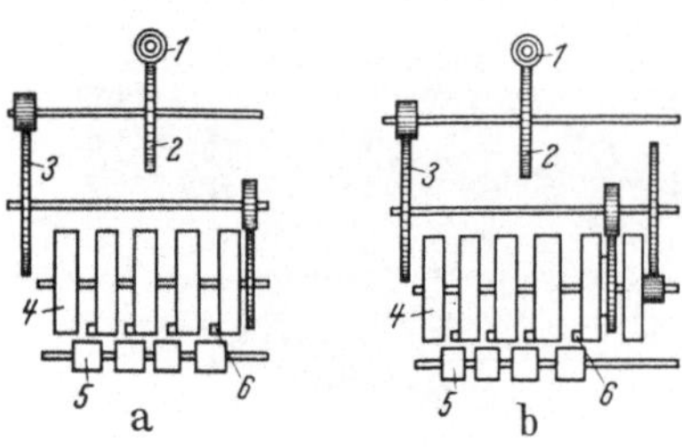

Abb. 70a u. b. Grundsätzliche Anordnung eines Rollenzählwerks.
a mit fünf Dekaden und einer angetriebenen Rolle; — b mit sechs Dekaden und zwei angetriebenen Rollen.
1 Läuferachse mit Schnecke; — *2* Schneckenrad; — *3* Wechselräderpaar; — *4* Zahlenrollen; — *5* Schalttriebe; — *6* Schaltnasen.

Das auf die Läuferachse bezogene Reibungsmoment eines fünfstelligen Rollenzählwerks ist etwa 2 . . . 10 mgcm solange nur eine Rolle bewegt wird, bei gleichzeitiger Bewegung mehrerer Rollen steigt es vorübergend an und kann etwa beim Drehen aller fünf Rollen 8 . . . 20 mgcm betragen.

c) **Zeigerzählwerk.** Während beim Rollenzählwerk nur die letzte und evtl. vorletzte Rolle stetig angetrieben werden und die anderen Rollen sich absatzweise bewegen, werden beim Zeigerzählwerk alle Zeiger kontinuierlich über Stirnräder mit der Übersetzung 10 : 1 angetrieben. Abb. 71 zeigt die grundsätzliche Anordnung des Zeigerzählwerks. Das Reibungsmoment des Zeigerzählwerks ist konstant, während das des Rollenzählwerks jedesmal beim Weiterschalten von einer Rolle zur anderen eine Spitze aufweist. Die Stahlachsen des Zeigerzählwerks sind ebenfalls in Messingbuchsen bzw. in Lochsteinen gelagert und werden mit einer genau dosierten Ölmenge geölt, sofern sie nicht aus rostfreiem Stahl bestehen.

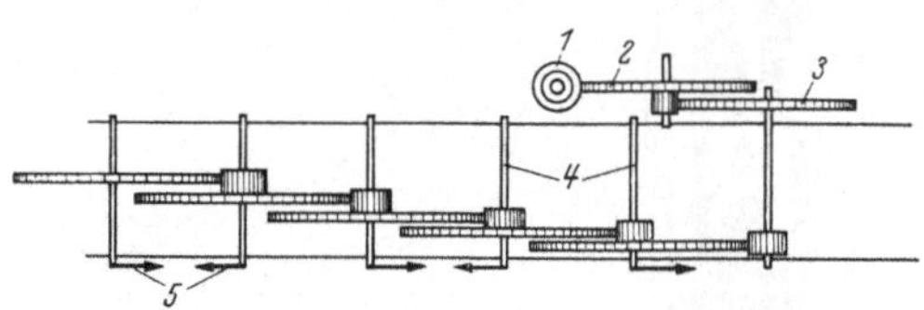

Abb. 71. Grundsätzliche Anordnung eines Zeigerzählwerks.
1 Läuferachse mit Schnecke; — *2* Schneckenrad; — *3* Wechselräderpaar; — *4* Zeigerachsen; — *5* Zeiger.

Das Zeigerzählwerk hat dieselbe Reibung wie das Rollenzählwerk beim Antrieb einer Rolle, nämlich etwa 2 . . . 10 mgcm und wird vorwiegend für Präzisionszähler verwendet, es ist etwas schwieriger abzulesen als das Rollenzählwerk, weil je zwei aufeinanderfolgende Zeiger in entgegengesetzter Richtung laufen. Gleichsinnig umlaufende Zeiger würden zwischen je zwei Zeigern ein Zwischenrad und damit erhöhte Reibung bedeuten[1].

[1] Abb. 72 ist die Ansicht eines Zeigerzählwerks mit 6 Dekaden. Auf der rechten Seite sind die Wechselräder und das Schneckenrad erkennbar. Außer bei Präzisionszählern wird das Zeigerzählwerk auch bei Zählern angewendet, die starken Er-

d) Übersetzungsverhältnis. Die gesamte Übersetzung $\ddot{U}$ des Zählwerks ist das Verhältnis zwischen den Umdrehungszahlen u_z und u_l der letzten Zählwerkrolle und des Läufers.

$$\ddot{U} = \frac{u_z}{u_l}. \tag{150}$$

In der letzten Zählwerkdekade ist der kleinste bezifferte Stellenwert z Zähleinheiten, und die volle Umdrehung der letzten Rolle entspricht $10\,z$ Zähleinheiten. Die Umdrehungszahl der letzten Rolle ist:

$$u_z = \frac{1}{10 \cdot z} \left[\frac{\text{Umdrehungen}}{\text{Zähleinheit}}\right]. \tag{151}$$

Die Umdrehungszahl u_l des Läufers ist gleich der Zählerkonstanten

$$u_l = C_z \left[\frac{\text{Umdrehungen}}{\text{Zähleinheit}}\right], \tag{152}$$

also wird das Übersetzungsverhältnis

$$\ddot{U} = \frac{\frac{1}{10 \cdot z}}{C_z} = \frac{1}{C_z \cdot 10 \cdot z}. \tag{153}$$

Abb. 72. Ansicht eines Zeigerzählwerks mit 6 Dekaden.

Der Nennwert der Meßgröße des Zählers sei M_n, seine Nenndrehzahl n_n Umdr./min entsprechend $60\,n_n$ Umdr./h.

Dann ist die Zählerkonstante auch

$$C_z = \frac{60 \cdot n_n}{M_n} \left[\frac{\text{Umdr./h}}{\text{Meßgröße}} = \frac{\text{Umdreh.}}{\text{Zählgröße}}\right] \tag{154}$$

und die Gesamtübersetzung

$$\ddot{U} = \frac{M_n}{10 \cdot z \cdot 60 \cdot n_n}. \tag{155}$$

Die Umlaufzeit t_u der letzten Rolle des Zählwerks ist

$$t_u = \frac{10 \cdot z}{M_n} \left[\frac{\text{Zähleinheiten}}{\text{Meßeinheiten}}\right]. \tag{156}$$

Der Zählbereich des Zählwerks ist die größte, an dem Zählwerk ablesbare Zahl x von Einheiten. Bei einem Zählwerk mit y Dekaden und dem kleinsten bezifferten Stellenwert z ist der Zählbereich

$$x = 10^y \cdot z \text{ (Zähleinheiten)}. \tag{157}$$

---

schütterungen ausgesetzt sind, etwa bei Bahnzählern und Dreschwagenzählern, weil es kleinere bewegte Massen hat und dadurch weniger erschütterungsempfindlich ist.

Die Durchlaufzeit t_d des Zählwerks ergibt sich aus dem Verhältnis des Zählbereichs x zum Grenzwert M_g der Meßgröße.

$$t_d = \frac{x}{M_g} = \frac{10^y \cdot z}{M_g} \left[\frac{\text{Zähleinheiten}}{\text{Grenzwert der Meßgröße}}\right]. \tag{158}$$

Beispiel. Ein Wechselstrom-Wirkverbrauchzähler sei für $J_n (J_g) = 10\,(30)$ A, die Nennspannung $U_n = 220$ V und den Nennwert der Meßgröße $M_n = 2{,}2$ kW ausgelegt und habe die Zählerkonstante $C_z = 1200$ Umdrehungen/kWh. Die Nenndrehzahl $n_n = 44$ Umdr./min. Der kleinste bezifferte Stellenwert des Zählwerks sei $z = 0{,}1$ kWh und die Zahl der Zählwerkdekaden $y = 5$, dann ist das Übersetzungsverhältnis

$$\ddot{U} = \frac{1}{10 \cdot z \cdot C_z} = \frac{1}{10 \cdot 0{,}1 \cdot 1200} = \frac{1}{1200}$$

zu wählen, oder

$$\ddot{U} = \frac{M_n}{600 \cdot z \cdot n_n} = \frac{2{,}2}{600 \cdot 0{,}1 \cdot 44} = \frac{1}{1200}.$$

Davon kann etwa die feste Übersetzung des Schneckengetriebes 1 : 200 betragen und die Übersetzung 1 : 6 in den Wechselrädern liegen (Zähnezahlen 12 : 72). Die Umlaufzeit der letzten Dekade des Zählwerks ist

$$t_u = \frac{10 \cdot 0{,}1}{2{,}2} \left[\frac{\text{kWh}}{\text{kW}}\right] = \frac{10 \cdot 0{,}1 \cdot 60}{2{,}2} \text{ min} = 27{,}27 \text{ min}.$$

Der Zählbereich des Zählwerks ist

$$x = 10^5 \cdot 0{,}1 \text{ kWh} = 10000 \text{ kWh}.$$

Die Durchlaufzeit des Zählwerks ist

$$t_d = \frac{10000}{3 \cdot 2{,}2} \left[\frac{\text{kWh}}{\text{kW}}\right] = 1515 \text{ h} = 63{,}1 \text{ Tage}.$$

e) Behandlung. Die Zählwerke neuer Zähler sind mit einer genau dosierten Menge Mineralöl geölt und dürfen auf keinen Fall nachgeölt werden, Achsen aus nicht rostendem Stahl sind weder geölt noch gefettet. Bei der turnusmäßigen Überholung der Zähler sind die Zählwerke zu zerlegen und die Teile einzeln mit Waschbenzin oder einer Waschlösung zu waschen. Das Waschen in strömender Flüssigkeit erhöht die Reinigungswirkung und verkürzt die Waschzeit. Die Waschflüssigkeit kann mit Schallfrequenz beschleunigt werden; dagegen ist von der Verwendung von Ultraschall abzuraten, solange keine hinreichenden Erfahrungen über die zumutbare Amplitude, Frequenz und Waschdauer vorliegen.

Die gewaschenen Teile sind nachzuspülen und zu trocknen, die Lagerstellen zu polieren, eingelaufene Achsen, abgenützte Lager und Zahnräder zu erneuern und das Zählwerk sorgfältig wieder zu montieren. Nicht rostfreie Achsen werden vor dem Zusammenbau mit einem Ölhauch versehen und das montierte Zählwerk nach der Ölvorschrift des Herstellers frisch geölt.

Es ist davon abzuraten, die unzerlegten Zählwerke zu waschen, weil dabei wohl der Schmutz ausgespült werden kann, abgenutzte Achsen und Lager jedoch nicht erkannt werden.

3. Systemträger.

Aufgabe des Systemträgers ist es, die Teile des Meßwerks, Triebsysteme, Läufer, Bremsmagnete und das Zählwerk zu vereinigen und ihre gegenseitige Lage unabhängig von äußeren Einflüssen und Temperaturschwankungen zu sichern. Insbesondere muß man durch eine Verbindung mit kleiner Basis zwischen Systemträger und Grundplatte oder andere Maßnahmen von gleicher Wirkung dafür sorgen, daß ein Verspannen der Grundplatte bei der Montage oder durch böswilligen Eingriff die gegenseitige Lage der Meßwerkteile nicht verändert und Fehlweisungen oder Klemmungen herbeiführt (Abb. 73). Der Systemträger kann aus Leichtmetall gegossen oder gespritzt oder aus stählernen Stanzbiegeteilen genietet oder geschweißt sein.

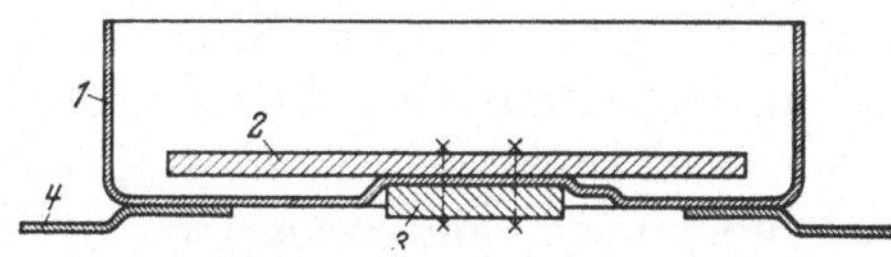

Abb. 73. Schutz gegen Verspannen des Meßwerks bei der Montage des Zählers durch Befestigung des Systemträgers auf kleiner Basisfläche.
1 Gehäuseboden; — *2* Montageplatte (Systemträger); — *3* Gegenplatte; — *4* Befestigungsfüße.

Systemträger aus Keramik sind grundsätzlich denkbar und böten manchen Vorteil, wurden aber bis jetzt nicht in größerem Umfang angewendet, ebensowenig aus Isolierstoff gepreßte Systemträger, bei denen man feuchtigkeits- und temperaturbedingte Formänderungen scheut.

4. Gehäuse.

a) Allgemeines. Das Gehäuse hat die Aufgabe, das Meßwerk vor Schmutz und willkürlichen Eingriffen zu schützen und zufälliges Berühren spannungführender Teile zu verhindern; es muß staub- und spritzwasserdicht, sowie plombierbar sein.

Die Gehäusekappen werden aus Aluminium- oder Eisenblech, Isolierpreßstoff, Keramik oder Glas gefertigt und mit Paßsitz, Gummidichtungen oder Baumwollschnur staubdicht auf die Grundplatte aufgesetzt. Alle Kappenwerkstoffe haben Vorzüge und Nachteile.

b) Mechanische Beeinflussung. Gegen mechanische Beeinflussung schützt am besten die Glaskappe, weniger gut die Preßstoffkappe und verhältnismäßig leicht lassen sich Metallkappen anbohren.

c) Stoßfestigkeit. Metallkappen werden durch starke Stöße verbeult, Glas- und Preßstoffkappen springen. Am stoßempfindlichsten ist die Preßstoffkappe, was je nach der Betrachtungsweise als Vorzug oder Nachteil gewertet werden kann. Vorteilhaft ist, daß man jede große

Stoßbeanspruchung, die ja auch leicht das Meßwerk beschädigen kann, sofort bemerkt. Nachteilig ist, daß sich die Kappe nicht reparieren läßt, sondern ersetzt werden muß.

d) Abnützung. Glas- und Preßstoffkappen behalten am längsten ihr gutes Aussehen, während lackierte Metallkappen im Lauf der Jahre unansehnlich werden.

e) Magnetische Beeinflussung. Eisenkappen schützen in gewissem Umfang gegen willkürliche magnetische Beeinflussung und gegen Fremdfelder, ebenso Isolierstoffkappen mit eingelegten Eisenschirmen. Bei Kurzschlüssen kann dagegen die Eisenkappe ungünstiger wirken als eine unmagnetische Kappe. Auch beeinflussen Eisenkappen und magnetische Schirme das Meßwerk je nach Lage der Triebsysteme und des Bremsmagnets, sowie nach ihren magnetischen Eigenschaften mehr oder weniger stark und müssen beim Eichen berücksichtigt werden (Kappenfehler).

f) Tropenfestigkeit. Vollkommen tropenfest ist nur die Keramik- oder Glaskappe, beschränkt tropenbeständig sind Preßstoff- und Aluminiumkappen, am wenigsten die Eisenkappen, sofern sie nicht mit besonderen Tropenschutzlacken behandelt wurden.

5. Klemmenblock.

Der Klemmenblock hat die Aufgabe, die Verbindung zwischen dem Innern des Zählers und den Anschlußleitungen herzustellen. Der Klemmenblock muß eine hinreichende Isolation zwischen Klemmen verschiedenen Potentials und zwischen Klemmen und Gehäuse gewährleisten und seine Anschlußstücke müssen so dimensioniert sein, daß die betriebsmäßige Erwärmung in den zulässigen Grenzen bleibt. Die Übergangswiderstände an den Klemmen sind sorgfältig zu beachten, insbesondere bei großen Stromstärken. Das Leitermaterial darf unter dem spezifischen Preßdruck der Klemmvorrichtungen nicht fließen, und die Klemmenkonstruktion muß kleine Formänderungen auszugleichen vermögen.

Zerstörungen des Klemmenblocks durch Überhitzung sind fast immer auf mangelnde Sorgfalt beim Anschließen des Zählers zurückzuführen.

Im Ausland erhalten die Zähler zuweilen Steckvorrichtungen an Stelle von Klemmen.

Ein plombierbarer Klemmendeckel schützt gegen unbefugte Eingriffe.

III. Induktionszähler für Wechselstrom (Lit. IV).

1. Prinzip.

Induktionszähler haben ein Ferrarismeßwerk mit einem feststehenden Triebsystem, einem Permanentmagnet zur Bremsung und einem Läufer in Form einer Aluminium- oder Kupferscheibe oder -trommel.

Das Antriebsmoment eines solchen Meßwerkes ist

$$M_a = K \cdot \varkappa \cdot \nu \cdot \Phi_1 \cdot \Phi_2 \cdot \sin\beta . \tag{159}$$

Die Gl. (159) gilt nur, wenn die Felder den Läufer senkrecht durchsetzen.

Darin bedeuten:

K = Konstante,
$\varkappa$ = die spezifische Leitfähigkeit des Läufermaterials,
ν = die Frequenz,
Φ_1; Φ_2 = die Scheitelwerte zweier sinusförmiger Magnetflüsse,
β = den Phasenwinkel zwischen beiden Flüssen.

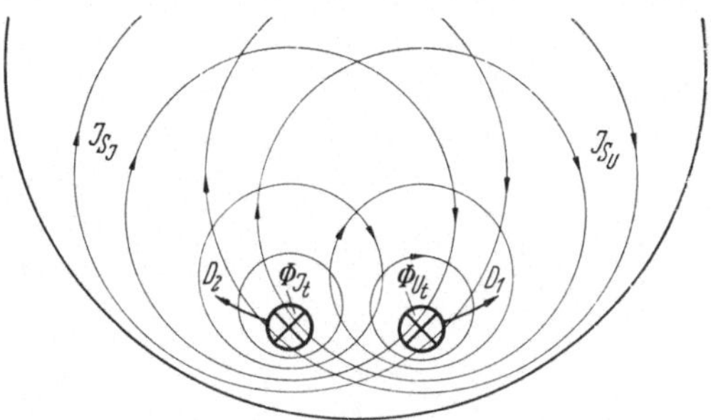

Abb. 74. Schematische Darstellung der Scheibenströme eines Induktionszählers.
Φ_{J_t} Spur des Stromtriebflusses; — Φ_{U_t} Spur des Spannungstriebflusses; — J_{S_J} vom Stromfluß induzierte Scheibenströme; — J_{S_U} vom Spannungsfluß induzierte Scheibenströme; — D_1 vom Spannungsfluß mit den vom Stromfluß induzierten Scheibenströmen erzeugtes Drehmoment; — D_2 vom Stromfluß mit den vom Spannungsfluß induzierten Scheibenströmen erzeugtes Drehmoment.

Bei einem Arbeitszähler ist der eine der beiden Flüsse proportional dem Strom, der andere proportional der Spannung. Der Winkel β zwischen beiden Flüssen wird verschieden groß gewählt, je nachdem, ob man einen Wirk-, Blind- oder Mischarbeitszähler haben will. Die spezifische Leitfähigkeit und damit auch der Leitwert G der Scheibe sind für eine gegebene Konstruktion konstant und die Frequenz kann man für die erste grundsätzliche Betrachtung des Meßwerks ebenfalls als konstant ansehen, so daß die Gleichung für das Antriebsmoment sich vereinfacht auf die Form

$$M_a = K \cdot \Phi_1 \cdot \Phi_2 \cdot \sin\beta . \tag{160}$$

Im folgenden wird die Wirkungsweise des Ferraris-Meßwerks an einem Arbeitszähler näher erklärt.

Das Triebsystem des Arbeitszählers hat eine Strom- und eine Spannungsspule, die beide auf Eisenkerne gewickelt sind. Die Stromspule erzeugt einen dem Strom J proportionalen Magnetfluß, den Stromtriebfluß Φ_{J_t}, die Spannungsspule einen der Spannung proportionalen magnetischen Fluß, den Spannungstriebfluß Φ_{U_t}. Beide durchsetzen den Läufer und induzieren in ihm Scheibenströme J_{S_J} und J_{S_U}. Der von den induzierten Strömen durchflossene Läufer kann als stromdurchflossener Leiter in einem Magnetfeld angesehen werden und die Scheibenströme ergeben zusammen mit den induzierenden Magnetfeldern ein Drehmoment M_a. Die Magnetflüsse Φ_{J_t} und Φ_{U_t} mögen den Läufer in derselben Richtung, beispielsweise von oben nach unten, durchsetzen (Abb. 74). Die von den Flüssen induzierten Wirbelströme J_{S_J} und J_{S_U} umgeben die Spurflächen der Flüsse in geschlossenen Bahnen. Der

Spannungstriebfluß Φ_{U_t} ergibt mit den vom Stromfeld herrührenden Scheibenströmen J_{S_J} ein Drehmoment D_1 und der Stromtriebfluß Φ_{J_t} mit den vom Spannungsfeld herrührenden Scheibenströmen J_{S_U} ein zweites Drehmoment D_2. Beide setzen sich zu dem resultierenden Antriebsmoment M_a zusammen. Da nach Annahme die Flüsse Φ_{J_t} und Φ_{U_t} gleichsinnig durch die Scheibe gehen, haben die Scheibenströme im Bereich der mit ihnen zusammen arbeitenden Magnetfelder entgegengesetzte Richtung. Die Drehmomente D_1 und D_2 sind also gegeneinander gerichtet und es ist das gesamte Antriebsmoment

$$M_a = D_1 - D_2. \tag{161}$$

Die Größe dieser Drehmomente wird im folgenden berechnet.

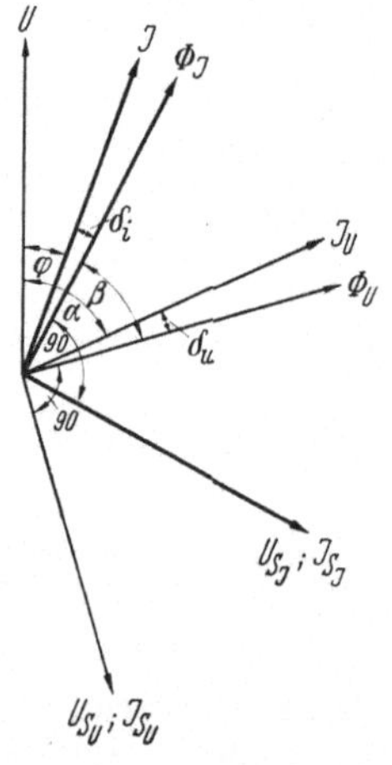

Abb. 75. Diagramm des Wechselstrominduktionszählers.
U Spannung; — J_U Strom in der Spannungsspule; — Φ_U Spannungsfluß; — U_{S_U} vom Spannungsfluß induzierte Scheibenspannung; — J_{S_U} vom Spannungsfluß herrührende Scheibenströme; — J Strom in der Stromspule; — Φ_J Stromfluß; — U_{S_J} vom Stromfluß induzierte Scheibenspannung; — J_{S_J} vom Stromfluß herrührende Scheibenströme; — φ Phasenverschiebung im Meßkreis; — α Verschiebung zwischen Spannungsspulenstrom und Spannung (innere Verschiebung); — δ_i Fehlwinkel des Stromflusses; — δ_u Fehlwinkel des Spannungsflusses; — β Phasenverschiebung zwischen Stromfluß und Spannungsfluß.

2. Das Antriebsmoment.

a) Spannungskreis. An der Spannungsspule liegt die Spannung U. Der Scheinwiderstand der Spannungsspule setzt sich aus einem Wirkwiderstand R_U und einem Blindwiderstand ωL_U zusammen. Infolge der hohen Windungszahl der Spannungsspule ist der Blindwiderstand bedeutend und der Strom J_U in der Spannungsspule eilt der Spannung U um den großen Winkel α nach (Abb. 75). Es ist

$$J_U = \frac{U}{\sqrt{R_U^2 + (\omega \cdot L_U)^2}}. \tag{162}$$

Bei konstanter Kreisfrequenz ω darf man dafür schreiben

$$J_U = k_1 \cdot U,$$

wobei

$$k_1 = \frac{1}{\sqrt{R_U^2 + (\omega \cdot L_U)^2}} \tag{163}$$

den Leitwert der Spannungsspule darstellt. Der Strom in der Spannungsspule erzeugt im Spannungseisen einen Magnetfluß Φ_U, der dem Strom J_U proportional ist und ihm infolge der Verluste im Spannungseisen um den kleinen Winkel δ_u nacheilt.

$$\Phi_U = k_2 \cdot J_U = k_1 \cdot k_2 \cdot U. \tag{164}$$

Den Winkel δ_u nennt man den Fehlwinkel des Spannungsflusses. Der Spannungsfluß Φ_U induziert im Läufer elektromotorische Kräfte

U_{S_U}, die ihm und der Kreisfrequenz ω proportional sind und dem Fluß Φ_U um 90° nacheilen. Unter Spannungsfluß Φ_U wird hier stets der drehmomenterzeugende Teil des Spannungsflusses, also der Spannungstriebfluß Φ_{U_t}, verstanden. Der Spannungsstreufluß Φ_{U_s} ist in diesem Zusammenhang ohne Interesse.

$$U_{S_U} = k_3 \cdot \omega \cdot \Phi_U. \tag{165}$$

Bei konstanter Frequenz darf man dafür schreiben

$$U_{S_U} = k_4 \cdot \Phi_U. \tag{166}$$

Die Scheibenspannungen rufen in der Scheibe Wirbelströme hervor, die den Scheibenspannungen U_{S_U} und dem Leitwert G der Scheibe proportional sind. Dabei ist unter dem Leitwert G der Scheibe die Summe der Leitwerte der einzelnen Strombahnen zu verstehen. Die Scheibenströme sind nahezu phasengleich mit den Scheibenspannungen, da die Scheibe annähernd als Wirkwiderstand anzusehen ist.

$$\left.\begin{aligned} J_{S_U} &= G \cdot U_{S_U} \\ \text{oder} \qquad J_{S_U} &= k_5 \cdot U_{S_U}, \end{aligned}\right\} \tag{167}$$

da für einen gegebenen Läufer G konstant ist. Demnach wird

$$\left.\begin{aligned} J_{S_U} &= k_4 \cdot k_5 \cdot \Phi_U = k_1 \cdot k_2 \cdot k_4 \cdot k_5 \cdot U \\ \text{oder} \qquad J_{S_U} &= k_6 \cdot U, \end{aligned}\right\} \tag{168}$$

wobei die Konstanten $k_1, \ldots, k_5$ zu der einen Konstanten k_6 zusammengefaßt wurden.

Die von der Spannung U herrührenden Läuferströme J_{S_U} sind also proportional der Spannung und eilen ihr um den Winkel $(\alpha + \delta_u + 90)$ nach; sie sind in Abb. 76 dargestellt.

b) Stromkreis. Der Strom J in der Stromspule ist gegenüber der Spannung U um den Phasenverschiebungswinkel φ des Meßkreises verschoben. Er erzeugt einen Stromfluß Φ_J, der ihm proportional ist und infolge der Verluste im Stromeisen um den Winkel δ_i nacheilt. Unter Stromfluß Φ_J wird in diesem Zusammenhang der Stromtriebfluß Φ_{J_t} verstanden, der Stromstreufluß Φ_{J_s} kann außer Betracht bleiben, da er kein Drehmoment erzeugt.

$$\Phi_J = k_7 \cdot J. \tag{169}$$

Der Winkel δ_i heißt Fehlwinkel des Stromflusses. Der Stromfluß Φ_J induziert im Läufer elektromotorische Kräfte U_{S_J}, die ihm und der Frequenz proportional sind und um 90° nacheilen.

$$U_{S_J} = k_8 \cdot \omega \cdot \Phi_J. \tag{170}$$

Bei konstanter Frequenz darf man dafür schreiben

$$U_{S_J} = k_9 \cdot \Phi_J. \tag{171}$$

Die Läuferspannungen führen zu Läuferströmen, die ihnen und dem Leitwert G des Läufers proportional und beinahe phasengleich mit den Läuferspannungen sind, da der Läufer im wesentlichen einen Wirkwiderstand darstellt.

$$J_{S_J} = G \cdot U_{S_J} \tag{172}$$

oder für einen gegebenen Läufer

$$J_{S_J} = k_{10} \cdot U_{S_J}. \tag{173}$$

Es ist demnach

$$J_{S_J} = k_9 \cdot k_{10} \cdot \Phi_J = k_7 \cdot k_9 \cdot k_{10} \cdot J \tag{174}$$

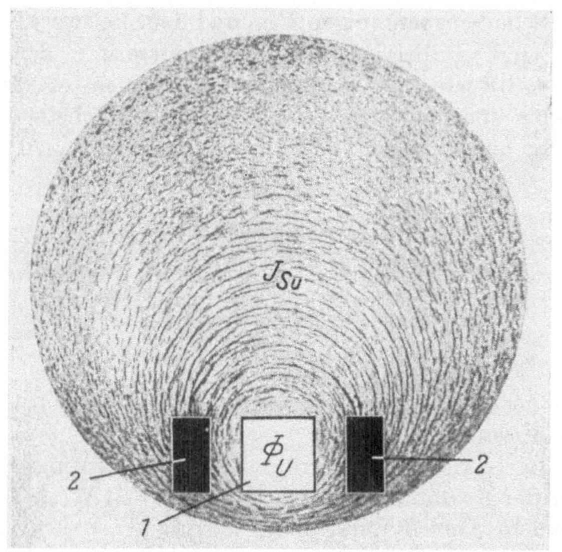

Abb. 76. Verlauf der vom Spannungsfluß Φ_U in der Scheibe induzierten Ströme J_{S_U}. *1* Spur des Spannungsflusses Φ_U; — *2* Spur des Stromflusses Φ_J

oder unter Zusammenfassung der Konstanten

$$J_{S_J} = k_{11} \cdot J, \tag{175}$$

d. h. die vom Strom J im Läufer hervorgerufenen Wirbelströme J_{S_J} sind proportional dem Strom J und eilen ihm um den Winkel $(\delta_i + 90)$ nach.

c) Zusammenwirken der Flüsse und Scheibenströme. Der Spannungsfluß Φ_U ergibt mit den vom Strom herrührenden Scheibenströmen J_{S_J} ein Drehmoment D_1, das dem Produkt aus beiden und dem Kosinus des Phasenwinkels zwischen ihnen proportional ist.

$$D_1 = k_{12} \cdot J_{S_J} \cdot \Phi_U \cdot \cos\,[90 - (\alpha + \delta_u - \varphi - \delta_i)], \tag{176}$$

$$D_1 = k_{12} \cdot J_{S_J} \cdot \Phi_U \cdot \sin\,(\alpha + \delta_u - \varphi - \delta_i). \tag{177}$$

Die Konstante k_{12} hängt von den Abmessungen und der Anordnung des Triebsystems ab. An Stelle von J_{S_J} darf man nach Gl. (174) schreiben

$$J_{S_J} = k_9 \cdot k_{10} \cdot \Phi_J = k_{13} \cdot \Phi_J \tag{178}$$

und erhält

$$D_1 = k_{13} \cdot \Phi_U \cdot \Phi_J \cdot \sin(\alpha + \delta_u - \varphi - \delta_i)\,. \tag{179}$$

Andererseits ergeben auch der Stromfluß Φ_J und die von der Spannung herrührenden Läuferströme J_{S_U} ein Drehmoment D_2, das dem Produkt aus beiden und dem Kosinus des Phasenwinkels zwischen ihnen proportional ist.

$$D_2 = k_{14} \cdot J_{S_U} \cdot \Phi_J \cdot \cos[90 + (\alpha + \delta_u - \varphi - \delta_i)]\,, \tag{180}$$

$$D_2 = -\,k_{14} \cdot J_{S_U} \cdot \Phi_J \cdot \sin(\alpha + \delta_u - \varphi - \delta_i) \tag{181}$$

da $\cos(90 + \gamma) = -\sin\gamma$.

Nach Gl. (168) ist

$$J_{S_U} = k_4 \cdot k_5 \cdot \Phi_U \tag{182}$$

$$D_2 = -\,k_{15} \cdot \Phi_U \cdot \Phi_J \cdot \sin(\alpha + \delta_u - \varphi - \delta_i)\,. \tag{183}$$

Das gesamte Antriebsmoment M_a ist nach Abb. 74

$$M_a = D_1 - D_2 = (k_{13} + k_{15}) \cdot \Phi_U \cdot \Phi_J \cdot \sin(\alpha + \delta_u - \varphi - \delta_i) \tag{184}$$

oder

$$M_a = K \cdot \Phi_U \cdot \Phi_J \cdot \sin(\alpha + \delta_u - \varphi - \delta_i)\,. \tag{185}$$

$\alpha + \delta_u - \varphi - \delta_i$ ist der Winkel β zwischen den Flüssen Φ_U und Φ_J, und damit ist die zu beweisende Ausgangsgleichung (160)

$$M_a = K \cdot \Phi_U \cdot \Phi_J \cdot \sin\beta \tag{186}$$

wieder erreicht.

Wenn die Fehlwinkel des Strom- und Spannungsflusses δ_i und δ_u gleich groß sind, $\delta_i = \delta_u$, wird aus Gl. (185)

$$M_a = K \cdot \Phi_U \cdot \Phi_J \cdot \sin(\alpha - \varphi)\,. \tag{187}$$

Das ist die allgemeine Drehmomentgleichung des Induktionszählers, die besagt, das Drehmoment eines Induktionszählers ist proportional dem Produkt der Triebflüsse und dem Sinus des Winkels zwischen ihnen. Die Fehlwinkel δ_i und δ_u werden bei den später abgeleiteten Drehmomentgleichungen meist nicht mehr mit angeschrieben, weil sie für die Betrachtung unerheblich und bei richtig justierten Zählern gleich groß sind. Das Drehmoment ist stets vom voreilenden zum nacheilenden Fluß gerichtet, in welcher Richtung man es positiv rechnet, ist unerheblich, im allgemeinen nimmt man die Drehrichtung gegen den Uhrzeiger als positiv an. Das Drehmoment kann bei stillstehendem Läufer mit einer Drehmomentwaage gemessen werden. Da der Stromfluß proportional dem Strom und der Spannungsfluß proportional der Spannung ist, darf man dafür auch setzen

$$M_a = K_1 \cdot U \cdot J \cdot \sin(\alpha - \varphi). \tag{188}$$

Die Drehmomentkonstante K_1 hängt von der Bemessung und der räumlichen Anordnung des Triebsystems, dem Leitwert der Läuferscheibe und der Frequenz ab. Der Leitwert der Läuferscheibe ist bestimmt durch ihre Dicke, die spezifische Leitfähigkeit des Scheibenmaterials und die Länge der Strombahnen.

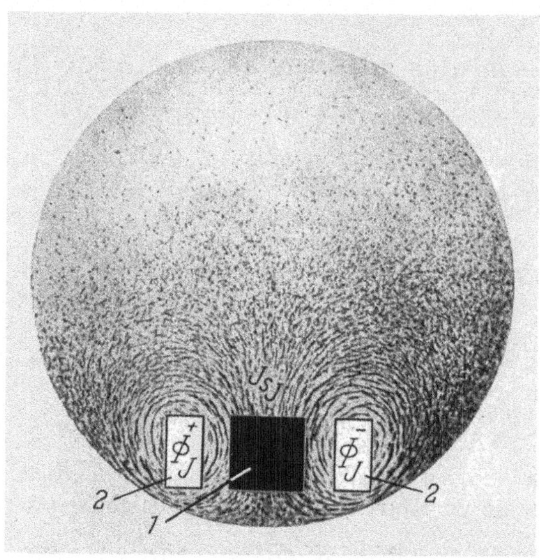

Abb. 77. Verlauf der vom Stromfluß Φ_J in der Scheibe induzierten Ströme J_{S_J}. *1* Spur des Spannungsflusses Φ_U; — *2* Spur des Stromflusses Φ_J.

Nun könnte man vermuten, daß Strom- und Spannungsfluß auch mit den von ihnen selbst induzierten Läuferströmen Drehmomente erzeugen, also Φ_J mit J_{S_J} und Φ_U mit J_{S_U}; dies ist jedoch nicht der Fall, weil die Phasenverschiebung 90° beträgt.

Die Bedingung $\delta_i = \delta_u$ kann man verhältnismäßig leicht erfüllen, denn man kann einen Fluß gegenüber dem erzeugenden Strom in gewissen Grenzen verschieben, beispielsweise indem man ihn durch Kurzschlußringe auf dem Eisenkern belastet.

Das Drehmoment wurde unter der vereinfachenden Annahme berechnet, der Stromfluß Φ_J durchsetze die Läuferscheibe nur einmal; bei der Mehrzahl der Zähler geht er jedoch zweimal durch die Scheibe, und die von ihm induzierten Scheibenströme J_{S_J} verlaufen nach Abb. 77. An der Berechnung ändert sich dadurch nichts.

d) Spielarten des Induktionszählers. Die Größe des Winkels α, der die Verschiebung des Spannungsspulenstromes gegenüber der Spannung, die sogenannte innere Verschiebung, des Triebsystemes angibt, hat man weitgehend in der Hand, da man das Verhältnis des Blindwiderstandes zum Wirkwiderstand der Spannungsspule nahezu beliebig verändern kann. Je nach der Größe des Winkels α erhält man verschiedene Zählerarten, wie die nachstehende Tabelle zeigt.

α	Antriebsmoment M_a	Zählerart
0°	$-K_1 \cdot U \cdot J \cdot \sin\varphi$	Linksläufiger Blindverbrauchzähler
90°	$K_1 \cdot U \cdot J \cdot \cos\varphi$	Wirkverbrauchzähler
180°	$K_1 \cdot U \cdot J \cdot \sin\varphi$	Rechtsläufiger Blindverbrauchzähler
α	$K_1 \cdot U \cdot J \cdot \sin(\alpha - \varphi)$	Mischverbrauchzähler

Das Drehmoment des Mischverbrauchzählers setzt sich aus zwei Komponenten zusammen, von denen die eine proportional dem Wirkverbrauch, die andere proportional dem Blindverbrauch ist; denn es wird

$$M_a = K_1 \cdot U \cdot J \cdot (\sin\alpha \cos\varphi - \cos\alpha \sin\varphi). \qquad (189)$$

Für $\alpha > 90°$ werden beide Glieder des Klammerausdruckes positiv. Bei einem solchen Mischverbrauchzähler ist das Drehmoment und somit auch die Drehzahl in beschränkten Grenzen des $\cos\varphi$ annähernd proportional dem Scheinverbrauch. Mit $\alpha < 90°$ erhält man Zähler, die bei einem bestimmten $\cos\varphi$, nämlich bei $\varphi = \alpha$, stillstehen und bei Unterschreiten dieses $\cos\varphi$ in der einen, bei Überschreiten dieses $\cos\varphi$ in der anderen Richtung laufen. Solche Zähler nennt man Überschußblindverbrauchzähler. Siehe Abb. 168 und 172.

3. Das Bremsmoment.

a) Bremsmoment des Bremsmagnets. Neben den von Strom und Spannung herrührenden Wechselflüssen durchsetzt der konstante Bremsfluß Φ_{B_m} des Bremsmagnets den Läufer des Induktionszählers und induziert in ihm eine elektromotorische Kraft der Bewegung U_{B_m}, die dem Bremsfluß und der Winkelgeschwindigkeit ω_1 des Läufers proportional ist.

$$U_{B_m} = k_1 \cdot \omega_1 \cdot \Phi_{B_m}. \qquad (190)$$

Die elektromotorische Kraft ruft im Läufer Ausgleichströme J_{B_m} hervor, die ihr und dem Leitwert G des Läufers proportional sind.

$$J_{B_m} = G \cdot U_{B_m} = k_2 \cdot \omega_1 \cdot \Phi_{B_m}. \qquad (191)$$

Diese Scheibenströme ergeben zusammen mit dem Bremsfluß ein Drehmoment D_{B_m}, das proportional dem Läuferleitwert, seiner Winkelgeschwindigkeit und dem Quadrat des Bremsflusses ist.

$$D_{B_m} = k_3 \cdot \omega_1 \cdot \Phi_{B_m}^2. \qquad (192)$$

b) Spannungs- und Stromdämpfung. Außer dem Bremsfluß des Bremsmagnets durchsetzen aber auch der Spannungsfluß Φ_U und der Stromfluß Φ_J den Läufer und erzeugen ebenfalls Bremsmomente. Die vom Spannungsfluß induzierte EMK der Bewegung ist

$$U_{BU} = k_4 \cdot \omega_1 \cdot \Phi_U, \tag{193}$$

und der entsprechende Bremsstrom ist

$$J_{BU} = G \cdot U_{BU} = k_4 \cdot G \cdot \omega_1 \cdot \Phi_U = k_5 \cdot \omega_1 \cdot \Phi_U. \tag{194}$$

Er ist proportional dem Spannungsfluß Φ_U und erzeugt eine Spannungsdämpfung

$$D_{BU} = k_4 \cdot G \cdot \omega_1 \cdot \Phi_U^2 = k_5 \cdot \omega_1 \cdot \Phi_U^2. \tag{195}$$

Der vom Stromfluß herrührende Bremsstrom ist

$$J_{BJ} = k_6 \cdot G \cdot \omega_1 \cdot \Phi_J, \tag{196}$$

er ist dem Stromfluß proportional und erzeugt die Stromdämpfung

$$D_{BJ} = k_6 \cdot G \cdot \omega_1 \cdot \Phi_J^2 = k_7 \cdot \omega_1 \cdot \Phi_J^2. \tag{197}$$

c) Reibungsbremsung. Außer den Bremsflüssen wirkt auf den Läufer die Reibung hemmend ein. Das Reibungsmoment D_r kann man sich in erster Annäherung aus einer konstanten Anfangsreibung r_0 und einem mit der Winkelgeschwindigkeit ω_1 linear wachsenden Anteil zusammengesetzt denken.

$$D_r = r_0 + k_8 \cdot \omega_1 \cdot r. \tag{198}$$

d) Gesamtes Bremsmoment. Das gesamte Bremsmoment ist demnach

$$M_b = k_3 \cdot \omega_1 \cdot \Phi_{Bm}^2 + k_5 \cdot \omega_1 \cdot \Phi_U^2 + k_7 \cdot \omega_1 \cdot \Phi_J^2 + k_8 \cdot \omega_1 \cdot r + r_0. \tag{199}$$

Für den stabilen Zustand des Läufers gilt

$$M_a = M_b,$$

also

$$K \cdot \Phi_U \cdot \Phi_J \cdot \sin\beta = \omega_1 (k_3 \cdot \Phi_{Bm}^2 + k_5 \cdot \Phi_U^2 + k_7 \cdot \Phi_J^2 + k_8 \cdot r) + r_0. \tag{200}$$

Daraus errechnet sich die Winkelgeschwindigkeit

$$\omega_1 = \frac{K \cdot \Phi_U \cdot \Phi_J \cdot \sin\beta - r_0}{k_3 \cdot \Phi_{Bm}^2 + k_5 \cdot \Phi_U^2 + k_7 \cdot \Phi_J^2 + k_8 \cdot r}. \tag{201}$$

Wie man aus dieser Gleichung sieht, besteht infolge der Reibung sowie der Strom- und Spannungsdämpfung nicht mehr der geforderte lineare Zusammenhang zwischen der Winkelgeschwindigkeit ω_1 und der Meßgröße $U \cdot J \cdot \sin\beta$, da im Zähler das Störglied r_0 und im Nenner die veränderlichen Störglieder $k_5 \cdot \Phi_U^2$; $k_7 \cdot \Phi_J^2$ auftreten. Wenn die Drehzahl des Zählers proportional der Meßgröße sein soll, müssen diese Störglieder — also Anfangsreibung, Stromdämpfung und Spannungsdämpfung — vernachlässigbar klein sein oder ihre Wirkung muß durch besondere Maßnahmen kompensiert werden. Der Faktor r in dem von der Winkelgeschwindigkeit abhängigen Anteil des Bremsmoments muß unveränderlich sein. Großes Antriebsmoment und starke Magnetbremsung sind also auf jeden Fall vorteilhaft.

e) Kompensation der Spannungsdämpfung. Da sich die Spannung nur in engen Grenzen ändert, kann die Spannungsdämpfung in erster Annäherung durch ein konstantes, zusätzliches Antriebsmoment kompensiert werden. Eine exakte Kompensation erfordert ein spannungsabhängiges Zusatztriebmoment.

f) Kompensation der Stromdämpfung. Die Stromdämpfung dagegen ändert sich in weiten Grenzen und kann beim Grenzstrom beträchtliche Werte annehmen. Um ihren Einfluß klein zu halten, muß man den Stromfluß klein gegenüber dem Bremsfluß machen und ein zusätzliches stromabhängiges Antriebsmoment anbringen. Dieses zusätzliche, stromabhängige Drehmoment kann man durch einen Stromvortrieb erzeugen, oder man kann das Verhältnis des Stromnutzflusses zum Stromstreufluß abhängig von der Größe des Stromes verändern, etwa durch einen stromabhängigen magnetischen Nebenschluß.

g) Kompensation der Reibung. Die konstante Reibung r_0 kann durch ein zusätzliches konstantes Antriebsmoment ausgeglichen werden, die drehzahlabhängige Reibung $k_8 \cdot \omega_1 \cdot r$ wenigstens annähernd durch einen stromabhängigen Vortrieb.

Man muß sich bei diesen Kompensationsverfahren darüber klar sein, daß strom- oder spannungsabhängige Vortriebe nur bei einem bestimmten Leistungsfaktor eine vollkommene Kompensation ermöglichen, bei anderen Leistungsfaktoren aber Restfehler bestehen bleiben.

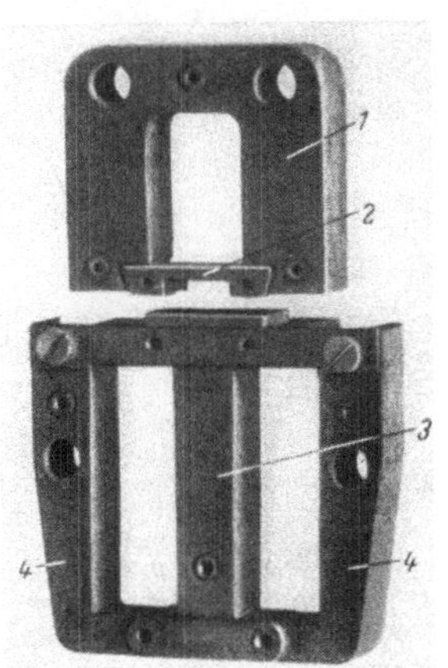

Abb. 78. Tangential zu beiden Seiten der Läuferscheibe angeordnetes Strom- und Spannungseisen. *1* Stromeisen; — *2* magnetischer Nebenschluß des Stromeisens; — *3* Spannungseisen; — *4* magnetischer Nebenschluß des Spannungseisens.

4. Aufbau der Triebsysteme.

Strom- und Spannungswicklung können auf einen gemeinsamen oder zwei getrennte Eisenkerne aufgebracht und auf derselben Läuferseite oder zu beiden Seiten des Läufers radial oder tangential angeordnet sein, womit sich zahlreiche Ausführungsformen ergeben, von denen die Abb. 78 ... 80 einige zeigen. Allen Ausführungen gemeinsam ist ein magnetischer Nebenschluß für den Spannungsfluß, dessen Zweck im folgenden näher erläutert wird.

a) Das Spannungseisen. Wäre der Widerstand der Spannungsspule rein induktiv, so nähme sie einen Strom J_U auf, der der Spannung U um den Winkel $\alpha = 90°$ nacheilte, da sie aber unvermeidbar mit einem

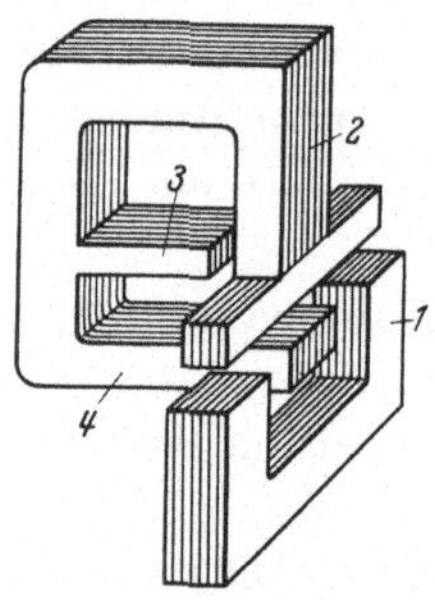

Abb. 79. Zu beiden Seiten des Läufers angeordnetes Triebsystem. Stromeisen tangential angeordnet, Spannungseisen radial angeordnet.

1 Stromeisen; — *2* Spannungseisen; — *3* magnetischer Nebenschluß des Spannungseisens; — *4* Rückschluß für den Spannungsfluß.

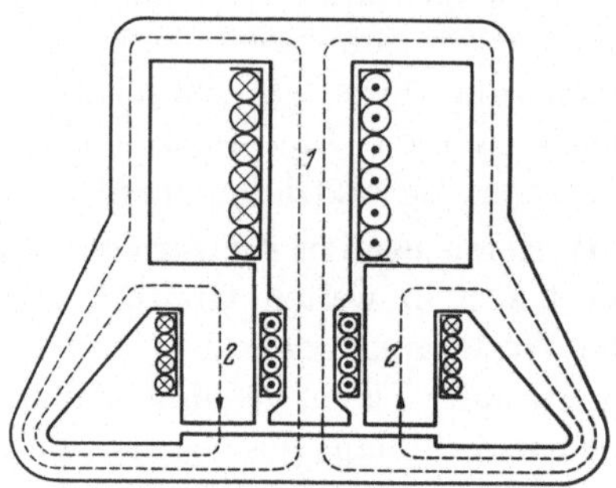

Abb. 80. Blechschnitt eines einseitig, tangential angeordneten Umschlußeisens.

1 Spannungsspule; — *2* Stromspule.

Wirkwiderstand behaftet ist, wird der Winkel α stets kleiner als $90°$ sein. Er nähert sich um so mehr dem Grenzwert $90°$, je größer das Verhältnis des Blindwiderstandes zum Wirkwiderstand der Spannungsspule ist, da

$$\operatorname{tg} \alpha = \frac{\omega \cdot L_U}{R_U}.$$

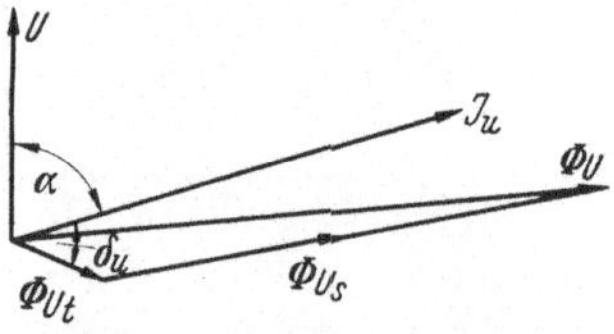

Abb. 81. Diagramm des Spannungseisens.

U Spannung; — J_U Strom in der Spannungsspule; — Φ_U Spannungsfluß; — Φ_{U_t} Spannungstriebfluß; — Φ_{U_s} Spannungsstreufluß; — α Phasenverschiebung zwischen Spannung und Spannungsspulenstrom; — δ_u Nacheilwinkel des Spannungstriebflusses Φ_{U_t} gegenüber dem Spannungsspulenstrom J_U.

Für $R_U = 0$ wird $\operatorname{tg} \alpha = \infty$, d. h. $\alpha = 90°$. Für den Wirkverbrauchzähler fordert die Gl. (188) diesen Wert. Es müssen deshalb besondere Maßnahmen getroffen werden, um diese Forderung zu erfüllen, und das ist der Zweck des magnetischen Nebenschlusses im Spannungseisen.

Abb. 81 zeigt das Diagramm eines Spannungseisens mit magnetischem Nebenschluß.

Der Spannungsfluß Φ_U teilt sich in zwei Teilflüsse, von denen der eine, der Spannungstriebfluß Φ_{U_t}, den Läufer durchsetzt, während sich der andere, der Spannungsstreufluß Φ_{U_s}, über den magnetischen Nebenschluß schließt, ohne den Läufer zu durchsetzen. Der frei durch die Luft gehende, unvermeidbare Anteil des Streuflusses bleibt bei dieser Betrachtung außer acht. Der Triebfluß Φ_{U_t} ist gegenüber der Spannung stärker phasenverschoben als der Streufluß Φ_{U_s}, weil er durch die im Läufer induzierten Ströme belastet ist. Das Verhältnis der Maximalamplituden der beiden Flüsse $\frac{\Phi_{U_t}}{\Phi_{U_s}}$ kann man durch Wahl der Luftspalte in ihren magnetischen Kreisen beliebig verändern. Die gegenseitige Lage der Flüsse läßt sich durch Kurzschlußringe auf den von ihnen durchfluteten Schenkeln des Eisenkerns beeinflussen. Eine Kurzschlußwicklung auf dem vom Gesamtfluß durchflossenen Schenkel schiebt den Gesamtfluß gegenüber der Spannung zurück. Eine Kurzschlußwicklung auf einem von einem Teilfluß durchströmten Schenkel verdreht diesen Teilfluß gegenüber der Spannung.

Zusammenfassend kann man sagen: Der Winkel zwischen der Spannung U und dem Spannungstriebfluß Φ_{U_t} läßt sich vergrößern

1. durch Vergrößern des Verhältnisses des Blindwiderstandes zum Wirkwiderstand der Spannungsspule,

2. durch Belastung des Gesamtspannungsflusses Φ_U mittels Kurzschlußringen,

3. durch Verkleinern des Verhältnisses Spannungstriebfluß zum Spannungsstreufluß, durch größere Luftspalte im Triebflußkreis, kleine Luftspalte im Streuflußkreis,

4. durch Belasten des Triebflusses mit Kurzschlußwicklungen.

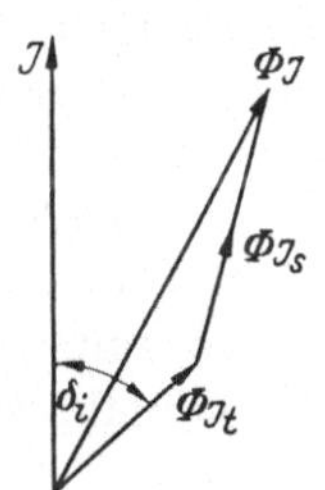

Abb. 82. Diagramm des Stromtriebeisens.

J Strom; — Φ_J Stromfluß; — Φ_{J_t} Stromtriebfluß; — Φ_{J_s} Stromstreufluß; — δ_i Fehlwinkel des Stromtriebflusses.

Mit diesen Mitteln ist man in der Lage, dem Spannungstriebfluß die gewünschte Phasenlage gegenüber der Spannung zu geben. Man kann sogar erreichen, daß der Winkel $(\alpha + \delta_u) > 90°$ wird und gewinnt damit die Möglichkeit, den unvermeidbaren Fehlwinkel des Stromflusses zu kompensieren.

Die richtige Amplitude und Phasenlage der Flüsse wird selbstverständlich bei der Entwicklung eines Zählers festgelegt und bei der Montage durch genaues Einhalten der Luftspaltlängen berücksichtigt. Die unvermeidbaren Ungleichmäßigkeiten der Werkstoffe und die Fertigungstoleranzen erfordern jedoch Abgleichmöglichkeiten am fertigen Triebsystem, damit der Zähler einwandfrei justiert werden kann.

b) Das Stromeisen. Der Strom J in den Stromspulen erzeugt einen Stromfluß Φ_J, der ihm um einen kleinen Winkel nacheilt (Abb. 82).

Ein Teil dieses Flusses, der Stromtriebfluß Φ_{J_t}, durchsetzt den Läufer, ein anderer Teil des Flusses, der Stromstreufluß Φ_{J_s}, schließt sich durch Luft oder evtl. magnetische Nebenschlüsse, ohne den Läufer zu durchsetzen. Der Stromtriebfluß ist um die Verluste im Läufer stärker belastet als der Streufluß und eilt deshalb dem Strom um einen größeren Winkel δ_i nach.

Bei manchen Zählern, insbesondere bei Großbereichzählern, vergrößert man den Stromstreufluß durch einen magnetischen Nebenschluß, den man zur Kompensation der Stromdämpfung heranzieht. In diesem Fall ist ebenso wie beim Spannungseisen der durch die Luft gehende Anteil des Streuflusses vernachlässigbar gegenüber dem durch den magnetischen Nebenschluß fließenden Anteil. Der magnetische Nebenschluß wird so bemessen, daß er im Grenzlastgebiet gesättigt ist, so daß sich mit wachsendem Strom das Verhältnis des Stromtriebflusses zum Streufluß vergrößert, also der prozentuale Anteil des Triebflusses am Gesamtfluß zunimmt. Die Phasenlage des Streuflusses kann außerdem durch eine Kurzschlußwicklung beeinflußt werden, so daß der Stromtriebfluß im Grenzlastgebiet nach Amplitude und Phase korrigiert und die Fehlerkurve des Zählers verbessert wird.

In den Gleichungen für die von den Triebsystemen entwickelten Drehmomente ist unter Spannungsfluß Φ_U und Stromfluß Φ_J stets der Spannungstriebfluß Φ_{U_t} bzw. der Stromtriebfluß Φ_{J_t} zu verstehen, ebenso unter den Phasenwinkeln der Flüsse, stets die Phasenwinkel der Triebflüsse, da ja die Streuflüsse kein Drehmoment erzeugen.

5. Abgleichvorrichtungen.

Abb. 83 zeigt die Anordnung des Meßwerks eines Wechselstrom-Induktionszählers mit den Abgleichvorrichtungen.

a) Drehzahlabgleich. Die Nenndrehzahl des Läufers kann durch Schwenken des Bremsmagnets oder durch Verstellen eines magnetischen Nebenschlusses zum Bremsfluß eingestellt werden. Die Änderung des Bremsmoments verschiebt die Lastkurve des Zählers parallel zur Nulllinie. Man könnte natürlich auch das Antriebsmoment einstellbar machen, entweder durch Verändern des Hebelarmes für die antreibende Kraft oder durch verstellbare magnetische Nebenschlüsse zu den Antriebsflüssen. Mit solchen Einrichtungen macht man die Antriebsmomente der einzelnen Systeme mehrsystemiger Zähler gleich groß.

b) Abgleich der inneren Verschiebung (Phasenabgleich). Der Winkel zwischen Spannung und Spannungsspulenstrom sowie die Fehlwinkel der Strom- und Spannungstriebflüsse hängen von Material- und Fertigungstoleranzen ab, und man benötigt eine Abgleicheinrichtung, um z. B. die Forderung

$$\alpha + \delta_u - \delta_i = 90^\circ$$

zu erfüllen. Annähernd wird die richtige Verschiebung bereits bei der Montage des Triebsystems durch Wahl der Luftspalte und Kurzschlußwicklungen in den magnetischen Kreisen eingestellt; den letzten Restfehler kann man aber erst beim Justieren des Zählers abgleichen.

Zu diesem Zweck bringt man auf dem Stromeisen eine Wicklung mit veränderbarem Belastungswiderstand an, je kleiner dieser Widerstand gewählt wird, desto größer wird der Strom in der Wicklung und desto mehr bleibt der Stromfluß Φ_J gegenüber dem Strom J zurück.

Durch den Phasenabgleich verändert man die Lastkurve des Zählers bei Belastungen mit $\cos\varphi < 1$.

c) Kleinlasteinstellung. Bei kleiner Belastung des Zählers ist das Reibungsmoment gegenüber dem Drehmoment nicht mehr vernachlässigbar und die Eisenkerne arbeiten noch nicht im geradlinigen Teil der Magnetisierungslinie. Man muß deshalb dem Zähler ein einstellbares, zusätzliches Antriebsmoment geben, das dem Reibungsmoment entgegenwirkt und die veränderliche Anfangspermeabilität der Eisenbleche auszugleichen gestattet. Diese Kleinlastabgleichvorrichtungen sind Mittel, mit denen man den Spannungstriebfluß unsymmetrisch machen kann, z. B. verdrehbare Eisenflügel parallel zum Triebluftspalt oder in den Luftspalten des Spannungsflusses, oder durch unsymmetrisch wirkende Kurzschlußwicklungen. Der Kleinlastfehler wird bei (0,05 bis 0,1) J_n und $\cos\varphi = 1$ abgeglichen (Abb. 83 und 85).

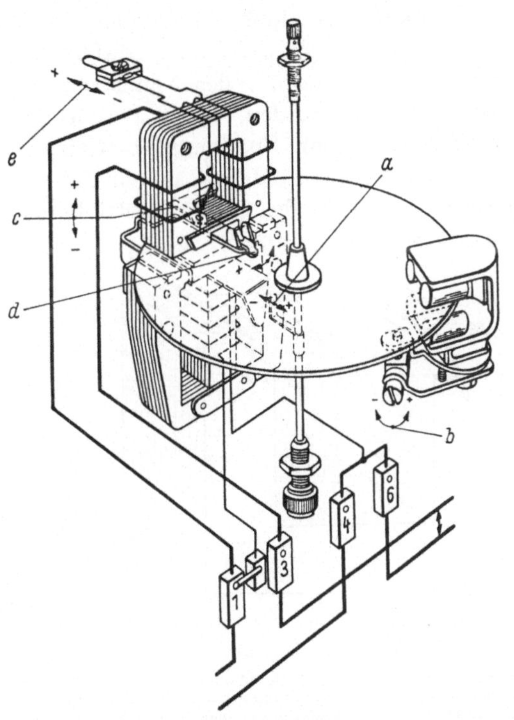

Abb. 83. Meßwerk eines Wechselstrominduktionszählers mit Abgleichvorrichtungen.
a Einstellung des Anlaufs; — *b* Einstellung der Nenndrehzahl; — *c* Grenzlasteinstellung; — *d* Kleinlasteinstellung; — *e* Phasenabgleichung.

d) Grenzlasteinstellung. Mit zunehmender Belastung des Zählers wirkt sich die Stromdämpfung immer stärker aus, außerdem kann das Stromeisen in den gekrümmten Teil der Magnetisierungslinie kommen, in dem die Induktion nicht mehr linear mit der Feldstärke steigt. Man braucht deshalb ein mehr als linear mit dem Strom ansteigendes Antriebsmoment, um das Absinken der Drehzahlcharakteristik zu verhindern.

Dies kann man durch einen gesättigten magnetischen Nebenschluß zum Stromeisen erreichen. Um den Zähler auch bei Grenzlast justieren und Eisen- und Fertigungstoleranzen ausgleichen zu können, macht man diesen magnetischen Nebenschluß veränderbar, was verhältnismäßig bequem durch einen zweiten, verstellbaren magnetischen Nebenschluß zu dem gesättigten Nebenschluß erreichbar ist. Man schaltet also einen zweiten magnetischen Kreis mit veränderbarem Widerstand dem festeingestellten Nebenschluß parallel und kann damit seine Wirkung verändern (Abb. 84).

e) **Anlaufeinstellung.** Ein Strom von 0,3 . . . 0,5% des Nennstromes soll das Reibungsmoment des Läufers überwinden und den Zähler in Gang bringen. Bei 5% des Nennstromes soll bereits ohne wesentliche Fehler gezählt werden. Diese Forderung kann man verhältnismäßig leicht durch einen Spannungsvortrieb erfüllen, den man durch unsymmetrische Verteilung des Spannungstriebflusses gewinnt (Abb. 85).

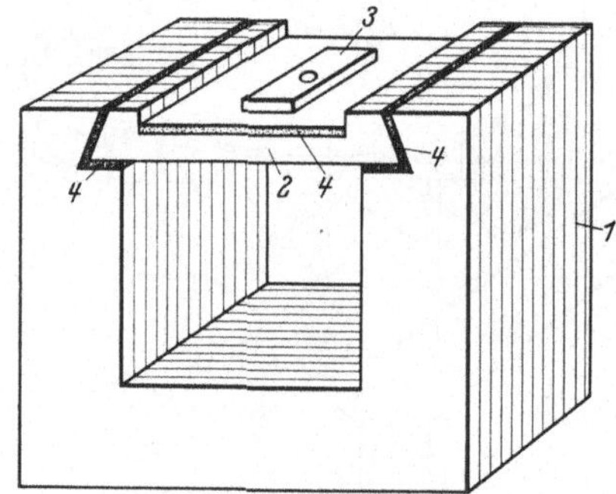

Abb. 84. Stromeisen mit zwei magnetischen Nebenschlüssen, von denen einer gesättigt, der andere verstellbar ist.

1 Stromeisen; — *2* gesättigter magnetischer Nebenschluß; — *3* verdrehbarer magnetischer Nebenschluß zum gesättigten magnetischen Nebenschluß; — *4* unmagnetische Distanzstücke zum Einstellen der Luftspalte.

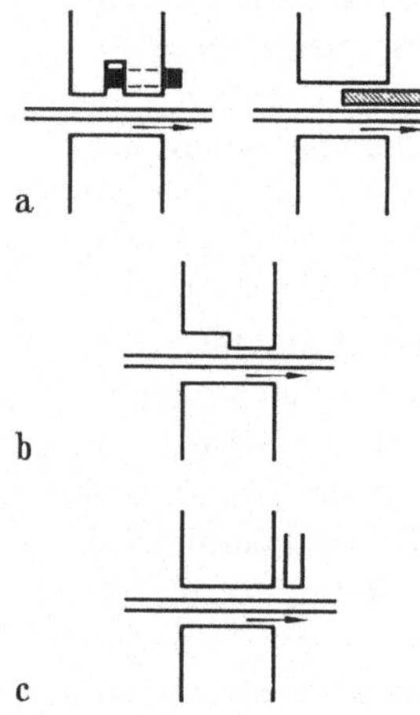

Abb. 85. Hilfsmittel zur unsymmetrischen Verteilung des Spannungsflusses (Anlaufvorrichtungen). — a stärkere Belastung eines Teiles des Spannungstriebflusses durch einen Kurzschlußring; — b kleinerer magnetischer Widerstand für einen Teil des Spannungstriebflusses durch einen kürzeren Luftspalt; — c Unsymmetrie des Spannungstriebflusses durch ein getrennt angeordnetes Eisenstück.

Anderseits darf der Läufer auch bei 120% der Nennspannung unter keinen Umständen anlaufen, solange kein Strom fließt. Da nun der Läufer unter der Wirkung des Spannungsvortriebes ganz langsam kriecht, muß man an einer Stelle seines Umfangs eine Anlaufhemmung vorsehen, über die ihn der Spannungsvortrieb nicht hinauszudrehen vermag. Diese Anlaufhemmung kann ein Loch in der Läuferscheibe oder ein Streublech am Spannungseisen und eine Hemmfahne am Läufer sein. Die Anlaufhemmung wird so eingestellt, daß der Läufer des stromlosen Zählers bei 120% U_n festgehalten und bei geringem Überdrehen wieder zurückgezogen wird.

Ein Wechselstrom-Induktionszähler wird also folgendermaßen eingestellt:

1. Einstellen des Spannungsvortriebs,
2. Stillstand bei $\cos\varphi = 0$ einstellen,
3. Einstellen der Nenndrehzahl bei Nennast,
4. Einstellen der Drehzahl bei $\cos\varphi = 0{,}5$,
5. Einstellen der Drehzahl bei Grenzlast,
6. Einstellen der Drehzahl bei Kleinlast,
7. Einstellen des Anlaufs und Prüfung auf Leerlauf bei Überspannung.

Die Einstellvorrichtungen dürfen sich selbstverständlich nicht beeinflussen, damit jede Größe für sich abgeglichen werden kann. Wenn sich die Abgleichglieder gegenseitig stören, muß man nach jeder gröberen Justierung die bereits eingestellten Abgleichvorrichtungen nachstellen und sich so durch wiederholte Prüfung an die richtige Einstellung aller Abgleichglieder herantasten, ebenso wie man bei einer Wechselstrombrücke abwechselnd Amplitude und Phase abgleichen muß, bis die Nulleinstellung erreicht ist.

6. Eigenschaften des Induktionszählers.

Auch ein mechanisch einwandfreier und vollkommen abgeglichener Zähler zeigt nicht bei allen Belastungen und Phasenverschiebungen fehlerlos an, weil die Eigenschaften des Meßwerks, unvermeidbare Material- und Fertigungstoleranzen sowie Unterschiede zwischen den Eich- und Betriebsbedingungen und Umwelteinflüsse den idealen linearen Zusammenhang zwischen Drehzahl und Meßgröße stören. Um sich ein Bild von der Größe der möglichen Fehler zu machen, muß man die Eigenschaften des Zählers sowie Richtung und Größe der verschiedenen Einflüsse kennen.

a) Drehmoment und Leistungsaufnahme. Ein Wechselstrom-Induktionszähler entwickelt bei Nennlast ein Drehmoment von etwa 5 gcm und nimmt im Spannungskreis 0,5 ... 1,5 W, entsprechend 1,6 ... 5 VA, im Stromkreis 0,5 ... 1,5 W, entsprechend 1 ... 3 VA auf. Das Drehmoment wird bei stillstehendem Läufer mit einer Drehmomentwaage gemessen. Die maximal zulässige Leistungsaufnahme ist für Zähler verschiedener Stromstärken in den VDE-Vorschriften VDE 0418 festgelegt. Der Läufer eines solchen Zählers wiegt 20 ... 30 g.

b) Genauigkeit und Fehlerkurve. Die zulässigen Fehlergrenzen und sonstige Bedingungen sind in den verschiedenen Ländern durch amtliche Vorschriften festgelegt.

α) Amtliche Vorschriften. In Deutschland gelten:

1. Das Gesetz, betreffend die elektrischen Maßeinheiten vom 1. 6. 1898,
2. die Prüfordnung für elektrische Meßgeräte vom 1. 1. 1933,
3. das Maß- und Gewichtsgesetz vom 13. 12. 1935,

4. die Eichordnung vom 21. 1. 1942,
5. die Eichanweisung „Allgemeine Vorschriften“ vom 1. 6. 1950, „Besondere Vorschriften XV“ vom 1. 9. 1950,
6. die Regeln für Elektrizitätszähler, VDE 0418 vom Juni 1952.

β) Genauigkeit. Nach VDE 0418 sind die zulässigen Toleranzen für einen Wechselstrom-Induktionszähler $\pm$ 2% vom Sollwert in den Grenzen von 0,1 $J_n \ldots J_n$ sowie bei $\cos\varphi = 1$ und von 0,2 $J_n \ldots J_n$ bei $\cos\varphi = 0{,}5$. Bei kleineren und größeren Belastungen darf der Fehler bei $\cos\varphi = 1$ bis $\pm$ 2,5%, bei $\cos\varphi = 0{,}5$ bis $\pm$ 3% ansteigen. Die nach der Eichordnung für Wechsel- und Drehstromzähler zulässigen Fehlergrenzen sind in Abb. 136 dargestellt.

Die Fehler liegen zum Teil im Meßprinzip begründet, zum Teil rühren sie von Unvollkommenheiten des verwendeten Materials und der Fertigung her, zum Teil sind sie auf mangelhaften Abgleich, und der letzte Rest ist auf Zufälligkeiten zurückzuführen. Aus dem Zusammenwirken aller Fehler ergibt sich die Lastkurve des Zählers, das ist der Zählerfehler abhängig von der Strombelastung für verschiedene Werte des Leistungsfaktors. Die Lastkurve des Zählers wird durch verschiedene Größen bestimmt:

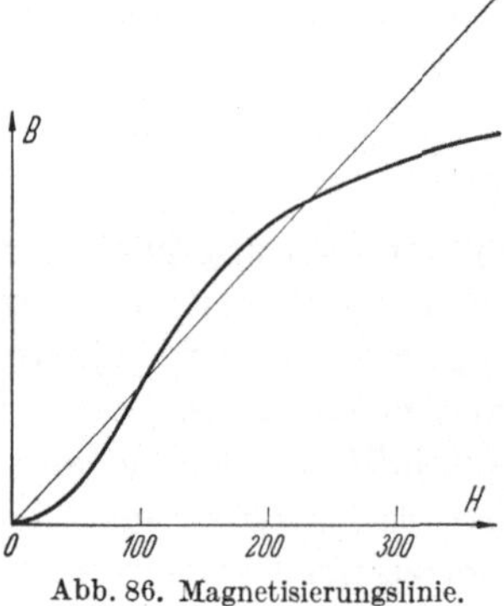

Abb. 86. Magnetisierungslinie. B Induktion; — H Feldstärke in Prozent.

1. Permeabilitätseinfluß. In erster Linie wirkt sich die mit der Feldstärke wechselnde Permeabilität des Stromeisens aus. Abb. 86 zeigt eine charakteristische Magnetisierungslinie.

Wäre die Permeabilität unabhängig von der Feldstärke, so würde die Induktion im Eisen geradlinig mit der Feldstärke ansteigen; dementsprechend wäre auch der Magnetfluß und das Drehmoment proportional dem Strom. Nun ist jedoch die Anfangspermeabilität klein, dann wächst die Permeabilität an, erreicht ein Maximum und nimmt wieder ab. Die Drehmomentgleichung gilt für sinusförmige Flüsse, infolge der wechselnden Permeabilität verlaufen aber die Flüsse bei sinusförmigen Erregerströmen nicht im ganzen Bereich nach einer Sinusfunktion, und auf dieser Kurvenverzerrung beruht der Permeabilitätseinfluß.

Legt man den Arbeitspunkt des Zählers bei Nennstrom auf den geradlinigen Teil der Magnetisierungslinie und zieht vom Nullpunkt aus einen Strahl durch diesen Punkt, so sieht man, daß der Zähler infolge der wechselnden Permeabilität bei kleiner Belastung einen Minusfehler, oberhalb der Nennlast einen Plusfehler und im Grenzlastgebiet wieder einen Minusfehler haben muß. Wäre nur dieser Permeabilitätsfehler vorhanden, so würde die Lastkurve des Zählers etwa nach Abb. 87

verlaufen. Den Permeabilitätseinfluß kann man auf zweierlei Art klein halten:

Man kann den Stromtriebfluß klein gegenüber dem Spannungstriebfluß machen, weil sich die Spannung in engeren Grenzen hält als der Strom.

Man kann die Eisenamperewindungen klein machen gegenüber den Luftamperewindungen, d. h. man kann Triebsysteme mit großem Eisenquerschnitt und langen Luftspalten wählen, weil dann der Fluß überwiegend durch den konstanten magnetischen Widerstand der Luftwege bestimmt ist und Änderungen der Eiseneigenschaften keine wesentliche Rolle spielen.

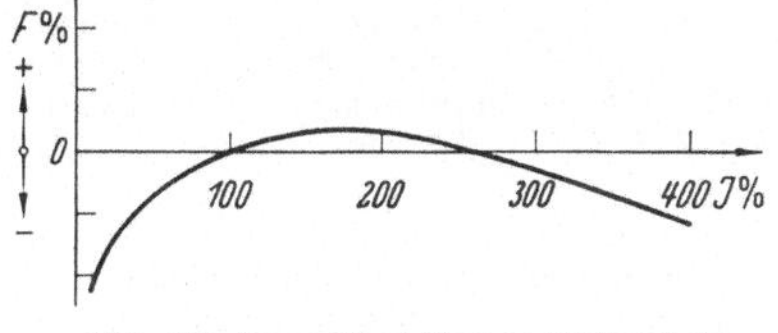

Abb. 87. Charakteristischer Verlauf des Permeabilitätsfehlers. J Stromstärke in Prozent; — F Fehler in Prozent.

Um den Permeabilitätsfehler zu kompensieren, muß die Fehlerkurve bei kleiner und bei großer Last gehoben werden. Bei kleiner Last geschieht dies durch einen Spannungsvortrieb, bei großer Last durch einen Stromvortrieb und durch einen gesättigten magnetischen Nebenschluß zum Stromtriebfluß.

2. Strom- und Spannungsdämpfung. Nicht nur der Fluß des Bremsmagnets, sondern auch Spannungs- und Stromfluß induzieren im Läufer elektromotorische Kräfte der Bewegung und damit Bremsströme.

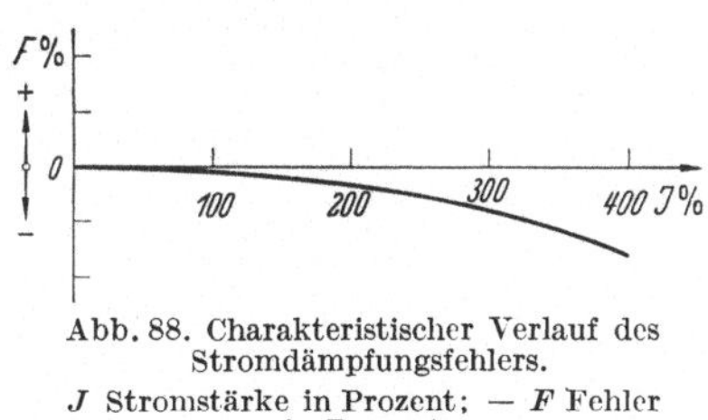

Abb. 88. Charakteristischer Verlauf des Stromdämpfungsfehlers. J Stromstärke in Prozent; — F Fehler in Prozent.

Die vom Spannungsfluß herrührende Spannungsdämpfung ist annähernd konstant, weil die Spannung nur wenig schwankt und kann durch einen Spannungsvortrieb kompensiert werden. Die Stromdämpfung dagegen ändert sich in weiten Grenzen. Sie ist proportional dem Quadrat des Stromtriebflusses und ruft einen starken Drehzahlabfall bei steigender Belastung hervor. Würde nur die Stromdämpfung wirken, so verliefe die Fehlerkurve etwa nach Abb. 88.

Die Stromdämpfung kann man klein halten, indem man den Stromtriebfluß klein gegenüber dem Spannungstriebfluß und dem Bremsfluß macht, also dem Zähler eine niedrige Nenndrehzahl gibt. Um den Stromdämpfungsfehler zu kompensieren, kann man einen Stromvortrieb geben und einen gesättigten magnetischen Nebenschluß am Stromeisen anbringen, der das Verhältnis des Stromtriebflusses zum Stromstreufluß bei steigendem Strom vergrößert.

3. Reibungseinfluß. Das Reibungsmoment setzt sich aus einem konstanten und einem mit der Drehzahl annähernd linear ansteigenden

Anteil zusammen. Es wirkt sich also besonders bei kleiner Last aus, wenn das Antriebsmoment des Zählers klein ist und gibt erhebliche Minusfehler. Würde nur das Reibungsmoment wirksam sein, so würde die Lastkurve des Zählers etwa die Form der Abb. 89 annehmen. Der Reibungsfehler ist um so kleiner, je größer das Verhältnis des Antriebsmoments zum Reibungsmoment ist; man wird also versuchen, alle Reibungskräfte so klein wie möglich zu machen. Zur Kompensation des Reibungsmoments gibt man einen Spannungsvortrieb.

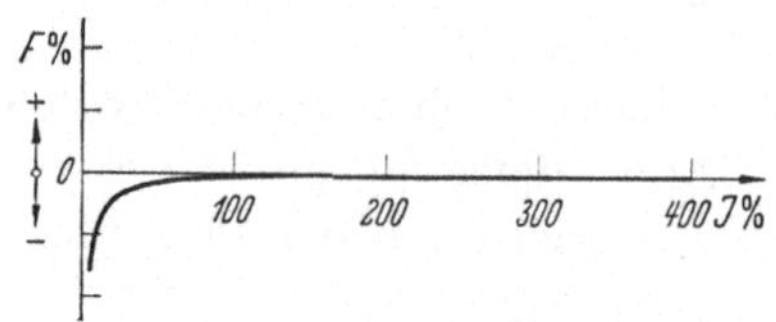

Abb. 89. Charakteristischer Verlauf des Reibungsfehlers.
J Stromstärke in Prozent; — *F* Fehler in Prozent.

γ) Fehlerkurve. Aus der Summe aller Fehlereinflüsse resultiert die unkompensierte Lastkurve des Zählers (Abb. 90). Aufgabe der Entwicklung und Konstruktion ist es, diese unkompensierte Kurve möglichst flach zu halten. Dann müssen die Kompensationsmittel einsetzen, um die verbleibenden Abweichungen der Fehlerkurve von der Geraden auszugleichen.

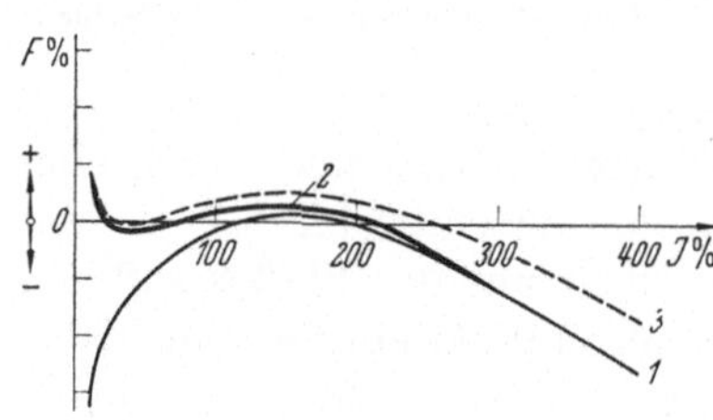

Abb. 90. Charakteristischer Verlauf der Fehlerkurve eines Zählers.
1 Unkompensierte Fehlerkurve entstanden unter der Wirkung von Reibungsfehler, Permeabilitätsfehler und Stromdämpfungsfehler; *2* durch Spannungsvortrieb verbesserte Fehlerkurve; — *3* durch Strom- und Spannungsvortrieb verbesserte Fehlerkurve.

Die Abb. 91 und 92 zeigen die Fehlerkurven eines normalen Wechselstromzählers und eines Großbereichzählers bei $\cos\varphi = 1$ und $\cos\varphi = 0{,}5$. Die nähere Betrachtung der Fehlerkurve des Großbereichzählers enthüllt folgendes Bild:

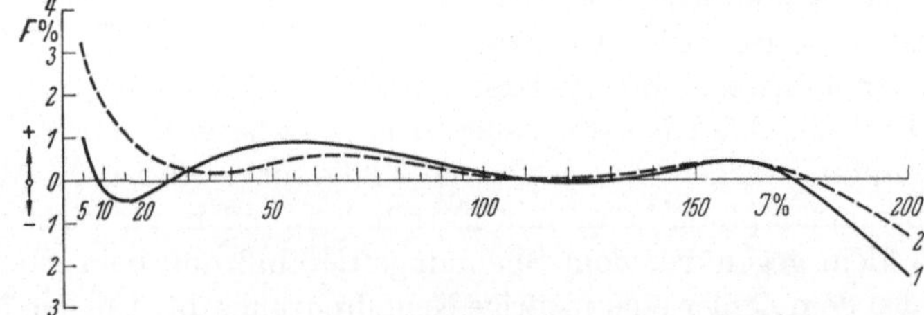

Abb. 91. Fehlerkurve eines Wechselstromzählers. *1* bei $\cos\varphi = 1$; — *2* bei $\cos\varphi = 0{,}5$.

Bei sehr kleiner Last hat der Zähler infolge des Spannungsvortriebs einen positiven Fehler, bei zunehmender Belastung wird der Anteil des Spannungsvortriebs prozentual kleiner; die Induktion im Eisen ist jedoch noch nicht auf dem geradlinigen Teil der Magnetisierungskurve, infolgedessen geht der Fehler nach der negativen Seite. Bei weiterem Stromanstieg kommt man in den Bereich konstanter Permeabilität,

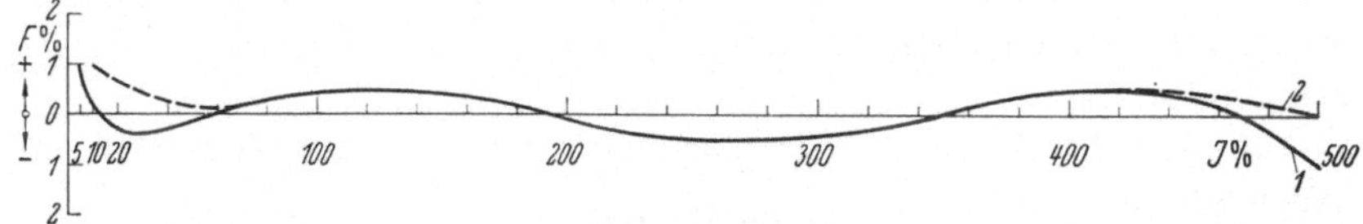

Abb. 92. Fehlerkurve eines Wechselstromgroßbereichzählers. *1* bei $\cos\varphi = 1$; — *2* bei $\cos\varphi = 0,5$.

und der Fehler zeigt nunmehr eine Tendenz nach der positiven Seite. Dann kommt ein Bereich, bei dem die Stromdämpfung merkbar wird, der gesättigte, magnetische Nebenschluß jedoch noch nicht wirkt, die Fehlerkurve neigt sich wieder nach der negativen Seite. Im anschließenden Bereich werden die Kompensationsmittel wirksam, der Fehler geht wieder nach der positiven Seite, und schließlich sinkt die Drehzahl im Grenzlastbereich endgültig ab, weil man entweder in das Sättigungsgebiet des Stromtriebeisens gekommen ist oder die Kompensationsmittel die wachsende Stromdämpfung nicht mehr auszugleichen vermögen.

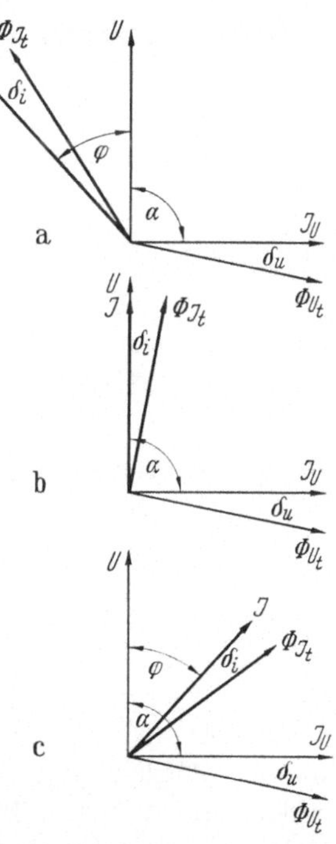

Abb. 93. Diagramm des Wirkverbrauch-Induktionszählers bei verschiedenartigen Belastungen.

a kapazitive Belastung; — b reine Wirklast; — c induktive Belastung. U Spannung; — J_U Spannungsspulenstrom; — J Strom; — Φ_{U_t} Spannungstriebfluß; — Φ_{J_t} Stromtriebfluß; — φ Phasenverschiebungswinkel; — α Winkel der inneren Abgleichung $= 90°$; — δ_i Stromfehlwinkel; — δ_u Spannungsfehlwinkel.

c) Leistungsfaktoreinfluß. Theoretisch beeinflußt nur die Größe des Leistungsfaktors das Meßergebnis, während die Phasenlage des Stromes auf der induktiven oder kapazitiven Seite für die Drehzahl des Läufers unerheblich ist, wie aus dem Diagramm (Abb. 93) hervorgeht. Bei kapazitiver Belastung ist das Antriebsmoment

$$M_a = K \cdot \Phi_{J_t} \cdot \Phi_{U_t} \cdot \sin(\alpha + \delta_u + \varphi - \delta_i)\,, \tag{202}$$

bei induktiver Belastung ist das Antriebsmoment

$$M_a = K \cdot \Phi_{J_t} \cdot \Phi_{U_t} \cdot \sin(\alpha + \delta_u - \varphi - \delta_i)\,. \tag{203}$$

Diese beiden Ausdrücke sind identisch, solange $\delta_u - \delta_i = 0$ und $\alpha = 90°$ ist, da $\sin(90 + \varphi)$ ebenso groß ist wie $\sin(90 - \varphi)$. Wenn jedoch diese beiden Bedingungen nicht erfüllt sind, erhält man bei konstantem $\cos\varphi$ je nach der Lage des Stromes im induktiven oder kapazitiven Bereich verschiedene Werte für das Antriebsmoment. Die Fehler der inneren Abgleichung sind also der Grund des Leistungsfaktoreinflusses.

Für den Fehler des Antriebsmoments infolge falschen Phasenabgleichs gilt

$$F'_{\%} = \frac{M_{a\,ist} - M_{a\,soll}}{M_{a\,soll}} \cdot 100\,, \tag{204}$$

$$F'_{\%} = \frac{\sin[(\alpha + \delta_u - \delta_i)_{ist} - \varphi] - \sin[(\alpha + \delta_u - \delta_i)_{soll} - \varphi]}{\sin[(\alpha + \delta_u - \delta_i)_{soll} - \varphi]} \cdot 100\,. \tag{205}$$

Bei einem richtig abgeglichenen Wirkverbrauchzähler ist

$$\alpha + \delta_u - \delta_i = 90°,$$

bei einem fehlerhaft abgeglichenen Zähler ist

$$\alpha + \delta_u - \delta_i = 90° \pm \delta,$$

und es wird

$$F'_{\%} = \frac{\sin[90 - (\varphi \mp \delta)] - \sin(90 - \varphi)}{\sin(90 - \varphi)} \cdot 100\,, \tag{206}$$

$$F'_{\%} = \frac{\sin 90 \cdot \cos(\varphi \mp \delta) - \cos 90 \cdot \sin(\varphi \mp \delta) - \sin 90 \cdot \cos\varphi + \cos 90 \cdot \sin\varphi}{\sin 90 \cdot \cos\varphi - \cos 90 \cdot \sin\varphi} \cdot 100\,, \tag{207}$$

$\sin 90 = 1$; $\cos 90 = 0$, also

$$F'_{\%} = \frac{\cos(\varphi \mp \delta) - \cos\varphi}{\cos\varphi} \cdot 100\,, \tag{208}$$

$$F'_{\%} = \frac{\cos\varphi \cdot \cos\delta \pm \sin\varphi \cdot \sin\delta - \cos\varphi}{\cos\varphi} \cdot 100\,, \tag{209}$$

$$F'_{\%} = (\cos\delta \pm \operatorname{tg}\varphi \cdot \sin\delta - 1) \cdot 100\,. \tag{210}$$

Dies ist die allgemeine Gleichung für den Einfluß einer fehlerhaften inneren Abgleichung auf das Antriebsmoment des Wirkverbrauchzählers mit innerem 90°-Abgleich; sie läßt sich weiter vereinfachen, da bei einigermaßen gutem Abgleich δ ein sehr kleiner Winkel ist, und man $\cos\delta = 1$ setzen kann. So wird

$$F'_{\%} = \pm \operatorname{tg}\varphi \cdot \sin\delta \cdot 100\,. \tag{211}$$

Bei sehr kleinem Winkel kann man ferner den Sinus gleich dem Winkel (im Bogenmaß) setzen, also

$$\sin\delta = \operatorname{arc}\sin\delta = \frac{2 \cdot \pi \cdot \delta}{360 \cdot 60} = 0{,}291 \cdot \delta \cdot 10^{-3} \text{ (Bogenminuten)} \tag{212}$$

und

$$F'_{\%} = \pm 0{,}0291 \cdot \delta \cdot \operatorname{tg}\varphi\,;$$

dabei ist δ in Minuten und φ in Grad einzusetzen.

Bei Überverschiebung ist δ positiv und bei induktiver Belastung ist φ positiv. Demnach tritt bei Überverschiebung und induktiver Belastung ein positiver Fehler auf. Dieser Fehler ist proportional der Größe der Fehlverschiebung und dem Tangens des Leistungsfaktors, er ist demnach um so größer je größer die Phasenverschiebung ist. Das Vorzeichen des Fehlers geht aus nachstehender Tabelle hervor.

Fehler des Abgleichs	δ	Vorzeichen des Fehlers, Belastung: induktiv	Vorzeichen des Fehlers, Belastung: kapazitiv
Überverschiebung . . .	+	+	—
Unterverschiebung . .	—	—	+

Beispiel. Die innere Verschiebung eines Zählers weiche um $\delta = 1° = 60'$ von den gewünschten 90° ab, was eine sehr große Fehlabgleichung wäre. Es ergibt sich dann für die Anzeige des Zählers ein Fehler

$$F'_{\%} = (\cos 1° \pm \operatorname{tg} \varphi \cdot \sin 1° - 1) \cdot 100\,,$$

bei $\varphi = 45°$ und $\operatorname{tg} \varphi = 1$ ergibt sich

$$F'_{\%} = (\cos 1° \pm \sin 1° - 1) \cdot 100\,,$$

$$F'_{\%} = \pm\, 0{,}0174 \cdot 100 = \pm\, 1{,}74,$$

da $\cos 1° = 0{,}99985$ und $\sin 1° = 0{,}01745$ ist.

Oder nach der vereinfachten Gleichung

$$F' = \pm\, 0{,}0291 \cdot 60 \cdot 1 = \pm\, 1{,}74\%.$$

Der Unterschied der Anzeigen bei kapazitiver und induktiver Belastung mit $\cos \varphi = 0{,}707$ wäre also für diesen Zähler 3,48%.

Die Wechselstrom-Induktionszähler werden ihrem Anwendungsgebiet entsprechend meist nur bei induktiver Phasenverschiebung abgeglichen. Der Leistungsfaktoreinfluß liegt bei diesen Zählern in der Größenordnung von 1% zwischen $\cos \varphi = 1$ und $\cos \varphi = 0{,}5$. Er tritt praktisch nur bei kleiner Belastung und in der Nähe der Grenzlast auf.

d) Spannungseinfluß. Da der Zähler einen Spannungsvortrieb erhält und außer der Nutzbremsung eine Spannungsdämpfung auftritt, ist die Drehzahl nur bei Nennspannung genau proportional der Leistung. Die Änderung der Anzeige infolge verschiedener Spannungsdämpfung nennt man Spannungseinfluß. Er muß selbstverständlich so klein wie möglich gehalten werden. Die Spannungsdämpfung kann durch einen gesättigten magnetischen Nebenschluß am Spannungseisen klein gehalten werden.

Nach VDE 0418 darf der Spannungseinfluß $\pm$ 1% je 10% Spannungsänderung nicht überschreiten, im allgemeinen liegt er darunter.

Abb. 94 zeigt den Spannungseinfluß eines Wechselstrom-Großbereichzählers bei $0{,}1\,J_n$ und J_n sowie bei $\cos\varphi = 1$ und $\cos\varphi = 0{,}5$ ind.

e) Frequenzeinfluß. Im Induktionszähler sind eine Reihe frequenzabhängiger Wechselstromgrößen wirksam. Die Stromaufnahme der Spannungsspule sinkt mit steigender Frequenz infolge des frequenzabhängigen Blindwiderstandes ωL, gleichzeitig vergrößert sich der Phasenwinkel zwischen Spannung und Spannungsspulenstrom, anderseits steigen die im Läufer induzierten, transformatorischen elektromotorischen Kräfte und damit die Läufertriebströme proportional mit der Frequenz. Wiederum steigen die Verluste in den Eisenkernen und in den Kurzschlußringen bzw. Kurzschlußwicklungen dieser Kerne mit der Frequenz an, wodurch sich die Phasenlage der Triebflüsse verändert. Frequenzänderungen beeinflussen demnach Amplitude und Phasenlage der Triebflüsse, und der Frequenzeinfluß ist bei gleicher Frequenzänderung, aber verschiedenen Leistungsfaktoren verschieden groß. Abb. 95 zeigt den Frequenzeinfluß eines Großbereichzählers bei $0{,}1\,J_n$ und J_n sowie bei $\cos\varphi = 1$ und $\cos\varphi = 0{,}5$ ind. Der Frequenzeinfluß darf nach VDE 0418 nicht größer sein als $\pm$ 1% je 5% Frequenzänderung bei Belastungen von 10 ... 100% J_n und $\cos\varphi = 1$. Bei $\cos\varphi = 0{,}5$ darf er bei 100% Belastung $\pm$ 2% je 5% Frequenzänderung betragen, im allgemeinen ist er kleiner und hat bei $\cos\varphi = 0{,}5$ induktiv umgekehrte Tendenz wie bei $\cos\varphi = 1$; bei den hauptsächlich vorkommenden Leistungsfaktoren von 0,6 ... 0,7 liegt er demnach unter dem genannten Wert.

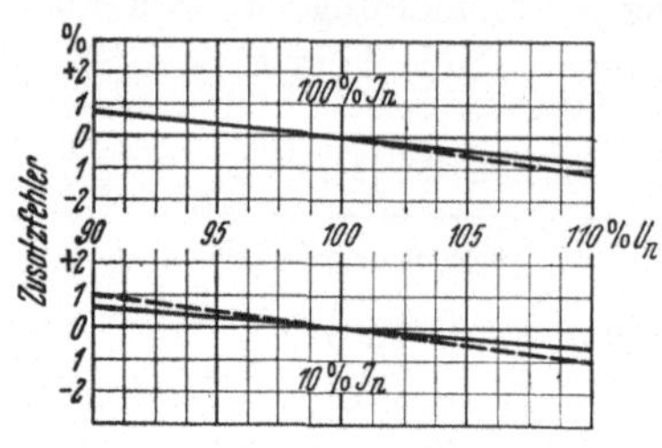

Abb. 94. Spannungseinfluß eines Wechselstrom-Großbereichzählers bei J_n und $0{,}1\,J_n$. —— $\cos\varphi = 1$, – – – $\cos\varphi = 0{,}5$ ind.

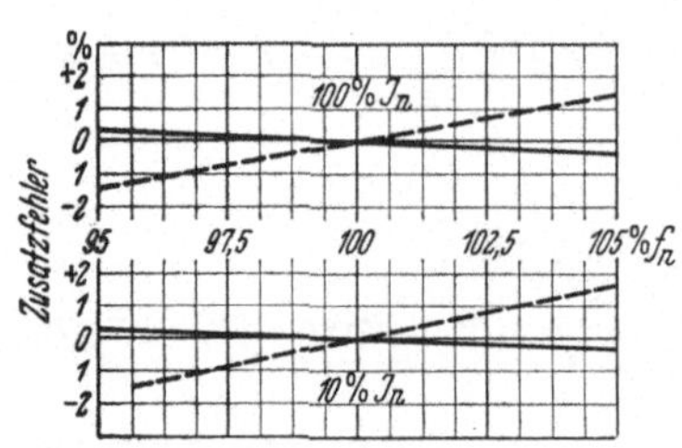

Abb. 95. Frequenzeinfluß eines Wechselstrom-Großbereichzählers bei J_n und $0{,}1\,J_n$. —— $\cos\varphi = 1$, – – – $\cos\varphi = 0{,}5$ ind.

f) Kurvenformeinfluß. Jedes Meßgerät mit merkbarem Frequenzfehler ist auch durch Oberwellen beeinflußbar, denn man kann sich eine verzerrte Kurve als Summe einer Anzahl von Sinuskurven verschiedener Frequenz und Phasenlage vorstellen, und diese verschieden frequenten Teilströme wirken anders auf das Meßwerk als ein Sinusstrom von gleichem Effektivwert. Die Kurvenform beeinflußt die Drehzahl des Zählers in sehr verschiedener und nicht vorauszuberechnender Weise.

Für die Spannungsoberwellen ist der Blindwiderstand der Spannungsspule höher als für die Grundwelle, da er mit der Frequenz steigt. Der Spannungsspulenstrom hat also bei verzerrter Spannungskurve eine andere Größe und Phasenlage als bei einer Sinuswelle vom gleichen Effektivwert.

Die von den Oberwellen der Triebflüsse im Läufer induzierten Spannungen sind proportional der Frequenz; ihre Größe und Phasenlage ändert sich also ebenfalls mit der Kurvenform.

Bei sehr spitzer Kurvenform kann man in das Sättigungsgebiet der Magnetisierungslinie kommen, in dem der Fluß nicht mehr proportional mit der Feldstärke steigt.

Die Eisen- und Kupferverluste in den Triebeisen und in den Kurzschlußwicklungen der Triebeisen sind ebenfalls frequenz- und damit oberwellenabhängig.

Alle diese verschiedenen Einflüsse überdecken sich teilweise, so daß ihre Gesamtwirkung schwer durchschaubar ist. Es hätte auch wenig praktischen Wert, den Oberwelleneinfluß voraus zu berechnen, da der Verlauf der Spannungs- und Stromkurven nicht bekannt und veränderlich ist, und es genügt, bei der Typenprüfung eines Zählers die Wirkung einer 3., 5. und 7. Oberwelle in Strom- und Spannungspfad bei verschiedener Phasenlage zu überprüfen, um die Gewähr zu erhalten, daß der Oberwelleneinfluß in tragbaren Grenzen bleibt.

g) Temperatureinfluß. Die Raumtemperatur beeinflußt den Induktionszähler auf mannigfache Art. Temperaturänderungen können die Länge der Luftspalte in den Trieb- und Streuflußkreisen verändern. Der Wirkwiderstand der Spannungsspule steigt mit der Temperatur, der Spannungsspulenstrom wird kleiner und erhält gegenüber der Spannung eine kleinere Phasenverschiebung. Der Widerstand des Läufers steigt mit der Temperatur, die Läufertriebströme und Bremsströme werden kleiner.

Die Widerstände der Kurzschlußringe auf den Eisenkernen steigen mit der Temperatur. Die Kurzschlußströme werden kleiner und die Flüsse weniger belastet, wodurch sich die Fehlwinkel verringern. Die Verluste in den Eisenkernen ändern sich mit der Temperatur und ebenso die Bremskraft des Magnets.

Alle diese verschiedenen, sich teilweise entgegen wirkenden Einflüsse ergeben zusammen den Temperaturfehler des Zählers. Grundsätzlich kann man die Temperatureinflüsse in zwei Gruppen teilen, nämlich solche, die auf die Größe der Trieb- und Bremsmomente einwirken, also unabhängig vom Leistungsfaktor sind, und solche, die auf die Phasenlage der Triebflüsse und -ströme einwirken, also einen leistungsfaktorabhängigen Temperaturfehler hervorrufen. Demnach müssen auch die Mittel zur Kompensation des Temperatureinflusses auf zweierlei Weise wirken; sie müssen die Amplitude und die Phasenlage der Triebströme und -flüsse korrigieren. Diese Mittel sind Wärmelegierungen am Magnet und an den Triebsystemen. Wärmelegierungen sind Eisenlegierungen, deren Permeabilität mit steigender Temperatur abnimmt, deren magnetischer Widerstand also mit der Temperatur wächst. Schaltet man eine solche Wärmelegierung (Thermalloy oder Thermoperm) einem Magnetpfad parallel, so ändert sich die Flußverteilung mit der Temperatur. An Stelle der Wärmelegierungen kann man auch gewöhnliche magnetische Nebenschlüsse verwenden, deren räumliche Lage sich mit der Temperatur verändert. Diese Nebenschlüsse können etwa an einem Bimetallstreifen befestigt sein.

Diese temperaturabhängigen, magnetischen Nebenschlüsse wirken je nach der Stelle, an der sie angeordnet werden, vorwiegend auf die Amplitude oder vorwiegend auf die Phasenlage der Triebflüsse.

Den Temperaturfehler kann man nicht vollständig kompensieren. Der verbleibende Temperatureinfluß muß jedoch in angemessenen Grenzen bleiben und darf nach VDE 0418 $\pm$ 1% je 10° bei Nennstrom und $\cos\varphi = 1$ sowie $\cos\varphi = 0{,}5$ nicht überschreiten, in der Regel liegt er bei etwa 0,5%/10°. Bei der Mehrzahl der Zähler ist der Temperaturfehler positiv, d. h. die Zähler zeigen bei steigender Temperatur zuviel an.

Bei Prüfzählern wird der Temperatureinfluß ähnlich wie bei anzeigenden Meßgeräten durch temperaturabhängige Kunstschaltungen im Strom- und Spannungspfad in weiten Grenzen kompensiert.

h) Eigenerwärmung. Die Kupfer- und Eisenwiderstände und -verluste ändern sich nicht nur mit der Raumtemperatur, sondern auch durch die Eigenerwärmung des Zählers, und es entsteht ein Anwärmefehler, der dieselbe Richtung wie der Temperaturfehler hat. Der Unterschied der Anzeigen des kalten und des betriebswarmen Zählers darf natürlich nicht zu groß sein. VDE 0418 schreiben vor, daß nach zweistündiger Belastung mit Grenzstrom und 1,2 U_n der Einfluß der Erwärmung bei $\cos\varphi = 1$ nicht größer sein darf als 1%, bei $\cos\varphi = 0{,}5$ nicht größer als 1,5%.

i) Fremdfeldeinfluß. Das Induktionsmeßwerk ist infolge seines guten Eisenschlusses unempfindlich gegen Fremdfelder, so daß man Fehlweisungen durch Fremdfeldeinfluß im allgemeinen nicht zu befürchten braucht.

Der Fremdfeldeinfluß darf nach VDE 0418 $\pm$ 1% je 1,25 Oersted bei 0,2 J_n nicht überschreiten.

k) Lageeinfluß. Die Zähler müssen senkrecht aufgehängt werden, da bei schräger Aufhängung die Reibung zunimmt.

l) Berücksichtigung der Einflüsse bei der Justierung und Eichung. Beim Abgleichen und Prüfen des Zählers müssen selbstverständlich die verschiedenen Einflüsse auf den Gang des Zählers berücksichtigt werden.

Zähler und Normalgeräte müssen betriebswarm sein, und die Raumtemperatur soll 20° betragen. Bei stark abweichender Raumtemperatur ist der Temperaturfehler zu berücksichtigen.

Die Prüfströme und -spannungen sollen sinusförmig sein, Nennspannung und Nennfrequenz sind genau einzuhalten.

Magnetische Zählerkappen oder -schirme müssen bei der Justierung und Prüfung aufgesetzt sein, da sie Fehler bis zu 1,5% verursachen können.

7. Ausführungsformen, Schaltungen und Anwendungsgebiet.

a) Wechselstrom-Wirkverbrauchzähler. Die große Masse der Wechselstrom-Induktionszähler sind Haushaltzähler für Spannungen von

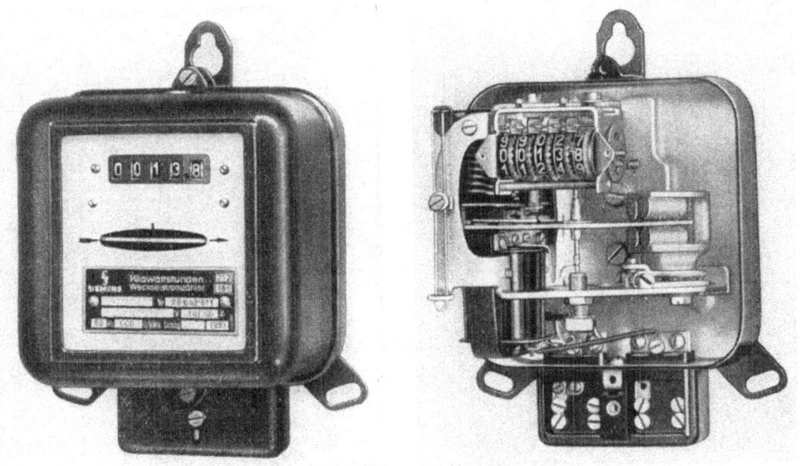

Abb. 96. Wechselstrominduktionszähler geschlossen und geöffnet, ohne Zifferblatt.

125 ... 500 V und für Ströme von 3 ... 50 A. Abb. 96 zeigt einen solchen Zähler mit und ohne Kappe. Die Anforderungen an diese Zähler sind:

α) *Genauigkeit.* Ihre Anzeigetoleranzen müssen innerhalb der Beglaubigungsfehlergrenzen liegen. Sobald sie diese Fehlergrenzen überschreiten, sind sie auszutauschen und neu zu justieren. Sie werden von den Herstellern innerhalb der VDE-Toleranzen, also auf etwa zwei Drittel der Beglaubigungsfehlergrenzen justiert.

β) *Überlastbarkeit.* Die Zähler sollen von sehr kleinen bis zu sehr großen Belastungen richtig arbeiten. Eine Erhöhung des Nennstromes der Zähler würde dieser Forderung nicht gerecht werden, da sich proportional mit dem Nennstrom der Anlaufstrom erhöhen würde. Man entwickelte deshalb hochüberlastbare Zähler, sogenannte Großbereichzähler, deren Anlaufstrom immer weiter herunter- bzw. deren Grenzstrom im Lauf der Jahre immer weiter heraufrückte und heute beim drei- bis fünffachen Nennstrom liegt.

γ) *Einflüsse.* Spannungs-, Frequenz- und Temperatureinfluß der Haushaltzähler müssen klein gehalten werden, weil diese drei Größen betriebsmäßig erheblich schwanken können; ferner muß der Zähler gegen willkürliche Beeinflussung von außen so gesichert sein, daß der Aufwand für seine Beeinflussung in keinem Verhältnis zu dem bestenfalls zu erzielenden Betrugsgewinn steht und Beeinflussungsversuche nach Möglichkeit Spuren hinterlassen.

δ) *Lebensdauer.* Die Lebensdauer, d. h. die Zeit zwischen Neulieferung und erster Überholung des Zählers, muß mindestens acht Jahre sein;

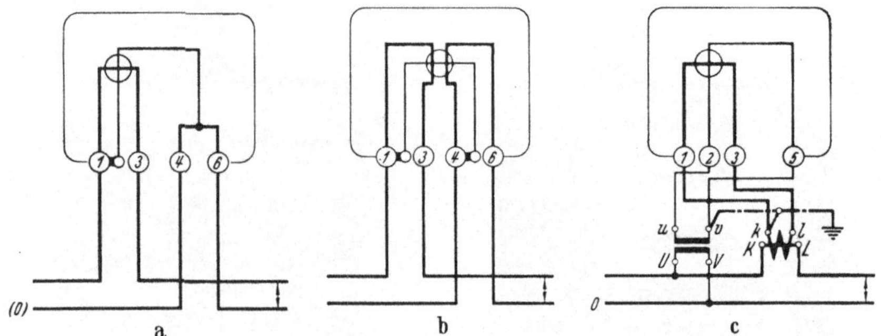

Abb. 97. Schaltungen des Wechselstrom-Wirkverbrauchzählers.
a Einpolige Schaltung, direkter Anschluß; — b zweipolige Schaltung, direkter Anschluß; — c einpolige Schaltung, Wandleranschluß.

sie soll wesentlich höher liegen, da die regelmäßige Überholung im Turnus von acht Jahren durch unvorhergesehene Ereignisse verzögert werden kann und ein Sicherheitsfaktor eingerechnet werden muß. Innerhalb der Lebensdauer darf der Zähler die Verkehrsfehlergrenzen nicht überschreiten. Die Lebensdauer moderner Haushaltzähler liegt zwischen (30 . . . 50) · 10^6 Läuferumdrehungen, entsprechend einer Überholungszeit von 15 . . . 25 Jahren.

ϑ) *Durchlaufzeit des Zählwerks.* Die Durchlaufzeit des Zählwerks muß so groß sein, daß auch bei Belastung mit dem Grenzstrom eine vierwöchentliche Ablesung des Zählwerkstandes genügt.

Wie Abb. 97 zeigt, kann der Wechselstromzähler ein- oder zweipolig geschaltet werden. Das Drehmoment ist in beiden Fällen dasselbe, da bei zweipoliger Schaltung die beiden Stromspulenhälften vom Vor- und Rückstrom in entgegengesetzter Richtung durchflossen werden.

b) Wechselstrom-Präzisionszähler. Der Wechselstromzähler kann mit größerem Drehmoment, Zeigerzählwerk, Doppelsteinunterlager,

Steinoberlager und besonders sorgfältiger Kompensation der Stör- und Umwelteinflüsse, unter Beibehalt seiner sonstigen Eigenschaften auch als Präzisionszähler ausgeführt werden. Diese Präzisionszähler werden nur selten beim Stromabnehmer eingebaut, es sind in erster Linie Kontroll- und Normalzähler zum Überprüfen von Haushaltzählern. Ihre Toleranzen liegen innerhalb $\pm 1\%$.

c) Wechselstrom-Blindverbrauchzähler. Die Wirkleistung im Wechselstromnetz ist

$$N_W = U \cdot J \cdot \cos\varphi, \tag{213}$$

die Blindleistung im Wechselstromnetz ist

$$N_B = U \cdot J \cdot \sin\varphi = U \cdot J \cdot \cos(90 - \varphi). \tag{214}$$

Will man demnach mit demselben Triebsystem Wirkverbrauch oder Blindverbrauch zählen, so muß man beim Blindverbrauchzähler dafür sorgen, daß die Phasenverschiebung zwischen Spannungs- und Stromfluß sich um 90° von der Phasenverschiebung bei der Wirkverbrauchzählung unterscheidet, oder mit anderen Worten: Da man beim Wirkverbrauchzähler die innere Abgleichung $\alpha = 90°$ gewählt hat, muß man beim Blindverbrauchzähler die innere Abgleichung $\alpha = 0°$ oder $\alpha = 180°$ wählen. Das Antriebsmoment des Wirkverbrauchzählers ist

$$M_{aW} = K \cdot \Phi_U \cdot \Phi_J \cdot \sin(90 - \varphi) = K \cdot \Phi_U \cdot \Phi_J \cdot \cos\varphi. \tag{215}$$

Das Antriebsmoment des Blindverbrauchzählers wird

$$M_{aB} = K \cdot \Phi_U \cdot \Phi_J \cdot \sin(0 - \varphi) = -K \cdot \Phi_U \cdot \Phi_J \cdot \sin\varphi \tag{216}$$

oder

$$M_{aB} = K \cdot \Phi_U \cdot \Phi_J \cdot \sin(180 - \varphi) = K \cdot \Phi_U \cdot \Phi_J \cdot \sin\varphi. \tag{217}$$

Je nachdem man $\alpha = 0°$ oder $\alpha = 180°$ wählt, erhält man somit einen links- oder rechtsdrehenden Blindverbrauchzähler.

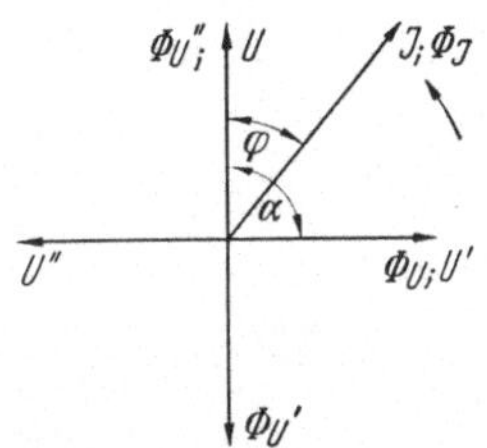

Abb. 98. Diagramm des Blindverbrauchzählers mit induktiver oder kapazitiver, 90° verdrehender Kunstschaltung.
U' um 90° induktiv verdrehte Spannung; — U'' um 90° kapazitiv verdrehte Spannung; — $\Phi_{U'}$ und $\Phi_{U''}$ Flüsse der verdrehten Spannungen.

Beim Wirkverbrauchzähler ist $\alpha = 90°$. Man kommt auf den gewünschten Winkel $\alpha = 0$ bzw. $\alpha = 180°$, wenn man die Spannung an den Spannungsspulen des Wirkverbrauchzählers durch außerhalb des Zählers liegende Zusatzgeräte von vornherein um 90° kapazitiv bzw. induktiv gegen die Netzspannung verdreht (Abb. 98). Bei kapazitiver Verdrehung der Netzspannung U in die Lage U'' erhält man den Blindverbrauchzähler mit 0°-Abgleichung, bei induktiver Verdrehung in die Lage U' den Blindverbrauchzähler mit 180° Abgleichung. Mit solchen phasendrehenden Zusatzgeräten kann man also mit einem normal abgeglichenen Wirkverbrauchzähler den Blindverbrauch zählen.

Man kann aber auch durch eine andere innere Abgleichung den gewünschten Winkel $\alpha = 180°$ erreichen. Zu diesem Zweck schaltet man vor die Spannungsspule einen Vorwiderstand und parallel zur Stromspule einen Nebenwiderstand. Der Widerstand vor der Spannungsspule verringert den Winkel zwischen der Spannung U und dem Spannungsspulenstrom J_U, weil das Verhältnis vom Blindwiderstand zum Wirkwiderstand der Spannungsspule kleiner wird. Durch den Nebenwiderstand zur Stromspule teilt man den Verbraucherstrom in zwei Teilströme J_1 und J_2 (Abb. 99). Der Strom J_1 fließt durch den Nebenwiderstand und eilt dem Gesamtstrom vor. Der Strom J_2 fließt durch die Stromspule und eilt dem Gesamtstrom nach. Die vektorielle Summe beider Ströme ergibt den Gesamtstrom J. Man kann den Vorwiderstand vor der Spannungsspule und den Nebenwiderstand zur Stromspule so bemessen, daß die Winkel γ zwischen Spannung U und Spannungsspulenstrom J_U sowie zwischen Gesamtstrom J und dem Teilstrom J_2 gleich groß sind. Bei einer gebräuchlichen Ausführung ist $\gamma = 45°$.

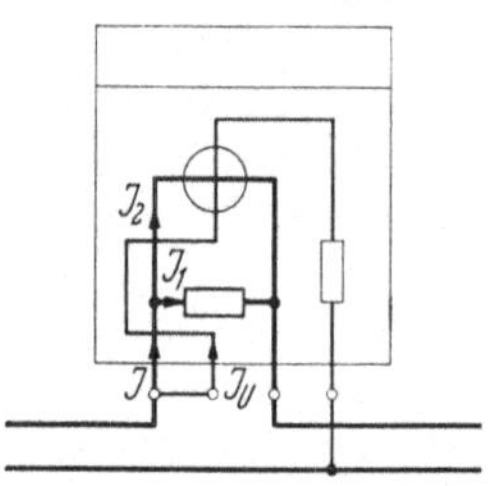

Abb. 99. Anschluß und Innenschaltung eines Blindverbrauch-Wechselstromzählers mit 0° oder 180° innerer Abgleichung.

Dann ergibt das Diagramm Abb. 100 für das Antriebsmoment des Zählers bei 0° Abgleich

$$\left.\begin{aligned} M_a &= -K \cdot \Phi_U \cdot \Phi_{J_2} \cdot \sin\varphi\,, \\ &\text{bei } 180° \text{ Abgleich} \\ M_a &= K \cdot \Phi_U \cdot \Phi_{J_2} \cdot \sin(180 - \varphi)\,, \end{aligned}\right\} \qquad (218)$$

also in beiden Fällen einen Blindverbrauchzähler, jedoch mit entgegengesetzten Drehrichtungen, da einmal der Spannungsfluß, einmal der Stromfluß voreilt. Den Zähler mit 180° Abgleich erhält man aus dem Zähler mit 0° Abgleich, wenn man die Anschlüsse einer Spule vertauscht oder eine Spule in umgekehrtem Wickelsinn wickelt.

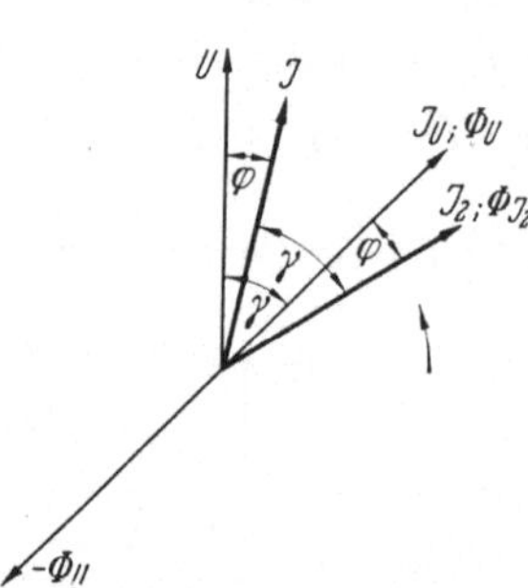

Abb. 100. Diagramm des Wechselstrom-Blindverbrauchzählers mit 0° oder 180° innerer Abgleichung. U Spannung; — J_U Spannungsspulenstrom; — Φ_U Spannungstriebfluß; — J Gesamtstrom; — J_2 Strom in der Stromspule; — Φ_{J_2} Stromtriebfluß; — φ Phasenverschiebung; — γ Winkel der inneren Abgleichung in Strom- und Spannungskreis.

d) Wechselstromzähler für Drehstrom mit gleich belasteten Phasen. Sind die Phasen eines Drehstromnetzes gleich belastet, so genügt es, die Leistung in einer Phase zu messen, weil dann die Drehstromleistung dreimal so groß ist wie die Phasenleistung.

α) *Wirkverbrauchzählung im symmetrisch belasteten Vierleiter-Drehstromnetz.* Die Wirkleistung im Vierleiter-Drehstromnetz ist

$$N = N_R + N_S + N_T$$
$$= J_R \cdot U_{RO} \cdot \cos\varphi_R + J_S \cdot U_{SO} \cdot \cos\varphi_S + J_T \cdot U_{TO} \cdot \cos\varphi_T. \quad (219)$$

Bei symmetrischer Belastung wird die Leistung in einer Phase gemessen und das Ergebnis mit 3 multipliziert. Man kann demnach einen gewöhnlichen Wechselstromwirkverbrauchzähler mit innerem 90°-Abgleich verwenden, der nach Abb. 101 geschaltet und für die Sternspannung bemessen ist. Das Antriebsmoment des Zählers ist nach Diagramm Abb. 102

$$M_a = K \cdot \Phi_{J_R} \cdot \Phi_{U_{RO}} \cdot \sin(90 - \varphi_R) = K \cdot \Phi_{J_R} \cdot \Phi_{U_{RO}} \cdot \cos\varphi_R$$
$$= K_1 \cdot J_R \cdot U_{RO} \cdot \cos\varphi_R, \quad (220)$$

es ist proportional der Wirkleistung in der Phase R und bei symmetrischer Belastung proportional der Drehstromleistung. Der Faktor 3 wird in der Zählwerksübersetzung berücksichtigt.

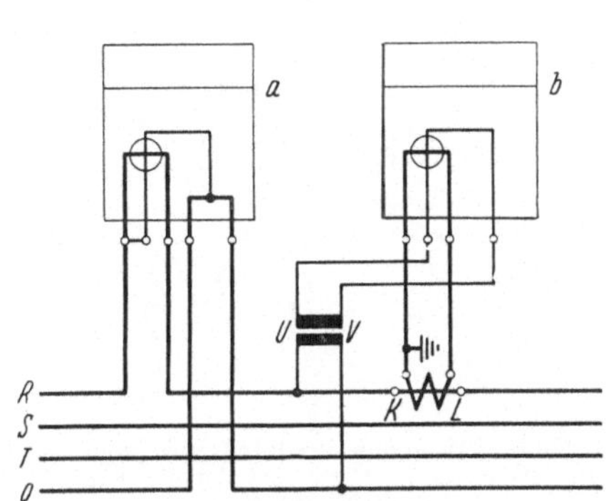

Abb. 101. Schaltungen des Wirkverbrauchzählers für ein symmetrisch belastetes Vierleiterdrehstromnetz.
a Direkter Anschluß; — *b* Wandleranschluß.

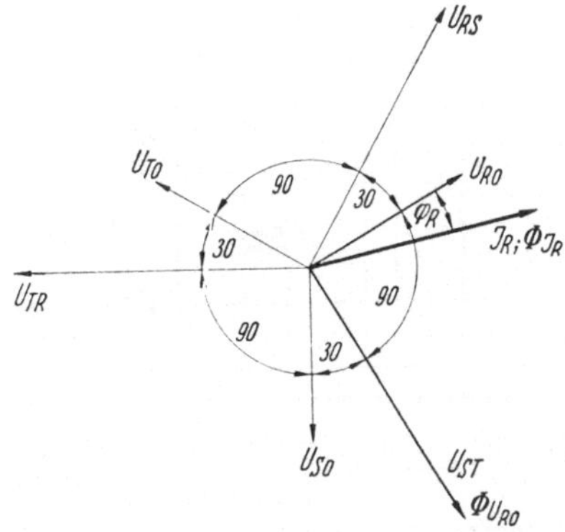

Abb. 102. Diagramm des Wirkverbrauchzählers für ein symmetrisch belastetes Vierleiterdrehstromnetz.

β) *Blindverbrauchzählung im symmetrisch belasteten Vierleiter-Drehstromnetz.* Wenn man im symmetrisch belasteten Drehstrom-Vierleiternetz an Stelle des Wirkverbrauchs den Blindverbrauch mit einem Wechselstrom-Wirkverbrauchzähler zählen will, so muß man an Stelle der für die Wirkverbrauchzählung gewählten Spannung U_{RO} die darauf senkrecht stehende Spannung U_{ST} wählen. Das Ergebnis ist nicht mit 3, sondern mit $\sqrt{3}$ zu multiplizieren, da die Dreieckspannung bereits $\sqrt{3}$mal größer ist als die Sternspannung. Der Zähler ist für die Dreieckspannung auszulegen. Es ist ferner vorausgesetzt, daß die drei verketteten Spannungen gleichgroß sind und der Nullpunkt der Anlage im Schwerpunkt des Spannungsdreiecks liegt, da nur dann U_{RO} senkrecht auf U_{ST} steht.

Der Zähler wird nach Abb. 103 geschaltet. Das Antriebsmoment des Zählers ist nach Diagramm Abb. 104

$$M_a = K \cdot \Phi_{J_R} \cdot \Phi_{U_{ST}} \cdot \sin(180 - \varphi_R) = K \cdot \Phi_{J_R} \cdot \Phi_{U_{ST}} \cdot \sin\varphi_R$$
$$= K_1 \cdot J_R \cdot U_{ST} \cdot \sin\varphi_R . \qquad (221)$$

Es ist bei symmetrischer Belastung proportional der Blindleistung N_B im Drehstromnetz

$$N_B = \sqrt{3} \cdot J \cdot U_\triangle \cdot \sin\varphi .$$

Der Faktor $\sqrt{3}$ ist in der Zählwerkübersetzung zu berücksichtigen.

γ) *Wirkverbrauchzählung im symmetrisch belasteten Drehstrom-Dreileiternetz mit einem Zähler mit innerer 90°-Abgleichung.* In Drehstrom-

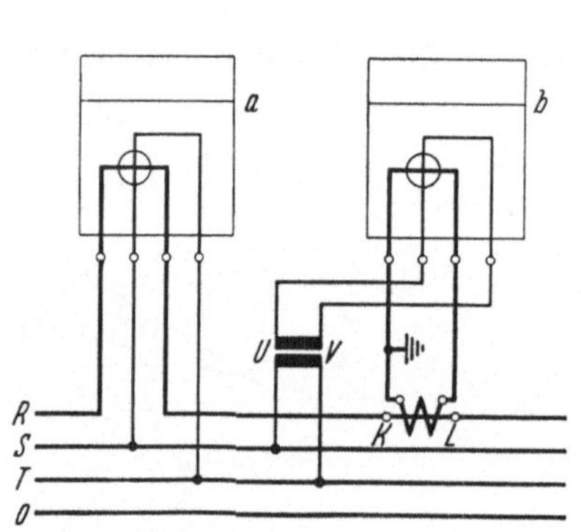

Abb. 103. Schaltung des Blindverbrauchzählers für ein symmetrisch belastetes Vierleiterdrehstromnetz.
a Direkter Anschluß; — *b* Wandleranschluß.

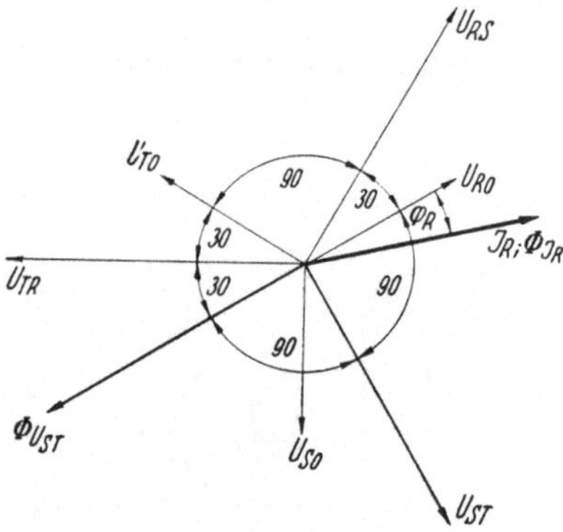

Abb. 104. Diagramm des Blindverbrauchzählers in einem symmetrisch belasteten Vierleiterdrehstromnetz.

Dreileiteranlagen stehen die Sternspannungen nicht zur Verfügung, und es wäre umständlich, einen künstlichen Nullpunkt zu schaffen, weshalb man diese Zähler nach Abb. 105 schaltet. Man unterteilt die Stromspule in zwei Hälften und legt die eine in die Phase R, die andere in die Phase T. Die Spannungsspule liegt an U_{RT}, dann wird das Antriebsmoment des Zählers nach dem Diagramm Abb. 106

$$M_a = K \cdot \Phi_{J_R} \cdot \Phi_{U_{RT}} \cdot \sin(90 + 30 - \varphi_R) +$$
$$+ K \cdot \Phi_{J_T} \cdot \Phi_{U_{RT}} \cdot \sin(90 - 30 - \varphi_T) . \qquad (222)$$

Dabei wurden die Phasenwinkel bei induktiver Phasenverschiebung positiv gezählt.

Es ergibt sich

$$\left.\begin{aligned} M_a &= K \cdot \Phi_{J_R} \cdot \Phi_{U_{RT}} \cdot \sin[(90 - (\varphi_R - 30)] + \\ &\quad + K \cdot \Phi_{J_T} \cdot \Phi_{U_{RT}} \cdot \sin[90 - (\varphi_T + 30))], \\ M_a &= K \cdot \Phi_{J_R} \cdot \Phi_{U_{RT}} \cdot \cos(\varphi_R - 30) + \\ &\quad + K \cdot \Phi_{J_T} \cdot \Phi_{U_{RT}} \cdot \cos(\varphi_T + 30) . \end{aligned}\right\} \qquad (223)$$

Nach der Voraussetzung eines symmetrischen Spannungsdreiecks und symmetrischer Belastung ist

$$\Phi_{U_{RT}} = \Phi_{U_\triangle} = k_1 \cdot U_\triangle ,$$
$$\Phi_{J_R} = \Phi_{J_T} = \Phi_J = k_2 \cdot J ,$$
$$\varphi_R = \varphi_T = \varphi ,$$

und es ergibt sich

$$M_a = K \cdot k_1 \cdot k_2 \cdot J \cdot U_\triangle [\cos(\varphi - 30) + \cos(\varphi + 30)], \qquad (224)$$

das ist unter Zusammenfassung der Konstanten

$$K \cdot k_1 \cdot k_2 = K_1 ,$$

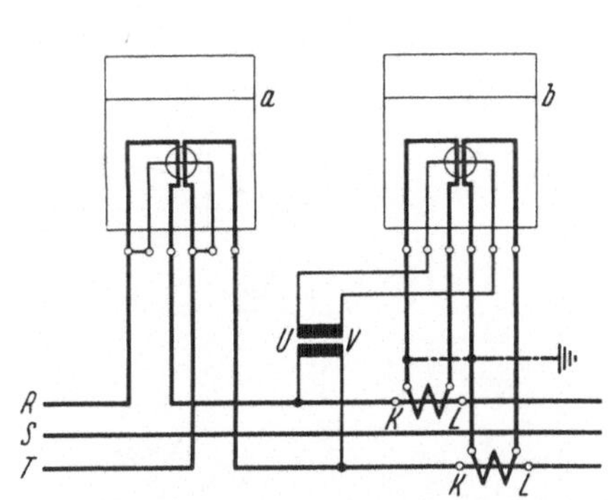

Abb. 105. Schaltung des Wirkverbrauchzählers mit innerer 90°-Abgleichung im symmetrisch belasteten Dreileiterdrehstromnetz.
a Direkter Anschluß; — *b* Wandleranschluß.

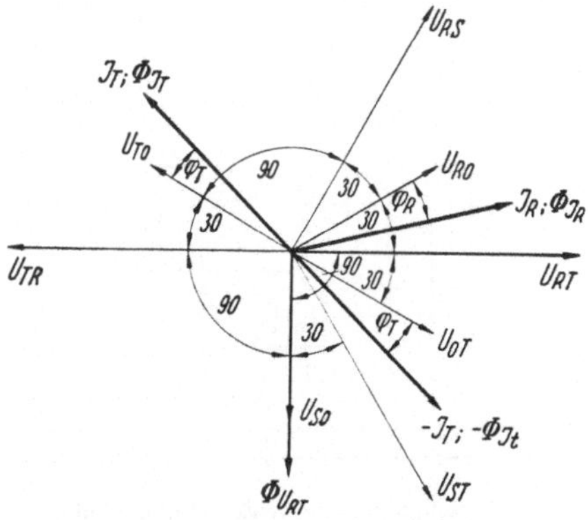

Abb. 106. Diagramm des Wirkverbrauchzählers mit innerer 90°-Abgleichung für ein symmetrisch belastetes Dreileiterdrehstromnetz.

$$M_a = K_1 \cdot J \cdot U_\triangle \cdot (\cos\varphi \cdot \cos 30 + \sin\varphi \cdot \sin 30 + \\ + \cos\varphi \cdot \cos 30 - \sin\varphi \cdot \sin 30) \qquad (225)$$
$$= K_1 \cdot J \cdot U_\triangle \cdot 2 \cdot \cos\varphi \cdot \cos 30 ,$$
$$\cos 30^\circ = 0{,}866;\ 2 \cdot 0{,}866 = \sqrt{3} ,$$
$$M_a = K_1 \cdot \sqrt{3} \cdot J \cdot U_\triangle \cdot \cos\varphi . \qquad (226)$$

Das Antriebsmoment ist also proportional der Wirkleistung des symmetrisch belasteten Drehstromnetzes, was zu beweisen war. Der Faktor $\sqrt{3}$ braucht in diesem Fall in der Zählwerkübersetzung nicht berücksichtigt werden, da M_a proportional der gesamten Wirkleistung ist.

δ) *Wirkverbrauchzählung im symmetrisch belasteten Dreileiter-Drehstromnetz mit einem Zähler mit innerer 60°-Abgleichung.* Wenn man die Stromspule des Zählers nicht unterteilen kann, weil nur ein Stromwandler vorhanden ist, kann man auch den Zähler mit einteiliger Stromspule verwenden, man muß dann jedoch die innere Abgleichung 60° machen anstatt 90°. Man verwendet dann zum Strom J_R die Spannung U_{RT} und erhält nach Abb. 107 und Diagramm Abb. 108 das Antriebsmoment des Zählers zu:

$$\left.\begin{aligned} M_a &= K \cdot \Phi_{J_R} \cdot \Phi_{U_{RT}} \cdot \sin(60 + 30 - \varphi_R), \\ M_a &= K \cdot \Phi_{J_R} \cdot \Phi_{U_{RT}} \cdot \sin(90 - \varphi_R), \\ M_a &= K_1 \cdot J_R \cdot U_{RT} \cdot \cos\varphi_R. \end{aligned}\right\} \tag{227}$$

Das Antriebsmoment ist also ebenfalls proportional der Wirkleistung des symmetrisch belasteten Drehstromnetzes. Der Faktor $\sqrt{3}$ ist in der Zählwerkübersetzung zu berücksichtigen.

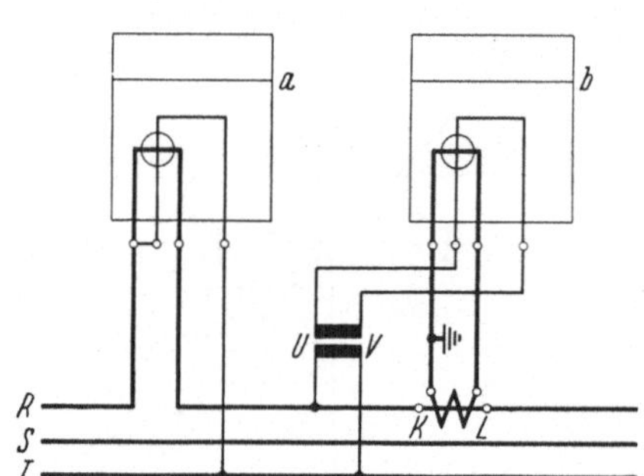

Abb. 107. Schaltung des Wirkverbrauchzählers mit innerer 60°-Abgleichung für ein symmetrisch belastetes Dreileiterdrehstromnetz.
a Direkter Anschluß; — *b* Wandleranschluß.

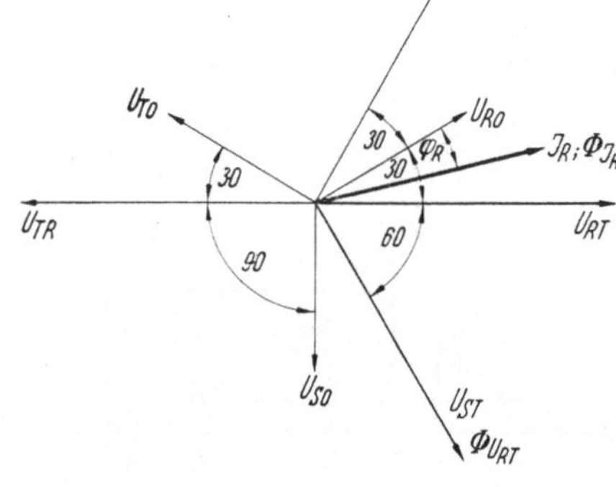

Abb. 108. Diagramm des Wirkverbrauchzählers mit innerer 60°-Abgleichung in einem symmetrisch belasteten Dreileiterdrehstromnetz.

ε) *Blindverbrauchzählung im symmetrisch belasteten Dreileiter-Drehstromnetz mit einem Zähler mit innerer 90°-Abgleichung.* Für die Blindverbrauchzählung im symmetrisch belasteten Dreileiternetz kann man denselben Zähler wie für das Vierleiternetz verwenden.

e) Spannungsquadratstunden- und Stromquadratstundenzähler. Anstatt einen Induktionszähler mit Strom- und Spannungswicklung auszuführen, kann man natürlich auch zwei Stromwicklungen oder zwei Spannungswicklungen aufbringen und erhält dann Zähler, deren Drehzahl dem Produkt zweier Spannungen bzw. zweier Ströme und dem Sinus des Phasenverschiebungswinkels der zugehörigen Flüsse proportional ist.

Triebsysteme mit zwei Spannungsspulen hat beispielsweise der Spannungssymmetrieanzeiger der SSW (Abb. 364/365).

Speist man beide Spulen eines solchen Zälhers mit demselben Strom bzw. mit derselben Spannung, so muß man durch künstliche Mittel eine Phasenverschiebung zwischen den Flüssen der beiden Spulen erzeugen, weil sonst kein Drehmoment zustande kommt. Derartige Zähler benötigt man für einige spezielle Messungen, sie zählen das Produkt aus dem Quadrat des Stromes oder dem Quadrat der Spannung und der Zeit.

Beim Spannungsquadratstundenzähler gibt man dem einen Eisenkern (Spannungseisen) zwei Wicklungen. Die erste Wicklung ist eine dünndrähtige Spannungswicklung mit vielen Windungen; sie wird über einen Vorwiderstand an die Meßspannung gelegt, um den Frequenzeinfluß klein zu halten. Die zweite Wicklung hat bedeutend weniger Windungen, sie bildet die Sekundärwicklung eines Spannungswandlers und speist die Wicklung auf dem zweiten Eisenkern (Stromeisen). Wie Abb. 309 zeigt, sind Primärspannung U_1 und Sekundärspannung U_2 eines Spannungswandlers annähernd 180° gegeneinander verdreht. Der Fluß Φ des Spannungseisens eilt der Primärspannung U_1 um einen großen Winkel nach (nahezu 90°). Die Wicklung auf dem Stromeisen hat eine kleine Windungszahl und eine entsprechend kleine Induktivität, der Strom eilt deshalb der Spannung U_2 nur um einen kleinen Betrag nach. Außerdem ist der Fluß des Stromeisens im Gegensatz zum Fluß des Spannungseisens nur durch die Eisenverluste belastet. Er bleibt also nur wenig hinter dem Strom zurück, so daß insgesamt der Fluß Φ_2 hinter der Spannung U_2 um einen Winkel zurückliegt, der wesentlich kleiner als 90° ist.

Zwischen den Flüssen Φ und Φ_2 besteht somit eine erhebliche Phasenverschiebung (etwa 135°), und der Zähler entwickelt ein ausreichendes Drehmoment.

Bei einer Leistung von rund 2 W bzw. 2,6 VA hat ein solcher Zähler ein Nenndrehmoment von etwa 2 cmg; er ist bis 130% der Nennspannung U_n belastbar, also bis etwa 170% von U_n^2. Der Anzeigefehler wird mit zunehmender Spannung infolge der Spannungsdämpfung negativ. Der Temperatureinfluß ist etwa 0,2% je 10° und der Frequenzeinfluß bei Nennspannung rund —0,5% für ± 10% Frequenzänderung.

Der Stromquadratstundenzähler trägt auf beiden Eisen dickdrähtige Wicklungen. Die beiden Wicklungen liegen in Reihe und die eine hat einen Parallelwiderstand, wodurch eine Phasenverschiebung zwischen den beiden Strömen und Magnetflüssen entsteht (Abb. 99/100) und ein Drehmoment zustande kommt. Bei einer Leistung von rund 3,5 W bzw. 7 VA entwickelt der Zähler ein Drehmoment von etwa 6,5 cmg, er ist bis 150% des Nennstromes belastbar und zeigt von 50 bis 150% J_n entsprechend 25 bis 225% J_n^2 richtig, bei kleineren Strömen hat er einen starken Minusfehler. Der Temperatureinfluß ist etwa 0,5% je 10°, der Frequenzeinfluß etwa ± 1% für ± 10% Frequenzänderung.

Den Spannungsquadratstundenzähler benutzt man zum Zählen der Eisenverlustarbeit, den Stromquadratstundenzähler zum Zählen der Kupferverlustarbeit von Transformatoren.

Der Transformator habe bei der Nennspannung U_n die Eisenverluste $(N_{fe})_n$. Die Verluste ändern sich mit dem Quadrat der Spannung und betragen bei der Betriebsspannung U:

$$N_{fe} = (N_{fe})_n \cdot \frac{U^2}{U_n^2} \,. \tag{228}$$

Der Spannungsquadratstundenzähler zeigt

$$A = C_z \cdot U^2 \cdot t \,. \tag{229}$$

Ist die Zählerkonstante

$$C_z = k \cdot \frac{(N_{fe})_n}{U_n^2} \,, \tag{230}$$

so wird die Anzeige des Zählers

$$A = k \cdot (N_{fe})_n \cdot \frac{U^2}{U_n^2} \cdot t = k \cdot N_{fe} \cdot t \,; \tag{231}$$

das ist proportional der Eisenverlustarbeit des Transformators.

Beim Nennstrom J_n seien die Kupferverluste des Transformators $(N_{cu})_n$. Sie ändern sich mit dem Quadrat des Stromes und betragen beim Betriebsstrom J

$$N_{cu} = (N_{cu})_n \cdot \frac{J^2}{J_n^2} \,. \tag{232}$$

Der Stromquadratstundenzähler zeigt:

$$A_1 = C_{z_1} \cdot J^2 \cdot t \tag{233}$$

mit der Zählerkonstanten

$$C_{z_1} = k_1 \cdot \frac{(N_{cu})_n}{J_n^2} \tag{234}$$

wird die Anzeige des Zählers

$$A_1 = k_1 \cdot (N_{cu})_n \cdot \frac{J^2}{J_n^2} \cdot t = k_1 \cdot N_{cu} \cdot t \,, \tag{235}$$

also proportional der Kupferverlustarbeit des Transformators.

Die Eisen- und Kupferverlustleistungen $(N_{fe})_n$ und $(N_{cu})_n$ bei Nennstrom bzw. Nennspannung sind dem Prüfschein des Transformators zu entnehmen.

Falls die Zähler über Strom- und Spannungswandler angeschlossen sind, muß man ihre Anzeige mit den Quadraten des Stromwandler- bzw. des Spannungswandlerübersetzungsverhältnisses multiplizieren.

f) Relais. Versieht man den Läufer mit einer Feder als Gegendrehmoment und begrenzt so seine Bewegungsfähigkeit auf einen kleinen Winkel, so kann man durch die Läuferbewegung einen Kontakt betätigen und kann das Zählermeßwerk als Wirkleistungs-, Blindleistungs-, Energierichtungs-, Strom- oder Spannungsrelais verwenden, muß jedoch die verschiedenen Einflüsse, insbesondere den Temperatureinfluß, durch besondere Mittel kompensieren.

IV. Drehstrom-Induktionszähler (Lit. V).

1. Prinzip.

Der Drehstromzähler stimmt mit dem Wechselstromzähler nach Wirkungsweise, Eigenschaften und Einflußgrößen weitgehend überein, doch wirken mehrere Triebsysteme auf denselben Läufer; dabei kann jedes Triebsystem seine eigene Läuferscheibe bzw. Läufertrommel haben, oder es können mehrere Systeme an derselben Läuferscheibe sitzen. In jedem Fall beeinflussen sich die Systeme mehr oder weniger stark. Wirken mehrere Triebsysteme auf dieselbe Läuferscheibe, so durchfließen die von einem System induzierten Scheibenströme auch Teile der Läuferscheibe, die von den Flüssen der anderen Systeme durchsetzt werden, und ergeben mit ihnen zusammen Drehmomente. Wirken die Triebsysteme auf getrennte Läuferscheiben, so durchsetzen die Streuflüsse eines Triebsystems die Läuferscheibe eines anderen Systems und geben mit den Scheibenströmen dieser Scheibe ebenfalls zusätzliche Drehmomente, sofern der Zähler nicht sehr weitläufig gebaut ist oder die einzelnen Systeme gegeneinander magnetisch geschirmt sind. Diese gegenseitige Beeinflussung der Triebsysteme ist abhängig von der Drehfeldrichtung, sie und die Möglichkeit unsymmetrischer Belastung unterscheiden den Drehstromzähler vom Wechselstromzähler.

2. Aufbau.

Um die Leistung in einem Netz mit n Leitern zu messen, braucht man $n - 1$ Systeme. Für ein Dreileiter-Drehstromnetz sind also zwei Systeme erforderlich. Diese beiden Systeme können auf eine gemeinsame Läuferscheibe wirken, was kleine Triebsysteme oder großen Scheibendurchmesser erfordert. Man zieht deshalb Läufer mit zwei Triebscheiben vor, wobei an jeder Läuferscheibe ein Triebsystem und an einer oder an beiden Bremsmagnete sitzen. Die Triebsysteme sollen soweit wie irgend möglich voneinander entfernt sein, damit sie sich möglichst wenig beeinflussen.

Im Vierleiter-Drehstromnetz und im Dreileiternetz mit Erdschluß, bei dem die Erde als vierter Leiter angesehen werden kann, sind drei Meßwerke erforderlich. Jedes dieser drei Meßwerke kann seine eigene Läuferscheibe haben oder es können zwei Triebsysteme auf eine Triebscheibe, das andere und die Bremsmagnete auf eine zweite Läuferscheibe wirken. Schließlich können alle drei Systeme an derselben Läuferscheibe sitzen, wodurch die Läuferachse und damit der ganze Zähler kürzer gehalten werden kann, während sich gleichzeitig der Durchmesser des Läufers vergrößert. Systeme an derselben Scheibe beeinflussen sich natürlich stärker als Systeme an getrennten Scheiben, doch beeinflussen sich auch die Systeme an getrennten Scheiben infolge der Streuflüsse.

Der Drehstromzähler wirkt im Prinzip wie ein Wechselstromzähler, und es werden lediglich die Drehmomente mehrerer Wechselstromsysteme addiert. Man könnte die Drehstromarbeit auch mit mehreren getrennten Wechselstromzählern zählen.

3. Unterschiede zwischen Drehstrom- und Wechselstrom-Induktionszählern.

a) Drehmomentabgleich. Wenn man die Drehstromarbeit mit mehreren Triebsystemen an einem gemeinsamen Läufer zählen will, muß man die Drehmomente der einzelnen Systeme bei gleicher Belastung gleich groß machen. Dazu justiert man die Triebflüsse durch einen verstellbaren magnetischen Nebenschluß oder durch Verändern der Länge des Triebluftspaltes. Bei einem Zähler mit n Systemen müssen $n - 1$ Systeme eine solche Abgleichvorrichtung für das Drehmoment haben.

b) Einseitige Belastung. Beim Drehstromzähler muß man die Stromdämpfung klein halten, weil sie quadratisch mit dem Strom steigt und darum bei gleicher Leistung und konstantem Antriebsmoment bei symmetrisch belasteten Triebsystemen einen anderen Wert hat als bei einseitiger Belastung. Man gibt deshalb dem Drehstromzähler weniger Amperewindungen im Stromkreis als dem Wechselstromzähler und erhöht dafür die Spannungsamperewindungen. Da die Drehstromzähler außerdem nur für Grenzströme von zwei- bis dreifachem Nennstrom ausgelegt und stark abgebremst werden, ist keine oder nur eine schwache Kompensation des Stromdämpfungseinflusses erforderlich. Die verschiedene Stromdämpfung ist einer der Gründe, weshalb die Drehstromzähler bei einseitiger Belastung etwa 1% mehr anzeigen als bei gleichseitiger Belastung.

c) Spannungsvortrieb und Anlaufhemmung. Zur Kompensation der Reibung und der Krümmung der Magnetisierungslinie im Anfangsbereich müssen auch die Drehstromzähler einen Spannungsvortrieb erhalten. Diesen Spannungsvortrieb darf man jedoch nur an dem System einstellen, an dem auch die Anlaufhemmung sitzt, weil der Zähler sonst beim Abschalten dieses Systems unbelastet durchlaufen würde.

d) Gegenseitige Beeinflussung der Triebsysteme. Im Drehstromzähler erzeugen nicht nur die Strom- und Spannungsflüsse des gleichen Systems zusammen Drehmomente, sondern auch der Spannungstriebfluß eines Systems mit den Spannungsflüssen der anderen Systeme, ebenso der Stromtriebfluß eines Systems mit den Stromtriebflüssen der anderen Systeme, ferner der Spannungstriebfluß eines Systems mit den Stromtriebflüssen der anderen Systeme und umgekehrt. Die wechselseitigen

Triebmomente sind eine zweite Ursache der Anzeigedifferenzen zwischen gleichseitiger und einseitiger Belastung und der Abhängigkeit von der Drehfeldrichtung.

Die Wechseltriebe kommen dadurch zustande, daß die von einem Magnetfluß eines Systems in der Scheibe induzierten Ströme sich nicht auf das Gebiet des Triebsystems beschränken, von dem sie erzeugt wurden, sondern sich über die ganze Scheibe ausbreiten, also auch in Scheibengebiete gelangen, die im Bereich der Magnetflüsse der anderen Systeme liegen und zusammen mit diesen Magnetflüssen Drehmomente erzeugen. Auch wenn die Triebsysteme eines Zählers nicht an einer gemeinsamen Scheibe, sondern an getrennten Läuferscheiben sitzen, treten Wechseltriebe auf, da die Magnetfelder eines Triebsystems auch in die anderen Läuferscheiben hineinstreuen und mit deren Scheibenströmen Drehmomente erzeugen.

Die Stördrehmomente sind um so kleiner, je weiter die Triebsysteme von einander entfernt sind, je besser sich die Flüsse auf ihr Heimatsystem konzentrieren und je kleiner die Streufelder sind, falls es sich um Triebsysteme getrennter Läuferscheiben handelt. Ferner um so kleiner, je kleiner der Hebelarm ist, an dem die erzeugten Kräfte angreifen. Die Stördrehmomente hängen also sehr stark von der Anordnung der Systeme an den Läuferscheiben und vom Aufbau des Zählers ab. Je weiträumiger ein Drehstromzähler gebaut ist, desto kleiner werden die unerwünschten Wechseltriebe sein, und bei der Zählung der Drehstromarbeit mit drei völlig getrennten Einphasenzählern sind sie Null.

Selbstverständlich könnte man beim symmetrisch belasteten Zähler die zusätzlichen Stördrehmomente beim Justieren berücksichtigen, einige von ihnen kehren aber ihre Richtung mit dem Drehfeldsinn um, und man würde bei gewendetem Drehfeld um so größere Fehler bekommen. Im allgemeinen wäre dies bedeutungslos, da Drehstromzähler fast immer im richtigen Drehfeldsinn angeschlossen werden. Viele Elektrizitätswerke legen aber Wert auf Drehfeldunabhängigkeit, und in den VDE-Vorschriften ist festgelegt, daß Drehstromzähler bei gleichseitiger Belastung von 20% des Nennstromes an auch bei unrichtiger Phasenfolge die vorgeschriebenen Fehlergrenzen einhalten müssen. Ein Teil der Störtriebe ist außerdem belastungsabhängig und würde Anzeigeunterschiede zwischen symmetrischer und unsymmetrischer Belastung sowie einen verstärkten Leistungsfaktoreinfluß herbeiführen, es ist deshalb besser, sich beim Entwurf eines Zählers über die Ursachen und die Größe der gegenseitigen Beeinflussung der Systeme klarzuwerden und die Störtriebe durch geeignete Schaltungen zu kompensieren.

Es bezeichne:

M_1 das Hauptdrehmoment von Strom- und Spannungsfluß desselben Systems,

M_2 die Spannungswechseltriebe, d. h. die wechselseitigen Drehmomente der Spannungsflüsse verschiedener Systeme,

M_3 die Stromwechseltriebe, das sind die wechselseitigen Drehmomente der Stromflüsse verschiedener Systeme,

M_4 die Strom-Spannungswechseltriebe, das sind die wechselseitigen Drehmomente der Strom- und Spannungsflüsse verschiedener Systeme.

Die Summe dieser Einzeldrehmomente ist das gesamte Antriebsmoment des Läufers:

$$M_a = M_1 + M_2 + M_3 + M_4. \tag{236}$$

4. Das Antriebsmoment des Drehstromzählers mit zwei Triebsystemen.

a) Das Hauptdrehmoment. Ordnet man an einem Zählermeßwerk zwei Triebsysteme an, so kann man sie stets so schalten, daß sie im gleichen Sinn treiben, ihre Drehmomente sich also addieren, unabhängig davon, ob die Triebsysteme an derselben Läuferscheibe oder an getrennten Läuferscheiben und unabhängig davon, ob sie über oder unter der Läuferscheibe sitzen. In der Schaltung nach Abb. 109a ergibt sich für das Hauptdrehmoment nach dem Diagramm Abb. 110

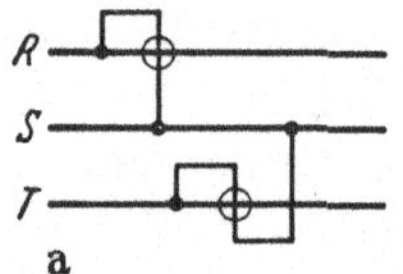

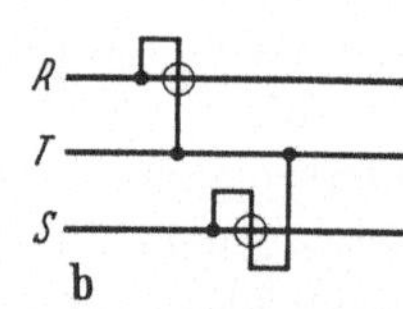

Abb. 109a u. b. Schaltung des Drehstromzählers mit zwei Systemen.
a Rechtsläufiges Drehfeld; — b linksläufiges Drehfeld.

$$M_1 = -k_1 [\Phi_{U_{RS}} \cdot \Phi_{J_R} \cdot \cos(\varphi_R + 30) + \\ + \Phi_{U_{TS}} \cdot \Phi_{J_T} \cdot \cos(\varphi_T - 30)]. \tag{237}$$

Da man an Stelle der Flüsse die Ströme und Spannungen setzen darf, denen sie proportional sind, erhält man

$$M_1 = -K_1 [U_{RS} \cdot J_R \cdot \cos(\varphi_R + 30) \\ + U_{TS} \cdot J_T \cdot \cos(\varphi_T - 30)]. \tag{238}$$

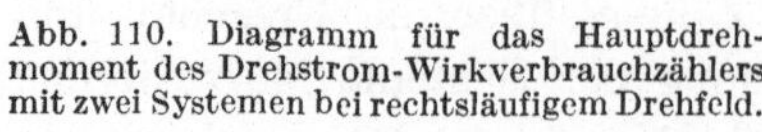

Abb. 110. Diagramm für das Hauptdrehmoment des Drehstrom-Wirkverbrauchzählers mit zwei Systemen bei rechtsläufigem Drehfeld.

Die Richtung der Drehmomente geht aus Abb. 111 hervor. Da die Kraft vom voreilenden zum nacheilenden Fluß gerichtet ist und Φ_{J_R} dem Fluß $\Phi_{U_{RS}}$ voreilt und Φ_{J_T} dem Fluß $\Phi_{U_{TS}}$ voreilt, drehen beide Systeme im Uhrzeigersinn und die Proportionalitätskonstante erhielt ein negatives Vorzeichen, weil die Drehrichtung gegen den Uhrzeiger als positiv gelten soll. M_1 ist proportional der Leistung im Dreileiter-Drehstromnetz und geht bei symmetrischer Belastung, wenn

$$J_R = J_T = J,$$
$$U_{RS} = U_{TS} = U_\triangle,$$
$$\varphi_R = \varphi_T = \varphi,$$

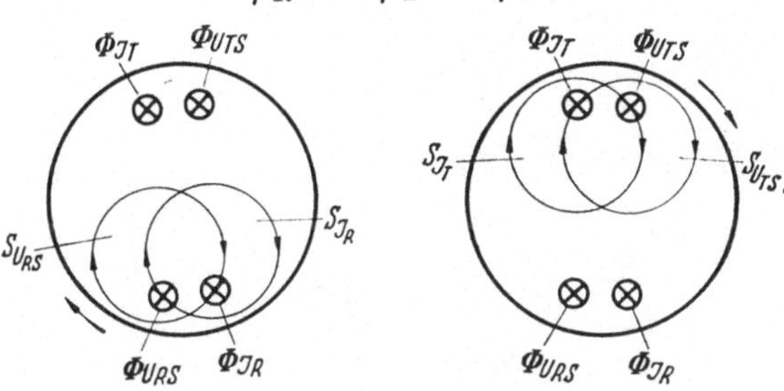

Abb. 111. Verlauf der Scheibenströme und Richtung der Drehmomente bei einem Drehstromzähler mit zwei diametral gegenüberliegenden Systemen.
Φ_U und Φ_J Spuren der Triebflüsse; — S_U und S_J Scheibenströme.

über in

$$M_1 = -K_1 \cdot J \cdot U_\triangle \cdot [\cos(\varphi + 30) + \cos(\varphi - 30)]$$
$$= -K_1 \cdot \sqrt{3} \cdot J \cdot U_\triangle \cdot \cos\varphi. \qquad (239)$$

Das entspricht der bekannten Gleichung für die Drehstromleistung. Der Koeffizient K_1 ist die Drehmomentkonstante des Zählers; sie ist proportional dem Leitwert der Läuferscheibe, der Frequenz sowie dem Quotienten aus dem Abstand des Angriffspunktes der Kraft von der Drehachse des Läufers und dem gegenseitigen Abstand der Schwerpunkte von Strom- und Spannungsfluß.

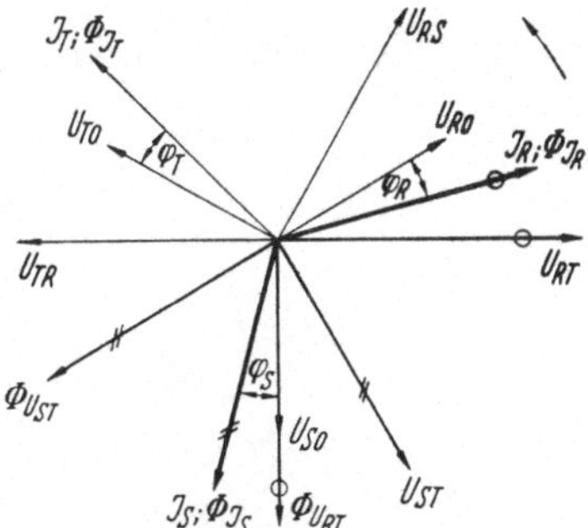

Abb. 112. Diagramm für das Hauptdrehmoment des Drehstrom-Wirkverbrauchzählers mit zwei Systemen bei linksläufigem Drehfeld.

Dreht man die Drehfeldrichtung um, indem man nach Abb. 109b die Phasen S und T vertauscht, so wird das Hauptdrehmoment nach dem Diagramm Abb. 112

$$M_1' = -k_1'[\Phi_{U_{RT}} \cdot \Phi_{J_R} \cdot \cos(\varphi_R - 30) + $$
$$+ \Phi_{U_{ST}} \cdot \Phi_{J_S} \cdot \cos(\varphi_S + 30)], \qquad (240)$$
$$M_1' = -K_1'[U_{RT} \cdot J_R \cdot \cos(\varphi_R - 30) +$$
$$+ U_{ST} \cdot J_S \cdot \cos(\varphi_S + 30)]. \qquad (241)$$

Die Richtung der Kraft hat sich nicht mit dem Drehfeldsinn geändert; beide Systeme drehen nach wie vor im Uhrzeigersinn, und bei symmetrischer Belastung erhält man wieder Gl. (239).

b) Wechseltrieb zwischen den Spannungsflüssen der beiden Systeme. Macht man den Strom in den beiden Triebsystemen zu Null, dann wirken auf den Zählerläufer nur zwei Spannungsflüsse. Da sie

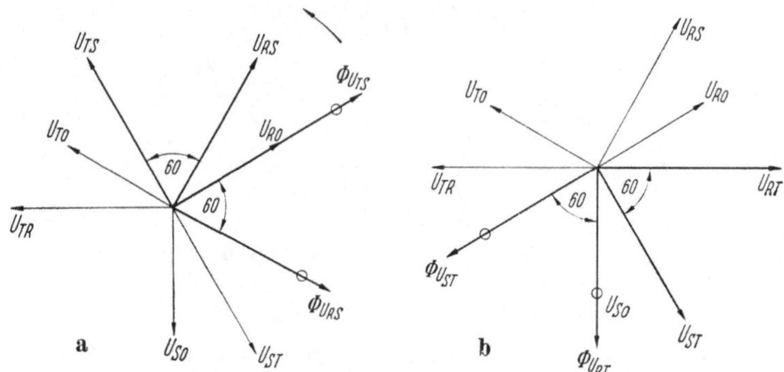

Abb. 113a u. b. Diagramm des Spannungswechseltriebes eines Drehstromzählers mit zwei Systemen. a Bei rechtsläufigem Drehfeld; — b bei linksläufigem Drehfeld.

gegeneinander phasenverschoben sind, erzeugen sie zusammen ein Drehmoment

$$M_2 = k_2 \cdot \Phi_{U_1} \cdot \Phi_{U_2} \cdot \sin\gamma, \tag{242}$$

wobei γ den Phasenwinkel zwischen den beiden Spannungsflüssen bedeutet.

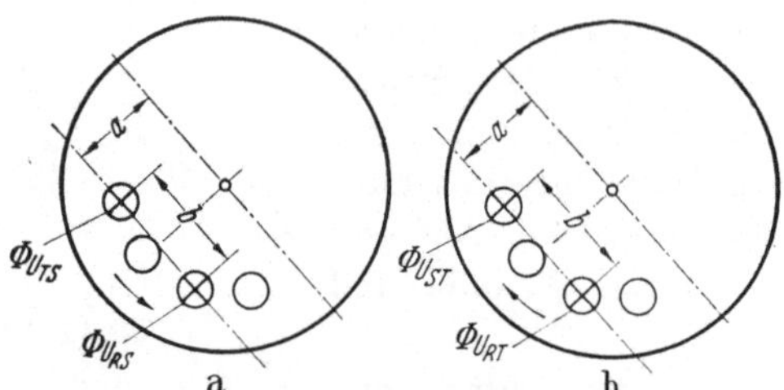

Abb. 114a u. b. Spannungswechseltrieb eines Drehstromzählers mit zwei Systemen. a Rechtsläufiges Drehfeld; — b linksläufiges Drehfeld.

Bei rechtsläufigem Drehfeld ist dieses Moment nach Abb. 113a

$$M_2 = k_2 \cdot \Phi_{U_{RS}} \cdot \Phi_{U_{TS}} \cdot \sin 60 = k_2 \cdot \Phi_{U_{RS}} \cdot \Phi_{U_{TS}} \cdot \cos 30\,. \tag{243}$$

Es dreht nach Abb. 114a entgegen dem Uhrzeigersinn; kehrt man das Drehfeld um, dann wird der Spannungswechseltrieb nach Abb. 113b und 114b

$$M_2' = -\,k_2' \cdot \Phi_{U_{RT}} \cdot \Phi_{U_{ST}} \cdot \sin 60 = -\,k_2' \cdot \Phi_{U_{RT}} \cdot \Phi_{U_{ST}} \cdot \cos 30\,. \tag{244}$$

Er ist von $\Phi_{U_{RT}}$ nach $\Phi_{U_{ST}}$ gerichtet. Die Richtung des Spannungswechseltriebes hat sich also mit der Drehfeldrichtung geändert. Bei symmetrischem Spannungsdreieck ist der Spannungswechseltrieb

$$M_2 = K_2 \cdot U^2 \cdot \cos 30\,. \tag{245}$$

Er ist also in der Praxis nahezu konstant und macht sich infolgedessen bei kleiner Belastung des Zählers am stärksten bemerkbar. Die Konstante K_2 ist wieder eine Funktion des Quotienten aus dem Abstand a der Verbindungslinie der Flußschwerpunkte von der Drehachse und dem gegenseitigen Abstand b dieser Flußschwerpunkte (Abb. 114). Der Spannungswechseltrieb ist also um so größer, je näher die Systeme nebeneinanderliegen. Sind die Flußschwerpunkte um 180° gegeneinander verdreht, d. h. liegen sich die Systeme diametral gegenüber, dann wird der Spannungswechseltrieb Null, weil die Verbindungslinie der Flußschwerpunkte durch die Drehachse geht und der Hebelarm der Kraft Null ist (Abb. 115). Bei zweisystemigen Zählern wird man deshalb die Triebsysteme möglichst um 180° versetzen, unabhängig davon, ob sie an einer oder an zwei Scheiben sitzen.

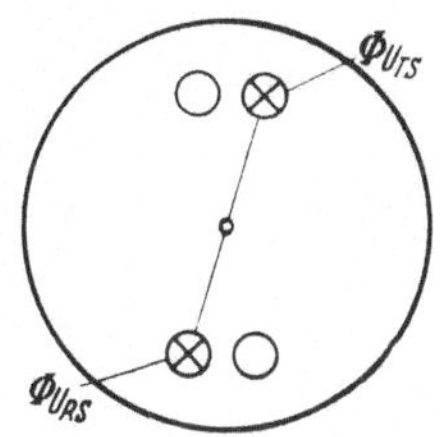

Abb. 115. Spannungswechseltrieb eines Drehstromzählers mit zwei diametral gegenüberliegenden Systemen.

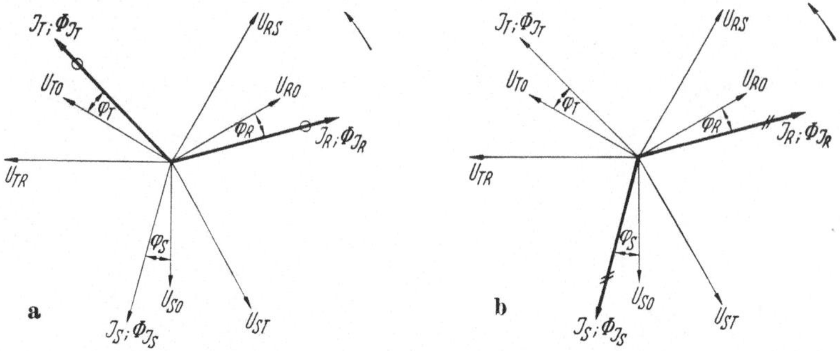

Abb. 116a u. b. Diagramm des Stromwechseltriebes eines Drehstromzählers mit zwei Systemen. a Bei rechtsläufigem Drehfeld; — b bei linksläufigem Drehfeld.

c) Wechseltrieb zwischen den Stromflüssen der beiden Systeme. Für die Stromwechseltriebe gilt dasselbe wie für die Spannungswechseltriebe, da es für die grundsätzliche Betrachtung gleichgültig ist, ob ein Magnetfluß einer Spannung oder einem Strom proportional ist. Für die beiden Drehfeldrichtungen ist der Stromwechseltrieb zweier Systeme nach Abb. 116a und b

$$M_3 = K_3 \cdot J_R \cdot J_T \cdot \cos(\varphi_T - \varphi_R - 30)\,, \tag{246}$$

$$M'_3 = -K'_3 \cdot J_R \cdot J_S \cdot \cos(\varphi_R - \varphi_S - 30)\,. \tag{247}$$

Wie aus Abb. 117 zu ersehen ist und selbstverständlich zu erwarten war, ist der Stromwechseltrieb ebenso drehfeldabhängig wie der Spannungswechseltrieb, da der Fluß Φ_{J_R} dem Fluß Φ_{J_S} vor-, dem Fluß Φ_{J_T} dagegen nacheilt. Bei symmetrischer Belastung ist der Stromwechseltrieb

$$M_3 = K_3 \cdot J^2 \cdot \cos 30\,. \tag{248}$$

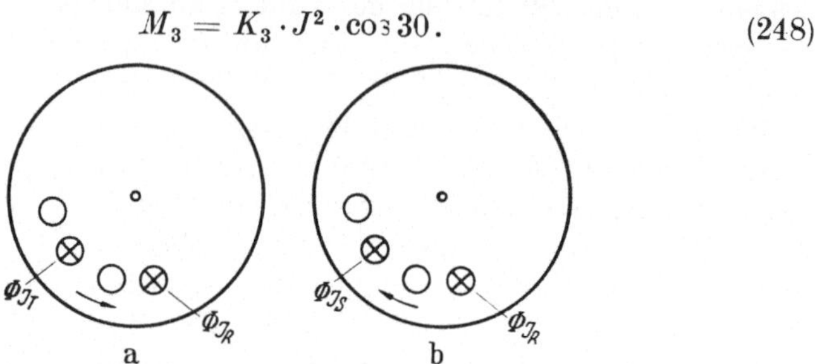

Abb. 117a u. b. Stromwechseltrieb eines Drehstromzählers mit zwei Systemen. a Bei rechtsläufigem Drehfeld; — b bei linksläufigem Drehfeld.

Bei einseitiger Belastung ist der Stromwechseltrieb selbstverständlich Null, da einer der beiden Ströme Null ist; bei diametral gegenüberliegenden Systemen ist er ebenfalls Null.

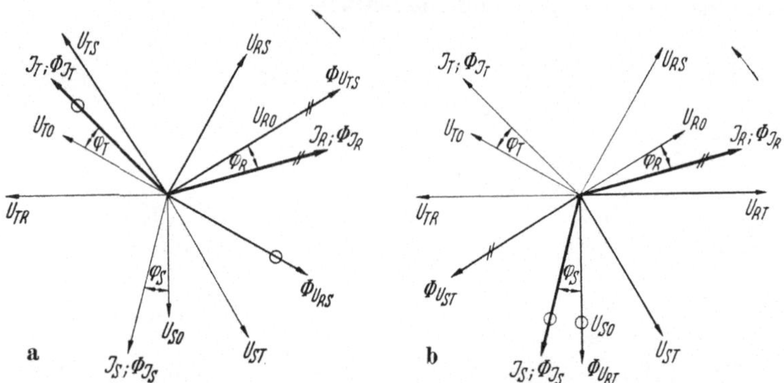

Abb. 118a u. b. Diagramm der Strom-Spannungswechseltriebe eines Drehstromzählers mit zwei Systemen. — a Bei rechtsläufigem Drehfeld; — b bei linksläufigem Drehfeld.

d) Wechseltriebe zwischen den Strom- und Spannungsflüssen. Strom- und Spannungsfluß brauchen nicht unbedingt dicht nebeneinander den Läufer zu durchsetzen, es wäre zwar ungewöhnlich und unzweckmäßig, aber durchaus denkbar, die Flußschwerpunkte in größerem Abstand voneinander anzuordnen. Daraus ist ersichtlich, daß nicht zusammengehörende Strom- und Spannungsflüsse verschiedener Systeme ebenfalls miteinander Drehmomente erzeugen. Nach Abb. 118a/119a ist der Strom-Spannungswechseltrieb bei rechtslaufendem Drehfeld

$$M_4 = k_4 \cdot \Phi_{U_{RS}} \cdot \Phi_{J_T} \cdot \sin\varphi_T + k_5 \cdot \Phi_{U_{TS}} \cdot \Phi_{J_R} \cdot \sin\varphi_R\,. \tag{249}$$

Er ist gegen den Uhrzeigersinn gerichtet. Bei linkslaufendem Drehfeld ist er nach Abb. 118b

$$M_4' = -k_4' \cdot \Phi_{U_{RT}} \cdot \Phi_{J_S} \cdot \sin \varphi_S - k_5' \cdot \Phi_{U_{ST}} \cdot \Phi_{J_R} \cdot \sin \varphi_R . \quad (250)$$

Das Drehmoment wirkt im Uhrzeigersinn, es hat sich also mit dem Drehfeld umgekehrt (Abb. 119b). Bei diametral gegenüberstehenden

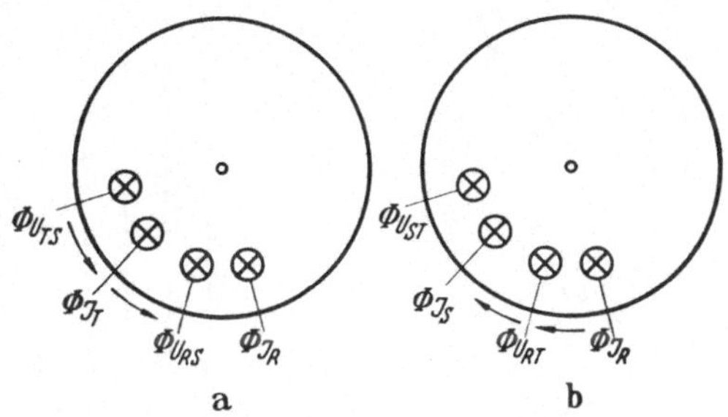

Abb. 119a u. b. Strom-Spannungswechseltriebe eines Drehstromzählers mit zwei Systemen. a Bei rechtsläufigem Drehfeld; — b bei linksläufigem Drehfeld.

Systemen sind die Konstanten k_4 und k_5 gleich groß und haben entgegengesetzte Vorzeichen (Abb. 120).

Der Strom-Spannungswechseltrieb ist also bei symmetrischer Belastung Null. Bei unsymmetrischer und bei einseitiger Belastung macht er sich jedoch bemerkbar; er ist proportional dem Sinus des Phasenwinkels. Da das Hauptdrehmoment proportional dem $\cos \varphi$, das Zusatzdrehmoment proportional dem $\sin \varphi$ ist und der Fehler mit dem Verhältnis des Zusatzdrehmoments zum Hauptdrehmoment wächst, ist er proportional dem $\operatorname{tg} \varphi$.

e) Kompensation des Strom-Spannungswechseltriebes. Bei diametral gegenüberliegenden Systemen hat der Strom-Spannungswechseltrieb die Größe

$$M_4 = k_4 (\Phi_{U_{RS}} \cdot \Phi_{J_T} \cdot \sin \varphi_T - \Phi_{U_{TS}} \cdot \Phi_{J_R} \cdot \sin \varphi_R) . \quad (251)$$

Abb. 120. Strom-Spannungswechseltriebe eines Drehstromzählers mit zwei um 180° versetzten Systemen.

Er kann kompensiert werden durch ein Drehmoment entgegengesetzter Richtung, also

$$M_z = -M_4 = k_4 (-\Phi_{U_{RS}} \cdot \Phi_{J_T} \cdot \sin \varphi_T + \Phi_{U_{TS}} \cdot \Phi_{J_R} \cdot \sin \varphi_R) . \quad (252)$$

Ein solches Drehmoment kann man erzielen, indem man auf das R-System eine Hilfsspannungsspule aufbringt, die an der Spannung U_{ST} liegt und auf das T-System eine Hilfsspule, die an der Spannung U_{SR}

liegt. Wie man aus dem Diagramm Abb. 121 sieht, sind die daraus resultierenden Spannungsflüsse $\Phi_{U_{RS_{res}}}$ und $\Phi_{U_{TS_{res}}}$ um den kleinen Winkel δ gegenüber den Flüssen $\Phi_{U_{RS}}$ und $\Phi_{U_{TS}}$ verdreht. Die Schaltung der beiden Hilfsspulen zeigt Abb. 122.

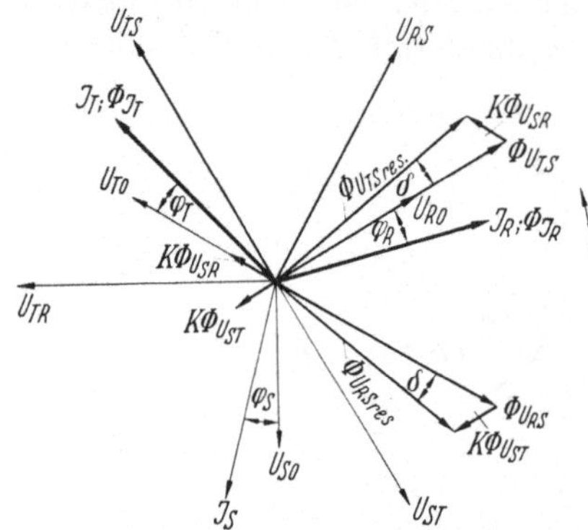

Abb. 121. Diagramm für die Kompensation der Strom-Spannungswechseltriebe eines Drehstromzählers mit zwei um 180° versetzten Systemen.

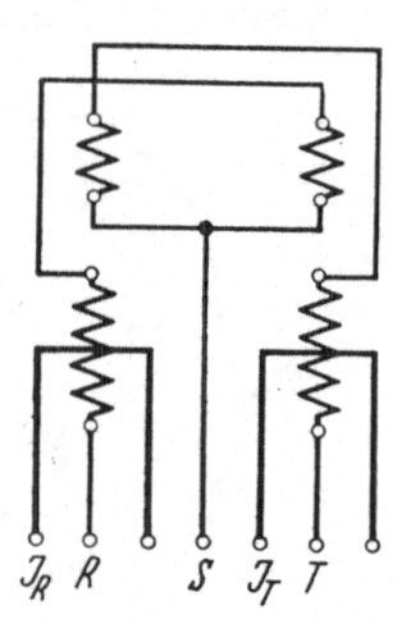

Abb. 122. Schaltung eines Drehstromzählers mit zwei um 180° versetzten Systemen und Kompensation der Strom-Spannungswechseltriebe durch zusätzliche Spannungswicklungen.

f) Zusammenfassung. Zusammenfassend kann man sagen: Bei einem Drehstromzähler mit zwei um 180° versetzten Systemen ist das Hauptdrehmoment unabhängig von der Drehfeldrichtung. Die Strom-Spannungswechseltriebe zwischen den beiden Systemen geben ein zusätzliches Drehmoment, dessen Richtung sich mit der Drehfeldrichtung umkehrt. Bei symmetrischer Belastung ist dieses zusätzliche Drehmoment Null. Stromwechseltrieb und Spannungswechseltrieb zwischen den Systemen sind bei jeder Belastung und auch bei unsymmetrischem Spannungsdreieck Null.

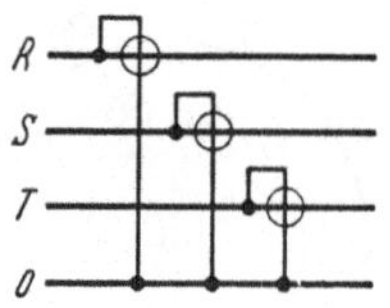

Abb. 123. Schaltung des Drehstrom-Vierleiterzählers.

5. Das Antriebsmoment des Drehstromzählers mit drei Triebsystemen.

a) Hauptdrehmoment. Schließt man einen dreisystemigen Drehstromzähler in einem Vierleiternetz nach Abb. 123 an, so erhält man für das Hauptantriebsmoment

$$M_1 = -k_1 (\Phi_{U_{RO}} \cdot \Phi_{J_R} \cdot \cos\varphi_R + \Phi_{U_{SO}} \cdot \Phi_{J_S} \cdot \cos\varphi_S + \\ + \Phi_{U_{TO}} \cdot \Phi_{J_T} \cdot \cos\varphi_T)\,. \tag{253}$$

Da die Flüsse proportional den Strömen und Spannungen sind, entspricht dies der Leistung im Vierleiter-Drehstromnetz.

$$M_1 = -K_1 (U_{RO} \cdot J_R \cdot \cos\varphi_R + U_{SO} \cdot J_S \cdot \cos\varphi_S + \\ + U_{TO} \cdot J_T \cdot \cos\varphi_T)\,. \tag{254}$$

Bei symmetrischem Spannungsdreieck und symmetrischer Belastung wird daraus

$$M_1 = -K_1 \cdot 3 \cdot U_\lambda \cdot J \cdot \cos\varphi = -K_1 \cdot \sqrt{3} \cdot U_\triangle \cdot J \cdot \cos\varphi\,, \qquad (255)$$

also wieder die bekannte Gleichung für die Leistung im Drehstromnetz, multipliziert mit der Drehmomentkonstanten $-K_1$. Bei Umkehr des

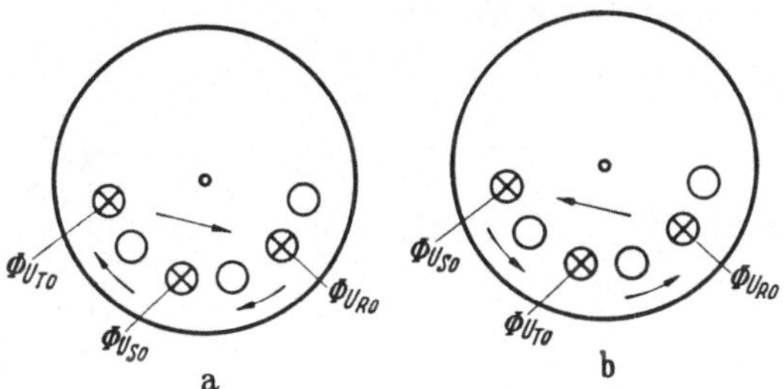

Abb. 124a u. b. Spannungswechseltriebe eines Drehstromzählers mit drei Systemen. a Bei rechtsläufigem Drehfeld; — b bei linksläufigem Drehfeld.

Drehfeldes ändert sich daran nichts, da sich nur die Reihenfolge der einzelnen Summanden, jedoch nicht ihre Größe ändert.

b) Wechseltriebe zwischen den Spannungsflüssen. Die Spannungsflüsse eines Drehstromzählers mit drei Systemen erzeugen zusammen

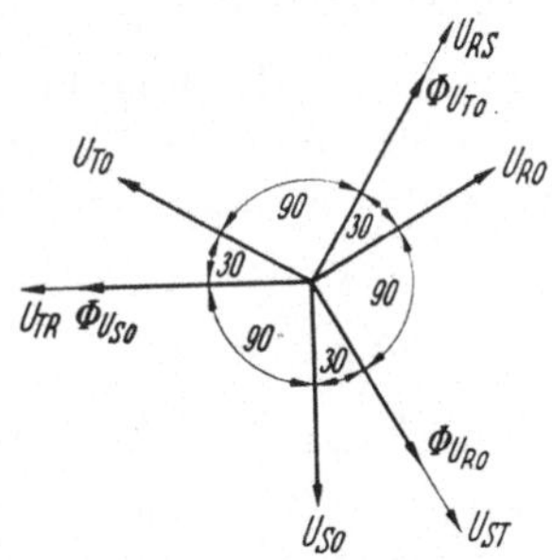

Abb. 125. Diagramm der Spannungswechseltriebe eines Drehstromzählers mit drei Systemen.

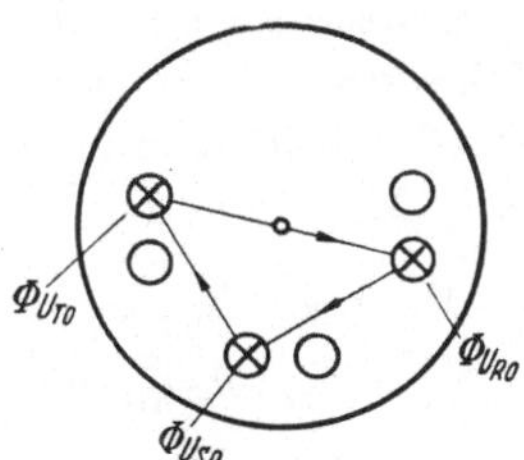

Abb. 126. Spannungswechseltriebe eines Drehstromzählers mit drei Systemen, von denen zwei einander diametral gegenüberstehen, bei rechtsläufigem Drehfeld.

ein Drehfeld, dessen Richtung sich selbstverständlich mit der Phasenfolge ändert (Abb. 124). Die Anordnung entspricht in allen Punkten den bekannten Drehfeldrichtungszeigern mit umlaufender Scheibe. Die Größe des Spannungstriebes ist nach Abb. 124 und 125

$$M_2 = k_2 (\Phi_{URO} \cdot \Phi_{USO} \cdot \sin 120 + \Phi_{USO} \cdot \Phi_{UTO} \cdot \sin 120) - \\ - k_3 \cdot \Phi_{UTO} \cdot \Phi_{URO} \cdot \sin 120\,, \qquad (256)$$

$$M_2 = K_2 (U_{RO} \cdot U_{SO} \cdot \cos 30 + U_{SO} \cdot U_{TO} \cdot \cos 30) - \\ - K_3 \cdot U_{TO} \cdot U_{RO} \cdot \cos 30\,. \qquad (257)$$

Bei symmetrischer Anordnung der drei Systeme und bei symmetrischem Spannungsdreieck wird daraus

$$M_2 = 3 \cdot K_2 \cdot U^2 \cdot \cos 30\,. \qquad (258)$$

Wenn sich zwei der drei Systeme diametral gegenüberstehen und das dritte symmetrisch zwischen

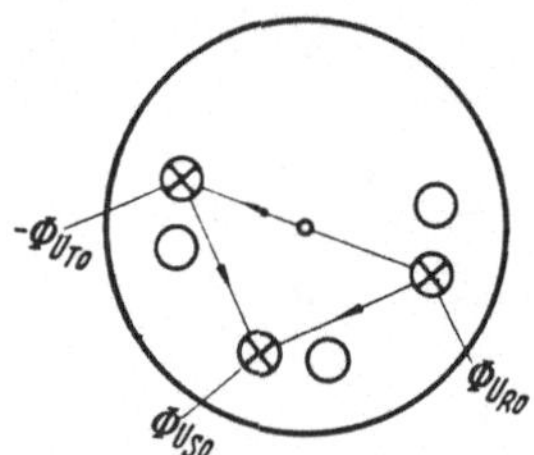

Abb. 127. Spannungswechseltriebe eines Drehstromzählers mit drei Systemen, von denen sich zwei diametral gegenüberstehen und eines davon umgepolt ist, bei rechtsläufigem Drehfeld.

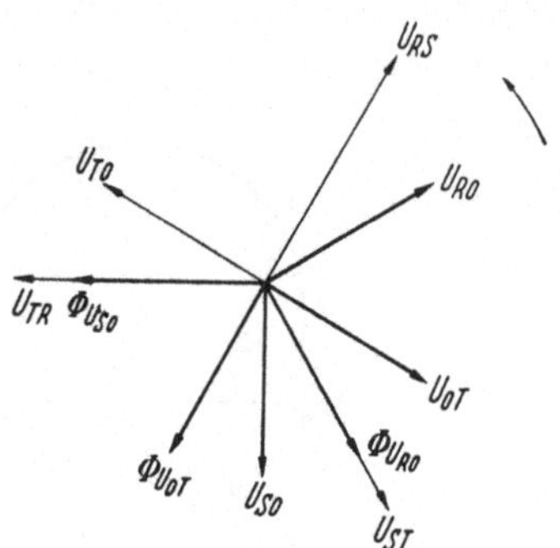

Abb. 128. Diagramm der Spannungswechseltriebe eines Drehstromzählers mit drei Systemen, die um je 90° versetzt sind und eines der diametral gegenüberliegenden Systeme umgepolt ist, bei rechtsläufigem Drehfeld.

beiden liegt, wird der Spannungswechseltrieb nach Abb. 126

$$M_2 = K_2 (U_{RO} \cdot U_{SO} \cdot \cos 30 + U_{SO} \cdot U_{TO} \cdot \cos 30)\,, \qquad (259)$$

da die Kraft zwischen $\Phi_{U_{TO}}$ und $\Phi_{U_{RO}}$ durch den Drehpunkt geht und infolgedessen kein Drehmoment erzeugt. Kehrt man die Spannung an einem der beiden diametral gegenüberliegenden Systeme um, dann wird nach Abb. 127 und Diagramm 128

$$\begin{aligned} M_2 &= k_2 (\Phi_{U_{RO}} \cdot \Phi_{U_{SO}} \cdot \sin 120 - \Phi_{U_{SO}} \cdot \Phi_{U_{OT}} \cdot \sin 60) \\ &= k_2 (\Phi_{U_{RO}} \cdot \Phi_{U_{SO}} \cdot \cos\ 30 - \Phi_{U_{SO}} \cdot \Phi_{U_{OT}} \cdot \cos 30)\,. \qquad (260) \end{aligned}$$

Bei symmetrischem Spannungsdreieck wird dieser Ausdruck zu Null. Der Spannungswechseltrieb bei dreisystemigen Drehstromzählern wird also beseitigt, indem man die drei Systeme um je 90° gegeneinander verdreht und eines der beiden diametral gegenüberliegenden Systeme umpolt. Der Strom dieses Systems wird selbstverständlich ebenfalls umgepolt, damit die Richtung des Hauptdrehmoments erhalten bleibt.

c) Wechseltriebe zwischen den Stromflüssen. Bei 90° Versetzung der drei Systeme und Umpolung des T-Systems wird der Stromwechseltrieb nach Abb. 129 und Diagramm 130

$$\begin{aligned} M_3 = k_4 [&\Phi_{J_R} \cdot \Phi_{J_S} \cdot \sin (120 - \varphi_R + \varphi_S) - \\ &- \Phi_{J_S} \cdot \Phi_{J_T} \cdot \sin (60 - \varphi_T + \varphi_S)] - \\ &- k_5 \cdot \Phi_{J_T} \cdot \Phi_{J_R} \cdot \sin (60 - \varphi_R + \varphi_T)\,. \qquad (261) \end{aligned}$$

Der Koeffizient k_5 ist Null, weil die Kraft zwischen Φ_{J_R} und Φ_{J_T} durch die Läuferachse geht und es bleibt

$$M_3 = k_4[\Phi_{J_R} \cdot \Phi_{J_S} \cdot \cos(\varphi_R - \varphi_S - 30) - - \Phi_{J_S} \cdot \Phi_{J_T} \cdot \cos(\varphi_T - \varphi_S + 30)]. \quad (262)$$

Das ist bei symmetrischer sowie bei einseitiger Belastung Null, während bei unsymmetrischer Belastung

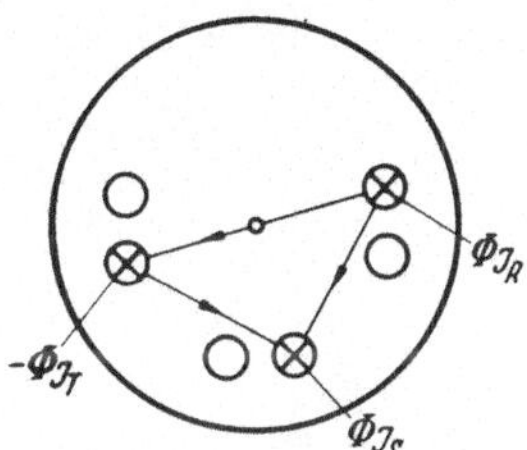

Abb. 129. Stromwechseltriebe eines Drehstromzählers mit drei um je 90° versetzten Systemen, von denen eines der diametral gegenüberliegenden umgepolt ist, bei rechtsläufigem Drehfeld.

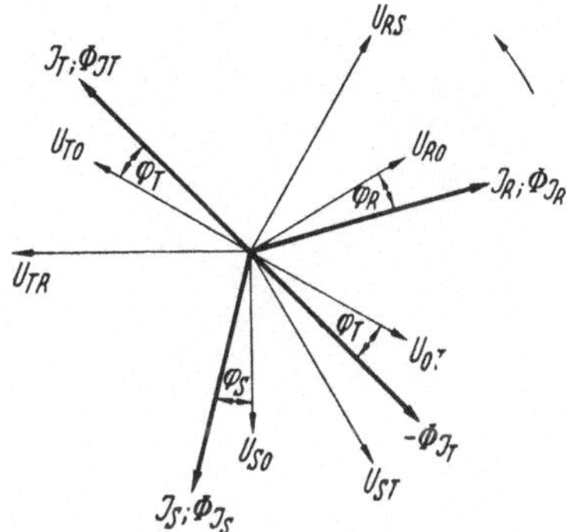

Abb. 130. Diagramm der Stromwechseltriebe eines Drehstromzählers mit drei Systemen, von denen sich zwei diametral gegenüberstehen und eines umgepolt ist.

ein Stromwechseltrieb auftritt, der seine Richtung mit dem Drehfeld ändert.

d) Wechseltriebe zwischen den Strom- und Spannungsflüssen. Die Strom-Spannungswechseltriebe zwischen den drei um je 90° versetzten

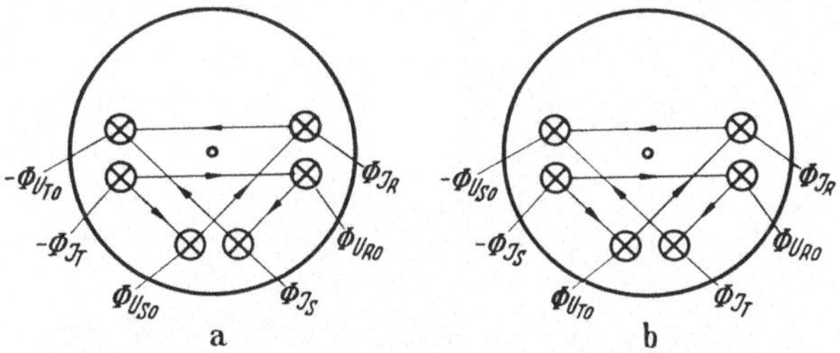

Abb. 131a u. b. Strom-Spannungswechseltriebe eines Drehstromzählers mit drei um je 90° versetzten Systemen, von denen eines der diametral gegenüberstehenden umgepolt ist. a Bei rechtsläufigem Drehfeld; — b bei linksläufigem Drehfeld.

Systemen, von denen eines der diametral gegenüberliegenden umgepolt ist, werden nach Abb. 131a und 132a

$$M_4 = k_6[\Phi_{J_R} \cdot \Phi_{U_{SO}} \cdot \sin(30 - \varphi_R) - \Phi_{J_S} \cdot \Phi_{U_{TO}} \cdot \sin(30 - \varphi_S)] + + k_7[\Phi_{J_R} \cdot \Phi_{U_{TO}} \cdot \sin(30 + \varphi_R) + \Phi_{J_T} \cdot \Phi_{U_{RO}} \cdot \sin(30 - \varphi_T)] - - k_8[\Phi_{J_S} \cdot \Phi_{U_{RO}} \cdot \sin(30 + \varphi_S) - \Phi_{J_T} \cdot \Phi_{U_{SO}} \cdot \sin(30 + \varphi_T)]. \quad (263)$$

Diese Drehmomente müssen durch Kompensationswicklungen aufgehoben werden.

Bei Umkehrung des Drehfeldes wird nach Abb. 131b und 132b

$$M'_4 = k'_6 [\Phi_{J_R} \cdot \Phi_{U_{TO}} \cdot \sin(30 + \varphi_R) - \Phi_{J_T} \cdot \Phi_{U_{SO}} \cdot \sin(30 + \varphi_T)] + \\ + k'_7 [\Phi_{J_R} \cdot \Phi_{U_{SO}} \cdot \sin(30 - \varphi_R) + \Phi_{J_S} \cdot \Phi_{U_{RO}} \cdot \sin(30 + \varphi_S)] - \\ - k'_8 [\Phi_{J_T} \cdot \Phi_{U_{RO}} \cdot \sin(30 - \varphi_T) - \Phi_{J_S} \cdot \Phi_{U_{TO}} \cdot \sin(30 - \varphi_S)]. \quad (264)$$

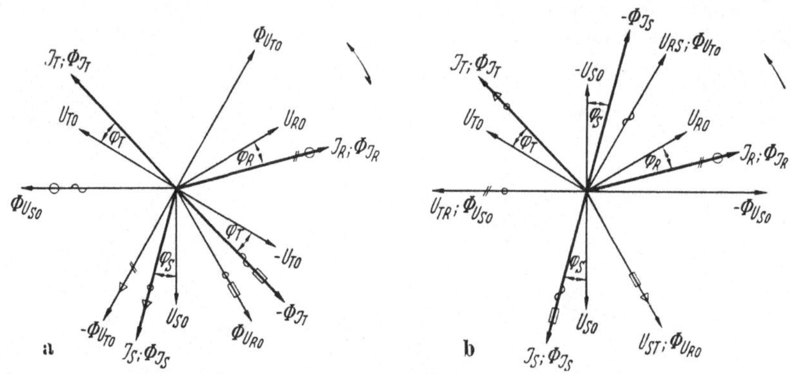

Abb. 132a u. b. Diagramm der Strom-Spannungswechseltriebe eines Drehstromzählers mit drei Systemen, von denen eines umgepolt ist.
a Bei rechtsläufigem Drehfeld; — b bei linksläufigem Drehfeld.

Die Glieder mit den Koeffizienten k_6 und k_8, das sind die Wechseltriebe zwischen den beiden diametral gegenüberliegenden Systemen und dem Mittelsystem, sind vernachlässigbar klein, wenn das Mittelsystem an einer anderen Läuferscheibe sitzt, weil dann das Streufeld des Mittelsystems sehr klein ist.

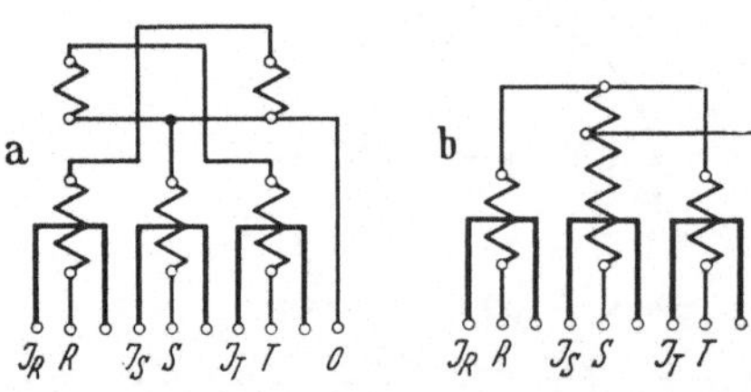

Abb. 133a u. b. Innenschaltung eines Drehstromzählers mit drei Systemen, von denen sich zwei diametral gegenüberstehen und ein System umgepolt ist; Kompensation der Strom-Spannungswechseltriebe.
a mit Hilfsspannungswicklungen auf den diametral gegenüberstehenden Systemen; — b mit Anzapfung der Spannungswicklung des Mittelsystems.

Das Glied mit dem Koeffizienten k_7, das ist der Strom-Spannungswechseltrieb zwischen den beiden diametral gegenüberliegenden Systemen, muß kompensiert werden.

Wenn die drei Systeme an derselben Läuferscheibe sitzen, müssen alle sechs Stördrehmomente kompensiert werden.

e) Kompensation der Strom-Spannungswechseltriebe. Man beseitigt die Strom-Spannungswechseltriebe durch zusätzliche Kompensationsdrehmomente gleicher Größe, aber entgegengesetzter Richtung. Die Kompensationsdrehmomente werden durch zusätzliche Spannungswicklungen auf zwei Systemen oder durch eine Anzapfung an der Spannungswicklung des dritten Systems erzeugt (Abb. 133).

Bei anderer räumlicher Anordnung der Triebsysteme lassen sich die Störtriebe in analoger Weise berechnen; die Koeffizienten k müssen in jedem Fall durch Messung bestimmt werden.

6. Abgleichung des Drehstromzählers.

Abb. 134 und 135 zeigen Anordnung und Abgleichvorrichtungen eines zwei- und eines dreisystemigen Drehstromzählers mit zwei Triebscheiben. Beim Drehstromzähler werden die einzelnen Triebsysteme nacheinander abgeglichen; zuerst das System, das keine Regeleinrichtung für das Drehmoment hat. Während des Abgleichens eines Systems müssen die anderen an Spannung liegen, damit die Spannungsdämpfung und die Spannungswechseltriebe der betriebsmäßigen Schaltung entsprechen; sie führen jedoch keinen Strom. Die Justierung entspricht vollkommen der eines Wechselstrominduktionszählers.

a) Drehzahlabgleich. Die Solldrehzahl wird wie beim Wechselstrominduktionszähler bei Nennstrom und $\cos\varphi = 1$ durch Verändern des Bremsmoments eingestellt. Dabei gibt man einen Plusfehler, um die größere Stromdämpfung bei gleichseitiger Belastung zu berücksichtigen. Die Größe dieses Plusfehlers ist verschieden, je nach der Bemessung des Zählers. Sie liegt in der Größenordnung von 1%.

b) Phasenabgleich. Die innere Phasenverschiebung wird wie beim Wechselstromzähler durch Belastung der Flüsse mit Kurzschlußwindungen abgeglichen. Sie muß sehr sorgfältig justiert werden, da Fehlwinkel zwischen Strom- und Spannungsfluß die Abhängigkeit von der Drehfeldrichtung vergrößern.

c) Drehmomentabgleich. Nachdem Drehzahl und innere Verschiebung an einem System grob eingestellt sind, werden die anderen Systeme bei Nennlast und $\cos\varphi = 1$ auf gleiches Drehmoment bzw. gleiche Drehzahl justiert. Für diese Justierung sind an den Zählern meist verstellbare magnetische Nebenschlüsse zu den Spannungstriebflüssen vorgesehen. Die Gleichheit der Drehmomente kontrolliert man, indem man zwei Systeme gegeneinander schaltet; danach wird die innere Verschiebung des zweiten und dritten Systems auf den Sollwert eingestellt.

d) Kleinlasteinstellung. Beim Einstellen des Zählers bei kleiner Last darf man nur dem System einen Spannungsvortrieb geben, an dem die Hemmvorrichtung sitzt, weil der Zähler leerlaufen würde, wenn die Spannung dieses Systems ausfiele und die anderen Systeme ebenfalls einen Spannungsvortrieb hätten.

e) Grenzlasteinstellung. Sofern überhaupt Grenzlasteinstellvorrichtungen vorhanden sind, werden sie ebenso gehandhabt wie beim Wechselstromzähler.

f) Anlaufeinstellung. Der Anlauf wird ebenfalls nur an dem System eingestellt, an dem die Hemmvorrichtung sitzt.

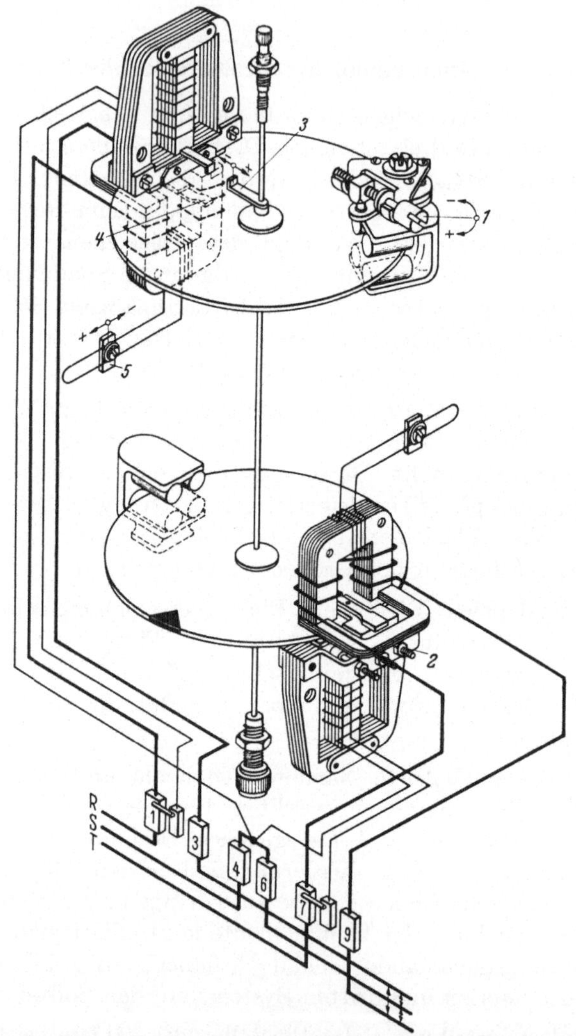

Abb. 134. Anordnung der Triebsysteme und Abgleichvorrichtungen eines zweisystemigen Drehstromzählers.
1 Drehzahleinstellung; — *2* Drehmomenteinstellung; — *3* Hemmfahne am Läufer; — *4* Kleinlasteinstellung; — *5* Phasenabgleich.

g) Gleichseitige Prüfung. Nach dem Einstellen der einzelnen Systeme wird der Zähler in Drehstromschaltung bei symmetrischer Belastung geprüft.

Der Abgleich eines Drehstromzählers umfaßt also folgende Arbeiten:

1. Drehzahl eines Systems grob einstellen,

2. Spannungsvortrieb mit Kleinlasthebel und gegebenenfalls mit zusätzlichen Kurzschlußringen an allen drei Systemen einstellen,

3. Einstellen der Triebsysteme auf gleiche Drehmomente durch Verändern der Triebflüsse,

4. Einstellen der inneren Verschiebung durch Belasten des Stromflusses mit Kurzschlußwicklungen an allen drei Meßwerken,

5. Einstellen des Anlaufs mit der Hemmvorrichtung.

Die Arbeiten 2 und 3 können auch in umgekehrter Reihenfolge ausgeführt werden. Die Einstellungen 1 . . . 4 werden bei verschiedenen Belastungen zunächst grob vorgenommen, dann immer mehr verfeinert, bis der Zähler bei allen Belastungen richtig zeigt. Zum Schluß wird bei gleichseitiger Belastung kontrolliert.

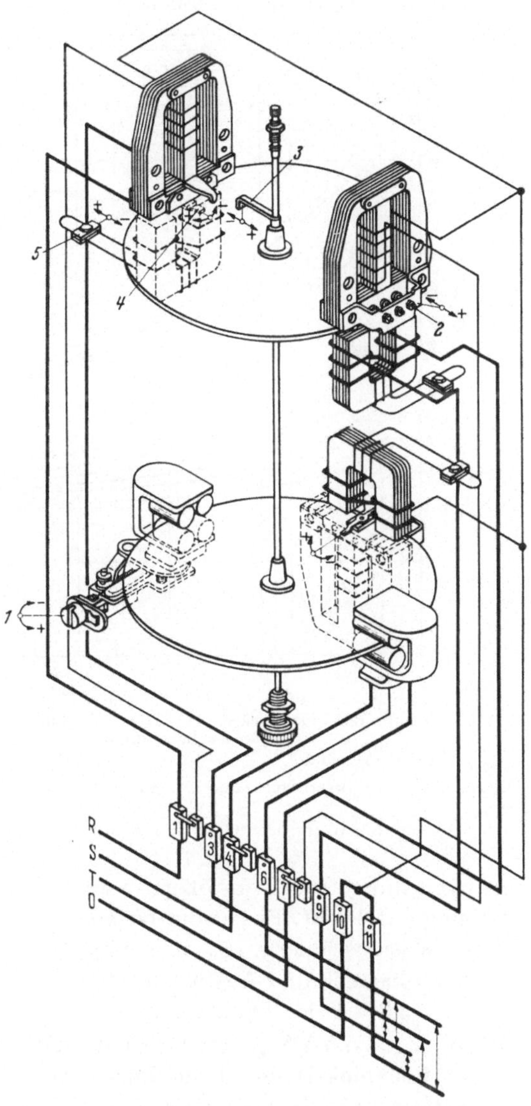

Abb. 135. Anordnung der Triebsysteme und Abgleichvorrichtungen eines dreisystemigen Drehstromzählers.

1 Drehzahleinstellung; — *2* Drehmomenteinstellung; — *3* Hemmfahne am Läufer; — *4* Kleinlasteinstellung; — *5* Phasenabgleich.

7. Eigenschaften des Drehstromzählers.

a) Leistungsaufnahme und Drehmoment. Das Drehmoment eines Drehstromzählers wird dem größeren Läufergewicht entsprechend höher als das eines Einphasenzählers gewählt. Das größere Läufergewicht erhöht die Reibung im Unterlager, während die des Oberlagers und des Zählwerks unverändert bleiben. Infolgedessen braucht auch das Dreh-

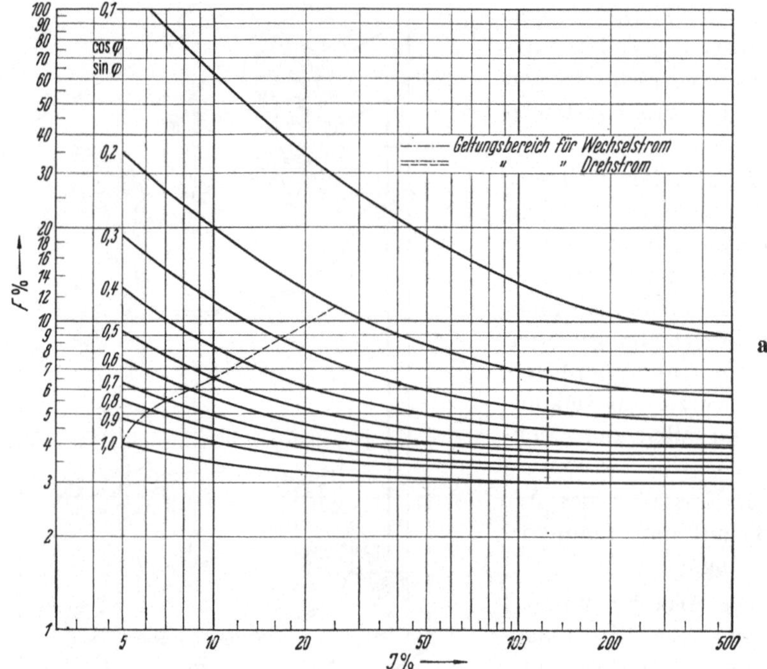

Abb. 136a u. b. Eichfehlergrenzen für Wirk- und Blindverbrauch-Wechsel- und -Drehstromzähler nach der Eichordnung vom 24. 1. 1942, § 949

a bei direktem Anschluß.

Für Wirkverbrauchzähler: $\pm F = 3 + 0{,}05 \cdot \frac{N_n}{N} + 0{,}5\left(1 + 0{,}1 \cdot \frac{N_n}{N}\right) \operatorname{tg} \varphi;$

für Blindverbrauchzähler: $\pm F = 3 + 0{,}05 \cdot \frac{N_n}{N} + 0{,}5\left(1 + 0{,}1 \cdot \frac{N_n}{N}\right) \operatorname{ctg} \varphi.$

moment nur so weit vergrößert zu werden, daß es die erhöhte Unterlagerreibung ausgleicht. Es beträgt bei normalen Drehstromzählern 7,5 ... 12, bei Präzisionszählern 15 ... 20 cmg. Die Drehstromzähler nehmen je nach Meßbereich und Ausführungsform im Strompfad etwa 0,3 ... 3 W; 0,33 ... 3,3 VA je Triebsystem — im Spannungspfad etwa 0,7 bis 1,5 W; 2 ... 5,5 VA je Triebsystem auf.

b) Genauigkeit und Fehlerkurve. Die zulässigen Fehlergrenzen für Drehstromzähler bei einseitiger und gleichseitiger Belastung sind in den Regeln für Elektrizitätszähler VDE 0418 festgelegt. Sie stimmen bei gleichseitiger Belastung mit den Fehlergrenzen für Wechselstromzähler überein, bei einseitiger Belastung liegen sie etwas höher. Die nach der Eichordnung vom 24. 1. 1942, § 949, zulässigen Eichfehlergrenzen (Beglaubigungsfehlergrenzen) für Wirk- und Blindverbrauch-Wechsel- und Drehstromzähler sind in Abb. 136a und b für direkten Anschluß und für Wandleranschluß in doppelt logarithmischem Maßstab dargestellt. Abb. 137a und b zeigt charakteristische Fehlerkurven für einen Drehstrom-Großbereichzähler. Sie verlaufen analog denen des Wechselstromzählers, da der einzige Unterschied gegenüber dem Wechselstrom-

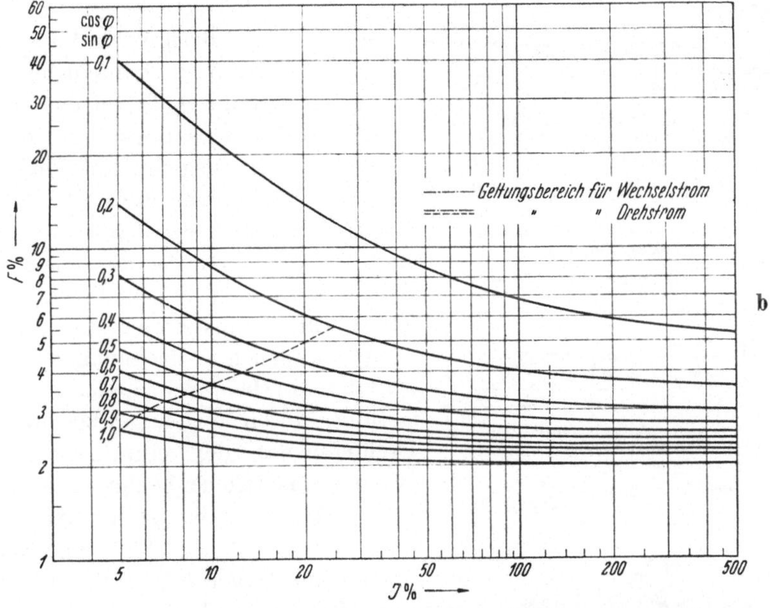

Abb. 136b. Bei Wandleranschluß.

Für Wirkverbrauchzähler: $\pm F = 2 + 0{,}03 \cdot \frac{N_n}{N} + 0{,}3\left(1 + 0{,}05 \cdot \frac{N_n}{N}\right) \operatorname{tg} \varphi;$

für Blindverbrauchzähler: $\pm F = 2 + 0{,}03 \cdot \frac{N_n}{N} + 0{,}3\left(1 + 0{,}05 \cdot \frac{N_n}{N}\right) \operatorname{ctg} \varphi.$

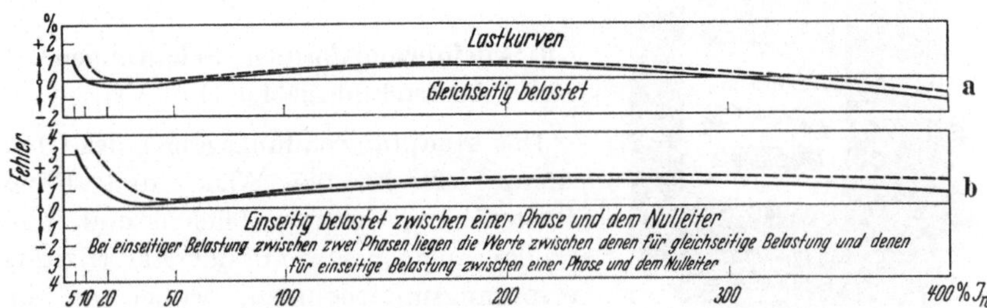

Abb. 137a u. b. Mittlere Fehlerkurven eines Drehstrom-Großbereichzählers mit drei Systemen. a bei gleichseitiger Belastung; — b bei einseitiger Belastung zwischen einer Phase und dem Nullleiter. ——— $\cos\varphi = 1$; – – – $\cos\varphi = 0{,}5$.

zähler darin besteht, daß die Drehmomente mehrerer Triebsysteme addiert werden.

c) Spannungseinfluß. Der Spannungseinfluß beträgt etwa 1%/10% Spannungsänderung (Abb. 138).

d) Frequenzeinfluß. Der Frequenzeinfluß liegt bei 1%/5% Frequenzänderung (Abb. 139).

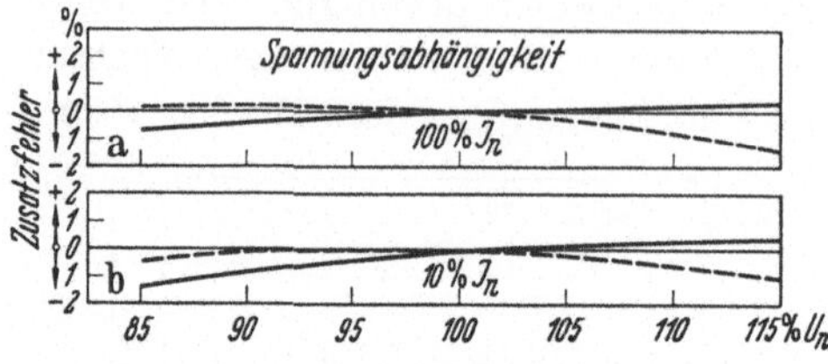

Abb. 138a u. b. Spannungseinfluß eines Drehstrom-Großbereichzählers mit drei Systemen a bei J_n; — b bei 0,1 J_n.
—— $\cos\varphi = 1$; - - - $\cos\varphi = 0{,}5$.

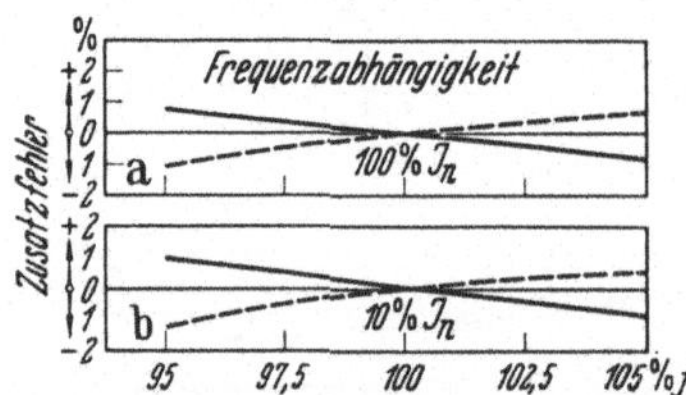

Abb. 139a u. b. Frequenzeinfluß eines Drehstrom-Großbereichzählers mit drei Systemen
a bei J_n; — b bei 0,1 J_n.
—— $\cos\varphi = 1$; - - - $\cos\varphi = 0{,}5$.

e) Temperatureinfluß. Der Temperatureinfluß liegt etwa bei 0,4%/10°.

f) Drehfeldeinfluß. Der Einfluß der Drehfeldrichtung wird durch die verschiedenen Kompensationsmethoden so weit ausgeschaltet, daß die Zähler von etwa 20% Nennlast an praktisch drehfeldunabhängig sind. Trotzdem empfiehlt es sich, die Zähler bei der betriebsmäßigen Drehfeldrichtung zu justieren und zu prüfen.

g) Ungleiche Drehmomente der Einzelmeßwerke. Bei ungleicher Belastung führen ungenau abgeglichene Drehmomente der einzelnen Triebsysteme zusätzliche Fehler herbei.

h) Anlauf. Die Drehstromzähler laufen bei 0,3 . . . 0,5% der Nennleistung an und zeigen bei 120% der Nennspannung keinen Leerlauf.

i) Leistungsfaktoreinfluß, Kurvenformeinfluß und Fremdfeldeinfluß liegen ähnlich wie beim Wechselstromzähler.

Abb. 140. Ansicht eines dreisystemigen Drehstromzählers für 300% Belastung.

8. Ausführungsformen, Schaltungen[1], Anwendungsgebiet (Lit. VI).

Das Hauptanwendungsgebiet des Drehstromzählers ist die Wirk- und Blindarbeitszählung in gewerblichen und industriellen Anlagen sowie in den Elektrizitätsversorgungsunternehmen, wobei an ihn etwa dieselben Anforderungen wie an den Wechselstromhaushaltzähler gestellt werden, abgesehen davon, daß der Leistungsfaktor meist induktiv ist und oft erheblich unter eins liegt und die Überlastungen in mäßigen Grenzen bleiben,

[1] Die Erdung der Spannungswandler ist in den Schaltbildern durchwegs weggelassen.

weshalb der Grenzstrom nicht höher als (2...3) J_n sein muß; bis 400% belastbare Drehstromzähler sind im Augenblick noch Ausnahmen. Abb. 140 stellt einen 300% belastbaren dreisystemigen Drehstromzähler dar.

Wie bereits früher besprochen wurde, hängt die Art der vom Induktionszähler registrierten Leistungsgröße von der Wahl des Winkels α der inneren Verschiebung ab, da sein Drehmoment

$$M_a = K \cdot \Phi_U \cdot \Phi_J \cdot \sin(\alpha - \varphi) \quad \text{ist,}$$

und man erhält gemäß der nachstehenden Tabelle folgende Zählerarten:

Nr.	Innere Abgleichung α	Art des Zählers	Drehrichtung und Drehzahl des Zählers bei			
			φ	$(\alpha - \varphi)$	$\sin(\alpha - \varphi)$	
1	$\alpha = 0°$	Blindverbrauchzähler. Linksläufer	$0°$ $0° < \varphi < 90°$ $90°$	$0°$ $< (-90°)$ $-90°$	0 $< (-1)$ -1	Stillstand Linkslauf Linkslauf, maximale Drehzahl
2	$0° < \alpha < 90°$	Blindverbrauch-Überschußzähler. (Mischverbrauchzähler.) Linkslaufend bei Blindverbrauchüberschuß	$0°$ $(\alpha - 90°)$ $\alpha°$ $90°$	$< 90°$ $90°$ $0°$ $< (-90°)$	< 1 1 0 $< (-1)$	Rechtslauf Rechtslauf, maximale Drehzahl Stillstand Linkslauf
3	$\alpha = 90°$	Wirkverbrauchzähler. Rechtsläufer	$0°$ $0° < \varphi < 90°$ $90°$	$90°$ $< 90°$ $0°$	1 < 1 0	Rechtslauf, maximale Drehzahl Rechtslauf Stillstand
4	$90° < \alpha < 180°$	Scheinverbrauchzähler in einem beschränkten $\cos\varphi$-Bereich. Kein Stillstand von $\varphi = 0°$ bis $\varphi = 90°$. Rechtsläufer	$0°$ $(\alpha - 90°)$ $90°$	$> 90°$ $90°$ $< 90°$	< 1 1 < 1	Rechtslauf Rechtslauf, maximale Drehzahl Rechtslauf
5	$\alpha = 180°$	Blindverbrauchzähler. Rechtsläufer	$0°$ $0° < \varphi < 90°$ $90°$	$180°$ $> 90°$ $90°$	0 < 1 1	Stillstand Rechtslauf Rechtslauf, maximale Drehzahl

(Fortsetzung S. 138.)

Nr.	Innere Abgleichung α	Art des Zählers	Drehrichtung und Drehzahl des Zählers bei			
			φ	$(\alpha - \varphi)$	$\sin(\alpha - \varphi)$	
6	$180° < \alpha < 270°$	Blindverbrauch-Überschußzähler. (Mischverbrauchzähler.) Rechtslaufend bei Blindverbrauchüberschuß	$0°$ $(\alpha - 180°)$ $90°$	$> 180°$ $180°$ $< 180°$	$< (-1)$ 0 < 1	Linkslauf Stillstand Rechtslauf
7	$270°$	Wirkverbrauchzähler. Linksläufer	$0°$ $0° < \varphi < 90°$ $90°$	$270°$ $> 180°$ $180°$	-1 $< (-1)$ 0	Linkslauf, maximale Drehzahl Linkslauf Stillstand
8	$270° < \alpha < 360°$	Scheinverbrauchzähler in einem beschränkten $\cos\varphi$-Bereich. Kein Stillstand von $\varphi = 0°$ bis $\varphi = 90°$. Linksläufer	$0°$ $(\alpha - 270°)$ $90°$	$> 270°$ $270°$ $< 270°$	$< (-1)$ -1 $< (-1)$	Linkslauf Linkslauf, maximale Drehzahl Linkslauf

a) Wirk- und Blindverbrauchzähler mit zwei Systemen für beliebig belastete Dreileiteranlagen. Die Wirkleistung des Dreileiternetzes ist

$$N_W = U_{RS} \cdot J_R \cdot \cos(\varphi_R + 30) + U_{TS} \cdot J_T \cdot \cos(\varphi_T - 30), \quad (265)$$

die Blindleistung ist:

$$N_B = U_{RS} \cdot J_R \cdot \sin(\varphi_R + 30) + U_{TS} \cdot J_T \cdot \sin(\varphi_T - 30), \quad (266)$$

wofür man auch schreiben kann

$$N_B = U_{RS} \cdot J_R \cdot \cos[90 - (\varphi_R + 30)] + \\ + U_{TS} \cdot J_T \cdot \cos[90 - (\varphi_T - 30)]. \quad (267)$$

Man kommt demnach von der Wirkleistung auf die Blindleistung, wenn man die Winkel zwischen Strom und Spannung um 90° verändert, oder vom Wirkarbeitszähler auf den Blindarbeitszähler, indem man den Winkel zwischen zusammenarbeitenden Strom- und Spannungsflüssen um 90° verändert.

α) *Wirkverbrauchzähler mit zwei Systemen.* Beim Dreileiter-Wirkverbrauchzähler arbeitet der Stromfluß Φ_{J_R} mit dem Spannungsfluß

$\Phi_{U_{RS}}$ und der Stromfluß Φ_{J_T} mit dem Spannungsfluß $\Phi_{U_{TS}}$ und die innere Abgleichung ist 90° (Abb. 141). Wollte man diese 90°-Abgleichung beim Blindverbrauchzähler beibehalten, so müßte man an Stelle der Spannung U_{RS} die um 90° nacheilende Spannung U_{OT} wählen, an Stelle der Spannung U_{TS} die um 90° nacheilende Spannung U_{RO}. Diese beiden Spannungen stehen im Dreileiternetz nicht zur Verfügung, und man wählt deshalb an ihrer Stelle die um 120° nacheilenden Spannungen U_{ST} und U_{RT} und macht die innere Abgleichung 60° anstatt 90° (s. Abb. 142). Für den Wirkverbrauchzähler gilt nach Abb. 141, wenn die Winkel bei induktiver Verschiebung zwischen Spannungs- und Stromfluß positiv gezählt werden,

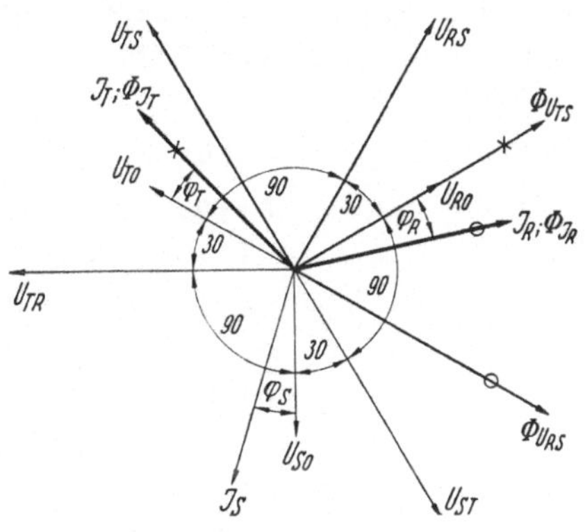

Abb. 141. Diagramm des Drehstrom-Wirkverbrauchzählers mit zwei Systemen.

$$M_{aW} = K\{\Phi_{U_{RS}} \cdot \Phi_{J_R} \cdot \sin[90 - (\varphi_R + 30)] + \\ + \Phi_{U_{TS}} \cdot \Phi_{J_T} \cdot \sin[90 - (\varphi_T - 30)]\}, \quad (268)$$

$$M_{aW} = K[\Phi_{U_{RS}} \cdot \Phi_{J_R} \cdot \cos(\varphi_R + 30) \\ + \Phi_{U_{TS}} \cdot \Phi_{J_T} \cdot \cos(\varphi_T - 30)]. \quad (269)$$

Das ist proportional der Wirkleistung im Dreileiterdrehstromnetz, wie man durch Vergleich mit Gl. (265) erkennt. Geht man von den Flüssen auf die ihnen proportionalen Ströme und Spannungen und von der beliebigen Belastung auf symmetrische Belastung über, so erhält man

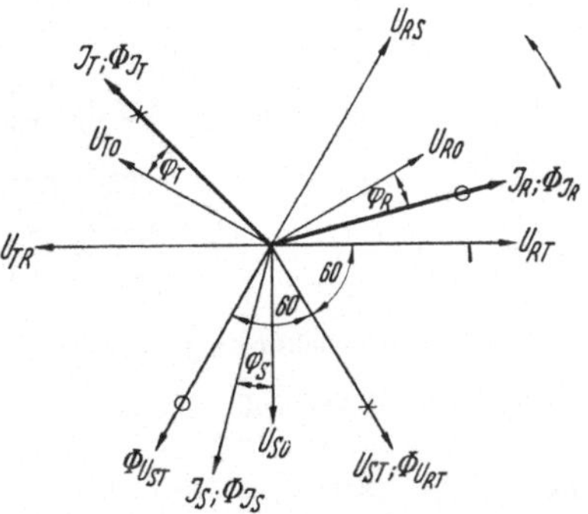

Abb. 142. Diagramm des Drehstrom-Blindverbrauchzählers mit zwei Systemen und innerer 60°-Abgleichung.

$$\Phi_{U_{RS}} = k_1 \cdot U_{RS}; \quad \Phi_{U_{TS}} = k_1 \cdot U_{TS}; \\ U_{RS} = U_{TS} = U_\triangle,$$

$$\Phi_{J_R} = k_2 \cdot J_R; \quad \Phi_{J_T} = k_2 \cdot J_T; \\ J_R = J_T = J,$$

$$\varphi_R = \varphi_S = \varphi,$$

$$\left.\begin{aligned} M_{aW} &= K \cdot k_1 \cdot k_2 \cdot U_\triangle \cdot J \cdot [\cos(\varphi + 30) + \cos(\varphi - 30)], \\ M_{aW} &= K_1 \cdot \sqrt{3} \cdot U_\triangle \cdot J \cdot \cos\varphi. \end{aligned}\right\} \quad (270)$$

Das ist proportional der Leistung im symmetrisch belasteten Dreileiterdrehstromnetz.

β) Blindverbrauchzähler mit zwei Systemen und innerer 60°-Abgleichung. Für den Blindverbrauchzähler mit zwei Systemen und innerer 60°-Abgleichung gilt nach Abb. 142

$$\begin{aligned} M_{a_B} &= K\cdot\{\Phi_{U_{ST}}\cdot\Phi_{J_R}\cdot\sin[180-(\varphi_R+30)]+ \\ &\quad+\Phi_{U_{RT}}\cdot\Phi_{J_T}\cdot\sin[180-(\varphi_T-30)]\} \\ &= K\cdot[\Phi_{U_{ST}}\cdot\Phi_{J_R}\cdot\sin(\varphi_R+30)+ \\ &\quad+\Phi_{U_{RT}}\cdot\Phi_{J_T}\cdot\sin(\varphi_T-30)], \end{aligned} \tag{271}$$

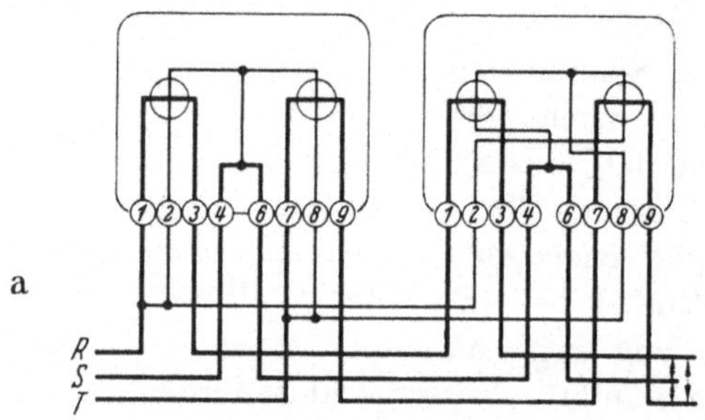

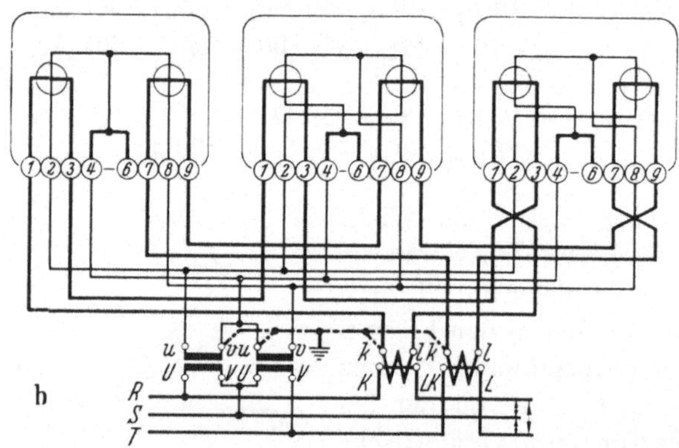

Abb. 143a u. b. Schaltung des Drehstrom-Wirk- und -Blindverbrauchzählers mit zwei Systemen für positiven und negativen Blindstrom.
a bei direktem Anschluß; — b beim Anschluß an zwei Strom- und zwei Spannungswandler.

das ist proportional der Blindleistung, wie man beim Übergang auf symmetrische Belastung sofort sieht.

$$\Phi_{U_{ST}}=k_1\cdot U_{ST};\quad \Phi_{U_{RT}}=k_1\cdot U_{RT};\quad U_{ST}=U_{RT}=U_\triangle,$$
$$\Phi_{J_R}=k_2\cdot J_R;\quad \Phi_{J_T}=k_2\cdot J_T;\quad J_R=J_T=J,$$
$$\varphi_R=\varphi_T=\varphi.$$

Es wird

$$M_{a_B}=K_2\cdot\sqrt{3}\cdot U_\triangle\cdot J\cdot\sin\varphi. \tag{272}$$

Die Abb. 143a und b zeigt die Schaltungen der Wirk- und Blindverbrauchzähler mit zwei Systemen mit und ohne Wandler. Die Zähler vermögen den Verbrauch nur im erdschlußfreien Netz richtig zu zählen. Die Blindverbrauchzähler mit zwei Systemen und innerer 60°-Abgleichung zeigen nur richtig, wenn das Spannungsdreieck symmetrisch ist, da nur dann die Winkel zwischen den drei Spannungen 120° sind; sie sind von der Phasenfolge abhängig.

γ) *Blindverbrauchzähler mit zwei Systemen und innerer 180°-Abgleichung.* Man legt, wie beim Wechselstromzähler erläutert (S. 110), Vorwiderstände vor die Spannungsspule und verkleinert dadurch den Winkel zwischen der Spannung U und dem Spannungstriebfluß Φ_U auf den Wert γ, außerdem polt man die Spannungsspulen um. Weiter schaltet man zu den Stromspulen einen Nebenwiderstand parallel, so daß sie nur von einem Teilstrom durchflossen werden, der dem Gesamtstrom nacheilt, und der Stromtriebfluß Φ_J um denselben Winkel γ hinter dem Strom J zurückbleibt, wie der Spannungsfluß Φ_U hinter der Spannung U. Läßt man die Ströme und Spannungen nach folgender Tabelle zusammen arbeiten,

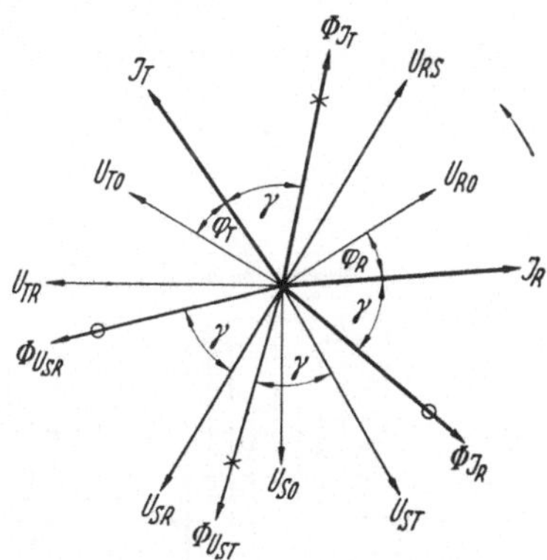

Abb. 144. Diagramm des Drehstrom-Blindverbrauchzählers mit zwei Systemen und innerer 180°-Abgleichung.

Strom	Spannung	
	Wirkverbrauch	Blindverbrauch
J_R	U_{RS}	$-U_{RS} = U_{SR}$
J_T	U_{TS}	$-U_{TS} = U_{ST}$

so erhält man für das Drehmoment des Blindverbrauchzählers nach Diagramm Abb. 144

$$M_{aB} = K \cdot \{\Phi_{J_R} \cdot \Phi_{U_{SR}} \cdot \sin[180 - (\varphi_R + 30)] + + \Phi_{J_T} \cdot \Phi_{U_{ST}} \cdot \sin[180 - (\varphi_T - 30)]\}, \tag{273}$$

$$M_{aB} = + K \cdot [\Phi_{J_R} \cdot \Phi_{U_{SR}} \cdot \sin(\varphi_R + 30) + + \Phi_{J_T} \cdot \Phi_{U_{ST}} \cdot \sin(\varphi_T - 30)],$$

$$M_{aB} = K_1 \cdot [J_R \cdot U_{SR} \cdot \sin(\varphi_R + 30) + J_T \cdot U_{ST} \cdot \sin(\varphi_T - 30)].$$

Das ist unabhängig von der Phasenfolge und der Symmetrie des Spannungsdreiecks proportional der Blindleistung des Drehstromnetzes.

Abb. 145 zeigt den Anschluß eines Wirkverbrauchzählers mit innerem 90°-Abgleich und eines Blindverbrauchzählers mit innerem 180°-Abgleich in einem Dreileiterdrehstromnetz.

b) Wirk- und Blindverbrauchzähler mit drei Systemen für beliebig belastete Drei- und Vierleiternetze. Die Leistung des Drehstromnetzes kann man auch als Summe der drei Phasenleistungen ausdrücken; dann ist die Wirkleistung

$$N_W = U_{RO} \cdot J_R \cdot \cos \varphi_R + U_{SO} \cdot J_S \cdot \cos \varphi_S + U_{TO} \cdot J_T \cdot \cos \varphi_T \qquad (274)$$

und die Blindleistung

$$N_B = U_{RO} \cdot J_R \cdot \sin \varphi_R + U_{SO} \cdot J_S \cdot \sin \varphi_S + U_{TO} \cdot J_T \cdot \sin \varphi_T, \qquad (275)$$

wofür man schreiben kann

$$N_B = U_{RO} \cdot J_R \cdot \cos (90 - \varphi_R) + U_{SO} \cdot J_S \cdot \cos (90 - \varphi_S) + \\ + U_{TO} \cdot J_T \cdot \cos (90 - \varphi_T) . \qquad (276)$$

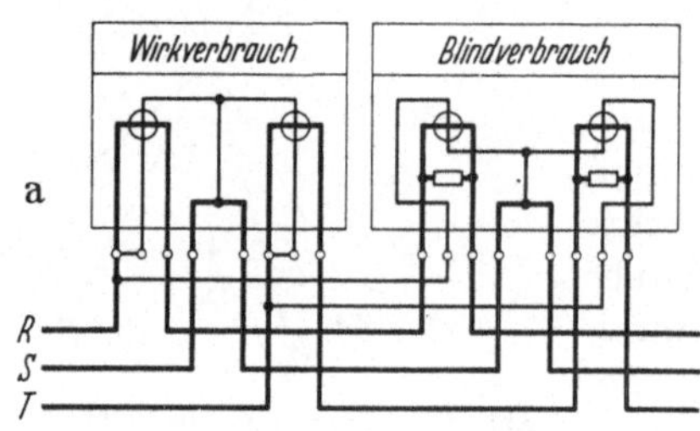

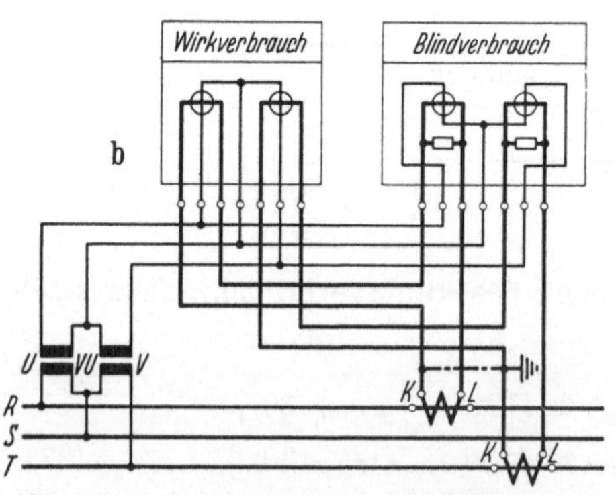

Abb. 145a u. b. Schaltung des Drehstrom-Wirk- und -Blindverbrauchzählers mit zwei Systemen; innerer Abgleich des Wirkverbrauchzählers 90°, innerer Abgleich des Blindverbrauchzählers 180°.
a Direkter Anschluß; — b Anschluß über Strom- und Spannungswandler.

Man kommt also von der Wirkverbrauchzählung auf die Blindverbrauchzählung, wenn man die Winkel zwischen den Strömen und Spannungen bzw. zwischen den Strom- und Spannungsflüssen um 90° verändert.

Unterschied zwischen freiem und angeschlossenem Nullpunkt:

Drehstromzähler mit drei Systemen zeigen etwas verschieden, je nachdem der Nullpunkt angeschlossen oder frei ist. Das rührt daher, daß bei freiem Nullpunkt infolge der etwas verschiedenen Scheinwiderstände der Spannungsspulen der Nullpunkt außerhalb des Schwerpunktes des Spannungsdreiecks liegen kann, wodurch der innere 90°-Abgleich der Zähler gestört ist; man soll deshalb die Zähler ihrem Verwendungszweck entsprechend mit freiem oder mit angeschlossenem Nullpunkt justieren · d. h. Drehstromzähler für Vierleiteranlagen, in denen ein Nullpunkt vorhanden ist, werden mit angeschlossenem Nullpunkt justiert; Zähler für Dreileiteranlagen, in denen kein Nullpunkt vorhanden ist, das sind im allgemeinen die Hochspannungszähler, werden mit freiem Nullpunkt justiert.

Die Blindverbrauchzähler mit drei Systemen und innerer 90°-Abgleichung zeigen selbstverständlich nur richtig, wenn das Spannungsdreieck symmetrisch ist und der Nullpunkt im Schwerpunkt des Dreiecks liegt, da nur dann die verketteten Spannungen senkrecht auf den Erdspannungen stehen.

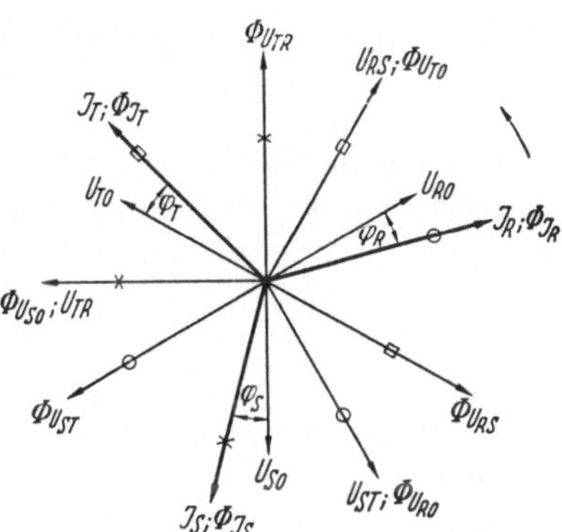

Abb. 146. Diagramm des Drehstrom-Wirk- und -Blindverbrauchzählers mit drei Systemen. Zusammenarbeitende Strom- und Spannungsflüsse sind gleichartig markiert.

α) *Wirkverbrauchzähler mit drei Systemen und innerer 90°-Abgleichung.* Gibt man den Wirk- und Blindverbrauchzählern dieselbe innere Verschiebung $\alpha = 90°$, so erhält man für die zusammenarbeitenden Ströme und Spannungen nachstehendes Schema:

Strom	Spannung	
	Wirkverbrauch	Blindverbrauch
J_R	U_{RO}	U_{ST}
J_S	U_{SO}	U_{TR}
J_T	U_{TO}	U_{RS}

Der Wirkverbrauchzähler muß demnach für die Sternspannung, der Blindverbrauchzähler für die Dreieckspannung ausgelegt werden.

Nach dem Diagramm (Abb. 146) ist das Drehmoment des Wirkverbrauchzählers

$$M_{aW} = K[\Phi_{J_R} \cdot \Phi_{U_{RO}} \cdot \sin(90 - \varphi_R) + \Phi_{J_S} \cdot \Phi_{U_{SO}} \cdot \sin(90 - \varphi_S) + \\ + \Phi_{J_T} \cdot \Phi_{U_{TO}} \cdot \sin(90 - \varphi_T)]. \quad (277)$$

$$M_{aW} = K(\Phi_{J_R} \cdot \Phi_{U_{RO}} \cdot \cos\varphi_R + \Phi_{J_S} \cdot \Phi_{U_{SO}} \cdot \cos\varphi_S + \\ + \Phi_{J_T} \cdot \Phi_{U_{TO}} \cdot \cos\varphi_T). \quad (278)$$

Das ist proportional der Wirkleistung. Wenn man auf die den Flüssen proportionalen Ströme und Spannungen sowie auf symmetrische Belastung übergeht, erhält man die bekannte Gleichung

$$M_{aW} = K_1 \cdot 3 \cdot J \cdot U_{\curlywedge} \cdot \cos\varphi = K_1 \cdot \sqrt{3} \cdot J \cdot U_{\triangle} \cdot \cos\varphi. \quad (279)$$

β) *Blindverbrauchzähler mit drei Systemen und innerer 90°-Abgleichung.* Für den Blindverbrauchzähler erhält man die Gleichung:

$$M_{aB} = K[\Phi_{J_R} \cdot \Phi_{U_{ST}} \cdot \sin(180 - \varphi_R) + \\ + \Phi_{J_S} \cdot \Phi_{U_{TR}} \cdot \sin(180 - \varphi_S) + \\ + \Phi_{J_T} \cdot \Phi_{U_{RS}} \cdot \sin(180 - \varphi_T)]. \qquad (280)$$

$$M_{aB} = K(\Phi_{J_R} \cdot \Phi_{U_{ST}} \cdot \sin\varphi_R + \Phi_{J_S} \cdot \Phi_{U_{TR}} \cdot \sin\varphi_S + \\ + \Phi_{J_T} \cdot \Phi_{U_{RS}} \cdot \sin\varphi_T). \qquad (281)$$

Das ist proportional der Blindleistung jedoch um den Faktor $\sqrt{3}$ zu groß, denn es wird beim Übergang auf die Ströme und Spannungen sowie bei symmetrischer Belastung

$$M_{aB} = K_1 \cdot 3 \cdot J \cdot U_\triangle \cdot \sin\varphi. \qquad (282)$$

Die Abb. 147 und 148 zeigen die Schaltungen der Wirk- und Blindverbrauchzähler mit drei Systemen und innerem 90°-Abgleich im Drei- und Vierleiternetz.

Beim Anschluß an zwei Stromwandler ist zu beachten, daß

$$J_R + J_T = -J_S$$

ist. Das dritte System, durch das die Summe der beiden Wandlerströme fließt, ist also umgekehrt anzuschließen wie die beiden anderen. Im Dreileiternetz mit Erdschluß kann der an zwei Wandler angeschlossene, dreisystemige Zähler natürlich nicht richtig zeigen, da die Summe der drei Ströme nicht Null ist.

γ) *Blindverbrauchzähler mit drei Systemen und innerer 60°-Abgleichung.* Man kann auch Blindverbrauchzähler mit innerer 60°-Abgleichung verwenden, dann wählt man die zusammenarbeitenden Ströme und Spannungen nach folgender Tabelle:

Strom	Spannung	
	Wirkverbrauch	Blindverbrauch
J_R	U_{RO}	U_{SO}
J_S	U_{SO}	U_{TO}
J_T	U_{TO}	U_{RO}

und erhält nach Diagramm (Abb. 149)

$$M_{aB} = K[\Phi_{J_R} \cdot \Phi_{U_{SO}} \cdot \sin(180 - \varphi_R) + \Phi_{J_S} \cdot \Phi_{U_{TO}} \cdot \sin(180 - \varphi_S) + \\ + \Phi_{J_T} \cdot \Phi_{U_{RO}} \cdot \sin(180 - \Phi_T)], \qquad (283)$$

$$M_{aB} = K(\Phi_{J_R} \cdot \Phi_{U_{SO}} \cdot \sin\varphi_R + \Phi_{J_S} \cdot \Phi_{U_{TO}} \cdot \sin\varphi_S + \\ + \Phi_{J_T} \cdot \Phi_{U_{RO}} \cdot \sin\varphi_T), \qquad (284)$$

$$M_{aB} = K_1(J_R \cdot U_{SO} \cdot \sin\varphi_R + J_S \cdot U_{TO} \cdot \sin\varphi_S + \\ + J_T \cdot U_{RO} \cdot \sin\varphi_T). \qquad (285)$$

Das entspricht der Blindleistung des Drehstromnetzes.

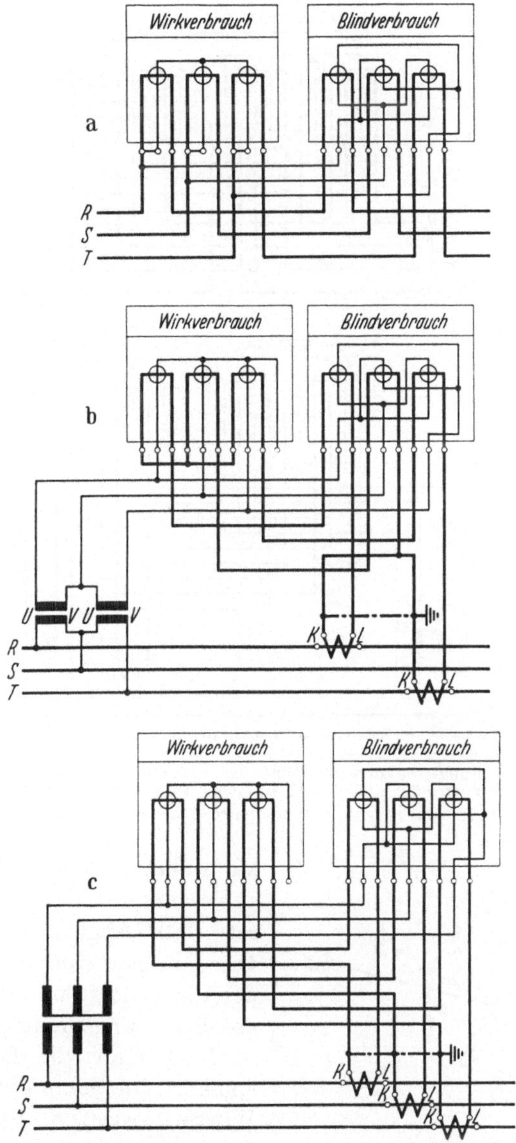

Abb. 147a bis c. Schaltung des Drehstrom-Wirk- und -Blindverbrauchzählers mit drei Systemen und innerer 90°-Abgleichung in einem Dreileiter-Drehstromnetz.
a Direkter Anschluß; — b Anschluß an zwei Strom- und Spannungswandler; — c Anschluß an drei Strom- und Spannungswandler.

Die Schaltungen im Drei- und Vierleiternetz zeigt die Abb. 150a und b.

δ) Blindverbrauchzähler mit drei Systemen und innerer 180°-Abgleichung. Ebenso wie den ein- und zweisystemigen Blindverbrauchzähler

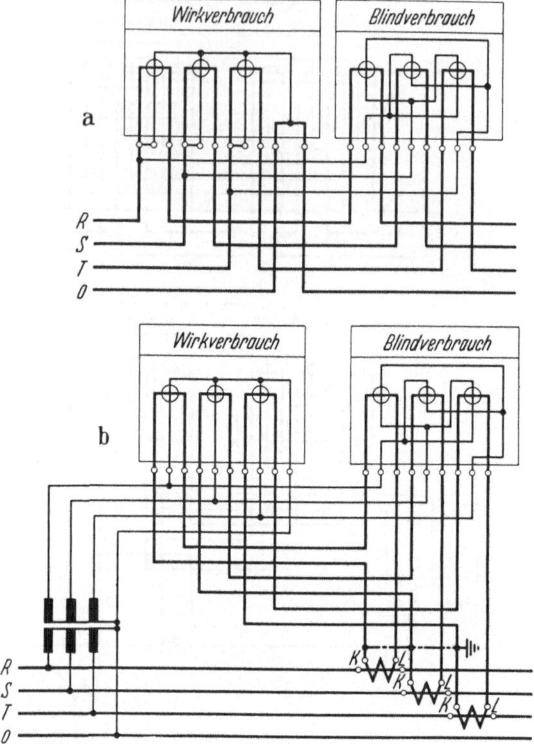

Abb. 148a u. b. Schaltung des Drehstrom-Wirk- und -Blindverbrauchzählers mit drei Systemen und innerer 90°-Abgleichung in einem Vierleiter-Drehstromnetz.
a Direkter Anschluß; — b Anschluß an drei Strom- und Spannungswandler.

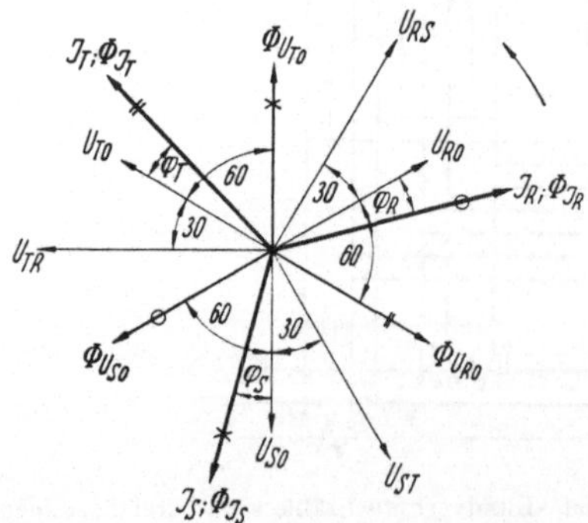

Abb. 149. Diagramm des Blindverbrauchzählers mit drei Systemen und innerer 60°-Abgleichung.

kann man auch den Blindverbrauchzähler mit drei Systemen mit innerer 180°-Abgleichung ausführen. Diese Zähler sind unabhängig von der Phasenfolge und der Symmetrie des Spannungsdreiecks.

Legt man vor die Spannungsspulen Vorwiderstände, die den Winkel zwischen Spannung und Spannungstriebfluß auf den Wert γ verringern und polt die Spannungsspulen um, legt man ferner parallel zu den Stromspulen Nebenwiderstände, die den Stromtriebfluß gegenüber dem Gesamtstrom um denselben Winkel γ zurückschieben und wählt die zusammenarbeitenden Ströme und Spannungen nach nachstehender Tabelle,

Strom	Spannung	
	Wirkverbrauch	Blindverbrauch
J_R	U_{RO}	$-U_{RO} = U_{OR}$
J_S	U_{SO}	$-U_{SO} = U_{OS}$
J_T	U_{TO}	$-U_{TO} = U_{OT}$

so erhält man nach Diagramm Abb. 151 für das Antriebsmoment

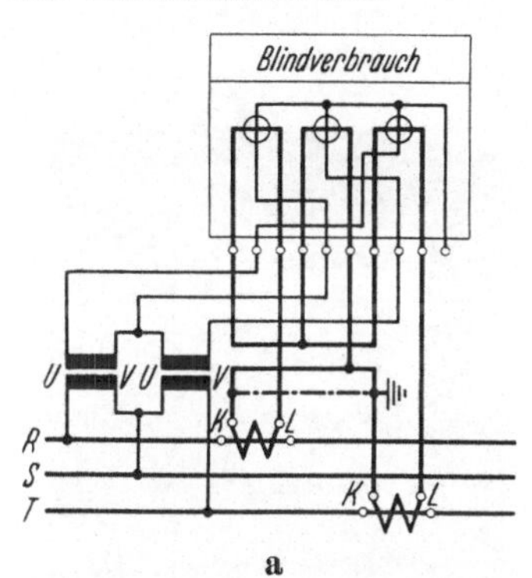

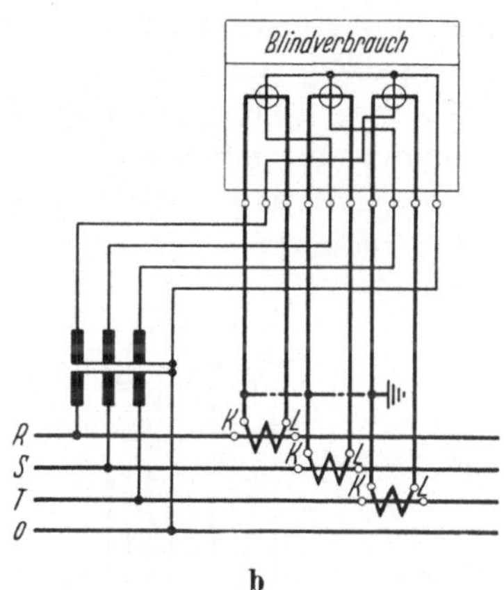

Abb. 150 a u. b. Schaltung des Blindverbrauchzählers mit drei Systemen und innerer 60°-Abgleichung. a Im Dreileiternetz mit zwei Strom- und zwei Spannungswandlern; — b im Vierleiternetz mit drei Strom- und drei Spannungswandlern.

$$M_{aB} = K\,[\Phi_{J_R}\cdot\Phi_{U_{OR}}\cdot\sin(180-\varphi_R) + \Phi_{J_S}\cdot\Phi_{U_{OS}}\cdot\sin(180-\varphi_S) + \\ + \Phi_{J_T}\cdot\Phi_{U_{OT}}\cdot\sin(180-\varphi_T)], \tag{286}$$

$$M_{aB} = K\,(\Phi_{J_R}\cdot\Phi_{U_{OR}}\cdot\sin\varphi_R + \Phi_{J_S}\cdot\Phi_{U_{OS}}\cdot\sin\varphi_S + \\ + \Phi_{J_T}\cdot\Phi_{U_{OT}}\cdot\sin\varphi_T), \tag{287}$$

$$M_{aB} = K_1\,(J_R\cdot U_{OR}\cdot\sin\cdot\varphi_R + J_S\cdot U_{OS}\cdot\sin\varphi_S + \\ + J_T\cdot U_{OT}\cdot\sin\varphi_T). \tag{288}$$

Das ist wieder proportional der Blindleistung des Drehstromnetzes.

Abb. 152 zeigt den Anschluß eines dreisystemigen Blindverbrauchzählers mit 180°-Abgleich in einem Vierleiterdrehstromnetz mit drei Strom- und zwei Spannungswandlern.

c) Präzisionszähler. In Hochspannungsanlagen werden für die Verrechnung großer Leistungen Präzisionszähler verwendet, die sich durch größeres Drehmoment, Zeigerzählwerk, besonders genaue Frequenz-

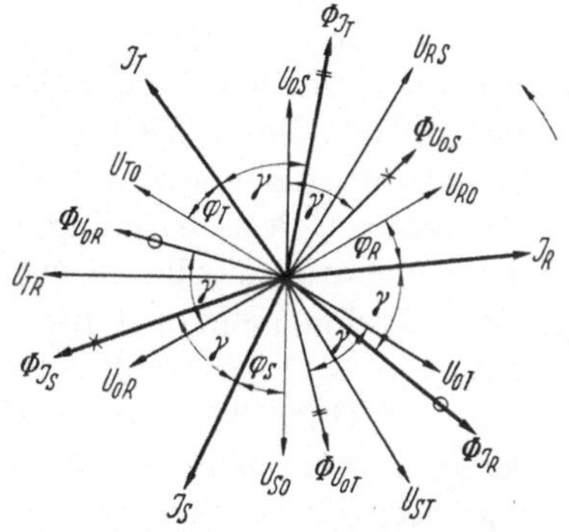

Abb. 151. Diagramm des Blindverbrauchzählers mit drei Systemen und innerer 180°-Abgleichung.

und Temperaturkompensation sowie sorgfältigere Justierung von den gewöhnlichen Zählern unterscheiden. Sie sind im allgemeinen nur geringfügig überlastbar, da keine erheblichen Dauerüberlastungen auftreten können, dagegen sind sie durch Überspannungen besonders gefährdet. Es kann ferner kapazitive Belastung und Energierücklieferung auftreten, sie müssen deshalb bei induktiver und kapazitiver Phasenverschiebung justiert sein und eine Rücklaufsperre erhalten. Ihre Schaltungen decken sich mit denen normaler Drei- und Vierleiterdrehstromzähler; ihre Toleranzen liegen im Anwendungsbereich, das ist von 0,1 bis 1 J_n und $\cos\varphi = 0{,}7$ kapazitiv ... 0,5 induktiv innerhalb $\pm 1\%$.

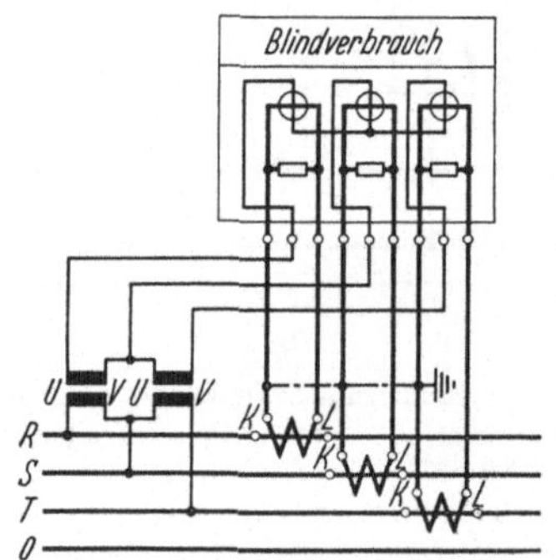

Abb. 152. Schaltung des Drehstrom-Blindverbrauchzählers mit drei Systemen und innerer 180°-Abgleichung in einem Vierleiternetz mit zwei Spannungswandlern und drei Stromwandlern.

Abb. 153. Ansicht eines Zweitarif-Drehstrom-Blindverbrauchzählers mit drei Systemen.

Abb. 154 zeigt Außen- und Innenansicht eines Präzisionszählers mit drei Systemen, Abb. 155 seine Fehlerkurven.

d) Eichzähler. Eine Sonderausführung der Drehstromzähler sind die tragbaren Prüfzähler zum Prüfen von Betriebszählern und Zählsätzen in der Anlage. Ihrem Verwendungszweck entsprechend müssen sie sehr konstant und genau sein, sollen viele Meßbereiche haben und durch die veränderlichen Betriebsbedingungen, schwankende Frequenz, Spannung und Temperatur möglichst wenig beeinflußt werden. Bei ausreichend großem Drehmoment soll ihr Verbrauch so niedrig gehalten werden, daß sie die Wandler nicht überlasten. Die Eichzähler haben für Kurzmessungen eine Skala mit drei Zeigerwerken für die Anzeige dreier Dekaden, wobei ein Skalenteil der Feinskala $^1/_{100}$ Läuferumdrehung entspricht; für Dauerprüfungen ein Zählwerk mit fünf oder sechs Dekaden. Durch einen besonderen Start-Stop-Schalter werden die Spannungskreise und ein Hemmrelais geschaltet. Abb. 156 ist eine Ansicht

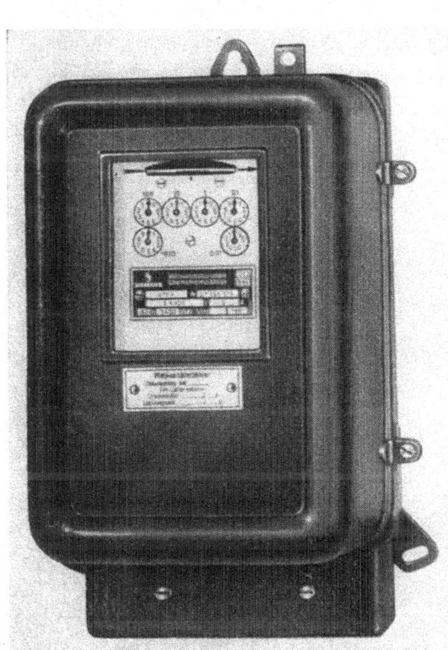

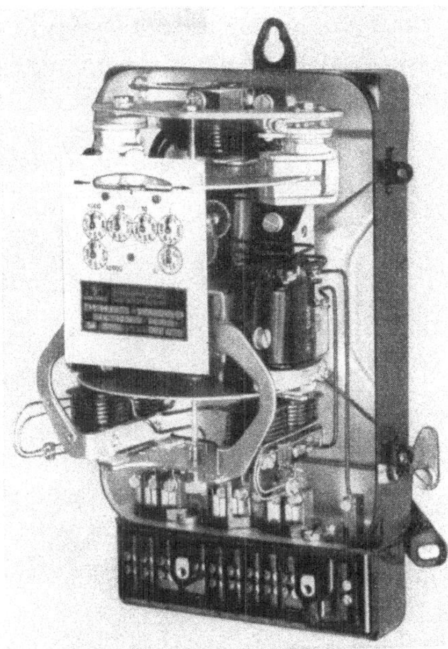

Abb. 154. Außen- und Innenansicht eines Drehstrom-Präzisionszählers.

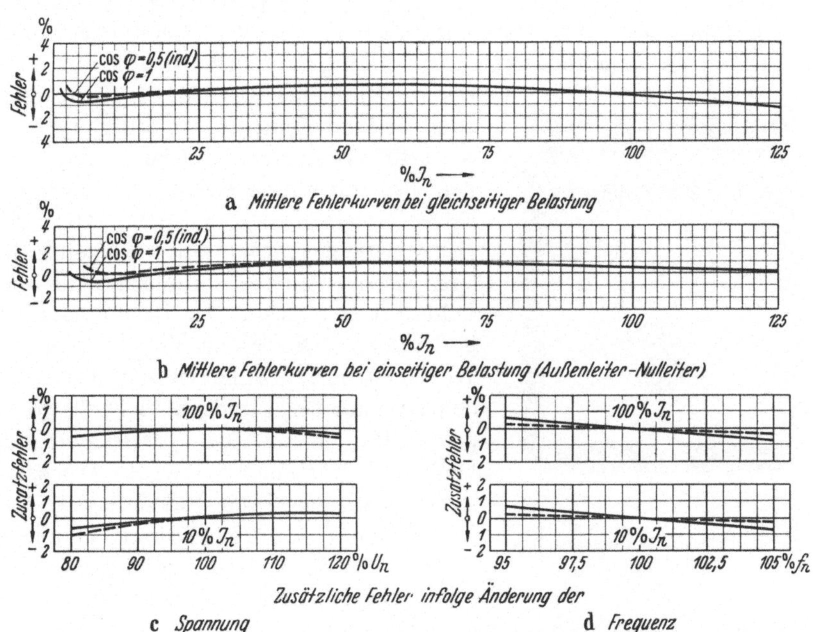

Abb. 155a bis d. Fehlerkurven eines Drehstrom-Präzisionszählers mit drei Systemen.
a Mittlere Fehlerkurven bei gleichseitiger Belastung; — b mittlere Fehlerkurven bei einseitiger Belastung zwischen Außenleiter und Nulleiter; — c Spannungseinfluß; — d Frequenzeinfluß.

eines Drehstromeichzählers. Abb. 157 gibt das Zeigerzählwerk wieder. Die Zähler können für mehrere, beispielsweise zwei im Verhältnis $1:\sqrt{3}$ oder 1 : 2 gestufte Nennspannungen und für zwei im Verhältnis 1 : 2 oder 1 : 5 gestufte Nennströme ausgeführt werden und verbrauchen etwa 1 W bzw. 4 VA je Spannungskreis und 0,3 . . . 1,5 W bzw. 0,4 bis 1,6 VA je Stromkreis, wobei die größeren Werte für die höheren Stromstärken gelten, sie entwickeln ein Nenndrehmoment von 10 bis 15 gcm und sind bis $2\,J_n$ belastbar. Ihre Anzeigetoleranzen liegen bei richtigem Drehfeldsinn bei einseitiger und gleichseitiger Belastung innerhalb $\pm$ 1%, der Spannungseinfluß in der Größenordnung von 0,5%/10% Spannungsänderung, der Frequenzeinfluß bei 1%/5% Frequenzänderung und der Temperatureinfluß etwa bei 0,2%/10° Temperaturänderung. Sie können also mit gutem Recht als Präzisionszähler angesprochen werden. Abb. 158 gibt die Fehlerkurven eines solchen Zählers wieder. Mit den Zählern gelieferte Fehlertabellen gestatten, ihre Fehler zu berichtigen. Die Eichzähler können als Wechselstromprüfzähler ausgeführt werden, zweckmäßiger sind jedoch Drehstromprüfzähler, da mit dem dreisystemigen Drehstromprüfzähler sowohl Wechselstromzähler wie zwei- und dreisystemige Drehstrom-Wirk- und -Blindverbrauchzähler geprüft werden können. Durch einen eingebauten Drehfeldzeiger kann der richtige Drehfeldsinn kontrolliert werden.

Abb. 156. Präzisionseichzähler mit drei Systemen und zugehörigem Stoppschalter zur Kontrolle von Drei- und Vierleiter-Drehstromzählern.

Abb. 157. Zeigerzählwerk eines Präzisionseichzählers mit drei Dekaden und Drehfeldrichtungsanzeiger.

Abb. 159 bis 166 geben die verschiedenen Schaltungen für zwei- und dreisystemige Wirk- und Blindverbrauchzähler wieder unter Berücksichtigung der verschiedenen inneren Abgleichungen bei den Blind verbrauchzählern.

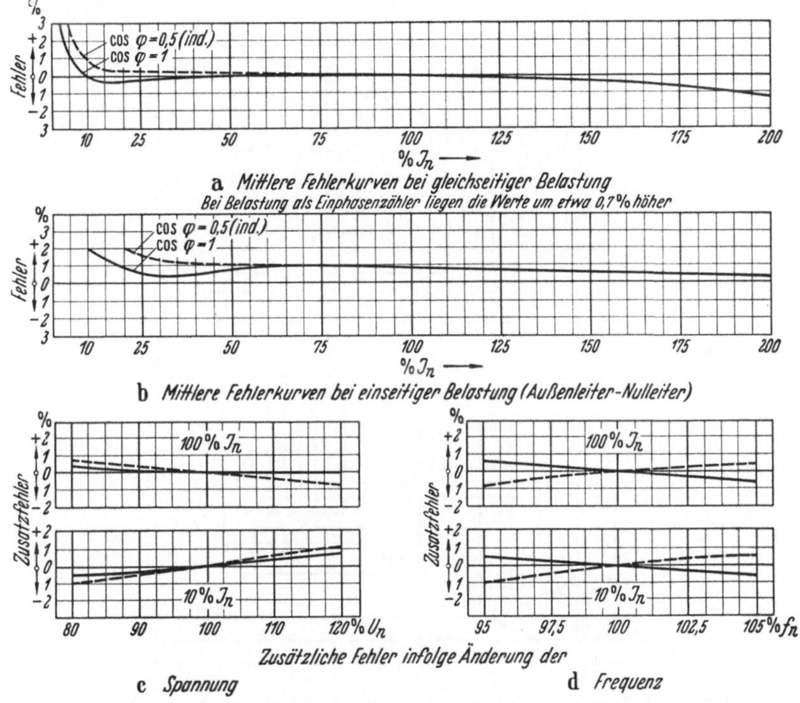

Abb. 158a bis d. Mittlere Fehlerkurven eines Präzisionseichzählers.
a Fehlerkurve bei gleichseitiger Belastung; — b Fehlerkurve bei einseitiger Belastung zwischen Außenleiter und Nulleiter; — c Spannungseinfluß; — d Frequenzeinfluß.

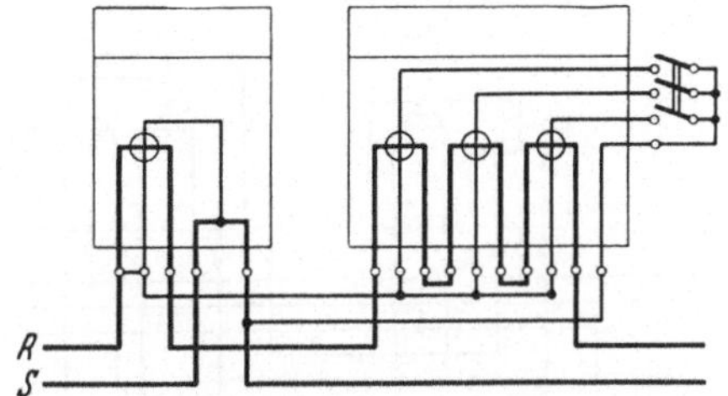

Abb. 159. Prüfung eines Wechselstrom-Wirkverbrauchzählers mit einem Präzisions-Drehstromprüfzähler.

e) Drehstrom-Scheinverbrauchzähler. Der Scheinverbrauch des Drehstromnetzes ist proportional

$$N_S = U_{RO} \cdot J_R + U_{SO} \cdot J_S + U_{TO} \cdot J_T,$$

er kann nicht mit dem Induktionszähler gezählt werden, weil in der Gleichung für das Antriebsmoment des Induktionszählers die Phasenverschiebung zwischen Strom- und Spannungsfluß vorkommt, wohl aber kann man einen Mischverbrauch zählen, der sich aus einem sinφ

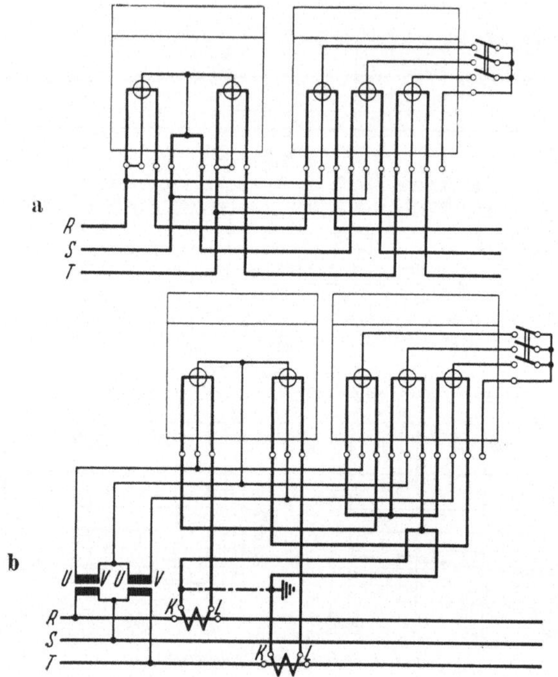

Abb. 160a u. b. Prüfung eines Drehstrom-Wirkverbrauchzählers mit zwei Systemen mit einem Drehstrom-Präzisionsprüfzähler mit drei Systemen.
a Direkter Anschluß; — b Wandleranschluß.

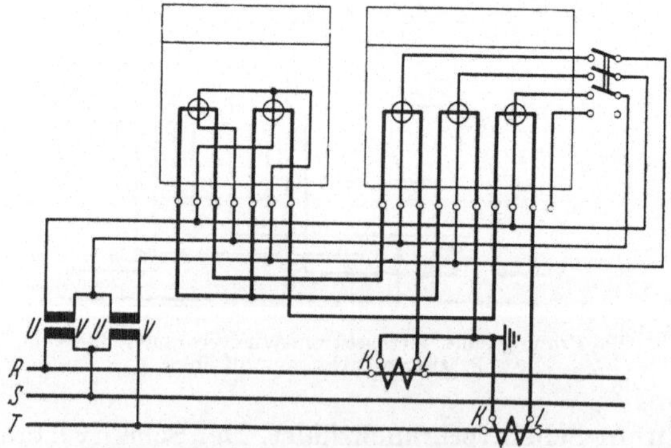

Abb. 161. Prüfung eines Drehstrom-Blindverbrauchzählers mit zwei Systemen und innerer 60°-Abgleichung mit einem Präzisions-Drehstrom-Wirkverbrauchprüfzähler mit drei Systemen.

abhängigen und aus einem cosφ-abhängigen Anteil zusammensetzt und in einem beschränkten Bereich des Leistungsfaktors nicht sehr weit vom Scheinverbrauch abweicht.

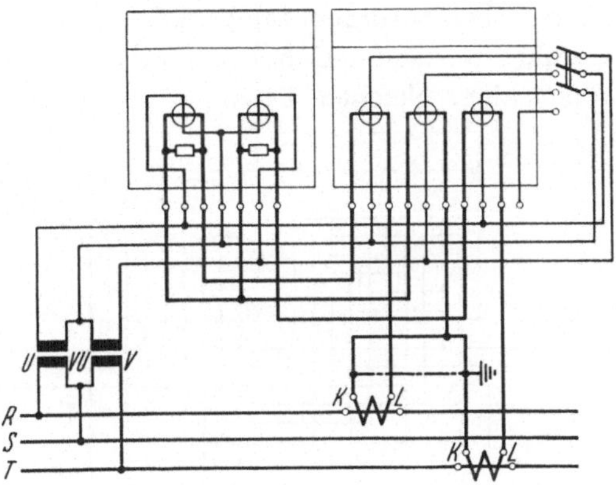

Abb. 162. Prüfung eines Drehstrom-Blindverbrauchzählers mit zwei Systemen und innerer 180°-Abgleichung mit einem Drehstrom-Präzisions-Wirkverbrauchzähler mit drei Systemen.

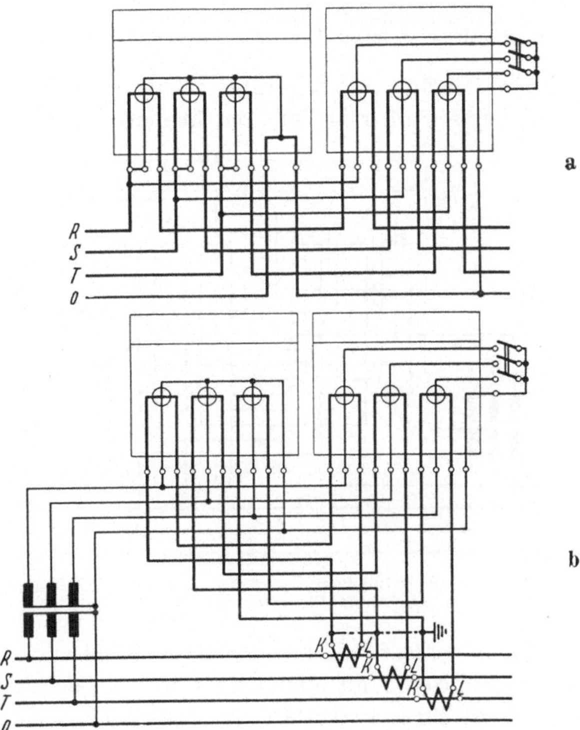

Abb. 163a u. b. Prüfung eines Drehstrom-Wirkverbrauchzählers mit drei Systemen mit einem Präzisions-Drehstromprüfzähler mit drei Systemen.
a Direkter Anschluß; — b Wandleranschluß.

Die Drehstrom-Scheinverbrauchzähler können mit zwei oder drei Systemen ausgeführt werden und haben dieselben Eigenschaften wie die Wirkverbrauchzähler gleichen Typs.

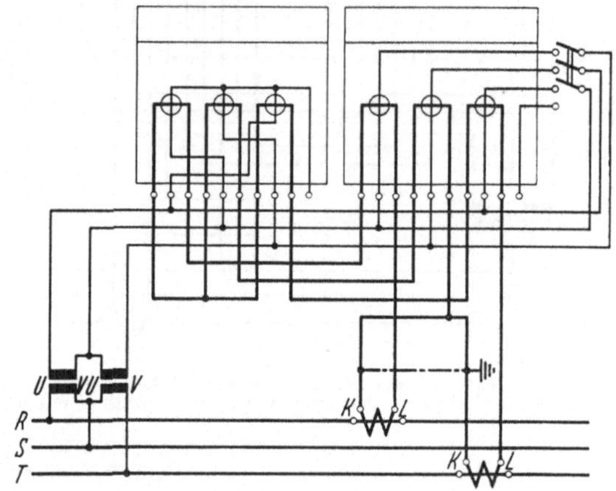

Abb. 164. Prüfung eines Drehstrom-Blindverbrauchzählers mit drei Systemen und innerer 60°-Abgleichung mit einem Drehstrom-Wirkverbrauchprüfzähler mit drei Systemen.

Einen solchen Scheinverbrauchzähler erhält man, wenn man die innere Verschiebung α größer als 90° und kleiner als 180° bzw. größer

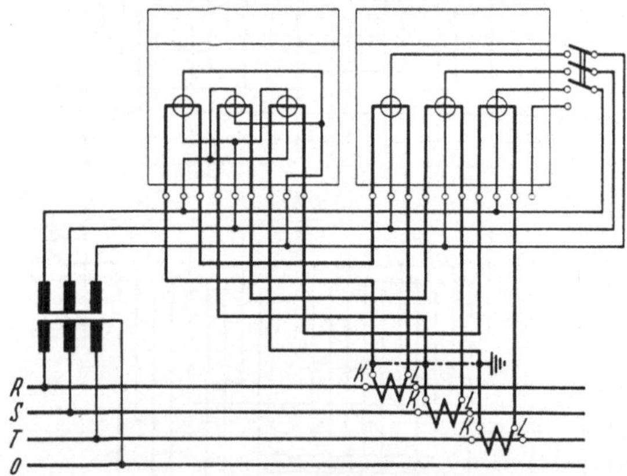

Abb. 165. Prüfung eines Drehstrom-Blindverbrauchzählers mit drei Systemen und innerer 90°-Abgleichung mit einem Drehstrom-Wirkverbrauchprüfzähler mit drei Systemen.

als 270° und kleiner als 360° wählt. Je nach der Wahl von α im zweiten oder vierten Quadranten läuft der Zähler rechts oder links herum.

Das Drehmoment eines dreisystemigen Scheinverbrauchzählers dieser Art ist

$$M_{as} = K\,[\Phi_{J_R}\cdot\Phi_{U_{RO}}\cdot\sin(\alpha-\varphi_R) + \Phi_{J_S}\cdot\Phi_{U_{SO}}\cdot\sin(\alpha-\varphi_S) + \Phi_{J_T}\cdot\Phi_{U_{TO}}\cdot\sin(\alpha-\varphi_T)]\,, \qquad (289)$$

worin α den Phasenwinkel zwischen Spannung und Spannungstriebfluß bedeutet. Wählt man beispielsweise die innere Abgleichung zu 135°, indem man den Strömen Spannungen zuordnet, die um 60° hinter den für die Wirkverbrauchzählung erforderlichen Spannungen nacheilen und

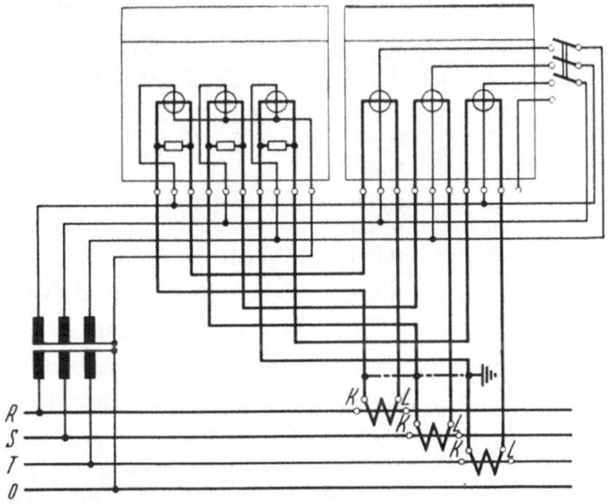

Abb. 166. Prüfung eines Drehstrom-Blindverbrauchzählers mit drei Systemen und innerer 180°-Abgleichung mit einem Drehstrom-Wirkverbrauchprüfzähler mit drei Systemen.

die Spannungsflüsse um den Winkel $\gamma = 75°$ gegen die Spannungen zurückschiebt, so erhält man nach Abb. 167 für das Antriebsmoment dieses Zählers

$$M_{a_S} = K\,[\Phi_{J_R}\cdot\Phi_{U_{OT}}\cdot\sin(135-\varphi_R) + \Phi_{J_S}\cdot\Phi_{U_{OR}}\cdot\sin(135-\varphi_S) + \Phi_{J_T}\cdot\Phi_{U_{OS}}\cdot\sin(135-\varphi_T)] \quad (290)$$

und für symmetrische Belastung

$$M_{a_S} = K_1\cdot 3\cdot J\cdot U_\lambda\cdot\sin(135-\varphi)\,. \quad (291)$$

In dieser Gleichung ist $K_1 \cdot 3 \times \times J \cdot U_\lambda$ proportional der Scheinleistung des symmetrisch belasteten Drehstromnetzes; die Abweichung des Fehlergliedes $\sin(135-\varphi)$ vom Sollwert 1 gibt an, um wieviel sich das Drehmoment des Mischverbrauchzählers bei verschiedenen Werten des Leistungsfaktors vom Drehmoment eines wirklichen Scheinverbrauchzählers unterscheidet. Die nachstehende Tabelle gibt die Größe des Fehlergliedes für verschiedene Werte des Phasenwinkels φ an.

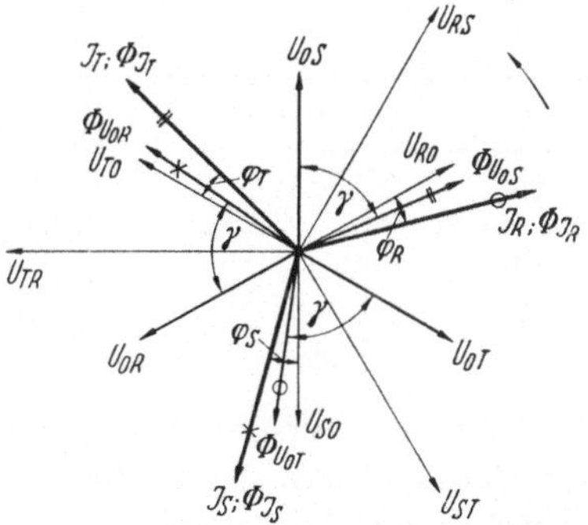

Abb. 167. Diagramm eines Drehstrom-Mischverbrauchzählers (Scheinverbrauchzähler) mit einer inneren Abgleichung von 135°.

φ°	$\cos\varphi$	$\alpha - \varphi$	$\sin(\alpha - \varphi)$
15	0,966	120	0,866
20	0,940	115	0,906
25	0,906	110	0,940
30	0,866	105	0,966
35	0,819	100	0,985
40	0,766	95	0,996
45	0,707	90	1
50	0,643	85	0,996
55	0,574	80	0,985
60	0,500	75	0,966
65	0,423	70	0,940
70	0,342	65	0,906
75	0,259	60	0,866

Abb. 168 zeigt die Drehzahlcharakteristik eines Scheinverbrauchzählers bei konstanter Scheinleistung abhängig vom $\cos\varphi$, wobei die Drehzahl bei $\cos\varphi = 0{,}707$, $\varphi = 45^\circ$ gleich 100% gesetzt wurde. Der Zähler zeigt von $\cos\varphi = 0{,}55 \ldots 0{,}83$ den Scheinverbrauch mit einer Toleranz von $\pm 1\%$, von $\cos\varphi = 0{,}48 \ldots 0{,}88$ mit einer Toleranz von $\pm 2\%$ an.

Für andere Werte der inneren Verschiebung α hätten sich natürlich andere Grenzen des $\cos\varphi$ ergeben, innerhalb deren der Mischverbrauchzähler annähernd den Scheinverbrauch zählt. Die nachstehende

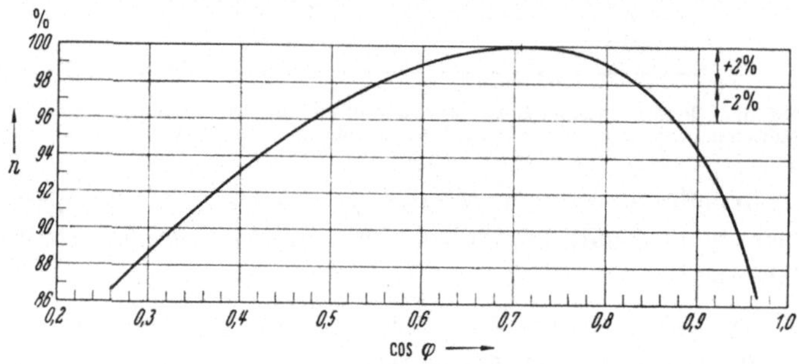

Abb. 168. Drehzahlcharakteristik eines Scheinverbrauchzählers mit innerer 135°-Abgleichung, abhängig vom Leistungsfaktor.

Tabelle gibt diese Grenzen für verschiedene Werte von α an, wenn man einen Zusatzfehler von $\pm 2\%$ zuläßt.

α	$\cos\varphi$
155	0,15 . . . 0,66
145	0,33 . . . 0,78
135	0,48 . . . 0,88
125	0,63 . . . 0,95
115	0,76 . . . 0,99

Um den Leistungsfaktorbereich zu vergrößern, innerhalb dessen ein vorgeschriebener Fehler nicht überschritten wird, kann man mehrere Scheinverbrauchmeßwerke mit verschiedener innerer Abgleichung anordnen und jeweils das Meßwerk mit der höchsten Drehzahl mit dem Zählwerk kuppeln, wofür man entweder ein Leistungsfaktorrelais oder ein Überholungsgetriebe verwendet. Im allgemeinen lohnen solche Konstruktionen den Aufwand nicht, da man einfachere Lösungen für die einwandfreie Scheinverbrauchzählung hat. Abb. 169 zeigt die Innenschaltung, Abb. 170 und

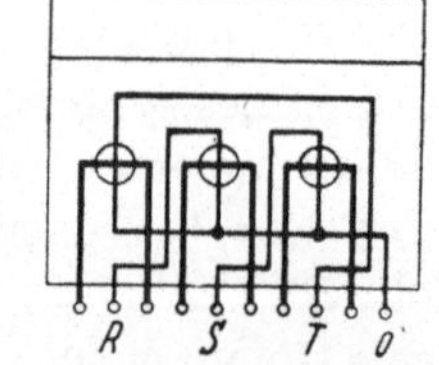

Abb. 169. Innenschaltung eines Drehstrom-Scheinverbrauchzählers.

171 die Beglaubigungsfehlergrenzen für Scheinverbrauchzähler bei direktem Anschluß und Anschluß über Wandler.

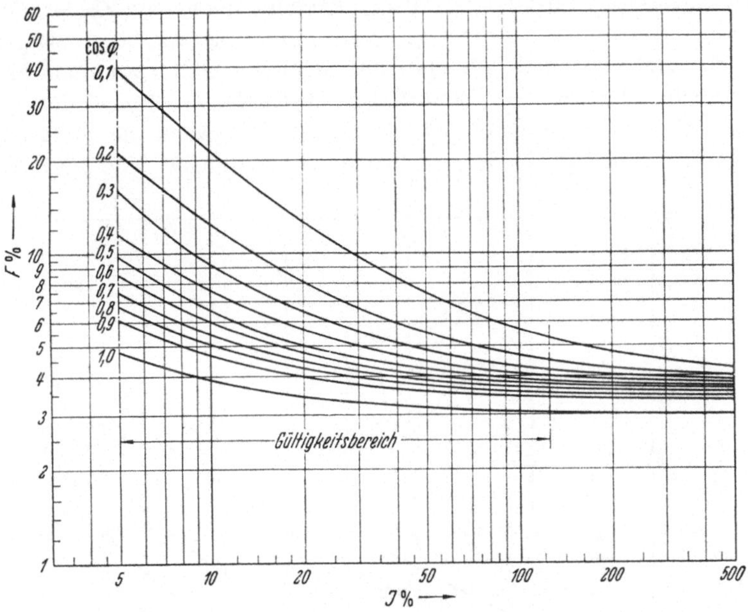

Abb. 170. Eichfehlergrenzen für Wechsel- und Drehstrom-Scheinverbrauchzähler für direkten Anschluß nach der Eichordnung vom 24. 1. 1942, § 949.

$$\pm F = 3{,}5 + 0{,}14 \cdot \frac{N_n}{N} - 0{,}5\left(1 + 0{,}1 \cdot \frac{N_n}{N}\right) \operatorname{tg}(45 - \varphi).$$

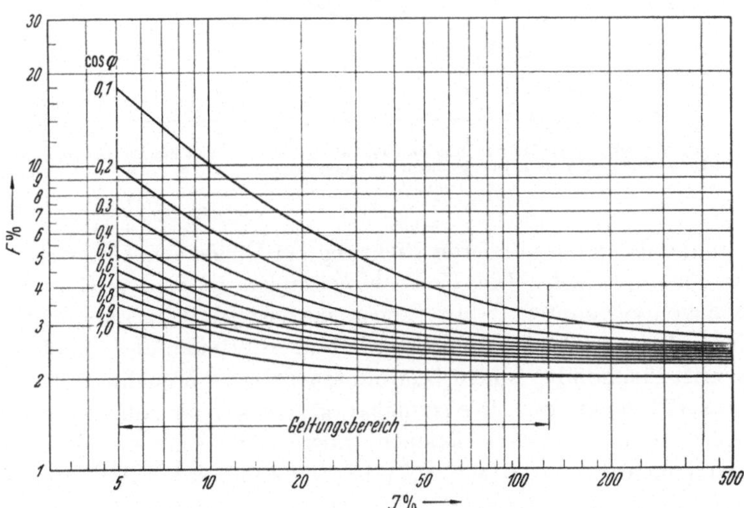

Abb. 171. Eichfehlergrenzen für Wechsel- und Drehstrom-Scheinverbrauchzähler für Wandleranschluß nach der Eichordnung vom 24. 1. 1942, § 949

$$\pm F = 2{,}3 + 0{,}064 \cdot \frac{N_n}{N} - 0{,}3\left(1 + 0{,}05 \cdot \frac{N_n}{N}\right) \operatorname{tg}(45 - \varphi).$$

f) Drehstrom-Blindverbrauchüberschußzähler. Wenn man den Blindverbrauch erfassen will, der oberhalb oder unterhalb eines bestimmten Leistungsfaktors entnommen wird, verwendet man einen Zähler, dessen innere Verschiebung α größer als Null und kleiner als 90° bzw. größer als 180° und kleiner als 270° ist. Je nachdem erhält man einen Mischverbrauchzähler, der bei Blindverbrauch-Überschuß links oder rechts herum läuft. Ein solcher Zähler steht still, wenn der Phasenverschiebungswinkel φ gleich dem Winkel α bzw. gleich ($\alpha = 180$) ist; er

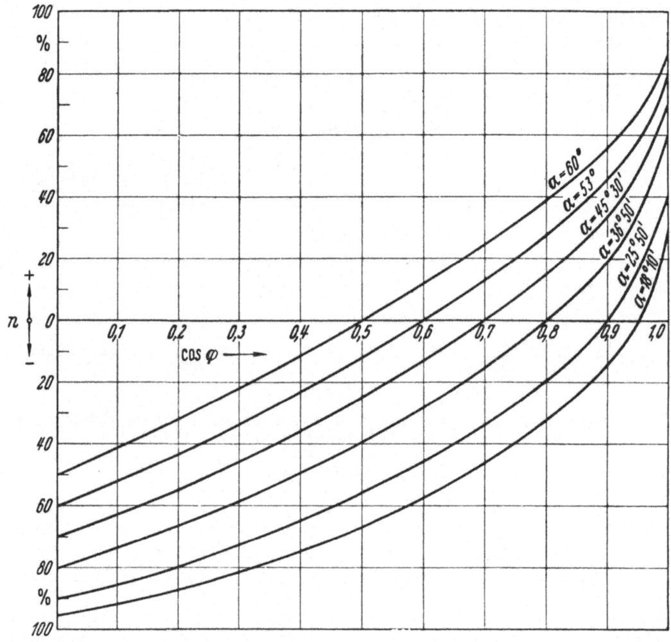

Abb. 172. Drehzahlcharakteristik des linksläufigen Blindverbrauchüberschußzählers bei konstanter Scheinleistung, abhängig vom Leistungsfaktor für verschiedene Werte der inneren Abgleichung α, wobei $0° < \alpha < 90°$.

läuft in der einen oder anderen Richtung bei Über- oder Unterschreiten dieses Phasenwinkels. Die Umdrehungszahlen in beiden Richtungen können von getrennten Zählwerken registriert werden. Läßt man den Läufer auf ein einziges Zählwerk arbeiten, so erteilen diese Zähler eine Gutschrift für die über einem bestimmten $\cos\varphi$ verbrauchte Arbeit.

Abb. 172 zeigt die Drehzahlcharakteristik von Blindverbrauchüberschußzählern mit verschiedenen, inneren Abgleichungen für Zählerstillstand bei $\cos\varphi = 0{,}5$; 0,6; 0,7; 0,8; 0,9 und 0,95[1]. Blindverbrauch-

[1] Abb. 172/173 sowie die Angaben auf S. 159 beziehen sich auf den linksläufigen Mischverbrauchzähler; für den rechtsläufigen gelten analoge Betrachtungen.

überschußzähler für Wechselstrom werden nicht gefertigt, für symmetrisch belasteten Drehstrom höchst selten. Ihr Anwendungsgebiet sind beliebig belastete Drehstromnetze. Die Phasenwinkel α der inneren Ver schiebung kann man durch Wahl des Verhältnisses von Blindwiderstand zum Wirkwiderstand der Spannungsspule verändern; je größer man den Wirkwiderstand der Spannungsspule macht, desto kleiner wird der Winkel α. Man kann aber auch die innere Verschiebung $\alpha = 90°$ für die einzelne Spannungsspule beibehalten und zwei gegeneinander phasenverschobene Spannungen so zusammensetzen, daß die resultierende Spannung der eigentlich in Frage kommenden um den Winkel $(90 - \alpha)$ voreilt, so daß der resultierende Fluß die gewünschte Verschiebung α bekommt. Nach Abb. 173 erhält das Triebsystem *1* zum Strom J_R an Stelle der zugehörenden Spannung U_{RO} die Spannung U_1, die sich aus den Teilspannungen U_{RS} und $a\,U_{TR}$ geometrisch zusammengesetzt.

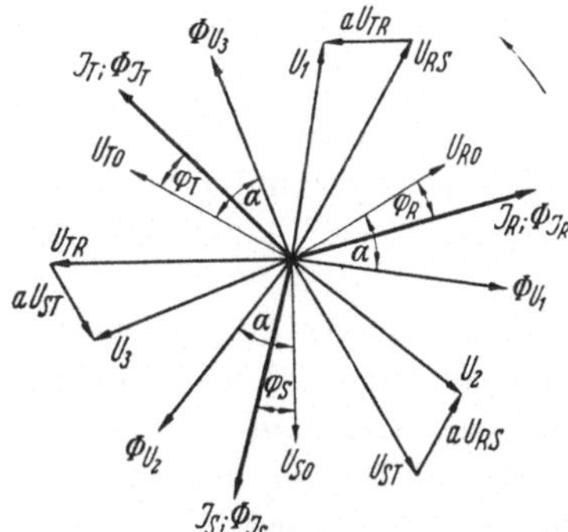

Abb. 173. Diagramm eines linksläufigen Blindverbrauchüberschußzählers mit drei Systemen.

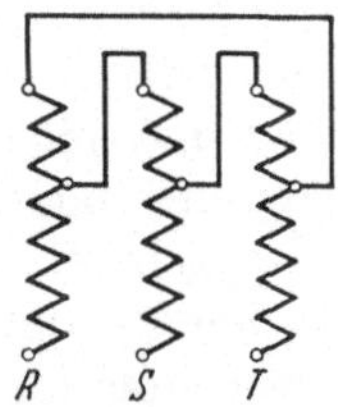

Abb. 174. Schaltung der Spannungspfade eines Blindverbrauchüberschußzählers mit angezapften Wicklungen.

Durch Wahl der Größe der beiden Teilspannungen kann man die Phasenlage von U_1 so bestimmen, daß sie gegenüber U_{RO} um $(90-\alpha)$ voreilt. Das Triebsystem *2* erhält den Strom J_S und die Spannung U_2, die um $(90 - \alpha)$ gegenüber U_{SO} voreilt; das Triebsystem *3* den Strom J_T und die Spannung U_3, die gegenüber U_{TO} um $(90 - \alpha)$ voreilt. Der Fluß Φ_{U_1} eilt der Spannung U_1 um 90°, der Spannung U_{RO} um den Winkel α nach, ebenso Φ_{U_2} der Spannung U_{SO} und Φ_{U_3} der Spannung U_{TO} um den Winkel α.

Das Antriebsmoment dieses Zählers ist

$$M_a = K[\Phi_{U_1} \cdot \Phi_{J_R} \cdot \sin(\alpha - \varphi_R) + \Phi_{U_2} \cdot \Phi_{J_S} \cdot \sin(\alpha - \varphi_S) + \\ + \Phi_{U_3} \cdot \Phi_{J_T} \cdot \sin(\alpha - \varphi_T)], \quad (292)$$

wobei α größer als Null und kleiner als 90° ist. Das Antriebsmoment ist proportional einem Überschußblindverbrauch. Bei

$$\varphi_R = \varphi_S = \varphi_T = \alpha$$

steht der Zähler still.

Die Schaltung der Spannungspfade des Zählers zeigt Abb. 174.

Solche Spezialzähler werden bei besonderen Tarifen für Großverbraucher zuweilen angewendet, sie unterscheiden sich hinsichtlich Meßgenauigkeit und Eigenschaften nicht von den Wirkverbrauchzählern gleichen Typs.

g) Relais. Aus den Drehstromzählern lassen sich ebenso wie aus den Wechselstromzählern Relais für die verschiedensten Zwecke ableiten, beispielsweise Blind-, Wirk- und Scheinverbrauchrelais, Energierichtungsrelais, Strom- und Spannungsrelais, Leistungsfaktorrelais, Phasenbruchrelais usw.

V. Magnetmotorzähler.

(Permanentdynamischer Zähler.)

1. Prinzip.

Der Magnetmotorzähler ist im Grunde ein eisenloser Gleichstrommotor mit Dauermagnetfeld. Seine Drehzahl ist proportional dem Ankerstrom, und er registriert die Elektrizitätsmenge $Q = J \cdot t$, ist also ein Amperestundenzähler.

Der Zähler hat einen oder mehrere Feldmagnete und einen bewickelten Trommel- oder Scheibenläufer, dem der Strom über Kollektor und Bürsten zugeleitet wird. Aus verschiedenen Gründen wäre es unzweckmäßig, den Gesamtstrom über den Anker zu führen, weshalb man den Zähler fast stets an einen Nebenwiderstand anschließt.

Grundsätzlich ist natürlich auch der umgekehrte Aufbau mit feststehender Wicklung und umlaufendem Magnet möglich; auch in diesem Fall muß ein Stromwender die Wicklung bei jedem Polwechsel umpolen.

2. Berechnung.

a) Der gedämpfte Magnetmotorzähler. Ein Magnetfeld übt auf einen dazu senkrecht stehenden, stromdurchflossenen Leiter eine Kraft aus, die proportional der Feldstärke H, der Länge l des Leiters im Magnetfeld und der Stromstärke J_a im Leiter ist. Hat der Leiter die Form einer Spule mit w Windungen, so ist die ausgeübte Kraft außerdem proportional der Windungszahl.

Das Antriebsmoment des Zählers ist demnach

$$M_a = k \cdot H \cdot J_a \cdot l \cdot w. \tag{293}$$

Da Leiterlänge und Windungszahl für eine gegebene Konstruktion als konstant angesehen werden können, darf man auch schreiben

$$M_a = k_1 \cdot H \cdot J_a. \tag{294}$$

Das Drehmoment ist nicht während der ganzen Umdrehung des Läufers konstant, sondern ändert sich je nach der Schaltung der Ankerspulen und ihrer Lage im Feld, es wird um so gleichmäßiger, je mehr Spulen der Anker trägt. Für die in Abb. 175 gezeigte Ausführung mit zwei um 180° versetzten Magneten und drei Ankerspulen schwankt das Drehmoment bei der gezeichneten Feldverteilung um ± 7,5% (Abb. 176).

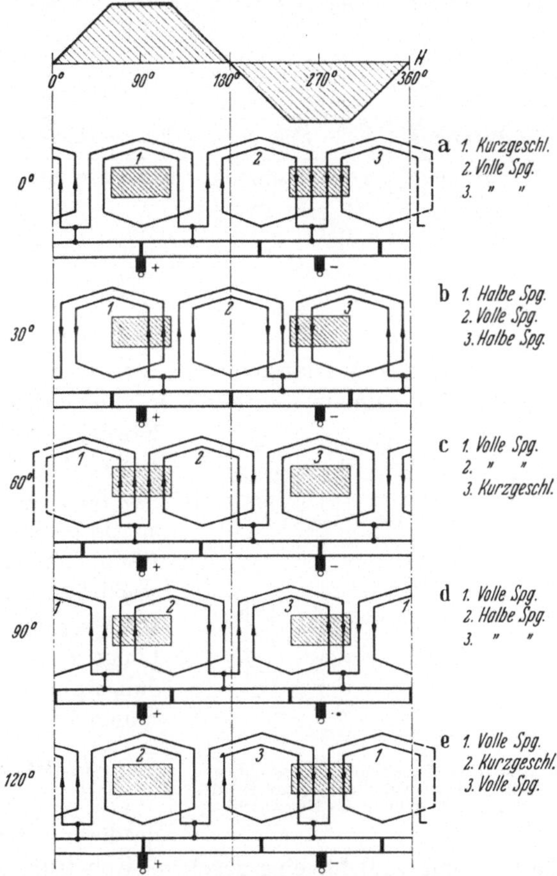

Abb. 175a bis e. Wickelschema und Strombelastung des dreispuligen Ankers eines Magnetmotorzählers.

	Ankerstellung	Spule 1	Spule 2	Spule 3
a	0°	kurzgeschlossen	volle Spannung	volle Spannung
b	30°	halbe Spannung	volle Spannung	halbe Spannung
c	60°	volle Spannung	volle Spannung	kurzgeschlossen
d	90°	volle Spannung	halbe Spannung	halbe Spannung
e	120°	volle Spannung	kurzgeschlossen	volle Spannung

Die nachstehende Tabelle gibt die Schaltung der einzelnen Spulen und das entwickelte Drehmoment an.

Anker-stellung	Spule 1	Spule 2	Spule 3	ΣD %
0°	kurzgeschlossen	volle Spannung	volle Spannung	100
10°	halbe Spannung	volle Spannung	halbe Spannung	85
20°	,, ,,	,, ,,	,, ,,	90
30°	,, ,,	,, ,,	,, ,,	91,5
40°	,, ,,	,, ,,	,, ,,	90
50°	,, ,,	,, ,,	,, ,,	85
60°	volle Spannung	volle Spannung	kurzgeschlossen	100
70°	volle Spannung	halbe Spannung	halbe Spannung	85
80°	,, ,,	,, ,,	,, ,,	90
90°	,, ,,	,, ,,	,, ,,	91,5
100°	,, ,,	,, ,,	,, ,,	90
110°	,, ,,	,, ,,	,, ,,	85
120°	volle Spannung	kurzgeschlossen	volle Spannung	100

Unter dem Einfluß des Antriebsmoments setzt sich der Läufer in Bewegung und die Feldmagnete induzieren in ihm elektromotorische Kräfte der Bewegung; zunächst in der Läuferwicklung die EMK U_b, die proportional der Feldstärke H, der Winkelgeschwindigkeit ω_1 des Läufers, der induzierten Länge l und der Windungszahl w der Läuferspulen ist.

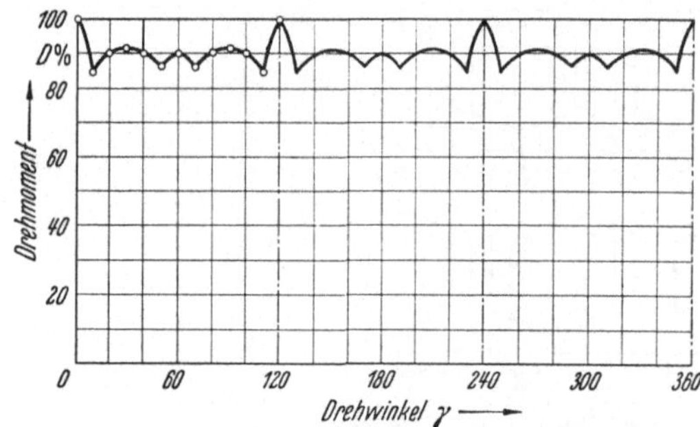

Abb. 176. Drehmoment eines Magnetmotorzählers mit zwei Dauermagneten und dreispuligem Anker, abhängig vom Drehwinkel bei trapezförmiger Verteilung des Erregerfeldes.

$$U_b = k_2 \cdot H \cdot \omega_1 \cdot l \cdot w = k_3 \cdot \omega_1 \cdot H, \qquad (295)$$

da die induzierte Spulenlänge und die Windungszahl für eine gegebene Konstruktion konstant sind.

Gemäß der Schaltung der Abb. 177 kann diese Gegen-EMK über den Anker und den Nebenwiderstand einen Strom J_b erzeugen, der dem Ankerstrom J_a entgegengerichtet ist und somit dem Antriebsmoment entgegenwirkt, den Läufer also zu bremsen sucht. Der Strom J_b ist

$$J_b = \frac{U_b}{R_a + R_n} \qquad (296)$$

und erzeugt ein Gegendrehmoment M_{b_1}

$$M_{b_1} = k_1 \cdot H \cdot J_b = \omega_1 \cdot H^2 \cdot \frac{k_4}{R_a + R_n}. \qquad (297)$$

Eine zweite EMK U_c wird vom Erregerfeld H in den nicht zum Ankerstromkreis gehörenden Metallteilen des Läufers induziert, sie ist ebenfalls proportional der Feldstärke und der Winkelgeschwindigkeit und führt zu Wirbelströmen J_c im Wicklungsträger, die auch der Bewegung des Läufers entgegenwirken:

$$U_c = k_5 \cdot \omega_1 \cdot H, \tag{298}$$

$$J_c = k_6 \cdot U_c \cdot \varkappa = k_7 \cdot \omega_1 \cdot H. \tag{299}$$

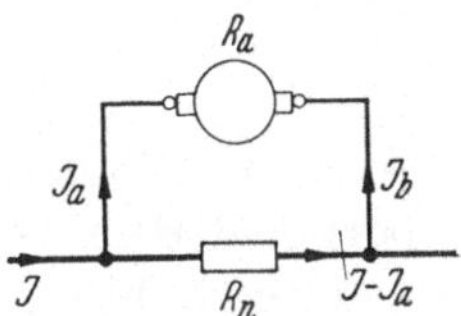

Abb. 177. Schaltung des Magnetmotorzählers. R_a Ankerkreiswiderstand; — R_n Nebenwiderstand; — J Gesamtstrom; — J_a Ankerstrom; — J_b Strom der Gegen-EMK.

Darin ist $\varkappa$ die spezifische Leitfähigkeit der nicht zum Stromkreis gehörenden Metallteile des Läufers. Das von den Strömen J_c zusammen mit dem Erregerfeld erzeugte Gegendrehmoment ist

$$M_{b_2} = k_8 \cdot H \cdot J_c = k_8 \cdot \omega_1 \cdot H^2. \tag{300}$$

Das gesamte Bremsmoment hat demnach den Wert

$$M_b = M_{b_1} + M_{b_2} = \omega_1 \cdot H^2 \cdot \left(\frac{k_4}{R_a + R_n} + k_8\right) = k_{10} \cdot \omega_1 \cdot H^2, \tag{301}$$

da R_a und R_n konstant sind.

Das Bremsmoment ist also proportional der Läuferdrehzahl und dem Quadrat der Erregerfeldstärke. Der Gleichgewichtszustand ist erreicht, wenn der Läufer eine Drehzahl angenommen hat, bei der Antriebsmoment und Bremsmoment entgegengesetzt gleich sind, also

$$M_a = M_b$$

oder

$$\omega_1 = k_{11} \cdot \frac{J_a}{H} = k_{12} \cdot J_a, \tag{302}$$

da auch die Feldstärke des Erregerfeldes konstant ist. Die Winkelgeschwindigkeit ω_1 des Läufers ist somit proportional dem Ankerstrom J_a. Nach Abb. 177 ist

$$J_a = (J - J_a) \cdot \frac{R_n}{R_a} \quad \text{oder} \quad J_a = J \cdot \frac{R_n}{R_a + R_n}, \tag{303}$$

so wird

$$\omega_1 = k_{12} \cdot J \cdot \frac{R_n}{R_a + R_n} = k_{13} \cdot J. \tag{304}$$

Die Winkelgeschwindigkeit des Läufers ist also auch proportional dem Gesamtstrom.

b) Der ungedämpfte Magnetmotorzähler. Beim ungedämpften Magnetmotorzähler bestehen die im Erregerfeld liegenden Läuferteile — abgesehen von der Wicklung — aus Isolierstoffen, das Bremsmoment M_{b_2} wird also Null, und im Gleichgewichtszustand nimmt der Läufer eine

Winkelgeschwindigkeit an, die durch die Gleichung

$$k_1 \cdot H \cdot J_a = \omega_2 \cdot H^2 \cdot \frac{k_4}{R_a + R_n} \tag{305}$$

gegeben ist. Nach einigen Umformungen wird

$$\omega_2 = k_{14} \cdot \frac{J}{H} \cdot R_n = k_{15} \cdot J. \tag{306}$$

Auch die Winkelgeschwindigkeit ω_2 des ungedämpften Zählers ist proportional dem Gesamtstrom J, sie liegt jedoch höher als die des gedämpften Zählers, da der Läufer nur durch den von der Gegen-EMK der Läuferwicklung erzeugten Strom gebremst wird und keine zusätzliche Wirbelstrombremsung auftritt.

3. Justierung des Magnetmotorzählers.

Nach der Gleichung

$$\omega_1 = k_{11} \cdot \frac{J_a}{H}$$

kann man die Drehzahl des Magnetmotorzählers justieren durch Verändern der Erregerfeldstärke H, etwa mittels eines magnetischen Nebenschlusses oder durch Verändern des Ankerstromes, indem man das Verhältnis des Nebenwiderstandes R_n zum Ankerwiderstand R_a verändert. Dies kann man durch Änderung des Nebenwiderstandes R_n oder durch einen Vorwiderstand vor dem Anker erreichen.

4. Eigenschaften.

a) Drehmoment und Eigenverbrauch. Die Magnetmotorzähler entwickeln ein Nenndrehmoment von 10 ... 15 cmg und nehmen dabei einen Ankerstrom von 50 ... 100 mA auf bei einem Ankerwiderstand von 5 ... 25 Ω und einem Spannungsabfall von 0,25 ... 2,5 V. Der Spannungsabfall eines SSW-10 A-Zählers ist etwa 1,4 V und der eines 20 A-Zählers etwa 0,7 V. Der Nebenwiderstand wird bis zu Stromstärken von etwa 25 A eingebaut, darüber werden getrennte Nebenwiderstände verwendet. Zähler und Nebenwiderstand verbrauchen 0,25 bis 2,5 W/A je nach der Nennstromstärke. Bei getrennten Nebenwiderständen müssen die Zuleitungen zum Zähler selbstverständlich eingeeicht werden, da sie den Widerstand des Ankerkreises vergrößern.

b) Genauigkeit und Fehlerkurve. Die Fehlerkurve des Gleichstrommotorzählers verläuft nach Abb. 178, sie ist durch die Reibung bestimmt und geht bei kleiner Last nach Minus, was man z. T. dadurch ausgleichen kann, daß man bei Nennlast einen positiven Fehler einstellt. Die Genauigkeit des Motorzählers wird wesentlich durch das Verhältnis des Nenndrehmoments zum Reibungsmoment bestimmt. Da das letztere infolge der Bürstenreibung verhältnismäßig groß und infolge der Abnützung von Bürsten und Kollektor nicht konstant ist, wählt man das Nenndrehmoment so hoch, wie es mit Rücksicht auf den Verbrauch im Nebenwiderstand angängig ist. Ferner wird die Genauigkeit beeinflußt durch die veränderlichen Übergangswiderstände am Kollektor, die den Ankerstrom beeinflussen, und durch die Konstanz des Erregerfeldes, dessen Änderungen bei modernen Hochleistungsmagneten sehr gering sind.

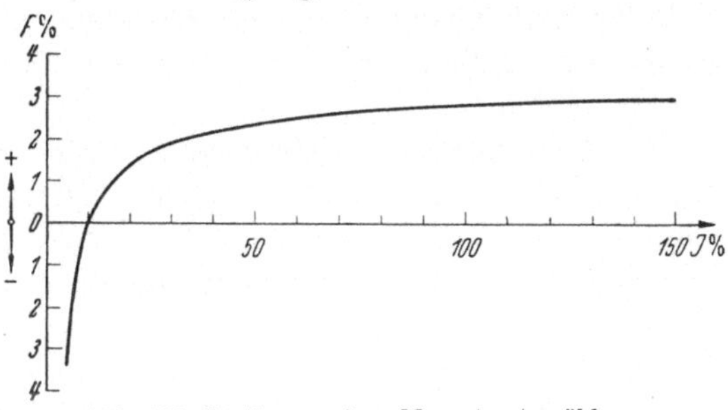

Abb. 178. Lastkurve eines Magnetmotorzählers.

Die nach der Eichordnung zulässigen Fehlergrenzen der Gleichstromzähler sind in Abb. 179 dargestellt. Der Zähler läuft bei 0,5 ... 1% des Nennstromes an.

c) Reibungseinfluß. Zu den beim Induktionszähler wirksamen Reibungsverlusten tritt beim Magnetmotorzähler noch die Bürstenreibung. Sie liegt bei 15 ... 20 mgcm, macht also einen erheblichen Teil der Gesamtreibung aus, doch ist ihre absolute Höhe nicht so ärgerlich wie ihre Änderungen. Der Auflagedruck der Bürsten wird beim Justieren des Zählers durch Abgleichfedern sehr sorgsam eingestellt, er darf nicht zu groß sein, weil sonst die Reibung zunimmt, und nicht zu klein, weil sonst die Bürsten bei Erschütterungen springen und entstehende Funken den Kollektor rasch zerstören. Der Bürstendruck wird zu 0,3 ... 0,4 g gewählt. Bürsten und Kollektor bestehen aus einer Gold-Silber-Legierung. Das gesamte Reibungsmoment des Zählers ist im Anlauf etwa 30 mgcm und steigt bei 100 Umdr./min auf 40 mgcm an. Die Bürsten nutzen sich natürlich auch bei richtiger Einstellung im Lauf der Zeit ab, die Auflagefläche vergrößert sich, der Kollektor wird rauh und das Reibungsmoment nimmt zu. Trotz aller Sorgfalt in Konstruktion und Fertigung sind die Stromzuführungen zum Anker der empfindlichste Teil des Gleichstrommotorzählers und begrenzen in erster Linie seine Lebensdauer.

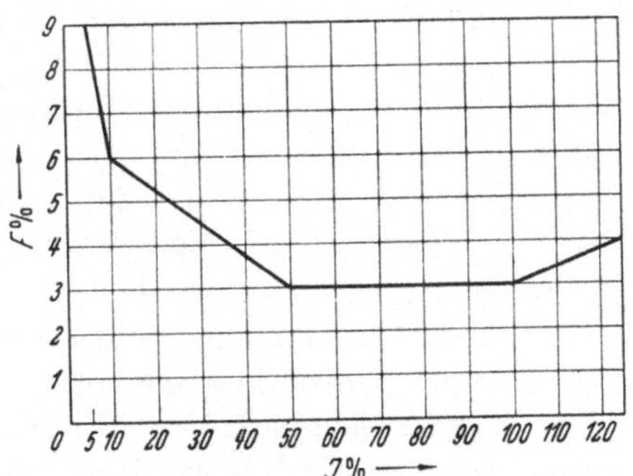

Abb. 179. Eichfehlergrenzen für Gleichstromzähler nach der Eichordnung vom 24. 1. 1942, § 949.

Um den Reibungseinfluß zu kompensieren, könnte man durch einen spannungsabhängigen Hilfsstrom ein Zusatzdrehmoment — einen Spannungsvortrieb — geben, doch macht man von dieser Möglichkeit selten Gebrauch, um den einfachen Aufbau des Zählers nicht zu beeinträchtigen, und zieht es vor, dem Zähler ein so großes Drehmoment zu geben, daß das Reibungsmoment auch bei kleiner Last nicht allzusehr ins Gewicht fällt. Außerdem justiert man den Zähler bei Nennlast auf einen positiven Fehler.

d) Bürstenübergangswiderstand. Änderungen des Übergangswiderstandes verändern den Ankerstrom und damit das Antriebsmoment, während das Bremsmoment der Wirbelstrombremse davon unabhängig ist. Veränderliche Bürstenübergangswiderstände beeinflussen also die Genauigkeit. Der Einfluß ist um so kleiner, je kleiner der Anteil des Übergangswiderstandes am Gesamtwiderstand des Ankerkreises ist.

e) Temperatureinfluß. Unter dem Einfluß der Raumtemperatur ändert sich der Ankerwiderstand, während der Nebenwiderstand aus Manganin oder Konstantan unverändert bleibt. Der Ankerstrom nimmt mit steigender Temperatur ab und der Zähler würde um 4%/10° langsamer laufen, da der Ankerkreis praktisch nur Kupfer enthält. Gleichzeitig ändert sich aber auch der Leitwert der nicht zum Ankerstromkreis gehörenden Aluminium- oder Kupferteile des Läufers um denselben Betrag, so daß ihr Anteil am Bremsmoment ebenfalls um 4% je 10° abnimmt und sich der Temperatureinfluß bei stark gebremsten Zählern praktisch ausgleicht. Die Gegen-EMK des Ankers ist temperaturunabhängig, deshalb hat der ungebremste Zähler einen etwas größeren Temperaturfehler. Ein weiterer Temperatureinfluß kommt durch die Änderung der Magnetfeldstärke mit der Temperatur zustande, er ist bei modernen Magneten sehr klein. Insgesamt kann der Temperatureinfluß ohne Schwierigkeiten unter 0,5%/10° gehalten werden.

f) Eigenerwärmung. Der Einfluß der Eigenerwärmung gleicht sich ebenso wie der Einfluß der Raumtemperatur zum großen Teil aus, da die in der Ankerwicklung erzeugte Wärme die Metallteile des Läufers mit erwärmt.

g) Fremdfeldeinfluß. Fremdfelder beeinflussen den Magnetmotorzähler nur wenig, da das Erregerfeld in der Größenordnung von einigen tausend Oersted liegt und die modernen Magnete auch gegenüber hohen Fremdfeldern sehr stabil sind, so daß nur in Extremfällen mit einer dauernden Magnetschwächung durch Kurzschluß gerechnet werden muß.

5. Ausführungsformen und Anwendungsgebiet.

Bei der üblichen Ausführung der Magnetmotorzähler wird das Erregerfeld durch zwei entgegengesetzt gepolte Dauermagnete erzeugt und der Anker trägt drei Spulen sowie einen dreiteiligen Kollektor. Abb. 180

zeigt einen solchen Zähler. Die permanentdynamischen Motorzähler werden fast ausschließlich als Ah-Zähler für Gleichstromanlagen hergestellt und das Zählwerk in kWh beziffert, wobei man konstante Spannung voraussetzt. Der Zähler zeigt nur bei Nennspannung richtig, bei Unterspannung macht er Plusfehler, bei Überspannung Minusfehler. Daneben werden Magnetmotorzähler in unbedeutendem Umfang als Spezialzähler in Verbindung mit Thermoelementen, lichtelektrischen Zellen und in Meßbrücken für besondere Zwecke angewendet.

Abb. 180. Innenansicht eines Magnetmotorzählers.

VI. Eisenloser elektrodynamischer Zähler (Lit. VII).

1. Prinzip.

Erzeugt man beim Magnetmotorzähler das Erregerfeld nicht durch Dauermagnete, sondern durch eine frei gewickelte Feldspule, so ist aus dem permanentdynamischen Zähler ein eisenloser elektrodynamischer Zähler geworden. Er beruht auf der Kraftwirkung zwischen stromdurchflossenen Leitern und besteht im Prinzip aus einer in zwei Hälften geteilten feststehenden Erregerspule, in deren Feld sich die bewegliche Ankerspule dreht. Abb. 181 zeigt die grundsätzliche Anordnung.

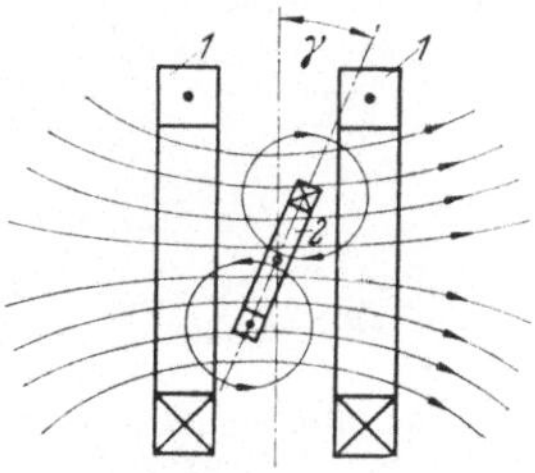

Abb. 181. Grundsätzliche Anordnung eines eisenlosen elektrodynamischen Zählers.
1 Feldspule; — 2 Drehspule; — γ Drehwinkel der Drehspule.

2. Berechnung.

a) Antriebsmoment. Fließt durch die feststehende Feldspule mit w_1 Windungen der Strom J_1, so hat das Erregerfeld die Größe

$$H = k_1 \cdot J_1 \cdot w_1 = k_2 \cdot J_1. \qquad (307)$$

Die Drehspule habe die Windungszahl w_2, die Fläche F und werde vom Strom J_2 durchflossen; dann ist das von beiden Spulen aufeinander ausgeübte Drehmoment

$$M_a = k_3 \cdot F \cdot J_2 \cdot w_2 \cdot H \cdot \sin\gamma = K \cdot J_1 \cdot J_2 \cdot \sin\gamma. \qquad (308)$$

Das Drehmoment ist also proportional dem Produkt der Ströme in den beiden Spulen und dem Sinus des Winkels γ zwischen den Ebenen der beiden Spulen. Da der Sinus von Winkeln über 180° negativ ist, kehrt sich die Richtung des Drehmoments um, wenn der Winkel γ den Wert 180° überschreitet, d. h. nach jeder halben Umdrehung muß ein Kollektor die Stromrichtung in einer Spule umkehren.

Sind die beiden Ströme J_1 und J_2 Wechselströme, so ist das Drehmoment auch noch vom Kosinus des Phasenwinkels zwischen den beiden Strömen abhängig, und man erhält für das Antriebsmoment

$$M_a = K \cdot J_1 \cdot J_2 \cdot \cos(J_1, J_2) \cdot \sin\gamma. \tag{309}$$

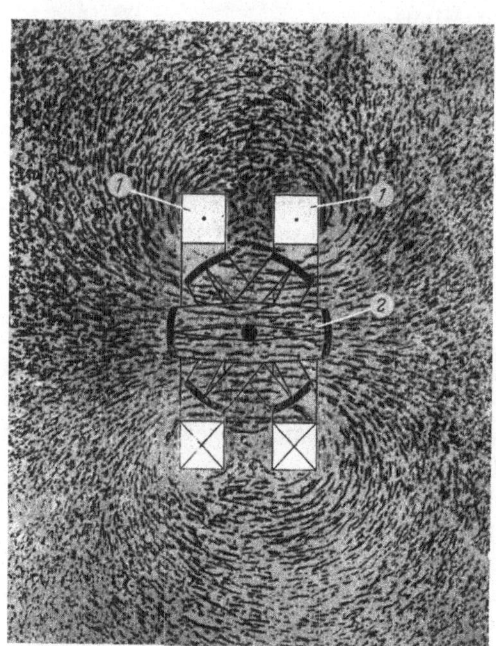

Abb. 182. Horizontalschnitt durch die Ankermitte eines eisenlosen elektrodynamischen Zählers mit zwei Feldspulen und dreispuligem Anker und Kraftlinienbild. *1* Feldspule; — *2* Anker.

Das Drehmoment eines solchen Zählers mit einspuligem Anker würde während einer Umdrehung nach einer Sinusfunktion schwanken, um es gleichmäßiger zu gestalten, baut man den Anker mehrspulig, im allgemeinen mit drei um 120° versetzten Spulen nach Abb. 182 und 183.

Das Wickelschema eines solchen Ankers zeigt die Abb. 184, wobei der Anker um jeweils 30° weitergedreht ist; wie man sieht, hat er nach 120° dieselbe relative Lage zum Feld wie am Anfang, nur ist an die Stelle der Spule *1* die Spule *2* getreten. Dazwischen gibt es folgende Schaltzustände, die sich nach jeweils 60° wiederholen:

a) Lage 0, 60° und 120°. Eine Spule ist kurzgeschlossen, die beiden anderen Spulen liegen parallel an den Ankerklemmen.

b) Zwei Spulen liegen in Reihe an den Ankerklemmen und sind zu der dritten Spule parallel geschaltet (Abb. 185).

Betrachtet man die einzelnen Spulen während einer 180°-Drehung des Ankers, so ergibt sich nachstehende Tabelle.

Da die Drehmomente nach der Sinusfunktion des Winkels γ verlaufen und sich bei 180° umkehren, weil sich die Feldrichtung ändert, kann man nunmehr die Drehmomente der einzelnen Spulen und ihre Summe auftragen, wie es in Abb. 186 geschehen ist. Das Antriebs-

$\gamma°$	Spule 1	Spule 2	Spule 3
0	kurzgeschlossen	volle Spannung	volle Spannung
30	halbe Spannung	volle Spannung	halbe Spannung
60	volle Spannung	volle Spannung	kurzgeschlossen
90	volle Spannung	halbe Spannung	halbe Spannung
120	volle Spannung	kurzgeschlossen	volle Spannung
150	halbe Spannung	halbe Spannung	volle Spannung
180	kurzgeschlossen	volle Spannung	volle Spannung

moment schwankt im Lauf einer Umdrehung um $\pm$ 15%, und man kann für die weitere Rechnung seinen Durchschnittswert

$$M_{aD} = K_1 \cdot J_1 \cdot J_2 \cdot \cos(J_1, J_2) \quad (310)$$

einsetzen.

b) Bremsmoment. Außer der dreispuligen Wicklung trägt der Anker noch eine Bremsscheibe aus Aluminium oder Kupfer, die sich im Feld H_m eines Dauermagneten dreht. In der Scheibe werden elektromotorische Kräfte der Bewegung und in ihrem Gefolge Wirbelströme induziert. Das Drehmoment dieser Wirbelströme mit dem Feld des Dauermagnets wirkt dem Antriebsmoment entgegen. Ist H_m die Luftspaltfeldstärke des Bremsmagnets und ω_1 die Winkelgeschwindigkeit des Ankers, so ist die induzierte EMK

$$U_b = k_4 \cdot H_m \cdot \omega_1. \quad (311)$$

Die Bremsströme in der Scheibe sind

$$J_b = G \cdot U_b = k_5 \cdot \omega_1 \cdot H_m, \quad (312)$$

wobei G den Leitwert der Scheibe darstellt. Das Bremsmoment ist

$$M_b = k_6 \cdot J_b \cdot H_m = k_7 \cdot \omega_1 \cdot H_m^2. \quad (313)$$

Abb. 183. Ansicht eines dreispuligen Ankers für einen eisenlosen elektrodynamischen Zähler.
1 dreispulige Ankerwicklung; — *2* Bremsscheibe; — *3* auswechselbarer Kollektor; — *4* Schnecke.

Für den Beharrungszustand gilt

$$M_{aD} = M_b; \quad (314)$$

also

$$k_1 \cdot J_1 \cdot J_2 \cdot \cos(J_1, J_2) = k_7 \cdot \omega_1 \cdot H_m^2, \quad (315)$$

$$\omega_1 = K_2 \cdot J_1 \cdot J_2 \cdot \cos(J_1, J_2), \quad (316)$$

da das Feld des Bremsmagnets als konstant angesehen werden kann.

Das Erregerfeld ist verhältnismäßig schwach, deshalb muß der Bremsmagnet gut geschirmt werden, damit sein Streufluß nicht das Meßfeld verändert.

c) Drehzahl. Macht man den Strom J_1 gleich oder proportional und bei Wechselstrom auch phasengleich dem Strom J im Verbraucher-

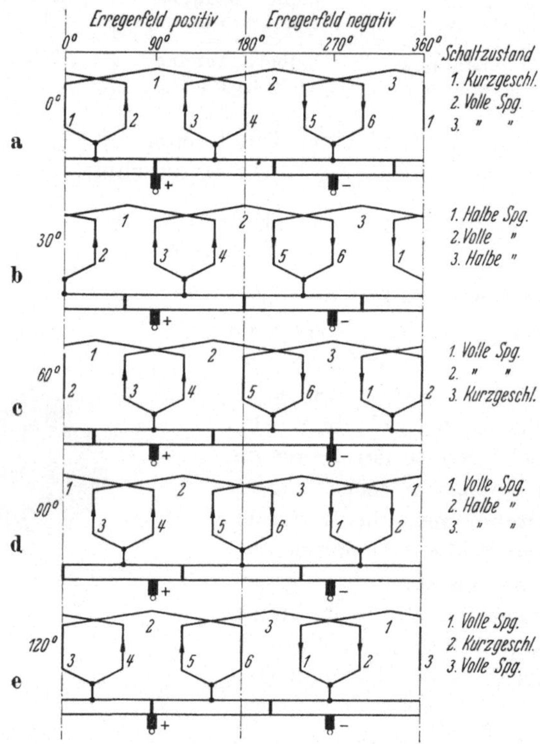

Abb. 184a bis e. Wickelschema und Strombelastung des dreispuligen Ankers eines elektrodynamischen Zählers.

	Ankerstellung	Spule 1	Spule 2	Spule 3
a	0°	kurzgeschlossen	volle Spannung	volle Spannung
b	30°	halbe Spannung	volle Spannung	halbe Spannung
c	60°	volle Spannung	volle Spannung	kurzgeschlossen
d	90°	volle Spannung	halbe Spannung	halbe Spannung
e	120°	volle Spannung	kurzgeschlossen	volle Spannung

kreis, den Strom J_2 proportional und bei Wechselstrom auch phasengleich der Spannung U, dann registriert der Zähler die Arbeit unabhängig davon, ob es sich um Gleichstrom oder sinusförmigen Wechselstrom handelt, denn es wird

$$\omega_1 = K_2 \cdot U \cdot J \cdot \cos\varphi . \tag{317}$$

Bei Wechselstrom sind U und J Effektivwerte.

Diese einfache lineare Beziehung zwischen der Leistung und der mittleren Winkelgeschwindigkeit wird durch die vom Erregerfeld in den Ankerwicklungen induzierte EMK der Bewegung gestört, da sie den Ankerstrom verringert und bei steigender Drehzahl einen Minusfehler hervorruft. Infolge des schwachen Erregerfeldes und der geringen Drehzahl des Ankers ist die Gegen-EMK jedoch vernachlässigbar klein gegenüber der Ankerspannung. Bei Wechselstrombetrieb wird in der Ankerwicklung außerdem eine transformatorische EMK induziert, sie ist bei technischen Frequenzen ebenfalls vernachlässigbar klein. Ferner wird die gewünschte lineare Beziehung zwischen Winkelgeschwindigkeit und Meßgröße durch das Reibungsmoment gestört, und es entsteht bei kleiner Belastung ein erheblicher Minusfehler. Das Reibungsmoment setzt sich aus einem konstanten und einem drehzahlabhängigen Teil zusammen; den konstanten Teil kann man durch eine feststehende Hilfsspule kompensieren, die in Reihe mit dem Anker liegt und ein zusätzliches, vom Quadrat der Spannung abhängiges Drehmoment erzeugt.

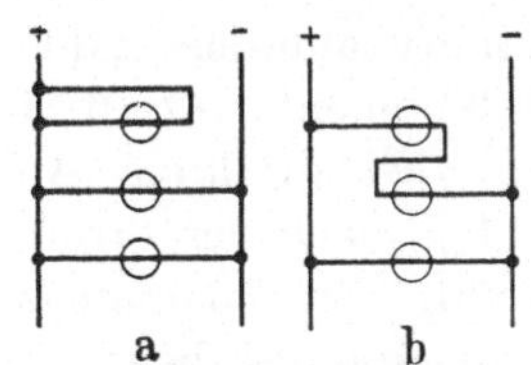

Abb. 185a u. b. Schaltzustände des dreispuligen Ankers eines elektrodynamischen Zählers.
a zwei Spulen haben volle Spannung, eine ist kurzgeschlossen; — b zwei Spulen liegen in Reihe, eine Spule hat volle Spannung.

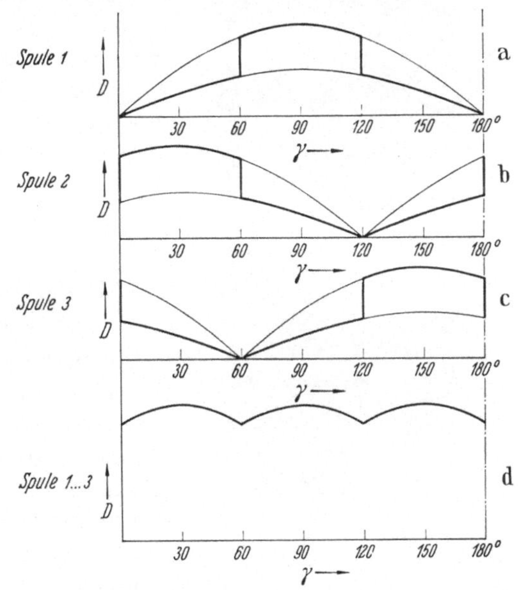

Abb. 186a bis d. Drehmoment des elektrodynamischen Zählers mit drei Ankerspulen und zwei Feldspulen abhängig vom Drehwinkel γ.
a Drehmoment der Spule *1*; — b Drehmoment der Spule *2*; — c Drehmoment der Spule *3*; — d Gesamtdrehmoment.

3. Justierung.

Der elektrodynamische Zähler wird fast ausschließlich als Gleichstrom-Wattstunden-Zähler verwendet, und nur diese Ausführung soll im folgenden weiter betrachtet werden. Die Nenndrehzahl des Zählers kann man durch Verändern des Antriebsmoments oder des Bremsmoments einstellen. Das Antriebsmoment läßt sich verändern durch

Änderung des Vorwiderstandes vor der Spannungsspule, das Bremsmoment durch einen magnetischen Nebenschluß am Dämpfermagnet oder durch Schwenken des Magnets.

Bei Nebenschlußzählern kann man das Antriebsmoment ferner durch Änderung des Nebenwiderstandes oder durch einen Abgleichwiderstand im Feldspulenkreis justieren. Bei kleiner Last stellt man den Zähler durch die Hilfsspule im Spannungskreis ein, indem man sie dem Hauptstromfeld mehr oder weniger nähert oder indem man ihr einen verstellbaren Eisenkern gibt. Um ein Anlaufen des Zählers infolge des Spannungsvortriebs zu verhindern, muß der Zähler eine Anlaufhemmung erhalten, mit der man die Anlaufgrenze einstellen kann (Abb. 187).

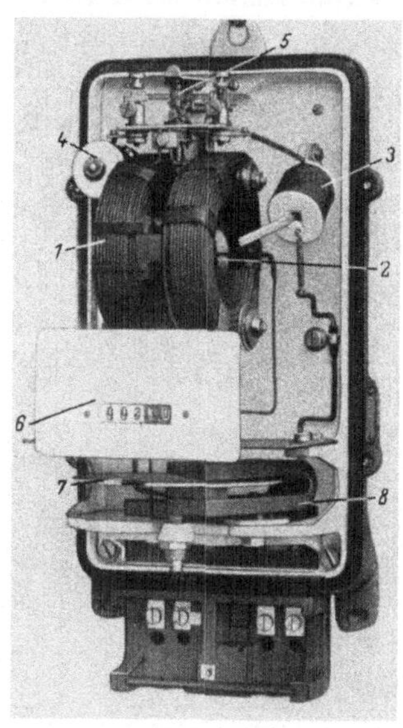

Abb. 187. Innenansicht eines eisenlosen, elektrodynamischen Zählers. *1* Feldspule; — *2* Anker; — *3* Hilfsspule mit verstellbarem Eisenkern zum Einstellen der Kleinlast; — *4* Vorwiderstand des Ankers; — *5* Stromzuführung zum Anker; — *6* Zählwerk; — *7* Bremsscheibe; — *8* Bremsmagnet.

4. Eigenschaften des eisenlosen Gleichstrom-Wh-Zählers.

a) Drehmoment und Eigenverbrauch. Der eisenlose elektrodynamische Zähler entwickelt ein Drehmoment von 6 bis 15 cmg und nimmt bei direktem Anschluß im Strompfad je nach der Stromstärke 10 . . . 50 W auf. Der Spannungsabfall des Nebenwiderstandes liegt bei gebräuchlichen Modellen zwischen 100 und 200 mV, der Feldspulenstrom zwischen 30 und 150 A.

Beim Anschluß an einen Nebenwiderstand ist die aufgenommene Leistung 0,1 . . . 0,2 W/A. Der Spannungspfad wird für 15 . . . 25 mA bemessen und hat einen Widerstand von etwa 400 Ohm, die Ankerspannung ist 6 . . . 10 V, und die Leistung im Ankerkreis 1,5 . . . 2,5 W/100 V. Der Zähler nimmt also eine sehr viel höhere Leistung auf als der permanentdynamische Zähler, weil das Magnetfeld durch die Meßgröße erzeugt werden muß.

b) Genauigkeit und Fehlerkurve. Die Fehlerkurve des eisenlosen elektrodynamischen Zählers ist sehr gestreckt, sie sinkt bei kleiner Belastung infolge des Reibungseinflusses etwas ab, bleibt dann nahezu konstant und fällt erst bei großer Belastung wieder etwas ab infolge der wachsenden Gegen-EMK des Ankers. Nach VDE 0418 sind die zulässigen Toleranzen $\pm 5\%$ bei 5% Belastung und $\pm 2,5\%$ bei 100%

Belastung. Sie werden von fabrikneuen Zählern leicht eingehalten. Abb. 188 zeigt die Fehlerkurve eines eisenlosen elektrodynamischen Zählers mit Reibungskompensation.

c) Spannungseinfluß. Theoretisch zeigt der Zähler bei allen Spannungen richtig. In der Praxis erwärmt sich jedoch der Anker mit steigender Spannung und der Ankerstrom wächst nicht proportional mit der Ankerspannung, wodurch ein Spannungseinfluß zustande kommt. Er liegt bei verschiedenen Ausführungen zwischen 0,5 und 1,5%/10% Spannungsänderung und beträgt bei 50% der Nennspannung ca. 3%.

d) Reibungseinfluß. Das konstante Reibungsmoment wird durch die Hilfsspule weitgehend kompensiert, so daß der Zähler auch bei kleiner Last keinen Minusfehler aufweist. Das Reibungsmoment der Bürsten liegt bei etwa 30 mgcm, der Bürstendruck zwischen 0,35 und 0,40 g. Der Anker des elektrodynamischen Zählers ist verhältnismäßig schwer, belastet also das Unterlager stark und verursacht eine große Reibung. Er wird deshalb zweckmäßig magnetisch angehoben.

e) Bürstenübergangswiderstand. Bei normalen Zählern mit Spannungen von mindestens 100 V spielen Änderungen des Bürstenübergangswiderstandes gegenüber den konstanten Widerständen des Ankerkreises keine Rolle.

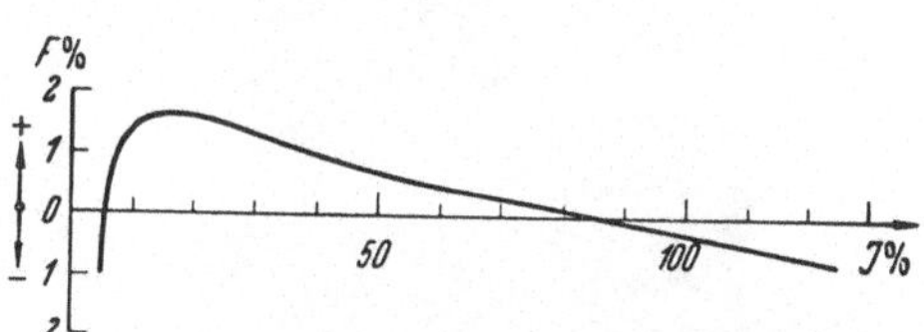

Abb. 188. Lastkurve eines eisenlosen elektrodynamischen Zählers mit Reibungskompensation.

f) Temperatureinfluß. α) *Zähler für direkten Anschluß.* Mit steigender Temperatur erhöht sich der Widerstand der Bremsscheibe aus Aluminium oder Kupfer und die Drehzahl würde um 4%/10° steigen. Zum Ausgleich vermindert man den Ankerstrom im selben Maße, das heißt man gibt dem Widerstand des Ankerkreises ebenfalls einen Temperaturkoeffizienten von 4%/10°, wählt also für den Ankerkreis nur Kupfer oder eine Kombination von Werkstoffen verschiedener Temperaturkoeffizienten, deren Summentemperaturkoeffizient 4%/10° ist.

β) *Zähler mit Nebenwiderstand.* Bei Zählern mit Nebenwiderständen ändert sich die Stromverteilung mit der Temperatur, da der Nebenwiderstand temperaturunabhängig, der Feldspulenwiderstand aber temperaturabhängig ist. Der Feldspulenstrom nimmt also um 4%/10° ab, und da die Bremswirkung um denselben Betrag abgenommen hat, erhält man eine gute Temperaturkompensation, wenn der Temperaturkoeffizient des Ankerkreises Null ist. Man schaltet deshalb vor den Anker einen großen temperaturunabhängigen Widerstand.

g) Eigenerwärmung. Bei der Eigenerwärmung des Zählers wird der Widerstand der Bremsscheibe, der Spannungsspule und der Stromspule höher.

Der Einfluß dieser Widerstandsänderungen wird mit denselben Methoden kompensiert wie der Einfluß der Raumtemperatur.

h) Fremdfeldeinfluß. Das Meßfeld des Zählers ist verhältnismäßig klein, er wird daher durch Fremdfelder sehr stark beeinflußt, und es muß zwischen dem Meßwerk und dem Bremsmagnet ein magnetischer Schirm angebracht werden. Bei großen Stromstärken muß man ferner

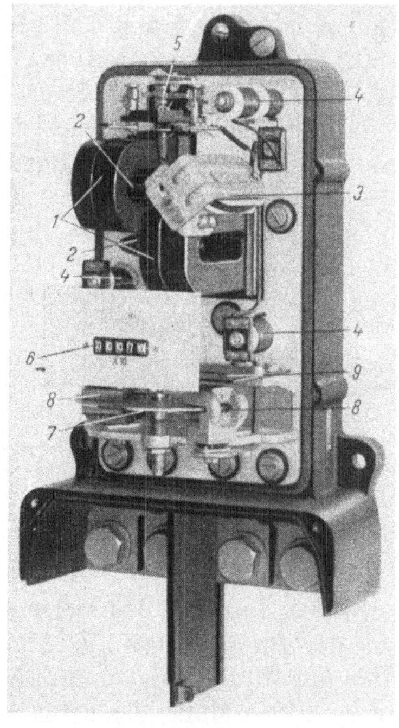

Abb. 189. Innenansicht eines astatischen, eisenlosen elektrodynamischen Zählers für große Stromstärke.

1 Feldspule; — *2* Anker; — *3* Hilfsspule zur Reibungskompensation; — *4* Ankervorwiderstand; — *5* Stromzuführung zum Anker; — *6* Zählwerk; — *7* Bremsscheibe; — *8* Bremsmagnet; — *9* magnetische Abschirmung.

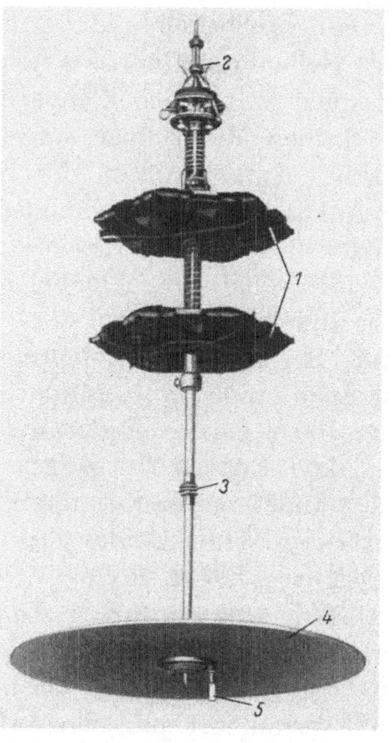

Abb. 190. Anker eines astatischen, elektrodynamischen Zählers.

1 Ankerwicklung; — *2* auswechselbarer Kollektor; — *3* Schnecke; — *4* Bremsscheibe; — *5* Anlaufhemmung.

die Führung der Stromzuleitungen berücksichtigen, da auch ihr Feld das Meßfeld beeinflußt. Gegen äußere Fremdfelder schützt man den Zähler durch eine magnetische Abschirmung, die so weit vom Meßwerk entfernt ist, daß sie nicht selbst das Meßwerk beeinflußt, oder durch Anordnen zweier Meßwerke auf derselben Achse in astatischer Schaltung, so daß ein konstantes Fremdfeld das Meßfeld des einen Meßwerks um denselben Betrag verringert, wie es das des anderen erhöht. Ohne besondere Maßnahmen beträgt der Fremdfeldeinfluß des eisenlosen elektrodynamischen Zählers etwa 35%/5 Gauß, bei astatischer Schaltung etwa 2,5%/5 Gauß. Abb. 189 ist die Innenansicht eines astatischen, eisenlosen elektrodynamischen Zählers für hohe Stromstärke.

Abb. 190 zeigt den Anker eines astatischen elektrodynamischen Zählers mit zwei Ankerwicklungen mit je drei Spulen.

5. Ausführungsformen, Anwendungsgebiet und Schaltungen.

Der Gleichstrom-Wh-Zähler ist verhältnismäßig teuer und nimmt eine große Leistung auf. Er kommt deshalb weder bei Gleichstrom noch bei Wechselstrom für kleine Abnehmer in Frage. Bei Gleichstrom verwendet man für Kleinabnehmer Magnetmotorzähler, bei Wechselstrom den Induktionszähler. Das Anwendungsgebiet des elektrodynamischen Zählers ist die Zählung der Gleichstromarbeit bei Großabnehmern und der Wechselstromarbeit bei kleiner Frequenz oder stark verzerrter Kurvenform, wo der Induktionszähler zu kleines Drehmoment oder zu große Fehler hat. Der eisenlose elektrodynamische Zähler ist im Bereich der technischen Frequenzen völlig frequenzunabhängig und infolgedessen auch weitgehend unabhängig von der Kurvenform.

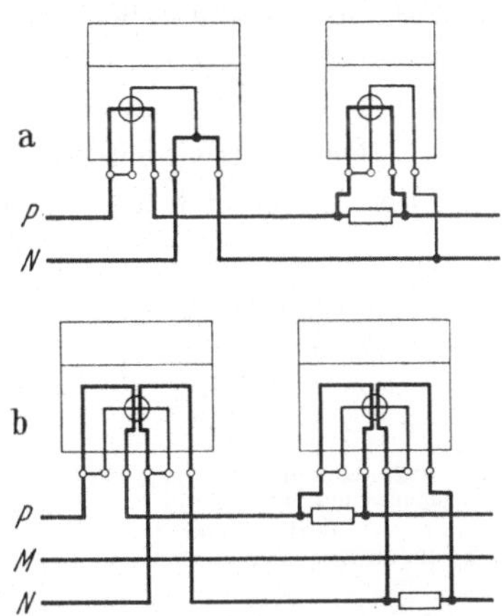

Abb. 191 a u. b. Schaltung eines elektrodynamischen Gleichstromzählers ohne und mit Nebenwiderstand.
a In einpoliger Ausführung; — b in doppelpoliger Ausführung.

a) Gleichstrom-Wh-Zähler. Das Anwendungsgebiet des elektrodynamischen Wh-Zählers sind elektrische Bahnen, elektrochemische Betriebe, Gleichrichteranlagen und Gleichstromversorgungsnetze.

Die Gleichstrom-Wh-Zähler werden bei direktem Anschluß für Stromstärken von 3 ... 1000 A hergestellt. Mit Rücksicht auf die schwierige Leitungsverlegung und die unhandlichen Anschlußstücke verwendet man jedoch zweckmäßig bei Strömen über 100 A getrennte Nebenwiderstände. Der Spannungspfad kann für beliebig hohe, jedoch nicht für sehr kleine Spannungen ausgeführt werden. Bei sehr hohen Spannungen ist der Vorwiderstand des Ankers getrennt anzuordnen und für die volle Betriebsspannung zu isolieren. Der Zähler läßt sich ein- oder zweipolig schalten (Abb. 191).

b) Der elektrodynamische Wechselstrom-Wirkverbrauchzähler. Zum Zählen der Wechselstromarbeit verwendet man den elektrodynamischen Zähler nur bei niedrigen Frequenzen, stark schwankender Frequenz oder bei sehr stark verzerrter Kurvenform, weil in diesen Fällen der wesentlich billigere Induktionszähler wegen seines zu kleinen Drehmoments bzw. zu großem Frequenz- und Kurvenformeinfluß weniger geeignet ist. Als Wechselstromzähler wird der elektrodynamische Wh-Zähler wie ein Induktionszähler mit innerer 90°-Abgleichung geschaltet. Der Anker wird niederohmig gewickelt und erhält einen großen induktionsfreien Vorwiderstand, weil der Ankerstrom in Phase mit der Spannung liegen muß. Vom Anschluß der Feldspulen an Nebenwiderstände ist abzuraten, weil infolge der Induktivität der Spule ein erheblicher Frequenz- und Kurvenformeinfluß auftritt. Mehrsystemige, eisenlose elektrodynamische Zähler kann man wegen der gegenseitigen Beeinflussung der Systeme praktisch nicht bauen, für Drehstrom kann der Zähler deshalb nur bei symmetrischer Belastung verwendet werden, oder es sind mehrere Einphasenzähler räumlich getrennt anzuordnen und ihre Anzeigen zu addieren, etwa mit einem Fernzählverfahren.

c) Der elektrodynamische Wechselstrom-Blindverbrauchzähler. Soll der Blindverbrauch im Wechselstromnetz gezählt werden, so ist der Strom im Spannungspfad gegenüber der Spannung durch eine Kunstschaltung um 90° zu verdrehen und der Zähler im übrigen wie ein Wirkverbrauchinduktionszähler mit innerer 90°-Abgleichung anzuschließen. Die Kunstschaltung kann induktiver oder kapazitiver Natur sein, am bekanntesten ist die Hummelschaltung mit zwei gleichgroßen Induktivitäten nach Abb. 192. Die Bedingung dafür, daß J_1 senkrecht auf U steht, lautet mit den Bezeichnungen der Abbildung:

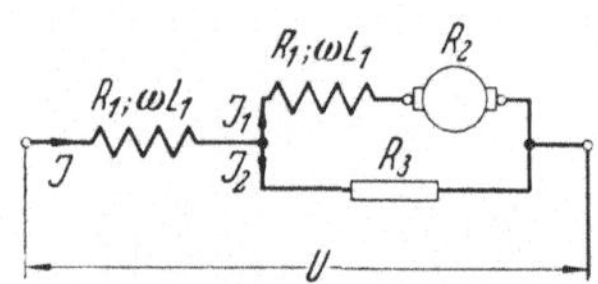

Abb. 192. Hummelschaltung zum Erzeugen einer 90°-Verschiebung. R_1, R_2, R_3 Wirkwiderstände; — ωL_1 induktiver Blindwiderstand.

$$R_1(R_1 + R_2 + R_3) + R_3(R_1 + R_2) = (\omega L_1)^2. \tag{317}$$

In symmetrisch belasteten Drehstromnetzen ist keine Kunstschaltung erforderlich, weil man den Anker an eine Spannung legen kann, die bei $\cos\varphi = 1$ senkrecht auf dem Strom steht, also etwa zum Strom J_R die Spannung U_{ST} wählen kann.

Bei unsymmetrisch belasteten Drehstromnetzen muß man drei Einphasenblindverbrauchzähler verwenden und ihre Anzeigen rechnerisch oder mit einem Fernzählverfahren addieren.

d) Der elektrodynamische Scheinverbrauchzähler. Schließt man einen elektrodynamischen Zähler über Gleichrichter in Strom- und Spannungspfad an ein Wechselstromnetz an, dann zeigt er das Produkt der gleichgerichteten Ströme, also den Scheinverbrauch an. Dabei ist allerdings vorausgesetzt, daß die Gleichrichter linear arbeiten, die gleichgerichteten Ströme also im gesamten Bereich den Wechselströmen proportional sind, so daß die sonst so bequemen Trockengleichrichter wegen ihres nichtlinearen Charakters nur mit besonderen Kunstgriffen verwendet werden können. Abb. 193 zeigt die Schaltung eines Scheinverbrauchzählers, der über Gleichrichter in Graetzschaltung an Strom- und Spannungswandler angeschlossen ist. Bei symmetrischem Spannungsdreieck kann man in der Schaltung nach Abb. 194 mit einem einsystemigen Zähler den Scheinverbrauch des Drehstromnetzes bei beliebiger Belastung messen. Der Zähler registriert die Scheinleistung

$$N_S = U \cdot (J_R + J_S + J_T). \qquad (318)$$

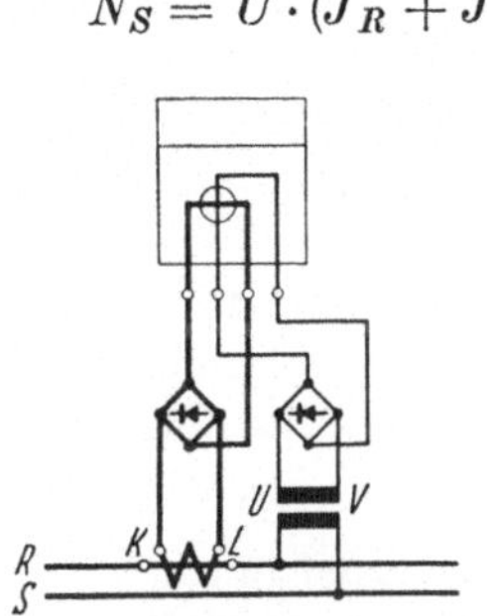

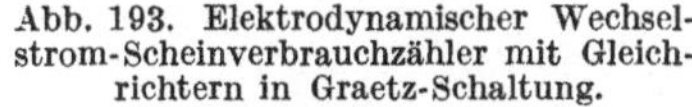

Abb. 193. Elektrodynamischer Wechselstrom-Scheinverbrauchzähler mit Gleichrichtern in Graetz-Schaltung.

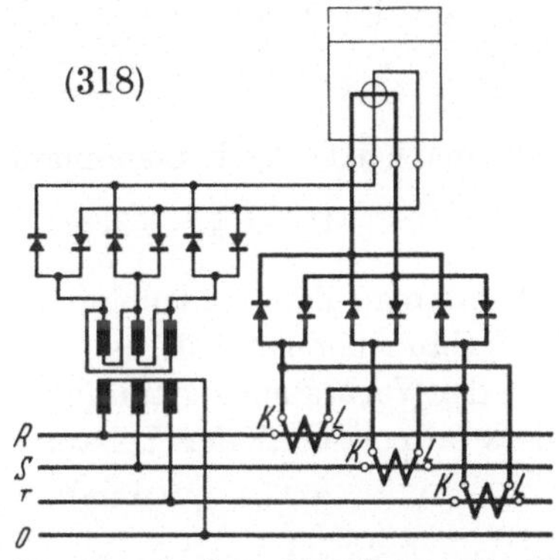

Abb. 194. Einsystemiger elektrodynamischer Zähler zum Zählen des Scheinverbrauchs in einem beliebig belasteten Vierleiter-Drehstromnetz bei symmetrischem Spannungsdreieck.

Bei unsymmetrischem Spannungsdreieck sind drei Meßsysteme erforderlich, weil die Scheinleistung

$$N_S = (U_R \cdot J_R + U_S \cdot J_S + U_T \cdot J_T) \qquad (319)$$

gezählt werden muß.

VII. Eisengeschlossener elektrodynamischer Zähler (Lit. VII).

1. Prinzip.

Der permanentdynamische Zähler wird zum eisengeschlossenen elektrodynamischen Zähler, wenn man die Permanentmagnete durch Elektromagnete ersetzt. Der eisengeschlossene elektrodynamische Zähler ist wie ein Gleichstrommotor aufgebaut (Abb. 195), es ist ein Gleichstrommeßmotor.

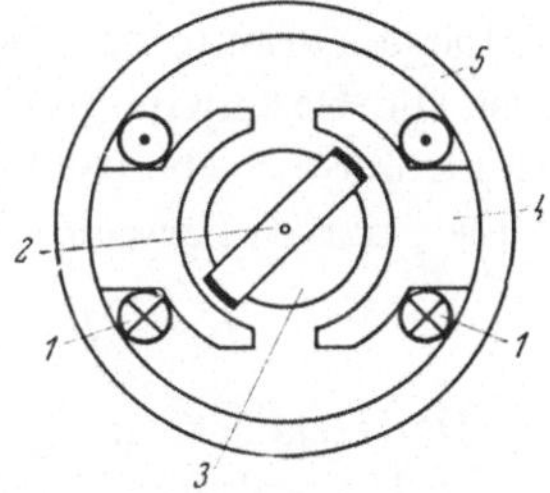

Abb. 195. Prinzip des eisengeschlossenen elektrodynamischen Triebsystems.

1 Feldspule; — *2* beweglicher Anker; — *3* Eisenkern; — *4* Pol der Feldwicklung; — *5* Eisenrückschluß.

2. Berechnung.

a) Antriebsmoment. Auf die senkrecht zum Feld stehende Ankerspule wird ein Drehmoment ausgeübt, das der Feldstärke H, dem

Ankerstrom J_2, der Windungszahl w_2 und der Windungsfläche der Ankerspule, bei Phasenverschiebung zwischen dem Feld und dem Ankerstrom, außerdem dem Kosinus des Phasenwinkels zwischen beiden proportional ist.

$$M_a = k_1 \cdot H \cdot J_2 \cdot w_2 \cdot \cos(H, J_2). \qquad (320)$$

Bei Gleichstrom kann zwischen Strom und Feld keine Phasenverschiebung auftreten und $\cos(H J_2)$ wird zu eins. Das Feld H ist seinerseits proportional dem Erregerstrom J_1 und der Windungszahl w_1

$$H = k_2 \cdot J_1 \cdot w_1. \qquad (321)$$

Demnach ist das Drehmoment

$$M_a = k_3 \cdot J_1 \cdot w_1 \cdot J_2 \cdot w_2 \cdot \cos(J_1, J_2). \qquad (322)$$

Macht man den Feldspulenstrom J_1 proportional und phasengleich dem Verbraucherstrom J, den Ankerstrom J_2 proportional und phasengleich der Verbraucherspannung U, dann ist das Antriebsmoment des Zählers proportional der Leistung.

$$M_a = K \cdot J \cdot U \cdot \cos\varphi \text{ bei Wechselstrom}$$

und

$$M_a = K \cdot J \cdot U \text{ bei Gleichstrom.}$$

Das Drehmoment ist nicht während der ganzen Umdrehung des Ankers konstant, da das Feld nicht auf dem ganzen Umfang konstant ist, sondern in der neutralen Zone zu Null wird, um dann in entgegengesetzter Richtung anzusteigen.

Soll die Ankerspule dauernd umlaufen, so muß sie durch einen Stromwender jedesmal beim Durchschreiten der neutralen Zone umgepolt werden.

b) Bremsmoment. Setzt sich der Anker unter dem Einfluß des Antriebsmoments in Bewegung, so wird in der Ankerwicklung eine elektromotorische Kraft induziert, die der von außen angelegten Spannung entgegengerichtet ist und den Ankerstrom vermindert. Sie verringert also die Geschwindigkeit und wirkt bremsend. Die im Anker induzierte elektromotorische Kraft U_b ist proportional der Feldstärke H des Erregerfeldes, der Ankerwindungszahl w_2 und der Winkelgeschwindigkeit ω_1.

$$U_b = k_4 \cdot H \cdot w_2 \cdot \omega_1 = k_2 \cdot k_4 \cdot J_1 \cdot w_1 \cdot w_2 \cdot \omega_1. \qquad (323)$$

Der Gegenstrom J_b im Anker ist proportional der induzierten Spannung U_b und umgekehrt proportional dem Gesamtwiderstand R des Ankerkreises.

$$J_b = \frac{U_b}{R}$$

und das vom Gegenstrom J_b zusammen mit dem Feld H erzeugte

Bremsmoment ist

$$M_{b_1} = J_b \cdot H = \frac{U_b}{R} \cdot k_2 \cdot J_1 \cdot w_1, \tag{324}$$

$$M_{b_1} = k_2^2 \cdot k_4 \cdot J_1^2 \cdot w_1^2 \cdot w_2 \cdot \omega_1 = k_5 \cdot J_1^2 \cdot \omega_1. \tag{325}$$

Das Bremsmoment der Gegen-EMK ist also proportional dem Quadrat der Erregerstromstärke und der Winkelgeschwindigkeit.

Außer der Ankerwicklung trägt der Läufer des Zählers noch eine Bremsscheibe, die sich im Feld H_m eines Permanentmagneten bewegt und das Bremsmoment

$$M_{b_2} = k_6 \cdot \omega_1 \cdot H_m^2 \tag{326}$$

erzeugt. Insgesamt wirkt auf den Läufer das Bremsmoment

$$M_b = M_{b_1} + M_{b_2} = \omega_1 \cdot (k_5 \cdot J_1^2 + k_6 \cdot H_m^2). \tag{327}$$

Im Beharrungszustand ist

$$M_a = M_b$$

und

$$\omega_1 = \frac{k_3 \cdot J_1 \cdot w_1 \cdot J_2 \cdot w_2 \cdot \cos(J_1, J_2)}{k_5 \cdot J_1^2 + k_6 \cdot H_m^2}. \tag{328}$$

Beim Gleichstrom-Wh-Zähler, der im folgenden allein weiter betrachtet werden soll, ist $J_1 = J$; $J_2 = K \cdot U$; $\cos(J_1 J_2) = 1$, und es wird

$$\omega_1 = \frac{K \cdot U \cdot J}{k_5 \cdot J^2 + k_6 \cdot H_m^2}. \tag{329}$$

Die Drehzahl des Zählers ist nur dann der Leistung proportional, wenn das von der Gegen-EMK des Ankers herrührende Bremsmoment M_{b_1} gegenüber dem Bremsmoment M_{b_2} des Bremsmagnets vernachlässigbar ist. In der Praxis ist jedoch die Strombremsung bei höheren Strömen nicht vernachlässigbar und führt bei großer Belastung zu einem Minusfehler des Zählers. Besonders stark macht sich die Gegen-EMK des Ankers bei Zählern für kleine Spannungen und bei Spezialzählern bemerkbar. Sie wirkt ähnlich wie die Stromdämpfung des Induktionszählers und wird auch ebenso wie diese durch einen gesättigten, magnetischen Nebenschluß zum Triebluftspalt kompensiert, unter dessen Wirkung der über den Triebluftspalt fließende Anteil am Gesamtfluß mehr als linear mit der Stromstärke wächst.

Außer der Gegen-EMK des Ankers stören noch weitere Einflüsse den linearen Zusammenhang zwischen der Läuferdrehzahl und der Leistung:

c) Das Reibungsmoment. An erster Stelle unter den ungewünschten Einflüssen ist das Reibungsmoment zu nennen. Zu der Lager-, Zählwerk- und Luftreibung tritt bei den Gleichstromzählern noch die Bürstenreibung und vergrößert das Reibungsmoment um etwa 30 mgcm, so daß insgesamt mit 40 ... 60 mgcm gerechnet werden muß. Das Reibungsmoment steigt von einem Anfangswert ausgehend mit der Drehzahl geringfügig an. Es spielt nur bei geringer Zählerbelastung, also im Anfangsbereich, eine Rolle, während es bei Nennlast gegenüber dem hohen Drehmoment der eisengeschlossenen Zähler vernachlässigbar ist. Durch eine an der Spannung liegende Hilfswicklung des Ständers, deren Drehmoment dem Quadrat der Spannung proportional ist, kann das Reibungsmoment kompensiert werden. Dieses zusätzliche Drehmoment entspricht dem Spannungsvortrieb der Induktionszähler.

d) Krümmungsfehler. Die Induktion im Eisen steigt, der Magnetisierungskurve entsprechend, nicht linear mit der Feldstärke an, sondern zunächst langsamer, dann linear und später wieder langsamer. Diesen Einfluß kann man klein halten, wenn man die für die Magnetisierung des Eisens aufzuwendenden Erreger-Amperewindungen gegenüber den für die Luftwege aufzuwendenden AW klein macht und das Eisen nur schwach magnetisiert, so daß man auf keinen Fall in das Sättigungsgebiet kommt. Der gesamte magnetische Fluß ist gegeben durch die Beziehung

$$\Phi = \frac{V_m}{R_{m_l} + R_{m_{fe}}}, \tag{330}$$

worin V_m die magnetische Spannung und R_{m_l} bzw. $R_{m_{fe}}$ die magnetischen Widerstände der Luftwege bzw. Eisenwege bedeuten. Die magnetische Spannung V_m ist proportional der erregenden Amperewindungszahl, der magnetische Widerstand der Luftwege ist

$$R_{m_l} = \frac{l_l}{F_l}, \tag{331}$$

der magnetische Widerstand der Eisenwege ist

$$R_{m_{fe}} = \frac{l_{fe}}{\mu \cdot F_{fe}}, \tag{332}$$

worin l_l und l_{fe} die Länge, F_l und F_{fe} die Querschnitte der Luft- bzw. Eisenwege und μ die mit der Feldstärke veränderliche Permeabilität bedeuten. Der nichtlineare Zusammenhang zwischen Erregerfeldstärke und Fluß kommt also von der veränderlichen Eisenpermeabilität. Um ihren Einfluß klein zu halten, muß man den magnetischen Widerstand der Luftwege groß, den der Eisenwege klein machen, d. h. lange Luftwege und kurze Eisenwege bei großen Querschnitten wählen.

e) Remanenz und Hysteresisfehler. Beim Abnehmen des Stromes liegt infolge der Hysteresis die Induktion im Eisen höher als beim Anstieg und nach dem Verschwinden des Feldes bleibt infolge der Remanenz eine Restmagnetisierung bestehen, der unkompensierte Zähler wird also bei steigendem und fallendem Strom verschiedene Werte zeigen. Dieser Einfluß wird klein gehalten durch lange Luftwege sowie durch

Wahl von Eisensorten mit schmaler Hysteresisschleife und geringer Remanenz und Koerzitivkraft, das sind Nickel-Eisen-Legierungen mit den Handelsbezeichnungen Hyperm, Hypernik, Permalloy usw. Den Restfehler kann man durch einen magnetischen Nebenschluß zum Triebluftspalt beseitigen. Dieser Nebenschluß behält nach dem Verschwinden des Erregerfeldes ebenfalls eine Remanenz, die jedoch durch den Triebluftspalt einen Magnetfluß schickt, der dem von der Remanenz des Ständers herrührenden Restfluß entgegengerichtet ist und somit den remanenten Fluß im Triebluftspalt löscht, wie man sich an Hand der Abb. 196 leicht klarmachen kann. Durch verstellbare Hilfsluftspalte im Ankerkreis und im magnetischen Nebenschlußkreis ist man in der Lage, den remanenten Triebfluß völlig zu kompensieren. Der magnetische Nebenschluß zum Triebluftspalt hat demnach zwei Aufgaben: Er kompensiert die von der Gegen-EMK des Ankers herrührende Strombremsung und den Remanenzfehler.

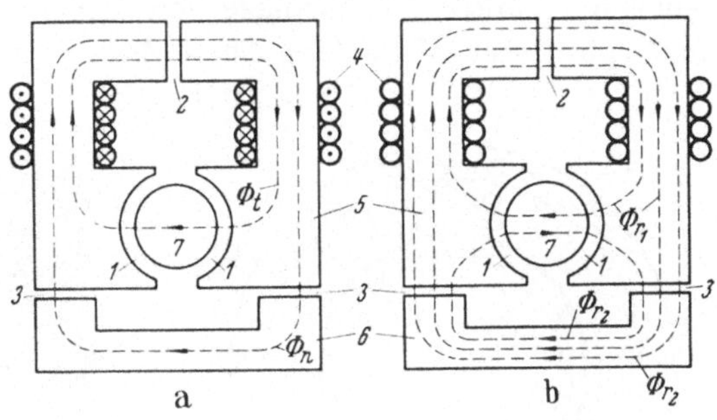

Abb. 196a u. b. Kompensation des Remanenzflusses durch einen magnetischen Nebenschluß zum Triebluftspalt.
a Feldwicklung eingeschaltet; — b Feldwicklung ausgeschaltet.
1 Triebluftspalt; — *2* Hilfsluftspalt; — *3* justierbarer Luftspalt des magnetischen Nebenflusses; — *4* Erregerwicklung; — *5* Ständereisen; — *6* magnetischer Nebenschluß; — *7* Eisenkern; — Φ_t Triebfluß; — Φ_n Nebenfluß; — Φ_{r_1} Remanenzfluß des Ständers; — Φ_{r_2} Remanenzfluß des Nebenschlusses.

f) Anlauffehler. Wenn der Anker an der Spannung liegt, die Feldspulen jedoch nicht erregt sind, dreht er sich so, daß der magnetische Widerstand des Ankerfeldkreises ein Minimum wird. In dieser Stellung hat er einen Haltepunkt, und es entsteht eine Anlaufhemmung. Um diese Hemmung zu überwinden, sind senkrecht zum Haupterregerfeld Kompensationsspulen angebracht, die an der Spannung liegen und die Wirkung des Ankerfeldes aufheben.

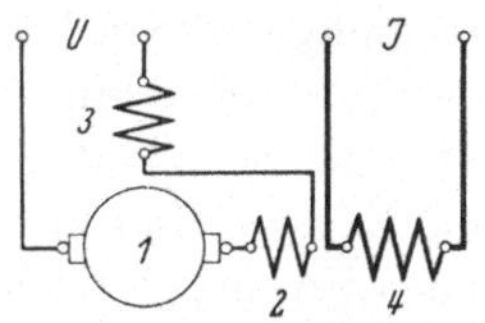

Abb. 197. Innenschaltung des eisengeschlossenen elektrodynamischen Zählers.
1 Ankerwicklung; — *2* Hilfsspule zur Reibungskompensation; — *3* Querfeldspule für Anlaufeinstellung; — *4* Feldspule.

Abb. 197 zeigt die Innenschaltung des Zählers.

3. Aufbau.

In der Praxis wird der Zähler etwas anders ausgeführt als die bisher gezeigten schematischen Darstellungen erkennen lassen. Da man den Anker nicht unter einem bestimmten Durchmesser ausführen kann, bringt man in dem sonst toten Raum innerhalb des Ankers die Feldspulen und die Hilfsspule unter, um den Anker legt man den Eisenrückschluß mit den Querfeldspulen, wie die Abb. 198 zeigt. Der magnetische Nebenschluß ist außerhalb des Ständereisens — von vorn bequem zugänglich — unter Zwischenlage von Isolierstoffblättchen angeschraubt und kann durch Verändern dieser Zwischenlagen justiert werden. Der

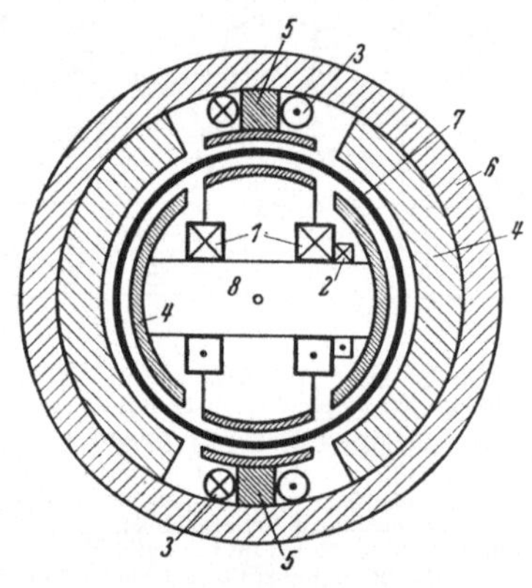

Abb. 198. Aufbau eines eisengeschlossenen elektrodynamischen Zählers.
1 Stromspule; — 2 Reibungskompensationsspule; — 3 Querfeldspule; — 4 Hauptpol; — 5 Querfeldpol; — 6 Eisenrückschluß; — 7 Anker; — 8 Eisenkern.

dreispulige Glockenanker ist frei gewickelt und kann durch Kunstharz oder Schellack gebunden werden. Er ist verhältnismäßig schwer und wird magnetisch angehoben, so daß er nur noch mit einem Bruchteil seines Gewichts auf dem Unterlager ruht, wodurch die Reibung vermindert und die Lebensdauer erhöht wird.

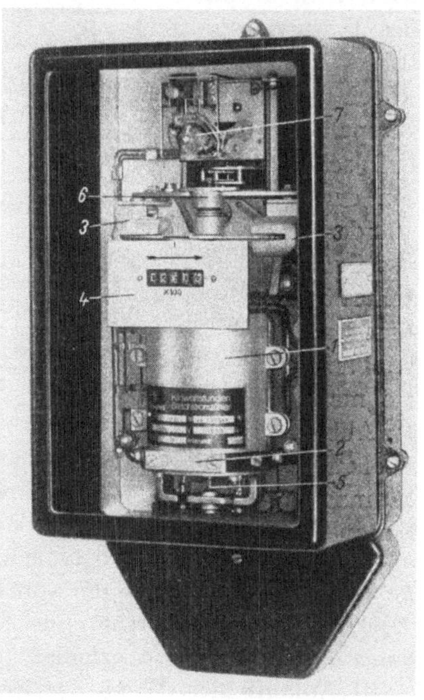

Abb. 199. Ansicht eines eisengeschlossenen elektrodynamischen Zählers mit Kontaktgabewerk für Fernzählung.
1 Ständer; — 2 magnetischer Nebenschluß; — 3 Bremsmagnet; — 4 Zählwerk; — 5 Stromzuführung zum Anker; — 6 Oberlager mit magnetischer Entlastungseinrichtung; — 7 Quecksilberkippröhre für Impulsgabe.

Abb. 199 ist die Außenansicht eines eisengeschlossenen elektrodynamischen Zählers mit Kontaktgabeeinrichtung für Fernzählzwecke. Außen- und Innenansicht eines Zählers ohne Kontaktgabeeinrichtung zeigt Abb. 200.

4. Justierung.

a) Drehzahleinstellung. Die Nenndrehzahl des Zählers bei Vollast wird durch Verstellen der Bremsmagnete eingestellt.

b) Kleinlasteinstellung. Die Drehzahl bei Kleinlast stellt man durch einen Parallelwiderstand zur Hilfsspule ein.

c) Remanenzfehler. Den Remanenzfehler beseitigt man durch Verstellen des Luftspaltes im magnetischen Nebenschluß.

d) Anlaufleistung und Leerlaufhemmung brauchen nicht besonders eingestellt werden.

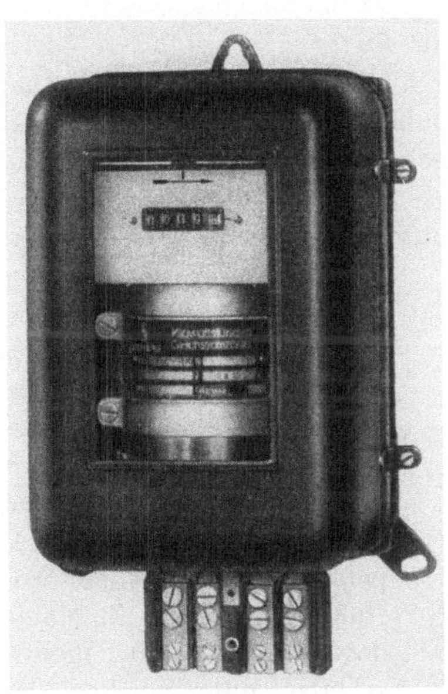

Abb. 200. Außen- und Innenansicht eines eisengeschlossenen elektrodynamischen Gleichstrom-Wattstundenzählers.

5. Eigenschaften.

a) Drehmoment und Eigenverbrauch. Die Stromspulen nehmen bei direktem Anschluß 0,7 W auf, beim Anschluß an äußere Nebenwiderstände wird der Strompfad für 10 A, 120 mV = 1,2 W bemessen. Der Ankerstrom beträgt 15 mA, die Leistung im Anker ist demnach 1,5 W/100 V. Das Nenndrehmoment liegt bei 15 . . . 20 gcm.

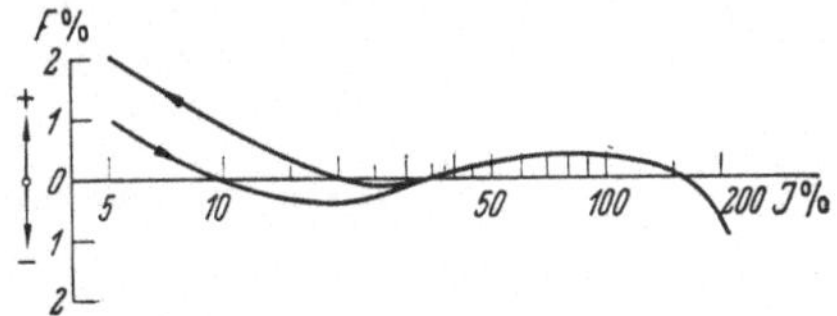

Abb. 201. Fehlerkurve eines eisengeschlossenen elektrodynamischen Gleichstrom-Wattstundenzählers.

b) Genauigkeit und Fehlerkurve. Abb. 201 zeigt die Fehlerkurve des eisengeschlossenen Gleichstrom-Wh-Zählers. Die Anzeigetoleranz liegt von 10 . . . 100% J_n innerhalb $\pm$ 1%. Ein Remanenzfehler ist nur bei Belastungen unter 20% feststellbar.

c) Überlastbarkeit. Bei direktem Anschluß ist der Strompfad bis 200% J_n, der Spannungspfad bis 150% U_n belastbar. Bei Anschluß an Nebenwiderstände ist die Belastbarkeit des Strompfades durch die Übertemperatur des Nebenwiderstandes begrenzt.

d) Spannungseinfluß. Der Spannungseinfluß ist gering, da der Anker einen Vorwiderstand aus temperaturunabhängigem Widerstandsmaterial erhält. Bei halber Nennspannung und Nennstrom macht sich ein Zusatzfehler von 1% bemerkbar, wie Abb. 202 zeigt.

e) Eiseneinfluß. Der Einfluß der veränderlichen Permeabilität und der Remanenz drückt sich in der Durchbiegung der Lastkurve aus, er wird durch die Bemessung des magnetischen Nebenschlusses weitgehend kompensiert.

f) Reibungseinfluß. Der Reibungseinfluß wird durch die Hilfsspule sehr weitgehend ausgeglichen.

g) Bürstenübergangswiderstand. Bei den normalen Spannungen von $U_n \gtreqless 100$ V spielen Änderungen des Bürstenübergangswiderstandes keine Rolle gegenüber dem konstanten Widerstand des Ankerkreises.

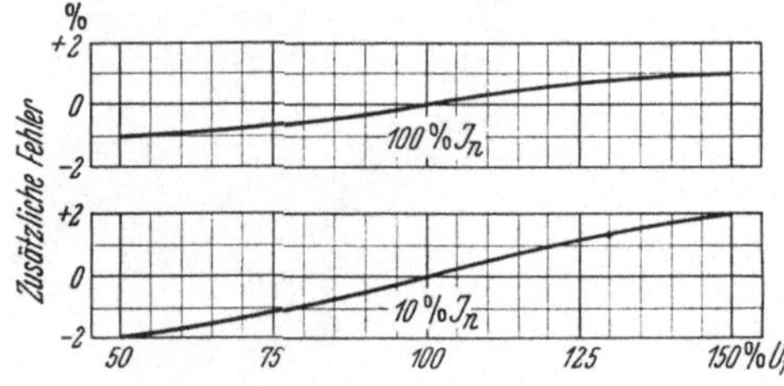

Abb. 202. Spannungseinfluß auf einen eisengeschlossenen elektrodynamischen Zähler bei J_n und $0,1\ J_n$.

h) Temperatureinfluß und Eigenerwärmung. Der Temperatureinfluß kommt zustande durch die Zunahme des Widerstandes der Bremsscheibe mit zunehmender Temperatur. Er kann durch einen temperaturabhängigen magnetischen Nebenschluß zum Bremsmagnet auf etwa 0,3%/10° verringert werden. Bei Zählern mit äußerem Nebenwiderstand nimmt der Feldstrom in demselben Maß wie die Leitfähigkeit der Bremsscheibe ab, so daß sich der Temperatureinfluß weitgehend selbst kompensiert.

i) Fremdfeldeinfluß. Infolge des guten Eisenschlusses ist der Fremdfeldeinfluß sehr gering, er beträgt bei 10% Belastung 0,5%/5 G.

6. Ausführungsformen und Schaltungen.

Der eisengeschlossene elektrodynamische Gleichstrom-Wh-Zähler hat ein sehr ähnliches Anwendungsgebiet wie der eisenlose. Er unterscheidet sich von ihm im wesentlichen durch das hohe Drehmoment und den kleinen Fremdfeldeinfluß, eignet sich also besonders für Fahrzeugbetrieb mit seinen unvermeidbaren Erschütterungen und elektrochemische Anlagen mit großen Fremdfeldern. Der Zähler kann für Spannungen von 50 V aufwärts und bei direktem Anschluß für Ströme von 5 . . . 100 A hergestellt werden. Bei größeren Strömen verwendet man außenliegende Nebenwiderstände für 120 mV.

Für Wechselstrom müßte der Zähler mit geblätterten Eisenkernen aufgebaut werden, doch besteht kein Bedürfnis nach einer solchen Ausführung.

Die Abb. 203a bis h zeigen die Schaltungen von Zwei- und Dreileiterzählern bei direktem Anschluß sowie bei Anschluß an Nebenwiderstände.

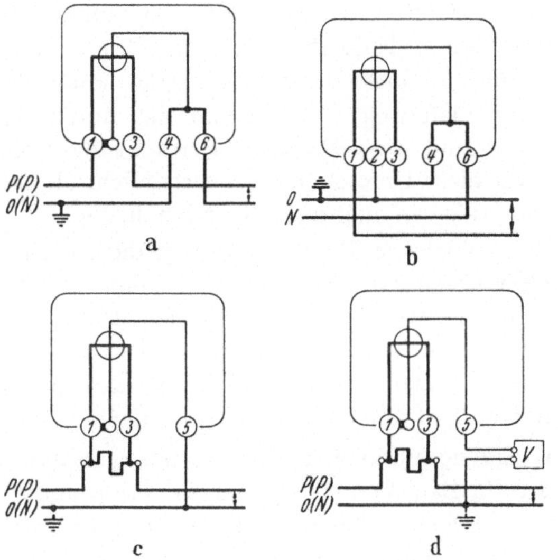

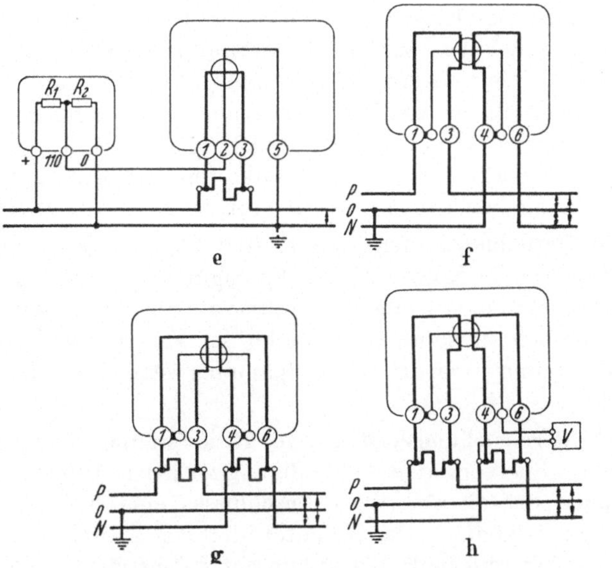

Abb. 203a bis h. Schaltungen des Gleichstrom-Wattstundenzählers.

a Zweileiterzähler bei direktem Anschluß, der Zähler liegt im positiven Leiter; — b Zweileiterzähler bei direktem Anschluß, der Zähler liegt im negativen Leiter; — c Zweileiterzähler mit Nebenwiderstand; — d Zweileiterzähler mit Neben- und Vorwiderstand; — e Zweileiterzähler mit Nebenwiderstand und Spannungsteiler; — f Dreileiterzähler bei direktem Anschluß; — g Dreileiterzähler mit zwei Nebenwiderständen; — h Dreileiterzähler mit zwei Nebenwiderständen und einem Vorwiderstand.

VIII. Tarife (Lit. VIII).

1. Grundlagen der Tarifgestaltung.

Der Preis einer Ware ist gegeben durch die Selbstkosten und den Gewinn. Die Selbstkosten ergeben sich aus den Kosten für Erzeugung, Verteilung, Bereitstellung und Risiko sowie Zeitpunkt, Art und Umfang der Lieferung. Der Gewinn ist durch Angebot und Nachfrage bestimmt und kann für diese Betrachtung außer acht bleiben; ebenso ist es für diese Untersuchung unerheblich, ob Erzeugung und Verteilung in einer oder in mehreren Händen liegen.

Die elektrische Energie kann in diesem Zusammenhange als Ware angesehen werden und unterliegt den gleichen Gesetzen, ihr Preis wird durch verschiedene Umstände beeinflußt und kann je nach den Gegebenheiten stark variieren. Es ist Aufgabe der Tarifpolitik, eine Formel zu finden, die jedem Kunden den gerechten Preis zumißt ohne einen Kundenkreis zu bevorzugen oder zu benachteiligen.

a) Erzeugungskosten. Die Erzeugungskosten beruhen auf den festen Kosten für Bau, Verzinsung, Amortisation und Verwaltung der Betriebsanlagen sowie auf den laufenden Kosten für Betriebsmittel und Betriebsführung; sie sind also z. T. unabhängig, z. T. abhängig vom Umfang der Lieferung. Die Kosten der Betriebsanlagen eines Elektrizitätsversorgungsunternehmens sind wiederum durch die Größe der Scheinleistung bestimmt, denn alle Maschinen und elektrischen Geräte müssen für den maximalen Strom und die maximale Spannung bemessen sein, d. h. bei Leistungsfaktoren unter 1 und bei kleiner Belastung wird zwar die gelieferte Wirkarbeit kleiner, Baukosten und Unterhaltungskosten der Anlagen bleiben jedoch unverändert.

b) Verteilungskosten. Die Kosten für die Verteilung gliedern sich ähnlich wie die Kosten für die Erzeugung, sie haben einen großen konstanten und einen kleineren leistungsabhängigen Anteil; sie sind selbstverständlich um so höher, je weiter der Verbraucher vom Erzeuger entfernt ist, und je niedriger die Spannung ist, bei der die Arbeit geliefert wird.

c) Bereitstellungskosten und Risikoprämie. Der Verbraucher erwartet, ohne vorherige Ankündigung zu jedem beliebigen Zeitpunkt im Rahmen der Größe seines Anschlusses eine beliebige Leistung entnehmen zu können. Das bedeutet, daß das Kraftwerk in jedem Augenblick bereit sein muß, die gewünschten Energiemengen zu liefern, und durch diese Bereitschaft zur Lieferung entstehen Kosten, auch wenn gar nichts geliefert wird.

Der Kleinhändler schlägt diese Kosten auf die gelieferten Waren auf und nimmt einen um so höheren Preis je größer die Auswahl und der Vorrat ist, den er auf Lager hält und je länger die Zeit ist, während der er seine Ware feilhalten muß, er rechnet das Risiko für evtl. nicht verkaufte, verderbende oder entwertete Ware ein. Dieses Verfahren ist höchst ungerecht, da es die Käufer zugunsten der Sehleute benachteiligt. Weit zweckmäßiger ist es, die Bereitstellungskosten von allen zu erheben, deren eventuelle Wünsche die Bereitstellung erforderlich machten. Beispielsweise ist es im Beherbergungsgewerbe üblich, den Übernachtungspreis im Hotel zu erhöhen, wenn die Mahlzeiten nicht im Hause eingenommen werden. In der Elektrizitätswirtschaft werden die festen Kosten des Kraftwerkbetriebes, die Bereitstellungskosten und das Risiko bei Kleinabnehmern durch die Grundgebühr, bei Großabnehmern durch Leistungstarife gedeckt.

d) Art der Darbietung. Ein Schluck Wasser ist in einem Blechbecher dargeboten billiger als in einem geschliffenen Glase, und ebenso ist der Wert einer Kilowattstunde beim Leistungsfaktor 1 geringer als bei einem niedrigeren Leistungsfaktor, da durch die Belastung des Kraftwerks mit Leistungsfaktoren unter 1 höhere Kosten entstehen und gedeckt werden müssen. Diese Kostenerhöhung wird durch leistungsfaktorabhängige Tarife berücksichtigt.

e) Zeitpunkt der Lieferung. Die elektrische Energie kann man nur unter gleichzeitiger Umwandlung in eine andere Energieform in größerem Umfang speichern, wobei zweimal Umwandlungsverluste und -kosten entstehen und den Energiepreis erhöhen. Der Preis unterliegt somit täglichen und jahreszeitlichen Schwankungen, da die gespeicherte Energie teurer ist als die unmittelbar dargebotene, wie ja auch frische Lebensmittel billiger sind als eingelagerte und konservierte. Bei Wasserkraftwerken ist die Energie zu Zeiten reichlicher Wasserdarbietung weniger wertvoll als zu Zeiten des Wassermangels, und bei allen Kraftwerken ist die Energie zur Zeit der Spitzenbelastung teurer als in ruhigen Zeiten.

f) Art der Lieferung. Ein Kunde, der jahrein, jahraus, täglich und stündlich die gleiche Menge abnimmt, ist dem Erzeuger wertvoller und verursacht ihm geringere Kosten als einer, der einmal eine große Menge und dann jahrelang nichts mehr verlangt als die Bereitschaft, jederzeit und ohne vorherige Ankündigung wieder einmal eine große Menge zu liefern. Bei einer Fabrik würde das beispielsweise bedeuten, ständig Personal, Rohmaterial und Einrichtungen zu unterhalten, um zu einem beliebigen, vorher unbekannten Zeitpunkt einen einmaligen Auftrag auf eine sehr große Stückzahl kurzfristig ausführen zu können. Zweifellos liegt dadurch der Preis der Ware höher als bei stetiger Lieferung.

g) Umfang der Lieferung. Gewisse Handlungskosten sind unabhängig vom Umfang der Lieferung. Die Kosten der Liefereinheit sind also um so kleiner, je größer der Umfang der Lieferung ist. Man denke beispielsweise an einen Kundenbesuch, der gleichviel kostet, ob der Kunde eine Bestellung über ein Stück oder auf 1000 Stück einer Ware aufgibt. Dies wird im allgemeinen durch einen Mindermengenzuschlag oder einen Mengenrabatt berücksichtigt.

Nach dem Gesagten ist es nicht möglich, einen Einheitstarif zu finden, der alle Einflüsse auf die Kosten der Energie völlig einwandfrei erfaßt und jedem Kunden den gerechten Preis in Rechnung stellt. Man versucht deshalb, die Tarifform für jeden Kundenkreis den Betriebsbedingungen anzupassen und jedem Kunden die von ihm wirklich verursachten Kosten aufzubürden, so daß keiner die von anderen verursachten Kosten mittragen muß.

2. Tarifarten.

a) Pauschaltarif (Leistungstarif). Beim Pauschaltarif bezahlt der Kunde einen festen Satz dafür, daß in seinem Haus eine Entnahmestelle für Elektrizität von einer gewissen Größe eingerichtet und unterhalten wird, unabhängig davon, ob, wie lange und in welchem Umfang er von der Möglichkeit der Energieentnahme Gebrauch macht. Die Gebühr hängt allein von der Höhe der bereitgestellten Leistung ab und ist unabhängig von der entnommenen Arbeit, sie muß selbstverständlich so festgelegt werden, daß das EVU die entstehenden Kosten decken kann. Der Pauschaltarif benachteiligt den sparsamen Wirtschafter zugunsten des Verschwenders und läßt sich nur da einigermaßen rechtfertigen, wo die festen Anlagekosten überwiegen und die laufenden Betriebskosten keine Rolle spielen. Ein reiner Pauschaltarif wird kaum noch angewendet.

b) Zeittarif. Beim Zeittarif wird die Arbeitsgebühr nach dem Anschlußwert der Anlage und der Dauer ihrer Einschaltung bemessen, unabhängig von der Höhe der Belastung während der Einschaltung. Diese Tarifform ist berechtigt bei niedrigen festen und hohen laufenden Kosten; sie belastet den Vielverbraucher mehr als den sparsamen Hausvater, garantiert jedoch den EVU keine Mindesteinnahme bei toten Anschlüssen.

c) Pauschaltarif mit Spitzenzähler. Bei diesem Tarif bestellt der Kunde eine bestimmte Leistung und bezahlt dafür ein Pauschale nach der Höhe seiner Bestellung, unabhängig davon, ob und wie lange er die bestellte oder eine kleinere Leistung entnimmt. Überschreitet er die bestellte Leistung, so registriert ein Spitzenzählwerk die oberhalb der vereinbarten Leistungsgrenze entnommene Arbeit, und der Kunde muß diese Arbeit getrennt zu einem verhältnismäßig hohen Preis bezahlen. Diese Tarifform kommt in Frage bei Kraftwerken, denen genügend nicht speicherfähige Grundenergie zu billigem Preis zur Verfügung steht, während die Spitzenenergie durch teure Anlagen gedeckt werden muß.

d) Wirkarbeitstarif. Es wird nur die entnommene Wirkarbeit bezahlt, weshalb dieser Tarif überall angewendet wird, wo der Leistungsfaktor der Belastung annähernd bekannt und konstant ist und die festen Kosten klein sind oder auf die Arbeitseinheit umgelegt werden können, weil man den Lieferumfang näherungsweise voraussagen kann. Der Wirkarbeitstarif wird bei kleinen Abnehmern mit vorwiegender Lichtbelastung häufig angewendet.

e) Scheinarbeitstarif. Beim Scheinarbeitstarif wird die entnommene Scheinarbeit bezahlt, wodurch die festen Kosten der Betriebsanlagen besser berücksichtigt werden als beim Wirkverbrauchtarif, und der Abnehmer, der mit gutem Leistungsfaktor fährt, besser behandelt wird als einer mit schlechtem Leistungsfaktor. Der Tarif wird nur bei größeren Abnehmern angewendet, die in der Lage sind, den Leistungsfaktor ihres Verbrauchs durch Kompensationsmittel zu beeinflussen; er ist verhältnismäßig selten, weil Scheinverbrauchzähler wesentlich teurer sind als Wirkverbrauchzähler.

f) Wirk- und Blindarbeitstarife. Bei dieser für große Abnehmer gedachten Tarifform werden Wirk- und Blindarbeit getrennt gezählt und zu verschiedenen Preisen berechnet. Der Tarif erfaßt ebenso wie der Scheinarbeitstarif sehr weitgehend die wirklichen Kosten und eignet sich insbesondere, wenn mit der Rücklieferung von Blindstrom gerechnet werden muß.

g) Maximumtarif (Leistungstarif). Beim Maximumtarif wird einmal die entnommene Energie nach Wirk- und Blind- oder Scheinverbrauch berechnet; außerdem wird nach dem größten, innerhalb einer Ableseperiode erreichten Leistungsmittelwert eine getrennte Gebühr erhoben. Der Leistungsmittelwert wird über 15, 30 oder 60 min gebildet. Der Tarif trennt also die Kosten für die bereitgestellte Leistung und für die entnommene Arbeit, er erfaßt feste Kosten und Betriebskosten und wird nur bei größeren Abnehmern angewendet, er ist um so schärfer, je kürzer die Maximumperiode ist.

Um Abnehmer mit mehreren örtlich getrennten Abnahmestellen gerecht zu behandeln, muß man die mittlere Summenleistung bilden, was durch nachträgliches Auswerten zeitgenau geschriebener Diagramme oder weitaus bequemer durch eine Fernsummierungsanlage geschehen kann. Eine Addition der zu verschiedenen Zeiten an den einzelnen Übergabestellen aufgetretenen Maxima wäre ungerecht, weil die Summe dieser Maxima fast immer größer ist als das Maximum der Summe, jedoch nur dieses der wirklich bereitgestellten Leistung entspricht.

h) Mehrfachtarif. Mit Ausnahme des Pauschaltarifs können alle Tarife als Mehrfachtarife mit verschiedenem Grundpreis für die Arbeitseinheit angewendet werden. Die Tarifumschaltung kann zeit- oder belastungsabhängig sein; ein belastungsabhängiger Doppeltarif ist der Überverbrauchtarif, bei dem eine bestimmte Leistungsgrenze eingestellt werden kann und der Verbrauch über dieser Grenze getrennt gezählt und mit einem Zuschlag berechnet wird.

i) Grundgebühr. Der Pauschaltarif erhebt nur eine Grundgebühr. Bei allen anderen Tarifen kann neben den Arbeitsgebühren ebenfalls eine Grundgebühr zum Abdecken der festen Kosten verlangt werden.

k) Vergütungstarife. Durch die Zählung der Energie kann der Abnehmer nicht nur belastet werden, sondern auch Gutschriften erhalten, wenn er die elektrische Energie in einer Form abnimmt, die dem EVU Vorteile bringt oder wenn er Energie in das Netz liefert. Es können beispielsweise Vergütungen für die Entnahme bei großem Leistungsfaktor oder für die Entnahme kapazitiver Blindleistung gezahlt werden.

Die verschiedenen Tarifformen lassen sich durch Zusatzbestimmungen erweitern und miteinander kombinieren, so daß eine große Zahl verschiedener Möglichkeiten entsteht. Tarifgeräte und Spezialzähler liefern die erforderlichen Unterlagen für die Berechnung der elektrischen Arbeit nach diesen Tarifen.

IX. Sonderausführungen von Motorzählern und Tarifgeräte (Lit. IX).

1. Mehrtarifzähler.

Der Wert einer kWh kann mit der Jahreszeit und der Tageszeit stark schwanken, beispielsweise ist eine kWh z. Z. der abendlichen Lichtspitze wertvoller als in den ruhigen Stunden nach Mitternacht, und es ist angebracht, für die wertvolleren kWh einen höheren Preis zu fordern, um den Kunden zu veranlassen, nicht unbedingt notwendigen Bedarf zu Zeiten des Leistungsüberschusses zu decken. Damit wird es erforderlich, die zu verschiedenen Preisen entnommenen kWh getrennt zu zählen und den Läufer des Zählers nach einem Zeitplan mit verschiedenen Zählwerken zu kuppeln. Für n Zählwerke sind $n - 1$ Umschaltrelais erforderlich. Bis zu drei Zählwerke lassen sich im Zähler unterbringen und mit zwei Umschaltrelais mit dem Läufer kuppeln. Normal werden jedoch nur Doppeltarifzähler ausgeführt und bei mehr als zwei verschiedenen Tarifen getrennte, durch Impulse gesteuerte Zählwerke verwendet, die durch eine Schaltuhr nach einem beliebig einstellbaren Plan auf den Zähler geschaltet werden können.

Der Läufer kann auf mancherlei Weise mit den verschiedenen Zählwerken gekuppelt werden, entweder durch ein verschiebbares oder schwenkbares Ritzel oder durch ein Differentialgetriebe, dessen Planetenrad vom Läufer angetrieben wird und dessen Sonnenräder wahlweise gesperrt werden. Wenn man mit einem beweglichen Ritzel umschaltet, muß natürlich auch das nichtgekuppelte Zählwerk gesperrt werden, damit es nicht durch Erschütterungen langsam weiterkriecht. Den augenblicklich eingeschalteten Tarif zeigt ein Schauzeichen an.

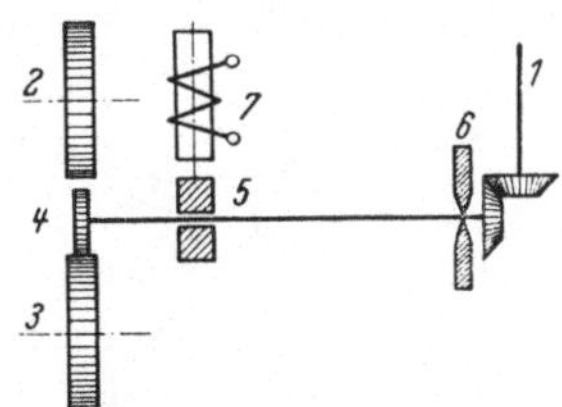

Abb. 204a. Schema einer Zweitarifumschalteinrichtung. *1* Antrieb vom Läufer; — *2*, *3* Antrieb der Zählwerke; — *4* schwenkbares Ritzel; — *5* Relaisanker; — *6* Lagerstelle; — *7* Tarifumschaltrelais.

Abb. 204a bis c zeigen als Beispiel die grundsätzliche Anordnung eines Doppeltarif-, eines Dreitarif- und eines Viertarifzählwerks mit schwenkbarem Ritzel.

Die Umschaltuhren werden in einem besonderen Abschnitt behandelt.

Beim Doppeltarifzählwerk (Abb. 204a) ist die Welle des Antriebsritzels *4* auf der einen Seite fest in der Schneide *6* gelagert. In der Nähe dieser Lagerstelle sitzt das Antriebsrad. Das Lager *5* am anderen Wellenende ist schwenkbar und kann durch das Relais *7* gegen die Schwerkraft angehoben werden, solange das Relais nicht erregt ist, kämmt das Ritzel *4* mit dem Zählwerksrad *3*, bei erregtem Relais mit dem Zählwerksrad *2*. Der Hebelarm, der die

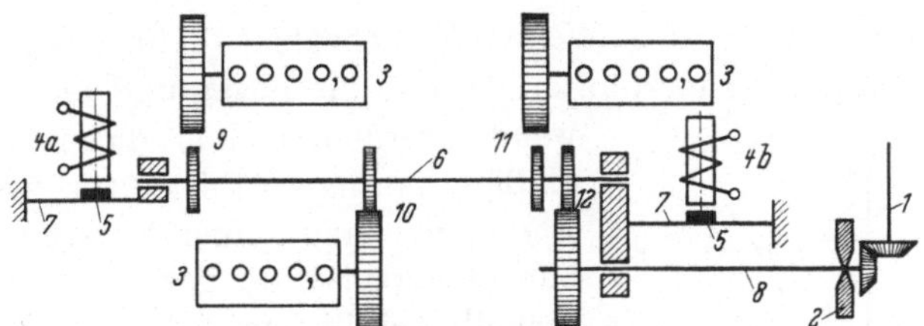

Abb. 204b. Schema eines Dreitarifzählwerks.
1 Antrieb vom Läufer; — *2* Lagerung der Antriebswelle; — *3* Zählwerk; — *4* Tarifrelais; — *5* Anker der Tarifrelais; — *6* federnd gelagerte Umschaltachse; — *7* federnde Lagerung der Umschaltachse; — *8* Schwenkachse; — *9*, *10*, *11* auskuppelbare Stirnräder zu den drei Zählwerken; — *12* Wechselräder zur Konstantenanpassung.

Lagerstelle *5* der schwenkbaren Welle trägt, hat außerdem zwei Sperrnasen, die das jeweils nichtgekuppelte Zählwerksrad sperren.

Beim Dreitarifzählwerk nach Abb. 204b ist normalerweise keines der beiden Tarifrelais *4a* und *b* erregt und der Läufer treibt über die Achsen *8* und *6* das unterste Zählwerk an. Wird das rechte Tarifrelais *4b* erregt, dann zieht es seinen Anker *5* an und hebt die schwenkbaren Achsen *6* und *8* über die federnde Lagerung *7*. Dabei kommt das Räderpaar *10* außer Eingriff, während das Räderpaar *11* gekuppelt wird. Der Eingriff des Räderpaares *12* bleibt bestehen, weil die Achse *8* mit der Achse *6* gehoben wurde.

Wenn das Relais *4a* erregt wird, hebt sich das andere Ende der Welle *6*; das Räderpaar *10* kommt wieder außer Eingriff und die Räder *9* greifen ineinander. Theoretisch kann man dieses Schema beliebig erweitern, wie Abb. 204c für ein Viertarifzählwerk zeigt. Bei direktem Antrieb vom Läufer des Zählers setzt die zunehmende Getriebereibung jedoch sehr bald eine praktische Grenze.

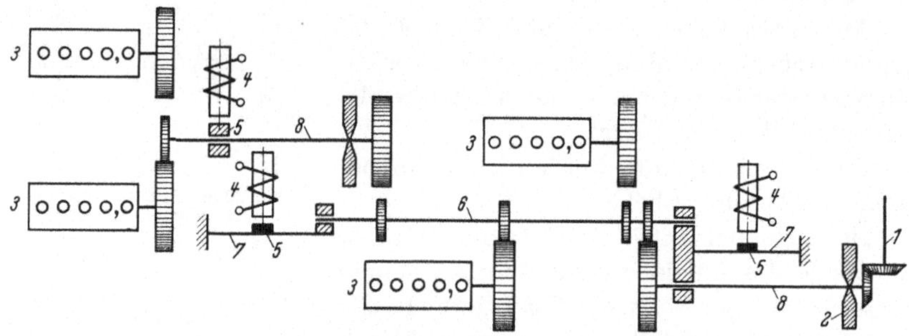

Abb. 204c. Schema eines Viertarifzählwerks.
1 Antrieb vom Läufer; — *2* Lagerung der Antriebswelle; — *3* Zählwerk; — *4* Tarifrelais; — *5* Anker der Tarifrelais; — *6* federnd gelagerte Umschaltachse; — *7* federnde Lagerung der Umschaltachse; — *8* Schwenkachse.

2. Zähler für wechselnde Energierichtung.

Das Drehmoment der Wirkverbrauchzähler kehrt sich mit der Energierichtung um; sie könnten deshalb für Bezug und Lieferung verwendet werden, doch ist dies nicht zweckmäßig, da man Zählern für wechselnde Energierichtung keinen Vortrieb zur Reibungskompensation geben kann und sie deshalb bei kleiner Belastung erhebliche Minusfehler haben. Zweckmäßiger ist es, getrennte Zähler für beide Energierichtungen zu verwenden und mit einer Rücklaufsperre zu versehen, so daß sie nur in einer Richtung laufen können.

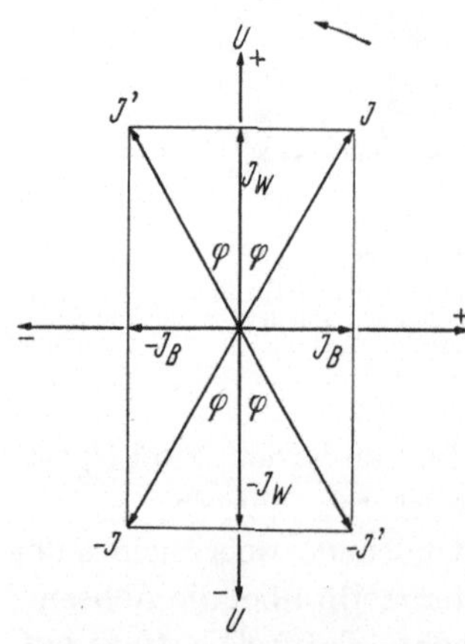

Abb. 205. Richtung des Drehmoments bei induktiv und kapazitiv belastetem Wirk- und Blindverbrauchzähler bei Bezug und Lieferung.

Bei den Blindverbrauchzählern kehrt sich die Laufrichtung um, wenn die Phasenverschiebung vom induktiven Bereich zum kapazitiven übergeht, wie das Diagramm (Abb. 205) zeigt. Bei induktiver Belastung ist die Wirkleistung

$$N_W = U \cdot J \cdot \cos\varphi = U \cdot J_W \tag{333}$$

die Blindleistung

$$N_B = U \cdot J \cdot \sin\varphi = U \cdot J_B . \tag{334}$$

Bei kapazitiver Belastung ist die Wirkleistung

$$N_W = U \cdot J' \cdot \cos\varphi = U \cdot J_W, \tag{335}$$

die Blindleistung

$$N_B = U \cdot J' \cdot \sin\varphi = U \cdot (-J_B) = -U \cdot J_B. \tag{336}$$

Die Energierichtung der Wirkleistung ist also unabhängig davon, ob der Verbraucher induktiven oder kapazitiven Charakter hat; dagegen kehrt sich die Energierichtung der Blindleistung um, wenn die Phasenverschiebung vom induktiven auf den kapazitiven Bereich übergeht. Will man also die Blindarbeitslieferung völlig erfassen und verhüten, daß ein Verbraucher die zeitweise bezogene induktive Blindarbeit durch kapazitive Belastung zu anderer Zeit kompensiert, muß man dem Blindverbrauchzähler eine Rücklaufsperre geben. Will man den induktiven und den kapazitiven Blindverbrauch getrennt zählen, so sind zwei Blindverbrauchzähler mit Rücklaufsperren erforderlich. Noch verwickelter werden die Verhältnisse, wenn in einer Leitung auch die Stromrichtung wechseln kann; dies zeigen die Abb. 205 und 206. Bei induktiver Stromlieferung ist nach Gl. (333) und (334) Wirkleistung und Blindleistung positiv.

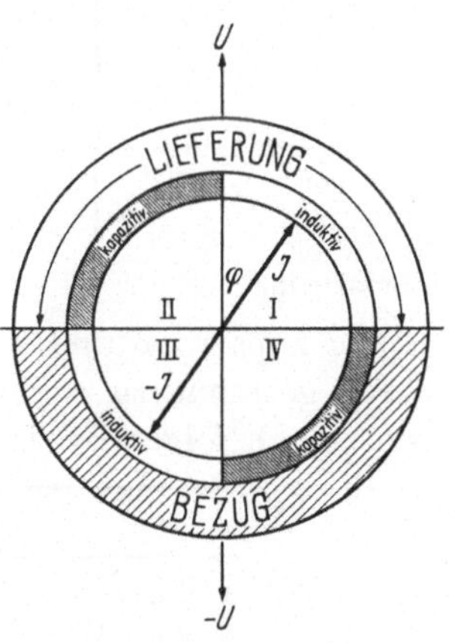

Abb. 206. Schema für Bezug und Lieferung bei induktiver und kapazitiver Belastung.

Bei induktivem Strombezug ist die Wirkleistung

$$N_W = -U \cdot J \cdot \cos\varphi = -U \cdot J_W, \tag{337}$$

die Blindleistung

$$N_B = -U \cdot J \cdot \sin\varphi = -U \cdot J_B, \tag{338}$$

beide sind negativ und beide Zähler kehren ihren Drehsinn mit der Energierichtung um. Will man Bezug und Lieferung getrennt erfassen, so sind zwei Wirkverbrauch- und zwei Blindverbrauchzähler mit Rücklaufsperre zu verwenden.

Bei kapazitiver Stromlieferung ist die Wirkleistung

$$N_W = U \cdot J' \cdot \cos\varphi = U \cdot J_W, \tag{339}$$

sie hat positives Vorzeichen wie bei induktiver Lieferung.

Die Blindleistung ist

$$N_B = U \cdot J' \cdot \sin\varphi = -U \cdot J_B, \tag{340}$$

sie hat negatives Vorzeichen wie bei induktivem Blindleistungsbezug, d. h. der Blindverbrauchzähler hat bei kapazitiver Blindarbeitslieferung dieselbe Drehrichtung wie bei induktivem Blindarbeitsbezug.

Bei kapazitivem Strombezug ist die Wirkleistung

$$N_W = - U \cdot J' \cdot \cos\varphi = - U \cdot J_W, \tag{341}$$

das Vorzeichen ist negativ wie bei induktivem Strombezug.

Die Blindleistung ist

$$N_B = - U \cdot J' \cdot \sin\varphi = U \cdot J_B, \tag{342}$$

sie hat positives Vorzeichen wie bei induktiver Blindarbeitslieferung. Der Blindverbrauchzähler hat also bei induktiver Blindarbeitslieferung und bei kapazitivem Blindarbeitsbezug dieselbe Drehrichtung, so daß sich insgesamt nachstehendes Schema für die Drehrichtungen ergibt.

	Lieferung		Bezug	
	Quadrant I	Quadrant II	Quadrant III	Quadrant IV
	induktiv	kapazitiv	induktiv	kapazitiv
Wirkstrom	+	+	—	—
Blindstrom	+	—	—	+
Wirkarbeit.	+	+	—	—
Blindarbeit	+	—	—	+

Um kapazitive und induktive Wirk- und Blindarbeitslieferung und -bezug getrennt zu zählen, braucht man sechs Zähler mit Rücklaufsperre nach folgender Tabelle:

Zähler	Drehrichtung
1 Wirkarbeitslieferung.............	+
2 Wirkarbeitsbezug	—
3 induktive Blindarbeitslieferung	+
4 kapazitive Blindarbeitslieferung ...	—
5 induktiver Blindarbeitsbezug......	—
6 kapazitiver Blindarbeitsbezug	+

Wie man sieht, haben die Zähler 3 und 6 sowie 4 und 5 gleiche Drehrichtung; deshalb kann man die beiden Arbeiten auf demselben Zähler registrieren, wenn man ihm ein Doppelzählwerk gibt und die Zählwerke von einem Wattmeterrelais oder von einem Wirkarbeitszähler mit Rücklaufkontakt umschaltet. Dann sind also insgesamt vier Zähler erforderlich.

3. Maximumzähler (Lit. IX).

Die vom EVU aufzuwendenden Bereitstellungskosten richten sich nach der Zeitdauer, in der eine bestimmte Arbeit entnommen wird; sie sind um so höher, je kleiner die Benutzungsdauer ist, da sie mit der verlangten Augenblicksleistung steigen. Wird beispielsweise der Betrag von 100 kWh auf ein ganzes Jahr verteilt und dauernd eine Leistung von 11,5 W beansprucht, so sind die Bereitstellungskosten sehr viel niedriger, als wenn die 100 kWh innerhalb einer halben Stunde, also 200 kW Augenblicksleistung, und für den Rest des Jahres nichts mehr verlangt wird. Um den Kunden entsprechend den von ihm verursachten Kosten belasten zu können, muß man wissen, in welcher Weise die vom Zähler registrierten kWh entnommen wurden und welche größte Augenblicksleistung erforderlich war. Zu diesem Zweck legt man Meßperioden konstanter Dauer fest und zählt die Arbeit je Meßperiode. Dividiert man diesen Betrag durch die konstante Dauer der Meßperiode, so erhält man die mittlere Leistung für die Meßperiode; sie wird von Maximumzählern oder Fernzählgeräten angezeigt, aufgeschrieben, gedruckt oder gelocht. Je kürzer man die Periodendauer wählt, desto schärfer werden kurzzeitige Belastungen erfaßt. In der Praxis hat man sich auf ¼-, ½- und 1stündige Meßperioden geeinigt und bezeichnet die angezeigten Mittelwerte für diese Periodendauer als Viertelstunden-, Halbstunden- usw. Maximum.

Die Maximumzähler haben außer dem normalen Zählwerk ein Maximumwerk, bestehend aus einem Maximumzeiger, einem Mitnehmer, einer Entkupplungseinrichtung für den Mitnehmer und einer Rückstellvorrichtung für den Maximumzeiger. Sie können selbstverständlich ein Doppeltarifzählwerk sowie ein weiteres Zählwerk erhalten, das jedesmal beim Rückstellen des Maximumzeigers betätigt wird und die Summe der Maxima der einzelnen Ableseperioden bildet. In jeder ersten Meßperiode nach der Rückstellung des Maximumzeigers schleppt der Mitnehmer den Maximumzeiger auf den erreichten Leistungsmittelwert; am Ende der Meßperiode wird der Mitnehmer durch eine Schaltuhr oder ein Synchronlaufwerk entkuppelt und fällt auf Null zurück, während der Maximumzeiger auf dem erreichten Wert stehenbleibt. In den folgenden Meßperioden schleppt der Mitnehmer den Maximumzeiger weiter, wenn ein höherer Mittelwert als die vorangegangenen erreicht wird. Der Maximumzeiger steht demnach immer auf dem höchsten seit Beginn der Ableseperiode erreichten Mittelwert.

Am Ende der Ableseperiode, gewöhnlich alle Monate einmal, stellt der Zählerableser den Maximumzeiger auf Null zurück und plombiert die Rückstelleinrichtung wieder. Bei Maximumzählern mit Kontrollzählwerk soll die Rückstellvorrichtung durch ihre Konstruktion das unvollständige Zurückstellen des Maximumzeigers verhindern, entweder indem sich der Zähler bei unvollständiger Rückstellung nicht plombieren läßt oder indem der einmal eingeleitete Rückstellvorgang unaufhaltbar abläuft. Bei diesen Zählern wird der zurückgestellte Weg auf das Kontrollzählwerk addiert, dessen Anzeige somit der Summe der gemeldeten Maxima entsprechen muß. Durch ein weiteres Zählwerk kann man die Zahl der Rückstellungen anzeigen. Diese Einrichtungen erschweren eine betrügerische Zusammenarbeit zwischen dem Zählerableser und dem Verbraucher.

Während der Auslösezeit, in der der Mitnehmer in die Nullage zurückfällt, ist das Maximumwerk nicht mit dem Zähler gekuppelt. Man berücksichtigt diese Zeit, indem man als Meßperiodendauer nur die Kupplungszeit nimmt. Ist die Periodendauer t, die Kupplungsdauer $t_1 = b \cdot t$, die Entkupplungsdauer $t_2 = t(1 - b)$ und die in der Zeit t entnommene Arbeit A, so ist die mittlere Leistung

$$N = \frac{A}{t}. \tag{343}$$

Der angezeigte Leistungsmittelwert ist jedoch

$$N_1 = \frac{A_1}{b \cdot t}, \tag{344}$$

d. h. er entspricht nur dann dem wahren Leistungsmittelwert und es ist nur dann $N_1 = N$, wenn

$$A_1 = b \cdot A$$

ist, was nicht immer zutrifft, denn es könnte sich gerade während der Auslösezeit die Leistung sprunghaft geändert haben. Der wahrscheinliche Fehler ist um so kleiner, je näher b an 1 liegt. In der Praxis ist bei Bildung des Einviertelstundenmaximums

$$t_1 = 885 \text{ sek},$$

$$t_2 = 15 \text{ sek},$$

$$b = 0{,}983.$$

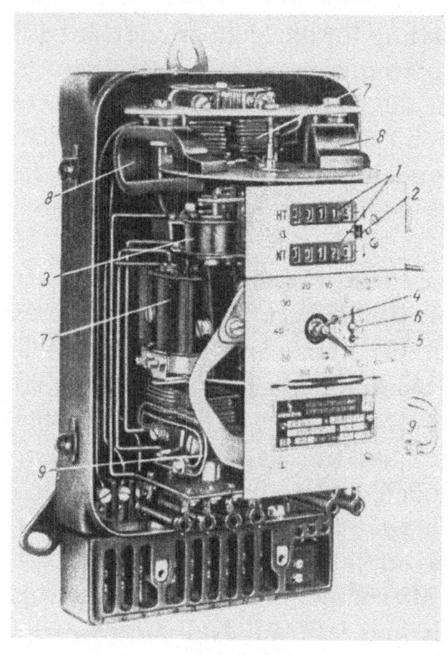

Abb. 207. Innenansicht eines Doppeltarifmaximumzählers.
1 Doppeltarifzählwerk; — *2* Anzeigeklappe für die Stellung des Tarifrelais; — *3* Maximumrelais; — *4* Mitnehmer; — *5* Maximumgrobzeiger; — *6* Maximumfeinzeiger; — *7* Triebsystem; — *8* Bremsmagnet; — *9* Phasenabgleichschleife.

Abb. 207 zeigt einen geöffneten Doppeltarifmaximumzähler für Auslösung durch eine getrennte Schaltuhr, Abb. 208 das zugehörige Maximumwerk.

Der Läufer treibt über das Getriebe *1* das schwenkbare Ritzel *3*, das während der Kupplungsdauer über das Getriebe *4* den Mitnehmer *5* vorwärts treibt. Wenn das Maximumrelais *2* stromlos wird, entkuppelt sich das Ritzel *3* und die Rückholfeder *9* stellt über das Zahnsegment *6* den Mitnehmer auf Null zurück. Maximumgrob- und -feinzeiger *7* und *8* bleiben in der erreichten Stellung stehen, bis sie von Hand zurückgestellt werden.

Abb. 209/210 zeigen die Fehlerkurven eines Wirk- und eines Blindverbrauchmaximumzählers.

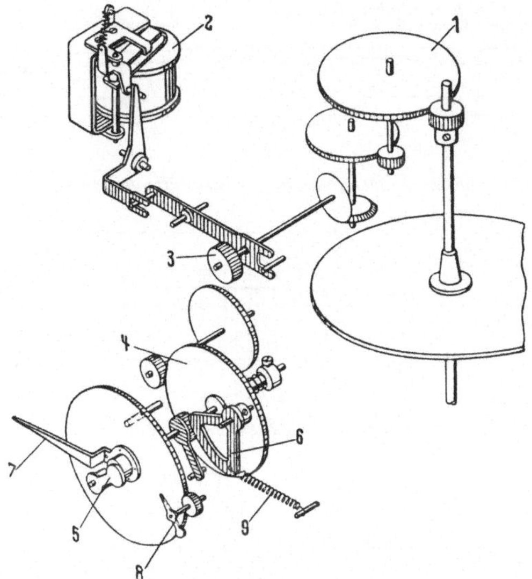

Abb. 208. Schema eines Maximumwerks.

1 Antrieb vom Läufer; — *2* Maximumrelais; — *3* schwenkbares Ritzel; — *4* Antrieb des Mitnehmers; — *5* Mitnehmer; — *6* Rückholeinrichtung für den Mitnehmer; — *7* Maximumgrobzeiger; — *8* Maximumfeinzeiger; — *9* Rückholfeder.

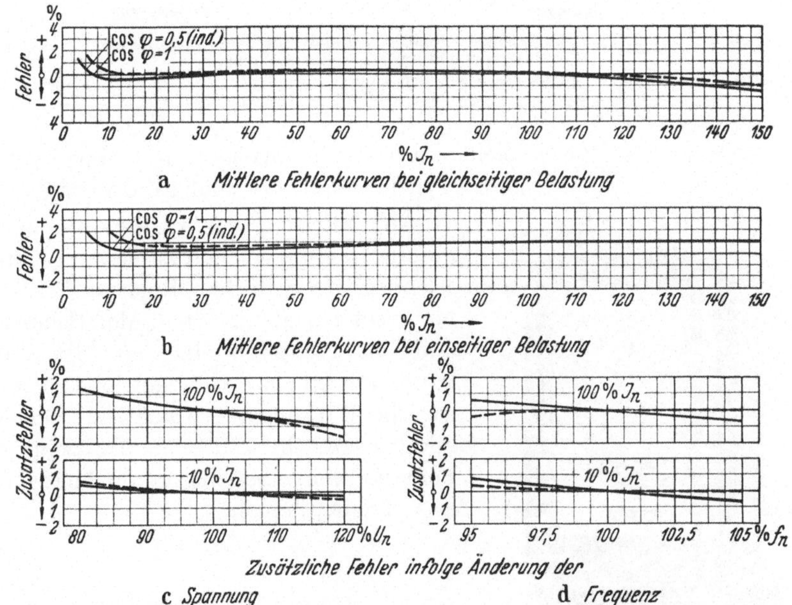

Abb. 209a bis d. Fehlerkurven eines Drehstrom-Wirkverbrauch-Maximumzählers mit drei Systemen. a Mittlere Fehlerkurven bei gleichseitiger Belastung; — b mittlere Fehlerkurven bei einseitiger Belastung; — c Spannungseinfluß; — d Frequenzeinfluß.

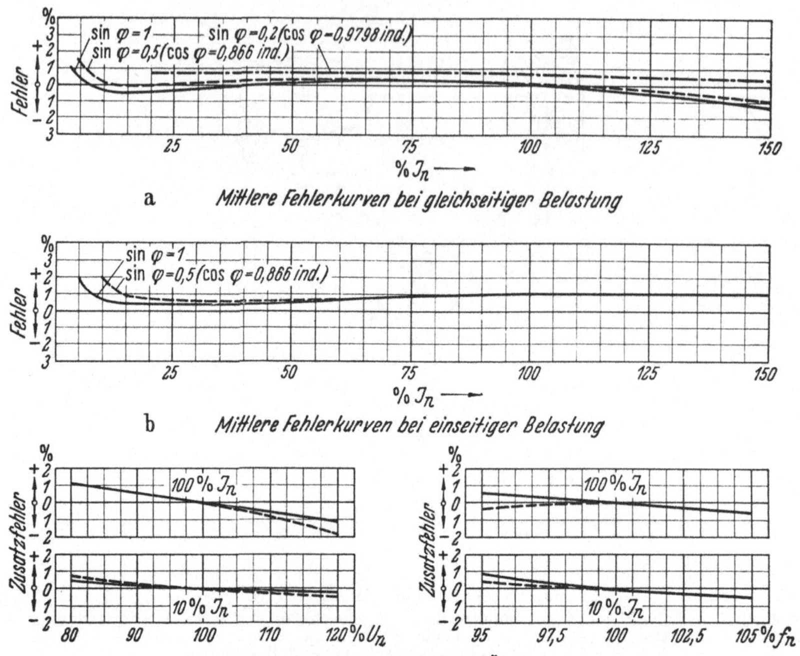

Abb. 210a bis d. Fehlerkurven eines Drehstrom-Blindverbrauch-Maximumzählers mit drei Systemen und innerer 90°-Abgleichung.

a Mittlere Fehlerkurven bei gleichseitiger Belastung; — b mittlere Fehlerkurven bei einseitiger Belastung; — c Spannungseinfluß; — d Frequenzeinfluß.

Abb. 211 ist die Ansicht eines Maximumzeigers mit eingebautem Synchronlaufwerk und Kontrollzählwerk.

Abb. 212 zeigt das Auslöse- und Maximumwerk eines solchen Zählers, es unterscheidet sich von dem Relaisauslösewerk nur insofern, als an Stelle der Schaltuhr und des Maximumrelais ein Synchronmotor mit einem Auslösegetriebe getreten ist; die Wirkungsweise geht aus der Abbildung klar hervor. Abb. 213 zeigt die Fehlerkurven eines Maximumzählers mit zwei Triebsystemen.

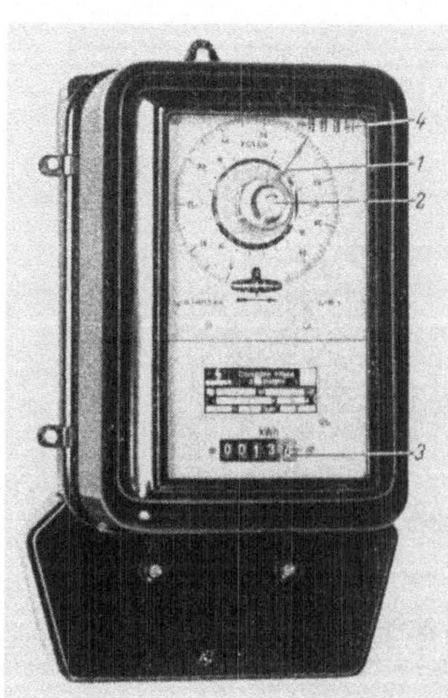

Abb. 211. Maximumzähler mit eingebautem Synchronlaufwerk und Kontrollzählwerk.

1 Maximumzeiger; — *2* Plombierbarer Rückstellknopf für den Maximumzeiger; — *3* Zählwerk; — *4* Kontrollzählwerk für die Summe der Maxima.

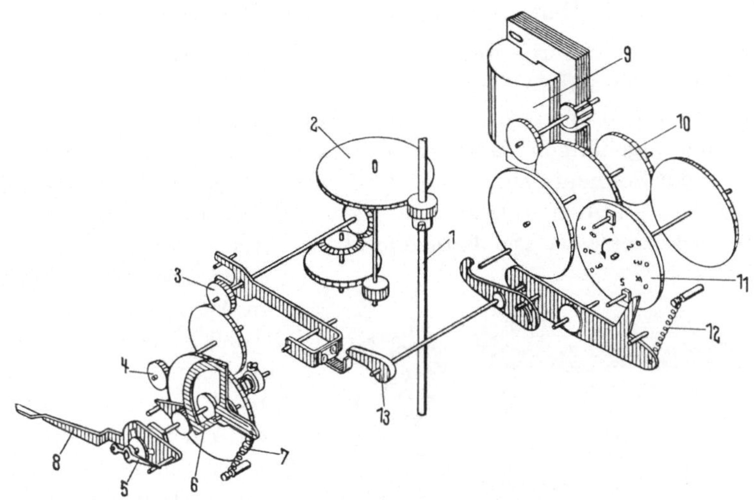

Abb. 212. Maximum- und Auslösewerk eines Maximumzählers mit Synchronlaufwerk.
1 Läuferachse; — *2* Antrieb vom Läufer; — *3* schwenkbares Ritzel; — *4* Antrieb des Schleppzeigers; — *5* Schleppzeiger; — *6* Rückholeinrichtung für den Schleppzeiger; — *7* Rückholfeder; — *8* Maximumzeiger; — *9* Synchronmotor; — *10* Getriebe des Synchronmotors; — *11* Auslöseeinrichtung für den Schleppzeiger; — *12* Rückholfeder der Auslöseeinrichtung; — *13* Schwenkeinrichtung des Antriebsritzels.

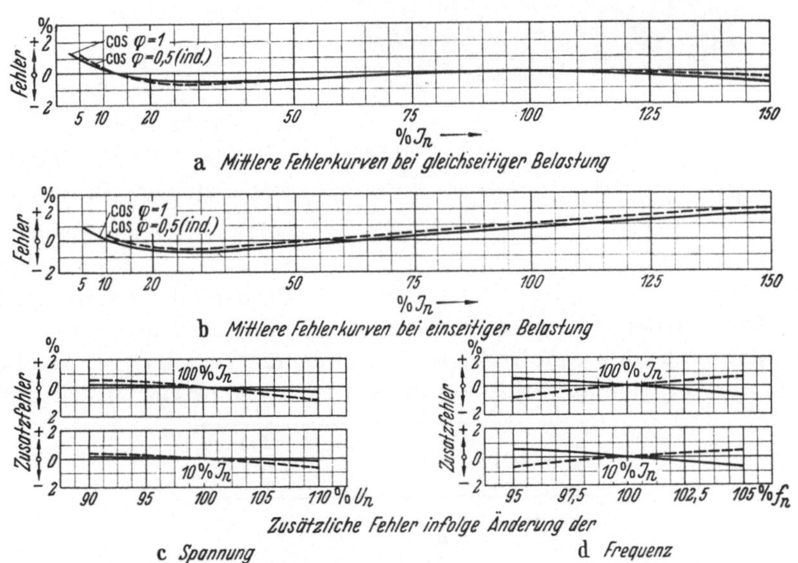

Abb. 213a bis d. Fehlerkurven eines Maximumzählers mit zwei Triebsystemen.
a Mittlere Fehlerkurven bei gleichseitiger Belastung; — b mittlere Fehlerkurven bei einseitiger Belastung; — c Spannungseinfluß; — d Frequenzeinfluß.

4. Wirk- und Blindverbrauch-Überschuß.

Für besondere Tarife werden Überschuß-Blindverbrauchzähler nach Abb. 214 angewendet. Das Gehäuse enthält einen Wirk- und einen Blindverbrauchdrehstromzähler mit Stopprelais und Rücklaufsperre nebst den zugehörigen Zählwerken, außerdem ein Differentialgetriebe, dessen beide Sonnenräder von den Zählern angetrieben werden. Zwischen den Zählern und den Antriebsachsen des Differentials liegt ein einstellbares Stufengetriebe. Die Planetenradachse des Differentials treibt je nach ihrer Drehrichtung ein Wirk- oder Blindverbrauch-Überschußzählwerk an. Bezeichnet man mit k_1 und k_2 die Übersetzungen von Wirk- und Blindverbrauchzähler zum Differential, dann sind die Antriebsgeschwindigkeiten der beiden Sonnenräder

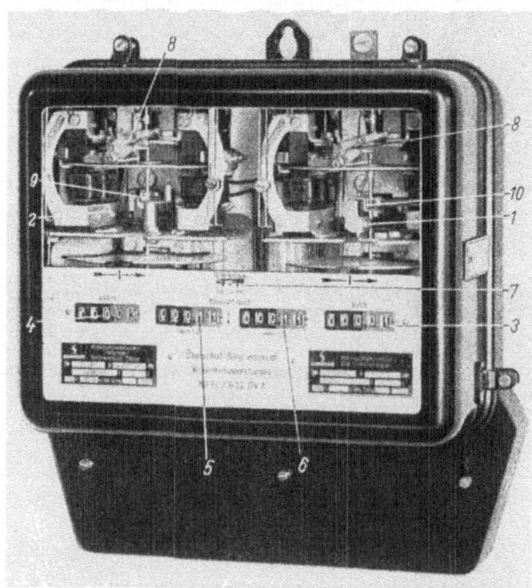

Abb. 214. Überschuß-Wirk- und -Blindverbrauchzähler. *1* Wirkverbrauchzähler; — *2* Blindverbrauchzähler; — *3* Wirkverbrauchzählwerk; — *4* Blindverbrauchzählwerk; — *5* Blindverbrauch-Überschußzählwerk; — *6* Blindverbrauch-Unterschußzählwerk; — *7* Einstellhebel des Umschaltgetriebes; — *8* Stopprelais; — *9* Rücklaufsperre; — *10* Rücklaufkontakt.

$$n_1 = c \cdot k_1 \cdot U \cdot J \cdot \cos\varphi,$$
$$n_2 = c \cdot k_2 \cdot U \cdot J \cdot \sin\varphi$$

und die Geschwindigkeit der Planetenradachse

$$n_3 = n_1 - n_2 = c \cdot U \cdot J \cdot (k_1 \cdot \cos\varphi - k_2 \cdot \sin\varphi). \quad (345)$$

Die Überschußzählwerke stehen still, wenn

$$\frac{k_1}{k_2} = \operatorname{tg}\varphi = \frac{\text{Blindverbrauch}}{\text{Wirkverbrauch}}$$

ist, denn dann wird $n_3 = 0$.

Je nach dem Überwiegen des sin- oder des cos-Gliedes wird ein Blindverbrauchüberschuß oder Wirkverbrauchüberschuß registriert. Das Getriebe läßt sich auf Stillstand der Überschußzählwerke einstellen bei

$\frac{k_1}{k_2} = \operatorname{tg}\varphi$	$\cos\varphi$	$\frac{\text{Blindverbrauch}}{\text{Wirkverbrauch}}$
1,0	0,707	1,0
0,75	0,80	0,75
0,50	0,893	0,50

Entspricht der Leistungsfaktor des Verbrauchs der gewählten Getriebestellung, dann stehen die beiden Zusatzzählwerke still, anderenfalls registriert das eine den über, das andere den unter der eingestellten Leistungsfaktorgrenze entnommenen Blindverbrauch. Man ist so in der Lage, für diese Entnahmen etwas zu vergüten oder zusätzlich anzurechnen.

Mit dem Rücklaufkontakt des Wirkverbrauchzählers kann außerdem der Blindverbrauchzähler über das Stopprelais angehalten werden, wenn bei kapazitivem Blindarbeitsbezug nicht gezählt werden soll. Die beiden Stopprelais können auch von einer Schaltuhr betätigt werden, wenn etwa die Registrierung zu verschiedenen Zeiten von getrennten Zählern vorgenommen werden soll.

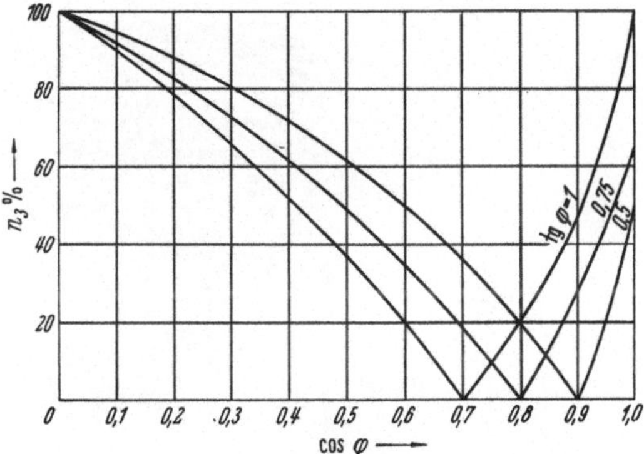

Abb. 215. Drehzahlen der Zählwerke eines Überschuß-Wirk- und -Blindverbrauchzählers, abhängig vom Leistungsfaktor bei verschiedenen Einstellungen des Sollwertes von Blindleistung/Wirkleistung.

Ist beispielsweise das Getriebe eingestellt auf Blindverbrauch = 75% des Wirkverbrauchs, dann zählt das Überschuß-Blindverbrauchzählwerk die Arbeit, die bei einem kleineren $\cos\varphi$ als 0,8 entnommen wurde, das Überschuß-Wirkverbrauchzählwerk (Unterschuß-Blindverbrauchzählwerk) die Arbeit, die bei besserem $\cos\varphi$ als 0,8 entnommen wurde. Abb. 215 zeigt die Drehzahlen der beiden Zählwerke abhängig vom Leistungsfaktor für die Getriebeeinstellungen $\operatorname{tg}\varphi = 0{,}5$; 0,75 und 1.

5. Zähler mit Stopprelais.

Abb. 216 zeigt einen Maximumzähler mit einem Stopprelais. In den Rand der Zählerscheibe sind einige kleine Stifte radial eingesetzt, und der Hemmarm eines Relais faßt einen dieser Stifte, wenn das Relais erregt ist, und hält den Läufer an. Diese Einrichtung wird angewendet, um einen an Strom und Spannung liegenden Zähler nach Wahl anzuhalten, beispielsweise wenn das Maximum zu verschiedenen Zeiten von zwei getrennten Zählern registriert werden soll. Die beiden Maximumzähler liegen dann im gleichen Stromkreis und werden von einer Schaltuhr über das Stopprelais abwechselnd angehalten, so daß man getrennte Maxima bei zwei verschiedenen Tarifen ermitteln kann.

Bei einem weiteren Anwendungsfall soll von einem Blindverbrauchzähler induktive Blindarbeitslieferung gezählt, dagegen kapazitiver Blindarbeitsbezug nicht gezählt werden. Der Zähler würde bei beiden

Belastungen in derselben Richtung laufen (Abb. 205/206), wird aber durch einen Wirkverbrauchzähler mit Rücklaufkontakt oder durch ein Energierichtungsrelais gestoppt, wenn die Belastung von induktiver Lieferung auf kapazitiven Bezug übergeht.

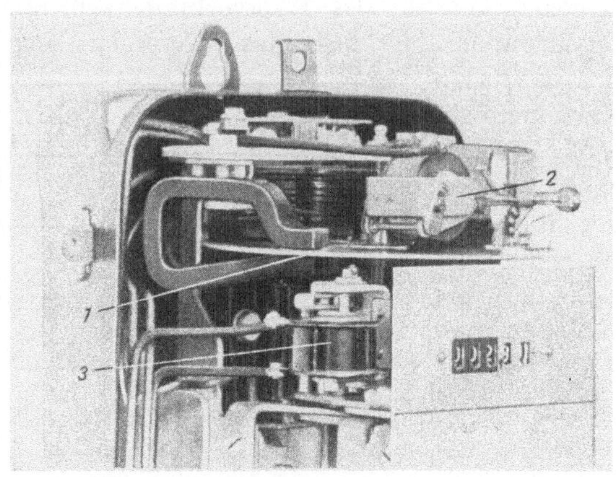

Abb. 216. Zähler mit Stopprelais.
1 Zählerscheibe mit radialen Stiften; — *2* Stopprelais; — *3* Maximumrelais.

6. Fotografische Registrierung des Zählerstandes.

Es ist in vielen Fällen erwünscht, die Belastungskurve eines Verbrauchers, d. h. Höhe, Zeitpunkt und Dauer der Stromentnahme, zu kennen. Diese Auskunft gibt ein Maximumschreiber oder ein Leistungs-

Abb. 217. Gerät zum Fotografieren des Zählerstandes (Fotomax).
1 Lampenkammer; — *2* auswechselbarer Synchronmotor; — *3* Drehknopf für den Papiervorschub von Hand.

schreiber. In manchen Fällen, insbesondere bei kleineren Verbrauchern, ist es aber zu kostspielig, einen Schreiber oder Drucker — auch nur vorübergehend — einzubauen; für solche Fälle wurde zu gelegentlicher Kontrolle ein fotografisches Registriergerät entwickelt, das in regelmäßigen Abständen den Zählwerkstand fotografiert. Das Gerät kann mit einem Traggestell und einem Gummiriemen auf jeden Zähler aufgesetzt werden (Abb. 217 und 218) und enthält einen lichtempfindlichen Papierstreifen, auf dem mit zwei eingebauten Glühlampen und einer einfachen Optik der Zählwerkstand in Intervallen von 15, 30 oder 60 min abgebildet wird. Ein kleiner Synchronmotor treibt das Papierband an, öffnet nach jeder Zählperiode den Verschluß und schaltet die Beleuchtung kurzzeitig ein. Abb. 219 zeigt den grundsätzlichen Aufbau des Geräts, Abb. 220 einen Registrierstreifen, aus dem man das Belastungsdiagramm mit der Registrierperiode als Grundzeit entnehmen kann. Das Papier wandert in jeder Meßperiode um eine Zahlenteilung, das sind etwa 6,5 mm, weiter und reicht für 340 Aufnahmen, was bei stündlicher Registrierung 14 Tagen entspricht.

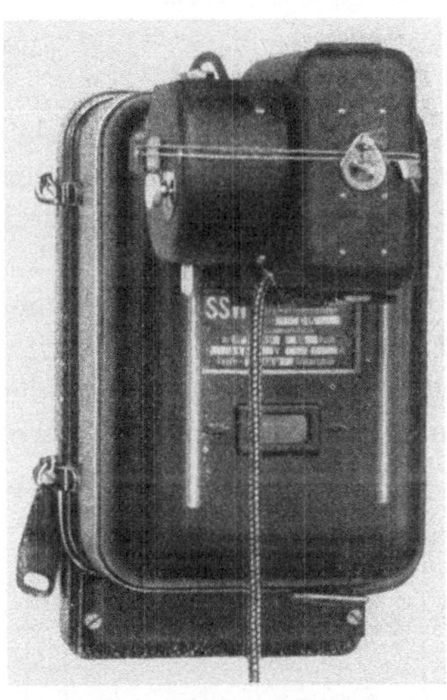

Abb. 218. Anbau der fotografischen Einrichtung an einen Drehstromzähler.

Vor Beginn der Messung schiebt man in den Objekthalter ein Kärtchen mit Zählernummer, Datum und Registrierbeginn und wartet die

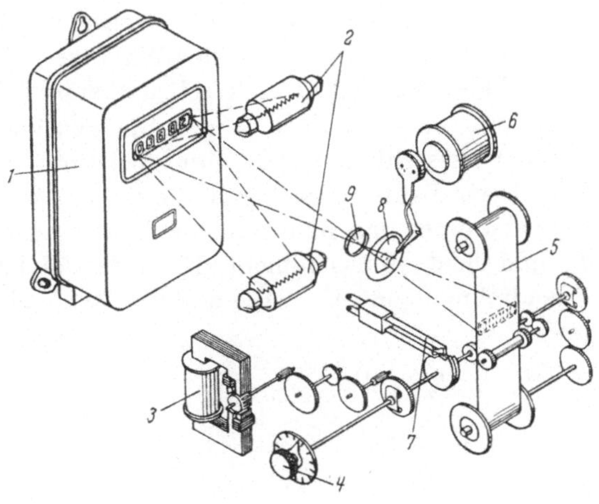

Abb. 219. Grundsätzliche Anordnung des fotografischen Geräts. *1* Zähler; — *2* Beleuchtungseinrichtung; — *3* Antriebsmotor; — *4* Handeinstellung; — *5* lichtempfindliches Papier; — *6* Verschlußrelais; — *7* Kontakteinrichtung zum Einschalten der Beleuchtung und Öffnen des Verschlusses; — *8* Blende; — *9* Objektiv.

Abb. 220. Diagramm des Fotomax.

erste Aufnahme ab, dann folgen die Bilder des Zählwerkstandes. Um die Optik recht einfach zu halten, hat man auf die Bildumkehrung verzichtet und fotografiert in Spiegelschrift.

7. Spitzenzähler.

In Ländern mit vielen Laufwasserkraftwerken ohne Ausgleichspeicher oder mit unzureichender Speichermöglichkeit ist man an einer hohen Grundlast, jedoch geringer Spitzenlast interessiert, da zur Spitzendeckung teure Speicher oder Dampfkraftwerke notwendig sind, während Grundleistung im Überschuß verfügbar ist. Man hat deshalb in diesen Ländern einen Spitzentarif eingeführt, bei dem bis zu einer vorher festgelegten Leistungsgrenze die entnommene Arbeit nicht gezählt, sondern pauschal berechnet wird, wobei dem Pauschalbetrag ein verhältnismäßig niedriger kWh-Preis zugrunde liegt. Über dieser Leistungsgrenze wird die entnommene Arbeit gezählt und mit dem Mehrfachen des Grund-kWh-Preises berechnet. In der Abb. 221 würde der Kunde für die unterhalb der mit 100% bezeichneten Leistungsgrenze N_g entnommene Arbeit einen Pauschalbetrag entrichten, unabhängig davon, wie groß diese Arbeit ist. Die in der Abbildung schraffierte Arbeit über dieser Grenze würde gezählt und nach kWh berechnet werden. Die Höhe des Pauschalsatzes richtet sich selbstverständlich nach der bestellten Leistung. Für diese Tarifart werden Spitzenzähler benötigt, die nur die über der einstellbaren, bestellten Leistung N_g entnommenen kWh zählen, deren Läufer also bis zu dieser Leistung stillsteht. Das erreicht man dadurch, daß man auf den Läufer außer dem Antriebsmoment M_a und dem Bremsmoment M_b noch ein belastungsunabhängiges Gegendrehmoment M_g wirken läßt. Dann gilt für den Beharrungszustand

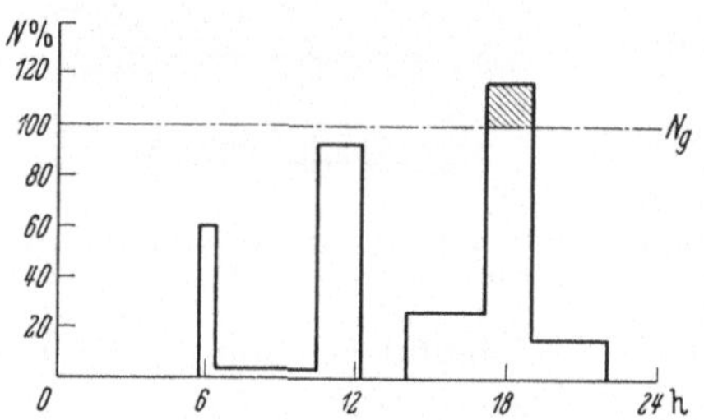

Abb. 221. Schematisiertes Leistungsdiagramm eines Haushaltes während eines Tages. N_g bestellte Leistung.

$$M_a - M_g = M_b \tag{346}$$

oder für $M_b = K_2 \cdot \omega$

$$\omega = \frac{M_a - M_g}{K_2}, \tag{347}$$

d. h., die Winkelgeschwindigkeit des Läufers ist proportional der Differenz aus Antriebsmoment und Gegendrehmoment. Damit hat man bereits den Hauptnachteil dieser Zähler erkannt. Sind M_a und M_g groß, ihre Differenz dagegen klein, so führen bereits kleine prozentuale Fehler bei der Bestimmung von M_a und M_g zu großen Fehlern der Winkelgeschwindigkeit ω, wie es stets der Fall ist, wenn ein kleiner Wert als Differenz zweier großer Werte bestimmt wird. Der Fehler des Spitzenzählers errechnet sich wie folgt:

Bedeuten:

ω = Sollwert der Winkelgeschwindigkeit,
$\omega \pm \Delta\omega$ = Istwert der Winkelgeschwindigkeit,
M_a = Sollwert des Antriebsmoments,
$M_a \pm \Delta M_a$ = Istwert des Antriebsmoments,
M_g = Sollwert des Gegendrehmoments,
$M_g \pm \Delta M_g$ = Istwert des Gegendrehmoments.

Dann ist der Fehler

$$\omega \pm \Delta\omega - \omega = \frac{1}{K_2} \cdot \frac{(M_a \pm \Delta M_a) - (M_g \pm \Delta M_g) - (M_a - M_g)}{M_a - M_g} \cdot 100\,[\%]$$

oder

$$\Delta\omega\,\% = \pm \frac{1}{K_2} \cdot \frac{\pm \Delta M_a \mp \Delta M_g}{M_a - M_g} \cdot 100. \tag{348}$$

In der Praxis bedeutet dies: Beim Spitzenzähler muß das Antriebsmoment M_a möglichst genau proportional der Meßgröße und das Gegendrehmoment sehr exakt einstellbar und konstant sein.

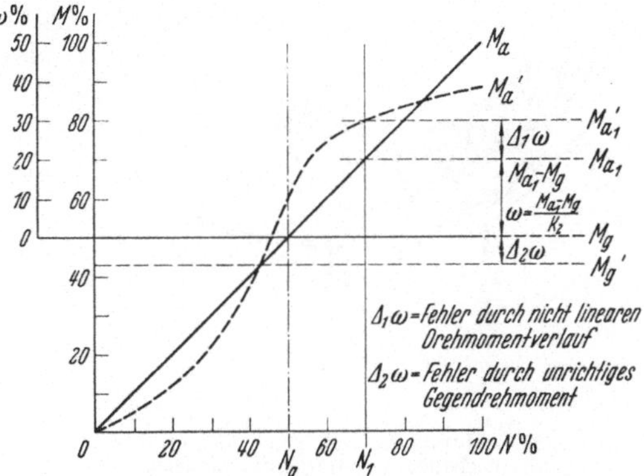

Abb. 222. Drehmomentverhältnisse bei einem Spitzenzähler mit mechanischem Gegendrehmoment.

M_a idealer Verlauf des Antriebsmoments; — M_a' wahrer Verlauf des Antriebsmoments; — M_g richtiger Wert des Gegendrehmoments bei der Subtraktionsleistung N_g; — M_g' unrichtiger Wert des Gegendrehmoments bei der Subtraktionsleistung N_g; — ω Winkelgeschwindigkeit; — $\Delta_1\omega$ Fehler durch nichtlinearen Drehmomentverlauf bei der Momentanleistung N_1; — $\Delta_2\omega$ Fehler durch unrichtiges Gegendrehmoment bei der Momentanleistung N_1.

Ungenauigkeiten bei beiden Größen führen zu großen Fehlern, wenn die Belastung nur wenig über der Subtraktionsgrenze liegt. Es wirken sich also alle früher besprochenen Einflüsse auf den linearen Zusammenhang zwischen Antriebsmoment und Meßgröße in der Nähe der Anlaufgrenze besonders störend aus. Abb. 222 zeigt das Drehmomentdiagramm eines Spitzenzählers. Die Sollwinkelgeschwindigkeit des Läufers ist

$$\omega = \frac{M_a - M_g}{K_2}. \tag{349}$$

Durch nichtlinearen Verlauf des Antriebsmoments kommt dazu der Fehler $\Delta_1\,\omega$, durch unrichtig eingestelltes Gegendrehmoment der Fehler

$\Delta_2 \omega$, so daß die Ist-Winkelgeschwindigkeit

$$\omega' = \omega \pm \Delta_1 \omega \pm \Delta_2 \omega \tag{350}$$

wird.

Der prozentuale Fehler ist

$$F\,\% = \frac{\omega' - \omega}{\omega} \cdot 100 = \frac{\pm \Delta_1 \omega \pm \Delta_2 \omega}{\omega} \cdot 100. \tag{351}$$

Wie man sieht, kann der Fehler sehr groß werden, wenn ω klein ist, für $\omega = 0$ wird er Unendlich, d. h. beim Anlauf des Zählers kann ein beachtlicher Fehler auftreten, was allerdings keine wirtschaftliche Bedeutung hat, da dann ja auch die zu zählende Arbeit sehr klein ist.

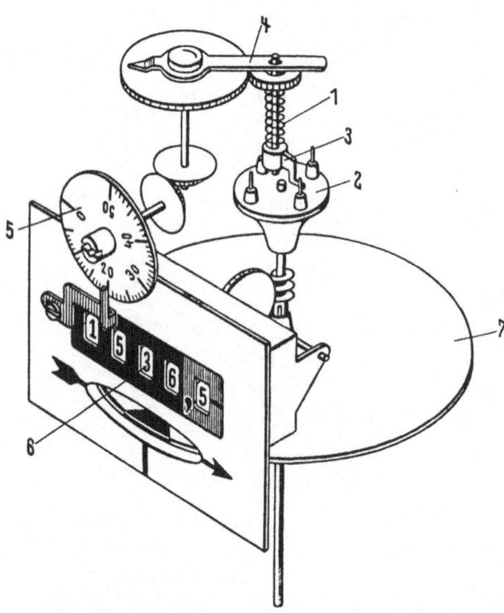

Abb. 223. Subtraktionswerk eines Spitzenzählers mit mechanischem Gegendrehmoment.
1 Spannfeder; — *2* Stiftenscheibe; — *3* Spannarm; — *4* Einstellvorrichtung für die Vorspannung der Feder *1*; — *5* Einstellskala für die Subtraktionsgrenze; — *6* Überverbrauchzählwerk; — *7* Läufer.

Das Gegendrehmoment M_g läßt sich bei den Spitzenzählern auf verschiedene Weise erzeugen, nämlich auf mechanischem Weg durch eine einstellbare Feder, elektrisch durch ein zusätzliches Triebsystem und magnetisch durch eine von der Drehzahl unabhängige, magnetische Bremse.

a) Spitzenzähler mit mechanischem Gegendrehmoment. α) *Aufbau.* Beim mechanischen Spitzenzähler wird das Gegendrehmoment durch eine einstellbare Schrauben- oder Spiralfeder erzeugt, deren Drehmoment M_g linear mit dem Vorspannwinkel γ wächst.

$$M_g = K_3 \cdot \gamma.$$

Das eine Ende dieser Feder *1* in Abb. 223 ist fest mit der Achse verbunden, das freie Ende trägt einen drehbaren Spannarm *3*, die Drehachse liegt um einen kleinen Betrag exzentrisch zur Läuferachse. Der Läufer trägt eine Stiftenscheibe *2* mit einer Anzahl von Stiften. In der Nullage der Spannfeder können die Stifte der Stiftenscheibe frei an dem Spannarm der Feder vorbeigleiten. Wird die Feder vorgespannt, so legt sich der Spannarm mit einer dem Vorspann proportionalen Kraft gegen einen der Stifte und übt ein Gegendrehmoment M_g aus. Ist das Antriebsmoment des Zählers größer als das Gegendrehmoment, so beginnt der Läufer sich zu drehen und nimmt den Spannarm mit, wobei das Gegendrehmoment auf den Wert M_{g_1} steigt. Dann gleitet der

Spannarm infolge der Exzentrizität von Läuferachse und Federachse von dem Mitnehmerstift ab und fällt auf den nächsten auf. Während der Rückfallzeit des Stiftes ist das Gegendrehmoment vorübergehend Null, es verläuft also etwa nach Abb. 224. Darin ist es insofern vereinfacht dargestellt, als der Hebelarm des Angriffspunktes der Gegenkraft als konstant angenommen wurde. An der Achse der Spannfeder kann man einen Zeiger anbringen, der über einer in Watt bezifferten Skala 5 spielt und kann somit die eingestellte Subtraktionsgrenze direkt ablesen. Die Drehmomentfeder läßt sich von außen einstellen und plombieren, normale Subtraktionsgrenzen sind 5%...30% oder 10%...60% der Zählernennleistung. Die mechanische Abnutzung der Spanneinrichtung ist einer der Haupteinwände gegen den Spitzenzähler mit mechanischem Gegendrehmoment. Abb. 225 zeigt einen geöffneten Wechselstromspitzenzähler mit mechanischem Gegendrehmoment. Durch eine Signaleinrichtung kann man dem Abnehmer das Überschreiten der Pauschaltarifgrenze anzeigen.

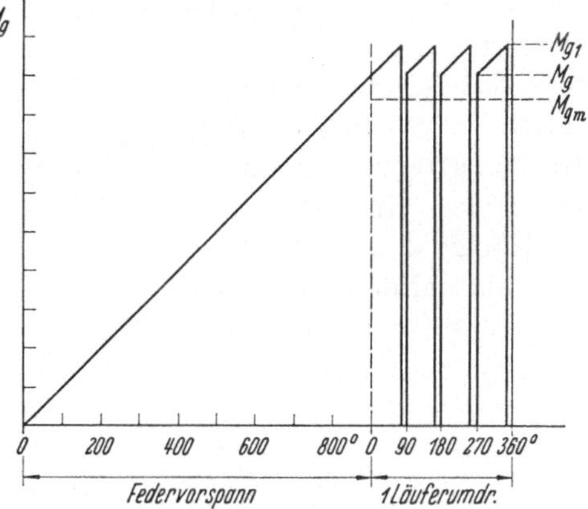

Abb. 224. Verlauf des Gegendrehmoments während einer Läuferumdrehung bei einer Stiftenscheibe mit vier Stiften.
M_{gm} mittleres Gegendrehmoment.

β) Justierung. Der Spitzenzähler wird zunächst wie ein gewöhnlicher Zähler justiert, wobei das Gegendrehmoment des Spannwerkes Null ist, danach wird das Gegendrehmoment auf die kleinste und größte Subtraktionsgrenze eingestellt und so abgeglichen, daß der Zähler bei einer Leistung, die 10% über der jeweiligen Subtraktionsgrenze liegt, richtig zeigt.

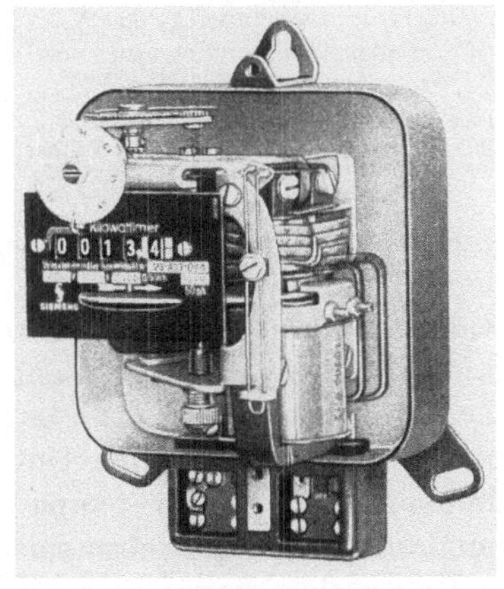

Abb. 225. Innenansicht eines Wechselstromspitzenzählers mit mechanischem Gegendrehmoment.

γ) Eigenschaften. 1. Genauigkeit. Die Genauigkeit der Überverbrauchzählung ist durch die Genauigkeit des verwendeten Zählertyps und die Genauigkeit des Gegendrehmoments bestimmt. Das Antriebsmoment soll linear mit der Meßgröße steigen, das Gegendrehmoment linear mit dem Drehwinkel der Spannfeder; Abweichungen von dieser Proportionalität führen zu beachtlichen Fehlern (Abb. 226). Ein weiterer Fehler tritt durch ungenaue Einstellung der Subtraktionsgrenze auf. Stellt man das Gegendrehmoment um 1% vom Nenndrehmoment des Zählers falsch ein, so macht das bei einer Spitzenlast von 10% über der Subtraktionsgrenze bereits einen Fehler von 10% vom Sollwert, bei 5% Spitzenlast einen Fehler von 20% vom Sollwert aus.

Infolge des Unterschiedes zwischen ruhender und rollender Reibung tritt als weiterer Fehler eine Umkehrspanne auf, das heißt, der Zähler läuft bei etwas höherer Leistung an, als er zum Stillstand kommt.

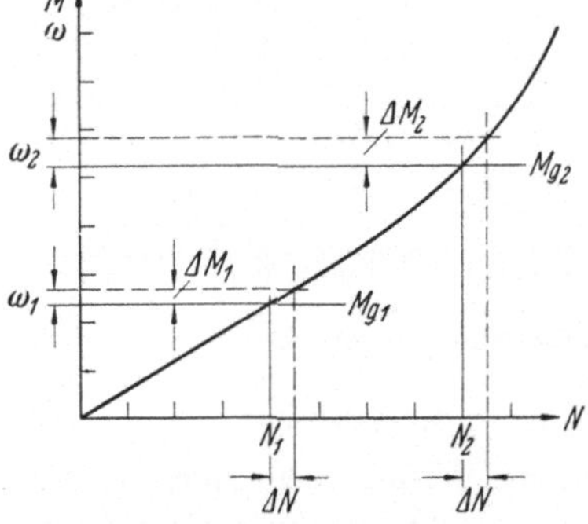

Abb. 226. Einfluß nichtlinearer Drehmomentcharakteristik auf die Anzeige des Spitzenzählers bei verschiedenen Unterdrückungsgrenzen N_1 und N_2. ΔN Leistung über der Unterdrückungsgrenze; — M_{g_1}, M_{g_2} Gegendrehmoment; — ΔM_1, ΔM_2 (Antriebsmoment — Gegendrehmoment); — ω_1, ω_2 Winkelgeschwindigkeit bei gleicher Leistung ΔN über der Unterdrückungsgrenze N_1 bzw. N_2.

Es liegt im Meßprinzip, daß der auf den Sollwert bezogene relative prozentische Fehler bei kleiner Überschreitung der eingestellten Subtraktionsgrenze sehr groß und beim Anlauf unendlich werden muß. Dies spielt keine ausschlaggebende Rolle, da dabei auch die gezählte Arbeit klein und der absolute Fehler somit ebenfalls gering ist.

2. Temperatureinfluß. Der Temperatureinfluß des Induktionszählers kommt in erster Linie durch die Änderung des Läuferwiderstandes mit der Temperatur zustande. Das Antriebsmoment fällt um etwa 4% je 10° Temperaturerhöhung, gleichzeitig nimmt jedoch das Bremsmoment der Magnetbremsung ab, da auch für die Bremsströme der Läuferwiderstand um denselben Betrag größer wird. Beim Spitzenzähler ist infolge des Gegendrehmoments bei einem gegebenen Antriebsmoment die Winkelgeschwindigkeit ω und das magnetische Bremsmoment erheblich kleiner als ohne Unterdrückung und die Größe des Gegendrehmoments nahezu temperaturunabhängig, so daß sich die Verminderung des Antriebsmoments infolge von Temperaturerhöhungen voll auswirken kann. Beim Anlauf ist das Bremsmoment Null, da die Winkelgeschwindigkeit Null ist. Der Spitzenzähler hat deshalb bei erhöhter Temperatur beim Anlauf und bei kleiner Überschreitung der Subtraktionsgrenze erhebliche Minusfehler. Sie sind um so größer, je stärker die Unterdrückung ist. Man muß deshalb für Spitzenzähler ein Läufermaterial mit möglichst kleinem Temperaturkoeffizienten wählen und macht den Läufer aus Hydronalium, dessen spezifischer Wider-

stand 0,06 ... $0{,}07\,\frac{\Omega\,\mathrm{mm}^2}{m}$ und dessen Temperaturkoeffizient nur 1,8 bis 2,4%/10° gegenüber 4%/10° für Aluminium und Kupfer beträgt.

Abb. 227 zeigt die mittleren Fehlerkurven eines Wechselstromspitzenzählers mit mechanischem Gegendrehmoment bei verschieden großer Unterdrückung.

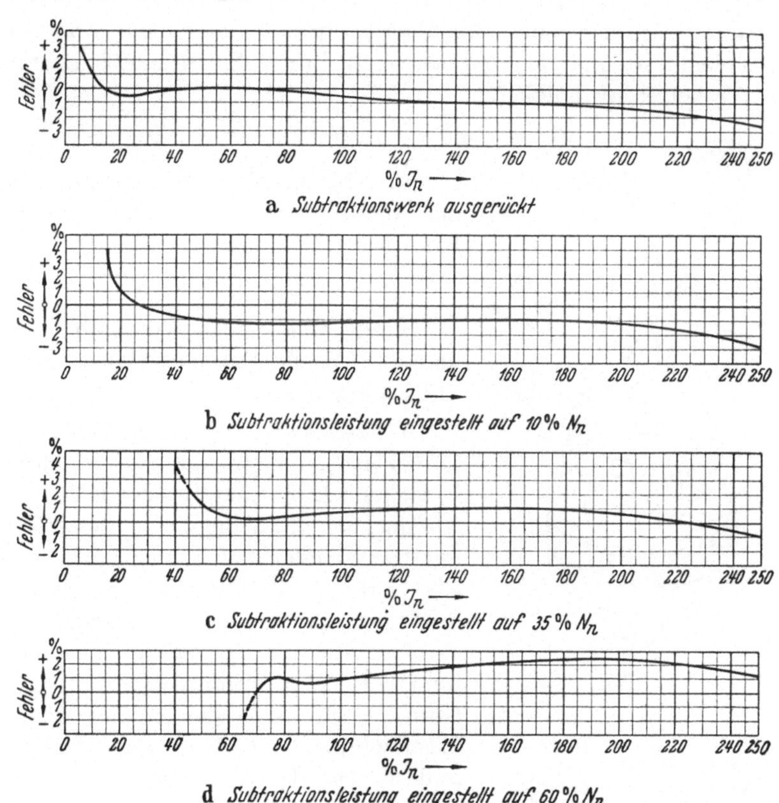

Abb. 227a bis d. Mittlere Fehlerkurven eines Wechselstromspitzenzählers mit mechanischem Gegendrehmoment.
a Unterdrückung 0%; — b Unterdrückung 10% der Nennleistung; — c Unterdrückung 35% der Nennleistung; — d Unterdrückung 60% der Nennleistung.

b) Spitzenzähler mit magnetischem Gegendrehmoment. *α) Prinzip.* Wenn man ein Eisenstück ummagnetisiert, treten Wirbelstrom- und Hystereseverluste auf. Unterteilt man den Eisenkörper sehr fein, so können sich keine Wirbelströme ausbilden, und die Ummagnetisierungsverluste sind hauptsächlich durch die Hysterese bestimmt. Lagert man den Hysteresekörper drehbar und magnetisiert ihn durch einen umlaufenden Magnet dauernd um, so entsteht zwischen dem rotierenden Magnet und dem Eisenkörper ein Drehmoment, das in der Drehrichtung des Magnets wirkt. Hält man den Magnet fest, so wirken die Hystereseverluste bremsend auf den umlaufenden Eisenkörper. Das erzeugte Drehmoment M_g ist proportional dem ummagnetisierten Eisenvolumen V, der Induktion im Eisen B, der Feldstärke H des magnetisierenden Feldes und der Polpaarzahl p des umlaufenden Magnetsystems. Es ist ferner proportional dem Sinus des Winkels γ zwischen den Feldern der Polpaare sowie dem Sinus des Phasenverschiebungswinkels φ zwischen der Feldstärke und der Induktion im Eisen. Es ist unabhängig von der Winkelgeschwindigkeit.

$$M_g = k \cdot p \cdot V \cdot B \cdot H \cdot \sin\gamma \cdot \sin\varphi . \qquad (352)$$

Für eine gegebene Konstruktion sind alle diese Größen konstant, und man kann schreiben

$$M_g = \text{konstant}.$$

Durch eine solche Anordnung kann man das Gegendrehmoment eines Spitzenzählers erzeugen.

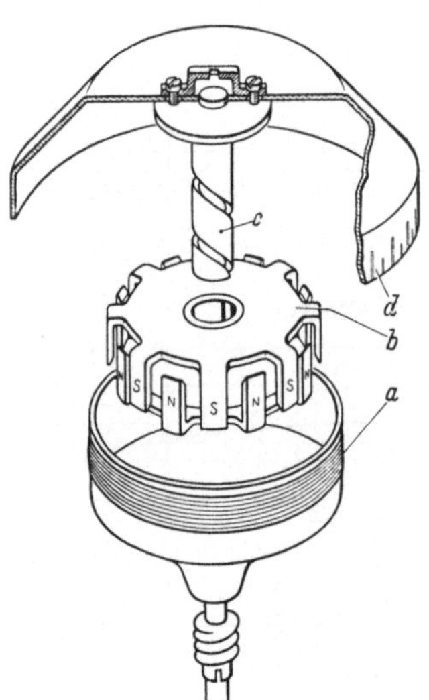

Abb. 228. Schematische Darstellung der Hysteresisbremse.
a Bremstrommel; — b Magnetsystem; c Gewindespindel; — d Einstellskala.

β) *Ausführung* (Abb. 228). Der Bremskörper ist eine mit dünnem Stahldraht bewickelte Leichtmetall- oder Isolierstofftrommel und läuft um einen Magnetkranz mit wechselnden Polen. Der Bremskörper sitzt auf der Zählerachse, der Magnetkranz ist am Systemträger montiert und axial verstellbar, so daß er mehr oder weniger tief in den Bremskörper eintauchen kann, womit sich das ummagnetisierte Eisenvolumen und damit die Bremskraft ändert. Die Unterdrückungsgrenze läßt sich von 0 ... 150% der Zählernennleistung einstellen.

γ) *Eigenschaften.* 1. Genauigkeit. Für die Genauigkeit des Spitzenzählers mit magnetischem Gegendrehmoment gelten dieselben Überlegungen wie für den Spitzenzähler mit mechanischer Unterdrückung.

Das Drehmoment muß möglichst linear mit der Leistung ansteigen, Stromdämpfung und Spannungsvortrieb sollen also sehr klein sein.

In der Nähe der Unterdrückungsgrenze macht der Zähler einen positiven Fehler, dessen Größe mit dem Spannungsfluß wächst, und infolge der Stromdämpfung wird der Fehler um so größer, je höher die Unterdrückungsgrenze eingestellt ist. Abb. 229 zeigt die Fehler eines Hysteresespitzenzählers bei verschiedenen Werten der Unterdrückung.

Die Unterdrückungsgrenze läßt sich durch Verschieben des Magnetsternes auf 0,5% genau einstellen.

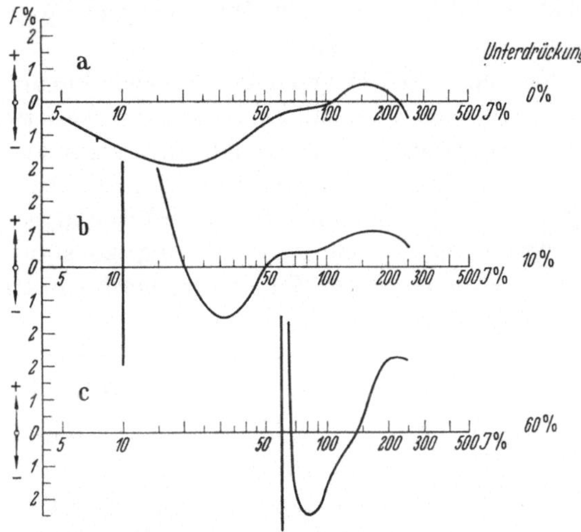

Abb. 229a bis c. Fehlerkurven eines Spitzenzählers mit Hysteresisgegendrehmoment bei verschiedenen Unterdrückungen.
a Unterdrückung 0%; — b Unterdrückung 10% der Nennleistung; — c Unterdrückung 60% der Nennleistung.

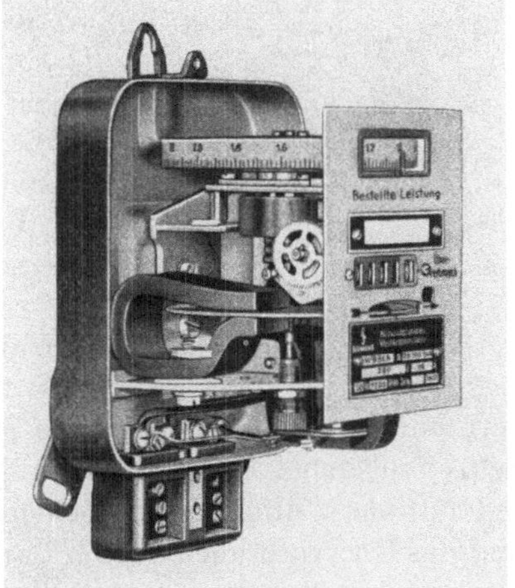

Abb. 230. Außen- und Innenansicht eines Wechselstromspitzenzählers mit Hysteresisgegendrehmoment.

2. Temperatureinfluß. Der Temperatureinfluß rührt von der Zunahme des Triebscheibenwiderstandes mit der Temperatur her und kann durch eine Wärmelegierung im Magnetfluß der Hysteresisbremse völlig kompensiert werden. Wärmelegierungen sind nickelhaltige Eisen-

legierungen der Thermalloy- und Thermopermreihe, deren Permeabilität mit steigender Temperatur abnimmt.

Die Abb. 230 und 231 zeigen einen Wechselstrom- und einen Drehstromspitzenzähler mit Hysteresegegendrehmoment.

c) Spitzenzähler mit elektrisch erzeugtem Gegendrehmoment. Spitzenzähler, deren Gegendrehmoment auf elektrischem Weg, etwa durch ein spannungsabhängiges Triebsystem, erzeugt wird, stellt man nicht her, da die Maßnahmen, das Gegendrehmoment bei Schwankungen der Versorgungsspannung konstant zu halten, den Zähler verteuern würden.

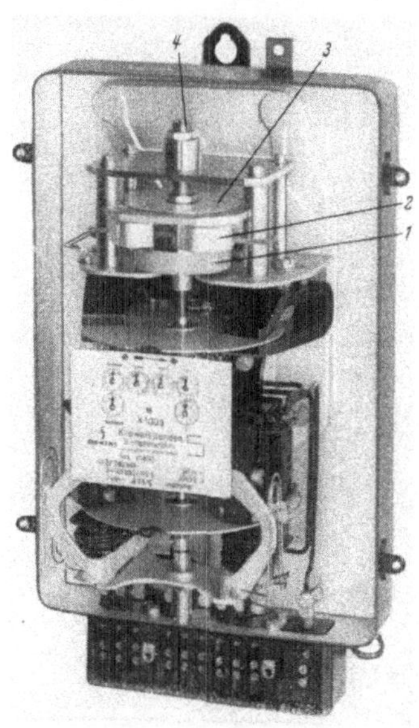

Abb. 231. Drehstromspitzenzähler mit Hysteresisgegendrehmoment. *1* Bremstrommel; — *2* Magnetsystem; — *3* Einstellskala; — *4* Gewindespindel für die Höhenverstellung des Magnetsystems.

8. Subtraktionszähler (Überverbrauchzähler).

Der Subtraktionszähler ist ein Doppeltarifzähler mit leistungsabhängiger Tarifumschaltung, er zählt auf einem Zählwerk den Gesamtverbrauch, auf einem zweiten Zählwerk den oberhalb einer einstellbaren Leistungsgrenze entnommenen Spitzenverbrauch und wird dort angewendet, wo die Energieversorgung auf Wärmekraftwerken beruht oder die Wasserkräfte beschränkt sind und die Spitzenkilowattstunde höhere Herstellungskosten als die Grundkilowattstunde erfordert, jedoch auch diese für eine Pauschalberechnung zu wertvoll ist.

a) Prinzip. Der Läufer dieser Subtraktionszähler treibt in der bekannten Weise ein Zählwerk für den Gesamtverbrauch an, außerdem die eine Seite eines Differentials, dessen andere Seite von einem Synchronmotor getrieben wird und dessen Planetenrad mit der Differenz der beiden Antriebsgeschwindigkeiten umläuft und das Überverbrauchzählwerk antreibt. Ist die Winkelgeschwindigkeit des vom Zähler angetriebenen Sonnenrades $\omega_1 = k_1 \cdot M$, worin k_1 eine Konstante und M eine Meßgröße bedeuten, und die Winkelgeschwindigkeit des zweiten Sonnenrades $\omega_2 = k_2 \cdot M_S$, dann ist die Winkelgeschwindigkeit der Planetenradachse

$$\omega_3 = \omega_1 - \omega_2 = k_1 \cdot M - k_2 \cdot M_S. \qquad (353)$$

Wie man sieht, würde die Winkelgeschwindigkeit ω_3 negativ, wenn ω_2 größer als ω_1 ist, man muß deshalb das Überverbrauchzählwerk mit einer Rücklaufsperre versehen. Beim Subtraktionszähler wirkt nicht wie beim Spitzenzähler ein Gegendrehmoment dem Antriebsmoment des Triebsystems entgegen, sondern es wird von der Winkelgeschwindigkeit des Läufers eine einstellbare Winkelgeschwindigkeit abgezogen. Diese zweite Geschwindigkeit liefert ein Synchronmotor oder ein anderer zeitgesteuerter Antrieb; zwischen ihm und dem Sonnenrad liegt ein Wechselgetriebe, mit dem die Subtraktionsgeschwindigkeit verändert werden kann.

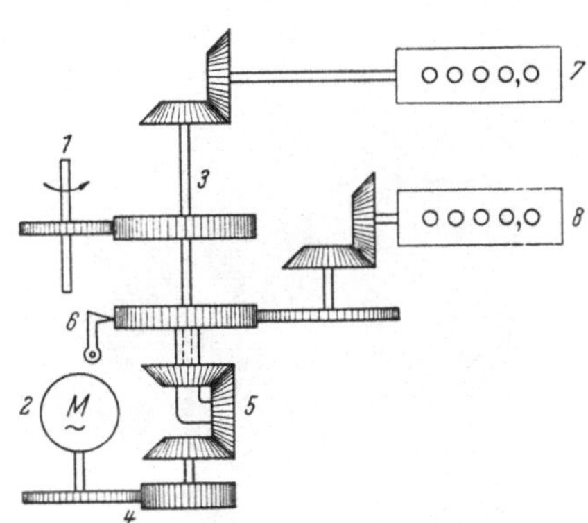

Abb. 232. Schema des Subtraktionszählers. 1 Läuferachse; — 2 Subtraktionsmotor; — 3 Übersetzung zum Gesamtverbrauchzählwerk; — 4 veränderbare Übersetzung des Subtraktionsmotors; — 5 Differential; — 6 Rücklaufsperre des Planetenrades; — 7 Gesamtverbrauchzählwerk; — 8 Überverbrauchzählwerk.

b) Aufbau. Abb. 232 zeigt die grundsätzliche Anordnung eines Subtraktionszählers. Zwischen

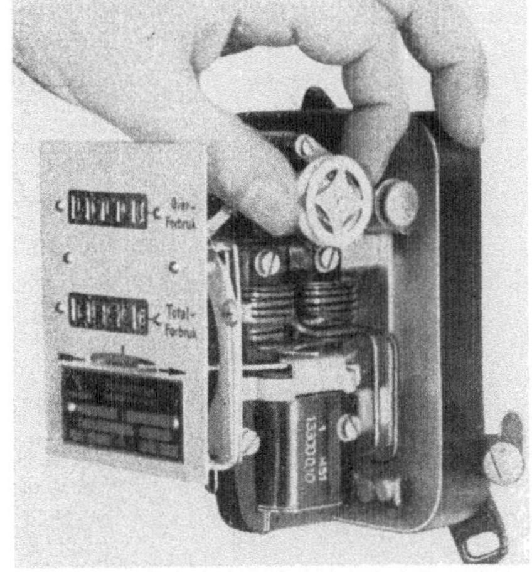

Abb. 233. Wechselstrom-Überverbrauch- oder Subtraktionszähler mit auswechselbaren Subtraktionsrädern.

Abb. 234. Wechselstrom-Überverbrauch- oder Subtraktionszähler mit von außen einstellbarem, mehrstufigem Subtraktionsgetriebe.

1 Subtraktionsmotor; — 2 Stufengetriebe; — 3 Umschaltachse des Stufengetriebes; — 4 Anzeige der eingestellten Subtraktionsgrenze; — 5 Gesamtverbrauchzählwerk; — 6 Überverbrauchzählwerk.

dem Synchronmotor und dem Differenzgetriebe liegt ein Wechselräderpaar oder ein von außen zugängliches Umschaltgetriebe mit mehreren Wechselrädern. Bei dieser Ausführung kann man die Subtraktionsgrenze verändern, ohne die Zählerplomben zu entfernen. Die Abb. 233 und 234 zeigen die beiden Ausführungsformen.

Die Subtraktionsgeschwindigkeit kann natürlich auch auf andere Weise erzeugt werden als durch einen Synchronmotor, beispielsweise durch einen Ferrarismotor, einen Hysteresemotor, ein elektrisch aufgezogenes Uhrwerk oder ein von einer Hauptuhr gesteuertes Klinkwerk.

c) Eigenschaften. Die Eigenschaften des Zählers werden durch das Subtraktionsgetriebe nicht verändert, lediglich seine Reibung erhöht sich um die Verluste im Differential. Selbstverständlich erfordert auch das Subtraktionsverfahren einen Zähler mit linearer Drehzahl-Charakteristik, wie aus Abb. 226 folgt. Ein Nachteil des Subtraktionszählers ist das ständig laufende und somit der Abnutzung unterworfene Subtraktionsgetriebe. Bei Drehstromzählern muß das Überverbrauchzählwerk beim Ausfall der Spannung für den Subtraktionsmotor angehalten oder der Motor an eine andere Spannung gelegt werden, da der Zähler auch mit zwei Phasen weiterläuft und der Gesamtverbrauch als Überverbrauch gezählt würde. Ein weiterer Nachteil der meist verwendeten Ausführung mit Synchronmotor ist die Frequenzabhängigkeit der Subtraktionsgeschwindigkeit. Abb. 235 zeigt einen Drehstrom-Überverbrauchzähler mit auswechselbaren Subtraktionsrädern.

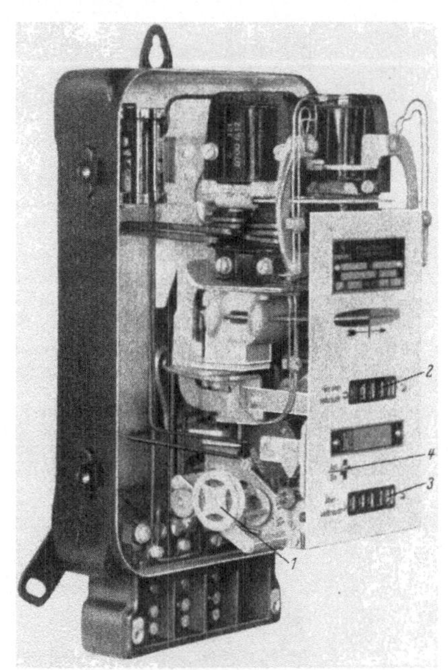

Abb. 235. Drehstrom-Überverbrauchzähler mit auswechselbaren Subtraktionsrädern.

1 Wechselräderpaar; — *2* Gesamtverbrauchzählwerk; — *3* Überverbrauchzählwerk; — *4* Schauzeichen für den Schaltzustand des Überverbrauchzählwerks.

9. Münzzähler.

Wenn das Kassieren der Stromrechnung schwierig ist oder in Miet- und Beherbergungsbetrieben jeder Mieter mit den von ihm entnommenen Kilowattstunden belastet werden soll, verwendet man Münzzähler, die gegen Vorauszahlung eine bestimmte kWh-Zahl abgeben und dann den Verbraucher abschalten. Die Münzzähler bestehen aus dem eigentlichen Zähler, dem Tarifwerk und der Zahleinrichtung. Sie geben für jede bezahlte Münze eine bestimmte Umdrehungszahl des Läufers frei und schalten den Verbraucher ab, wenn diese Umdrehungszahl erreicht ist. Dies kann man etwa auf folgende Weise erreichen: Der Läufer treibt außer dem Zählwerk die eine Seite eines Differenzgetriebes an, dessen andere Seite beim Einwurf der Münzen von Hand verstellt wird; das Planetenrad löst in seiner Nullstellung eine Feder aus, die den Lastschalter öffnet (Abb. 236). Der Vorgang läuft also so ab: Der Abnehmer steckt eine Münze *3* in den Münzenschlitz und kuppelt dadurch einen äußeren Drehknopf *2* mit dem einen Sonnenrad *6* des Differentials. Dreht er nun den Zahlknopf, so wird dieses Sonnenrad um einen bestimmten Winkelweg vorwärts ge-

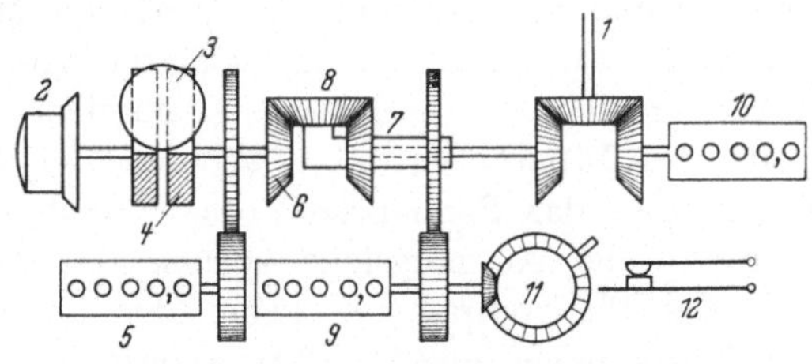

Abb. 236. Schema eines einfachen Münzzählers.
1 Antrieb vom Läufer; — *2* Drehknopf der Münzenschleuse; — *3* Münze; — *4* Kupplung; — *5* Zählwerk für Münzensumme; — *6*, *7* Sonnenräder des Differenzgetriebes; — *8* Planetenrad des Differenzgetriebes; — *9* Zählwerk für Guthaben; — *10* kWh-Zählwerk; — *11* Auslöser des Lastschalters; — *12* Lastschalter.

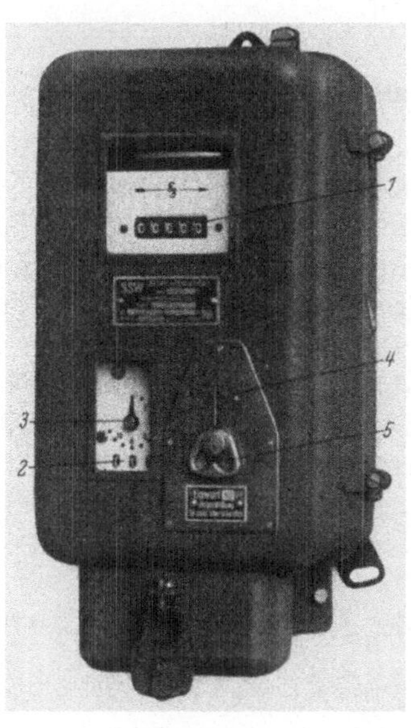

Abb. 237. Gleichstrommünzzähler in geschlossenem und geöffnetem Zustand.
1 Zählwerk; — *2* Münzenzählwerk; — *3* Münzenvorratsanzeige; — *4* Münzenschlitz; — *5* Zahlknopf; — *6* Münzenrad und Antrieb des Münzenzählwerks; — *7* Lastschalter; — *8* Magnetmotorzähler.

dreht und die Münze fällt in den Münzbehälter. Der Bedienungsknopf läßt sich leer zurückdrehen und durch die nächste Münze wieder für eine Schaltbewegung mit dem Getriebe kuppeln. Durch den Einwurf der Münzen wird das Planetenrad *8* aus der Stellung *0* vorwärts gedreht und die Zahl der eingeworfenen Münzen auf einem Münzenzählwerk registriert, der Lastschalter wird beim Einwurf der ersten Münze geschlossen und seine Auslösefeder gespannt. Auf die andere Seite des Differenzgetriebes arbeitet der Läufer *1* des Zählers und dreht über das Sonnenrad *7* das Planetenrad und den Vorratszeiger stetig in die Ausgangslage zurück. Ist die Nullstellung erreicht, so löst das Planetenrad die Feder des Lastschalters aus und schaltet den Verbraucher ab. Bei Tarifänderungen verändert man das Übersetzungsverhältnis zwischen Läufer und Differential oder zwischen Zahlschalter und Differential. Diese Grundanordnung läßt sich weitgehend variieren. Man kann den Gebührenzähler für verschiedenwertige Münzen ausführen, indem man Durchmesser oder Dicke der Münzen abtastet und die Münzseite des Differentials um einen Weg verstellt, der dem Wert der Münze proportional ist. Man kann auch eine Grundgebühr erheben, wenn man dafür sorgt, daß jedesmal nach dem Entleeren des Münzbehälters eine Anzahl von Münzen eingeworfen werden muß, bevor der Lastschalter schließt. Abb. 237 zeigt einen Münzzähler in geschlossenem und geöffnetem Zustand.

10. Kassierschalter.

Im Gegensatz zum Münzzähler schließt der Kassierschalter den Stromkreis nicht für eine bestimmte Anzahl von Läuferumdrehungen, sondern für eine bestimmte Zeit; er ist im übrigen ähnlich wie ein Münzzähler konstruiert, nur wird die Zählerseite des Differenzgetriebes nicht von einem Zähler, sondern von einem zeitabhängigen Laufwerk — etwa einem Synchronmotor — angetrieben. Der Schalter fordert also pro Zeiteinheit eine bestimmte Zahlung, unabhängig davon, ob Strom entnommen wird oder nicht; wird nicht termingemäß gezahlt, so schaltet er den Verbraucher ab. Solche Kassierschalter werden beispielsweise eingebaut zum Einheben der Ratenzahlungen bei Abzahlungsgeschäften oder bei Vermietung elektrischer Geräte, etwa in Mietwäschereien oder Bügelanstalten.

Abb. 238 zeigt einen Kassierschalter in geschlossenem und geöffnetem Zustand.

11. Münzzähler mit Gebühreneinzug.

Der Münzzähler mit stetigem Gebühreneinzug ist eine Kombination des Münzzählers und des Kassierschalters. Die eine Seite des Differenzgetriebes *9* wird vom Zahlknopf aus bei jeder eingeworfenen Münze um einen bestimmten Weg verdreht (Abb. 239). Die andere Seite des Differentialgetriebes wird von einem Summengetriebe *3* gesteuert, das seinerseits die Summe aus den Geschwindigkeiten des Läufers *1* und

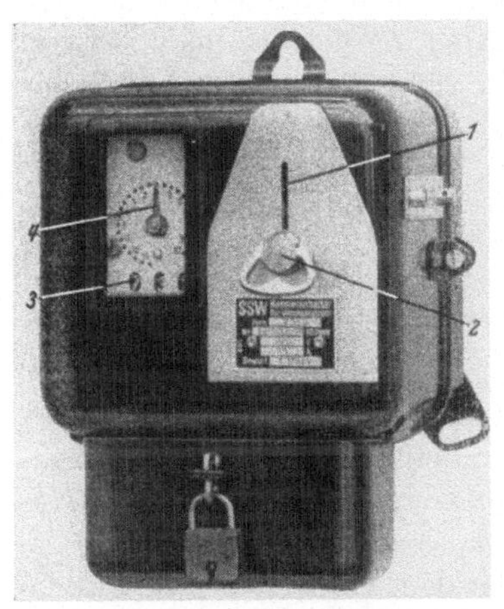

Abb. 238. Kassierschalter in geschlossenem und geöffnetem Zustand.
1 Münzenschlitz; — *2* Zahlknopf; — *3* Münzenzählwerk; — *4* Münzenvorratszeiger; — *5* Münzenrad und Antrieb des Münzenzählwerks; — *6* Lastschalter; — *7* Differentialgetriebe.

eines Zeitlaufwerkes *2* bildet. Der Weg des Planetenrades des Differenzgetriebes *9* ist somit

$$S = k_1 \cdot m - (k_2 \cdot n + k_3 \cdot l). \tag{354}$$

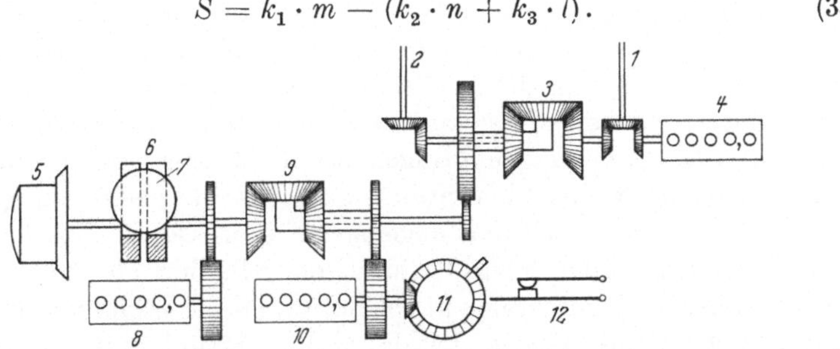

Abb. 239. Schema eines Münzzählers mit stetigem Gebühreneinzug.
1 Antrieb vom Zähler; — *2* zeitabhängiger Antrieb; — *3* Summengetriebe; — *4* kWh-Zählwerk; — *5* Zahlknopf; — *6* Kupplung des Zahlknopfes; — *7* Münze; — 8 Zählwerk für Münzensumme; — *9* Differential; — *10* Zählwerk für Münzenvorrat; — *11* Auslöser des Lastschalters; — *12* Lastschalter.

Darin bedeuten:

S = Weg des Planetenrades, n = Umdrehungszahl des Läufers,
m = Münzenzahl, l = Umdrehungszahl des Zeitlaufwerkes.

Die Konstanten $k_1 \ldots k_3$ sind durch Wahl der Übersetzungsverhältnisse veränderbar. Mit einem solchen kombinierten Zähler kann man eine Grundgebühr stetig einheben, die verbrauchte kWh-Zahl verrechnen und sowohl den Wert einer Münze variieren, wie die Grundgebühr und den kWh-Preis einstellen. Der Zähler zeigt an einem Zählwerk die verbrauchte kWh-Zahl, an einem anderen Zählwerk die eingeworfene Münzenzahl und an einem dritten die noch vorhandene Anzahl von Münzen, also das Guthaben. Er zieht die Grundgebühr auch ein, wenn kein Strom entnommen wird.

C. Fernzählgeräte (Lit. X).

1. Allgemeines.

Unter Fernzählgeräten versteht man Zähleinrichtungen, bei denen das Zählwerk nicht mechanisch mit dem Läufer des Zählers verbunden ist, sondern der Läuferweg elektrisch auf eine Zähleinrichtung übertragen wird, somit das Zählwerk getrennt vom Zähler angeordnet werden kann. Die Aufgabe lautet demnach, eine elektrische Größe zu bilden, die der Läufergeschwindigkeit oder dem Läuferweg proportional ist, diese Größe über eine gewisse Entfernung zu übertragen und an der Empfangsstelle in einen proportionalen Weg zurückzuverwandeln. Eine Anzahl von Nebenbedingungen schränken die anwendbaren Verfahren erheblich ein. Diese Bedingungen sind: Die Übertragungseinrichtung darf weder den Eigenverbrauch des Zählers erhöhen noch seine Eigenschaften verschlechtern. Die übertragene elektrische Größe muß sich leicht in einen proportionalen Weg oder in eine Geschwindigkeit umwandeln lassen. Änderungen und Störeinflüsse im Übertragungskanal dürfen die Übertragung nicht fälschen oder stören, und die von mehreren Zählern gegebenen elektrischen Größen müssen sich bequem in mathematische Beziehungen bringen lassen. Ferner soll die mögliche Übertragungsentfernung den praktischen Erfordernissen entsprechen und der Preis der Einrichtung angemessen sein. Da die Übertragungseinrichtung den Zähler nicht beeinflussen soll, darf sie ihm nur eine verschwindend kleine Energie entziehen, womit alle Verfahren ausfallen, bei denen der Zähler die elektrische Größe erzeugt und nur die Verfahren übrigbleiben, bei denen der Läufer einen elektrischen Stromkreis mit vernachlässigbar kleiner Kraft steuert.

Einen elektrischen Kreis kann man beeinflussen durch Änderung der Spannung, der Frequenz oder des Widerstandes, alle drei führen zu einer Stromänderung. Es ist nun verhältnismäßig schwierig, einen Stromkreis abhängig von der Läufergeschwindigkeit stetig zu steuern, dagegen einfach, abhängig vom Läuferweg Schaltvorgänge auszulösen, und so kommt man zwangsläufig zu den diskontinuierlichen Verfahren, bei denen nach einem bestimmten Läuferweg eine vorübergehende

Änderung im Übertragungsstromkreis auftritt. Die einfachste Änderung ist, den Stromkreis zu öffnen und zu schließen bzw. seinen Widerstand zwischen zwei Grenzwerten ruckweise zu verändern, d. h. den Stromkreis zu tasten, und nach diesem Impulsprinzip arbeiten fast alle Fernzählverfahren. Die Impulse können vom Läufer mechanisch, lichtelektrisch, magnetisch, auf induktivem oder kapazitivem Wege erzeugt werden.

Im folgenden werden die Fernzählgeräte der Siemens-Schuckert-Werke näher betrachtet. Die SSW-Fernzählung ist ein Impulszählverfahren, bei dem Gleich- oder Wechselstromimpulse vom Zähler zum Fernzählwerk übertragen werden und jeder Impuls einem bestimmten Läuferweg, also bei einem Wirkverbrauchzähler einer bestimmten kWh-Zahl, entspricht. Der Läufer des Zählers steuert mechanisch einen Kraftverstärker, dieser gibt die Impulse über die Leitung zum Fernzählwerk.

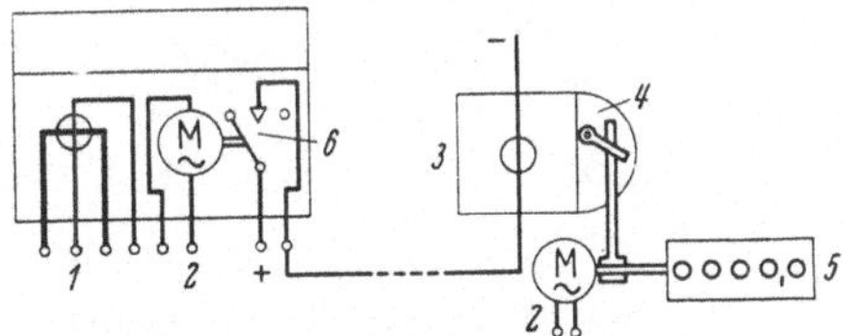

Abb. 240. Schema der SSW-Fernzählung. 1 Zählermeßwerk; — 2 Verstärkermotor; — 3 Empfangsrelais; — 4 Sperreinrichtung des Verstärkermotors beim Empfänger; — 5 Zählwerk; — 6 Wischkontakt-Quecksilberröhre.

Die Impulse dürfen nach Amplitude, Frequenz und Dauer in weiten Grenzen schwanken, da nur ihre Zahl gewertet wird. Beim Empfänger steuern sie einen Verstärkermotor, der bei jedem ankommenden Impuls einen bestimmten Weg zurücklegt und ein Zählwerk weiterdreht. Es besteht somit Proportionalität zwischen den Wegen des Läufers und des Zählwerks. Abb. 240 zeigt die grundsätzliche Anordnung, die einzelnen Geräte werden im folgenden beschrieben.

2. Kontaktgeberzähler.

Wenn man vom Gangregler eines Uhrwerks unmittelbar die Zeiger antreiben wollte, könnte man keine sehr große Genauigkeit erwarten, weil die veränderliche Reibung des Getriebes den Gangregler bald schwächer und bald stärker belasten und damit seinen Gang beeinflussen würde. Man bewegt deshalb die Uhrzeiger von einem Kraftspeicher aus und steuert mit dem Gangregler über Anker und Steigrad lediglich die Entladung dieses Kraftspeichers, wozu nur eine kleine und konstante Leistung erforderlich ist. Ebenso macht man es beim Kontaktgeberzähler der SSW. Der Läufer des Zählers, dessen Geschwindigkeit unbedingt proportional der Meßgröße bleiben muß, gibt die Impulse nicht unmittelbar, sondern steuert einen Verstärkermotor, der seinerseits eine Quecksilberröhre kippt und die Impulse sendet. Es ist dies das bekannte Prinzip des Servomotors.

Dazu hat man die folgende Einrichtung: Der Läufer des Zählers treibt das eine Sonnenrad eines Differentials (Abb. 241), auf das andere Sonnenrad des Differentials wirkt ein ständig eingeschalteter Asynchronmotor, der jedoch nicht umlaufen kann, weil eine Sperrfeder auf seiner Achse gegen einen Sperrnocken der Planetenradachse liegt. Nach einem bestimmten Läuferweg ist das Planetenrad so weit gewandert, daß die Hemmfeder des Asynchronmotors von dem Sperrnocken abgleitet, der Motor beginnt zu laufen und dreht während einer Umdrehung das Planetenrad in seine Ausgangslage zurück, wodurch er sich selbst wieder sperrt. Während seiner Umdrehung hat er eine Quecksilberröhre gekippt und einen Impuls zum Zählwerk gegeben. Nach je 1,2 Läuferumdrehungen wird eine Umdre-

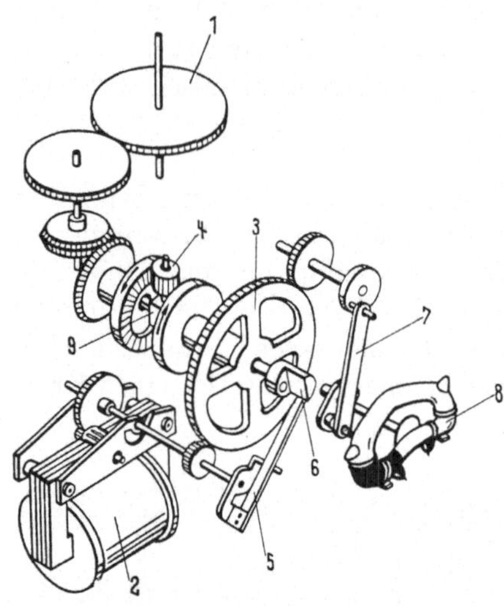

Abb. 241. Schematische Darstellung eines Kontaktgabewerkes mit Verstärkermotor.
1 Antrieb vom Läufer des Zählers; — *2* Verstärkermotor; — *3* Antrieb vom Verstärkermotor; — *4* Planetenrad; — *5* Sperrfeder am Motorantrieb; — *6* Sperrnocken an der Planetenradachse; — *7* Exzenterstange; — *8* Quecksilber-Wischkontaktröhre; — *9* Differential.

Abb. 242. Kontaktgabewerk mit Quecksilber-Wischkontaktröhre.
1 Antrieb vom Zähler; — *2* Antrieb vom Verstärkermotor; — *3* Sperrfeder an der Motorseite; — *4* Sperrnocken an der Planetenradachse; — *5* Quecksilber-Wischkontaktröhre.

hung des Servomotors und damit ein Impuls freigegeben. Die Dauer des Impulses ist unabhängig von der augenblicklichen Läufergeschwindigkeit, sie wird nur durch die stets gleichartige Bewegung des Quecksilbers in der Wischkontaktröhre bestimmt (Abb. 242).

Der Läufer ist außer den bei jedem Zähler vorhandenen Reibungsverlusten durch die Reibung der einen Seite des Differentials zusätzlich belastet. Alle Kontaktgeberzähler sind unter sich gleich und geben je 1,2 Läuferumdrehungen einen Impuls. Bedeutet C_z (Umdr./kWh) die Zählerkonstante, so entspricht ein Impuls $\frac{1,2}{C_z}$ kWh. Ist N_n die Nennleistung des Zählers in kW, so errechnet sich die Impulszahl pro Stunde (Impulshäufigkeit) zu

$$a = 0,833 \cdot C_z \cdot N_n.$$

Da alle Zähler vom gleichen Typ annähernd die gleiche Nenndrehzahl haben, ist die Impulshäufigkeit — unabhängig von der Nennleistung des Zählers — annähernd konstant, der Wert eines Impulses jedoch proportional der Zählernennleistung.

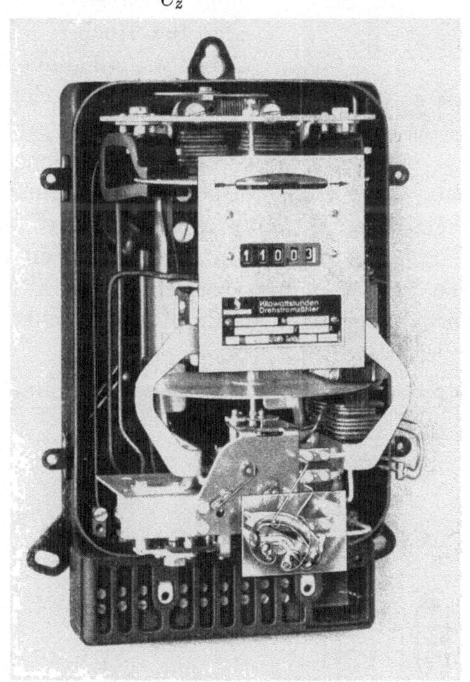

Abb. 243. Drehstrom-Kontaktgeberzähler mit zwei Systemen.

Grundsätzlich könnte man auch den umgekehrten Weg gehen und den Wert aller Impulse gleich groß, die Zahl der Impulse/Zeiteinheit dagegen proportional der Nennleistung des Zählers machen. Das hätte aber den Nachteil, daß die Sendezähler je nach ihrer Nennleistung verschieden ausgeführt werden müßten, so daß keine einfache Lagerhaltung möglich wäre. Es wäre ferner notwendig, bei Änderung des Stromwandler-Übersetzungsverhältnisses auch den Zähler zu ändern.

Außerdem würde bei der Summierung der Anzeigen von Zählern mit sehr verschiedener Nennleistung die Impulszahl für die Zähler mit kleiner Nennleistung entsprechend niedrig werden. Abb. 243 zeigt einen geöffneten zweisystemigen Drehstromkontaktgeberzähler.

3. Übertragungskanal.

Bei Nennlast werden max. 2000 Impulse/h gegeben, das bedeutet 0,55 Impulse/sek, und stellt keine hohen Anforderungen an die Dämpfung des Übertragungskanals. Andererseits arbeiten die Empfangsrelais von 80 . . . 120% der Nennspannung einwandfrei, so daß weder Hilfsspannung noch Isolation und Widerstand des Übertragungskanals besonders konstant sein müssen. Es wird lediglich die eine Forderung erhoben, daß bei der Übertragung weder ein Impuls verlorengehen noch ein Impuls hinzukommen darf, und diese Forderung wird von jedem Telegraphiekanal erfüllt. Wo ihre Erfüllung nicht gewährleistet ist, wie bei fremdbeeinflußten oder bei Hochfrequenzkanälen, müssen besondere Vorsichtsmaßnahmen getroffen werden, um Fehler auszuschließen oder zu erkennen. Beispielsweise kann man nach Abb. 244 jeden Impuls aus mehreren Stromstößen zusammensetzen und nur Impulse der vorgeschriebenen Kombination bewerten, wodurch man Fremdimpulse mit großer Sicherheit ausschaltet, oder man kann die Impulszahl vom Empfänger zum Sender zurückmelden und dort mit den Sendeimpulsen vergleichen. Gibt man die Sendeimpulse und die zurückübertragenen Empfängerimpulse auf die beiden Seiten eines Differentials, so muß das Planetenrad dauernd in seiner Nullstellung bleiben. Man kann auch neben dem Zählwerk des Sendezählers ein zweites, von den zurückübertragenen Impulsen gespeistes Zählwerk anordnen und ihre Anzeigen vergleichen, womit eine sehr gute Überwachung gewährleistet ist (Abb. 245).

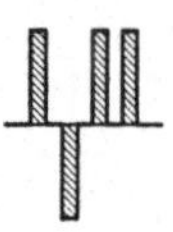
Abb. 244. Aus mehreren positiven und einem negativen Stromstoß kombinierter Impuls.

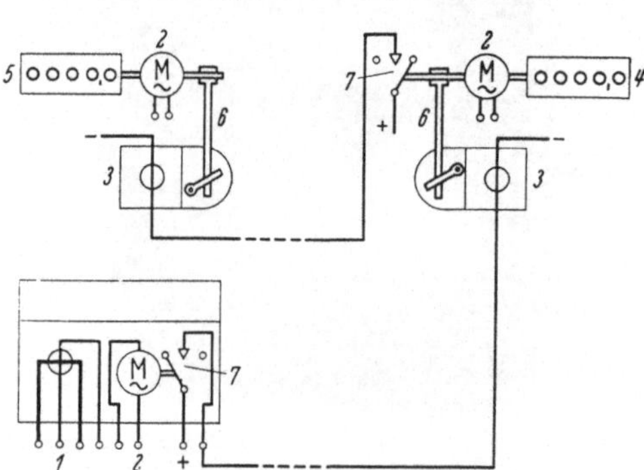

Abb. 245. Impuls-Fernübertragung mit Rückmeldung. 1 Zählermeßwerk; — 2 Kraftverstärkermotor; — 3 Empfangsrelais; — 4 Empfängerzählwerk; — 5 Kontrollzählwerk beim Sender; — 6 Sperreinrichtung des Verstärkermotors beim Empfänger und beim Kontrollzählwerk; — 7 Wischkontaktgeber.

Die Wahl des Übertragungskanals hängt von den Betriebserfordernissen ab, für kleine Entfernungen wird man zweckmäßig durchgeschaltete Schwachstromleitungen, für große Entfernungen leitungsgerichtete oder freie Hochfrequenzkanäle wählen. Einfache Schwachstromleitungen für eine Höchstspannung von 60 V Gleichspannung oder 100 V Wechselspannung erlauben eine Übertragungsentfernung von 30 km; bei größeren Entfernungen ist entweder die Impulsspannung zu steigern oder es sind Zwischenrelais bzw. Verstärker erforderlich.

4. Fernzählwerk

Jeder auf der Empfangsseite ankommende Impuls, dessen Amplitude gerade noch ausreicht, das Empfangsrelais zu betätigen, gibt einen ständig an Spannung liegenden Servomotor für eine Umdrehung frei (Abb. 246). Dabei wird das Empfängerzählwerk um einen Weg weitergeschoben, der dem Wert des Impulses proportional ist. Die Proportionalitätskonstante kann man durch Wahl der Übersetzung zwischen Empfangsrelais und Zählwerk verändern. Der vom Zählwerk zurückgelegte Weg ist unabhängig von Dauer und Amplitude des Impulses, er ist eindeutig durch eine Umdrehung des Servomotors bestimmt. Abb. 247 zeigt die Ausführung eines Fernzählwerks.

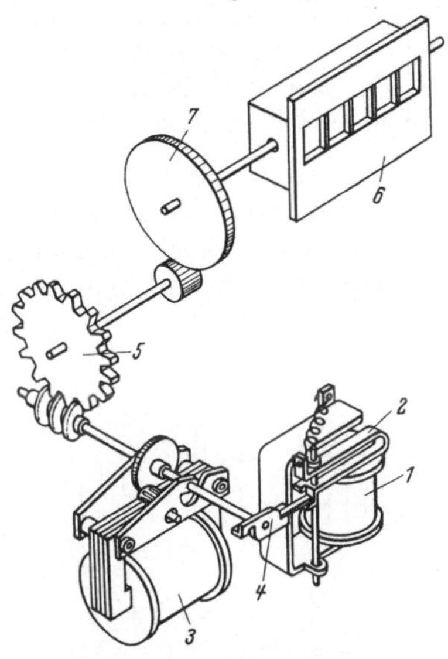

Abb. 246. Fernzählwerk.
1 Empfangsrelais; — 2 Anker des Empfangsrelais; — 3 Verstärkermotor; — 4 Sperrarm des Verstärkermotors; — 5 Antrieb des Zählwerks; — 6 Zählwerk; — 7 Wechselräder.

5. Summenfernzählwerk.

Das Summenfernzählwerk wandelt ebenso wie der einfache Impulsempfänger jeden ankommenden Impuls über einen Verstärkermotor und

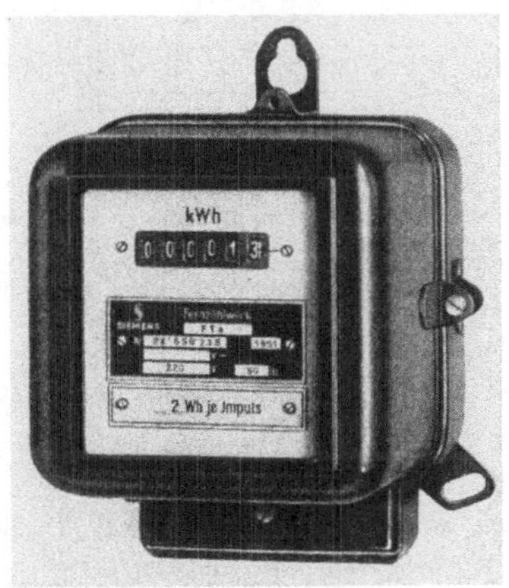

Abb. 247. Offenes und geschlossenes Fernzählwerk.

Wechselräder in einen dem Wert des Impulses entsprechenden Weg um und addiert die Wege der Summandenzählwerke. In Abb. 248 ist die Anordnung schematisch dargestellt. Die Impulse der Kontaktgeberzähler $M_1 \ldots M_3$ steuern die Empfangsrelais *3* und diese geben für jeden Impuls eine Umdrehung ihrer Servomotoren frei. Die Motoren treiben über die Wechselräder *5* die Zählwerke *6* für die einzelnen Summanden $M_1 \ldots M_3$, außerdem treiben die Motoren der Summanden M_1 und M_2 die beiden Sonnenräder des Summengetriebes *8*, dessen Planetenradachse demnach den Weg

$$S_1 = k(M_1 + M_2)$$

zurücklegt und das linke Sonnenrad des zweiten Summierungsgetriebes *9* antreibt. Das rechte Sonnenrad dieses Getriebes wird von dem Summanden M_3 gesteuert, und der Weg seines Planetenrades ist

$$S_2 = k(M_1 + M_2 + M_3).$$

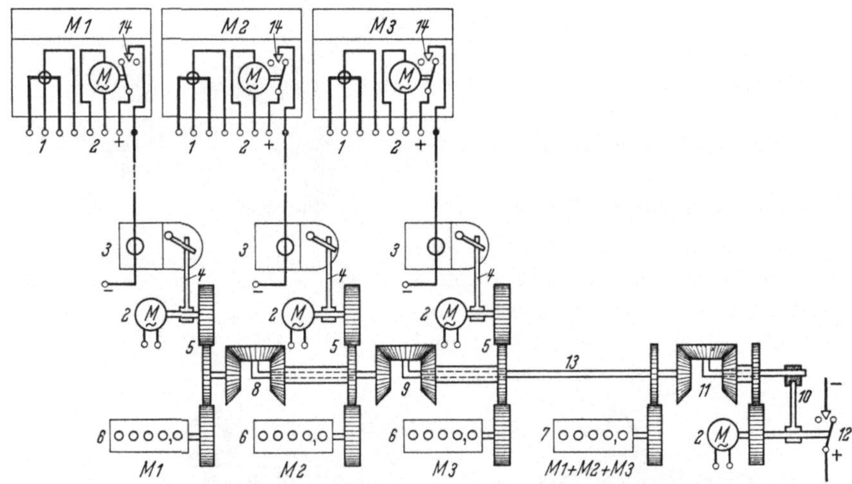

Abb. 248. Schema des Summenfernzählwerks für drei Summanden.

1 Zählermeßwerk; — *2* Kraftverstärkermotor; — *3* Empfangsrelais; — *4* Hemmeinrichtung des Verstärkermotors beim Empfänger; — *5* Wechselräder; — *6* Summandenzählwerk; — *7* Summenzählwerk; — *8*, *9* Summierungsgetriebe; — *10* Sperreinrichtung für den Summenmotor; — *11* Differential für Summenimpulsgabe; — *12* Wischkontaktgeber für den Summenimpuls; — *13* Summenachse; — *14* Wischkontaktgeber bei den Sendern.

Diese Summenbildung läßt sich beliebig fortsetzen, für jeden weiteren Summanden kommt ein neues Summengetriebe hinzu, so daß für n Summanden $n - 1$ Getriebe gebraucht werden. Die Planetenradachse des letzten Summengetriebes treibt einerseits ein Summenzählwerk *7* und andererseits das linke Sonnenrad des Differentials *11*. Wenn das Planetenrad dieses Differentials einen kleinen Weg zurückgelegt hat, gibt es die Sperrung *10* des Ausgangsverstärkermotors frei; der Motor beginnt zu laufen und sendet Summenimpulse über einen Wischkontaktgeber *12*, gleichzeitig treibt er das rechte Sonnenrad des Differentials *11* an und dreht die auf der Planetenradachse sitzende Sperrnase der Sperreinrichtung *10* in die Ausgangsstellung zurück, wodurch er sich selbst sperrt, sobald die beiden Sonnenräder des Differentials entgegengesetzt gleiche Wege zurückgelegt haben. Die Summenimpulszahl ist also proportional dem Weg der Summenachse *13*. Mit einem solchen Getriebe kann man natürlich auch subtrahieren, indem man durch ein Zwischenrad die Drehrichtung der von den negativen Summanden gesteuerten Summierungsgetriebe umkehrt. Das Summenzähl-

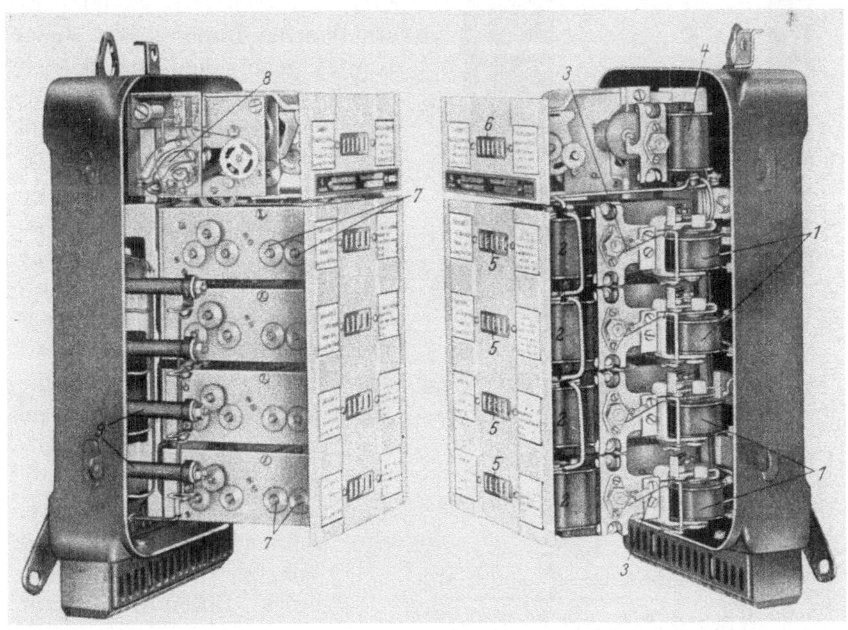

Abb. 249. Offenes Summenfernzählwerk für vier Summanden.
1 Empfangsrelais; — *2* Verstärkermotor; — *3* Sperreinrichtung des Verstärkermotors; — *4* Ausgangsverstärkermotor; — *5* Summandenzählwerk; — *6* Summenzählwerk; — *7* Wechselräder zum Verändern des Impulswertes; — *8* Ausgangs-Wischkontaktröhre; — *9* Vorwiderstand des Empfangsrelais.

werk *7* zeigt die Summe der Zählwerkstände *6*, und diese müssen wiederum mit der Anzeige der Zählwerke in den Sendezählern übereinstimmen, wodurch eine gute Kontrolle gegeben ist. Abb. 249 zeigt die Ausführung des Summenfernzählwerks für vier Summanden.

Die vom Ausgangsverstärkermotor des Summenfernzählwerks gegebenen Summenimpulse können entweder ein Anzeigegerät betätigen oder weiteren Summierungsgetrieben zugeführt werden. Als Anzeige- und Registriergeräte kommen Maximumzeiger, -schreiber, -locher, -drucker oder -wächter in Frage, als weiteres Summenrelais das Scheinverbrauchgetriebe, das aus Wirk- und Blindverbrauchimpulsen den Scheinverbrauch bildet. Abb. 250 ist ein anzeigendes Maximum-Fernzählwerk.

Abb. 250. Ansicht eines Maximumfernzählwerks.

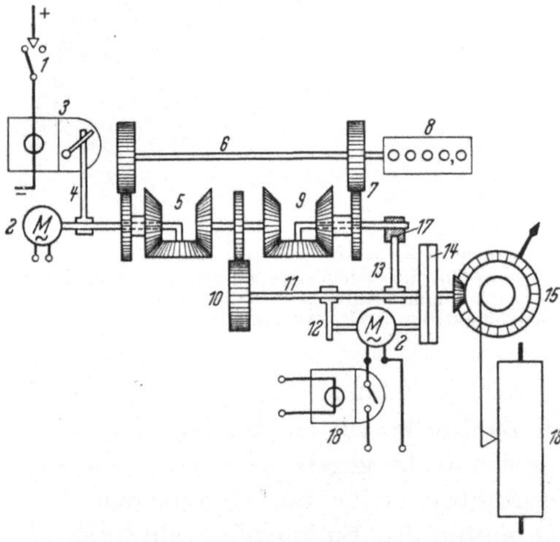

Abb. 251. Schema des Maximumschreibers.
1 Impulsgeber; — *2* Verstärkermotor; — *3* Empfangsrelais; — *4* Sperreinrichtung für den Verstärkermotor des Empfangsrelais; — *5* Differentialgetriebe; — *6* Antriebsachse für das Zählwerk; — *7* Wechselräder; — *8* Zählwerk; — *9* Differentialgetriebe; — *10* Wechselräder; — *11* Antriebsachse für den Maximumzeiger; — *12* Hemmeinrichtung der Achse *11*; — *13* Hemmeinrichtung für die Maximumanzeige; — *14* lösbare Kupplung; — *15* Maximumanzeige; — *16* Maximumschreibvorrichtung; — *17* Sperrnase; — *18* Maximumrelais.

6. Maximumschreiber.

Der Maximumschreiber hat die Aufgabe, die während der einzelnen Registrierperioden verbrauchte Arbeit bzw. den Leistungsmittelwert anzuzeigen und aufzuschreiben sowie den Gesamtverbrauch zu zählen. Er erhält seine Impulse von einem Kontaktgeberzähler oder von einem Impulssummierungsgetriebe und arbeitet nach dem Schema der Abb. 251. Die vom Impulssender *1* eintreffenden Impulse betätigen das Empfangsrelais *3*, das den Servomotor *2* für eine Umdrehung je Impuls freigibt. Der Motor treibt das Planetenrad des Differentials *5* und über das linke Sonnenrad und die Achse *6* das Zählwerk *8* an. Von der Achse *6* geht es außerdem über die Wechselräder *7* auf das rechte Sonnenrad des Differentials *9*. Das Planetenrad dieses Differentials gibt nach einem kleinen Weg über die Sperrnase *17* und den Sperrarm *13* die Achse *11* frei. Der linke Verstärkermotor *2* kann nun über das Differential *5* die Wechselräder *10*, die Achse *11* und die Kupplung *14* den Maximumzeiger *15* und den Maximumschreiber *16* verstellen. Gleichzeitig treibt er auch das rechte Sonnenrad des Differentials *5* und das linke Sonnenrad des Differentials *9* und dreht die Sperrnase *17* in ihre Ausgangsstellung zurück, wodurch er sich selbst wieder stillsetzt. Am Ende der Meßperiode löst das Maximumrelais *18* aus und schaltet den rechten Verstärkermotor ein. Der Motor löst einerseits die Kupplung *14* zwischen der Achse *11* und der Maximumzeige- und -schreibeinrich-

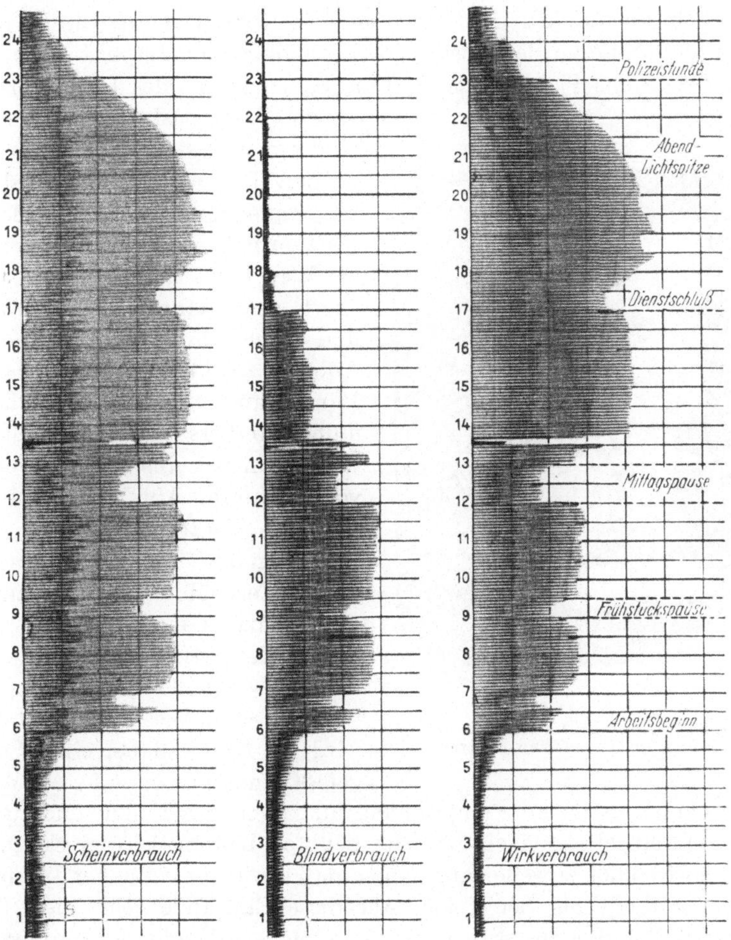

Abb. 252: Aufzeichnung dreier Maximumschreiber für Wirk-, Blind- und Scheinverbrauch. Gesamtverbrauch einer größeren Gruppe von Verbrauchern. Papiervorschub: 10 mm/Std.; Dauer der Maximumperiode: 5 min.

tung *15* und *16*, wodurch der Schleppzeiger des Maximumwerkes und die Schreibeinrichtung in ihre Nullage zurückfallen. Anderseits sperrt er über die Sperrung *12* die Achse *11*. Die während der Auslösezeit ankommenden Impulse verdrehen vom linken Verstärkermotor aus über das Differential *5* die Achse *6*, die Wechselräder *7* und das rechte

Sonnenrad des Differentials *9*, das Planetenrad und damit die Sperrnase dieses Differentials. Nach Beendigung der Auslösezeit fällt das Relais *18* wieder ab, die Achse *11* wird freigegeben, die Kupplung *14* eingekuppelt und der Motor kann nun über das Differential *5* die Wechselräder *10*, die Achse *11*, die Kupplung *14*, den Maximumzeiger *15* und die Schreibeinrichtung *16* um einen Weg vorwärtsbewegen, der der Anzahl der während der Auslösezeit angekommenen Impulse proportional ist. Wenn das Planetenrad und die Sperrnase *17* des Differentials *9* in die Ausgangslage zurückgelaufen sind, sperrt sich der Motor selbst wieder. Die während der Auslösezeit ankommenden Impulse werden also bis zum Beginn der neuen Meßperiode als Weg eines Planetenrades gespeichert und dann auf die Anzeige- und Schreibvorrichtung gegeben. Abb. 252 zeigt Diagramme eines Wirk-, Blind- und Scheinverbrauch-Maximumschreibers mit einer Meßperiode von 5 min bei einem Papiervorschub von 10 mm/h. Abb. 253 ist eine Ansicht des Geräts.

Abb. 253. Kombinierter Maximumzeiger und -schreiber mit Impulsantrieb.

Gegen die Tintenschrift des schreibenden Fernzählwerkes wird zuweilen eine Reihe von Einwänden vorgebracht, deren Berechtigung hier nicht erörtert werden soll.

In selten besuchten Stationen wird die Schreibdauer einer Schreibgefäßfüllung von etwa 3 . . . 4 Wochen manchmal als zu kurz empfunden, und auch das Füllen und Reinigen der Schreibgefäße macht weniger geübten Leuten Schwierigkeiten. Als lästig wird auch zuweilen angesehen, daß die Tinte bei hoher Temperatur leichter fließt als bei tiefer. Alle diese Einwände gegen den Tintenschreiber sind nicht erheblich. Schreibfedern lassen sich mit warmem Wasser leicht durchspülen, und die Tinte kann durch Glyzerin- oder Wasserzusatz nach Belieben dick- oder dünnflüssig gemacht werden. Gleichwohl erschien es angebracht, noch ein anderes Registrierverfahren heranzuziehen, und so entstanden die Trockenschreiber.

7. Maximumdrucker.

Beim Auswerten der Diagramme von Maximumschreibern entstehen ab und an unliebsame Diskussionen über die Höhe des Maximums, weil durch Toleranzen in der Perforierung des Schreibstreifens und Toleranzen in der Papierführung der Nullpunkt des Diagramms zuzeiten nicht genau mit der Nullinie des Schreibpapiers zusammenfällt. Selbstverständlich schreibt das Gerät auch dann richtig, denn die Höhe des Diagramms ist proportional der Meßgröße, unabhängig davon, wo der Nullpunkt liegt, und die beiden Endpunkte des geschriebenen Striches sind vollkommen scharf definiert, wenn also Nullpunkt und Nullinie des Papiers nicht genau zusammenfallen, ist die Höhe des Diagramms auszumessen. Diese Unbequemlichkeit sowie die Nachteile der Tintenschrift beseitigt der Schreibdrucker.

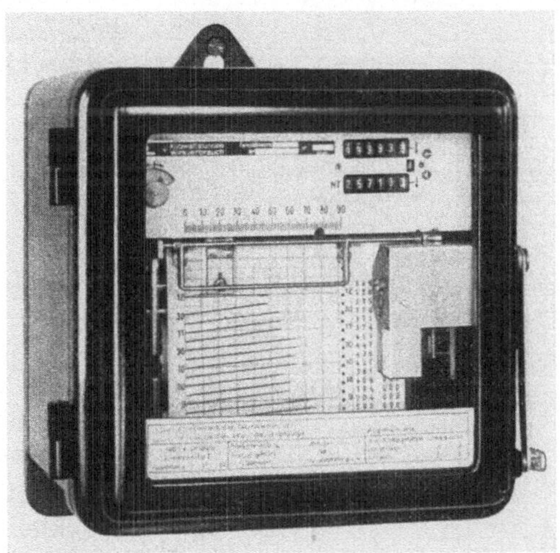

Abb. 254. Ansicht des Maximumschreibers und -druckers der SSW.

Beim Schreibdrucker wird das Diagramm nicht kontinuierlich geschrieben, sondern punktweise aufgezeichnet, wobei 8 Punkte auf einen Millimeter fallen und den Eindruck eines stetig geschriebenen Striches erwecken. Für jeden einzelnen Punkt holt sich ein Saphirstift die Druckfarbe von einem Stempelkissen und tupft sie auf das Papier; sofort nach dem Druck geht er in seine Ruhelage zurück, er bewegt sich also frei über dem Registrierstreifen. Der Schreibmechanismus ist in Steinen gelagert, um die Abnützung klein zu halten.

Gleichzeitig mit der Schreibeinrichtung verstellen die ankommenden Impulse ein dreistelliges Zählwerk, auf dessen Zahlenrollen die Zahlen erhaben graviert sind. Am Ende der Meßperiode fährt ein Schlitten mit der Druckeinrichtung vor den Registrierstreifen und ein Hammer schlägt das Papier über ein Farbband gegen die Druckrollen des Zählwerks, so daß das Maximum in drei Dekaden, also auf 0,1% genau gedruckt wird.

Nach dem Druckvorgang läuft das Druckwerk in seine Nullstellung, wodurch die eben gedruckte Zahl sofort sichtbar wird. Eine zweite Auslösung des Druckwerkes stempelt die Nullstellung auf das Papier, zum Beweis dafür, daß die Druckrollen vor Beginn der neuen Meßperiode in ihre Nullstellung gelaufen waren und in der neuen Maximumperiode tatsächlich von Null aus gezählt wurde. Damit sind alle gegen das tintengeschriebene Diagramm erhobenen Einwände beseitigt. Für die Höhe des zu berechnenden Maximums ist der gedruckte Wert maßgebend. Das Farbband wird nach jedem Druckvorgang um einen kleinen Betrag weiter gedreht und kehrt nach völligem Ablauf selbständig seine Richtung um. Stempelkissen und Farbband haben eine Lebensdauer von mehreren Jahren und sind bequem auswechselbar.

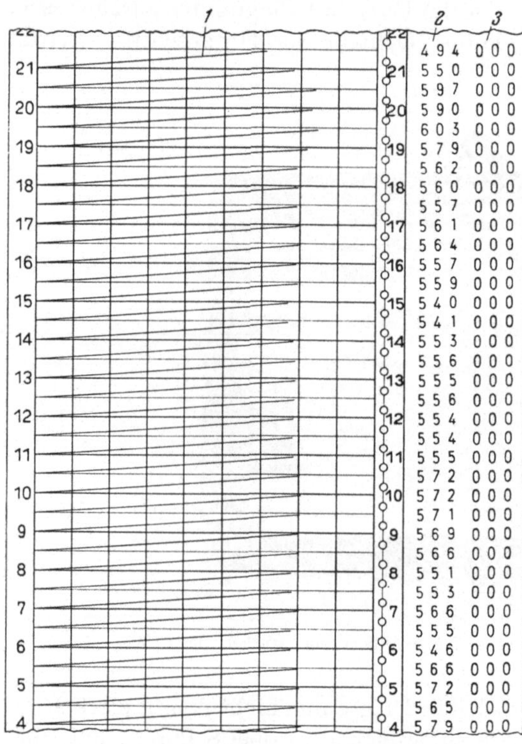

Abb. 255. Registrierstreifen eines Maximumdruckers. *1* Geschriebener Leistungsmittelwert; — *2* gedruckter Leistungsmittelwert; — *3* Kontrolle der Nullstellung des Druckwerks.

Das Registrierpapier ist zwischen dem Diagrammteil und dem Druckteil perforiert und läßt sich leicht teilen, so daß der Druckstreifen abgetrennt und mit den üblichen Büromaschinen ausgewertet werden kann.

Im übrigen unterscheidet sich der Drucker funktionell nicht vom Schreiber, ebenso wie bei diesem werden die Impulse während der Auslösezeit gespeichert und zu Beginn der neuen Meßperiode auf die Registriervorrichtung gegeben.

Abb. 254 ist eine Ansicht des Geräts. Abb. 255 zeigt den Registrierstreifen eines Maximumdruckers.

8. Maximumlocher.

Anstatt das Maximum anzuzeigen, zu schreiben oder zu drucken, kann man auch einen Streifen perforieren und gewinnt damit eine mit

Buchungsmaschinen auswertbare Aufzeichnung. Das Verfahren ist insbesondere dann am Platz, wenn Summenmaxima gebildet werden sollen, Fernzählmethoden jedoch wegen zu großer Entfernung oder Übertragungsschwierigkeiten nicht in Frage kommen. Es können vier Registrierstreifen gleichzeitig gelocht werden, so daß jeder Vertragspartner je einen Streifen für Betrieb und Buchhaltung erhalten kann. Die vier Lochstreifen können nach dem Stanzvorgang getrennt werden, dann laufen drei aus dem Apparat heraus, werden täglich abgeschnitten und sofort der Buchhaltung oder der Auswertzentrale zugeleitet, während der vierte im Apparat bleibt. Die Stanzeinrichtung besteht aus verstellbaren Kulissen, die von einem Zählwerk mechanisch gesteuert werden und die Stanzstempel sperren, deren Wert in der zu stanzenden Zahl nicht vorkommt. Die größte stanzbare Zahl ist 999, innerhalb jeder Dekade ist der Wert der Stanzlöcher nach Dualzahlen gestuft.

Gleichzeitig mit den Wertlöchern werden zwei kleinere Führungslöcher in den Papierrand gestanzt, die beim späteren Auswerten der Diagramme mehrerer Locher vollkommene Zeitübereinstimmung gewährleisten. Zwischen je zwei Lochungen wird die Nullstellung aller Stanzstempel durch einen weiteren Stanzvorgang kontrolliert. Bei dieser Lochung dürfen nur die beiden Führungslöcher erscheinen, zum Beweis, daß die Nullkontrolle durchgeführt wurde. Erscheint außerdem eine Wertlochung, so bedeutet dies, daß ein Stanzstempel nicht in die Nulllage zurückgefallen war.

Der Locher kann außerdem mit einem Maximumwerk ausgestattet werden, dessen Maximumzeiger einen Kontakt trägt. Dieser Kontakt wird jedesmal geschlossen, wenn der Schleppzeiger den Maximumzeiger erreicht hat, und betätigt dadurch einen weiteren Stempel, der ein Loch in den Rand des Diagrammstreifens stanzt. Dieses Loch wird also beim ersten Stanzvorgang einer Ableseperiode gelocht, in den weiteren Meßperioden nur, wenn die mittlere Leistung ebenso hoch oder höher als alle früheren Werte liegt. Betrachtet man also den Lochstreifen im umgekehrten Ablaufsinn, so entspricht das erste Loch dieser Lochreihe dem absoluten Maximum innerhalb der Ableseperiode. Die Lochstreifen verschiedener Zähler können mit Auswertmaschinen addiert werden; ebenso kann aus mehreren Streifen ein Summenmaximum gebildet und gelocht werden.

Das Auswertgerät ist im Prinzip eine automatisch abgleichende Wheatstone-Brücke und muß selbstverständlich in der Lage sein, Diagramme mit verschiedenen Konstanten zu einem Summenstreifen zu addieren. Zu diesem Zweck sind die Widerstandsätze eines Brückenzweiges leicht auswechselbar angeordnet, so daß man die Konstante für jeden Lochstreifen in einfacher Weise wählen kann. Die Lochstreifen lassen sich außerdem noch nach vielen anderen Gesichtspunkten maschinell auswerten und selbstverständlich auch in das dekadische System übertragen. Abb. 256 zeigt einen Lochstreifen, Abb. 257 die Ansicht des Geräts.

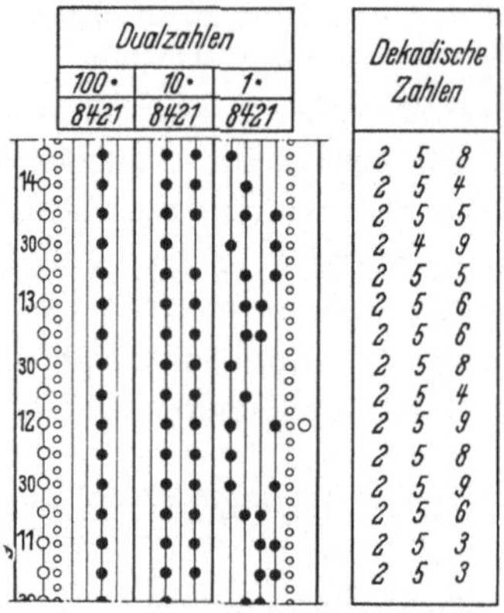

Dualzahlen
100· 10· 1·
8421 8421 8421

Dekadische Zahlen
2 5 8
2 5 4
2 5 5
2 4 9
2 5 5
2 5 6
2 5 6
2 5 8
2 5 4
2 5 9
2 5 8
2 5 9
2 5 6
2 5 3
2 5 3

Abb. 256. Lochstreifen eines Maximumlochers mit Darstellung in Dualzahlen und drei Dekaden, daneben die Übersetzung der Dualzahlen in das dekadische System.

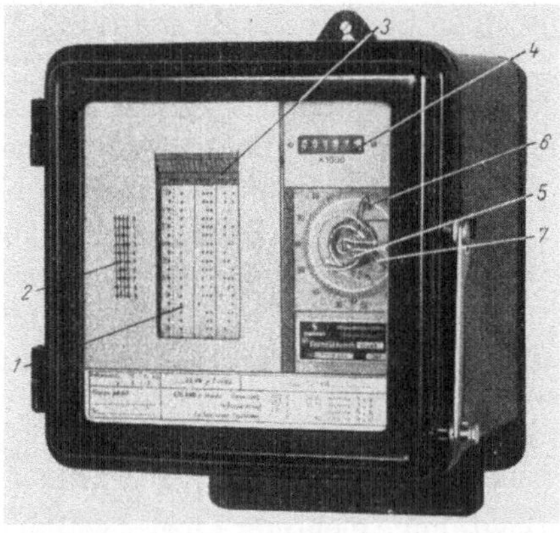

Abb. 257. Ansicht eines lochenden Maximumfernzählwerkes.
1 Lochstreifen mit drei Dekaden; — *2* Ableseschlüssel für Dualzahlen; — *3* Stanzeinrichtung; — *4* kWh-Zählwerk; — *5* Stromzuführungen zum Maximumkontakt; — *6* Kontakt am Maximumzeiger zum Lochen des größten Maximumwertes; — *7* Maximum-Schleppzeiger.

9. Maximumwächter.

In der Mehrzahl aller Industriebetriebe, insbesondere in elektrochemischen Werken oder bei elektrischen Öfen mit großer Wärmekapazität ist es ohne Schaden möglich, einzelne Verbraucher vorübergehend abzuschalten, um ein vereinbartes Maximum nicht zu überschreiten. Diese Betriebe brauchen ein Anzeigegerät, das sie warnt, wenn bei unveränderter Leistung ein Überschreiten des Maximums droht. Dieses Gerät ist der Maximumwächter. Er hat zwei Zeiger, von denen der eine von einer Uhr angetrieben wird und am Ende der Registrierperiode den Endausschlag erreicht, während der andere die in der Maximumperiode angekommene Impulszahl registriert und bei 100%iger Ausfüllung des vereinbarten Maximumwertes am Ende der Meßperiode ebenfalls auf Endausschlag steht. Der Maximumwächter kann Signaleinrichtungen erhalten, die ein Beruhigungssignal geben, solange keine Gefahr des Überschreitens besteht und ein Alarmsignal, wenn eine Überschreitung droht. In nichtsynchronisierten Netzen muß der Zeitzeiger durch eine Hauptuhr angetrieben oder in kleinen Zeitabständen richtiggestellt werden. Abb. 258 zeigt schematisch die Ausführung des Geräts.

Die ankommenden Impulse geben über das Empfangsrelais *3* den Verstärkermotor *2* frei, der über die lösbare Kupplung *4* den Maximumzeiger *9* vorwärtstreibt. Ein Synchronmotor *7* verdreht über die Kupplung *4'* den Zeitzeiger (Sollwertzeiger) *8*. Das Differential wird auf der einen Seite von den Impulsen, auf der anderen Seite vom Synchronmotor gespeist und schließt mit einer gewissen Zeitverzögerung den Alarmkontakt *10*, wenn das linke Sonnenrad einen größeren Weg zurücklegt als das rechte. Die Zeitverzögerung ist notwendig, um den Betrieb nicht zu beunruhigen, wenn die Leistung gerade um den Sollwert pendelt. Am Ende der Meßperiode löst das Kupplungsrelais *5* aus und beide Zeiger fallen auf Null zurück.

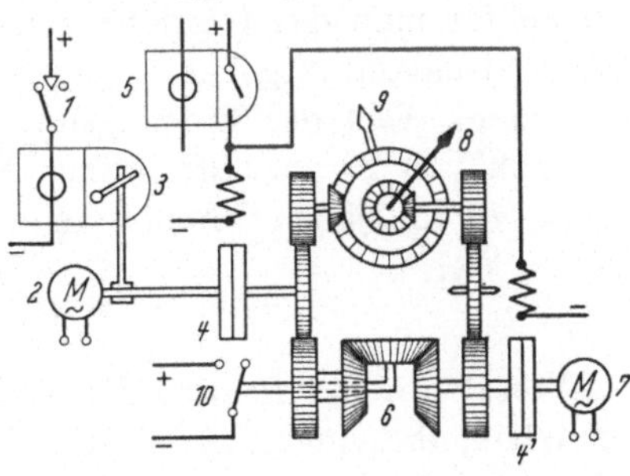

Abb. 258. Schema des Maximumwächters. *1* Impulssender; — *2* Verstärkermotor; — *3* Empfangsrelais; — *4*, *4'* lösbare Kupplung; — *5* Kupplungsrelais; — *6* Differenzgetriebe; — *7* Synchronmotor; — *8* Zeitzeiger; — *9* Maximumzeiger; — *10* Alarmeinrichtung.

Das Maximum kann von Ableseperiode zu Ableseperiode neu vereinbart werden. Der Maximumzeiger soll aber unabhängig von der absoluten Höhe den erreichten Wert in Prozent anzeigen. Er soll also bei 100% der vereinbarten Leistung am Ende der Meßperiode auf Endausschlag stehen, entsprechend einer konstanten Impulszahl *e*. Deshalb muß zwischen den Impulsgeber und den Maximumwächter ein Getriebe eingeschaltet sein, das feinstufig veränderbar ist und eine variable Eingangsimpulshäufigkeit in eine konstante Ausgangsimpulshäufigkeit verwandelt. Das Schema eines solchen Einstellgetriebes zeigt Abb. 259. Es hat die Aufgabe, aus *d* Eingangsimpulsen *e* Ausgangsimpulse zu machen, wobei das Verhältnis $\frac{d}{e}$ zwischen zwei Grenzwerten feinstufig einstellbar sein soll. Die ankommenden Impulse steuern den Servomotor *2* und dieser treibt das Planetenrad des Differentials *4* an; von den Sonnenrädern des Differentials werden die einstellbaren Umschaltgetriebe *5* und *6* angetrieben und ihre Geschwindigkeiten auf die Ausgangsachse *10* ge-

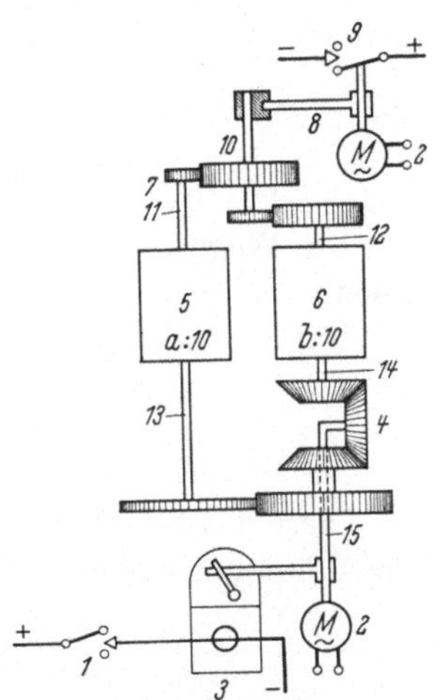

Abb. 259. Schematische Darstellung des Einstellgetriebes zum Maximumwächter. *1* Impulssender; — *2* Verstärkermotor; — *3* Empfangsrelais; — *4* Differentialgetriebe; — *5*, *6* Umschaltgetriebe; — *7* Wechselräder; — *8* Sperreinrichtung; — *9* Impulssender; — *10* Ausgangsachse; — *11*, *12* Ausgangsachsen der Umschaltgetriebe; — *13*, *14* Eingangsachsen der Umschaltgetriebe; — *15* Eingangsachse.

geben, die wiederum über einen Servomotor und die Wischkontakteinrichtung *9* einen Ausgangsimpuls gibt. Zum besseren Verständnis betrachtet man das Getriebe von der Ausgangsseite her. Die Zahl der vom Wischkontaktgeber *9* gegebenen Ausgangsimpulse sei e, sie soll bei jedem Wert der Eingangsimpulshäufigkeit d konstant sein, und d soll sich von 20 ... 110% seines Nennwertes verändern lassen. Da die Achse *10* für jeden Impuls einen bestimmten Weg zurücklegen muß, ist ihr Weg

$$s_{10} = k \cdot e.$$

Von der Achse *10* wird die Achse *11* mit der Übersetzung 1 : 10 angetrieben, die Achse *12* mit der Übersetzung 1 : 1; demnach sind die Wege der Achsen *11* und *12*

$$s_{11} = 10 \cdot k \cdot e,$$

$$s_{12} = k \cdot e.$$

Die Umschaltgetriebe *5* und *6* haben die wählbaren Übersetzungen

$$a_1 : 10; \quad a_2 : 10; \quad a_3 : 10 \ldots a_n : 10$$

bzw.

$$b_1 : 10; \quad b_2 : 10; \quad b_3 : 10 \ldots b_n : 10.$$

Die Wege der Eingangsachsen *13* und *14* dieser Getriebe sind demnach

$$s_{13} = 10 \cdot k \cdot e \cdot \frac{a}{10},$$

$$s_{14} = k \cdot e \cdot \frac{b}{10}.$$

Diese beiden Wege werden im Differential *4* addiert und der Weg der Planetenradachse *15* ist

$$s_{15} = s_{13} + s_{14} = k \cdot e \cdot \left(a + \frac{b}{10}\right).$$

Dieser Weg ist proportional der Eingangsimpulshäufigkeit d.

$$s_{15} = k \cdot d, \quad \text{also wird} \quad d = e \cdot \left(a + \frac{b}{10}\right). \tag{355}$$

Wie man sieht, geht das Übersetzungsverhältnis des Getriebes *5* direkt, das des Getriebes *6* mit $^1/_{10}$ seines Betrages in die Gesamtübersetzung ein.

Das Getriebe ist für Verstellstufen von 1% und für Einstellungen von 20 ... 110% der Nennleistung des Kontaktgeberzählers bemessen.

Die Abb. 260 und 261 zeigen Einstellgetriebe und Maximumwächter in geöffnetem Zustand, Abb. 262 das geschlossene Gerät.

Beispiel. Die Eingangsimpulshäufigkeit sei $d = 250$, die Ausgangsimpulshäufigkeit $e = 200$, dann ist

$$250 = 200\,(a + 0{,}1\,b)$$

oder

$$a + 0{,}1 \cdot b = 1{,}25,$$
$$a = 1; \quad b = 2{,}5.$$

Das Getriebe *5* ist auf das Übersetzungsverhältnis 1 : 10, das Getriebe *6* auf das Übersetzungsverhältnis 2,5 : 10 einzustellen.

Oder es sei

$$d = 760,$$
$$e = 200,$$

dann ist

$$760 = 200\,(a + 0{,}1 \cdot b),$$
$$a + 0{,}1 \cdot b = 3{,}8.$$

Das Getriebe *5* ist auf 3 : 10, das Getriebe *6* auf 8 : 10 einzustellen.

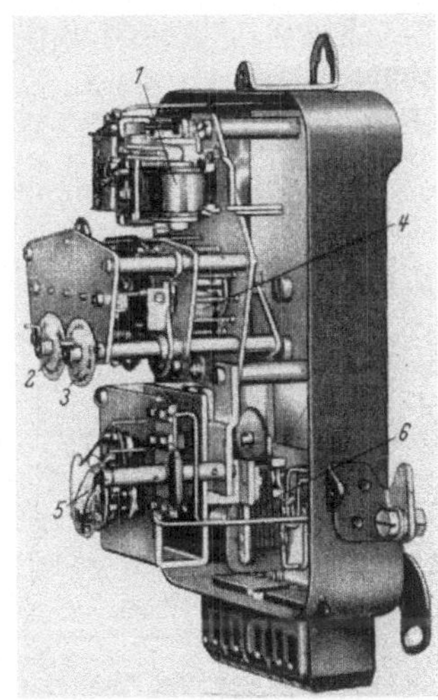

Abb. 260. Innenansicht des Einstellgetriebes zum Maximumwächter.
1 Empfangsrelais; — *2* Einstellung der Zehner; — *3* Einstellung der Einer; — *4* Umschaltgetriebe; — *5* Quecksilber-Wischkontaktröhre für den Ausgangsimpuls; — *6* Verstärkermotor.

10. Scheinverbrauchgetriebe.

Manche Tarife verlangen eine Bezahlung der Energie nach dem Scheinverbrauch. Es gibt aber keine im ganzen Bereich des $\cos\varphi$ theoretisch einwandfrei arbeitenden Scheinverbrauchzähler, dagegen zeigen die Wirk- und Blindverbrauchzähler im ganzen Bereich theoretisch richtig. Aus Wirk- und Blindverbrauch läßt sich aber

Abb. 261. Innenansicht des Maximumwächters.
1 Zeitzeiger; — *2* Maximumzeiger; — *3* Zeitrelais.

Abb. 262. Ansicht eines Maximumwächters.

der Scheinverbrauch durch geometrische Addition absolut richtig bilden, denn es ist

$$N_S = \sqrt{N_W^2 + N_B^2} = U \cdot J \cdot \sqrt{\cos^2\varphi + \sin^2\varphi} = U \cdot J. \tag{356}$$

Das Scheinverbrauchgetriebe führt diese geometrische Addition aus.

a) Prinzip. Lagert man eine Kugel auf zwei Reibrädern A und B, deren Ebenen um 90° versetzt sind und durch den Kugelmittelpunkt gehen und die mit den Geschwindigkeiten v_1 und v_2 umlaufen und macht zunächst die Geschwindigkeit $v_2 = 0$, dann dreht sich die Kugel um die Achse *1*, da sie an der Berührungsstelle des stillstehenden Rades B gebremst wird (Abb. 263).

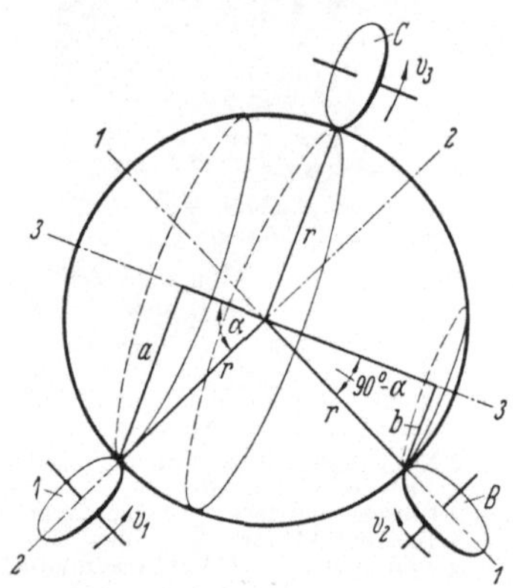

Abb. 263. Schema des Kugelgetriebes. A, B Antriebsreibräder; — C getriebenes Reibrad; — v_1, v_2, v_3 Umfangsgeschwindigkeiten der Reibräder; — a, b, r Radien der Berührungskreise der Reibräder. *1* Drehachse der Kugel bei Stillstand des Antriebsrades B; — *2* Drehachse der Kugel bei Stillstand des Antriebsrades A; — *3* Drehachse der Kugel bei den Geschwindigkeiten v_1 und v_2 der Antriebsräder A und B.

Macht man $v_1 = 0$, dann dreht sich die Kugel um die Achse *2*, da sie jetzt an der Berührungsstelle des Rades A gehemmt wird. Laufen beide Räder A und B, dann dreht sich die Kugel um eine Achse *3*, deren Lage von dem Verhältnis der Geschwindigkeiten der beiden Antriebsräder abhängt. Läßt man ein drittes Rad C auf dem Äquator der Kugel laufen, dann nimmt es die Geschwindigkeit v_3 an. Wenn keines der Räder rutscht, sind die Umfangsgeschwindigkeiten der Räder proportional den Radien ihrer Berührungskreise.

$$v_1 = k \cdot a; \qquad v_2 = k \cdot b; \qquad v_3 = k \cdot r, \tag{357}$$

$$\left.\begin{aligned} \frac{v_1}{v_3} &= \frac{a}{r} = \sin\alpha, \\ \frac{v_2}{v_3} &= \frac{b}{r} = \sin(90 - \alpha) = \cos\alpha, \end{aligned}\right\} \tag{358}$$

$$\left(\frac{v_1}{v_3}\right)^2 + \left(\frac{v_2}{v_3}\right)^2 = \sin^2\alpha + \cos^2\alpha = 1, \tag{359}$$

$$v_3 = \sqrt{v_1^2 + v_2^2}. \tag{360}$$

Macht man die Geschwindigkeit v_1 proportional der Blindleistung, v_2 proportional der Wirkleistung, dann ist v_3 proportional der Scheinleistung. Es ist dabei unerheblich, ob sich die Antriebsachsen stetig oder, durch Impulse angetrieben, absatzweise bewegen.

Ferner ist

$$\frac{v_1}{v_2} = \operatorname{tg}\alpha = \operatorname{tg}\varphi.$$

Die Lage der Drehachse der Kugel ist also ein Maß für den Leistungsfaktor. Die Skala kann in $\cos\varphi$ beschriftet werden, da

$$\frac{1}{\cos^2\varphi} = 1 + \mathrm{tg}^2\varphi\,. \tag{361}$$

b) Ausführung. Abb. 264 zeigt das Kugelgetriebe schematisch. Von den Impulssendern *1* kommen Wirk- und Blindverbrauchimpulse und betätigen die Empfangsrelais *3*, von denen für jeden ankommenden Impuls die Verstärkermotoren *2* für eine Umdrehung freigegeben werden und dabei die Kugel und die Zählwerke für Wirk- und Blindverbrauch antreiben.

Auf dem Äquator der Kugel läuft das Reibrad *5* an einem Schwenkarm, dessen Drehachse durch die Kugelmitte geht, so daß sich das Reibrad stets auf den Äquator einstellen kann. Die Umdrehungszahl dieses Reibrades ist proportional dem Scheinverbrauch. Der Arm des Reibrades spielt über einer Leistungsfaktorskala. Das Reibrad *5* treibt das eine Sonnenrad des Differentials *6*, damit verstellt sich das Planetenrad und gibt den Ausgangsservomotor frei. Er treibt das Scheinverbrauchzählwerk *11* und den Scheinverbrauchimpulsgeber, außerdem dreht er das Planetenrad des Differentials in die Ausgangslage zurück und sperrt sich dadurch selbst wieder. Läuft das Reibrad für den Scheinverbrauch nicht auf dem Äquator, so werden ihm von der Kugel Kräfte zugeführt, die es nach dem Äquator zu treiben, so daß es sich von selbst immer auf den größten Radius einstellt.

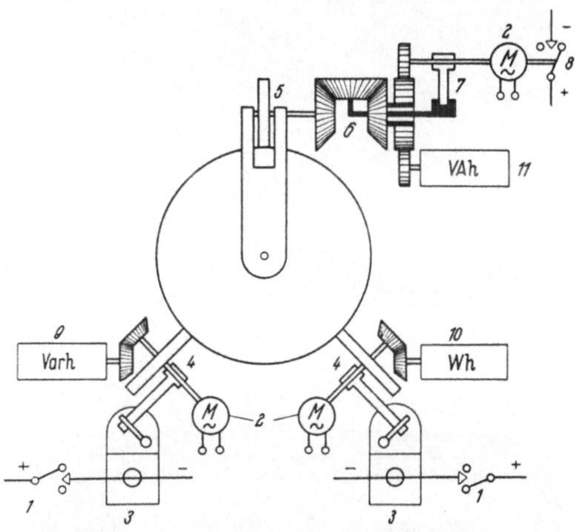

Abb. 264. Schematische Darstellung eines Scheinverbrauchgetriebes mit Impulsantrieb.

1 Impulssender für Wattstunden und Varstunden; — *2* Verstärkermotor; — *3* Empfangsrelais; — *4* Reibräder für Wirk- und Blindleistungsantrieb; — *5* schwenkbares Reibrad für Scheinleistungsabtrieb; — *6* Differential; — *7* Sperreinrichtung; — *8* Scheinleistungsimpulsgeber; — *9* Zählwerk für Blindverbrauch; — *10* Zählwerk für Wirkverbrauch; — *11* Zählwerk für Scheinverbrauch.

Abb. 265 zeigt das Getriebe offen und geschlossen.

D. Elektrolytzähler (Lit. XI).

I. Grundlagen.

Säuren, Salze und Basen spalten sich in wässeriger Lösung in zwei Bestandteile mit entgegengesetzter elektrischer Ladung, die man Ionen nennt. Diese Elektrizitätsträger können Atome, Moleküle oder Molekülgruppen sein. Die Ladung derselben Ionen hat immer dasselbe Vorzeichen, Wasserstoff- und Metallionen sind stets positiv geladen und heißen Kationen, nichtmetallische Ionen und Säurereste sind stets negativ geladen und heißen Anionen. Den Zerfall eines Stoffes in Ionen nennt man Dissoziation und wässerige Lösungen mit dissoziierten Molekülen Elektrolyte.

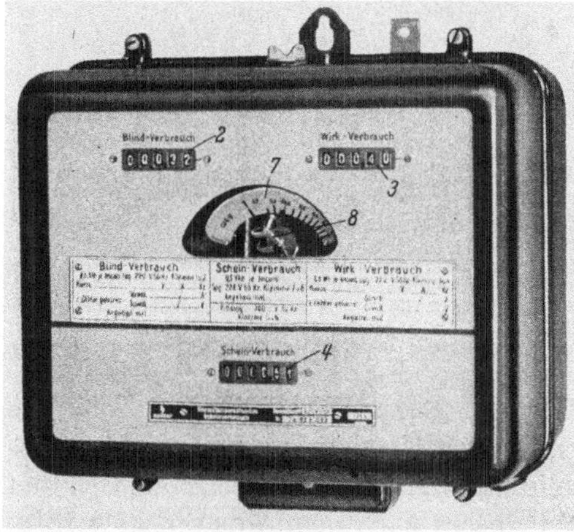

Abb. 265. Innen- und Außenansicht eines Scheinverbrauch-Kugelgetriebes.

1 Empfangsrelais; — *2* Zählwerk für Blindverbrauch; — *3* Zählwerk für Wirkverbrauch; — *4* Zählwerk für Scheinverbrauch; — *5* Reibrad für den Antrieb der Kugel; — *6* Kugel; — *7* Leistungsfaktorskala; — *8* schwenkbares Reibrad mit Leistungsfaktoranzeige; — *9* Scheinleistungs-Impulsgeber.

Bringt man in einen solchen Elektrolyt zwei Elektroden und verbindet sie mit den Polen einer Gleichspannungsquelle, so setzen sich die Ionen unter dem Einfluß des elektrischen Feldes in Bewegung und wandern durch die Lösung zu den Elektroden. Die positiven Kationen wandern zur negativen Elektrode, der Kathode, die negativ geladenen Anionen wandern zu der positiv geladenen Anode; daher stammen ihre Namen, die nichts anderes bedeuten als Wanderer, Kathodenwanderer und Anodenwanderer. An den Elektroden geben die Ionen ihre Ladungen ab und schlagen sich als Zersetzungsprodukte nieder, entweichen als Gase oder gehen neue Verbindungen ein.

Die elektrische Leitfähigkeit eines Elektrolyts beruht auf der Ionenwanderung, d. h. auf der Wanderung geladener Stoffteilchen, während die Leitfähigkeit metallischer Leiter auf frei beweglichen Elektronen beruht.

Je mehr Ionen sich in einer Lösung befinden, desto größer ist deren

Leitfähigkeit. Die Zahl der Ionen vermehrt sich bei gleicher Lösungskonzentration mit der Temperatur, da Wärme die Dissoziation begünstigt. Die Leitfähigkeit der Elektrolyte steigt deshalb mit der Temperatur, während die Leitfähigkeit metallischer Leiter mit steigender Temperatur abnimmt. Das Gesetz von Ohm über den Leitwert elektrischer Stromkreise gilt auch für Elektrolyte, der Leitwert ist proportional der spezifischen Leitfähigkeit des Elektrolyts und dem Querschnitt und umgekehrt proportional der Länge der Strombahn. Der Temperaturkoeffizient des Elektrolytwiderstandes ist sehr groß und beträgt für alle Elektrolyte -2% je 1° Temperaturzunahme.

Da bei der elektrolytischen Stromleitung Stoffteilchen bewegt werden und dasselbe Ion stets dieselbe elektrische Ladung hat, besteht ein unveränderliches Verhältnis zwischen den bewegten Stoffmengen und den Elektrizitätsmengen. Das ist das erste Gesetz der elektrolytischen Stromleitung, und auf ihm beruhen die Elektrolytzähler, denn wenn mit derselben Stoffmenge stets dieselbe Elektrizitätsmenge transportiert wird, kann man aus der gemessenen Stoffmenge auf die durchgeflossene Elektrizitätsmenge schließen. Die Elektrolytzähler sind also Ah-Zähler.

Ein zweites Gesetz der Elektrolyte besagt: Die von derselben Elektrizitätsmenge transportierten Mengen verschiedener Stoffe verhalten sich wie die Äquivalentgewichte dieser Stoffe, d. h. wie die Quotienten aus Atomgewicht bzw. Molekulargewicht a zur Wertigkeit n.

Hat beispielsweise ein Stoff das Atomgewicht 200 und die Wertigkeit 1, ein anderer Stoff das Atomgewicht 16 und die Wertigkeit 2, so verhalten sich die von derselben Elektrizitätsmenge transportierten Mengen der beiden Stoffe wie

$$\frac{200/1}{16/2} = \frac{25}{1}.$$

Ein drittes Gesetz befaßt sich mit dem Verhältnis der transportierten Stoffmenge zur Elektrizitätsmenge und besagt: Zum Transport eines in Gramm ausgedrückten Äquivalentgewichtes eines Stoffes sind 96500 As erforderlich, das bedeutet, 1 As befördert $\frac{1}{96{,}5} \cdot \frac{a}{n}$ mg eines Stoffes. 1 Ah befördert demnach

$$\frac{3600}{96{,}5} \cdot \frac{a}{n} = 37{,}3 \cdot \frac{a}{n} \text{ mg}$$

eines Stoffes.

Beispiele. *a) Wasserstoff.* Wasserstoff hat das Atomgewicht $a = 1{,}0078$ und ist einwertig ($n = 1$), also scheidet 1 As 0,01044 mg und 1 Ah 37,6 mg Wasserstoff ab.

b) Quecksilber. Quecksilber hat das Atomgewicht $a = 200{,}61$ und kann ein- oder zweiwertig auftreten.

Bei zweiwertigen Quecksilberverbindungen scheidet 1 As

$$\frac{200{,}61}{96{,}5} \cdot \frac{1}{2} = 1{,}04 \text{ mg}$$

und 1 Ah

3,74 g Quecksilber ab.

II. Forderungen.

Nicht alle elektrolytischen Vorgänge eignen sich gleich gut für einen Elektrolytzähler, da neben der Proportionalität zwischen Elektrizitätsmenge und Stoffmenge, die bei allen elektrolytischen Vorgängen streng gewahrt ist, eine Reihe weiterer Bedingungen erfüllt werden muß. Sie lauten:

a) Elektrolyt und Elektroden dürfen durch den Vorgang weder verbraucht noch verändert werden, Konzentration und Menge des Elektrolyts sowie Zusammensetzung und Gewicht der Elektroden müssen unveränderlich sein, d. h. die Vorgänge im Elektrolytzähler müssen einem Kreisprozeß folgen, da sich sonst entweder der Elektrolyt oder die Elektroden erschöpfen würden.

b) Beim Stromdurchgang dürfen an den Elektroden keine bzw. nur vernachlässigbar kleine Polarisationsspannungen auftreten, da sie wie die Gegen-EMK eines Gleichstromzählers wirken und das Verhältnis zwischen der am Elektrolytgefäß liegenden Spannung und dem Strom verändern, also die Proportionalität zwischen Strom und Spannung bzw. zwischen Elektrizitätsmenge und abgeschiedener Stoffmenge stören würden.

c) Der Eigenverbrauch der Elektrolytzelle muß klein und ihr Widerstand darf nicht zu hoch sein und darf sich weder mit der Stromstärke noch mit der Zeit verändern. Umwelteinflüsse dürfen die Genauigkeit nicht beeinflussen.

d) Der Zählbereich muß hinreichend groß sein, damit der Zähler nicht zu häufig abgelesen werden muß. Nach der Ablesung muß sich der Zählerstand 0 bequem wiederherstellen lassen.

Infolge dieser einschränkenden Nebenbedingungen haben sich bisher nur zwei Elektrolytzähler in der Praxis bewährt: der Wasserstoffzähler und der Quecksilberzähler.

III. Der Wasserstoff-Elektrolytzähler.

1. Beschreibung.

Der Wasserstoff-Elektrolytzähler besteht im Prinzip aus einem U-förmigen Glasrohr mit ungleichen Schenkeln, zwei Edelmetallelektroden und einer Füllung aus 20%iger Orthophosphorsäure H_3PO_4 oder Schwefelsäure H_2SO_4 (Abb. 266). Der kurze, weite Schenkel bildet den Anodenraum, er ist bis zu einem Überlauf mit Elektrolyt, darüber mit Wasserstoff gefüllt, und die Anode liegt teils im Elektrolyt, teils im Wasserstoff. Sie besteht aus einem Platinblech und ist mit sehr fein verteiltem Platin oder Rhodium (Platinschwarz bzw. Rhodiumschwarz) überzogen. Den langen, dünnen Kathodenraum füllt der Elektrolyt ganz aus. Die Kathode besteht aus einem mit Wasserstoff gefüllten Glasnäpfchen, das durch eine Kapillare mit dem Gasraum über der Anode verbunden und durch ein sehr engmaschiges Platingitter gegen den Elektrolyt des Kathodenraums abgeschlossen ist; das Gitter ist ebenfalls mit Rhodiumschwarz überzogen. Infolge der Kapillarwirkung des feinen Gitters kann kein Elektrolyt in die Kathode eindringen, auf dem Transport eingedrungene Flüssigkeit fließt beim Kippen durch die Kapillare in den Anodenraum. Beide Elektroden liegen also teils in Wasserstoff, teils in Elektrolyt, und das feinverteilte Rhodiumschwarz adsorbiert sowohl in seinen trockenen wie in seinen vom Elektrolyt benetzten Teilen eine große Menge Wasserstoff.

Die Elektroden sind also völlig von Wasserstoff umgeben, es sind polarisationsfreie Wasserstoffelektroden.

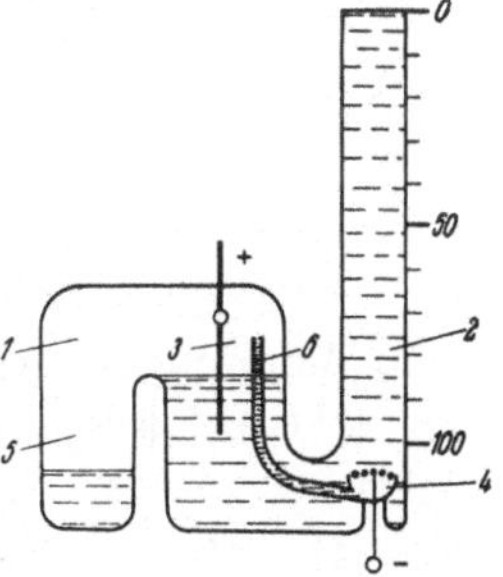

Abb. 266. Wasserstoff-Elektrolytzähler. *1* Anodenraum; — *2* Kathodenraum; — *3* Anode; — *4* Kathode; — *5* Überlaufgefäß; — *6* Entwässerungskapillare für die Kathode.

2. Wirkungsweise.

Im Anfangszustand befindet sich im Anodenraum über der Elektrode Wasserstoff. Der Kathodenraum ist völlig mit Elektrolyt — nämlich Orthophosphorsäure H_3PO_4 in wässeriger Lösung — gefüllt, die teilweise in die Ionen H^+ und $(PO_4)^{3-}$ zerfallen ist. Wird eine Gleichspannung an die Elektroden gelegt, so wandern die Wasserstoffkationen zur Kathode, geben dort ihre Ladung ab und steigen in den Kathodenraum auf, aus dem sie allmählich den Elektrolyt verdrängen. Die ausgeschiedene Wasserstoffmenge ist proportional der durchgeflossenen Ah-Zahl und wird in einem Meßrohr angezeigt. Die PO_4-Anionen wandern zur Anode, geben ihre Ladung ab und bilden mit dem dort vorhandenen Wasser neue Phosphorsäure. Der dabei freiwerdende Sauerstoff verbindet sich sofort mit dem ebenfalls an der Anode vorhandenen Wasserstoff zu neuem Wasser. Damit ist der Anfangszustand wiederhergestellt, und durch die Elektrolyse wurde lediglich Wasserstoff aus dem Anodenraum in den Kathodenraum gebracht. Die Gesamtmengen an Wasserstoff, Wasser und Säure sowie die Elektroden blieben unverändert. Nach dem Ablesen des Zählers wird das Elektrolytgefäß gekippt und dadurch der Wasserstoff in den Anodenraum zurückbefördert. Der Kreisprozeß ist damit geschlossen. Die beim Stromdurchgang ablaufenden elektrochemischen Vorgänge lassen sich durch folgende Gleichungen darstellen:

$$\left.\begin{array}{l}
\text{a) Elektrolytischer Zerfall} \\
\quad 2\,H_3PO_4 \rightleftarrows 6\,H^+ + 2\,(PO_4)^{3-}, \\
\text{b) Abscheidung an der Kathode} \\
\quad 6\,H^+ \rightarrow 3\,H_2 + 6 \text{ positive Elementarladungen}, \\
\text{c) Vorgang im Anodenraum} \\
\quad 2\,(PO_4)^{3-} + 3\,H_2O \rightarrow 2\,H_3PO_4 + 3\,O \\
\qquad\qquad + 6 \text{ negative Elementarladungen} \\
\quad 3\,O + 3\,H_2 \rightarrow 3\,H_2O.
\end{array}\right\} \quad (362)$$

Wie man sieht, ist nichts dazugekommen und nichts verlorengegangen, und man kann den Vorgang etwa nach Abb. 267 schematisch darstellen.

Bei Schwefelsäurefüllung würde der Vorgang analog lauten:

$$\left.\begin{array}{l}
\text{a) Elektrolytischer Zerfall} \\
\quad H_2SO_4 \rightleftarrows 2\,H^+ + (SO_4)^{--}, \\
\text{b) Abscheidung an der Kathode} \\
\quad 2\,H^+ \rightarrow H_2 + 2 \text{ positive Elementarladungen}, \\
\text{c) Vorgang im Anodenraum} \\
\quad (SO_4)^{--} + H_2O \rightarrow H_2SO_4 + O \\
\qquad\qquad + 2 \text{ negative Elementarladungen} \\
\quad O + H_2 \rightarrow H_2O.
\end{array}\right\} \quad (363)$$

Abb. 268 zeigt das Elektrolytgefäß, Abb. 269 eine Ansicht des Wasserstoffzählers der SSW.

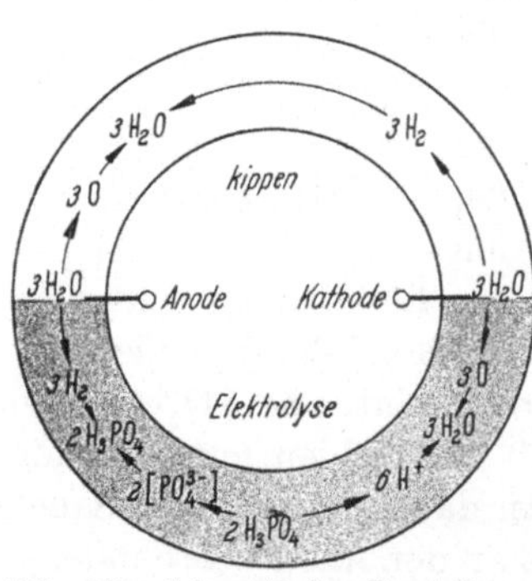

Abb. 267. Schematische Darstellung der Vorgänge im Wasserstoff-Elektrolytzähler.

3. Justierung.

Die abgeschiedene Wasserstoffmenge ist streng proportional der Elektrizitätsmenge; damit auch die Anzeige proportional wird, muß das Meßrohr auf der ganzen Länge gleichen Querschnitt haben. Der Nullpunkt wird durch Verschieben der Skala eingestellt. Die Anzeige justiert man durch Verändern des Nebenwiderstandes oder des Vorwiderstandes in Abb. 270. Die Elektrizitätsmenge wird mit Präzisionsstrommesser und Normaluhr gemessen, wobei der Strom während der Meßzeit konstant sein muß. Der Nebenwiderstand wird bei dieser Justierung nicht benötigt und für sich abgeglichen. Um in möglichst kurzer Zeit eine gut ablesbare Wasserstoffmenge zu bekommen, kann man die Zelle etwa fünffach überlasten. Justiert man den Elektrolytzähler mit Nebenwiderstand, so kann man als Normal auch einen sehr genau eingestellten

Magnetmotorzähler verwenden, dessen Nennstrom etwa dem Belastungsstrom des Elektrolytzählers entspricht. Diese Art der Justierung kommt nur bei kleineren Stromstärken in Frage.

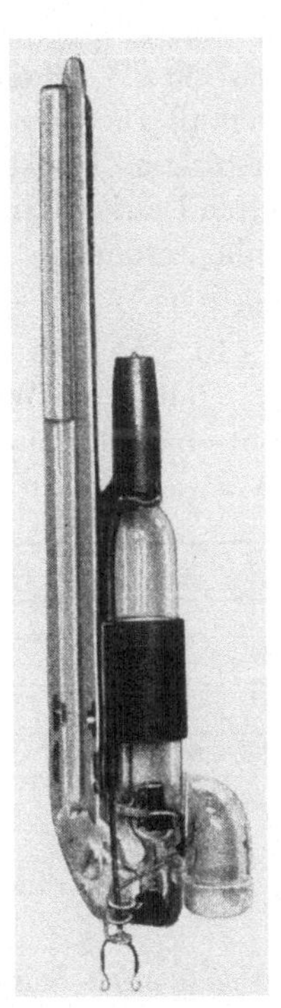

Abb. 268. Glaskörper des Wasserstoffzählers der SSW.

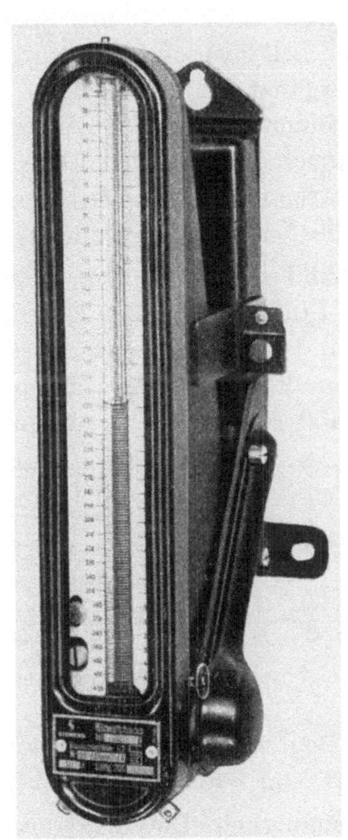

Abb. 269. Ansicht des Wasserstoffzählers der SSW.

Beim Anschluß an einen Nebenwiderstand ist

$$J_a = J \cdot \frac{R_N}{R_N + R_v + R_Z}. \qquad (364)$$

Eine Ah scheidet

$$37{,}6 \cdot \frac{R_N}{R_N + R_v + R_Z} \text{ mg}$$

oder bei 0° und einem Luftdruck von 760 mm Quecksilbersäule

$$418 \cdot \frac{R_N}{R_N + R_v + R_Z} \text{ cm}^3$$

oder bei 20° und 760 mm Quecksilbersäule

$$449 \cdot \frac{R_N}{R_N + R_v + R_Z} \text{ cm}^3$$

Wasserstoff ab.

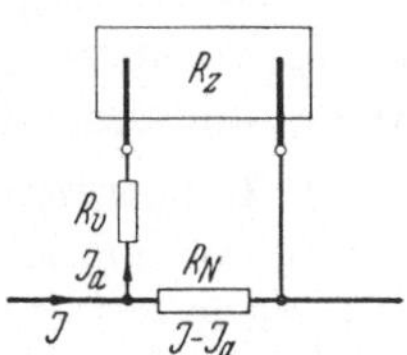

Abb. 270. Schaltung des Elektrolytzählers.
R_Z Zellenwiderstand; R_v Vorwiderstand; R_N Nebenwiderstand; J Gesamtstrom; J_a Zellenstrom.

4. Eigenschaften.

a) Leistungsaufnahme. Die Elektrolytzelle des SSW-Wasserstoffzählers hat einen Widerstand von 100 Ω und führt 0,05 ... 0,1 mA Strom, hat also 5 ... 10 mV Spannungsabfall und nimmt 0,25 ... 1 μW auf. Der Zellenwiderstand wird durch einen Vorwiderstand auf 5 bis 10 kΩ ergänzt, so daß sich der Eigenbedarf auf 50 μW erhöht und der Nebenwiderstand für 500 mV bemessen werden muß. Die Gesamtleistung ist demnach 0,5 W/A bei kleinen Nennstromstärken. Bei sehr großen Stromstärken geht man mit dem Spannungsabfall auf 100 mV zurück, damit die Nebenwiderstände nicht zu unförmig werden.

b) Zählbereich. Bei einem Zellenstrom von 0,05 ... 0,1 mA fließen in einer Stunde durch die Zelle (0,05 ... 0,1) · 10^{-3} Ah und entwickeln bei 20° und 760 mm Quecksilberdruck 0,0225 ... 0,045 cm³ Wasserstoff.

Ein Meßrohr mit etwa 10 cm³ Inhalt ergibt eine Durchlaufzeit von 200 bis 450 Stunden. Das entspricht bei 10 A 2 ... 4,5 kAh und unter

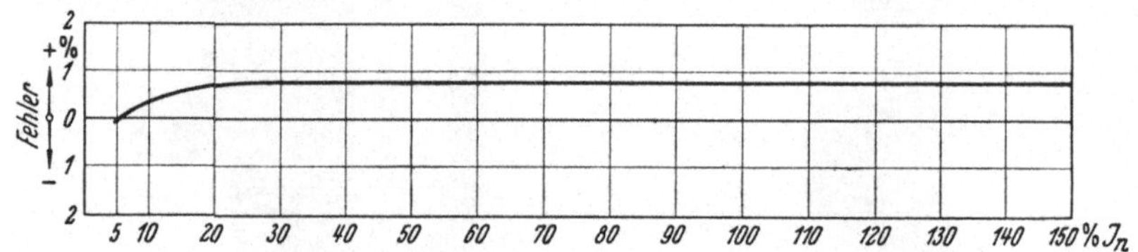

Abb. 271. Mittlere Fehlerkurve eines Wasserstoffzählers.

Zugrundelegung einer konstanten Spannung von 220 V einer Durchflußarbeit von 440 ... 1000 kWh.

c) Genauigkeit. Die Elektrolytzähler lassen sich ohne Schwierigkeit von 5 ... 150% des Nennstromes innerhalb $\pm 1\%$ Anzeigetoleranz halten. Sie haben eine sehr kleine Anlaufschwelle von etwa 0,1% von J_n. Abb. 271 zeigt den Verlauf der Fehlerkurve.

d) Überlastbarkeit. Die Zelle des Wasserstoffzählers ist dauernd bis 1,5 J_n, vorübergehend bis 5 J_n belastbar; Zähler mit eingebautem Nebenwiderstand sind dauernd bis 1,5 J_n belastbar.

e) Temperatureinfluß. Der Widerstand der Elektrolyte hat einen negativen Temperaturkoeffizienten von -20% je $+10°$; um ihn zu kompensieren wählt man einen Teil des Vorwiderstandes aus einem Werkstoff mit großem positiven Temperaturkoeffizienten, beispielsweise Nickel, dessen Temperaturkoeffizient $+6\%/+10°$ beträgt, so daß der Gesamttemperaturkoeffizient des Zellenkreises Null wird. Das ist der Fall, wenn sich die Größen der temperaturabhängigen Widerstände umgekehrt wie ihre Temperaturkoeffizienten verhalten, also

$$\frac{R_Z}{R_v} = \frac{\alpha_2}{\alpha_1}, \qquad (365)$$

wobei

R_Z der Zellenwiderstand,
R_v der temperaturabhängige Vorwiderstand,
α_1 der Temperaturkoeffizient des Zellenwiderstandes,
α_2 der Temperaturkoeffizient des Vorwiderstandes

ist.

Durch einen weiteren temperaturunabhängigen Vorwiderstand kann der Zellenkreis auf den gewünschten Widerstand ergänzt werden.

Beispiel. Widerstand der Zelle $R_Z = 100\,\Omega$,
Temperaturkoeffizient $\alpha_1 = -2\%/1°$,
Vorwiderstand aus Nickel $= R_v$,
Temperaturkoeffizient $\alpha_2 = 0{,}6\%/1°$,

$$R_v = \frac{R_Z \cdot \alpha_1}{\alpha_2} = \frac{100 \cdot 2}{0{,}6} = 333\,\Omega.$$

Der restliche Widerstand 10000 — 433 wird aus temperaturunabhängigem Material gemacht. Nach der Kompensation verbleibt ein Temperatureinfluß von 0,3 ... 0,4% je 10°.

f) Fremdfeldeinfluß. Die elektrolytischen Vorgänge werden durch fremde Magnetfelder nicht beeinflußt.

IV. Wasserstoffheberzähler.

1. Wirkungsweise.

Im Gegensatz zu den kontinuierlich durchlaufenden Motorzählern arbeiten die Elektrolytzähler absatzweise und müssen vor dem Erreichen des vollen Zählbereichs gekippt und dadurch auf Null zurückgestellt werden. Diesen Nachteil vermeidet der Heberzähler, der in zwei Dekaden kontinuierlich zählt und sich selbsttätig auf Null zurückstellt. Elektrochemisch unterscheidet er sich nicht vom Wasserstoffkippzähler.

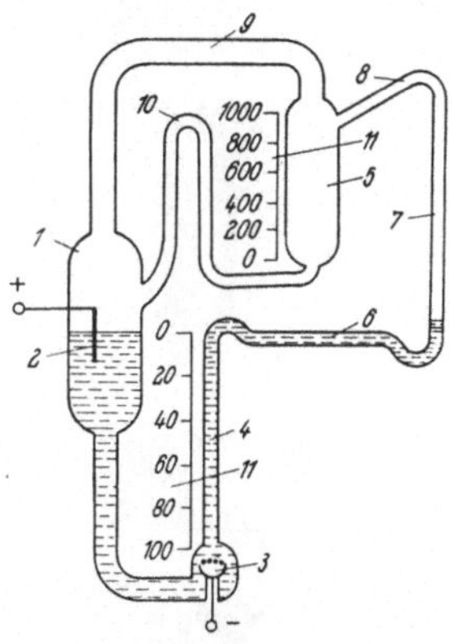

Abb. 272. Schematische Darstellung des Wasserstoffheberzählers.
1 Anodenraum; — *2* Anode; — *3* Kathode; — *4* Feinmeßrohr; — *5* Grobmeßrohr; — *6, 7, 8* Hebereinrichtung; — *9* Rückströmrohr für das Gas; — *10* Rückflußrohr für den Elektrolyt; — *11* Grob- und Feinskala.

Zu Beginn der Zählperiode ist der Anodenraum *1* teilweise mit Elektrolyt und teilweise mit Wasserstoff gefüllt, und die Anode *2* ist teils von Elektrolyt, teils von Wasserstoff bespült (Abb. 272). Die Kathode *3* ist völlig vom Elektrolyt umgeben, das Feinmeßrohr *4* mit Elektrolyt, das Grobmeßrohr *5* mit Wasserstoff gefüllt. Beim Stromdurchgang entwickelt sich an der Kathode Wasserstoff, steigt im Meßrohr auf und setzt sich zunächst im Knie des Feinmeßrohres fest. Dadurch wird der Flüssigkeitsfaden in zwei Teile

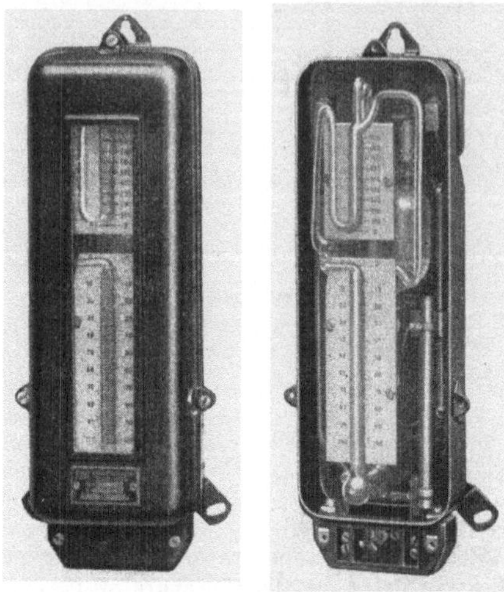

Abb. 273. Außen- und Innenansicht des Wasserstoffheberzählers der SSW.

geteilt; der eine Teil wird allmählich aus dem Meßrohr *4* gegen die Kathode gedrängt, während sich der andere durch die Rohre *6* und *7* in die Höhe schiebt. Beim Zählerstand 100 hat der Flüssigkeitsfaden das Knie *8* erreicht und fließt durch Heberwirkung in das Grobmeßrohr *5*; damit kann der von der Kathode entwickelte Wasserstoff über das Ausgleichrohr *9* in den Anodenraum überströmen. An Stelle des Kippvorgangs, mit dem man beim gewöhnlichen Zähler den Wasserstoff aus dem Kathodenraum in den Anodenraum zurückbefördert, ist also ein automatisch ablaufender Hebervorgang getreten.

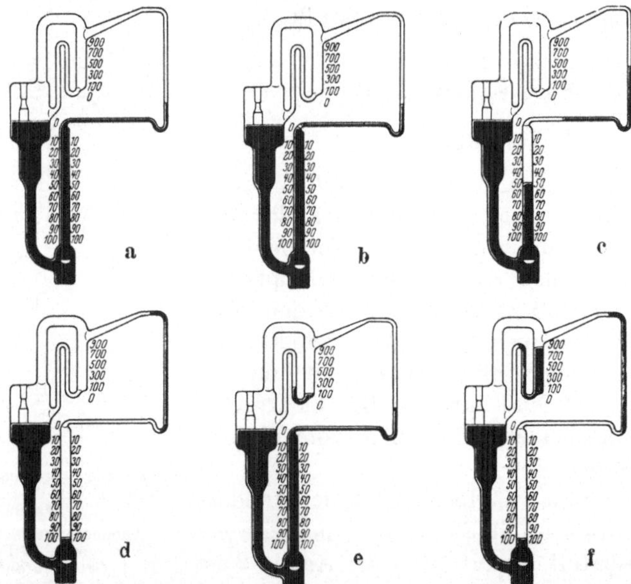

Abb. 274 a bis f. Schematische Darstellung der Wirkungsweise der Hebereinrichtung.
a Beginn der Zählung; — b Entstehen der 1. Gasblase; — c Zählerstand 50; — d Zählerstand beinahe 100, kurz vor dem Überheben in das Grobmeßrohr; — e Zählerstand 100, kurz nach dem Überheben in das Grobmeßrohr; — f Zählerstand 900 + beinahe 100, kurz vor dem Überheben in das Grobmeßrohr und Rückfließen des Elektrolyts in den Anodenraum.

Das Spiel beginnt von neuem und beim Zählerstand 200 fließt wieder ein Flüssigkeitsquantum vom Wert 100 in das Grobmeßgefäß. Beim zehnten Hebervorgang ist das Grobmeßrohr gefüllt, und der Elektrolyt sperrt das Rückströmrohr *9* für den Wasserstoff ab, der nun auf den Elektrolyt im Grobmeßrohr *5* drückt, so daß sich das Grobmeßgefäß wiederum durch Heberwirkung über das Knie *10* in den Anodenraum entleert, womit der Anfangszustand erreicht ist. Die Durchlaufzeit des Zählers ist 1000 Stunden. Abb. 273 zeigt den geöffneten und geschlossenen Wasserstoffheberzähler der SSW, Abb. 274 seine Wirkungsweise.

2. Eigenschaften.

Der Wasserstoffheberzähler hat die gleiche Genauigkeit und dieselben Eigenschaften wie der Wasserstoffkippzähler.

V. Quecksilberzähler.

1. Beschreibung.

Der Quecksilberzähler besteht aus einer Elektrolytzelle mit unten angeschmolzenem Meßrohr, die durch eine halbdurchlässige Membran *1* in den Anodenraum *2* und den Kathodenraum *3* geteilt wird (Abb. 275). Beide Räume sind bei Meßbeginn mit dem Elektrolyt gefüllt, der aus einer wässerigen Lösung von Quecksilberjodid und Kaliumjodid besteht. Die Anode *4* ist Quecksilber und wird aus dem Vorratsgefäß *5* stets auf gleicher Höhe gehalten. Die Kathode *6* besteht aus Spezialkohle. Das an der Kathode abgeschiedene Quecksilber sinkt in das Meßrohr *7* und verdrängt daraus allmählich den Elektrolyt. Die halbdurchlässige Membran ist gefrittetes Glaspulver und läßt wohl den Elektrolyt, jedoch kein Quecksilber durch. Nach dem Ablesen des Zählerstandes wird das Elektrolytgefäß gekippt, und das Quecksilber fließt durch ein Loch in der Membran in den Anodenraum zurück.

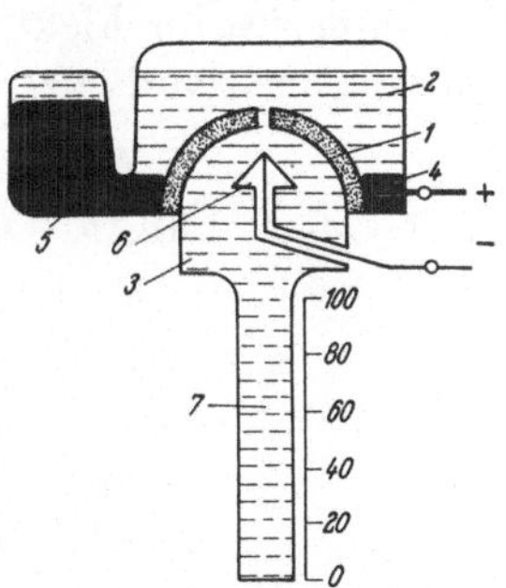

Abb. 275. Schematische Darstellung des Quecksilber-Elektrolytzählers.
1 halbdurchlässige Membran; — *2* Elektrolyt im Anodenraum; — *3* Kathodenraum; — *4* Anode; — *5* Vorratsgefäß für Quecksilber; — *6* Kathode; — *7* Meßrohr.

2. Wirkungsweise.

Der Elektrolyt ist eine wässerige Lösung von Quecksilberjodid HgJ_2 und Kaliumjodid KJ, wobei das Kaliumjodid im Überschuß vorhanden ist. Es bildet sich das komplexe Jodsalz

$$HgJ_2 + 2\,KJ = K_2(HgJ_4) \tag{366}$$

und dissoziiert in der Lösung teilweise in Ionen, die unter dem Einfluß der Zellenspannung nach den Elektroden wandern. Dabei spielen sich folgende Vorgänge ab: Die Quecksilberionen wandern zur Kathode, geben dort ihre positive Ladung ab und fallen in das Zählrohr, aus dem sie allmählich den Elektrolyt verdrängen. Die Jodionen wandern zur Anode, geben ihre negative Ladung ab und verbinden sich mit dem Quecksilber der Anode zu neuem Quecksilberjodid. Beim Stromdurchgang wird also Quecksilber von der Anode in den Kathodenraum transportiert, im übrigen bleibt der Elektrolyt unverändert. Beim Kippen des Zählers fließt das Quecksilber durch das Loch in der Membran in den Anodenraum zurück. Der Quecksilberspiegel der Anode wird durch das Quecksilbervorratsgefäß stets auf gleicher Höhe gehalten. Bei dieser summarischen Beschreibung blieb die Wirkung des im Elektrolyt enthaltenen Kaliumjodids außer Betracht. Im einzelnen verläuft der Vorgang nach folgenden Gleichungen:

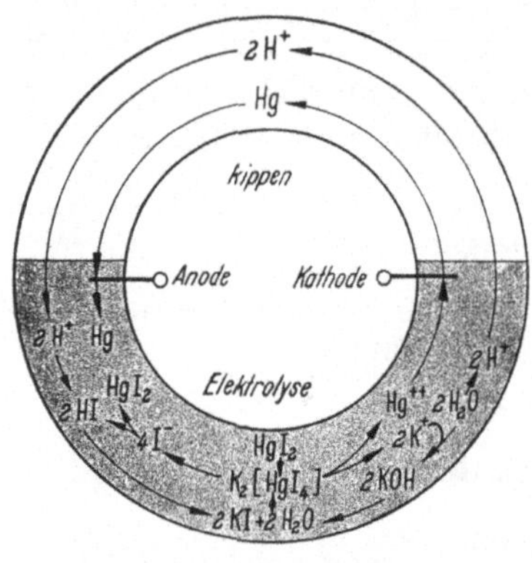

Abb. 276. Schematische Darstellung der Vorgänge im Quecksilberzähler.

$$\left.\begin{aligned}
&K_2(HgJ_4) \rightleftarrows Hg^{++} + 2\,K^+ + 4\,J^-,\\
&Hg^{++} \rightarrow Hg + 2 \text{ positive Elementarladungen},\\
&2\,K^+ + 2\,H_2O \rightarrow 2\,KOH + 2\,H^+,\\
&4\,J^- + Hg + 2\,H^+ \rightarrow HgJ_2 + 2\,HJ\\
&\qquad\qquad + 2 \text{ negative Elementarladungen},\\
&2\,KOH + 2\,HJ \rightarrow 2\,KJ + 2\,H_2O,\\
&2\,KJ + HgJ_2 \rightarrow K_2(HgJ_4),
\end{aligned}\right\} \qquad (367)$$

womit der Kreisprozeß geschlossen ist; er ist in Abb. 276 schematisch dargestellt.

3. Justierung.

Der Quecksilberzähler wird ebenso wie der Wasserstoffzähler justiert.

4. Eigenschaften.

a) Leistungsaufnahme. Durch die Zelle fließen etwa 20 mA, ihr Widerstand wird durch einen Vorwiderstand auf 40 Ω ergänzt, so daß der Spannungsabfall 800 mV und die Leistungsaufnahme 16 mW beträgt. Zähler für große Stromstärken werden an getrennte Nebenwiderstände angeschlossen; Zähler für kleine Stromstärken erhalten einen eingebauten Nebenwiderstand.

b) Zählbereich. Bei einem Zellenstrom von 20 mA fließen in einer Stunde durch die Zelle $20 \cdot 10^{-3}$ Ah und transportieren 74,8 mg Quecksilber, da das Quecksilber im Quecksilberjodid zweiwertig auftritt.

Das spezifische Gewicht des Quecksilbers ist bei 20° 13,55 g/cm³. Die 74,8 mg beanspruchen also 0,00554 cm³, und ein Meßrohr von 10 cm³ Inhalt gibt eine Durchlaufzeit von 1800 Stunden, was bei 10 A 220 V einer Durchflußarbeit von 4000 kWh entspricht.

c) Genauigkeit. Tauchen in einen Elektrolyt Elektroden aus verschiedenen Werkstoffen ein, so tritt zwischen den Elektroden ein Potential auf, das um so größer ist, je weiter die Elektrodenwerkstoffe in der elektrochemischen Spannungsreihe auseinanderliegen. Darauf beruhen die Primärelemente, beispielsweise die Taschenlampenbatterien. Besteht z. B. die eine Elektrode aus Quecksilber, die andere aus Kohle, und ist der Elektrolyt ein Quecksilbersalz, so lösen sich von der Quecksilberelektrode Quecksilberatome ab und gehen als Quecksilberkationen in die Lösung über. Da sie eine positive Ladung mitnehmen, lädt sich die Elektrode allmählich negativ auf. Durch die negative Ladung der Elektrode werden aber andererseits die positiven Kationen wieder an die Anode zurückgezogen, so daß sich nach einiger Zeit ein Gleichgewichtszustand einstellt, in dem je Zeiteinheit gleichviele Kationen in Lösung gehen und zurückgezogen werden. In diesem Gleichgewichtszustand besteht zwischen der Elektrode und dem umgebenden Elektrolyt eine Potentialdifferenz, die man Polarisationsspannung nennt. Diese Polarisationsspannung ist der von außen an das Elektrolytgefäß angelegten Spannung entgegengerichtet. Sie vermindert also den Zellenstrom. Verwendet man zwei gleiche Elektroden wie beim Wasserstoffzähler, so heben sich die Polarisationsspannungen an Anode und Kathode auf. Beim Quecksilberzähler sind jedoch die Elektroden aus verschiedenen Werkstoffen, und es bleibt infolgedessen eine Polarisationsspannung bestehen und stört den linearen Zusammenhang zwischen angelegter Spannung und Stromdurchgang. Da die Polarisationsspannung unabhängig von der Stromstärke ist, wirkt sie sich bei kleiner Zellenspannung stärker aus als bei großer und führt zu einem Minusfehler des Quecksilberzählers bei kleiner Belastung. Diesen Fehler hält man klein, indem man dem Zähler bei Nennlast einen positiven Fehler gibt.

d) Hinsichtlich Überlastbarkeit, Temperatureinfluß und Fremdfeldeinfluß unterscheidet sich der Quecksilberzähler nicht vom Wasserstoffzähler.

VI. Anwendungsgebiet der Elektrolytzähler.

Elektrolytzähler sind ebenso wie die Magnetmotorzähler Gleichstrom-Ah-Zähler, sie erhalten ebenso wie diese häufig eine in kWh bezifferte Ableseeinrichtung, wobei konstante Spannung zugrunde gelegt wird. Um

Spannungsschwankungen in gewissen Grenzen zu berücksichtigen, könnte man einen spannungsproportionalen Hilfsstrom durch die Zelle leiten, doch wird dadurch der Zähler wesentlich komplizierter, und man verzichtet deshalb in den meisten Fällen auf eine Spannungskompensation.

Die Elektrolytzähler werden als Haushaltzähler in Gleichstromnetzen, als Industriezähler in elektrochemischen Betrieben und als Bahnzähler ausgeführt und sind stückzahlmäßig bedeutungslos gegenüber den Wechselstromzählern. Elektrolytzähler, bei denen Elektrolyt oder Elektroden verbraucht werden, und bei denen man analog der Münze beim Münzzähler von Zeit zu Zeit eine neue Elektrolytzelle einsetzen oder durch Einwurf einer Münze eine neue Elektrolytzelle einschalten muß, haben sich nicht eingeführt. Die Elektrolytzähler werden wie Gleichstrom-Ah-Zähler geschaltet (Abb. 277).

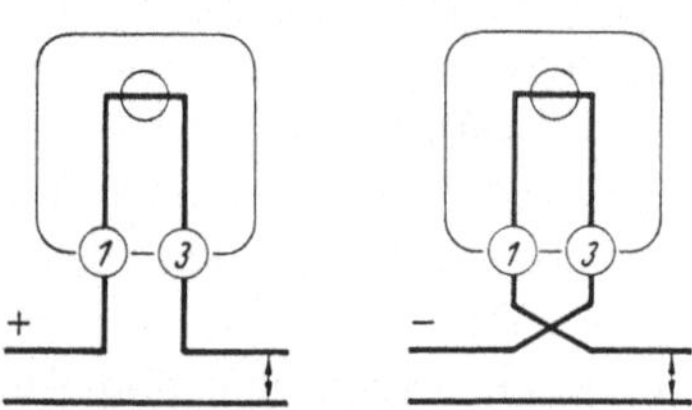
Abb. 277. Schaltung der Elektrolyt-Amperestunden-Zähler.

E. Zubehör.

I. Allgemeines.

1. Hochstromzähler.

Wicklungen für hohe Stromstärken erhalten wenige Windungen mit großem Querschnitt und kräftige Anschlußstücke, wodurch die Zähler teuer und unhandlich werden. Die Zuleitungen zu diesen Zählern führen den vollen Betriebsstrom, haben großen Querschnitt und sind schwer zu verlegen. Bei Zählern mit großem Fremdfeldeinfluß müssen die Zuleitungen im Betrieb ebenso liegen wie bei der Justierung, da sonst erhebliche Fremdfeldfehler auftreten können. Aus diesen Gründen erscheint es angebracht, die Strompfade der Zähler nur für kleine und mittlere Stromstärken auszuführen und sie bei größeren Gleichströmen an Nebenwiderstände, bei großen Wechselströmen an Stromwandler anzuschließen. Am zweckmäßigsten wäre es, nur Zähler für Nennströme bis 30 A auszuführen und darüber Nebenschlüsse und Wandler zu verwenden. Aus Tradition werden jedoch auch heute noch Zähler für wesentlich höhere Stromstärken verwendet.

2. Hochspannungszähler.

Die Wicklungen von Hochspannungszählern müssen gegen das Gehäuse für die volle Betriebsspannung isoliert sein, was große Abmessungen der Zählergehäuse und Klemmenstücke bedingt und bei sehr hohen

Spannungen überhaupt nicht durchführbar ist. Die Zuleitungen zu den Wicklungen müssen ebenfalls für die volle Betriebsspannung isoliert sein, sie werden teuer und beanspruchen sehr viel Platz. Bei den höchsten Spannungen ist eine solche Anordnung kaum durchführbar, und man müßte dann darauf verzichten, Zähler und Meßgeräte auf einer Meßtafel zu vereinigen, sondern sie einzeln unmittelbar in der Hochspannungsanlage unterbringen. Schon bei Spannungen von einigen tausend Volt ist es häufig aus konstruktiven und meßtechnischen Gründen nicht möglich, die vom VDE vorgeschriebenen Kriech- und Luftstrecken (VDE 0112) einzuhalten, und es müssen dann besondere Schutzmaßnahmen getroffen werden. Grundsätzlich sind zwei Schutzarten möglich: Isolieren und Erden; was besser ist, wird seit langem ergebnislos diskutiert, da gar keine allgemeingültige Entscheidung möglich ist.

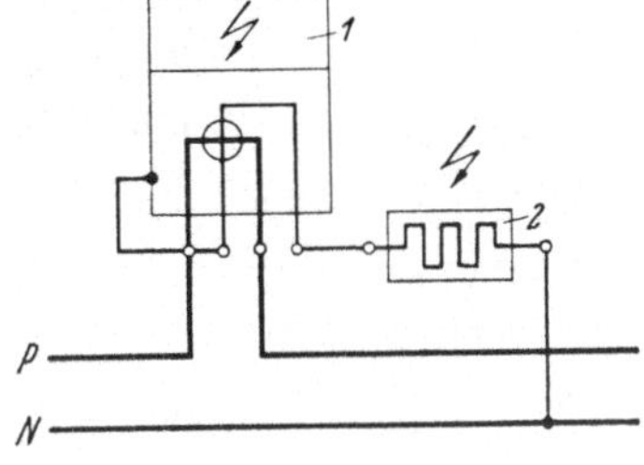

Abb. 278. Hochspannungszähler in einer ungeerdeten Gleichstromanlage. *1* Zähler; — *2* Vorwiderstand.

a) Beiderseits isolierte Gleichstrom-Hochspannungsanlagen. In nicht geerdeten Gleichstrom-Hochspannungsanlagen muß man isolieren. Strom- und Spannungspfad des Zählers führen die volle Betriebsspannung. Der Vorwiderstand ist so vor die Spannungswicklung zu legen, daß zwischen Strom- und Spannungspfad eine möglichst kleine Potentialdifferenz auftritt. Wenn es nicht möglich ist, die Wicklungen des Zählers und des Vorwiderstandes für die volle Betriebsspannung gegen das Gehäuse zu isolieren, muß die Isolation zwischen das Gehäuse und Erde gelegt werden. Die Gehäuse sind dann isoliert aufzubauen, auf das mittlere Potential der Wicklungen zu bringen, mit einem Hochspannungspfeil zu versehen und gegen zufälliges Berühren zu schützen (Abb. 278).

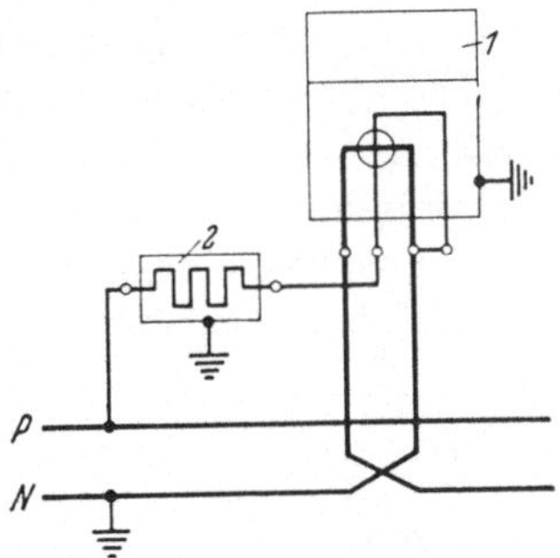

Abb. 279. Gleichstromzähler in einer geerdeten Hochspannungsanlage. *1* Zähler; — *2* Vorwiderstand.

b) Einseitig geerdete Gleichstrom-Hochspannungsanlagen. Der Strompfad des Zählers wird in die geerdete Leitung gelegt, der Vorwiderstand auf die nicht geerdete Seite. Das Zählergehäuse ist zu erden. Wenn der Vorwiderstand für die volle Betriebsspannung isoliert ist, muß sein Gehäuse ebenfalls geerdet werden (Abb. 279). Wenn der Vorwiderstand nicht für die volle Betriebsspannung isoliert ist, muß man ihn isoliert aufstellen, das Gehäuse mit Hochspannungspfeil versehen und gegen zufällige Berührung schützen.

c) Wechselstrom-Hochspannungsanlagen. In Wechselstrom-Hochspannungsanlagen werden Niederspannungszähler in Verbindung mit Meßwandlern verwendet. Ihre Gehäuse sind zu erden.

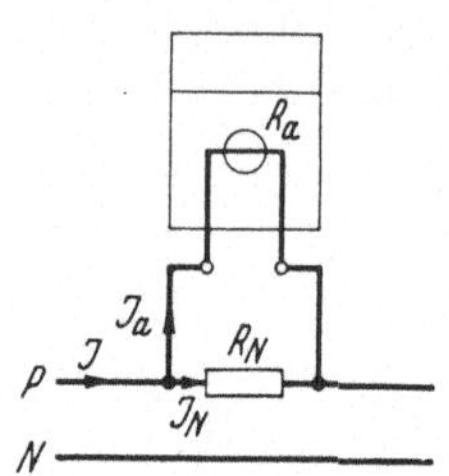

Abb. 280. Schaltung eines Gleichstrom-Amperestunden-Zählers mit Nebenwiderstand.

II. Nebenwiderstände.

Nebenwiderstände sind Stromteiler. Sie teilen den Gesamtstrom J im umgekehrten Verhältnis der beiden parallel liegenden Widerstände (Abb. 280) Es ist

$$J = J_a + J_N \quad \text{und} \quad \frac{J_a}{J_N} = \frac{R_N}{R_a}. \tag{368}$$

Im Apparatwiderstand R_a ist der Widerstand der Zuleitungen enthalten. Die Nebenwiderstände bestehen aus Widerstandsmaterial mit sehr kleinem Temperaturkoeffizienten (Manganin oder Konstantan), das in Band- oder Stabform in Kupferanschlußklötze hart eingelötet wird. Weich gelötete Nebenwiderstände sind unzuverlässig, da bei starken Überlastungen das Lot weich werden kann und der Widerstand sich ändert. Die Nebenwiderstände haben getrennte Klemmen für den Anschluß des Hauptstromes J und sogenannte Potentialklemmen für den Anschluß der Apparate, sie werden durch Schleifen, Feilen oder Ausschneiden auf den Nennspannungsabfall an den Potentialklemmen abgeglichen, wenn der Nennstrom $(J - J_a)$ fließt. Der Nennspannungsabfall der Nebenwiderstände liegt zwischen 60 und 500 mV. Nebenwiderstände werden für Ströme bis etwa 30 kA hergestellt und haben bei Nennstrom eine Übertemperatur in der Größenordnung von 200°. Bei noch höheren Strömen nehmen die Nebenwiderstände eine unerträglich hohe Leistung auf und man verwendet dann zweckmäßiger Gleichstromwandler.

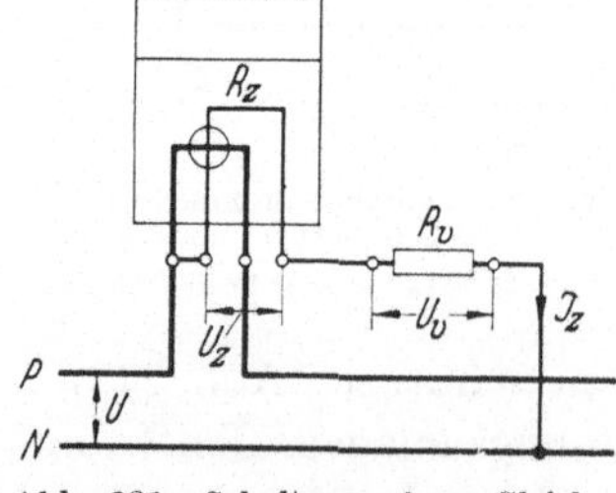

Abb. 281. Schaltung eines Gleichstrom-Wattstunden-Zählers mit Vorwiderstand.

III. Vorwiderstände.

Vorwiderstände sind Spannungsteiler. Sie teilen die gesamte Spannung im Verhältnis ihres Widerstandes zum Apparatewiderstand (Abb. 281).

$$\left.\begin{aligned} U &= U_z + U_v, \\ \frac{U_z}{U_v} &= \frac{R_z}{R_v}. \end{aligned}\right\} \tag{369}$$

Die Vorwiderstände bestehen aus dünnem Manganin- oder Konstantandraht und werden meist auf Keramikkörper gewickelt. Sie müssen gut isoliert sein, damit weder durch Kriechströme noch durch Sprühströme Meßfehler entstehen können; bei sehr hohen Spannungen sind Potentialschirme anzubringen. Die Vorwiderstände werden durch Abwickeln oder Zuwickeln von Windungen oder durch zusätzliche Justierwiderstände auf ihren Nennwert abgeglichen. Die Vorwiderstände werden nicht bei Nennstrom justiert, sondern weitaus bequemer mit einer Meßbrücke oder einem Gleichstromkompensator abgeglichen.

IV. Gleichstromwandler (Lit. XII).

Die Induktivität einer Eisendrossel ist gegeben durch die Gleichung

$$L = k \cdot \mu \cdot \frac{w^2 \cdot q}{l}, \tag{370}$$

darin sind die Windungszahl w, der Eisenquerschnitt q und die mittlere Eisenlänge l die Konstanten der Drosselspule, μ ist die Permeabilität des Kerneisens, sie ändert sich mit der Größe des Erregerfeldes, und man kann demnach die Induktivität einer Drossel durch eine Vormagnetisierung des Eisenkerns mit einem Gleichstromfeld bequem verändern. In Abb. 282 ist J_m der Magnetisierungsgleichstrom in der Vormagnetisierungswicklung und J_w der Wechselstrom, den die Wechselspannungsquelle U durch die Wechselstromwicklung drückt. Die Induktivität L der Wechselstromwicklung ist eine Funktion des Vormagnetisierungsgleichstroms J_m, denn es gilt

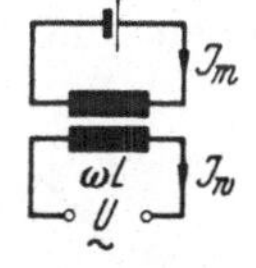

Abb. 282. Vormagnetisierte Drossel. J_m Gleichstrom; — J_w Wechselstrom; — U Wechselspannungsquelle.

$$L = f(J_m)$$

und

$$J_w = \frac{U}{Z} = \frac{U}{\sqrt{R^2 + [\omega \cdot f(J_m)]^2}}, \tag{371}$$

wenn Z der Scheinwiderstand und R der Wirkwiderstand der Drossel ist.

Der Zusammenhang zwischen dem Wechselstrom J_w und dem Gleichstrom J_m ist dabei keineswegs linear, da die Permeabilität nicht linear mit der Magnetisierungsfeldstärke verbunden ist. Man kann aber durch besondere Maßnahmen in einem begrenzten Gebiet einen linearen Zusammenhang zwischen den beiden Strömen erreichen. Die beiden Wicklungen müssen magnetisch gekoppelt sein, die Wechselstromwicklung darf jedoch in der Gleichstromwicklung keine Wechselspannung induzieren. Eine solche Anordnung erlaubt, mit einer kleinen Gleichstrommagnetisierungsleistung eine große Wechselstromleistung zu steuern, und auf diesem Grundgedanken beruhen die Gleichstromwandler und die magnetischen Verstärker. Abb. 283 zeigt eine Anordnung mit zwei Eisenkernen, von denen jeder eine Gleichstromwicklung und eine Wechselstromwicklung trägt. Der Gleichstrom magnetisiert die beiden Eisenkerne gleichsinnig, der Wechselstrom in entgegengesetztem Sinn, so daß sich während einer halben Welle des Wechselstromes Gleichfluß und Wechselfluß in dem einen Kern addieren, in dem anderen Kern subtrahieren. Trägt man nach Abb. 284 den Wechselstrom abhängig vom Magnetisierungsgleichstrom auf, so erhält man die Verstärkercharakteristik. Sie ist durch die Magnetisierungskurve des Eisens bestimmt und verläuft in einem begrenzten Gebiet geradlinig. In diesem Gebiet ist der Wechselstrom proportional dem Gleichstrom. Für Gleichstromwandler eignen sich am besten Nickel-Eisen-Legierungen, deren Magnetisierungskurve sehr steil ansteigt und dann nahezu rechtwinklig in das Sättigungsgebiet einbiegt (Abb. 285). Solche Gleichstromwandler sind weitgehend unabhängig von der Größe der Hilfswechselspannung U und haben die Charaktereigenschaften eines Wechselstromwandlers. Die Magnetisierungsleistung der Gleichstromwandler ist gering, weshalb sie zum Verstärken kleiner und zum Messen sehr großer Gleichströme gleichgut geeignet sind.

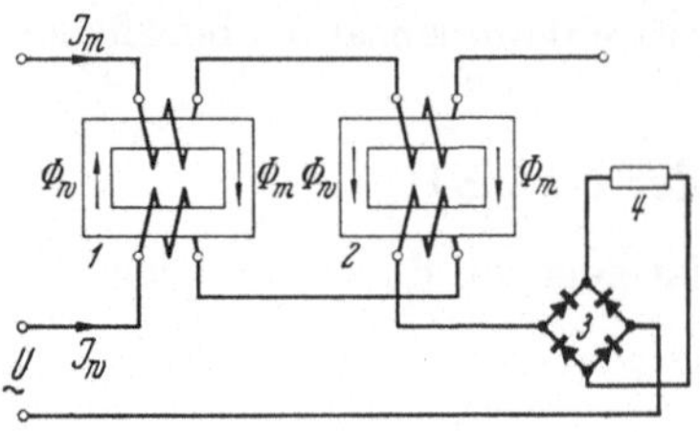

Abb. 283. Gleichstromwandler. 1, 2 Eisenkerne; — 3 Gleichrichter in Graetz-Schaltung; — 4 Bürde; — J_m Vormagnetisierungsgleichstrom; — J_w Wechselstrom; — U Wechselspannungsquelle; — Φ_m Gleichstromfluß; — Φ_w Wechselstromfluß.

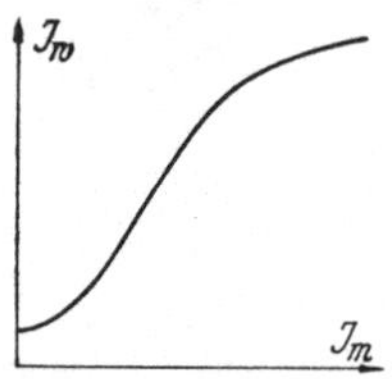

Abb. 284. Zusammenhang zwischen Wechselstrom J_w und Steuergleichstrom J_m bei einem Gleichstromwandler. $J_w = f(J_m)$.

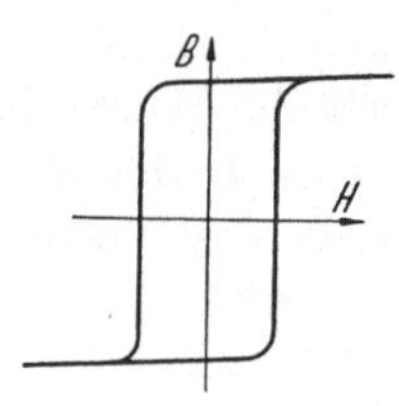

Abb. 285. Hysteresiskurve eines Nickeleisens. H Erregerfeld; B Induktion.

Der Wechselstrom J_w kann gleichgerichtet werden und einen Magnetmotorzähler treiben.

Die Gleichstromwandler werden nur bei den höchsten Strömen, beispielsweise in elektrochemischen Betrieben, angewendet, da sie eine wesentlich geringere Leistung aufnehmen als entsprechende Nebenwiderstände; stückzahlmäßig sind sie ohne Bedeutung.

V. **Stromwandler** (Lit. XIII).

1. Aufgabe.

Der Stromwandler hat die Aufgabe, den Betriebsstrom amplituden- und phasentreu auf eine für den Betrieb von Meßgeräten geeignete Größe, im allgemeinen auf 1 oder 5 A, zu bringen und gleichzeitig den Meßkreis vom Betriebsstromkreis für die volle Betriebsspannung zu isolieren, damit Niederspannungsmeßgeräte verwendet werden können.

2. Anforderungen.

An den Stromwandler werden folgende Anforderungen gestellt: Im gesamten Meßbereich vom Anlaufstrom bis zum Grenzstrom des Zählers muß der Sekundärstrom des Wandlers innerhalb bestimmter Grenzen unabhängig von der Größe und dem Phasenwinkel der sekundären Belastung sowie bis auf vernachlässigbare Fehler proportional und phasengleich dem Primärstrom sein. Oberhalb des Grenzstromes soll der Sekundärstrom weniger als proportional mit dem Primärstrom wachsen, damit die Meßgeräte bei Kurzschlüssen nicht allzu stark überlastet werden. Der Stromwandler soll stark überlastbar und hohen Überspannungen gewachsen sein, nach einer Überlastung dürfen keine Remanenzfehler auftreten. Er soll ferner möglichst wenig brennbares Material enthalten. Übersetzungsfehler und Fehlwinkel sollen in angemessenen Grenzen frequenz- und kurvenformunabhängig sein und durch Umwelteinflüsse nicht verändert werden. Der Eigenverbrauch der Stromwandler soll möglichst niedrig sein.

3. Prinzip.

Ein Stromwandler besteht grundsätzlich aus einem Eisenkern, der aus gestanzten Blechen geschachtelt oder aus einem Band gewickelt ist und eine Primär- und eine Sekundärwicklung trägt. Durch Isolierstoffe wird die Primärwicklung von der Sekundärwicklung und dem Eisenkern bzw. dem Gehäuse für die volle Betriebsspannung und die Sekundärwicklung vom Eisenkern und vom Gehäuse für 2000 V Prüfspannung isoliert. Der Stromwandler kann als sekundärseitig beinahe kurzgeschlossener Transformator angesehen werden. Bei einem idealen, d. h. verlustfreien und unbelasteten Stromwandler ist die primäre Amperewindungszahl $J_1 w_1$ gleich der sekundären Amperewindungszahl $J_2 w_2$.

$$J_1 \cdot w_1 = J_2 \cdot w_2 \quad \text{oder} \quad \frac{J_1}{J_2} = \frac{w_2}{w_1}. \tag{372}$$

Die Ströme verhalten sich demnach zueinander umgekehrt wie die Windungszahlen der zugehörigen Wicklungen. Die von Primär- und Sekundärwicklung erzeugten Magnetfelder sind entgegengesetzt gleich und der Eisenkern wird überhaupt nicht magnetisiert. Dieser Idealfall ist nicht zu verwirklichen, denn sowohl die Primär- wie die Sekundärwicklung haben einen Wirk- und einen Blindwiderstand, der Eisenkern braucht eine Magnetisierungsarbeit und der Stromwandler wird durch die angeschlossenen Geräte belastet; er hat eine sekundäre Bürde. Die Widerstände der Primärwicklung spielen beim Stromwandler keine große Rolle, da sie die Meßgenauigkeit nicht beeinflussen; die Verluste in der Sekundärwicklung und die Magnetisierungsverluste muß man klein halten, wenn der Wandler gute Meßeigenschaften haben soll; man verwendet deshalb Eisensorten mit großer Permeabilität und kleinen Verlusten. Die Verhältnisse im Stromwandler kann man sich an Hand des Diagramms Abb. 286 klarmachen. Durch die w_1 Windungen der Primärwicklung fließt der Betriebsstrom J_1 und erzeugt ein Magnetfeld

$$H_1 = k \cdot J_1 \cdot w_1, \tag{373}$$

das durch den Eisenkern den Magnetfluß

$$\Phi_1 = k_1 \cdot H_1 \tag{374}$$

treibt.

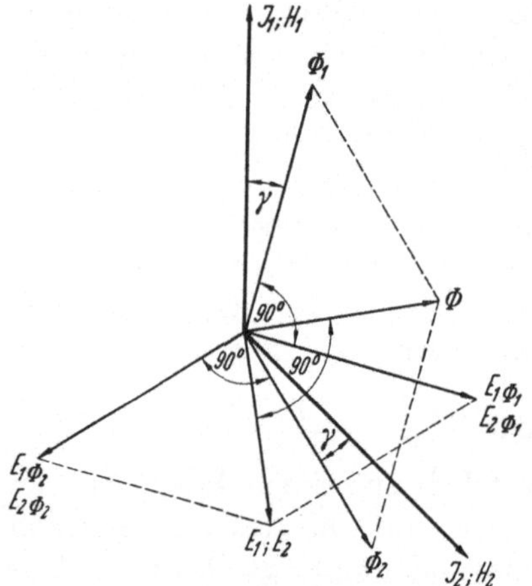

Abb. 286. Die magnetischen Flüsse des Stromwandlers.

J_1 Richtung des Primärstromes; — H_1 Primärfeld; — Φ_1 primärer Magnetfluß; — $E_{1\Phi_1}$, $E_{2\Phi_1}$ vom Primärfluß in den Spulen induzierte elektromotorische Kräfte; — J_2 Richtung des von der EMK $E_{2\Phi_1}$ erzeugten Sekundärstromes; — H_2 Sekundärfeld; — Φ_2 Sekundärfluß; — $E_{1\Phi_2}$, $E_{2\Phi_2}$ vom Sekundärfluß in den Spulen induzierte elektromotorische Kräfte; — Φ resultierender Fluß; — E_1, E_2 vom resultierenden Fluß in den Spulen induzierte elektromotorische Kräfte.

Der Fluß Φ_1 bleibt infolge der Verluste im Eisenkern gegenüber dem Strom J_1 bzw. dem Feld H_1 um den Winkel γ zurück, er induziert in den Wicklungen elektromotorische Kräfte $E_{1\Phi_1}$ und $E_{2\Phi_1}$, die den Windungszahlen proportional sind und dem Fluß um 90° nacheilen. Die in der Sekundärwicklung induzierte elektromotorische Kraft $E_{2\Phi_1}$ ruft ihrerseits im geschlossenen Sekundärkreis den Strom J_2 hervor, dessen Phasenlage durch die Art der Belastung bestimmt ist. Dieser Sekundärstrom J_2 erzeugt wiederum ein Magnetfeld

$$H_2 = k \cdot J_2 \cdot w_2, \tag{375}$$

das durch den Eisenkern den Fluß Φ_2 treibt, der gegenüber dem Feld ebenfalls zurückbleibt, da auch er mit Verlusten belastet ist.

Der Sekundärfluß Φ_2 induziert in den Wicklungen die elektromotorischen Kräfte $E_{1\Phi_2}$ und $E_{2\Phi_2}$, die ihm um 90° nacheilen. Die vom Primär- und Sekundärstrom herrührenden Magnetflüsse Φ_1 und Φ_2 setzen sich geometrisch zu dem resultierenden Fluß Φ zusammen. Bei einem idealen Wandler wäre $\Phi_1 = -\Phi_2$ und $\Phi = 0$. Ebenso setzen sich die von den Flüssen induzierten elektromotorischen Kräfte $E_{1\Phi_1}$ und $E_{1\Phi_2}$ sowie $E_{2\Phi_1}$ und $E_{2\Phi_2}$ zu den resultierenden elektromotorischen Kräften E_1 und E_2 zusammen, die dem Fluß Φ um 90° nacheilen. Man braucht im folgenden die Einzelflüsse und elektromotorischen Kräfte nicht weiter zu beachten, sondern kann mit dem resultierenden Fluß und der resultierenden EMK weiterarbeiten, wie es in Abb. 287 geschehen ist. Die bisherige Erläuterung sollte lediglich die Entstehung und die Phasenlage des resultierenden Flusses erklären. Bei offenem Sekundärkreis der Stromwandler wird mit dem Sekundärstrom J_2 der von ihm erzeugte Fluß Φ_2 zu Null und der resultierende Fluß gleich dem Primärfluß, d. h. sehr groß, womit auch die induzierte EMK sehr groß wird und unter Umständen die Isolation der Sekundärwicklung sowie das Bedienungspersonal gefährdet. Bei Stromwandlern neuerer Bauart besteht diese Gefahr nicht mehr, Stromwandler älterer Bauart sollen sekundärseitig nicht geöffnet werden.

Die folgende Betrachtung geht von einem Eisenkern mit zwei Wicklungen aus, wobei durch die Primärwicklung der Strom J_1 fließt und im Eisenkern der Fluß Φ vorhanden ist. Dieser Fluß muß durch den Primärstrom erzeugt werden, wozu eine Komponente in der Richtung des Flusses erforderlich ist. Dies ist der Magnetisierungsstrom J_m. Ein weiterer Teil J_w des Primärstromes muß die Verluste im Eisenkern decken. Er eilt dem Magnetisierungsstrom um 90° vor. Beide setzen sich geometrisch zum Leerlaufstrom J_0 zusammen

$$\overline{J}_0 = \overline{J}_m + \overline{J}_w. \tag{376}$$

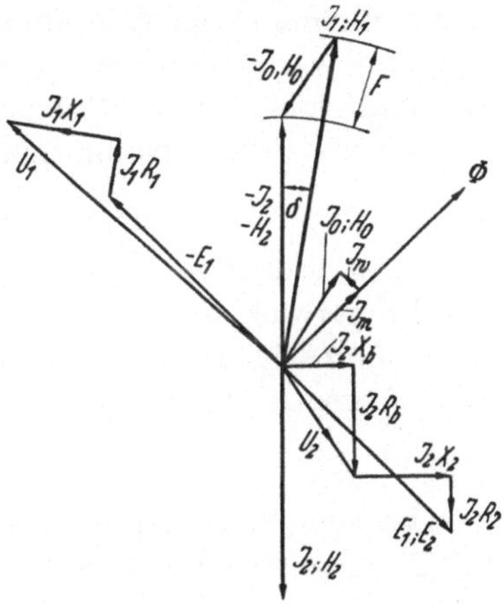

Abb. 287. Stromwandlerdiagramm.
J_1 Richtung des Primärstromes; — H_1 Primärfeld; — J_2 Richtung des Sekundärstromes; — H_2 Sekundärfeld; — J_0 Richtung des Leerlaufstromes; — H_0 Leerlauffeld; — J_m Magnetisierungsstrom; — J_w Wirkanteil des Leerlaufstromes; — $J_1 R_1$ Wirkspannungsabfall in der Primärwicklung; — $J_1 X_1$ Blindspannungsabfall in der Primärwicklung; — U_1 primäre Klemmenspannung; — $J_2 R_2$ Wirkspannungsabfall in der Sekundärwicklung; — $J_2 X_2$ Blindspannungsabfall in der Sekundärwicklung; — $J_2 R_b$ Wirkspannungsabfall in der Bürde; — $J_2 X_b$ Blindspannungsabfall in der Bürde; — U_2 Sekundärspannung; — Φ resultierender Fluß; — E_1, E_2 vom Fluß Φ in den Wicklungen induzierte elektromotorische Kräfte; — δ Fehlwinkel; — F Stromfehler.

Der Fluß induziert in den beiden Wicklungen die elektromotorischen Kräfte E_1 und E_2, die ihm um 90° nacheilen und den Windungszahlen der Spulen proportional sind. Die in der Sekundärwicklung induzierte EMK E_2 schickt durch den Sekundärkreis den Strom J_2. Der Scheinwiderstand der Sekundärwicklung und der angeschlossenen Bürde ist

$$\overline{Z} = \overline{R}_2 + \overline{X}_2 + \overline{R}_b + \overline{X}_b, \tag{377}$$

worin R_2 den Wirkwiderstand der Sekundärwicklung, X_2 den Blindwiderstand der Sekundärwicklung, R_b den Wirkwiderstand der Bürde und X_b den Blindwiderstand der Bürde bedeuten.

Die Summe der Spannungsabfälle im Sekundärkreis muß gleich der in der Sekundärwicklung induzierten EMK E_2 sein.

$$\overline{E}_2 = \overline{J_2 R_2} + \overline{J_2 X_2} + \overline{J_2 R_b} + \overline{J_2 X_b}. \tag{378}$$

An den Sekundärklemmen herrscht die Spannung U_2, sie ist gleich der EMK E_2, vermindert um den inneren Spannungsabfall in der Sekundärwicklung.

$$\overline{U}_2 = \overline{E}_2 - \overline{J_2 R_2} - \overline{J_2 X_2} = \overline{J_2 R_b} + \overline{J_2 X_b}. \tag{379}$$

Das ist gleich der Spannung an der Bürde.

In der Primärwicklung wird vom Fluß Φ die EMK E_1 induziert. Sie hat dieselbe Richtung wie die EMK E_2 und ist der primären Klemmenspannung U_1 annähernd entgegengerichtet (Gegen-EMK der Selbstinduktion). Sie muß der Primärspannung U_1, vermindert um den Spannungsabfall in der Primärwicklung, entgegengesetzt gleich sein, da sie von der Primärspannung überwunden werden muß.

$$\overline{U}_1 - \overline{J_1 R_1} - \overline{J_1 X_1} = -\overline{E}_1. \tag{380}$$

Darin bedeuten R_1 den Wirkwiderstand, X_1 den Blindwiderstand der Primärwicklung.

Wenn Gleichgewichtszustand herrschen soll, muß ferner die Summe aller Magnetfelder gleich Null sein, d. h.

$$\overline{H}_1 + \overline{H}_2 = \overline{H}_0. \tag{381}$$

Das vom Primärstrom erzeugte Magnetfeld H_1, vermindert um die für die Magnetisierung des Eisenkerns erforderliche Feldstärke, ist also entgegengesetzt gleich der vom Sekundärstrom J_2 erzeugten Feldstärke. Da

$$\left.\begin{aligned} H_1 &= k_1 \cdot J_1 \cdot w_1, \\ H_0 &= k_1 \cdot J_0 \cdot w_1, \\ H_2 &= k_1 \cdot J_2 \cdot w_2 \end{aligned}\right\} \tag{382}$$

ist, folgt daraus

$$\overline{J}_1 \cdot w_1 - \overline{J}_0 \cdot w_1 = -\overline{J}_2 \cdot w_2$$

oder

$$-\overline{J}_2 = (\overline{J}_1 - \overline{J}_0) \cdot \frac{w_1}{w_2}, \tag{383}$$

d. h. der Sekundärstrom wird um so größer, je kleiner die Windungszahl w_2 der Sekundärwicklung ist. Es bedeutet ferner, daß er stets kleiner sein muß als dem Reziprokwert des Windungsverhältnisses entspricht, da für die Magnetisierung des Eisenkerns stets ein Leerlaufstrom J_0 erforderlich ist und die Ströme nur dann im Reziprokverhältnis der Windungszahlen stehen könnten, wenn $J_0 = 0$ wäre.

Der durch den Leerlaufstrom bedingte Stromfehler F_i läßt sich aus dem Diagramm ohne weiteres ablesen. Er ist proportional der Strecke $H_1 - H_2$. Aus dem Diagramm geht ferner hervor, daß J_1 und J_2 nur in Ausnahmefällen, nämlich bei einer ganz bestimmten Bürde, um genau 180° gegeneinander verdreht sein können, normalerweise aber einen Winkel, den Fehlwinkel δ_i, einschließen. Der Fehlwinkel wird positiv gerechnet, wenn der umgeklappte Sekundärstrom dem Primärstrom voreilt. Je größer der induktive Widerstand X_b der Bürde ist, desto kleiner wird der Fehlwinkel, er erreicht den Wert Null und dreht bei weiterer Verkleinerung des Bürdenleistungsfaktors nach der negativen Seite.

Der Stromfehler F_i ist durch die Größe des Leerlaufstromes bedingt. Er wird um so kleiner, je kleiner die für die Magnetisierung des Eisenkernes erforderliche Amperewindungszahl und je geringer die Verluste im Eisenkern sind, d. h. das Stromwandlereisen muß möglichst große Permeabilität und möglichst geringe Eisenverluste haben. Die Induktion im Eisen und die Kraftlinienlänge sind möglichst klein zu halten. Da die Stromwandler wenig verbrauchen und bereits bei kleiner Induktion richtig arbeiten sollen, ist besonders eine hohe Anfangspermeabilität des Wandlereisens erwünscht. Für sehr gute Stromwandler werden deshalb Nickel-Eisen-Legierungen mit den Kunstnamen Permalloy, Hyperm, Hypernik, Megaperm usw. verwendet.

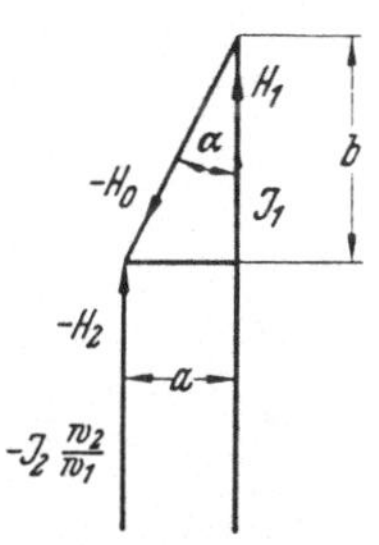

Abb. 288. Fehlerdiagramm des Stromwandlers. H_1 Magnetfeld des Primärstromes; — H_2 Magnetfeld des Sekundärstromes; — H_0 Magnetfeld des Magnetisierungsstromes; — b Maß für den Übersetzungsfehler; — a Maß für den Fehlwinkel.

Das Diagramm (Abb. 287) ist zur besseren Übersicht nicht maßstäblich gezeichnet. In Wirklichkeit ist H_1 und H_2 sehr viel größer, so daß man für die Fehlerberechnung H_1 und H_2 und die Ströme J_1 und J_2 als parallel ansehen kann. Dann ist nach Abb. 288

$$b = H_0 \cdot \cos\alpha \tag{384}$$

proportional dem Stromfehler F_i und

$$a = H_0 \cdot \sin\alpha \tag{385}$$

proportional dem Fehlwinkel δ_i.

4. Eigenschaften.

a) Eigenverbrauch. Der Eigenverbrauch der Stromwandler wird bei primärem Nennstrom und sekundärem Kurzschluß angegeben. Er hängt natürlich außerordentlich stark von den Abmessungen des Wandlers und damit von der Prüfspannung ab und ist im wesentlichen durch die Kupferverluste bestimmt. Allgemeingültige Zahlenwerte kann man nicht angeben.

b) Genauigkeit. Der Stromfehler eines Stromwandlers ist gegeben durch die Gleichung

$$F_i\,\% = \frac{K_n \cdot J_2 - J_1}{J_1} \cdot 100 \tag{386}$$

oder

$$F_i\,\% = \frac{J_{2\,ist} - J_{2\,soll}}{J_{2\,soll}} \cdot 100\,, \tag{387}$$

worin K_n das Nenn-Übersetzungsverhältnis bedeutet. Der Winkelfehler des Wandlers ist durch den Fehlwinkel δ_i, das ist der Winkel zwischen Primär- und umgeklapptem Sekundärstrom, gekennzeichnet. Beim Anschluß wattmetrischer Geräte verursacht der Fehlwinkel einen Fehler von

$$F_{\delta_i}\% = [\cos(\pm\delta) \pm \operatorname{tg}\varphi \cdot \sin(\pm\delta) - 1] \cdot 100 \tag{388}$$

oder angenähert

$$F_{\delta_i}\% = \pm 0{,}0291 \cdot \delta \cdot \operatorname{tg}\varphi, \tag{389}$$

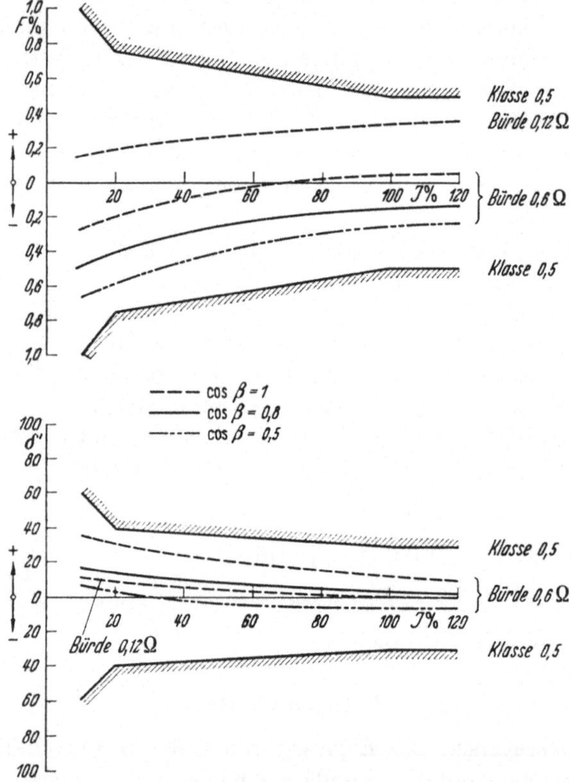

Abb. 289. Fehlerkurven eines 20-kV-Stromwandlers der Klasse 0,5; Nennbürde 0,6 Ohm, 15 VA.

wobei δ in Minuten und φ in Grad einzusetzen ist. Ableitung siehe Seite 102.

Die Fehler eines Stromwandlers sind um so kleiner, je größer die Amperewindungszahl, der Eisenquerschnitt und die Permeabilität des Wandlerbleches ist, sie hängen von der Größe und der Art der Belastung ab. Mit zunehmender Belastung steigt der Fehler und bei a-facher Belastung hat er beim $\frac{1}{a}$-fachen Strom etwa den a-fachen Wert. Induktive Belastung vergrößert den Stromfehler und vermindert einen positiven

Fehlwinkel, bis er mit zunehmender Induktivität der Bürde das Vorzeichen wechselt und in entgegengesetzter Richtung ansteigt. Bei einem gegebenen Wandler verläuft die Stromfehlerkurve abhängig vom Primärstrom reziprok zur Permeabilität bei der betreffenden Magnetisierung. Abb. 289 zeigt die Fehlerkurven eines Wandlers für 20 kV, 15 VA, der Klasse 0,5 bei verschiedenen Leistungsfaktoren der Bürde. Um die Genauigkeit eines Wandlers in einfacher Weise zu kennzeichnen, hat der

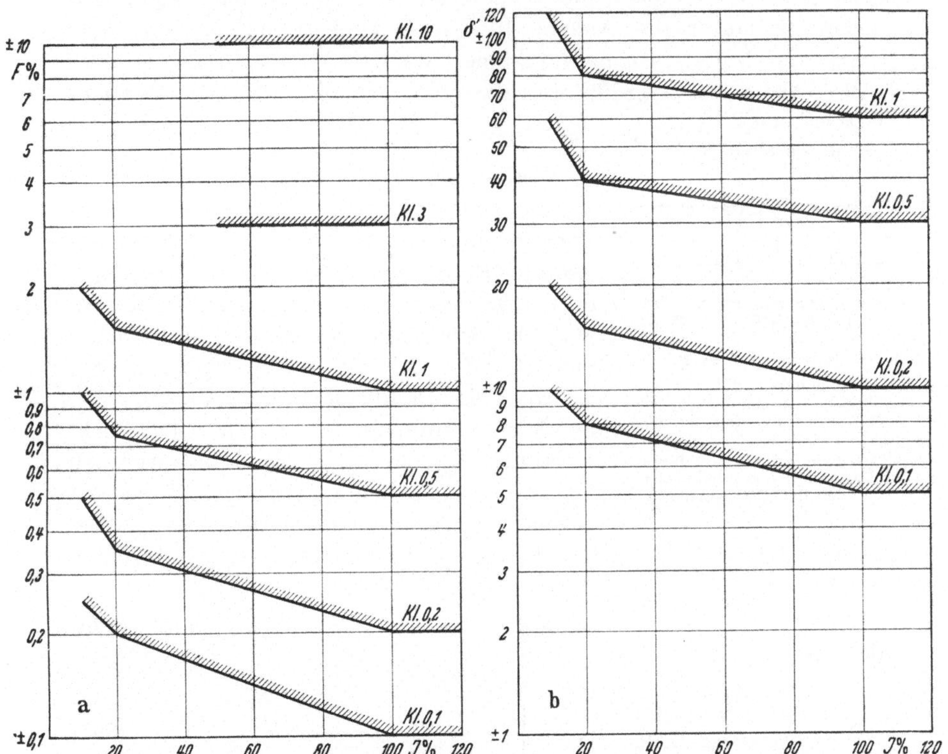

Abb. 290. Zulässige Stromwandlerfehler nach VDE 0414. a Stromfehler; — b Fehlwinkel.

VDE in den Regeln für Wandler (VDE 0414) eine Anzahl von Genauigkeitsklassen festgelegt, deren maximal zulässige Toleranzen in Abb. 290 wiedergegeben sind. Die Fehlergrenzen gelten bei Wandlern der Klassen 0,1 . . . 1 zwischen 25 und 100% der Nennbürde bei $\cos\beta = 0{,}8$; vor der Prüfung der Genauigkeit sind die Stromwandler zu entmagnetisieren. Wandler der Klassen 3 und 10 kommen für den Anschluß von Zählern nicht in Frage.

c) Wandlerbürde. Die zulässige Belastung der Wandler, bei der sie ihre Klassengenauigkeit nicht überschreiten, heißt Nennbürde. Sie wird in Ohm angegeben und bezieht sich auf den Bürdenleistungsfaktor $\cos\beta = 0{,}8$. Die Nennleistung errechnet sich aus Nennstrom und Nennbürde, sie wird in VA angegeben. Ein Wandler für 15 VA und 5 A Sekundärstrom hat bei Nennstrom eine sekundäre Klemmenspannung von 3 V und eine Nennbürde von 0,6 Ω. Da sich die Wandlerfehler mit der Phasenverschiebung β im Sekundärkreis ändern, wird der $\cos\beta$ der anzuschließenden Geräte in den Listen der Hersteller angegeben, so ist man in der Lage, die Wandlerbürde genau zu berechnen. Beispielsweise lautet die Angabe für einen Drehstromzähler mit dem Nennstrom 5 A, Leistungsaufnahme: $3 \times 0{,}26$ W; $3 \times 0{,}32$ VA oder $3 \times 0{,}26$ W; $\cos\beta = 0{,}813$, was dasselbe bedeutet, da der Quotient $\frac{\text{Wirkverbrauch}}{\text{Scheinverbrauch}}$ gleich dem $\cos\beta$ ist.

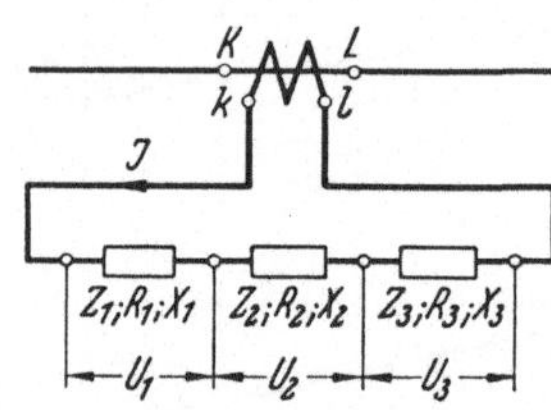

Abb. 291. Anschluß mehrerer Verbraucher an einen Stromwandler. *R* Wirkwiderstände, — *X* Blindwiderstände, — *Z* Scheinwiderstände der Verbraucher.

Werden an einen Stromwandler mehrere Geräte angeschlossen, so sind ihre Strompfade in Reihe zu schalten (Abb. 291). Die gesamte Bürde und die gesamte Leistungsaufnahme lassen sich folgendermaßen berechnen: Die Scheinwiderstände der Verbraucher seien Z_1, Z_2, Z_3; die Wirkwiderstände R_1, R_2, R_3; die Blindwiderstände X_1, X_2, X_3; der Scheinverbrauch N_{S_1}, N_{S_2}, N_{S_3}; der Wirkverbrauch N_{W_1}, N_{W_2}, N_{W_3}; der Blindverbrauch N_{B_1}, N_{B_2}, N_{B_3} und die Leistungsfaktoren der einzelnen Bürden $\cos\beta_1$, $\cos\beta_2$, $\cos\beta_3$. Die gesamte Bürde Z ist gleich der geometrischen Summe der einzelnen Bürden.

$$\bar{Z} = \bar{Z}_1 + \bar{Z}_2 + \bar{Z}_3 \tag{390}$$

oder da

$$\left.\begin{aligned} Z_1 &= \sqrt{R_1^2 + X_1^2}, \\ Z_2 &= \sqrt{R_2^2 + X_2^2}, \\ Z_3 &= \sqrt{R_3^2 + X_3^2} \end{aligned}\right\} \tag{391}$$

ist

$$Z = \sqrt{(R_1 + R_2 + R_3)^2 + (X_1 + X_2 + X_3)^2}. \tag{392}$$

Der Leistungsfaktor der Gesamtbürde ist

$$\cos\beta = \frac{R_1 + R_2 + R_3}{Z}. \tag{393}$$

Die gesamte beanspruchte Wirkleistung ist:

$$\begin{aligned} N_W &= N_{W_1} + N_{W_2} + N_{W_3} \\ &= N_{S_1} \cdot \cos\beta_1 + N_{S_2} \cdot \cos\beta_2 + N_{S_3} \cdot \cos\beta_3. \end{aligned} \tag{394}$$

Die gesamte Blindleistung ist:

$$
\begin{aligned}
N_B &= N_{B_1} + N_{B_2} + N_{B_3} \\
&= N_{S_1} \cdot \sin\beta_1 + N_{S_2} \cdot \sin\beta_2 + N_{S_3} \cdot \sin\beta_3 \\
&= N_{S_1} \sqrt{1 - \cos^2\beta_1} + N_{S_2} \sqrt{1 - \cos^2\beta_2} + N_{S_3} \sqrt{1 - \cos^2\beta_3} \\
&= \sqrt{N_{S_1}^2 - N_{W_1}^2} + \sqrt{N_{S_2}^2 - N_{W_2}^2} + \sqrt{N_{S_3}^2 - N_{W_3}^2}\,. \qquad (395)
\end{aligned}
$$

Die gesamte Scheinleistung ist:

$$N_S = \sqrt{N_W^2 + N_B^2} \qquad (396)$$

und der gesamte Leistungsfaktor der Verbraucher:

$$\cos\beta = \frac{N_W}{N_S}\,. \qquad (397)$$

Beispiel. An einem Stromwandler liege ein Wattstundenzähler und ein Leistungsmesser; die gesamte Leitungslänge auf der Sekundärseite sei 10 m. Der Strompfad des Zählers nehme laut Herstellerliste oder Messung

$$N_W = 0{,}4 \text{ W}; \qquad N_S = 0{,}5 \text{ VA auf.}$$

Daraus errechnet sich die Blindleistung

$$N_B = \sqrt{N_S^2 - N_W^2} = 0{,}3 \text{ VAr},$$

$$\cos\beta = \frac{N_W}{N_S} = 0{,}8\,.$$

Der Spannungsabfall ist

$$U = \frac{N_S}{J} = 0{,}1 \text{ V}.$$

Der Scheinwiderstand ist

$$Z = \frac{U}{J} = 0{,}02\ \Omega.$$

Der Wirkwiderstand errechnet sich aus

$$R = \frac{N_W}{J^2} = 0{,}016\ \Omega,$$

der Blindwiderstand aus

$$X = \frac{N_B}{J^2} = 0{,}012\ \Omega.$$

Für den Strompfad des Leistungsmessers sei

$$N_W = 0{,}7 \text{ W}; \quad N_S = 1{,}2 \text{ VA}$$

angegeben, dann errechnet sich daraus in gleicher Weise

$$N_B = \sqrt{1{,}2^2 - 0{,}7^2} = 0{,}975 \text{ VAr},$$

$$\cos\beta = \frac{0{,}7}{1{,}2} = 0{,}584\,,$$

$$U = \frac{1{,}2}{5} = 0{,}24 \text{ V}, \qquad Z = \frac{0{,}24}{5} = 0{,}048\ \Omega,$$

$$R = \frac{0{,}7}{25} = 0{,}028\ \Omega, \qquad X = \frac{0{,}975}{25} = 0{,}039\ \Omega.$$

Die Leitung sei aus Kupfer und habe 2,5 mm² Querschnitt, dann ist ihr Widerstand

$$R = \frac{10}{57 \cdot 2{,}5} = 0{,}0703\ \Omega$$

und ihre Leistungsaufnahme 1,75 W, $\cos\beta = 1$, da sie als reiner Wirkwiderstand angesehen werden kann. Es ergibt sich demnach die folgende Tabelle für die einzelnen Verbraucher:

Gerät	R mΩ	X mΩ	Z mΩ	N_W W	N_B VAr	N_S VA	$\cos\beta$
Zähler	16	12	20	0,4	0,3	0,5	0,8
Leistungsmesser . .	28	39	48	0,7	0,975	1,2	0,584
Leitung	70,3	0	70,3	1,75	0	1,75	1,0
Summe:	114,3	51	125	2,85	1,275	3,13	0,915

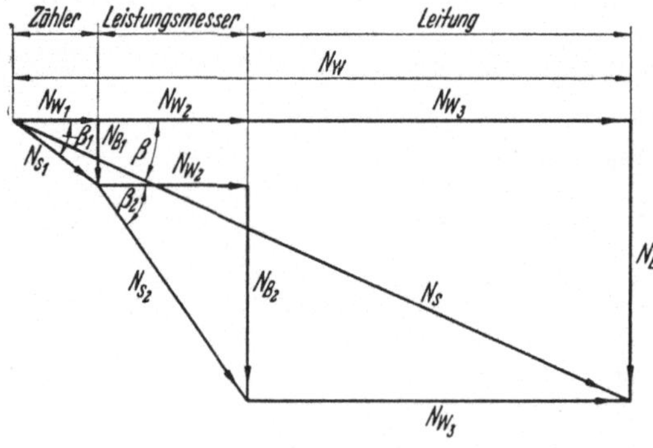

Abb. 292. Graphische Ermittlung der Gesamtbürde eines Stromwandlers aus der Leistungsaufnahme der einzelnen Geräte. $N_{W_1} \ldots N_{W_3}$ Wirk-Leistungsaufnahme der einzelnen Geräte; — $N_{B_1} \ldots N_{B_3}$ Blind-Leistungsaufnahme der einzelnen Geräte; — $N_{S_1} \ldots N_{S_3}$ Schein-Leistungsaufnahme der einzelnen Geräte; — β_1, β_2 Bürdenleistungsfaktor der einzelnen Geräte; — N_W, N_B, N_S Gesamtwirk-, Blind- und Schein-Leistungsaufnahme; — β Gesamtleistungsfaktor der Bürde.

Aus der Wirkleistungssumme und der Blindleistungssumme kann man die gesamte Scheinleistung ermitteln, sie ist

$$N_S = \sqrt{2{,}85^2 + 1{,}275^2} = 3{,}13\ \text{VA}.$$

Die arithmetische Summe der Scheinleistungen der einzelnen Geräte hätte 3,45 VA ergeben, da sie die Phasenlage außer acht gelassen hätte.

Der gesamte Scheinwiderstand ist

$$Z = \sqrt{114{,}3^2 + 51^2} = 125\ \text{m}\Omega.$$

Die arithmetische Summe der einzelnen Widerstände hätte dagegen 138,3 mΩ ergeben.

Wenn man also die Wandlerbürde genau berechnen will, muß man Wirk- und Blindleistungssumme geometrisch addieren; für eine Überschlagsrechnung genügt die arithmetische Addition der Scheinleistungseinzelwerte. Anstatt durch Rechnung hätte man die Wandlerbürde auch zeichnerisch nach Abb. 292 ermitteln können. Die Leistungsaufnahme der Stromwandlersekundärleitungen ist für die Nennströme 1 A und 5 A aus dem Kurvenblatt (Abb. 293) zu ermitteln.

d) Frequenzeinfluß. Die Wandler sind für eine bestimmte Frequenz, die Nennfrequenz, bemessen und werden durch Frequenzänderungen in den Grenzen der in den Netzen üblichen Frequenzschwankungen praktisch nicht beeinflußt. Ihre Leistung ändert sich annähernd proportional mit der Frequenz. Auch bei sehr weit über der Nennfrequenz liegenden Betriebsfrequenzen übersetzen die Wandler noch richtig; beispielsweise

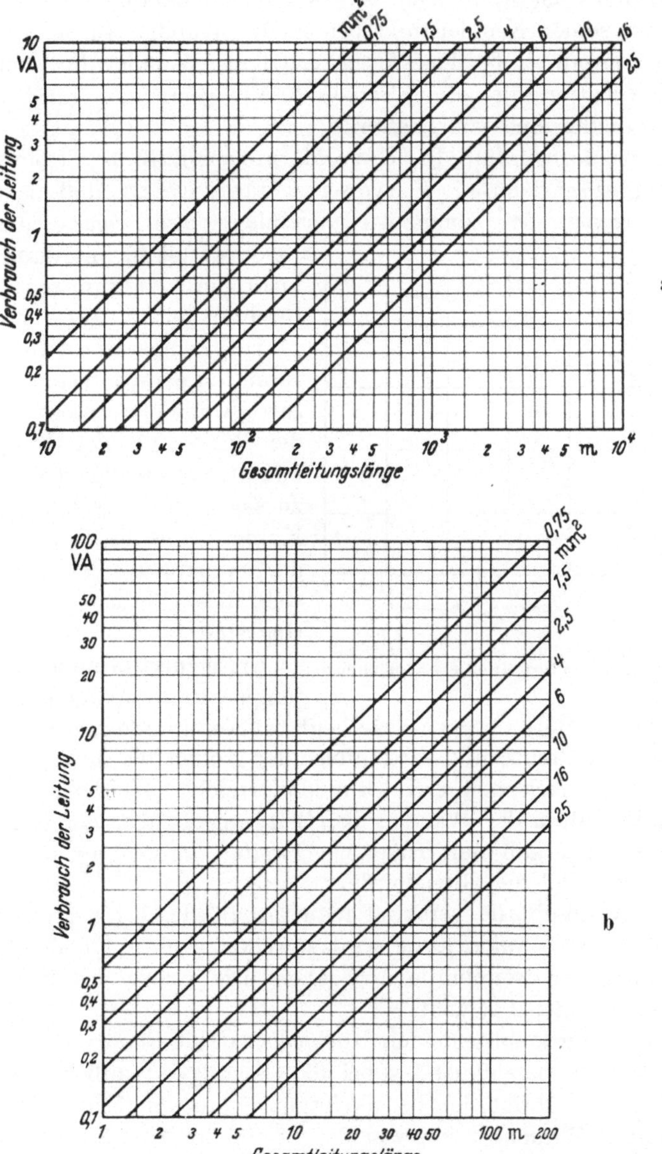

Abb. 293 a u. b. Bestimmung der Leistungsaufnahme N von Stromwandlersekundärleitungen aus Kupfer, abhängig von der Gesamtlänge l und dem Querschnitt q der Leitung bei Sekundärströmen von 1 und 5 A.

$N = J^2 \cdot \frac{\varrho \cdot l}{q}$; — a Sekundärstrom 1 A; — b Sekundärstrom 5 A.

kann man einen 50-Hz-Wandler ohne weiteres mit 200 oder 300 Hz betreiben. Etwas empfindlicher sind sie gegen niedere Frequenzen; ein 50-Hz-Wandler ist wohl noch bei 16⅔ Hz verwendbar, hat aber nur ein Drittel seiner Nennleistung bei 50 Hz. Wandler für niedere Frequenzen müssen große Eisenkerne erhalten, Wandler für hohe Frequenzen erhalten kleinere Eisenkerne aus dünnerem Blech, Hochfrequenzwandler sind völlig eisenlos.

e) Kurvenformeinfluß. Die Kurvenform beeinflußt die Stromwandler nur wenig, es sei denn, die Kurve sei so stark verzerrt, daß man in das Sättigungsgebiet der Magnetisierungslinie kommt, was jedoch bei Stromwandlern mit ihrer relativ niedrigen Induktion nicht zu befürchten ist.

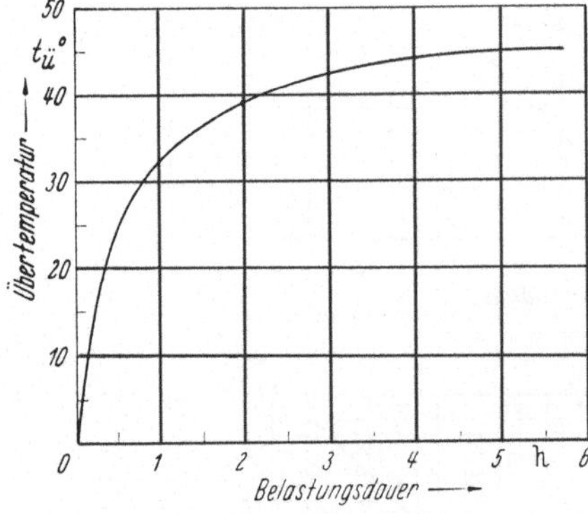

Abb. 294. Erwärmungskurve eines Trockenstromwandlers bei 1,2fachem Nennstrom und Nennbürde.

f) Temperatureinfluß. Die Raumtemperatur beeinflußt den Stromwandler insofern, als sich die Bürde mit der Temperatur ändert, was im allgemeinen nichts zu sagen hat. Die Änderung der Kupfer- und Eisenverluste mit der Temperatur spielt keine Rolle, weil diese Verluste ohnehin gering sind.

g) Eigenerwärmung. Die Übertemperatur der Wandler ist durch die Größe der Bürde gegeben, sie liegt bei Nennbürde meist unterhalb der zulässigen Grenze und wird infolge der großen Wärmekapazität der Wandler erst nach mehreren Stunden erreicht, wie Abb. 294 zeigt. Um das Verhalten der Wandler bei Belastungen über der Nennbürde zu kennzeichnen, gab man früher noch weitere Größen an, nämlich die Auslösebürde und die Grenzbürde.

Unter Auslösebürde verstand man die Bürde, bei der ein Stromfehler von -10% auftritt, sie wird zuweilen noch auf dem Wandlerschild hinter der Nennbürde angegeben. Die Größe des Fehlwinkels bleibt dabei außer Betracht.

Die Grenzbürde sollte die mit Rücksicht auf die Erwärmung maximal zulässige Bürde bezeichnen, wobei die Genauigkeit außer acht blieb. Diese Angabe erübrigt sich bei modernen Stromwandlern, weil sie sich im gesamten Bürdenbereich von $0 \ldots \infty$ nicht unzulässig erwärmen.

Auch mit Rücksicht auf die sekundäre Klemmenspannung ist keine Beschränkung der Bürde erforderlich, da bei modernen Wandlern die sekundäre Leerlaufspannung keine gefährlichen Werte annimmt. Das Verbot, Stromwandler sekundärseitig zu öffnen, gilt demnach nur für ältere Typen. Abb. 295 zeigt für einen modernen Trockenstromwandler den Zusammenhang zwischen der Bürde einerseits, Sekundärstrom, Leistung und Spannung anderseits.

Die Auslösebürde liegt bei diesem Wandler, wie bei den meisten modernen Wandlertypen, in der Nähe der Maximalleistung.

Bürde und Scheinleistung sind durch die Gleichung verknüpft

$$N_{2s} = U_2 \cdot J_2 = J_2^2 \cdot Z,$$

worin

U_2 die sekundäre Klemmenspannung,
J_2 den sekundären Strom,
Z die Bürde und N_{2s} die sekundäre Scheinleistung

bedeuten.

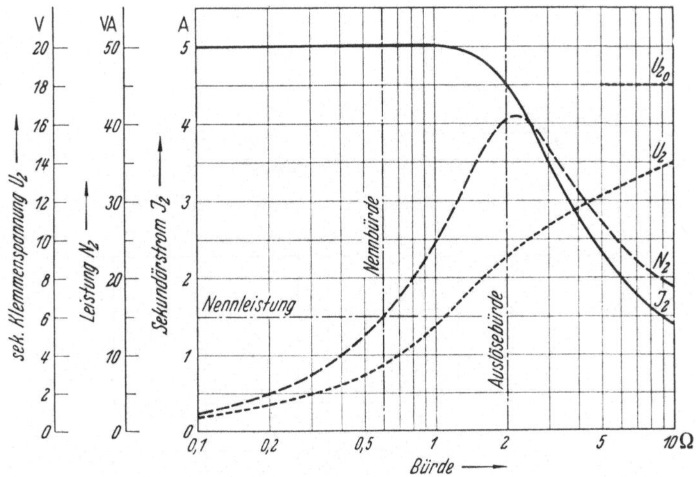

Abb. 295. Sekundärstrom, Leistung und Klemmenspannung eines Trockenstromwandlers, abhängig von der Bürde bei primärem Nennstrom. U_{2_0} = sekundäre Leerlaufspannung.

Beispiel. Ein Wandler mit dem sekundären Nennstrom 5 A und der Nennbürde 0,6 Ω hat eine Nennleistung von $25 \cdot 0{,}6 = 15$ VA.

h) Überstromziffer. Nach VDE 0414 müssen die Stromwandler dauernd mit dem 1,2fachen Nennstrom belastbar sein und dabei ihre Klassengenauigkeit einhalten. Ihr Verhalten bei weiterer Überlastung ist durch die Nennüberstromziffer n gekennzeichnet, die angibt, beim wievielfachen Nennstrom der Stromfehler bei Nennbürde 10% beträgt. Zum Beispiel hat ein Wandler mit der Überstromziffer 5 beim 5fachen Nennstrom und Nennbürde einen Stromfehler von —10%. Die Überstromziffer bezieht sich immer auf die Nennleistung und ist der Leistung etwa umgekehrt proportional, d. h. für denselben Wandler ist das Produkt aus Leistung und Überstromziffer annähernd konstant. Ein Wandler für 30 VA Nennleistung mit der Nennüberstromziffer $n = 5$ hat bei 15 VA Belastung die Überstromziffer 10. Abb. 296 zeigt den Zusammenhang zwischen Überstromziffer und Bürde für einen Trockenstrom-

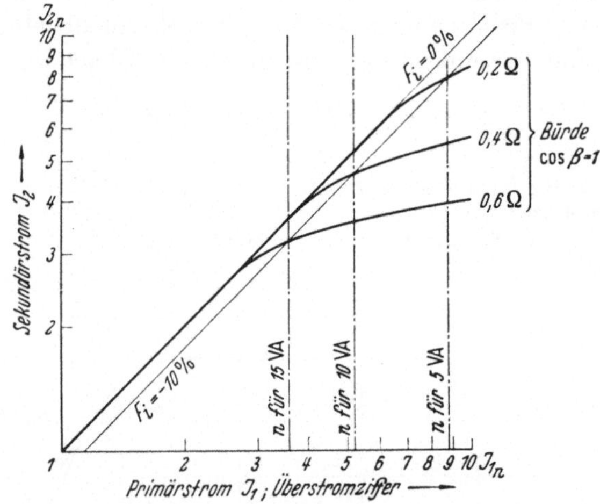

Abb. 296. Änderung der Überstromziffer mit der Bürde bei einem Trockenstromwandler.

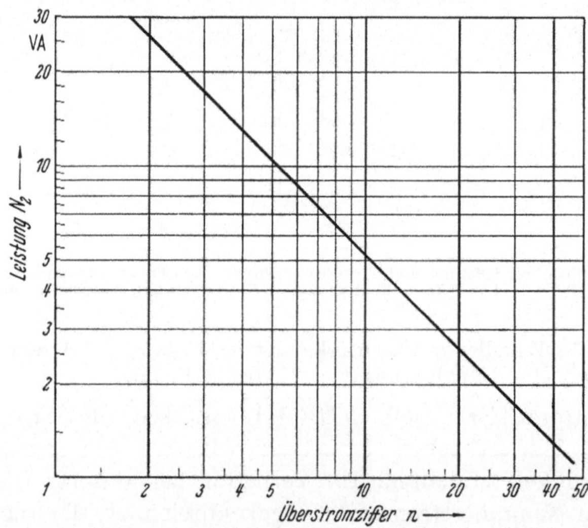

Abb. 297. Zusammenhang zwischen Überstromziffer n und Leistung N_2.

wandler; in logarithmischem Maßstab stellt sich dieser Zusammenhang als Gerade dar, wie Abb. 297 zeigt.

Für den Anschluß von Zählern wählt man Wandler, die beim Grenzstrom des Zählers noch keine erheblichen Fehler haben, bei höheren

Strömen aber nicht mehr proportional übersetzen, um den Zähler vor allzu hoher Überlastung zu schützen. Im allgemeinen liegt die Überstromziffer der Zählerstromwandler zwischen 3 und 10. Für den Anschluß von Schutzrelais wählt man dagegen Wandler mit hoher Überstromziffer, weil die Relais gerade bei großen Kurzschlußströmen richtig arbeiten sollen.

i) Überlastbarkeit. Die Wandler vertragen kurzzeitig sehr hohe Überlastungen. Die Überlastbarkeit wird einerseits durch die Übertemperatur, andererseits durch die mechanischen Kräfte zwischen den stromdurchflossenen Leitern begrenzt. Dementsprechend unterscheidet man einen thermischen und einen dynamischen Grenzstrom.

α) Thermischer Grenzstrom. Die Übertemperatur eines Wandlers ist in erster Linie durch die primären Kupferverluste bedingt. Die Leistungsaufnahme und die Übertemperatur steigen also mit dem Quadrat der primären Stromstärke. Nimmt der Wandler bei Nennstrom eine Übertemperatur von $t°$ an, so erreicht er beim a-fachen Nennstrom eine Übertemperatur von $a^2 \cdot t°$. Dabei ist allerdings vorausgesetzt, daß die Wärmeabfuhr unabhängig von der Übertemperatur ist, was nicht zutrifft. Um das thermische Verhalten eines Wandlers bei Überstrom zu kennzeichnen, hat man den thermischen Grenzstrom J_{therm} eingeführt, das ist der Effektivwert des Stromes, den der sekundär kurzgeschlossene Wandler 1 sek lang verträgt, ohne die zulässige Grenzerwärmung zu überschreiten. Bei einer kurzzeitigen Überlastung, während der noch keine erhebliche Wärmemenge abgeführt wird, ist der thermische Grenzstrom durch den Querschnitt des Primärleiters bestimmt. Allgemein ist

$$J_{therm} = c \cdot q \quad \left[\frac{\mathrm{A}}{\mathrm{mm}^2} \cdot \mathrm{mm}^2\right], \tag{398}$$

wenn q der Querschnitt des Primärleiters und c die Stromdichte ist. Für Kupferwicklungen ist $c = 180\ \mathrm{A/mm^2}$, für Aluminiumwicklungen ist $c = 118\ \mathrm{A/mm^2}$, wenn man 200° Höchsttemperatur zuläßt. Der thermische Grenzstrom der Zählerwandler liegt bei $60 \ldots 100\ J_n$. Unter der Voraussetzung, daß während der Überlastung keine Wärme abgeführt wird, kann man die Übertemperatur proportional der aufgenommenen Arbeit setzen und aus dem thermischen Grenzstrom errechnen, welche Stromstärken während einer anderen Belastungsdauer zulässig sind, da das Produkt $J^2 \cdot t$ konstant sein muß. Ist der thermische Grenzstrom

$$\left.\begin{aligned} J_{therm} &= a \cdot J_n \\ J_x &= b \cdot J_n, \end{aligned}\right\} \tag{399}$$

und der Überstrom

dann darf dieser Überstrom während der Zeit

$$t_x = \frac{J_{therm}{}^2}{J_x^2} = \left(\frac{a}{b}\right)^2 \tag{400}$$

bestehen.

Hat beispielsweise ein Wandler einen thermischen Grenzstrom $J_{therm} = 100\,J_n$, dann verträgt er einen Strom von $200\,J_n$ während 0,25 sek.

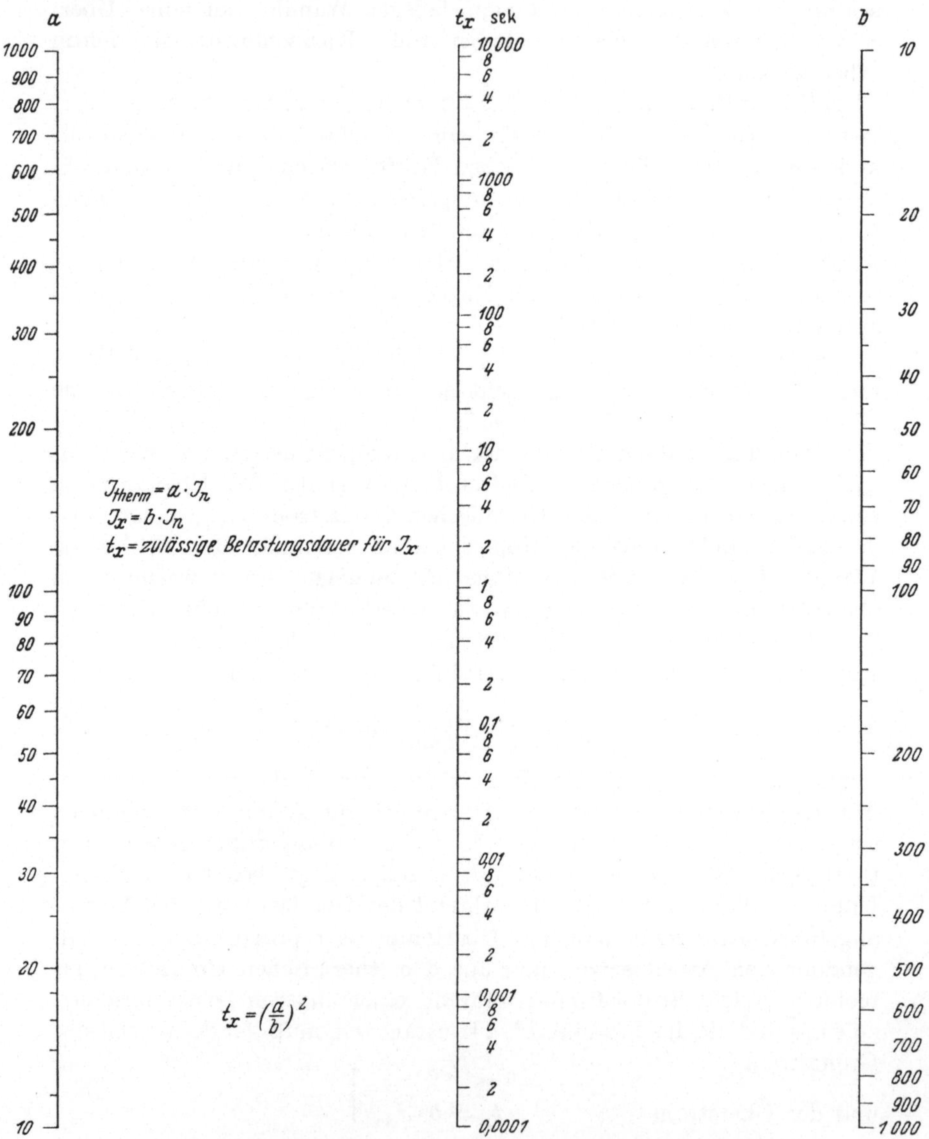

Abb. 298. Nomogramm für die zulässige Belastungsdauer beim Strom J_x, wenn der thermische Grenzstrom J_{therm} bekannt ist.

$$t_x = \left(\frac{a}{b}\right)^2, \qquad J_{therm} = a \cdot J_n; \; J_x = b \cdot J_n.$$

J_n Nennstrom: — t_x zulässige Belastungsdauer für J_x.

Aus dem Nomogramm Abb. 298 kann man bei gegebenem J_{therm} die für andere Überströme zulässige Belastungsdauer entnehmen.

β) Dynamischer Grenzstrom. Fließt ein Strom durch einen Leiter, so entsteht in der Umgebung des Leiters ein Magnetfeld, das dem Leiterstrom proportional ist und mit dem Abstand vom Leiter abnimmt. Kommt in dieses Magnetfeld ein zweiter stromdurchflossener Leiter, so wird eine Kraft auf ihn ausgeübt, die der Feldstärke, dem Strom im zweiten Leiter und der induzierten Leiterlänge proportional ist und den Leiter aus dem Feld herauszubewegen sucht. Liegen zwei vom gleichen Strom durchflossene Leiter parallel, so ist die Kraft proportional dem Quadrat des Stromes.

In der Wicklung der Stromwandler liegen vom gleichen Strom durchflossene Leiter dicht nebeneinander, und bei Kurzschlüssen können zwischen diesen Leitern sehr erhebliche Kräfte auftreten und den Wandler zerstören.

Die dynamischen Kräfte sind:

$$P = 0{,}2 \cdot \frac{1}{10} \cdot \frac{1}{981} \cdot J^2 \frac{l}{a} = k \cdot J^2 \frac{l}{a}. \qquad (401)$$

Es bedeuten:

P die Kraft,
J die Stromstärke,
a den Abstand der Leitermitten,
l die parallele Leiterlänge,

Wählt man als Einheiten Ampere und Zentimeter und setzt $k = 2{,}04 \cdot 10^{-8}$, so erhält man P in kg.

Um die mechanische Kurzschlußfestigkeit eines Wandlers zu kennzeichnen, gibt man den dynamischen Grenzstrom J_{dyn} an, das ist der höchste Wert der ersten Amplitude eines sehr kurzen Stromstoßes, den der sekundär kurzgeschlossene Wandler ohne Beschädigung verträgt.

Der Effektivwert des dynamischen Grenzstromes soll mindestens 2,5mal so groß sein wie der des thermischen Grenzstromes. Er liegt in der Größenordnung von 150 ... 1000 J_n.

k) Spannungssicherheit. Die Wandler müssen für die volle Betriebsspannung isoliert sein und darüber hinaus beträchtlichen Schalt- und Gewitterüberspannungen widerstehen. Sie werden deshalb einer Spannungsprüfung unterzogen, die sie weit über die Betriebsverhältnisse hinaus beansprucht. Die Spannungssicherheit wird durch die VDE-Reihenspannung und die damit vorgeschriebenen Schlagweiten gekennzeichnet. Die geforderten Werte sind aus Abb. 299 zu ersehen. Außer der Wicklungsprüfung zwischen primärer und sekundärer Wicklung bzw. zwischen Primärwicklung und Eisenkern und Gehäuse muß noch eine Windungsprüfung zwischen den Windungen der Primärwicklung durchgeführt werden, da bei Wanderwellen mit steiler Front auch zwischen den Windungen beträchtliche Spannungen auftreten können. Diesen Stückprüfungen wird jeder Wandler unterzogen. Darüber hinaus werden neue Wandlertypen mit Stoßspannungen beträchtlicher Höhe geprüft.

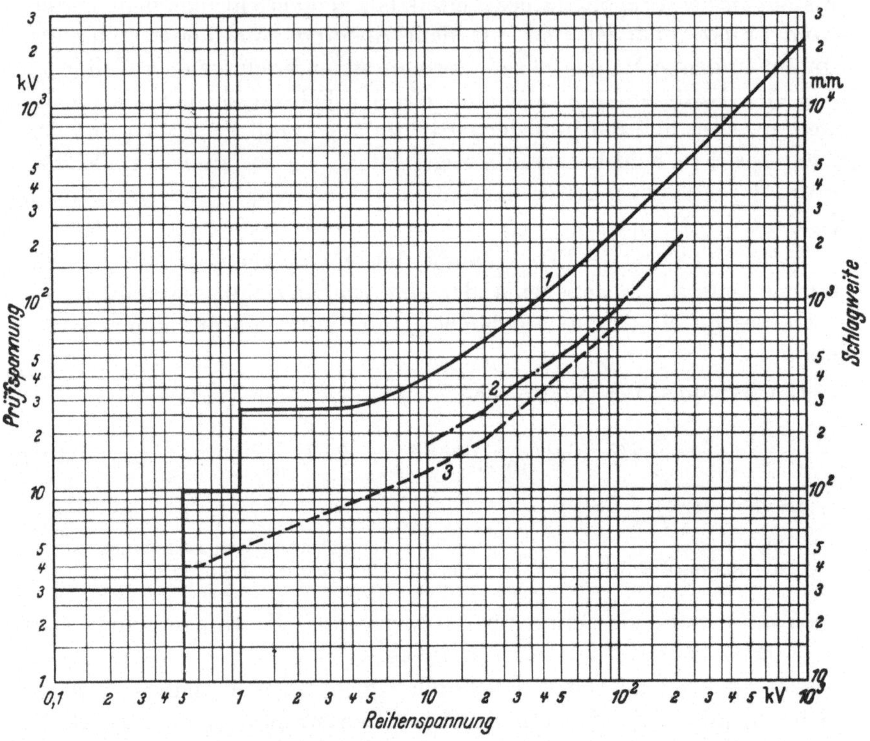

Abb. 299. Zusammenhang zwischen Prüfspannung, Schlagweite und Reihenspannung von Wandlern nach VDE 0414.
1 Prüfspannung; — *2* Schlagweite bei Freiluftausführung; — *3* Schlagweite bei Innenraumausführung.

5. Ausführungsformen.

Die Wandler werden in ungewöhnlich vielen verschiedenen Formen hergestellt, und es ist schwierig, sich in der Fülle der Ausführungen und Bezeichnungen zurechtzufinden. Deshalb hat der VDE für die wesentlichsten Bauarten Kennbuchstaben festgelegt, mit deren Hilfe man sich grob orientieren kann. Für eine einigermaßen brauchbare Systematik scheint es zweckmäßig, die Unterscheidungsmerkmale von innen nach außen fortschreitend zu betrachten und mit der Kernform bzw. der Kernbauweise zu beginnen. In Abb. 300 ist versucht, die verschiedenen Ausführungsmöglichkeiten schematisch darzustellen.

a) Kernformen. Man unterscheidet Schenkel-, Mantel- und Ringkerne gemäß Abb. 301.

Die Ringkerne können aus Tafeln gestanzt oder aus einem Band gewickelt sein.

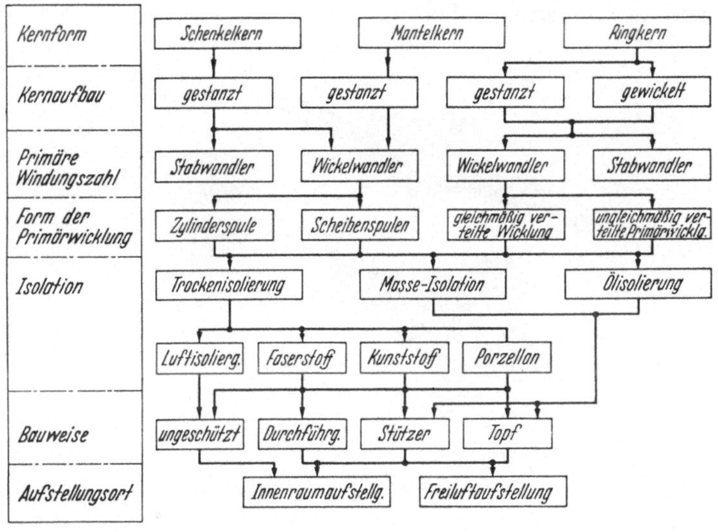

Abb. 300. Schema der Wandlerausführungsformen.

b) Bauweise der Wicklung. Je nachdem die Primärwicklung aus einer einzigen oder aus mehreren Windungen besteht, unterscheidet man Stabstromwandler und Wickelstromwandler; dies wird durch den dritten Buchstaben des VDE-Bauartzeichens angegeben. Abb. 302 zeigt Durchführungsstabwandler mit Repelitisolation für verschiedene Stromstärken und Spannungen. Die Wicklungen können Zylinder- oder Scheibenform haben; bei Ringkernwandlern ist die Sekundärwicklung stets gleichmäßig auf den Kern verteilt, die Primärwicklung kann ebenfalls gleichmäßig verteilt oder als Ring in den Eisenkern eingefädelt sein. Diese Bauart wird als Kreuzringwandler bezeichnet und ist in Abb. 303 teilweise aufgeschnitten gezeigt. Die dynamische Festigkeit der Primärwicklung hängt stark

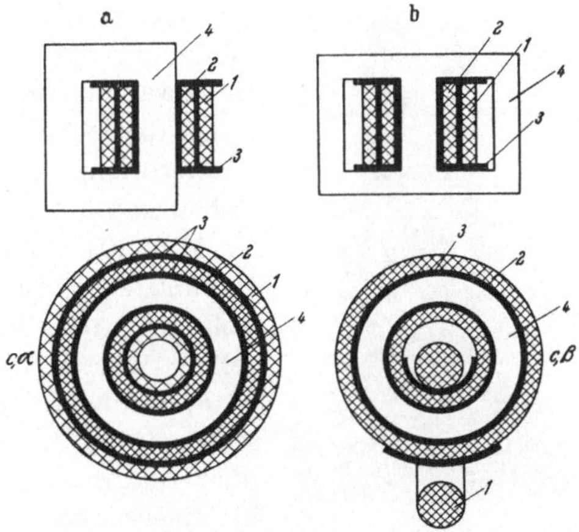

Abb. 301. Wandlerkernformen.
a Schenkelkern; — b Mantelkern; — c Ringkern; — α gleichmäßig verteilte Primärwicklung; — β Kreuzringwicklung; — *1* Primärwicklung; — *2* Sekundärwicklung; — *3* Isolation; — *4* Eisenkern.

von der Wicklungsanordnung ab. Dynamisch vollkommen kurzschlußfest ist nur der Stabwandler, wenig gefährdet sind Ringkernwandler besonders in Kreuzringausführung.

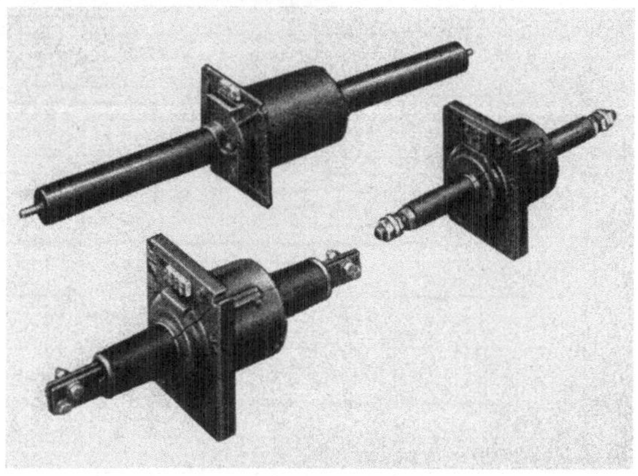

Abb. 302. Stabstromwandler mit Hartpapierisolierung für die Reihenspannungen 10, 20 und 110 kV.

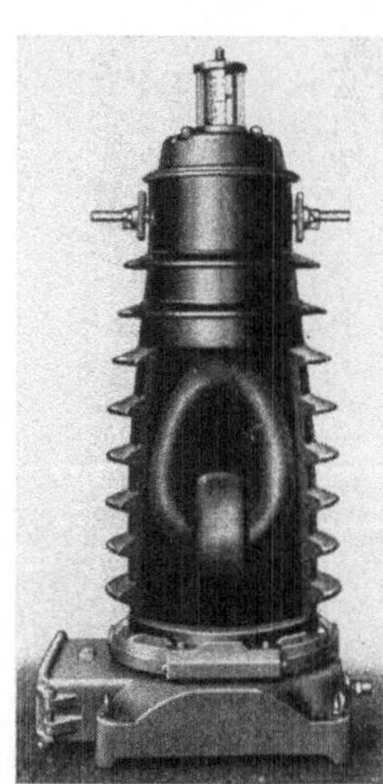

Abb. 303. Schnitt durch einen Freiluftstützerstromwandler mit Kreuzringanordnung der Wicklungen und Ölisolierung; Reihenspannung 150 kV.

c) Art der Isolierung. Der erste Buchstabe des VDE-Bauartzeichens kennzeichnet die Art der Isolierung zwischen Primär- und Sekundärwicklung. Man unterscheidet Trockenwandler, Massewandler und ölisolierte Wandler (Abb. 300), wobei die Isolation der Trockenwandler aus Luft, Faserstoffen, Kunststoffen oder Porzellan bestehen kann.

Abb. 304 zeigt einen geschlossenen und aufgeschnittenen Ringkernwandler mit Kunststoffisolation, Abb. 305 einen aufgeschnittenen porzellanisolierten Querlochwandler.

d) Bauweise des Wandlers. Der zweite Buchstabe des VDE-Bauartzeichens gibt Aufschluß über die Bauweise des Wandlers; er unterteilt in ungeschützte Wandler, Topf-, Stützer- und Durchführungswandler. Dabei lassen sich wieder eine Anzahl von Bauformen unterscheiden, z. B. der Querlochwandler als Topf- und Durchführungswandler, wie er in Abb. 305 im Schnitt gezeigt ist, der Stützerwandler als ölisolierter Kreuzringwandler (Abb. 303) oder als porzellanisolierter Stützerkopfwandler (Abb. 306). In Abb. 307 sind die Fehlerkurven dieses Stützerkopfwandlers wiedergegeben.

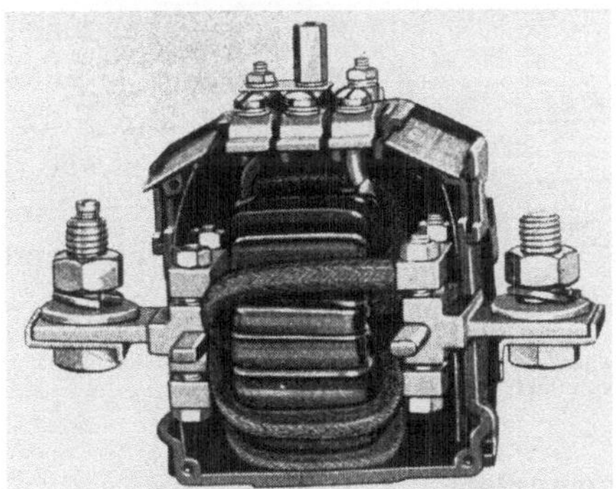

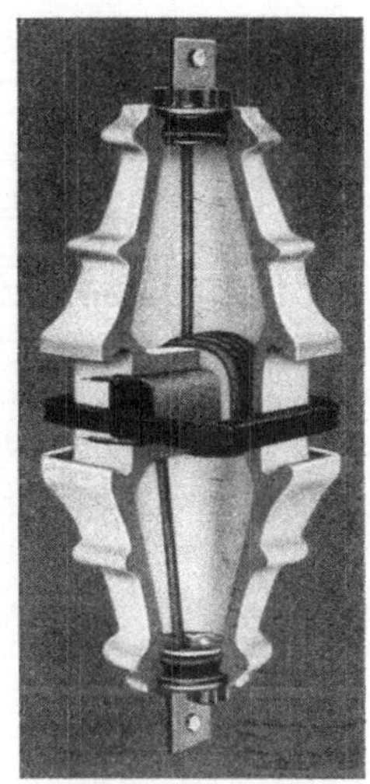

Abb. 305. Teilweise geschnittener Porzellankörper eines Querlochdurchführungswandlers.

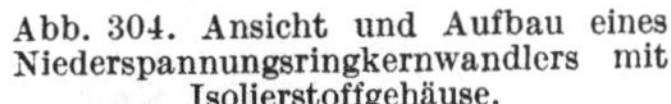

Abb. 304. Ansicht und Aufbau eines Niederspannungsringkernwandlers mit Isolierstoffgehäuse.

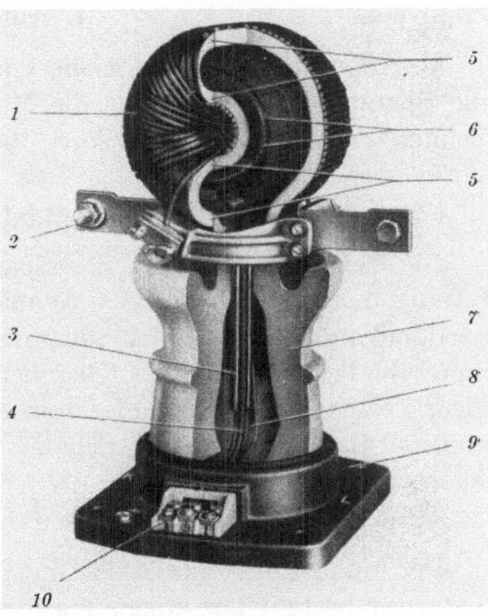

Abb. 306. Porzellanisolierter Stützerkopfwandler für 20 kV in der Ansicht und teilweise aufgeschnitten. *1* Primärwicklung; — *2* Primärklemmen; — *3* Isolation der Sekundärleitung; — *4* Sekundärleitung; — *5* Edelfuge; — *6* Sekundärwicklung; — *7* Porzellankörper; — *8* Erdung des Eisenkerns; — *9* Wandlerfuß; — *10* Sekundärklemmen.

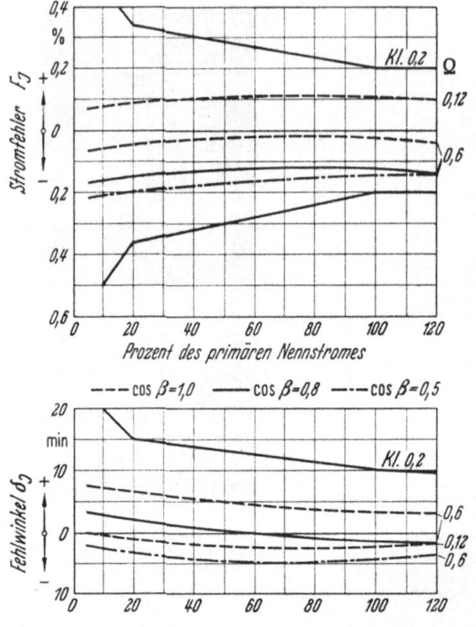

Abb. 307. Fehlerkurven eines Stützerkopfwandlers für 20 kV in der Klasse 0,2 bei einer Nennbürde von 0,6 Ohm.

e) Aufstellungsort. Nach dem Aufstellungsort kann man schließlich noch Freiluft- und Innenraumwandler unterscheiden.

Nicht alle aufgeführten Wandlerbauarten sind unbedingt erforderlich; manche entstanden aus dem Wunsch, etwas Neues und anderes zu machen und könnten entbehrt werden. Von den verbleibenden, daseinsberechtigten Grundformen hat jede ihre Vorzüge und Nachteile sowie ihr Anwendungsgebiet und keine konnte einen vernichtenden Sieg über alle anderen davontragen.

VI. Spannungswandler (Lit. XIII).

1. Aufgabe.

Der Spannungswandler isoliert die Meßgeräte vom Netz und setzt die Spannung auf einen für die Messung geeigneten Wert herab. Als Sekundärspannung ist der Wert 100 V allgemein üblich.

2. Anforderungen.

Die Sekundärspannung des Spannungswandlers soll bei allen Belastungen von Null bis zur Nennleistung der Primärspannung proportional und phasengleich sein, das bedeutet, daß der innere Spannungsabfall klein gegen die Klemmenspannung und der Eigenverbrauch niedrig sein muß. Der Wandler muß gegen die Betriebsspannung isolieren und darüber hinaus den Schalt- und Gewitterüberspannungen gewachsen sein.

3. Prinzip.

Der Spannungswandler ist im Prinzip ein leerlaufender Transformator, er besteht aus einem Eisenkern mit einer Hochspannungs- und einer Niederspannungswicklung und Isoliermitteln zwischen den beiden Polen der Primärwicklung sowie zwischen Primärwicklung und Sekundärwicklung, Primärwicklung und Eisenkern und Gehäuse. Bei einem verlustfreien Spannungswandler würden sich die Primär- und Sekundärspannung zueinander verhalten wie die Windungszahlen der zugehörigen Wicklungen

$$\frac{U_1}{U_2} = \frac{w_1}{w_2}. \tag{402}$$

Dieser ideale Fall ist nicht zu verwirklichen, da in beiden Wicklungen Kupferverluste und im Kern Eisenverluste entstehen. Wirkungsweise und Verhalten des Spannungswandlers kann man sich an dem Diagramm Abb. 308 klarmachen. Wird an die Primärwicklung die Spannung U_1 angelegt, so nimmt sie einen stark phasenverschobenen Strom J_1 auf, da die Wicklung infolge ihrer hohen Windungszahl eine erhebliche Induktivität hat.

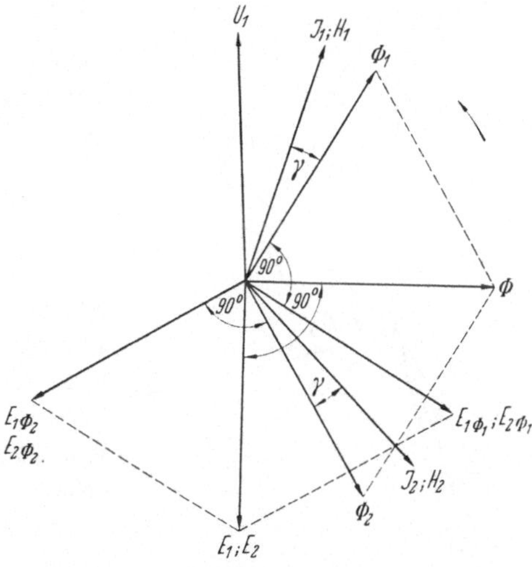

Abb. 308. Zustandekommen des resultierenden Flusses beim Spannungswandler.

U_1 Primärspannung; — J_1 Primärstrom; — H_1 Primärfeld; — Φ_1 Primärfluß; — $E_1\Phi_1$, $E_2\Phi_1$ vom Primärfluß in den Wicklungen induzierte elektromotorische Kräfte; — J_2 Sekundärstrom; — H_2 Sekundärfeld; — Φ_2 Sekundärfluß; — $E_1\Phi_2$, $E_2\Phi_2$ vom Sekundärfluß in den Wicklungen induzierte elektromotorische Kräfte; — Φ resultierender Fluß; — E_1, E_2 vom resultierenden Fluß in den Wicklungen induzierte elektromotorische Kräfte.

Der Primärstrom erzeugt ein Feld

$$H_1 = k \cdot J_1 \cdot w_1 \tag{403}$$

und das Feld den Primärfluß Φ_1, der ihm um den Winkel γ nacheilt. Der Fluß induziert in den beiden Wicklungen elektromotorische Kräfte $E_{1\Phi_1}$ und $E_{2\Phi_1}$, die ihm proportional sind und um 90° nacheilen.

Die EMK $E_{2\Phi_1}$ liefert den Sekundärstrom J_2 in der Sekundärwicklung und der angeschlossenen Belastung. Die Phasenlage dieses Stromes hängt vom Wirk- und Blindwiderstand der Sekundärwicklung und der Belastung ab. Das Magnetfeld des Sekundärstromes

$$H_2 = k \cdot J_2 \cdot w_2 \tag{404}$$

erzeugt den Sekundärfluß Φ_2, und dieser induziert in den Wicklungen die elektromotorischen Kräfte $E_{1\Phi_2}$ und $E_{2\Phi_2}$. Die beiden Flüsse Φ_1 und Φ_2 setzen sich geometrisch zu dem resultierenden Fluß Φ zusammen, und man braucht für die weitere Entwicklung des Spannungswandlerdiagramms (Abb. 309) nur diesen resultierenden Fluß und die von ihm induzierten elektromotorischen Kräfte E_1 und E_2 zu betrachten.

Die in der Sekundärwicklung induzierte EMK E_2 deckt den inneren Spannungsabfall, den der Sekundärstrom in der Sekundärwicklung erzeugt, und liefert die sekundäre Klemmenspannung

$$\overline{U}_2 = \overline{E}_2 - \overline{J_2 R_2} - \overline{J_2 X_2}. \tag{405}$$

Wenn die Klemmenspannung bei allen Belastungen konstant sein soll, muß der innere Spannungsabfall klein gegen E_2 sein. In der Primärwicklung induziert der Fluß die EMK E_1, sie ist entgegengesetzt gleich der Spannung U_1, vermindert um den Spannungsabfall, den der Strom J_1 in der Primärwicklung hervorruft.

$$\overline{U}_1 = -\overline{E}_1 + \overline{J_1 R_1} + \overline{J_1 X_1}. \tag{406}$$

Der Unterschied zwischen U_1 und $K \cdot U_2$ ist der Spannungsfehler F, der Winkel zwischen U_1 und dem umgeklappten U_2 der Fehlwinkel des Wandlers, K ist das Nennübersetzungsverhältnis. Der Magnetfluß Φ wird von dem Magnetisierungsstrom J_m aufrechterhalten, die Hysterese- und Wirbelstromverluste im Eisenkern werden durch den Strom J_w gedeckt, beide setzen sich zum Leerlaufstrom J_0 zusammen.

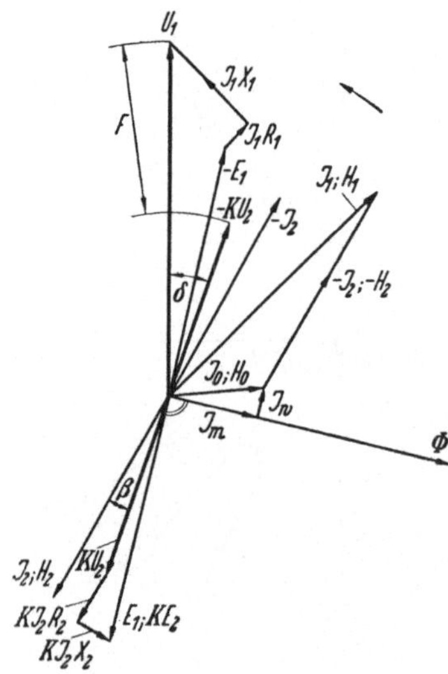

Abb. 309. Diagramm des Spannungswandlers.
U_1 Primärspannung; $-J_1$ Primärstrom; $-H_1$ Primärfeld; $-U_2$ Sekundärspannung; $-J_2$ Sekundärstrom; $-H_2$ Sekundärfeld; $-K$ Übersetzungsverhältnis; $-\Phi$ resultierender Fluß; $-E_1, E_2$ vom resultierenden Fluß in den Wicklungen induzierte elektromotorische Kräfte; $-J_1 R_1$ Wirkspannungsabfall in der Primärwicklung; $-J_2 R_2$ Wirkspannungsabfall in der Sekundärwicklung; $-J_1 X_1$ Blindspannungsabfall in der Primärwicklung; $-J_2 X_2$ Blindspannungsabfall in der Sekundärwicklung; $-J_0$ Leerlaufstrom; $-J_m$ Magnetisierungsstrom; $-J_w$ Wirkanteil des Leerlaufstromes; $-H_0$ Leerlauffeld; $-\beta$ Phasenwinkel der Belastung; $-F$ Spannungsfehler; $-\delta$ Fehlwinkel.

$$\overline{J}_0 = \overline{J}_m + \overline{J}_w. \tag{407}$$

Der Leerlaufstrom J_0 erzeugt das Feld H_0

$$H_0 = k \cdot J_0 \cdot w_1, \tag{408}$$

der Primärstrom J_1 das Feld

$$H_1 = k \cdot J_1 \cdot w_1, \tag{409}$$

der Sekundärstrom J_2 das Feld

$$H_2 = k \cdot J_2 \cdot w_2. \tag{410}$$

Im Gleichgewichtszustand ist die Summe der Felder Null

$$\overline{H}_1 + \overline{H}_2 = \overline{H}_0. \tag{411}$$

Die in den Wicklungen vom Fluß Φ induzierten elektromotorischen Kräfte E_1 und E_2 verhalten sich wie die Windungszahlen der Wicklungen

$$\frac{E_1}{E_2} = \frac{w_1}{w_2}, \tag{412}$$

die Klemmenspannungen jedoch können sich nie genau wie die Windungszahlen verhalten, da die Primärspannung um den inneren Spannungsabfall in der Primärwicklung größer ist als die EMK E_1, die Sekundärspannung um den inneren Spannungsabfall in der Sekundärwicklung kleiner ist als die EMK E_2.

Das Diagramm ist zwecks besserer Übersicht nicht maßstäblich gezeichnet. Der Leerlaufstrom J_0, der Spannungsfehler und der Fehlwinkel sind in Wirklichkeit viel kleiner.

4. Eigenschaften.

a) Eigenverbrauch. Der Eigenverbrauch der Spannungswandler wird für die primäre Nennspannung und offenen Sekundärkreis angegeben, er ist durch die Größe und Leistung des Wandlers sowie durch die Höhe der Prüfspannung bestimmt.

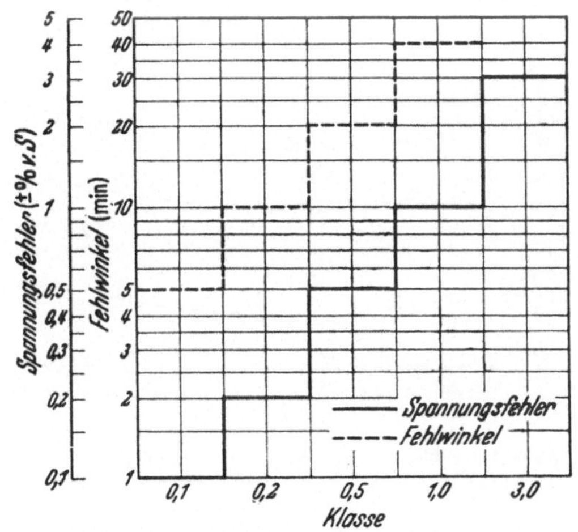

Abb. 310. Fehlergrenzen für Spannungswandler nach VDE 0414.

b) Genauigkeit. Der Spannungsfehler des Wandlers ist

$$F_U\,\% = \frac{K_n \cdot U_2 - U_1}{U_1} \cdot 100 \tag{413}$$

oder

$$F_U\,\% = \frac{U_{2\,ist} - U_{2\,soll}}{U_{2\,soll}} \cdot 100, \tag{414}$$

wobei K_n das Nennübersetzungsverhältnis bedeutet.

Der Fehlwinkel des Spannungswandlers ist die Phasenverschiebung δ_u zwischen Primär- und umgeklappter Sekundärspannung, er wird positiv gezählt, wenn die umgeklappte Sekundärspannung der Primärspannung voreilt. Zur Charakterisierung ihrer Genauigkeit werden die Spannungswandler ebenso wie die Stromwandler in Klassen eingeteilt. Abb. 310 zeigt die nach VDE 0414 zulässigen Übersetzungs- und Winkelfehler. Wandler der Klasse 3 kommen für den Anschluß von Zählern nicht in Betracht.

Die Fehler der Spannungswandler werden klein gehalten durch verhältnismäßig niedrige Induktion im Eisen sowie kleine Wirk- und Blindwiderstände beider Wicklungen. Sie hängen von der Größe und Art der Belastung ab. Abb. 311 zeigt die Fehlerkurven eines 20-kV-Spannungswandlers der Klasse 0,5 für 45 VA Nennleistung.

c) Nennleistung. Die höchste Leistung, bei der die Spannungswandler ihre Klassengenauigkeit noch einhalten, heißt Nennleistung, die höchste, mit Rücksicht auf die Erwärmung zulässige Leistung ohne Rücksicht auf die Genauigkeit heißt Grenzleistung. Die Spannungswandler dürfen sekundär geöffnet, aber nicht kurzgeschlossen werden, und die Verbraucher sind nicht in Reihe, sondern parallel zu schalten (Abb. 312). Es ist zweckmäßig, jeden Verbraucher unmittelbar an die Sekundärklemmen anzuschließen und keine gemeinsame Zuleitung für mehrere Verbraucher zu verwenden, da der Spannungsabfall in der Zuleitung als Meßfehler eingeht.

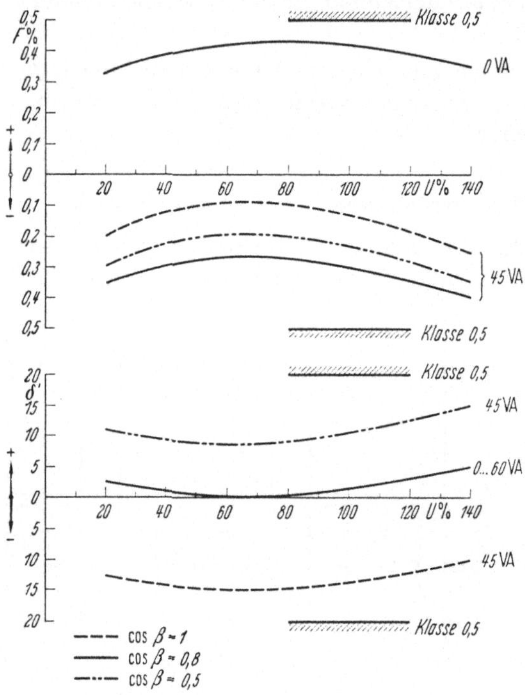

Abb. 311. Fehlerkurven eines 20-kV-Spannungswandlers der Klasse 0,5 mit der Nennleistung 45 VA.

Werden mehrere Verbraucher angeschlossen, so errechnet sich die gesamte Wandlerleistung nach folgenden Gleichungen:

N_{S_1}, N_{S_2}, N_{S_3} sei die Scheinleistungsaufnahme der einzelnen, parallel angeschlossenen Geräte,
N_{W_1}, N_{W_2}, N_{W_3} ihre Wirkleistungsaufnahme,
N_{B_1}, N_{B_2}, N_{B_3} ihre Blindleistungsaufnahme,
$\cos\beta_1$, $\cos\beta_2$, $\cos\beta_3$ ihr Leistungsfaktor,
Z_1, Z_2, Z_3 ihr Scheinwiderstand,
R_1, R_2, R_3 ihr Wirkwiderstand,
X_1, X_2, X_3 ihr Blindwiderstand,
J_1, J_2, J_3 ihre Stromaufnahme,
J_{W_1}, J_{W_2}, J_{W_3} ihr Wirkstrom,
J_{B_1}, J_{B_2}, J_{B_3} ihr Blindstrom,

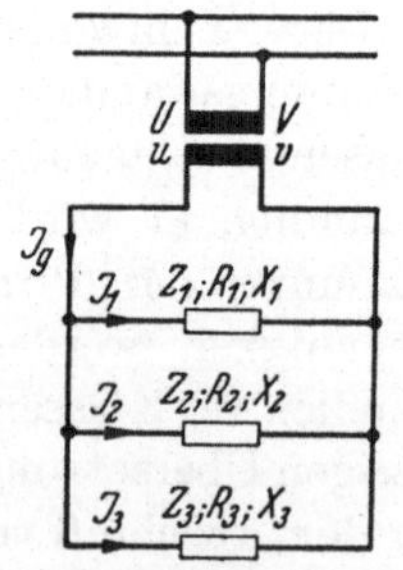

Abb. 312. Anschluß mehrerer Verbraucher an einen Spannungswandler.
R sind die Wirkwiderstände; X die Blindwiderstände; Z die Scheinwiderstände; J die Stromaufnahme der Verbraucher.

dann gilt für jeden Verbraucher:

$$J = \frac{U}{Z} = \frac{N_S}{U}, \tag{415}$$

$$J_W = J \cdot \cos\beta = \frac{U}{Z} \cdot \cos\beta = \frac{U}{R} \cdot \cos^2\beta = \frac{N_S}{U} \cdot \cos\beta = \frac{N_W}{U}, \tag{416}$$

$$J_B = J \cdot \sin\beta = \frac{U}{Z} \cdot \sin\beta = \frac{U}{X} \cdot \sin^2\beta = \frac{N_S}{U} \cdot \sin\beta = \frac{N_B}{U}, \tag{417}$$

$$J = \sqrt{J_W^2 + J_B^2}, \tag{418}$$

$$N_S = \sqrt{N_W^2 + N_B^2} = U \cdot J, \tag{419}$$

$$Z = \sqrt{R^2 + X^2} = \frac{U}{J}, \tag{420}$$

$$\cos\beta = \frac{R}{Z} = \frac{J_W}{J} = \frac{N_W}{N_S}. \tag{421}$$

Für die Parallelschaltung der Verbraucher ist der gesamte Strom

$$\overline{J}_g = \overline{J}_1 + \overline{J}_2 + \overline{J}_3, \tag{422}$$

der gesamte Wirkstrom

$$J_{W_g} = J_{W_1} + J_{W_2} + J_{W_3}, \tag{423}$$

der gesamte Blindstrom

$$J_{B_g} = J_{B_1} + J_{B_2} + J_{B_3}, \tag{424}$$

der gesamte Leitwert

$$\frac{\overline{1}}{Z_g} = \frac{\overline{1}}{Z_1} + \frac{\overline{1}}{Z_2} + \frac{\overline{1}}{Z_3}, \tag{425}$$

der gesamte Wirkwiderstand

$$R_g = Z_g \cdot \cos\beta, \tag{426}$$

der gesamte Blindwiderstand

$$X_g = Z_g \cdot \sin\beta, \tag{427}$$

die gesamte Scheinleistungsaufnahme

$$N_S = U \cdot J_g, \tag{428}$$

die gesamte Wirkleistungsaufnahme

$$N_W = U \cdot J_{W_g}, \tag{429}$$

die gesamte Blindleistungsaufnahme

$$N_B = U \cdot J_{B_g}. \tag{430}$$

Beispiel. An einen Spannungswandler sollen angeschlossen werden: Die Spannungspfade eines Wirk- und eines Blindverbrauchzählers mit je 0,9 W, 3,6 VA und der Spannungspfad eines Leistungsschreibers mit 6,6 VA, für den keine Angaben über den $\cos\beta$ gemacht sind. Infolge des hohen Vorwiderstandes vor der Drehspule kann der $\cos\beta$ des Leistungsschreiber-Spannungspfades gleich eins gesetzt werden. Die Zuleitungen zu den Meßgeräten seien 30 m lang und 2,5 mm² stark. Dann ergibt sich für die Wandlerbelastung nachstehende Tabelle:

Gerät	R Ω	X Ω	Z Ω	N_W W	N_B VAr	N_S VA	J_W mA	J_B mA	J mA	$\cos\beta$
Wirkverbrauchzähler....	695	2685	2780	0,9	3,49	3,6	9	34,9	36	0,25
Blindverbrauchzähler....	695	2685	2780	0,9	3,49	3,6	9	34,9	36	0,25
Leistungsschreiber ..	1514	0	1514	6,6	0	6,6	66	0	66	1
Zuleitung ...	0,214	0	0,214	—	—	—	—	—	—	—
Summe	705	588	916	8,4	7	11	84	70	109	0,77

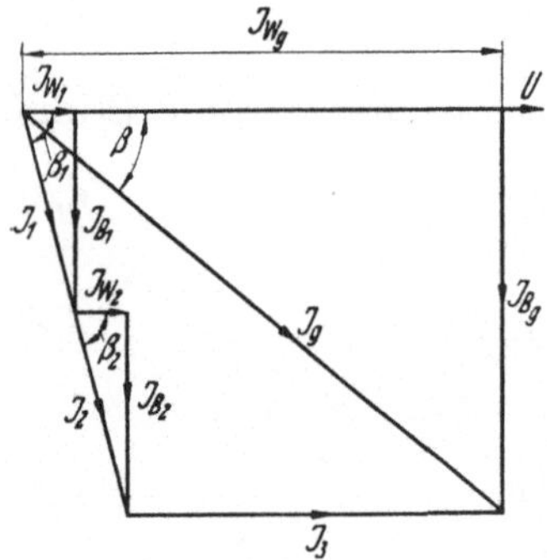

Abb. 313. Ermittlung des Gesamtbelastungsstromes J_g eines Spannungswandlers aus den Einzelströmen $J_1 \ldots J_3$ und ihren Phasenwinkeln $\beta_1 \ldots \beta_3$.

Anstatt rechnerisch hätte man diese Werte auch an Hand der Abb. 313 graphisch ermitteln können.

Der Wandler ist also mit 11 VA bei $\cos\beta = 0{,}77$ belastet. Die arithmetische Addition des Scheinverbrauchs der angeschlossenen Geräte hätte 13,8 VA ergeben. Bei einer gemeinsamen Zuleitung zu den drei Geräten ist der Spannungsabfall in der Zuleitung $109 \cdot 0{,}214 = 23{,}4$ mV; das ist bei 100 V Wandlerspannung 0,023% und vernachlässigbar. Die drei Geräte können also bedenkenlos an eine einzige Zuleitung gelegt werden.

d) Spannungseinfluß. Bei Spannungssteigerung nimmt der Fluß Φ zu und man kommt unter Umständen in das Sättigungsgebiet des Wandlereisens, wobei die Fehler größer werden. Unterspannung beeinflußt dagegen die Genauigkeit wenig. Die Wandler müssen von 80 bis 120% ihrer Nennspannung die Klassengenauigkeit einhalten.

e) Frequenzeinfluß. Frequenzsteigerung beeinflußt die Genauigkeit nur wenig, weil proportional mit der Frequenz der induktive Widerstand wächst und der aufgenommene Strom abnimmt. Bei Frequenzsenkung wächst der Fluß Φ und die Fehler werden größer. Die Spannungswandler können nicht ohne weiteres weit unterhalb ihrer Nennfrequenz betrieben werden. Wandler für kleine Frequenzen erhalten erheblich größere Abmessungen.

f) Kurvenformeinfluß. Der Spannungswandler ist gegen verzerrte Spannungskurven empfindlicher als der Stromwandler, da seine Induktion höher ist und somit das Sättigungsgebiet bereits bei kleinerer Verzerrung erreicht wird.

g) Temperatureinfluß. Der Temperatureinfluß des Spannungswandlers rührt von der Änderung der Kupfer- und Eisenverluste her. Da die Verluste bei guten Wandlern gering sind, spielt auch der Temperatureinfluß keine erhebliche Rolle.

h) Eigenerwärmung. Die Übertemperatur des Spannungswandlers ist in erster Linie durch die Belastung bestimmt, deshalb wird außer der Nennleistung noch die Grenzleistung angegeben, das ist die größte Leistung, die der Wandler ohne Rücksicht auf die Genauigkeit abgeben kann, ohne die zulässige Erwärmung zu überschreiten.

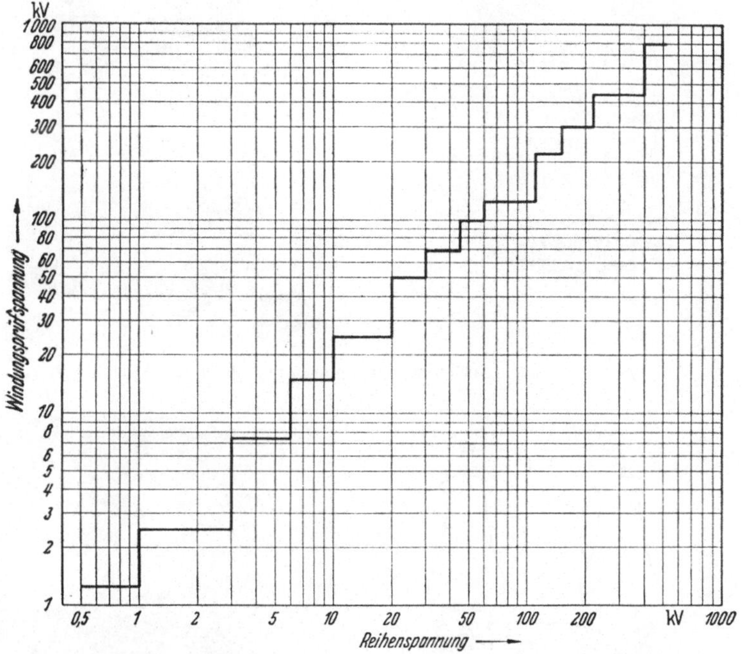

Abb. 314. Windungsprüfspannung von Spannungswandlern nach VDE 0414.

i) Überlastbarkeit. Da die Betriebsspannung sich nur in engen Grenzen ändert, brauchen die Spannungswandler nicht hoch überlastbar zu sein.

k) Spannungssicherheit. Ebenso wie die Stromwandler sind die Spannungswandler erheblichen Überspannungen ausgesetzt und werden deshalb einer ebenso scharfen Wicklungsprüfung unterzogen. Darüber hinaus werden sie zwischen den Windungen mit einer vom VDE vorgeschriebenen Windungsprüfspannung nach Abb. 314 beansprucht. Die Eingangswindungen sind durch Wanderwellen am meisten gefährdet und werden deshalb besonders gut isoliert.

5. Ausführungsformen.

Die Spannungswandler sind ebenso formenreich wie die Stromwandler. Es fehlt lediglich der Stabwandler, dafür kommen einpolig

Abb. 315. Innen- und Außenansicht eines Spannungswandlers für 20 kV der Klasse 0,5.

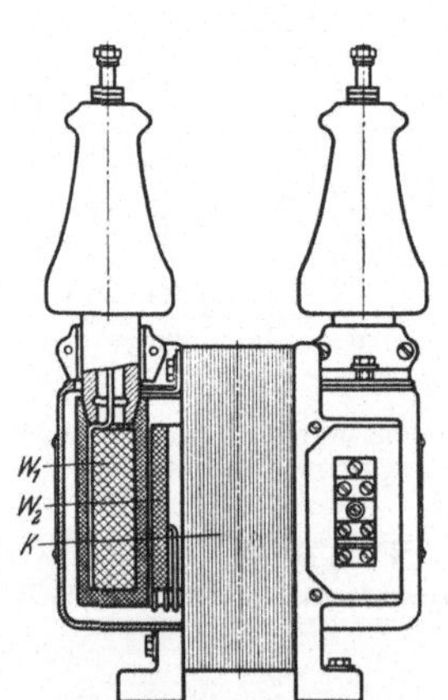

W_1 Primärwicklung; — W_2 Sekundärwicklung; — K Eisenkern.

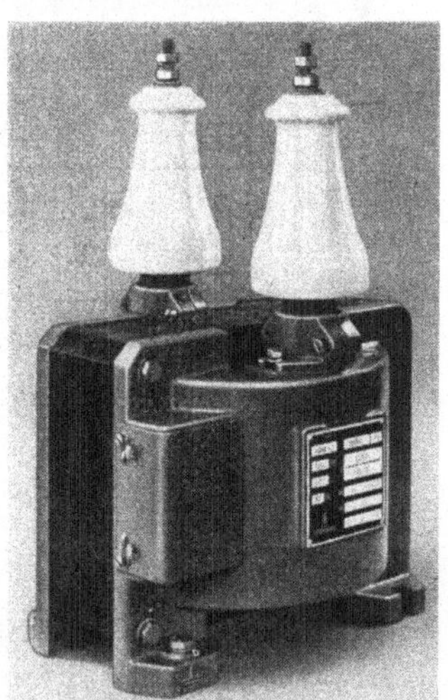

Abb. 316. Grundsätzlicher Aufbau und Ansicht eines doppelpolig isolierten Trockenspannungswandlers für 10 kV mit Kunststoff-Quarz-Isolierung.

geerdete Spannungswandler mit nur einer isolierten Durchführung und Drehstromspannungswandler hinzu. Einpolig isolierte Wandler werden besonders bei den höchsten Spannungen angewendet und können natürlich nur zwischen Leiter und Erde geschaltet werden, es sind also stets drei Wandler erforderlich. Eine besondere Ausführungsform des einpolig geerdeten Wandlers ist der Kaskadenwandler, der mehrere voneinander isolierte Eisenkerne hat. Jeder Eisenkern ist mit der Mitte seiner Wicklung verbunden, wodurch die Isolation zwischen der Wicklung und dem zugehörigen Kern verhältnismäßig schwach gehalten werden kann. Der letzte Kern trägt die Sekundärwicklung. Kopplungs- und Ausgleichswicklungen zwischen den einzelnen Kernen verbessern die Eigenschaften des Wandlers.

Abb. 317. Freiluftstützerspannungswandler mit einpoliger Isolierung, Reihenspannung 220 kV.

Aus der Vielzahl der Ausführungsformen greifen die Abbildungen einige wenige heraus.

Abb. 315 ist ein ölisolierter Topfwandler für 20-kV-Reihenspannung.

Abb. 316 zeigt Schnitt und Ansicht eines doppelpolig isolierten Trockenspannungswandlers mit Mantelkern.

Abb. 317 ist eine Reihe einpolig isolierter, ölgefüllter Stützerspannungswandler für 220-kV-Reihenspannung.

VII. Zusammenarbeiten von Zählern und Wandlern (Lit. XIV).

1. Berücksichtigung der Wandlerfehler.

a) Wechselstrom und Drehstrom mit gleichbelasteten Phasen. Wird ein Zähler an Strom- und Spannungswandler angeschlossen (Abb. 97c), so treten zu den Zählerfehlern die Wandlerfehler hinzu. Die einem Wirkverbrauchzähler zugeführte Solleistung ist

$$N_{soll} = U \cdot J \cdot \cos\varphi . \tag{431}$$

Die durch die Wandler gefälschte Leistung ist

$$N_{ist} = (U \pm \triangle U) \cdot (J \pm \triangle J) \cdot \cos[\varphi \pm (\delta_u - \delta_i)] . \tag{432}$$

Die Fehlwinkel von Strom- und Spannungswandler sind voneinander zu subtrahieren, da bei gleichgroßen Fehlwinkeln und gleichen Vorzeichen der resultierende Fehlwinkel Null ist (Abb. 318).

An die Stelle der Sollspannung U ist die falsche Spannung $U \pm \triangle U$ getreten, und der Spannungsfehler ist

$$F_U\,\% = \frac{U \pm \triangle U - U}{U} \cdot 100 = \frac{\triangle U}{U} \cdot 100\,. \tag{433}$$

An die Stelle des Sollstromes J ist der falsche Strom $J \pm \triangle J$ getreten, und der Stromfehler ist

$$F_J\,\% = \frac{J \pm \triangle J - J}{J} \cdot 100 = \frac{\triangle J}{J} \cdot 100\,. \tag{434}$$

An die Stelle des Winkels φ ist der Winkel $\varphi \pm (\delta_u - \delta_i)$ getreten. Faßt man die Fehlwinkel von Strom- und Spannungswandler zusammen und schreibt

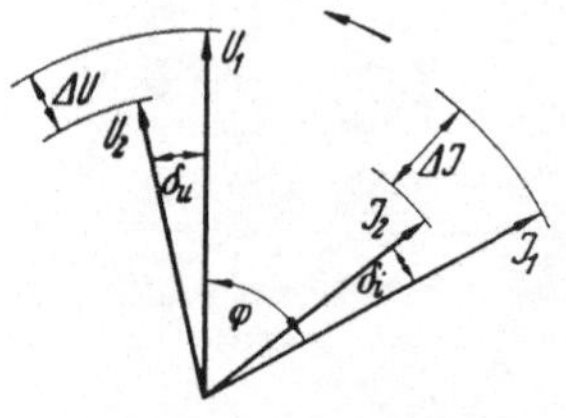

Abb. 318. Darstellung der Wandlerfehler an Wandlern mit dem Sollübersetzungsverhältnis $K_n = 1$. U_1 Primärspannung; — U_2 Sekundärspannung; — J_1 Primärstrom; — J_2 Sekundärstrom; — ΔU Spannungsfehler; — ΔJ Stromfehler; — δ_u Spannungsfehlwinkel; — δ_i Stromfehlwinkel.

$$\pm (\delta_u - \delta_i) = \pm \delta\,, \tag{435}$$

so ist der prozentuale Winkelfehler

$$F_\delta\,\% = \frac{\cos(\varphi \pm \delta) - \cos\varphi}{\cos\varphi} \cdot 100\,, \tag{436}$$

das wird für kleine Fehlwinkel nach der Ableitung auf S. 102

$$F_\delta\,\% = \mp\, 0{,}0291 \cdot \delta \cdot \operatorname{tg}\varphi\,, \tag{437}$$

worin φ in Grad und δ in Minuten einzusetzen sind, oder wenn man für δ wieder die Fehlwinkel von Strom- und Spannungswandler einsetzt,

$$F_\delta\,\% = \mp\, 0{,}0291 \cdot (\delta_u - \delta_i) \cdot \operatorname{tg}\varphi \tag{438}$$

oder

$$\left.\begin{aligned} F_{\delta_u}\,\% &= \mp\, 0{,}0291 \cdot \delta_u \cdot \operatorname{tg}\varphi\,, \\ F_{\delta_i}\,\% &= \pm\, 0{,}0291 \cdot \delta_i \cdot \operatorname{tg}\varphi\,. \end{aligned}\right\} \tag{439}$$

Beim Blindverbrauchzähler lautet die entsprechende Gleichung

$$F_\delta\,\% = \pm\, 0{,}0291\,(\delta_u - \delta_i) \cdot \operatorname{ctg}\varphi\,. \tag{440}$$

Die dem Zähler zugeführte Istleistung beträgt also

$$N_{ist} = (U \pm F_U\,\%) \cdot (J \pm F_J\,\%) \cdot (\cos\varphi \pm F_\delta\,\%)\,, \tag{441}$$

und da sich bei der Multiplikation die Toleranzen der Faktoren addieren, ist die zugeführte Leistung

$$N_{ist} = U \cdot J \cdot \cos\varphi \pm (F_U\,\% + F_J\,\% + F_\delta\,\%)\,, \tag{442}$$

und der Fehler der zugeführten Leistung infolge der Ungenauigkeit der Wandler ist

$$F_W\,\% = \pm (F_U\,\% + F_J\,\% + F_\delta\,\%)\,. \tag{443}$$

Die falsche Leistung wird außerdem vom Zähler nicht völlig richtig gezählt, da auch der Zähler Fehler hat, und der Zählerfehler addiert sich zu den Wandlerfehlern, so daß als Toleranz des Zählergebnisses angegeben werden muß:

$$F\,\% = \pm\,(F_Z\,\% + F_{\bar{U}}\,\% + F_J\,\% + F_\delta\,\%)\,. \tag{444}$$

Für eine überschlägliche Berechnung der möglichen Fehler kann man sagen: Für einen Wh-Zähler ist der maximal zulässige Fehler nach VDE $\pm$ 2%. Für einen Stromwandler der Klasse 0,5 ist im Mittel der Stromfehler

$$F_i = \pm\,0{,}65\%\,,$$

der Winkelfehler $\delta_i = \pm$ 35 min für einen mittleren Leistungsfaktor $\cos\varphi = 0{,}7$ ist $\operatorname{tg}\varphi = 1$ und demnach

$$F_{\delta_i} = \pm\,0{,}0291 \cdot 35 = \pm\,1{,}02\%\,.$$

Für einen Spannungswandler der Klasse 0,5 ist der Spannungsfehler

$$F_u = \pm\,0{,}5\%\,,$$

der Fehlwinkel $\delta_u = \pm$ 20 min, demnach bei $\cos\varphi = 0{,}7$

$$F_{\delta_u} = \pm\,0{,}58\%\,.$$

Die gesamte Toleranz des Zählergebnisses ist demnach ungünstigenfalls, wenn sich alle Einzelfehler addieren,

$$F = \pm\,(2 + 0{,}65 + 1 + 0{,}5 + 0{,}6) = \pm\,4{,}75\%\,.$$

Wenn man sich nicht mit der Überschlagsberechnung des möglichen Gesamtfehlers begnügen, sondern den Fehler genau wissen will, muß man die Fehlerkurven aller drei Geräte, die Belastung des Zählers und die Belastung der Wandler kennen.

Legt man beispielsweise die Fehlerkurven der Abb. 289 und 311 und eine Belastung mit 50% des Nennstromes bei $\cos\varphi = 0{,}5$, eine Belastung des Stromwandlers mit 15 VA, $\cos\beta = 0{,}8$ und eine Belastung des Spannungswandlers mit 45 VA, $\cos\beta = 1$ zugrunde und sei der Zählerfehler $F_z = -1\%$, so erhält man:

$F_z = -1\%$,
$F_i = -0{,}25\%$,
$\delta_i = +10'$,
$F_u = -0{,}1\%$,
$\delta_u = +15'$,
$F_\delta = -0{,}0291 \cdot 1{,}73 \cdot 5 = -0{,}25\%$
und den Gesamtfehler
$F = -1{,}6\%$.

Diese Betrachtung gilt für einsystemige Zähler und für symmetrisch belastete mehrsystemige Zähler bei gleichen Wandlerfehlern in allen Phasen. Bei unsymmetrischer Belastung und ungleichen Wandlerfehlern geht man wie folgt vor:

b) Vierleiter-Drehstrom beliebiger Belastung (Abb. 148). Bei einem Drehstrom-Vierleiterwirkverbrauchzähler ist die Solleistung

$$\begin{aligned} N_{soll} &= U_{RO} \cdot J_R \cdot \cos\varphi_R + U_{SO} \cdot J_S \cdot \cos\varphi_S + U_{TO} \cdot J_T \cdot \cos\varphi_T \\ &= N_R + N_S + N_T\,. \end{aligned} \tag{445}$$

Infolge der Wandlerfehler wird an ihrer Stelle dem Zähler die Istleistung zugeführt.

$$N_{ist} = N_R \pm \triangle N_R + N_S \pm \triangle N_S + N_T \pm \triangle N_T \qquad (446)$$

und die relative, prozentische Toleranz der Leistung ist

$$\triangle N\,\% = \frac{N_{ist} - N_{soll}}{N_{soll}} \cdot 100 = \pm \frac{\triangle N_R + \triangle N_S + \triangle N_T}{N} \cdot 100$$

$$= \pm \frac{\triangle N_R}{N} \cdot 100 \pm \frac{\triangle N_S}{N} \cdot 100 \pm \frac{\triangle N_T}{N} \cdot 100\,. \qquad (447)$$

Sind die Strom-, Spannungs- und Winkelfehler der Wandler in Prozent bekannt, wie es meist der Fall ist, so wird

$$F_{W_R}\,\% = F_{u_R} + F_{i_R} + F_{\delta_R} = \frac{\triangle N_R}{N_R} \cdot 100\,,$$

$$F_{W_S}\,\% = F_{u_S} + F_{i_S} + F_{\delta_S} = \frac{\triangle N_S}{N_S} \cdot 100\,,$$

$$F_{W_T}\,\% = F_{u_T} + F_{i_T} + F_{\delta_T} = \frac{\triangle N_T}{N_T} \cdot 100\,,$$

dann kann man auch schreiben

$$\triangle N_R \cdot 100 = F_{W_R} \cdot N_R\,,$$

$$\triangle N_S \cdot 100 = F_{W_S} \cdot N_S\,,$$

$$\triangle N_T \cdot 100 = F_{W_T} \cdot N_T$$

und

$$\triangle N\,\% = F_W\,\% = \pm F_{W_R} \cdot \frac{N_R}{N} \pm F_{W_S} \cdot \frac{N_S}{N} \pm F_{W_T} \cdot \frac{N_T}{N}\,. \qquad (448)$$

Zu den Wandlerfehlern F_W addiert sich der Zählerfehler F_z, und der Gesamtfehler wird

$$F\,\% = \pm F_Z \pm F_{W_R} \cdot \frac{N_R}{N} \pm F_{W_S} \cdot \frac{N_S}{N} \pm F_{W_T} \cdot \frac{N_T}{N}\,. \qquad (449)$$

Aus dem Nomogramm (Abb. 319) läßt sich der Winkelfehler F_δ in Prozenten für verschiedene Werte des Fehlwinkels δ und des Leistungsfaktors $\cos\varphi$ entnehmen.

Beispiel. Der Zählerfehler sei $F_Z = +2\%$,
der Wandlerfehler in Phase R sei $F_{W_R} = +1\%$,
der Wandlerfehler in Phase S sei $F_{W_S} = -0{,}5\%$,
der Wandlerfehler in Phase T sei $F_{W_T} = +2\%$,
die Leistung in der Phase R sei $N_R = 0{,}3\,N$,
die Leistung in der Phase S sei $N_S = 0{,}5\,N$,
die Leistung in der Phase T sei $N_T = 0{,}2\,N$,

dann wird der Gesamtfehler

$$F\% = +(2 + 1 \cdot 0{,}3 - 0{,}5 \cdot 0{,}5 + 2 \cdot 0{,}2) = +2{,}45\%.$$

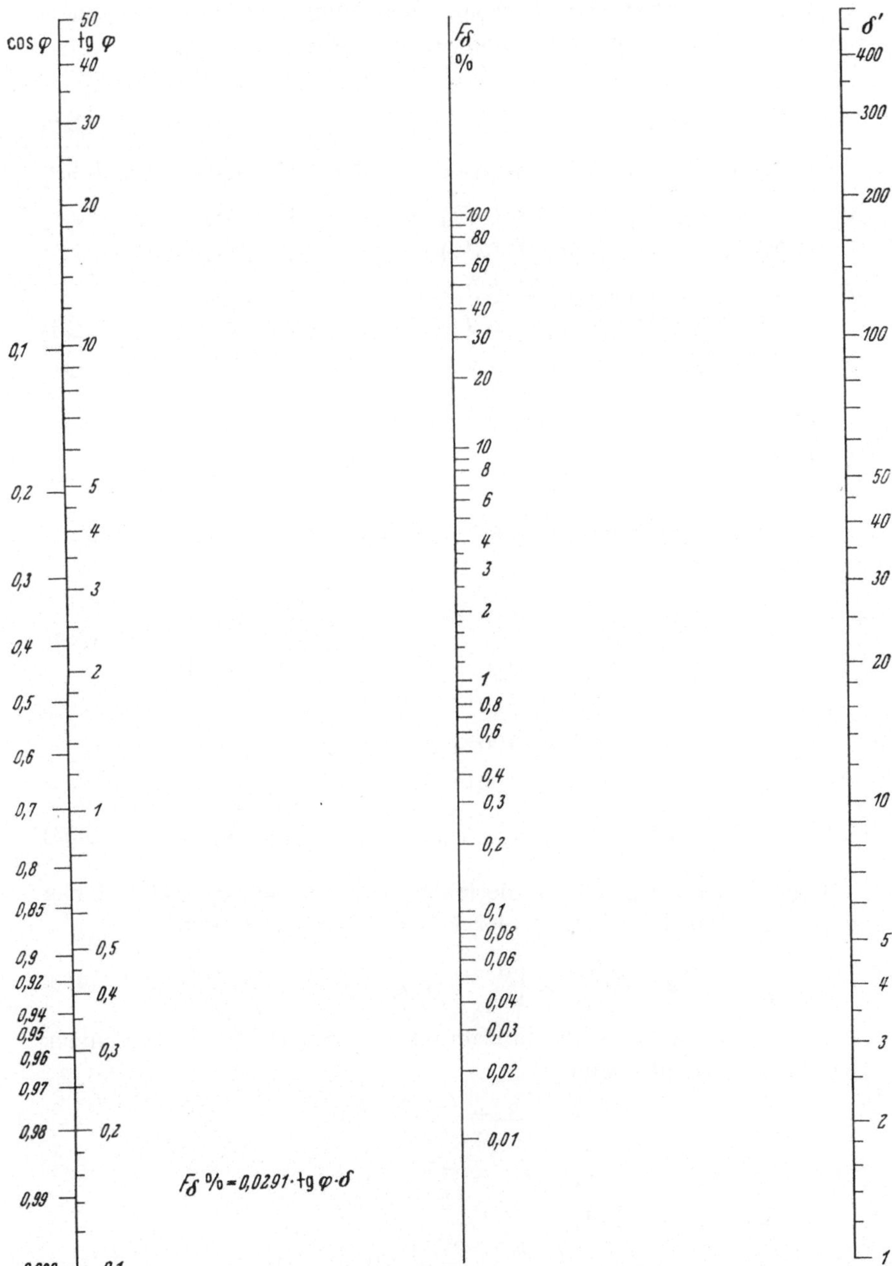

Abb. 319. Nomogramm für die Ermittlung des Winkelfehlers aus dem Fehlwinkel.
$F_\delta\% = 0{,}0291 \cdot \text{tg}\,\varphi \cdot \delta$; φ in Grad, δ in Minuten.

c) Dreileiter-Drehstrom beliebiger Belastung (Abb. 145). Bei einem Drehstrom-Dreileiterwirkverbrauchzähler ist die Solleistung

$$N_{soll} = U_{RS} \cdot J_R \cdot \cos(\varphi_R + 30) + U_{TS} \cdot J_T \cdot \cos(\varphi_T - 30) \\ = N_{RS} + N_{TS}. \tag{450}$$

Infolge der Wandlerfehler wird dem Zähler die Istleistung zugeführt,

$$N_{ist} = (U_{RS} \pm \triangle U_{RS}) \cdot (J_R \pm \triangle J_R) \cdot \cos[\varphi_R + 30 \pm (\delta_{uR} - \delta_{iR})] + \\ + (U_{TS} \pm \triangle U_{TS}) \cdot (J_T \pm \triangle J_T) \cdot \cos[\varphi_T - 30 \pm (\delta_{uT} - \delta_{iT})],$$

$$N_{ist} = (U_{RS} \pm \triangle U_{RS}) \cdot (J_R \pm \triangle J_R) \cdot \cos(\varphi_R + 30 \pm \delta_R) + \\ + (U_{TS} \pm \triangle U_{TS}) \cdot (J_T \pm \triangle J_T) \cdot \cos(\varphi_T - 30 \pm \delta_T), \tag{451}$$

$$N_{ist} = N_{RS} \pm \triangle N_{RS} + N_{TS} \pm \triangle N_{TS}, \tag{452}$$

die relative, prozentische Toleranz der Leistung ist

$$\triangle N\% = \pm \frac{\triangle N_{RS} + \triangle N_{TS}}{N} \cdot 100 = \pm \frac{\triangle N_{RS}}{N} \cdot 100 \pm \frac{\triangle N_{TS}}{N} \cdot 100. \tag{453}$$

Sind Strom-, Spannungs- und Winkelfehler der Wandler in Prozent bekannt, so ist

$$\left. \begin{aligned} F_{W_{RS}} &= F_{U_{RS}} + F_{J_R} + F_{\delta R} = \frac{\triangle N_{RS}}{N_{RS}} \cdot 100, \\ F_{W_{TS}} &= F_{U_{TS}} + F_{J_T} + F_{\delta T} = \frac{\triangle N_{TS}}{N_{TS}} \cdot 100, \end{aligned} \right\} \tag{454}$$

folglich

$$\triangle N_{RS} \cdot 100 = F_{W_{RS}} \cdot N_{RS},$$

$$\triangle N_{TS} \cdot 100 = F_{W_{TS}} \cdot N_{TS}$$

und

$$\triangle N\% = F_W\% = \pm F_{W_{RS}} \frac{N_{RS}}{N} \pm F_{W_{TS}} \cdot \frac{N_{TS}}{N}. \tag{455}$$

Das ist der gesamte Wandlerfehler, zu dem sich der Zählerfehler addiert, so daß der Gesamtfehler $F\%$ des Meßsatzes wird

$$F\% = F_Z + F_W = \pm \left(F_Z \pm F_{W_{RS}} \cdot \frac{N_{RS}}{N} \pm F_{W_{TS}} \cdot \frac{N_{TS}}{N}\right). \tag{456}$$

Es bleiben nun noch die prozentualen Wandlerfehler zu berechnen. Die Spannungsfehler sind

$$F_{u_{RS}}\% = \frac{\triangle U_{RS}}{U_{RS}} \cdot 100,$$

$$F_{u_{TS}}\% = \frac{\triangle U_{TS}}{U_{TS}} \cdot 100.$$

Die Stromfehler sind

$$F_{i_R}\% = \frac{\triangle J_R}{J_R} \cdot 100,$$

$$F_{i_T}\% = \frac{\triangle J_T}{J_T} \cdot 100.$$

der Winkelfehler ist

$$F_{\delta_R}\% = \frac{\cos[(\varphi_R + 30) \pm \delta_R] - \cos(\varphi_R + 30)}{\cos(\varphi_R + 30)} \cdot 100 = \quad (457)$$

$$= \frac{\cos(\varphi_R + 30)\cdot\cos(\pm\delta_R) \mp \sin(\varphi_R + 30)\cdot\sin(\pm\delta_R) - \cos(\varphi_R + 30)}{\cos(\varphi_R + 30)} \cdot 100, \quad (458)$$

$$F_{\delta_R}\% = [\cos(\pm\delta_R) \mp \operatorname{tg}(\varphi_R + 30)\cdot\sin(\pm\delta_R) - 1]\cdot 100. \quad (459)$$

δ_R ist ein sehr kleiner Winkel, folglich $\cos\delta_R$ annähernd 1 und

$$F_{\delta_R}\% = \mp \operatorname{tg}(\varphi_R + 30)\cdot\sin(\pm\delta_R)\cdot 100. \quad (460)$$

Bei sehr kleinen Winkeln darf man ferner den Sinus gleich dem Winkel selbst setzen, und es wird

$$100\cdot\sin(\pm\delta_R) = \pm\frac{2\pi}{360}\cdot\frac{\delta_R}{60}\cdot 100 = \pm 0{,}0291\cdot\delta_R,$$

demnach ist

$$F_{\delta_R}\% = \mp 0{,}0291\cdot\delta_R\cdot\operatorname{tg}(\varphi_R + 30)$$

und ebenso

$$F_{\delta_T}\% = \mp 0{,}0291\cdot\delta_T\cdot\operatorname{tg}(\varphi_T - 30), \quad (461)$$

wobei φ in Grad, δ in Minuten einzusetzen ist.

Beispiel. Der Zählerfehler sei bei der vorliegenden Belastung

$$F_Z = +1\%.$$

Die Spannungswandler mögen die Fehler haben

$$F_{u_{RS}} = -0{,}3\%; \quad F_{u_{TS}} = -0{,}4\%,$$

die Stromwandlerfehler seien

$$F_{i_R} = -0{,}6\%; \quad F_{i_T} = +0{,}2\%,$$

die Leistung in der Phase R sei

$$N_{RS} = 0{,}3\,N; \quad \cos\varphi_R = 0{,}75; \quad \varphi_R = 41^\circ\,20',$$

die Leistung in der Phase T sei

$$N_{TS} = 0{,}7\,N; \quad \cos\varphi_T = 0{,}8; \quad \varphi_T = 36^\circ\,50',$$

der gesamte Fehlwinkel für das R-System sei

$$\delta_R = +30'; \quad \text{für das } T\text{-System } \delta_T = +15',$$

dann ist

$$F_{\delta_R} = -0{,}0291\cdot 30\cdot\operatorname{tg}(41^\circ\,20' + 30^\circ),$$
$$F_{\delta_R} = -0{,}0291\cdot 30\cdot 2{,}96 = -2{,}6\%,$$
$$F_{\delta_T} = -0{,}0291\cdot 15\cdot\operatorname{tg}(36^\circ\,50' - 30^\circ),$$
$$F_{\delta_T} = -0{,}0291\cdot 15\cdot 0{,}12 = -0{,}05\,\%.$$

Die gesamten Wandlerfehler sind demnach

$$F_{W_{RS}} = -0{,}3 - 0{,}6 - 2{,}6 = -3{,}5\%,$$
$$F_{W_{TS}} = -0{,}4 + 0{,}2 - 0{,}05 = -0{,}25\%,$$

und der gesamte Fehler des Meßsatzes ist

$$F = +1 - 3{,}5\cdot 0{,}3 - 0{,}25\cdot 0{,}7 = -0{,}2\%.$$

Diese Art, die Fehler eines Meßsatzes zu berechnen, ist zwar sehr schön und korrekt, hat aber nur praktischen Wert, wenn die Belastung über längere Zeit annähernd konstant, die Betriebsbürde der Wandler sowie die Fehlerkurven von Zählern und Wandlern bekannt sind. Auch dann ist die Rechnung noch sehr umständlich, und es erscheint zweckmäßiger, die Wandlerfehler von vornherein so klein zu halten, daß sie außer Betracht bleiben können, wozu mehrere Wege zur Verfügung stehen.

α) Die klarste Lösung ist, Präzisionswandler der Klasse 0,1 oder 0,2 mit vernachlässigbar kleinen Fehlern zu verwenden. Diese Lösung empfiehlt sich besonders in Verbindung mit Präzisionszählern, deren Fehler ebenfalls vernachlässigbar sind. Bei Verwendung von Präzisionswandlern bleiben die Fehler bei jeder Wandlerbürde und bei allen Belastungszuständen und Phasenverschiebungen klein. Sie ist besonders angebracht, wenn die Anschluß- und Belastungsverhältnisse nicht von vornherein bekannt sind oder Belastung und Leistungsfaktor stark schwanken und große Energiemengen verrechnet werden.

β) Wenn die Belastungsverhältnisse am Einbauort und die Wandlerbürde bekannt sind, kann man auch mit einer billigeren Lösung eine recht gute Genauigkeit erreichen, indem man Zähler und Wandler gemeinsam justiert. Man gleicht dann den Meßsatz so ab, daß er bei den voraussichtlich vorherrschenden Betriebsverhältnissen möglichst kleine Fehler hat. Im allgemeinen wird man mit Wandlern der Klasse 0,5 eine völlig zufriedenstellende Genauigkeit erzielen. Selbstverständlich lassen sich die Wandlerfehler durch die Justierung des Zählers nicht völlig berichtigen, da sie sich mit der Belastung ändern und die Zählerfehler von der Phasenverschiebung abhängen. Wohl kann man den Übersetzungsfehler bei Nennlast, Kleinlast und Überlast mit den Abgleichvorrichtungen des Zählers weitgehend ausgleichen, dagegen kann man den Winkelfehler des Wandlers nur bei einer Belastung berichtigen, da man die innere Abgleichung des Zählers nur auf einen festen Wert einstellen kann.

Infolge der Belastungsabhängigkeit des Fehlwinkels der Wandler bleibt also bei allen anderen Belastungen ein Restfehler bestehen. Das Verfahren ist außerdem bei sehr großen Strömen und Spannungen nicht durchführbar, weil die erforderliche Leistung im Prüfraum nicht verfügbar ist.

γ) Auch wenn der Meßsatz nicht gemeinsam justiert werden kann, läßt sich mit Wandlern der Klasse 0,5 eine ausreichende Genauigkeit erzielen, wenn man die mutmaßliche Belastung am Einbauort und die Betriebsbürde der Wandler berücksichtigt. Man trägt sich dann für die bekannte Bürde den Wandlerfehler — abhängig von der Belastung — für die zu erwartenden Werte des Leistungsfaktors auf, zeichnet daraus eine Mittelwertkurve und macht den Zählerfehler möglichst entgegengesetzt gleich dem Wandlerfehler. Dies ist selbstverständlich keine ideale Fehlerkompensation, aber immerhin kann man auf solche Weise sehr viel bessere Meßergebnisse erzielen als ohne diesen Abgleich. Die Zählerhersteller berücksichtigen diese Verhältnisse bei der Zählerjustierung, soweit sie es vermögen, indem sie Zähler für direkten Anschluß und Meßwandlerzähler für Wandler der Klassen 0,2 und 0,5 unterscheiden.

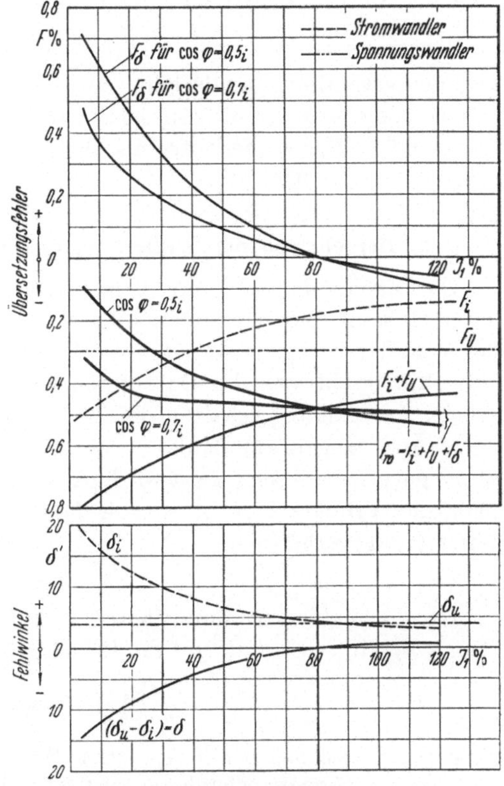

Abb. 320. Ermittlung des Gesamtwandlerfehlers eines Meßsatzes aus den Fehlerkurven von Strom- und Spannungswandler, für eine bestimmte Belastung und bekannte Wandlerbürde.

F_i Stromfehler; — F_U Spannungsfehler; — $F_i + F_U$ Gesamtübersetzungsfehler; — δ_i Fehlwinkel des Stromwandlers; — δ_u Fehlwinkel des Spannungswandlers; — $\delta = \delta_u - \delta_i$ resultierender Fehlwinkel; — F_δ Winkelfehler für $\cos\varphi = 0{,}5\,i$ und $0{,}7\,i$; — F_w gesamter Wandlerfehler bei $\cos\varphi = 0{,}5\,i$ und $0{,}7\,i$ abhängig vom Primärstrom J_1 bei Nennspannung U_n.

Um den Wandlerfehler von vornherein klein zu halten, kann man die Betriebsbürde schwach belasteter Wandler durch Zusatzbürden auf einen Wert bringen, bei dem die Wandlerfehler klein sind, ferner die Stromzuführungen des Zählers bis zu den Wandlerklemmen getrennt führen und evtl. den Spannungsabfall in den Spannungszuleitungen durch getrennte Spannungswandlerleitungen sehr klein halten.

Abb. 320 erläutert das Verfahren an einem Beispiel.

Die normale Belastung an der Einbaustelle des Zählers sei $J = J_n$, $\cos\varphi = 0{,}7$. Man trägt zunächst für die bekannte Stromwandlerbürde Z_i den Stromfehler F_i und den Fehlwinkel δ_i abhängig von der Belastung auf. Ebenso den Spannungsfehler F_u und den Fehlwinkel δ_u des Spannungswandlers für die bekannte Spannungswandlerbürde Z_u und die Nennspannung. Aus den Kurven für die Fehlwinkel des Strom- und Spannungswandlers bildet man die Kurve für den Gesamtfehlwinkel $\delta = \delta_u - \delta_i$ und errechnet daraus an Hand der Gleichung

$$F_\delta = \mp\, 0{,}0291 \cdot \delta \cdot \operatorname{tg}\varphi$$

den Winkelfehler für die in Frage kommenden Werte des Leistungsfaktors abhängig von der Belastung. Statt zu rechnen, kann man den Winkelfehler auch aus dem Nomogramm Abb. 319 entnehmen.

Die Summe der Kurven

$$F_i + F_u + F_\delta = F_w$$

gibt den gesamten Wandlerfehler an. In dem gezeichneten Beispiel liegt er bei $\cos\varphi = 0{,}7$ ind. von 20 . . . 120% Belastung zwischen $-0{,}43$ und $-0{,}5\%$. Der Zähler wäre also bei $J = J_n$ und $\cos\varphi = 0{,}7$ auf etwa $+0{,}5\%$ einzustellen.

2. Berechnung der Zählerkonstanten von Wandlerzählern.

Die Zähler können mit Primär- oder Sekundärzählwerken ausgerüstet sein. Das Sekundärzählwerk gibt die auf die Sekundärseite der Wandler bezogene Arbeit, also die Durchflußarbeit des Zählers, an. Das Primärzählwerk die Durchflußarbeit der Wandler, also die Netzarbeit. Zweckmäßig erhalten die Zähler Sekundärzählwerke, weil dann keine Änderungen am Zähler notwendig sind, wenn ein Wandlerübersetzungsverhältnis verändert wird. Aus der Sekundärarbeit A_2 ermittelt man die Primärarbeit A_1 durch Multiplikation mit dem Wandlerübersetzungsverhältnis.

$$A_1 = K_U \cdot K_J \cdot A_2 . \tag{462}$$

Ist die Zählerkonstante bezogen auf das Sekundärzählwerk C_{Z_2} (Umdr./kWh), so ist die auf die Primärgröße bezogene Zählerkonstante

$$C_{Z_1} = \frac{C_{Z_2}}{K_U \cdot K_J} \text{ (Umdr./kWh)}. \tag{463}$$

Beispiel. Sekundärarbeit $A_2 = 21{,}4$ kWh,
Stromwandlerübersetzung $K_J = 100/5$,
Spannungswandlerübersetzung $K_U = 20000/100$,

$$A_1 = \frac{20000}{100} \cdot \frac{100}{5} \cdot 21{,}4 \text{ kWh} = 85{,}6 \text{ MWh},$$

$$C_{Z_2} = 300 \text{ Umdr./kWh},$$

$$C_{Z_1} = \frac{300}{\frac{20000}{100} \cdot \frac{100}{5}} = 0{,}075 \text{ Umdr./kWh}.$$

3. Fehlschaltungen.

a) Allgemeines. Ein Zähler kann nur auf eine oder auf einige wenige Weisen richtig angeschlossen werden, dagegen sind die Möglichkeiten, ihn falsch anzuschließen — insbesondere bei Drehstromzählern in Verbindung mit Wandlern —, nahezu unbegrenzt, weshalb die Schaltung vor der Inbetriebnahme kontrolliert werden muß.

Grundsätzlich sind drei Arten von Anschlußfehlern möglich; nämlich Unterbrechung, Verwechseln und Kurzschließen von Leitungen, wodurch eine oder mehrere Wicklungen keinen Strom, einen falschen Strom, einen Strom falscher Richtung bzw. falscher Phasenlage erhalten. Diese Fehler können auch bei zunächst richtigem Anschluß später im Betrieb auftreten, etwa durch Überlastung, Überspannungen oder durch Arbeiten im Netz; es ist deshalb notwendig, die Zähler sowohl vor dem ersten Einschalten wie auch späterhin in regelmäßigen Abständen, insbesondere nach starken Gewittern oder Netzumschaltungen, zu überprüfen. In besonderen Fällen baut man sogar Kontrolleinrichtungen in die Zähler ein oder man montiert Kontrollgeräte parallel zu den Zählern.

b) Prüfverfahren. Die Zähleranschlußprüfung umfaßt folgende Punkte: Zunächst kontrolliert man die Schaltung nach dem beigegebenen Anschlußschaltbild und verfolgt die Leitungen bis zu den Wandlerklemmen. Dann schaltet man Strommesser in Reihe mit den Stromspulen, Spannungsmesser parallel zu den Spannungsspulen und überzeugt sich vom Vorhandensein aller Ströme und Spannungen.

Will man ein übriges tun, dann kann man auch in die Spannungspfade Strommesser legen und damit die Unterbrechung eines Spannungspfades im Inneren des Zählers feststellen. Schließlich überprüft man mit einem Drehfeldzeiger die richtige Phasenfolge. Nach den Kontrollen sind alle Anschlußklemmen fest anzuziehen.

Diese Kontrollen werden durch besondere Prüfklemmen sehr erleichtert. Eine weitere Vereinfachung bieten Spezialgeräte, wie sie von der Industrie unter den Namen Zähleranschlußprüfgerät und Zählerspannungsspulenprüfgerät auf den Markt gebracht wurden.

Das Zähleranschlußprüfgerät von S. & H. führt alle Kontrollen auf Spannungsmessungen zurück, so daß kein Stromkreis geöffnet werden muß. Die Spannungen werden direkt gemessen, die Ströme durch Messen der Spannungsabfälle an den Stromspulen bestimmt. Die Drehfeldrichtung ergibt sich aus den symmetrischen Spannungskomponenten des mit- und des gegenläufigen Drehfeldes. Aus den Verhältnissen der gemessenen Spannungswerte kann man die Art des vorliegenden Fehlers einer Tabelle entnehmen.

Das Prüfgerät für Zählerspannungspulen benutzt das Streufeld des Spannungstriebeisens, um ohne Öffnen des Zählers festzustellen, ob die betreffende Spannungsspule Strom führt.

c) Festeingebaute Prüfeinrichtungen. Der im Betrieb am häufigsten auftretende Fehler ist der Ausfall einer Spannung, weshalb man für diesen Störungsfall besondere Anzeigevorrichtungen geschaffen hat.

α) Phasenbruchrelais. Um das Ausbleiben einer Spannung oder die Unterbrechung einer Spannungsspule anzuzeigen, kann man zwischen den Sternpunkt der drei Spannungsspulen und den Nullpunkt ein Relais legen, das bei starkem Rückgang oder Ausbleiben einer Spannung ein Signal gibt (Abb. 321).

β) *Störungszeitzähler.* Um festzustellen, wie lange ein Zählsatz ungestört in Betrieb war und wie lange eine Spannung ausgeblieben ist, kann man einen Störungszeitzähler einbauen. Das Gerät besteht nach Abb. 322 aus einem Nullspannungsrelais, das ist ein Ferraris-Spannungstriebsystem mit einer Feder als Gegendrehmoment. Solange die drei Spannungen ihren Nennwert haben, ist das elektrische Drehmoment größer als das mechanische Gegendrehmoment der Feder, und der Anker liegt in der einen Endlage. Sinkt eine der Spannungen unter 70% ihres Nennwertes, dann überwiegt das mechanische Drehmoment, und der Anker geht in die andere Endlage. In den beiden Endlagen schaltet der Anker Synchronmotoren mit Zeitzählwerken ein, die angeben, wie lange die drei Spannungen vorhanden waren bzw. wie lange eine Spannung weniger als 70% ihres Nennwertes hatte.

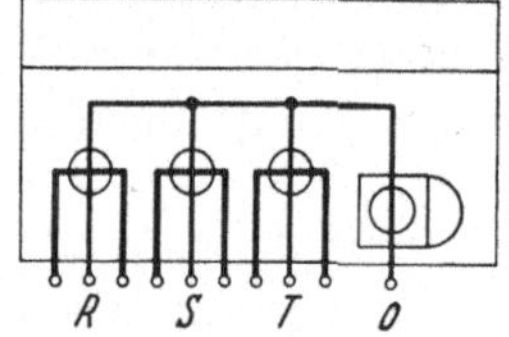

Abb. 321. Vierleiterdrehstromzähler mit eingebautem Phasenbruchrelais.

d) Korrektur. Bestand eine Fehlschaltung während längerer Zeit, so ist es erwünscht, den Anzeigefehler des Zählers infolge der Fehlschaltung festzustellen und durch eine Korrektur zu berichtigen.

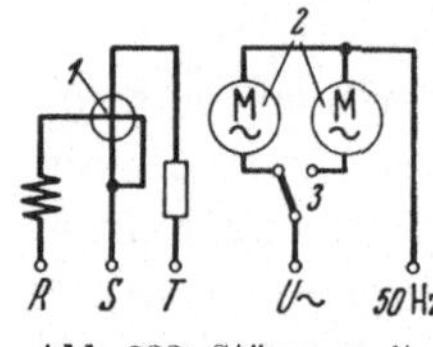

Abb. 322. Störungszeitzähler.
1 Nullspannungsrelais; — *2* Synchronmotor mit Zeitzählwerk; — *3* Umschalter des Nullspannungsrelais.

α) *Korrektur durch Versuch.* Man legt zu dem falsch geschalteten Zähler einen richtig geschalteten vom gleichen Typ parallel und läßt beide über längere Zeit registrieren. Wenn sich die Belastungsverhältnisse vor und nach dem Einschalten des Kontrollzählers nicht verändert haben, kann man den aus den Anzeigen der beiden Zähler ermittelten Korrekturfaktor auf die Zeitspanne der Fehlschaltung anwenden.

Ist A_{soll} die Anzeige des richtig geschalteten Zählers, A_{ist} die Anzeige des falsch geschalteten Zählers, so ist der Korrekturfaktor

$$C = \frac{A_{soll}}{A_{ist}} \quad \text{oder} \quad A_{soll} = C \cdot A_{ist}\,. \tag{464}$$

Diese Methode erfaßt die tatsächlichen Belastungsverhältnisse und ist deshalb dem nachstehend beschriebenen rechnerischen Verfahren vorzuziehen.

β) *Berechnung des Korrekturfaktors.* Bei symmetrischer Belastung, symmetrischem Spannungsdreieck und bekanntem Leistungsfaktor sowie bekanntem inneren Abgleichwinkel α der Zählertriebsysteme kann man den Fehler auch rechnerisch ermitteln. Dazu zeichnet man sich zunächst die Fehlschaltung auf und entwickelt daraus das Vektordiagramm der Strom- und Spannungsflüsse, dann kann man die Formel für die Anzeige des Zählers ableiten und mit der Formel für die Sollanzeige vergleichen. Der Korrekturfaktor ist wieder durch die Gl. (464) gegeben. H. NÜTZELBERGER hat ein Diagramm angegeben, aus dem man den Wert des Korrekturfaktors bei verschiedenen Fehlschaltungen ablesen kann.

In den folgenden Beispielen bedeuten die Symbole der Ströme und Spannungen, der von ihnen herrührenden Flüsse sowie des Leistungsfaktors stets die Mittelwerte während der Meßzeit t, da sonst die Integrale hätten geschrieben werden müssen.

Beispiel. Bei einem zweisystemigen Wirkverbrauchzähler mit innerem 90°-Abgleich nach Schaltung, Abb. 143, war die Spannungszuleitung in der Phase R unterbrochen.

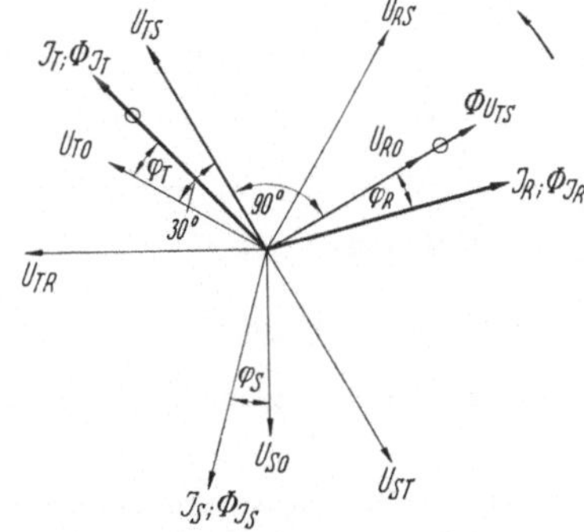

Abb. 323. Diagramm des zweisystemigen Drehstromwirkverbrauchzählers bei Ausfall der Spannung U_{RS}.

Die Sollanzeige des Zählers ist:

$$A_{soll} = k \cdot \sqrt{3} \cdot U_\triangle \cdot J \cdot \cos\varphi \cdot t .$$

Wenn die Spannungszuleitung R unterbrochen war, fehlte die Spannung U_{RS}, und das linke Zählersystem konnte nichts registrieren. Die Istanzeige des Zählers war demnach nach dem Diagramm Abb. 323,

$$A_{ist} = \\ = k_1 \cdot \Phi_{J_T} \cdot \Phi_{U_{TS}} \cdot \sin[90 - (\varphi_T - 30)] \cdot t .$$

Bei symmetrischer Belastung und symmetrischem Spannungsdreieck ergibt sich nach Einsetzen des Stromes und der Spannung an Stelle der Flüsse:

$$A_{ist} = k \cdot J \cdot U_\triangle \cdot \sin[90 - (\varphi - 30)] \cdot t = k \cdot J \cdot U_\triangle \cdot \cos(\varphi - 30) \cdot t ,$$

folglich ist der Korrekturfaktor

$$C = \frac{k \cdot \sqrt{3} \cdot U_\triangle \cdot J \cdot \cos\varphi \cdot t}{k \cdot U_\triangle \cdot J \cdot \cos(\varphi - 30) \cdot t} = \frac{\sqrt{3} \cdot \cos\varphi}{\cos(\varphi - 30)} = \frac{2 \cdot \sqrt{3}}{\sqrt{3} + \operatorname{tg}\varphi} .$$

Beispiel. Bei einem dreisystemigen Wirkverbrauchzähler mit innerer 90°-Abgleichung nach Schaltbild Abb. 147 war die Spannungsleitung T unterbrochen.

Die Sollanzeige des Zählers ist:

$$A_{soll} = k \cdot 3 \cdot U_\curlywedge \cdot J \cdot \cos\varphi \cdot t .$$

Wenn die Spannung U_{TO} nicht vorhanden war, zeigte der Zähler:

$$A_{ist} = k \cdot (U_{RO} \cdot J_R \cdot \cos\varphi_R + U_{SO} \cdot J_S \cdot \cos\varphi_S) \cdot t$$

oder bei symmetrischer Belastung und symmetrischem Spannungsdreieck:

$$A_{ist} = k \cdot 2 \cdot U_\curlywedge \cdot J \cdot \cos\varphi \cdot t .$$

Der Korrekturfaktor ist:

$$C = \frac{A_{soll}}{A_{ist}} = \frac{3 \cdot U_\curlywedge \cdot J \cdot \cos\varphi \cdot t}{2 \cdot U_\curlywedge \cdot J \cdot \cos\varphi \cdot t} = 1{,}5 .$$

In diesem einfachen Fall ist die Korrektur unabhängig vom Leistungsfaktor.

Nr.	Art der Fehlschaltung	Wirkverbrauchzähler	
		Zwei Systeme	Drei Systeme
		$\alpha = 90°$	$\alpha = 90°$
		Abb. 143	Abb. 147
1	Spannung R unterbrochen	$\frac{2\sqrt{3}}{\sqrt{3} + \operatorname{tg}\varphi}$	1,5
2	Spannung S unterbrochen	2	1,5
3	Spannung T unterbrochen	$\frac{2\sqrt{3}}{\sqrt{3} - \operatorname{tg}\varphi}$	1,5
4	Strom R unterbrochen	$\frac{2\sqrt{3}}{\sqrt{3} + \operatorname{tg}\varphi}$	1,5
5	Strom S unterbrochen	1	1,5
6	Strom T unterbrochen	$\frac{2\sqrt{3}}{\sqrt{3} - \operatorname{tg}\varphi}$	1,5
7	Strom R falsch gepolt	$\frac{\sqrt{3}}{\operatorname{tg}\varphi}$	3
8	Strom S falsch gepolt	1	3
9	Strom T falsch gepolt	$-\frac{\sqrt{3}}{\operatorname{tg}\varphi}$	3
10	Spannung am R-System umgepolt	$\frac{\sqrt{3}}{\operatorname{tg}\varphi}$	3
11	Spannung am S-System umgepolt	—	3
12	Spannung am T-System umgepolt	$-\frac{\sqrt{3}}{\operatorname{tg}\varphi}$	3
13	Spannungen R und S vertauscht	∞	∞
14	Spannungen R und T vertauscht	∞	∞
15	Spannungen S und T vertauscht	∞	∞
16	Ströme R und S vertauscht	∞	∞
17	Ströme R und T vertauscht	∞	∞
18	Ströme S und T vertauscht	∞	∞
19	Spannungen zyklisch vertauscht $T—R—S$	$\frac{-1}{0{,}5 + 0{,}866 \operatorname{tg}\varphi}$	$\frac{-1}{0{,}5 + 0{,}866 \operatorname{tg}\varphi}$
20	Spannungen zyklisch vertauscht $S—T—R$	$\frac{-1}{0{,}5 - 0{,}866 \operatorname{tg}\varphi}$	$\frac{-1}{0{,}5 - 0{,}866 \operatorname{tg}\varphi}$
21	Ströme zyklisch vertauscht $T—R—S$ ..	—	$\frac{-1}{0{,}5 - 0{,}866 \operatorname{tg}\varphi}$
22	Ströme zyklisch vertauscht $S—T—R$ ..	—	$\frac{-1}{0{,}5 + 0{,}866 \operatorname{tg}\varphi}$

Korrekturfaktor C für verschiedene Fehlschaltungen und Zählerarten unter der
Die Phasenverschiebungswinkel φ sind bei induktiver Belastung

Blindverbrauchzähler				
Zwei Systeme		Drei Systeme		
$\alpha = 60^\circ$	$\alpha = 180^\circ$	$\alpha = 60^\circ$	$\alpha = 90^\circ$	$\alpha = 180^\circ$
Abb. 143	Abb. 145	Abb. 150	Abb. 148	Abb. 152
$\frac{2\sqrt{3}}{\sqrt{3}+\operatorname{ctg}\varphi}$	$\frac{2\sqrt{3}}{\sqrt{3}-\operatorname{ctg}\varphi}$	1,5	$\frac{\sqrt{3}}{1,5}$	1,5
$\frac{2\sqrt{3}}{\sqrt{3}-\operatorname{ctg}\varphi}$	2	1,5	$\frac{\sqrt{3}}{1,5}$	1,5
2	$\frac{2\sqrt{3}}{\sqrt{3}+\operatorname{ctg}\varphi}$	1,5	$\frac{\sqrt{3}}{1,5}$	1,5
$\frac{2\sqrt{3}}{\sqrt{3}-\operatorname{ctg}\varphi}$	$\frac{2\sqrt{3}}{\sqrt{3}-\operatorname{ctg}\varphi}$	1,5	1,5	1,5
1	1	1,5	1,5	1,5
$\frac{2\sqrt{3}}{\sqrt{3}+\operatorname{ctg}\varphi}$	$\frac{2\sqrt{3}}{\sqrt{3}+\operatorname{ctg}\varphi}$	1,5	1,5	1,5
$-\sqrt{3}\cdot\operatorname{tg}\varphi$	$-\sqrt{3}\cdot\operatorname{tg}\varphi$	3	3	3
1	1	3	3	3
$\sqrt{3}\cdot\operatorname{tg}\varphi$	$\sqrt{3}\cdot\operatorname{tg}\varphi$	3	3	3
$-\sqrt{3}\cdot\operatorname{tg}\varphi$	$-\sqrt{3}\cdot\operatorname{tg}\varphi$	3	3	3
—	—	3	3	3
$\sqrt{3}\cdot\operatorname{tg}\varphi$	$\sqrt{3}\cdot\operatorname{tg}\varphi$	3	3	3
∞	∞	∞	∞	∞
∞	∞	∞	∞	∞
∞	∞	∞	∞	∞
∞	∞	∞	∞	∞
∞	∞	∞	∞	∞
∞	∞	∞	∞	∞
$\frac{-1}{0,5-0,866\operatorname{ctg}\varphi}$	$\frac{-1}{0,5-0,866\operatorname{ctg}\varphi}$	$\frac{-1}{0,5-0,866\operatorname{ctg}\varphi}$	$\frac{-1}{0,5-0,866\operatorname{ctg}\varphi}$	$\frac{-1}{0,5-0,866\operatorname{ctg}\varphi}$
$\frac{-1}{0,5+0,866\operatorname{ctg}\varphi}$	$\frac{-1}{0,5+0,866\operatorname{ctg}\varphi}$	$\frac{-1}{0,5+0,866\operatorname{ctg}\varphi}$	$\frac{-1}{0,5+0,866\operatorname{ctg}\varphi}$	$\frac{-1}{0,5+0,866\operatorname{ctg}\varphi}$
—	—	$\frac{-1}{0,5+0,866\operatorname{ctg}\varphi}$	$\frac{-1}{0,5+0,866\operatorname{ctg}\varphi}$	$\frac{-1}{0,5+0,866\operatorname{ctg}\varphi}$
—	—	$\frac{-1}{0,5-0,866\operatorname{ctg}\varphi}$	$\frac{-1}{0,5-0,866\operatorname{ctg}\varphi}$	$\frac{-1}{0,5-0,866\operatorname{ctg}\varphi}$

Annahme symmetrischer Belastung und symmetrischen Spannungsdreieckes.
positiv einzusetzen. α ist der Winkel der inneren Abgleichung.

Beispiel. Bei einem zweisystemigen Wirkverbrauchzähler mit innerer 90°-Abgleichung nach dem Schaltbild Abb. 143 ist die Stromspule R falsch gepolt. Die Sollanzeige des Zählers ist wieder:

$$A_{soll} = k \cdot \sqrt{3} \cdot U_\triangle \cdot J \cdot \cos\varphi \cdot t.$$

Aus dem Diagramm Abb. 324 ergibt sich für die Istanzeige:

$$A_{ist} = k_1 \cdot \{\Phi_{U_{RS}} \cdot \Phi_{J_R} \cdot \sin[180 + (90 - \varphi_R - 30)] + \\ + \Phi_{U_{TS}} \cdot \Phi_{J_T} \cdot \sin(90 + 30 - \varphi_T)\} \cdot t,$$

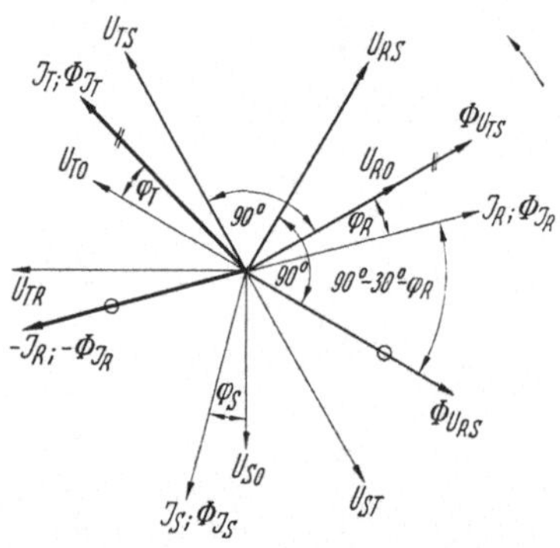

Abb. 324. Diagramm des zweisystemigen Drehstromwirkverbrauchzählers bei falscher Polung der Stromwicklung R. Zusammenarbeitende Ströme und Spannungen sind mit gleichen Zeichen gekennzeichnet (0; //).

$$A_{ist} = k \cdot \{U_{TS} \cdot J_T \cdot \sin[90 - (\varphi_T - 30)] - \\ - U_{RS} \cdot J_R \cdot \sin[90 - (\varphi_R + 30)]\} \cdot t,$$

$$A_{ist} = k \cdot [U_{TS} \cdot J_T \cdot \cos(\varphi_T - 30) - \\ - U_{RS} \cdot J_R \cdot \cos(\varphi_R + 30)] \cdot t;$$

für gleiche Belastung folgt daraus:

$$A_{ist} = k \cdot U_\triangle \cdot J \cdot [\cos(\varphi - 30) - \\ - \cos(\varphi + 30)] \cdot t,$$

$$A_{ist} = k \cdot U_\triangle \cdot J \cdot \sin\varphi \cdot t.$$

Der Zähler zeigt also in dieser Fehlschaltung nicht den Wirk-, sondern den Blindverbrauch der Anlage an und außerdem um den Faktor $\frac{1}{\sqrt{3}}$ zu wenig. Der Korrektionsfaktor ist

$$C = \frac{\sqrt{3} \cdot J \cdot U_\triangle \cdot \cos\varphi}{J \cdot U_\triangle \cdot \sin\varphi} = \sqrt{3} \cdot \operatorname{ctg}\varphi = \frac{\sqrt{3}}{\operatorname{tg}\varphi}.$$

Die Tabelle auf den Seiten 298 u. 299 gibt die Korrekturfaktoren C für verschiedene Zählerarten und verschiedene Schaltfehler an.

VIII. Schaltuhren (Lit. XV).

1. Aufgabe.

Die beiden Grundaufgaben der Zählerschaltuhren sind Tarifumschaltung und Auslösen von Maximumwerken, beide Arbeiten werden durch Hilfsrelais ausgeführt, denen die Schaltuhr den Arbeitsbefehl erteilt, indem sie einen Stromkreis schließt, öffnet oder kurzschließt. Die beiden Grundaufgaben lassen sich beliebig kombinieren und variieren, und es entsteht eine Fülle von Möglichkeiten.

Der Zeitpunkt einer Tarifumschaltung muß bequem einstellbar sein, die Maximumwerke müssen in regelmäßigen Zeitabständen genau gleicher Dauer ausgelöst werden, was sprunghaft arbeitende Schalter voraussetzt.

Die Genauigkeit der Schaltuhr darf durch das Betätigen der Schalter nicht wesentlich gemindert und durch Raumtemperaturänderungen nur geringfügig beeinflußt werden. Die Schaltuhr soll sicher gegen unberechtigte Eingriffe sein und nur geringe Pflege verlangen.

Die Schaltuhren können auch anderen Zwecken dienen, beispielsweise zu wählbaren Zeiten Stromkreise ein- und ausschalten und in Verbindung damit gleichzeitig den Zählertarif ändern oder ein Maximumwerk in oder außer Betrieb setzen, womit sich weitere zahlreiche Schaltungsmöglichkeiten ergeben. Je leichter sich eine Schaltuhr den verschiedenen Anforderungen anpassen läßt, desto vollkommener erfüllt sie ihren Zweck, die Uhr wird deshalb aus einzelnen Bauelementen zusammengefügt, die sich beliebig kombinieren lassen.

2. Lösungsgedanke.

Die Aufgaben der Schaltuhren lassen sich grundsätzlich durch Ein-, Aus- und Umschalter sowie Kurz-Ein- oder -Ausschalter (Wischkontaktschalter) in Verbindung mit einstellbaren Schaltarmen an passenden Achsen des Uhrwerkes lösen. Da während einer Umdrehung einer Uhrwerksachse meist mehrere Schaltungen notwendig sind, bringt man auf den Achsen Scheiben mit einer Zeitteilung an und befestigt daran einstellbare Schaltnocken oder Schaltreiter, von denen die feststehenden Schalter gesteuert werden. An einer ebenfalls feststehenden Marke kann man die Uhrzeit ablesen. Selbstverständlich könnte man auch die Zifferblätter mit der Zeitteilung stillstehen lassen wie bei gewöhnlichen Uhren und statt der Uhrzeiger verstellbare Schaltarme mit den Achsen umlaufen lassen, doch hat sich bei den Schaltuhren die umgekehrte Ausführung als bequemer erwiesen, und so spricht man entsprechend der Umlaufzeit oder der Zeitteilung von Stunden-, Tages-, Wochen- und Jahresscheiben. Daneben ist häufig von einer astronomischen Zeitscheibe die Rede, und man meint damit eine Schaltscheibe, auf der sich die Schaltarme abhängig von Sonnenauf- oder -untergang mit der Jahreszeit selbsttätig verstellen.

Zuweilen wirken mehrere Schaltscheiben verschiedener Umlaufzeiten zu einem Schaltvorgang zusammen.

3. Zeitscheiben oder Steuerscheiben.

Die Steuerscheiben werden unter Zwischenschalten von Rutschkupplungen auf die Uhrwerkachsen aufgesetzt, sie tragen eine Zeitteilung entsprechend ihrer Umlaufzeit und können verstellbare Schaltnocken oder Schaltreiter haben. Mit den Rutschkupplungen stellt man die Steuerscheiben auf die richtige Zeit. Das Drehmoment der Kupplungen muß größer sein als das zum Betätigen der Schalter erforderliche Moment. Das Uhrwerk treibt die Steuerscheiben stetig oder absatzweise an. Der kleinste Zeitunterschied zwischen zwei Schaltungen ist durch Geschwindigkeit und Durchmesser der Steuerscheibe sowie durch die Konstruktion der Schaltelemente gegeben, er beträgt normalerweise bei der Stundenscheibe fünf Minuten, bei der Tagesscheibe eine Stunde. Die Stundenscheibe wird auch angebracht, wenn man sie für das Schaltprogramm nicht benötigt, weil sich mit ihr die Uhr bequem einregeln läßt. Die Tagesscheibe ist die meistgebrauchte Schaltscheibe für Tarifschaltungen, die Wochenscheibe braucht man, um Schaltvorgänge an gewissen Wochentagen mechanisch oder elektrisch zu blockieren, und die Jahresscheibe verwendet man, wenn Schaltzeiten abhängig von der Jahreszeit gesteuert werden sollen.

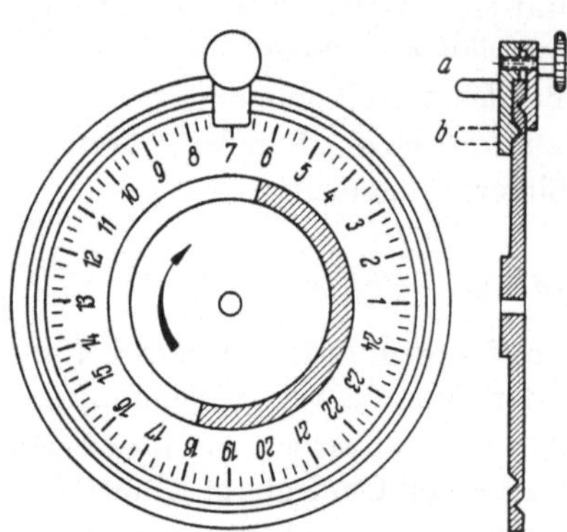

Abb. 325. Tagesscheibe einer Schaltuhr mit aufgesetztem Schaltreiter. *a* äußere Schaltreiterbahn; — *b* innere Schaltreiterbahn.

Abb. 325 zeigt eine Tagesscheibe mit aufgesetztem Schaltreiter. Den Schaltstift des Reiters kann man in verschiedenen Kreisbahnen einsetzen und je nachdem verschiedene Schalter betätigen.

In Abb. 326 sind zwei gekuppelte und gegeneinander verdrehbare Nockenscheiben dargestellt, mit denen sich das Verhältnis Einschaltdauer zu Ausschaltdauer variieren läßt.

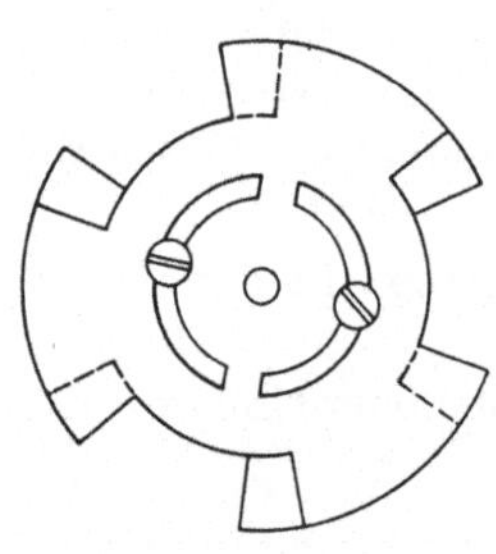

Abb. 326. Verstellbar gekuppelte Nockenscheiben zur Änderung der Schaltungsdauer.

Die Schaltreiter können Ein- oder Ausschaltvorgänge oder Nockenwellen steuern sowie als Begrenzungsreiter die Bewegungsfähigkeit von Schaltarmen einschränken.

a) Erhöhung der Schaltgenauigkeit. Will man den Zeitpunkt einer Schaltung sehr genau festlegen, so läßt man zwei verschieden schnell umlaufende Schaltscheiben zusammenwirken, deren Kontakte man parallel schaltet. Die langsamer umlaufende Scheibe bereitet die Schaltung vor und verhindert, daß die schneller umlaufende bei jedem Umlauf schaltet, die schneller laufende löst den Schaltvorgang aus.

Beispiel. In Abb. 327 sind die Abwicklungen einer Tages- und einer Stundenscheibe dargestellt. Ein Verbraucher soll von 6.45 bis 18.30 Uhr eingeschaltet werden. Auf der Tagesscheibe sitzen zwei Reiter, von denen der eine etwa um 6.40 ein- und der andere etwa um 18.25 Uhr ausschaltet. Die beiden Reiter auf der Stundenscheibe schalten um 45 Minuten ein und um 30 Minuten aus. Dann spielt sich folgender Vorgang ab. Der Schalter auf der Tagesscheibe schließt um 6.40 und schaltet die Wicklung a_1 des Hilfsrelais 3 ein. Diese Wicklung vermag den Anker nicht anzuziehen, wohl aber den angezogenen Anker zu halten. Um 6.45 schließt der Schalter der Stundenscheibe und schaltet die zweite Wicklung a_2 des Hilfsrelais ein, das Relais zieht an und schaltet den Verbraucher ein. Um 7.30 öffnet der Schalter der Stundenscheibe und schaltet die Wicklung a_2 ab, der Anker wird aber weiterhin durch die Wicklung a_1 gehalten, unabhängig von der Stellung der Schalter auf der Stundenscheibe. Um 18.25 öffnet der Schalter der Tagesscheibe und schaltet die Wicklung a_1 aus. Zu diesem Zeitpunkt ist der Schalter der Stundenscheibe geschlossen, und die Wicklung a_2 hält den Anker. Um 18.30 öffnet der Schalter der Stundenscheibe, und das Relais schaltet nun den Verbraucher ab.

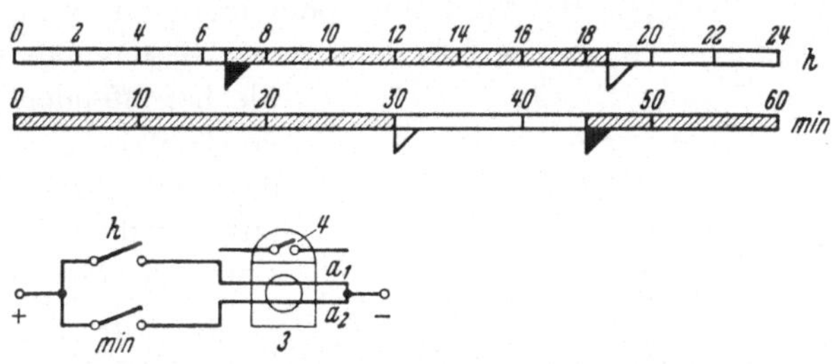

Abb. 327. Abwicklung einer Tages- und einer Stundenscheibe als Beispiel für die genaue Einschaltung eines Verbrauchers von 6.45 bis 18.30 Uhr.
////////// eingeschaltet; — ═══ ausgeschaltet; — *h* Schalter der Tagesscheibe; — *min* Schalter der Stundenscheibe; — ◤ Reiter für die Einschaltung; — ▽ Reiter für die Ausschaltung; — *3* Hilfsrelais mit zwei Arbeitswicklungen a_1 und a_2; — *4* Schalter des Hilfsrelais.

In ähnlicher Weise kann man an Hand der abgewickelten Zeitscheiben die Schaltungen für beliebige Schaltvorgänge festlegen, wobei an Stelle getrennter Arbeits- und Haltewicklungen auf den Hilfsrelais natürlich auch Hilfskontakte verwendet werden können.

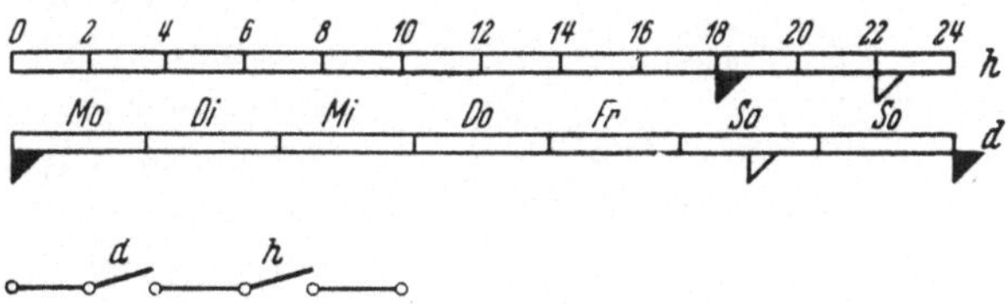

Abb. 328. Sperrung eines Schaltvorgangs an bestimmten Tagen.
h Abwicklung der Tagesscheibe; — *d* Abwicklung der Wochenscheibe; — ◤ Einschaltreiter; — ▽ Ausschaltreiter.

b) Sperren einer Schaltung zu bestimmten Zeiten. Will man einen sonst regelmäßig stattfindenden Schaltvorgang zu bestimmten Zeiten ausfallen lassen, so kann man dazu ebenfalls zwei Scheiben verschiedener Umdrehungsgeschwindigkeit verwenden. Beispielsweise ergibt sich die Zeitscheibenabwicklung der Abb. 328, wenn täglich zu einer bestimmten Zeit ein Tarif umgeschaltet wird, die Umschaltung jedoch von Samstag 12 Uhr bis Sonntag 24 Uhr ausfallen soll.

Der Tarif 2 soll täglich von 18 bis 22 Uhr eingeschaltet werden mit Ausnahme des Samstags und Sonntags. Der Schalter der Wochenscheibe *d* ist von Montag 00 Uhr bis Samstag 12 Uhr geschlossen, der Schalter der Tagesscheibe *h* ist von 18 bis 22 Uhr geschlossen, er kann also täglich von 18 bis 22 Uhr den Tarif 2 einschalten, jedoch nicht von Samstag 12 Uhr bis Sonntag 24 Uhr, weil in dieser Zeit der in Reihe liegende Schalter der Wochenscheibe *d* geöffnet ist.

c) Einstellen eines Schaltarmes von außen. Bei manchen Anlagen will man dem Kunden die Wahl eines oder mehrerer Schaltzeitpunkte innerhalb gewisser Grenzen anheimstellen. In diesem Fall macht man die betreffenden Schaltarme von außen einstellbar und begrenzt ihren Weg durch unzugängliche Anschläge oder fest eingestellte Reiter.

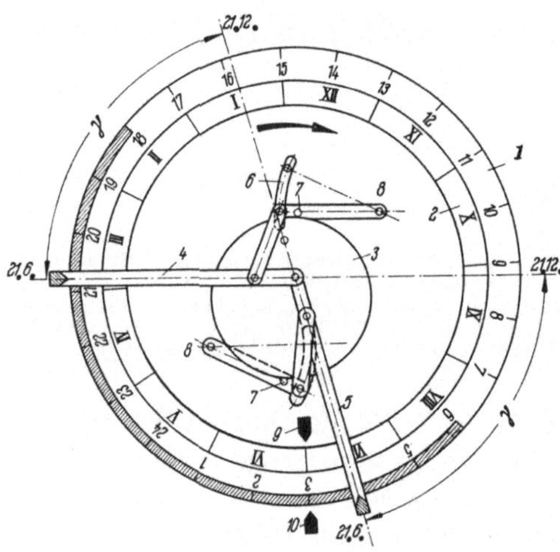

Abb. 329. Astronomische Zeitscheibe.
1 Tagesscheibe; — *2* Jahresscheibe; — *3* Exzenter auf der Jahresscheibe; — *4* Einschaltarm der Tagesscheibe; — *5* Ausschaltarm der Tagesscheibe; — *6* Führungskulisse für den Gelenkhebel der Tagesscheibe; — *7* Führungsrolle auf dem Exzenter der Jahresscheibe; — *8* Drehpunkt für den Gelenkhebel; — *9* Monatszeiger; — *10* Stundenzeiger; — γ Verstellwinkel der Schaltarme.

d) Astronomische Zeitscheibe. Bei der astronomischen Zeitscheibe sitzen die Schaltreiter auf Schwenkarmen und verstellen sich selbsttätig abhängig von der Jahreszeit sechs Monate in der einen, sechs Monate in der umgekehrten Richtung. Sie werden durch eine Kurvenscheibe und einen Lenker gesteuert (Abb. 329). Die Kurvenscheibe dreht sich täglich um $^1/_{365}$ Umdrehung, macht also einen Umlauf pro Jahr. Die Schaltreiter lassen sich außerdem gegenüber den Schwenkhebeln noch um eine begrenzte Zeit vor- oder nachstellen. In dem gezeichneten Beispiel würde am 21. 6. etwa um 21 Uhr ein- und etwa um 4 Uhr ausgeschaltet, am 21. 12. würde etwa um 16 Uhr ein- und etwa um 9 Uhr ausgeschaltet. Abb. 330 zeigt Vorder- und Rückseite einer astronomischen Zeitscheibe. Die Kurvenscheibe ist selbstverständlich dem Breitengrad des Verwendungsortes anzupassen und muß ebenso wie der Lenkermechanismus recht genau sein; trotzdem können Abweichungen von $\pm$ 15 Minuten von den Sonnenauf- oder -untergangszeiten auftreten. Abb. 331 zeigt die Zeit des Sonnenuntergangs abhängig von der Jahreszeit und der geographischen Breite.

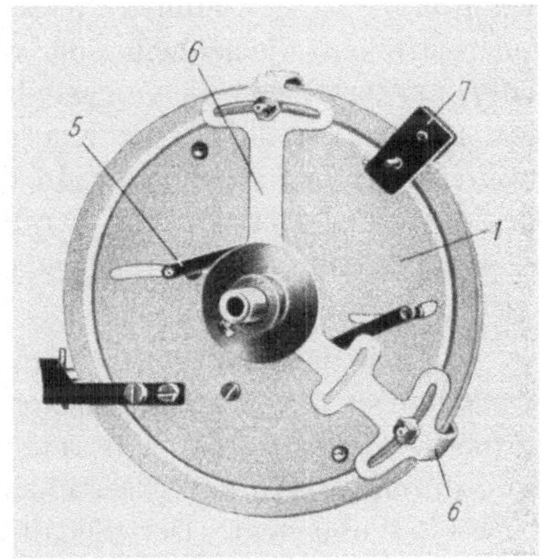

Abb. 330. Vorder- und Rückseite der astronomischen Zeitscheibe. Die Zifferblätter sind entfernt und die Exzenterscheibe ist durchsichtig dargestellt.

1 Tagesscheibe; — *2* Exzenterscheibe; — *3* Antrieb der Jahresscheibe; — *4* Führungsrolle auf dem Exzenter; — *5* Führungskulisse und Gelenkhebel; — *6* Schaltarme; — *7* fester Reiter auf der Tagesscheibe.

4. Schalter.

Als Uhrenschalter werden für kleine und große Schaltleistungen offene mechanische Schalter evtl. mit Lichtbogenlöschung oder Quecksilberschalter gewählt. Die meisten Schalter arbeiten schlagartig. Für Schaltprogramme mit verschiedenen Schaltvorgängen verwendet man Nockenwellenschalter, wobei bis zu zehn Schalter von einer Nockenwelle gesteuert werden können.

a) Maximumschalter. Der Maximumschalter ist ein Kurzeinschalter, der am Ende jeder Maximumperiode den Maximumauslöser vorübergehend kurzschließt oder einschaltet. Die Maximumperioden sind 15, 30 oder 60 Minuten, und dementsprechend erhält die Stundenachse der Uhr eine Steuerscheibe mit 4, 2 oder 1 Schaltnocken; die Ein-

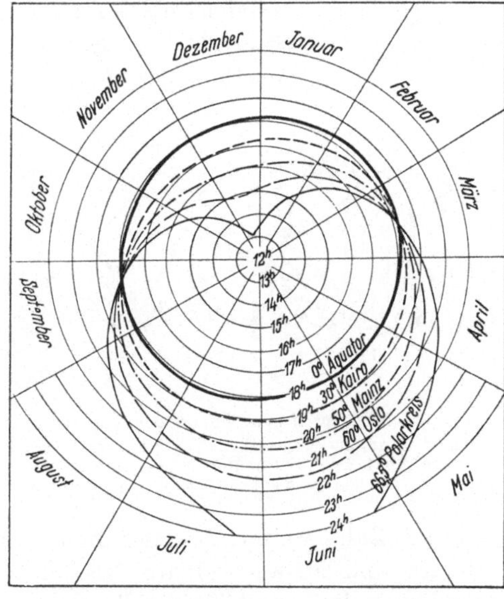

Abb. 331. Darstellung der Zeit des Sonnenuntergangs für verschiedene Breitengrade, abhängig von der Jahreszeit.

schaltdauer ist gewöhnlich 15 Sekunden und wird durch zwei Steuerfedern erreicht, die nacheinander von der Schaltnase abgleiten und deren Längenunterschied Δl eingestellt werden kann (Abb. 332). Der Kontakt ist während der Zeit geschlossen, in der die eine Steuerfeder bereits von der Schaltnase abgeglitten ist, während die andere noch aufliegt.

b) Tarifumschalter. α) *Zweitarifschalter.* Der Zweitarifumschalter wird durch Schaltstifte in verschiedenen Kreisdurchmessern der Tagesscheibe abwechselnd umgelegt. Der Schalter arbeitet sprunghaft und kann täglich mehrmals betätigt werden (Abb. 333), wobei die kleinste Zeitdifferenz zwischen zwei Schaltungen etwa eine Stunde beträgt.

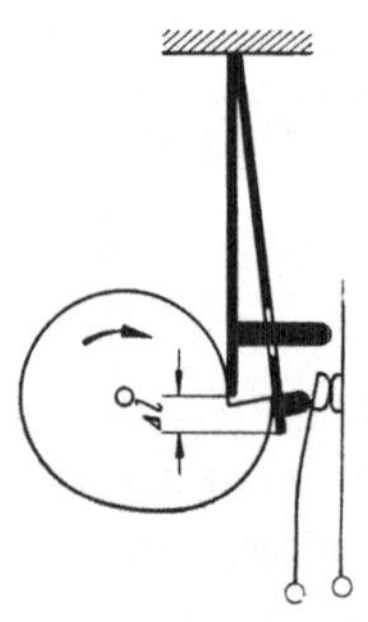
Abb. 332. Kurzzeiteinschalter als Maximumschalter.

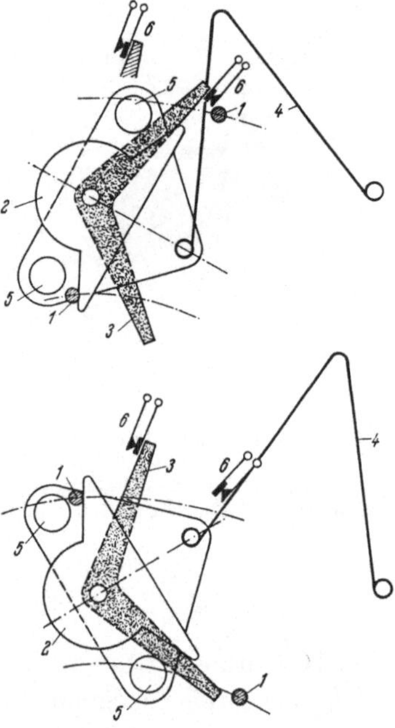
Abb. 333. Kippschalter als Zweitarifschalter.
1 Schaltstift auf der Zeitscheibe; — *2* Antriebshebel; — *3* Kipphebel; — *4* Kippfeder; — *5* Schaltnocken auf dem Antriebshebel; — *6* Schalter.

β) *Mehrtarifschalter* (Abb. 334). Beim Mehrtarifschalter wird eine Schaltnase *2* durch den Stift *1* der Steuerscheibe gegen die Kraft der Feder *5* ausgelenkt. An der Schaltnase sitzt der Drehhebel *3*, der nach einer bestimmten Auslenkung von der Feder *6* in eine Lücke des Zackenrades *4* gezogen wird. Hat der Schaltstift *1* die Schaltnase *2* frei gegeben, wird sie durch die Feder *5* in die Ausgangslage zurückgezogen und dreht dabei die Zahnscheibe *4* um einen Zahn weiter. Auf der Achse dieser Zahnscheibe können verdrehbare und auswechselbare Nockenscheiben sitzen, mit denen die Stromkreise der verschiedenen Tarifrelais beliebig oft und in beliebiger Reihenfolge geschaltet werden können.

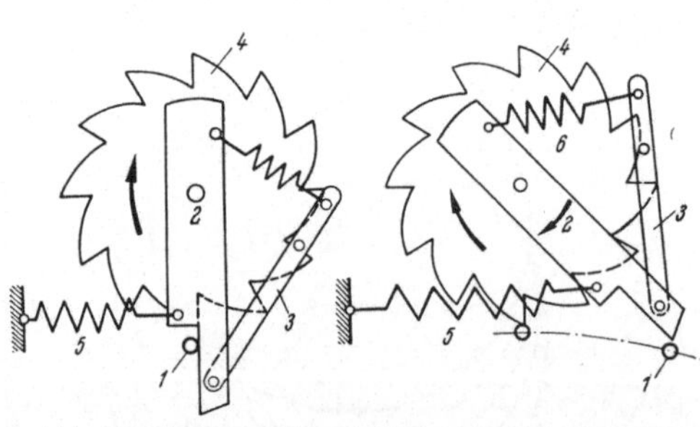
Abb. 334. Nockenwellenantrieb auf der Tagesscheibe.
1 Schaltstift an der Tagesscheibe; — *2* Schalthebel; — *3* Klinkenhebel; — *4* Zackenrad; — *5* Rückholfeder; — *6* Klinkenfeder.

γ) *Universalschaltuhr mit Linienwähler.* Wenn man Schaltzeiten und Tariffolge beliebig variieren will, verwendet man Schaltuhren mit leicht auswechselbaren Steuergliedern. Abb. 335 zeigt den Schaltplan, Abb. 336 und 337 Innen- und Außenansicht einer universell anwendbaren Schaltuhr. Die Uhr enthält Stunden-, Tages- und Wochenscheibe und ist außergewöhnlich vielseitig. Von der Stundenscheibe kann ein Maximumauslöser gesteuert werden. Die Tagesscheiben sind leicht auswechselbar und haben je sechs fest eingenietete Schaltstifte, wodurch die Schaltzeit sehr genau eingehalten werden kann. Die Scheiben sind für drei oder vier Tarife eingerichtet, von denen jeder täglich zweimal eingeschaltet werden kann. Zu jeder Schaltuhr gehören vier bis sechs Tagesscheiben, für die verschiedenen Jahreszeiten. An Stelle der Tagesscheiben mit festen Reitern kann man auch eine Tagesscheibe mit verstellbaren Reitern einsetzen. Die Schaltstifte der Tagesscheiben steuern eine Nockenwelle mit sechs Nockenscheiben. Um den Zeitpunkt der Tarifumschaltungen möglichst genau festzulegen, schaltet man die Nockenwellenschalter der Tagesscheibe in Reihe mit dem Kurzeinschalter der Stundenscheibe, dann bereitet die Tagesscheibe die Schal-

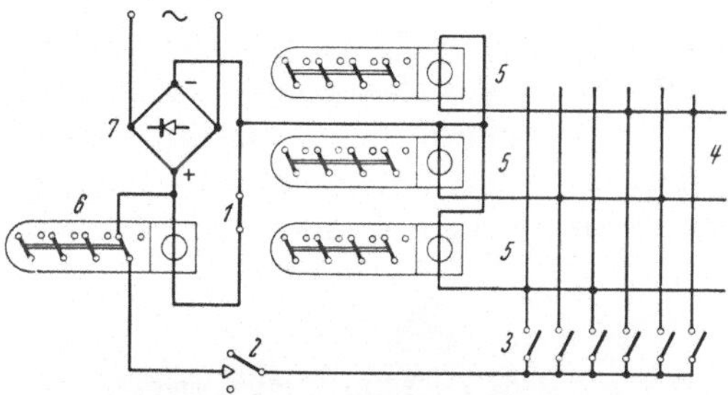

Abb. 335. Schaltplan einer Universalschaltuhr.
1 Schalter der Wochenscheibe; — *2* Kurzeinschalter der Stundenscheibe (Maximumauslösung); — *3* Nockenschalter der Tagesscheibe; — *4* Linienwähler; — *5* Hilfsrelais an den Kreuzschienen der Tagesschalter; — *6* Hilfsrelais am Wochenschalter; — *7* Gleichrichter in Graetz-Schaltung.

Abb. 336. Innenansicht einer Universalschaltuhr.
1 Stundenscheibe; — *2* auswechselbare Tagesscheibe; — *3* Wochenscheibe mit verstellbarem Schaltstift; — *4* Handantrieb der Zeitscheiben; — *5* Antrieb des Nockenwellenschalters von der Tagesscheibe; — *6* Nockenwelle; — *7* Nockenwellenschalter; — *8* Stundenzeiger; — *9* Tageszeiger; — *10* Kippschalter an der Wochenscheibe; — *11* Handaufzug des Uhrwerks; — *12* Arretierung des Uhrwerkpendels; — *13* auswechselbare Lochkarte für die Tarifwahl; — *14* Kreuzschienen der Nockenwellenschalter; — *15* Kreuzschienen der Relais; — *16* Hilfsrelais.

tung vor und die 24mal schneller laufende Stundenscheibe löst sie zusammen mit der Maximumregistrierung aus.

Die Leitungen der Nockenwellenschalter führen zu einem Kreuzschienenverteiler mit sechs senkrechten und drei oder vier waagrechten Schienen. Letztere steuern Hilfsrelais mit je vier Umschaltkontakten. Durch Kontaktstöpsel an den Kreuzungspunkten der Linienwählerschienen verbindet man die senkrechten und die waagrechten Schienen und kann damit jeden Nokkenschalter auf jedes Relais arbeiten lassen. Setzt man an eine Kreuzung keinen Kontaktstöpsel, so fällt die betreffende Schaltung aus. Die Bedienung wird durch eine Lochkarte vereinfacht, in die das Schaltprogramm eingestanzt ist und die man auf den Linienwähler auflegt. Der Schaltwärter kann nur an gelochten Kreuzungen Kontaktstöpsel einsetzen. Durch Kombination verschiedener Zeitscheiben mit verschiedenen Lochkarten kann man das Schaltprogramm beliebig variieren. Mit den Reitern auf der Tagesscheibe wird also der Zeitpunkt einer Tarifumschaltung, mit dem Kreuzschienenverteiler die Tarifart gewählt.

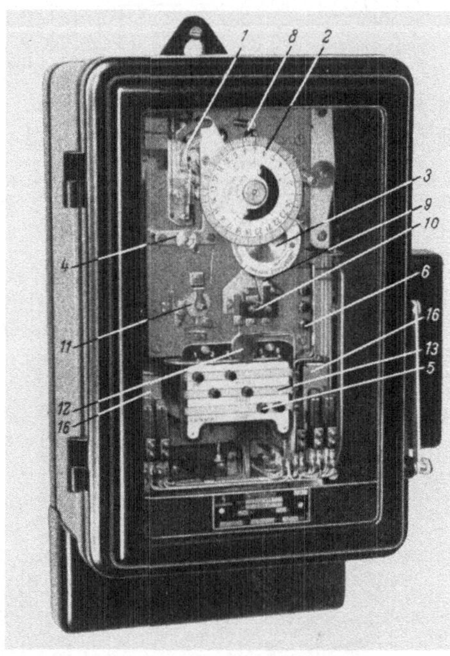

Abb. 337. Außenansicht einer Universalschaltuhr.

1 Stundenscheibe; — *2* auswechselbare Tagesscheibe mit festen Schaltstiften für den Zeitpunkt der Tarifumschaltung; — *3* Wochenscheibe mit verstellbarem Schaltstift; — *4* Handantrieb der Zeitscheiben; — *5* Einschraubstöpsel für den Kreuzschienenverteiler; — *6* Reservestöpsel; — *8* Stundenzeiger; — *9* Tageszeiger; — *10* Kippschalter an der Wochenscheibe; — *11* Handaufzug des Uhrwerks; — *12* Arretierung des Uhrwerkpendels; — *13* auswechselbare Lochkarte für die Tarifwahl; — *16* Hilfsrelais.

Schließlich hat die Schaltuhr noch eine Wochenscheibe, von der ebenfalls ein Hilfsrelais mit vier Umschaltkontakten gesteuert wird, und endlich ist noch ein Gleichrichter eingebaut, der die Ströme für die Hilfsrelais liefert.

5. Schaltungen.

a) Maximumschaltungen. α) *Ständige Messung des Maximums.* Beim einfachen Maximumschalter zum dauernden Messen des Maximums wird am Ende jeder Maximumperiode das Maximumrelais des Zählers vorübergehend eingeschaltet, kurzgeschlossen oder geöffnet, wodurch die Kupplung zwischen Antrieb und Maximumwerk gelöst wird und der Maximumschlepper in seine Nullstellung zurückfällt. Sofern gleichnamige Klemmen mehrerer Maximumzähler an denselben Spannungen liegen, kann eine Schaltuhr eine größere Anzahl von Zählern gleichzeitig schalten (Abb. 338).

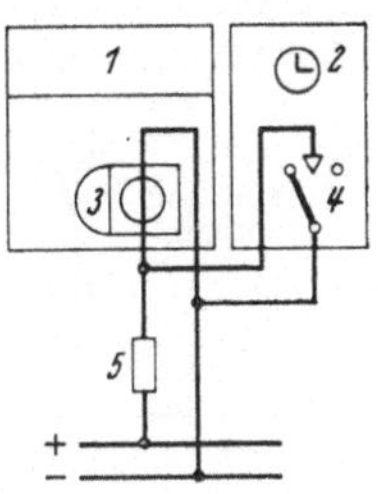

Abb. 338. Maximumschaltung. *1* Zähler; — *2* Schaltuhr; — *3* Maximumrelais; — *4* Kurzeinschalter; — *5* Vorwiderstand.

β) *Zeitweilige Messung des Maximums.* Die mittlere Leistung wird nur zu bestimmten Tageszeiten oder an bestimmten Wochentagen gemessen, während der übrigen Zeit wird sie nicht beobachtet. Solange der Zeitschalter *6* in Abb. 339 geöffnet ist, wird das Maximum gemessen, bei geschlossenem Zeitschalter ist der Maximumauslöser dauernd kurzgeschlossen, und es wird kein Maximum registriert.

Die Uhr hat Stunden- und Tagesscheibe oder Stunden-, Tages- und Wochenscheibe.

γ) *Doppeltarif-Maximumzähler* (Abb. 340a und b). Das Maximum wird dauernd oder nur zur Zeit des einen Tarifs gemessen, der Verbrauch zu verschiedenen Zeiten von getrennten Zählwerken erfaßt.

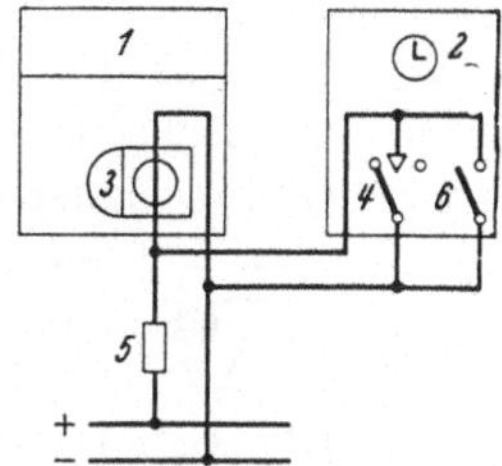

Abb. 339. Zeitweise Maximummessung. Das Maximum wird zu bestimmten Zeiten nicht gemessen. *1* Zähler; — *2* Schaltuhr; — *3* Maximumrelais; — *4* Kurzeinschalter; — *5* Vorwiderstand; — *6* Schalter an der Tages- oder Wochenscheibe.

b) Tarifschaltungen. α) *Zweitarifschaltung* (Abb. 341). Bei der Zweitarifschaltung trägt die Tagesscheibe einen Einschalt- und einen Ausschaltreiter und schaltet den Zähler zu einer bestimmten Tageszeit von Tarif 1 auf Tarif 2, zu einer anderen Tageszeit auf Tarif 1 zurück. Wenn die Tarifrelais mehrerer Zähler an denselben Spannungen liegen, kann man mit einer Schaltuhr mehrere Zähler gleichzeitig umschalten.

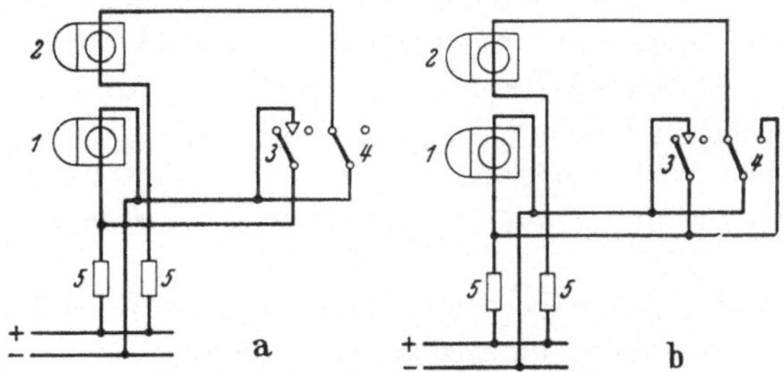

Abb. 340. Zweitarifmaximumschaltung.
a Das Maximum wird dauernd gemessen; — b das Maximum wird nur zur Zeit des hohen Tarifs gemessen.
1 Maximumrelais; — *2* Tarifrelais; — *3* Kurzzeitschalter an der Stundenscheibe; — *4* Tarifschalter an der Tagesscheibe; — *5* Vorwiderstand.

Mit derselben Anordnung kann man zu bestimmten Zeiten einen Verbraucher ein- oder ausschalten. Dabei läßt sich einer der Schaltzeitpunkte innerhalb einer gewissen Grenze in das Belieben des Abnehmers stellen, wenn man in angemessenem Abstand von dem einen Schaltreiter einen Anschlag anbringt und den anderen Schaltarm von außen verstellbar macht. Der Kunde kann dann den einen Schaltzeitpunkt zwischen dem anderen Schaltzeitpunkt und dem Anschlag beliebig einstellen. In diesem Falle wird es zuweilen erforderlich sein, Ein- und Ausschalter mehrpolig auszuführen. Selbstverständlich kann gleichzeitig mit dem Verbraucher auch der Tarif geschaltet werden.

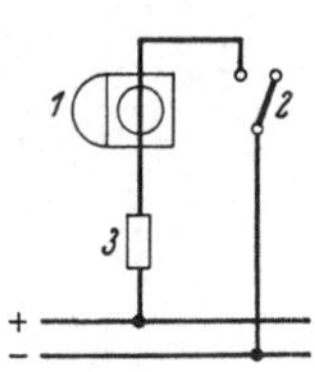

Abb. 341. Zweitarifschaltung. 1 Tarifrelais; — 2 Tarifschalter an der Tagesscheibe der Schaltuhr; — 3 Vorwiderstand.

Eine Sonderausführung der Verbraucherschaltuhr (Sperrschaltuhr) ist die Treppenhausschaltuhr. Sie hat eine astronomische Zeitscheibe und schaltet zu einem bestimmten Zeitpunkt abends Dauerlicht ein. Dieser Zeitpunkt verschiebt sich mit der Jahreszeit. Zu einer einstellbaren Zeit wird das Dauerlicht abgeschaltet, und nun kann man durch Druckknopfschalter im Treppenhaus vorübergehend einschalten (Minutenlicht). Die Dauer dieser Kurzeinschaltungen wird von der Stundenachse gesteuert. Mit Sonnenaufgang wird die Uhr bis zum Einschalten der Abendbeleuchtung völlig gesperrt.

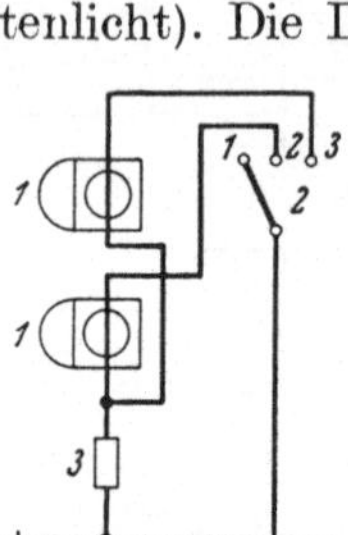

Abb. 342. Dreitarifschaltung. 1 Tarifrelais; — 2 Tarifschalter an der Tagesscheibe der Schaltuhr; — 3 Vorwiderstand.

β) *Dreitarifschaltung mit fester Tariffolge* (Abb. 342). Der Zähler hat zwei Tarifrelais und kann auf drei verschiedene Zählwerke arbeiten. Die Umschaltzeiten sind wählbar, und die Tarife können mehrmals täglich wechseln. Ihre Reihenfolge ist beliebig, eine einmal gewählte Tariffolge kann jedoch nicht ohne weiteres geändert werden.

γ) *Dreitarifschaltung mit beliebiger Tariffolge.* Der Zähler hat wieder zwei Tarifrelais und die Schaltuhr maximal zwölf Schaltreiter. Umschaltzeiten und Tariffolge sind frei wählbar. Jeder Schaltreiter dreht eine Nockenwelle um einen Schritt weiter, die Ausführung der Nockenscheiben bestimmt die Tariffolge, bei Änderungen sind die Nockenscheiben auszuwechseln.

δ) *Mehrtarifschaltung mit auswechselbaren Scheiben und Lochkarten* (s. Abb. 335 ... 337).

ε) *Tarifschaltung mit Wochenendsperre* (Abb. 343). Soll der Tarif an bestimmten Tagen nicht umgeschaltet werden, so legt man mit dem Schalter an der Tagesscheibe einen Schalter der Wochenscheibe in Reihe, der die Stromzuführung zum Tarifschalter zu bestimmten Zeiten unterbricht.

η) Mehrtarif-Maximumschaltung mit Wochenendsperre für Tarif- und Maximumrelais (Abb. 344). Auf der Stundenscheibe der Schaltuhr sitzt der Maximumschalter, die Tagesscheibe schaltet die Tarife um und die Wochenscheibe unterbricht die Stromzuführung zum Tarifschalter und schließt den Maximumschalter kurz. Natürlich kann der Zähler über das Wochenende auf Tarif 1 oder 2 geschaltet sein.

Die gezeigten und beschriebenen Schaltungen sind Beispiele und umgrenzen keineswegs die Möglichkeiten der Tarif- und Maximumschaltungen.

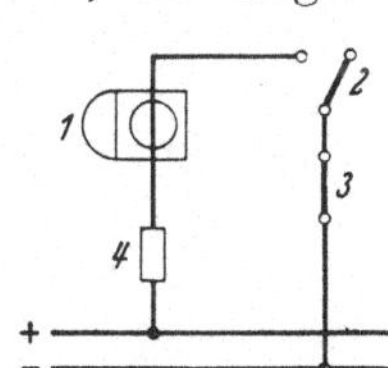

Abb. 343. Tarifschaltung mit Wochenendsperre.

1 Tarifrelais; — *2* Schalter an der Tagesscheibe; — *3* Schalter an der Wochenscheibe; — *4* Vorwiderstand.

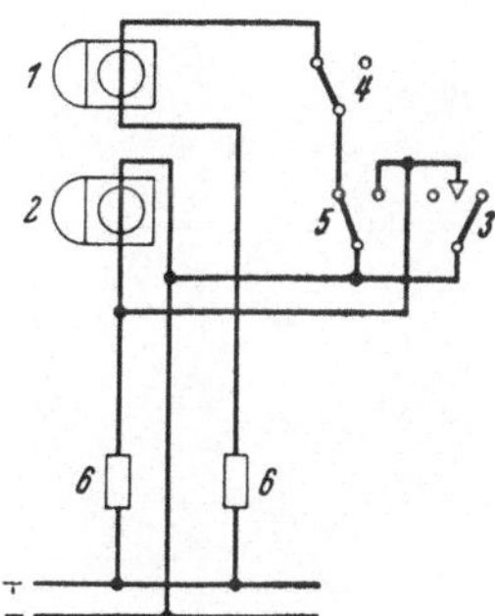

Abb. 344. Mehrtarifmaximumschaltung mit Wochenendsperre für Tarif- und Maximumschaltung.

1 Tarifrelais; — *2* Maximumrelais; — *3* Kurzeinschalter der Stundenscheibe; — *4* Schalter an der Tagesscheibe; — *5* Schalter an der Wochenscheibe; — *6* Vorwiderstand.

6. Uhrwerke.

Die Schaltuhren werden von Uhrwerken mit Pendelhemmung oder Unruhehemmung oder von Synchronlaufwerken angetrieben.

a) Pendel- und Unruhe-Uhren. Pendel- und Unruhe-Uhren können als gleichwertig angesehen werden. Beide erfüllen die Forderungen an Ganggenauigkeit, Temperaturkompensation und Betriebssicherheit. Die Pendeluhr ist im allgemeinen etwas genauer, muß jedoch senkrecht aufgehängt werden und ist erschütterungsempfindlich. Abb. 345 zeigt das Innere einer handaufgezogenen Pendeluhr. Der Gangfehler normaler Schaltuhren liegt unter ± 10 Sekunden pro Tag, Präzisionsschaltuhren werden mit einer Genauigkeit von ± 2 Sekunden pro Tag hergestellt.

Abb. 345. Innenansicht einer Schaltuhr mit Pendelhemmung.

1 Handaufzug; — *2* Federhaus; — *3* Stundenscheibe; — *4* Tagesscheibe; — *5* Schaltreiter auf der Tagesscheibe; — *6* Kippschalter an der Tagesscheibe; — *7* Antrieb der Wochenscheibe; — *8* Wochenscheibe; — *9* Schalter an der Wochenscheibe; — *10* Pendelarretierung.

Abb. 346. Ansicht einer Schaltuhr mit Unruhehemmung und Aufzug durch Asynchronmotor.
1 Tagesscheibe; — *2* Stundenscheibe; — *3* Schaltreiter der Tagesscheibe; — *4* Zeitzeiger; — *5* Kippschalter an der Tagesscheibe; — *6* Gangregler.

Der Temperatureinfluß beträgt je 1° Temperaturänderung 1 Sekunde pro Tag. Die Uhrwerke können von Hand oder elektrisch aufgezogen werden. Beim Handaufzug muß die Gangdauer mindestens 30 Tage zuzüglich eines Sicherheitszuschlages sein, da der Zählerableser nur einmal im Monat kommt und man mit einer Verspätung von einigen Tagen rechnen muß, gewöhnlich wählt man die Gangdauer 35 Tage. Elektrisch kann man die Uhren durch Klinkwerke, Gleichstrommotor, Wechselstrommotor oder Universalmotor aufziehen. Der elektrische Aufzug wird entweder abhängig vom Weg oder vom Drehmoment der Feder ein- und ausgeschaltet. Die Gangreserve braucht dann nicht sehr hoch zu sein, da sie nur vorübergehende Stromabschaltungen überbrücken muß. Für Anlagen, die über das Wochenende abgeschaltet werden, wählt man 120-Stunden-Gangreserve, für Anlagen, die nur bei Störungen stromlos sind, 36-Stunden-Gangreserve. Die Aufzugseinrichtungen arbeiten intermittierend. Bei Klinkwerkaufzug dreht ein elektromagnetisches Klinkwerk mit Selbstunterbrechung bei jedem Ankerhub ein Klinkenrad um einen Zahn weiter und zieht dabei die Feder auf, bis ihr Gegendrehmoment größer geworden ist als das Anzugsmoment des Elektromagnets. Sobald sich die Feder um einen kleinen Betrag entspannt hat, beginnt das Klinkwerk wieder zu arbeiten. Die Uhr ist in einigen Minuten voll aufgezogen, von da an arbeitet das Klinkwerk in kurzen Zeitintervallen einige Sekunden lang. Seine Leistung ist etwa 5 W, und es verbraucht etwa 10 Wattstunden pro Jahr. Die Gangreserve der Feder ist 36 Stunden.

Abb. 347. Innenansicht einer Schaltuhr mit Unruhehemmung und Aufzug durch Asynchronmotor.
1 Gangregler; — *2* Tagesscheibe; — *3* Reiter an der Tagesscheibe; — *4* Stundenzeiger; — *5* Kippschalter an der Tagesscheibe; — *6* Stundenscheibe; — *7* Wochenscheibe; — *8* Schalter an der Wochenscheibe; — *9* Antrieb der Wochenscheibe; — *10* Aufzugsmotor.

Ganz ähnlich arbeitet der Asynchronmotoraufzug für kleine Gangreserve. Abb. 346 und 347 zeigen eine solche Schaltuhr, Abb. 348 die

Anordnung des Aufzugsgetriebes. Der Motor liegt ständig an Spannung und bleibt stehen, wenn das Federdrehmoment größer als das Motordrehmoment geworden ist.

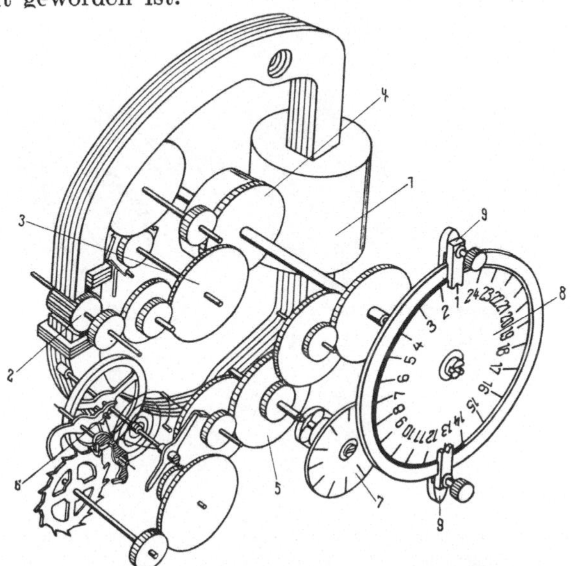

Abb. 348. Asynchronmotoraufzug für kleine Gangreserve.
1 Motorspule; — *2* Motoranker; — *3* Antrieb vom Motor zum Federhaus; — *4* Federhaus; — *5* Antrieb vom Federhaus zum Gangregler; — *6* Gangregler; — *7* Stundenscheibe; — *8* Tagesscheibe; — *9* Reiter auf der Tagesscheibe.

Bei größerer Gangreserve und seltenerem Aufzug durch einen Motor treibt der Motor über eine Schnecke die Federhauswelle an und verschiebt dabei eine Wandermutter auf der Federhauswelle, bis eine Kippfeder umfällt und ihn abschaltet. Abb. 349 und 350 zeigen das Äußere und die Getriebeanordnung einer solchen Uhr. Beim Entspannen der Feder läuft die Wandermutter langsam zurück und schaltet den Motor wieder ein, der Aufzug wird also vom Weg der Federhauswelle abhängig ein- und ausgeschaltet. Der Aufzugsmotor nimmt 3 bis 5 W auf und zieht alle 20 Stunden während 20 . . . 30 min auf. Der Vollaufzug dauert 2½ Stunden, die Gangreserve liegt zwischen 105 und 120 Stunden, je nach dem Aufzugszustand der Feder beim Ausbleiben der Spannung.

Abb. 349. Ansicht einer Schaltuhr mit Pendelhemmung und Motoraufzug für große Gangreserve.

Kollektormotoren für Gleich- und Wechselstrom verbrauchen 25 bis 30 W und ziehen alle 36 Stunden etwa 30 sek lang auf, der Vollaufzug dauert 1½ min.

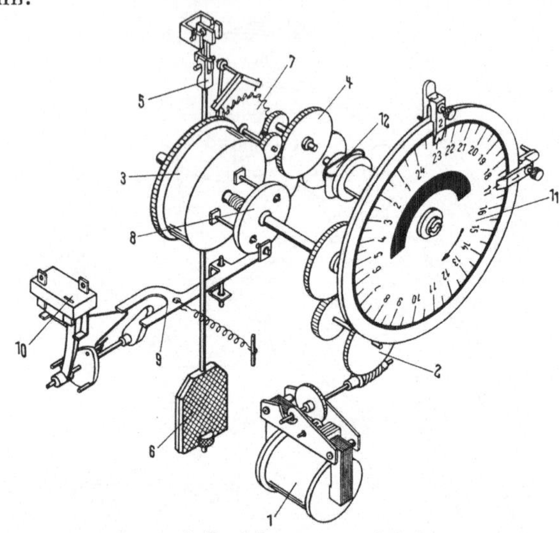

Abb. 350. Schema einer Schaltuhr mit Pendelhemmung und Aufzug durch Asynchronmotor. *1* Aufzugsmotor; — *2* Schneckentrieb des Aufzugsmotors; — *3* Federhaus; — *4* Antrieb der Tagesscheibe; — *5* Pendelaufhängung; — *6* Pendellinse; — *7* Steigrad; — *8* Wandermutter; — *9* Schalthebel; — *10* Ausschalter für den Aufzugsmotor; — 11 Tagesscheibe; — 12 Rutschkupplung der Tagesscheibe.

Abb. 351. Innenansicht einer Synchronuhr ohne Gangreserve mit Kurzeinschalter für Maximumauslösung.

Abb. 352. Synchronuhr ohne Gangreserve mit vier von einer Nockenwelle gesteuerten Leistungsschaltern.

b) Synchronuhren. Die Synchronuhren werden von einem selbstaulaufenden Synchronmotor getrieben, sind infolgedessen frequenzabhängig und haben keine Gangreserve, weshalb sie nur in frequenzgeregelten Netzen und bei gesicherter Stromversorgung verwendet werden können, dafür sind sie temperaturunabhängig. Abb. 351 und 352 zeigen Innenansichten solcher Uhren, in dem einen Fall für Maximumauslösung, im anderen Fall mit vier Leistungsschaltern.

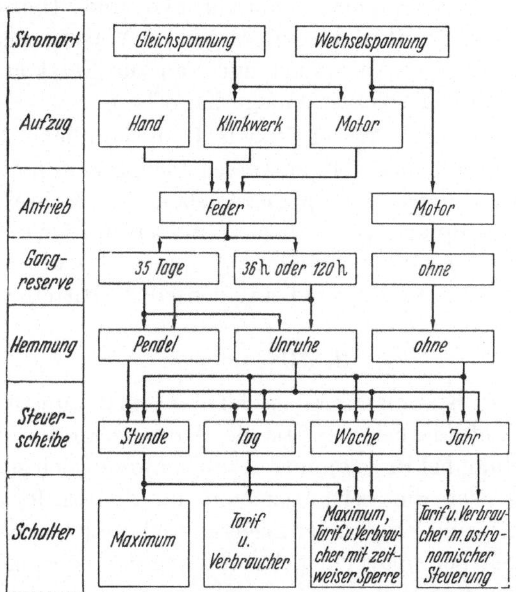

Abb. 353. Übersicht über die Uhrwerksausführungen nach Stromart, Aufzugsart, Antrieb, Gangreserve, Art der Hemmung, Zahl der Steuerscheiben und Art der eingebauten Schalter.

Abb. 353 gibt einen Überblick über die Ausführungsmöglichkeiten der Uhren und zeigt die große Modulationsfähigkeit des Baugruppensystems.

IX. Fernschalter und Netzkommandoanlagen (Lit. XVI).

1. Aufgabe.

Die Schaltuhren haben die Aufgabe, zu einstellbaren Zeiten entweder Umschalterelais der Zähler, nämlich Tarifrelais, Maximumrelais und Stopprelais zu betätigen oder Verbraucher ein- und auszuschalten, je nachdem erhalten sie Steuerschalter oder Leistungsschalter.

Die Aufgabe ist einfach, wenn jedem Gerät eine Schaltuhr zugeordnet und über Steuerleitungen mit ihm verbunden ist und wenn sich das Schaltprogramm nur selten ändert. Bei gleichem Schaltprogramm kann man an eine Schaltuhr eine größere Anzahl von Relais anschließen und somit Zählergruppen, beispielsweise alle Zähler eines Hauses, eines

Blockes oder Betriebes, von einer gemeinsamen Uhr schalten und gewinnt dabei den Vorteil absoluter Zeitgleichheit, was beim Errechnen des Summenmaximums eines Betriebes wesentlich sein kann. In konsequenter Weiterentwicklung dieses Gedankens kann man die Tarifgeräte oder spezielle Verbraucher, wie Straßenbeleuchtung, Schaufensterbeleuchtung, Futterdämpfer, Kühlschränke und Heißwasserspeicher einer Stadt, eines Bezirkes oder eines ganzen Versorgungsgebietes, von einer Zentrale aus steuern, so gelangt man zur Netzkommandoanlage.

Die Aufgabe einer solchen Anlage kann lauten:

a) Einen Ein- und Ausschaltebefehl an sämtliche Empfänger zu geben. — b) Denselben Befehl zu verschiedenen Zeiten an verschiedene Empfänger oder Empfängergruppen zu geben. — c) Mehrere verschiedene Befehle an alle Empfänger zu geben. — d) Verschiedenartige Befehle an getrennte Empfänger oder Empfängergruppen zu geben.

Die Aufgaben b) und c) sind mit denselben Mitteln lösbar.

2. Allgemeines.

Eine zentrale Kommandoanlage ist der Aufstellung vieler einzelner Schaltuhren insofern überlegen, als die Wartungskosten und die Kosten für die Umstellung bei Programmänderungen wesentlich geringer werden. Anderseits wachsen die Leitungskosten mit der Entfernung zwischen Kommandostelle und Empfänger rasch an und erreichen bald die Grenze, bei der sie selbst bei mehrfacher Ausnutzung der Leitungen die Ersparnisse überwiegen und man sich nach billigeren Methoden umsehen muß. Diese Methoden sind: Überlagerung der Starkstromleitungen mit Tonfrequenzkommandos, Befehlsgabe durch leitungsgerichtete Hochfrequenz und schließlich das Ausbreiten von Kurzwellenbefehlen völlig unabhängig von jeder Leitung.

Die Möglichkeiten dieser Netzkommandoanlagen können im Rahmen eines Zählerbuches nur angedeutet werden, insbesondere ist es nicht möglich, die außerordentlich zahlreichen Ausführungsformen im einzelnen zu beschreiben.

3. Fernsteuerung über eigene Leitungen.

Bei kleinen Entfernungen, etwa innerhalb eines Hauses oder Betriebes, wird man zwischen der Schaltuhr und den gesteuerten Tarifgeräten für jedes Kommando eine eigene Steuerleitung legen. Man erreicht aber sehr bald die Grenze, bei der die Leitung ebenso teuer wie eine eigene Schaltuhr ist und wird als nächsten Schritt die Leitung mehrfach ausnutzen, d. h. mehrere verschiedene Kommandos über dieselbe Leitung geben, was eine Selektivität des Empfängers voraussetzt, der sich aus mehreren Kommandos das für ihn bestimmte aussuchen muß. Wenn die Empfangsrelais nicht selbst zu trennen vermögen, müssen ihnen Trenneinrichtungen vorgeschaltet werden, die jedem Relais sein Kommando zuleiten und das Ansprechen der übrigen Relais auf dieses Kommando verhindern.

In den einfachsten Fällen haben die Empfangsrelais verschiedene Ansprechempfindlichkeit oder sind polarisiert und sprechen nur auf eine Stromrichtung an oder es sind Zeitrelais mit verschiedener Laufzeit.

Die Kommandos können sich also durch Amplitude, Polarität, Dauer, Frequenz oder Stromart unterscheiden.

Im weiteren Ausbau kann man jedes Kommando aus mehreren Einzelimpulsen nach Art von Morsezeichen zusammensetzen und die Empfänger so gestalten, daß sie mit einer bestimmten Impulskombination angewählt werden können, wie man es beispielsweise bei Fernschreibeinrichtungen macht.

Bei weiterem Anwachsen des Steuerbezirks kann man Knotenpunkte bilden, von denen aus sich die Leitungen wie die Zweige eines Baumes ausbreiten. Das ist bei Fernsprechämtern zur Leitungsersparnis seit langem üblich (Abb. 354).

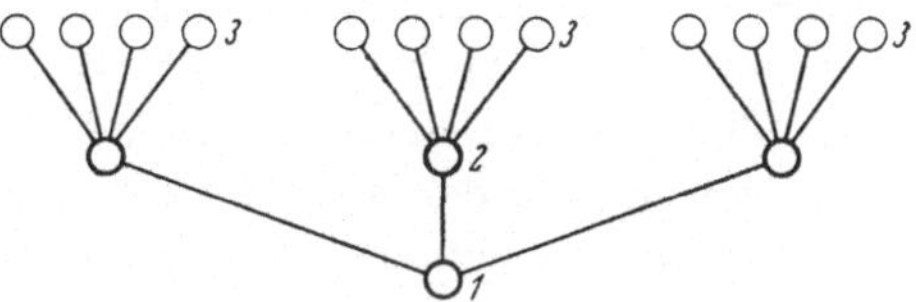

Abb. 354. Kommandogabe über Knotenpunktämter. *1* Kommandostelle; — *2* Knotenpunktamt; — *3* Kommandoempfänger.

Alle diese Maßnahmen schieben die Grenze der Wirtschaftlichkeit eigener Steuerleitungen weiter hinaus, einmal erreicht man aber eine Entfernung, bei der man auf Verfahren ohne Steuerleitungen übergehen muß, und da bieten sich an erster Stelle die ohnehin vorhandenen Starkstromleitungen an.

4. Steuerung durch Spannungssenkung.

Wenige und seltene Kommandos kann man über die Starkstromleitungen geben, indem man die Spannung vorübergehend senkt oder abschaltet und dadurch Schaltvorgänge beim Verbraucher einleitet. Die einzelnen Befehle sind durch die Größe oder die Dauer der Spannungssenkung oder durch mehrere aufeinanderfolgende Spannungssenkungen in einem bestimmten Rhythmus zu unterscheiden. Das Verfahren ist primitiv und unsicher, es belästigt den Abnehmer, weil das Licht zuckt und Synchronuhren außer Tritt fallen, es ist unsicher, weil in jedem Netz Spannungssenkungen oder Spannungsunterbrechungen vorkommen und unbeabsichtigte Schaltungen auslösen können; schließlich auch, weil der Abnehmer willkürlich sich selbst ein Schaltkommando geben kann.

5. Tonfrequenzüberlagerung.

Das eleganteste und meist angewendete Verfahren der Netzkommandogabe ist die Überlagerung des Starkstromnetzes mit einer Mittelfrequenz von einigen Hundert bis zu einigen Tausend Hertz, auch sie hat natürlich ihre Probleme. Einerseits dürfen die Wirk- und Blindwiderstände des Netzes der Ausbreitung der Befehle im Kommandobereich nicht im Wege stehen, anderseits dürfen die Befehle nicht über den kommandierten Netzteil hinausfließen. Besonders wichtig ist die Wahl der Kommandofrequenz. Je höher die Überlagerungsfrequenz ist, desto kleiner werden die Kopplungsglieder, Resonanz- und Sperrkreise, desto leichter werden aber auch die Kommandos von Phasenverbesserungskondensatoren und von den Netzkapazitäten geschluckt und desto mehr schwankt der Pegel beim Empfänger. Das Netz ist für 50 Hz ausgelegt und je näher die Kommandofrequenz an 50 Hz liegt, desto besser wird sie übertragen, anderseits muß sie sich von den 50 Hz einschließlich des Frequenzschwankungsbereiches bequem trennen lassen und darf nicht in der Nähe der Netzharmonischen liegen. Die Amplitude der Tonfrequenzsignale ist selbstverständlich örtlich sehr verschieden. Infolge der ständig wechselnden Netzkonfiguration und der veränderbaren Wirk- und Blindwiderstände des Netzes kann sie aber auch bei demselben Empfänger stark schwanken, und die Empfangsrelais müssen deshalb einen außerordentlich weiten Arbeitsbereich haben. Die Ansprechleistung der Empfänger soll möglichst klein sein, damit die Überlagerungsleistung klein gehalten werden kann. Ständig eingeschaltete Verstärker sind jedoch zu vermeiden. Die Energie für die Schalterbetätigung ist dem Niederfrequenznetz zu entnehmen. Die Befehle müssen in einer solchen Form gegeben werden, daß nicht durch Oberwellen, Überspannungen oder Wanderwellen Kommandos vorgetäuscht werden können, und daß es für den Abnehmer schwierig ist, das Kommando zu imitieren.

Die Tonfrequenzleistung liegt in der Größenordnung von einigen Promille der Netzleistung, sie kann in Reihe oder parallel zu der Niederfrequenzenergie eingespeist werden und wird allen drei Phasen oder dem Nulleiter zugeführt. Über die zweckmäßigste Einspeisestelle ist von Fall zu Fall zu entscheiden. Bei größeren Kommandogebieten wird an mehreren Stellen eingespeist werden müssen.

Die Befehle können mit einer oder mit mehreren Kommandofrequenzen gesendet werden, beide Verfahren ermöglichen eine große Anzahl verschiedener Kommandos an getrennte Empfänger zu geben.

a) Eine Steuerfrequenz. α) *Ein Kommando an alle Empfänger.* Im einfachsten Fall wird an alle Empfänger gleichzeitig dasselbe Kommando gegeben. Der erste Tonfrequenzimpuls bedeutet beispielsweise für die

Empfänger das Kommando „Einschalten“. Der nächste das Kommando „Ausschalten“ usw. Die Empfänger sind mechanisch oder elektrisch abgestimmte Resonanzrelais und legen bei jedem Ansprechen einen Kippschalter um. Ein einmal außer Takt geratenes Relais kommt von selbst nicht mehr in den richtigen Takt.

β) *Ein Kommando an getrennte Empfängergruppen.* Sollen nicht alle Empfänger gleichzeitig auf den Befehl reagieren, so muß man den Empfängern die Möglichkeit geben, festzustellen, wann der Befehl für sie bestimmt ist. Die Befehle könnten sich durch die Amplitude der Tonfrequenzspannung unterscheiden, was jedoch unzweckmäßig wäre, weil die Amplitude selbst an der gleichen Einbaustelle betriebsmäßig außerordentlich stark schwanken kann.

Die Kommandos können sich durch ihre Dauer unterscheiden, die Empfänger haben mehr oder weniger verzögerte Relais oder ein zusätzliches Zeitglied und sprechen nur auf Befehle an, deren Länge ebenso groß oder größer als ihre Ansprechzeit ist. Bei diesem einfachen Verfahren ist man an ein bestimmtes Programm gebunden, weil die Gruppe mit der kürzesten Ansprechzeit auf alle Befehle reagiert und weil der Einschaltbefehl für die zweite Gruppe die erste Gruppe ausschaltet usw. Will man davon frei werden, muß jeder Empfänger mehrere Zeitglieder bekommen und die Befehle müssen sich aus mehreren Impulsen verschiedener Länge zusammensetzen.

γ) *Mehrere Befehle an alle Empfänger.* Die Verfahren sind dieselben wie wenn derselbe Befehl an verschiedene Empfänger gegeben werden soll.

δ) *Mehrere Befehle an getrennte Empfängergruppen.* Das ist der allgemeinste und häufigste Fall der Netzkommandogabe.

$\alpha\alpha$) Impulsdauer-Verfahren. Die Befehlsimpulse unterscheiden sich durch ihre Länge. Alle Empfänger sind gleich ausgeführt und enthalten außer dem Resonanzkreis bzw. dem Sperrkreis für die Netzfrequenz ein Synchronlaufwerk bzw. einen Wähler oder ein Schrittschaltwerk, die bei Impulsbeginn eingeschaltet und bei Impulsende ausgeschaltet werden. Die Schaltarme der Laufwerke drehen sich über Kontaktbahnen und werden beim Impulsende in der erreichten Stellung auf einen Kontakt gedrückt. Je nachdem bei einem Empfänger dieser Kontakt angeschlossen ist oder nicht, führt der Empfänger den Befehl aus oder führt ihn nicht aus. Dann läuft das Synchronlaufwerk wieder in die Bereitschaftsstellung. Der Befehl kann in regelmäßigen Zeitabständen wiederholt werden. Empfänger, die ihn bereits ausgeführt hatten, bleiben dabei unverändert, Empfänger, die ihn aus irgendeinem Grund nicht ausführten oder infolge einer Störung oder eines willkürlichen Eingriffs wieder rückgängig machten, führen ihn nunmehr aus bzw. wieder aus.

ββ) Impulsintervall-Verfahren. Anstatt Impulse verschiedener Länge zu geben, kann man auch die Synchronlaufwerke durch einen Startimpuls anwerfen und durch einen zweiten Impuls anhalten. Die einzelnen Kommandos unterscheiden sich dann durch den zeitlichen Abstand von Start- und Stoppimpuls.

γγ) Impulskombinations-Verfahren. Wenn man keine Synchronlaufwerke verwenden will, kann man jeden Befehl aus einer Anzahl von Stromstößen verschiedener Dauer nach Art eines Morsezeichens kombinieren und bei den Empfängern mehrere Verzögerungsrelais oder Zeitrelais mit Selbsthaltewicklungen und verschiedenen Ansprechzeiten hintereinander schalten; beispielsweise kann man lange und kurze Stromstöße geben. Mit zwei verschiedenen Zeiten für die Dauer der Stromstöße und

	2	Stromstößen	kann	man	4	Befehle,
mit	3	,,	,,	,,	8	,,
,,	4	,,	,,	,,	16	,,

geben.

Allgemein kann man mit m verschiedenen Stromstoßlängen und n Stromstößen m^n Befehle geben.

b) Mehrere Steuerfrequenzen. Das Verfahren wird angewendet, wenn mehrere verschiedene Kommandos gegeben werden sollen.

α) *Ebenso viele Frequenzen wie Kommandos.* Die Kommandostelle hat eine Anzahl von Sendefrequenzen zur Verfügung, die gleichzeitig oder nacheinander gesendet werden können. Die Empfänger erhalten mechanisch oder elektrisch abgestimmte Resonanzrelais, Frequenzweichen oder Resonanzkreise und jedes Kommando wird mit seiner bestimmten Frequenz gegeben. Je schärfer die Resonanz ausgeprägt ist, desto dichter können die Kommandofrequenzen nebeneinanderliegen.

β) *Mehr Kommandos als Frequenzen.* Jedes Kommando wird aus einer Anzahl von Impulsen verschiedener Frequenz zusammengesetzt. Die Arbeitsverfahren sind grundsätzlich dieselben wie bei der Kombination eines Kommandos aus Impulsen verschiedener Dauer oder verschiedenen Abstandes. Man kann beispielsweise zwei Steuerfrequenzen a und b verwenden und mit der Frequenz a ein Synchronlaufwerk oder Schrittschaltwerk einschalten, mit der Frequenz b ausschalten bzw. umgekehrt. Je nach der Einschaltedauer nimmt das Laufwerk beim Empfänger eine bestimmte Stellung ein und gibt ein bestimmtes Kommando. Je nachdem man die Frequenz a oder die Frequenz b zum Einschalten sendet, kann man zwei verschiedene Empfänger ansprechen und jeder Empfänger kann wiederum eine große Anzahl verschiedener Kommandos geben.

Bei einem anderen Verfahren schaltet man mehrere Resonanzrelais in Reihe, so daß jedes folgende nur ansprechen kann, wenn sein Vorgänger bereits geschaltet hat.

Verwendet man beispielsweise zwei Sendefrequenzen a und b und drei in Reihe liegende Empfangsrelais, so kann man folgende acht Befehle geben:

$a - a - a$	$b - b - b$
$a - a - b$	$b - b - a$
$a - b - a$	$b - a - a$
$a - b - b$	$b - a - b$

Mit drei Sendefrequenzen und drei in Reihe liegenden Empfangsrelais kann man $3^3 = 27$ und mit m Sendefrequenzen und n in Reihe liegenden Resonanzrelais m^n verschiedene Empfänger ansprechen. Damit wurden nur einige der schier unerschöpflichen Möglichkeiten angedeutet; welches Verfahren am zweckmäßigsten ist, kann nur von Fall zu Fall entschieden werden. Die einzelnen Steuerfrequenzen können dicht nebeneinanderliegen.

6. Leitungsgerichtete Hochfrequenzübertragung.

An Stelle der Tonfrequenz wird dem Netz über Kopplungsglieder eine Hochfrequenzspannung aufgedrückt, die sich bevorzugt längs der Leitungen ausbreitet und die Empfänger bei den Verbrauchern anregt. Die Kommandos werden durch Amplituden- oder Frequenzmodulation der Trägerwelle gegeben. Das Verfahren entspricht und verwendet die Elemente der leitungsgerichteten Überlagerungstelefonie auf Starkstromleitungen, wie man sie in dünn besiedelten Landbezirken anwendet.

7. Kurzwellenübertragung.

Als letztes und universellstes Kommandoverfahren für große Netze kann man Kurzwellenkommandos über einen eigenen Sender geben.

F. Zählereichung und Prüfung (Lit. XVII).

I. Allgemeines.

Wegen der unvermeidbaren Toleranzen der magnetischen und elektrischen Eigenschaften der Werkstoffe und der Verarbeitung zeigt ein fertig montierter Zähler nicht ohne weiteres richtig, sondern muß justiert werden, er wird deshalb von vornherein mit bequem handzuhabenden Abgleichvorrichtungen ausgestattet. Auch nach längerer Betriebszeit ist es nötig zu kontrollieren, ob der Zähler noch genau zeigt, denn er kann durch Abnutzung umlaufender Teile, durch Überspannungen, Kurzschlüsse, Klimaeinflüsse oder durch gewaltsame mechanische Eingriffe schadhaft geworden sein.

Es ist also notwendig festzustellen, mit welcher Genauigkeit die Anzeige des Zählers den zu zählenden elektrischen Größen proportional ist. Die Anzeige des Zählers ist

$$A = \int_0^t m \cdot dt, \tag{465}$$

worin m den Augenblickswert der Meßgröße während der sehr kurzen Zeit dt und t die Zeitspanne für das Zählintervall bedeutet. Das Zeichen $\int_0^t$ wird Integral von null bis t gesprochen und bedeutet die Summe aller Augenblickswerte m der Meßgröße, von denen jeder in der Meßzeit $0 \ldots t$ während eines sehr kleinen Zeitintervalls dt bestanden hat, also

$$\int_0^t m \cdot dt = m_1 \cdot dt + m_2 \cdot dt + m_3 \cdot dt + \cdots. \tag{466}$$

Ist die Meßgröße konstant, so darf man dafür auch schreiben

$$A = M \int_0^t dt = M \cdot t, \tag{467}$$

worin M den während der Meßzeit t konstant gehaltenen Wert der Meßgröße oder bei veränderlicher Meßgröße ihren Mittelwert bedeutet.

Um die Genauigkeit eines Zählers zu prüfen, braucht man Vergleichsgeräte, mit denen man den Zähler vergleicht und die entweder das Integral $\int_0^t m \cdot dt$ oder das Produkt $M \cdot t$ zu messen gestatten. Diese Vergleichsgeräte müssen eine Größenordnung genauer sein als der Zähler, und ihre Fehler müssen bekannt und konstant sein, damit man sie berücksichtigen kann.

Als Vergleichsgeräte kommen in erster Linie integrierende Geräte in Frage, die ebenso wie der zu prüfende Zähler das Integral $\int_0^t m \cdot dt$ bilden, so daß man die Anzeige des Normalgerätes und des Prüflings unmittelbar vergleichen kann, wenn man beide gleichzeitig ein- und ausschaltet. Solche Vergleichsgeräte sind Normalzähler, Prüfzähler oder Eichzähler von gleicher Art wie der Prüfling.

Stehen keine integrierenden Vergleichsgeräte zur Verfügung, dann kann man die Zähler auch mit Anzeigegeräten prüfen, die den Augenblickswert der Meßgröße anzeigen; man muß dann jedoch dafür sorgen, daß die Meßgröße während der Meßzeit den konstanten Wert M hat und muß die Meßzeit t genau bestimmen. Für $m =$ konstant $= M$ stimmt das Integral mit dem Produkt überein, und es ist

$$\int_0^t m \cdot dt = M \cdot t. \tag{468}$$

Normalgeräte dieser Art sind Präzisionsanzeigeinstrumente und Präzisionsstoppuhren.

Der Vergleich des Prüflings mit einem integrierenden Gerät hat den Vorzug, daß die Meßgröße während der Messung nicht konstant gehalten und die Meßzeit *t* nicht bestimmt werden muß; gleichwohl wird auch die Zählerprüfung mit anzeigenden Geräten und Stoppuhren noch sehr viel verwendet.

Vom Urnormal führen demnach zwei Wege zur Eichung des Prüflings, der eine über integrierende, der andere über Augenblickswerte zeigende Vergleichsgeräte. In Abb. 355 sind diese beiden Wege der Zählerprüfung schematisch dargestellt.

Die Prüfgeräte, also die Gebrauchsnormalien, müssen selbstverständlich in regelmäßigen Zwischenräumen mit den Kontrollnormalgeräten für Strom, Spannung, Widerstand und Zeit kontrolliert werden, und diese wiederum sind mit den Hauptnormalgeräten bzw. den Urnormalien der Standardämter zu vergleichen. Als Kontrollnormalgeräte kommen das Normalelement, der Gleichstromkompensator, die Normaluhr und der Normalwiderstand in Frage. Je weniger Glieder zwischen dem Urnormal und den Prüfgeräten erforderlich sind, desto günstiger ist die Prüfmethode, da jedes Zwischenglied mit Toleranzen und jede Messung mit Fehlern behaftet ist, die sich im Ergebnis addieren können.

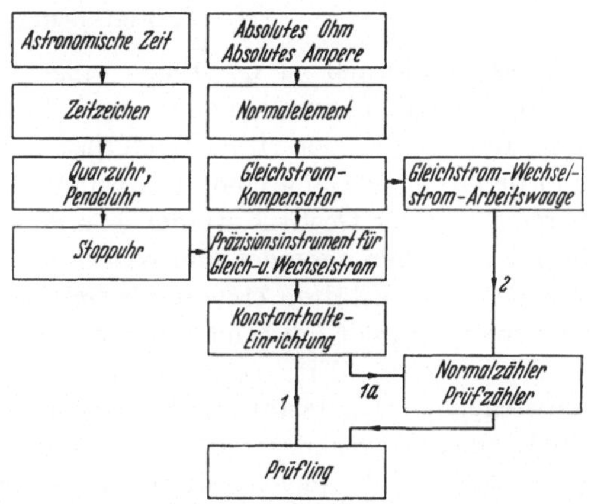

Abb. 355. Schema der Eichreihe für Zähler.
Weg *1* mit anzeigenden Meßinstrumenten und Stoppuhr; — Weg *1a* mit anzeigenden Meßinstrumenten und Normalzähler; — Weg *2* unter Vermeidung anzeigender Meßinstrumente mit Normalzähler.

1. Spannungsnormal.

Das Gleichspannungsnormal ist das Normalelement, dessen Spannung auf 0,1‰ genau festliegt und sich nicht ändert, solange dem Element kein Strom entnommen wird. Mit dem Gleichstromkompensator kann man Widerstände sowie Gleichstrom-, Spannungs- und Leistungsmesser ohne Stromentnahme mit dem Normalelement vergleichen und ihre Fehler feststellen.

Ein Wechselspannungsnormal gleicher Güte gibt es nicht, und man muß zum Messen der Wechselstromgrößen Meßinstrumente verwenden, die mit Gleichstrom geprüft wurden, und von denen man aus der Theorie und Erfahrung weiß, daß sie bei Gleich- und Wechselstrom mit sehr großer Annäherung dasselbe zeigen; das sind sehr sorgfältig ausgeführte elektrostatische und eisenlose elektrodynamische Meßwerke. Diese Meßwerke halten bei Gleich- und Wechselstrom eine Genauigkeit von $\pm$ 0,1% vom Endwert ein. Ein Sondergerät ist die integrierende Gleichstrom-Wechselstrom-Arbeitswaage der SSW, mit der ein wechselstromgespeistes, eisenloses, elektrodynamisches Meßwerk unmittelbar am Gleichstromkompensator geeicht werden kann.

2. Zeitnormal.

Das Zeitnormal ist die Dauer einer Erdumdrehung, die man sehr genau feststellen kann, indem man mit Passageinstrumenten den Durchgang der Sonne oder eines Fixsternes durch den Meridian beobachtet und danach den Gang einer Präzisionsuhr reguliert. Nach dem scheinbaren Gang der Gestirne werden von den Sternwarten über den Rundfunk Zeitzeichen gesendet und nach ihnen die Präzisionspendeluhren in den Zählerwerkstätten eingeregelt, mit denen man wiederum die beim Eichen der Zähler verwendeten Stoppuhren vergleicht.

Ein anderes Zeitnormal beruht auf der Frequenzkonstanz eines schwingenden Quarzstabes, der sogenannten Quarzuhr, die man an Stelle einer Präzisionspendeluhr aufstellen kann, was jedoch nicht von dem täglichen Vergleich mit der astronomischen Zeit entbindet. Mit diesen Präzisionsuhren kann man eine Ganggenauigkeit von $^1/_{100}$ sek pro Tag erreichen.

Damit sind die Gebrauchsnormale für die Zählereichung, nämlich die elektrischen Meßgeräte und die Uhr, an die Urnormale angeschlossen. Die bei der Verwendung von Anzeigeinstrumenten erforderliche Konstanz der Meßgröße während der Meßzeit kann man mit elektronischen Regelgeräten bis auf $\pm$ 0,1% erreichen und mit Präzisionsinstrumenten überwachen.

3. Grundverfahren der Zählerprüfung.

Die Zähler können durch Leistungs- und Zeitmessung bei konstanter Leistung oder durch Arbeitsmessung geprüft werden. Mehrsystemige Zähler mit Anzeigeinstrumenten und Stoppuhr unter Konstanthaltung der Meßgrößen zu prüfen, ist etwas umständlich, und man wendet das Verfahren deshalb nur bei Präzisionszählern an (Weg *1* in Abb. 355), während man für die Massenjustierung Prüfzähler oder Normalzähler schafft, mit denen man die Prüflinge vergleicht. Damit tritt zwischen die Hauptnormalien und den Prüfling ein weiteres Vergleichsgerät, dessen Toleranzen das Meßergebnis beeinflussen (Weg *1a* in Abb. 355). Da selbst der beste Prüfzähler nicht genauer sein kann als das Anzeigegerät und die Stoppuhr, nach denen er justiert wurde, hat man in jüngster Zeit versucht, das Anzeigegerät zu umgehen und den Prüfzähler unmittelbar mit dem Kompensator zu justieren. Diesem Zweck dient die Gleichstrom-Wechselstrom-Arbeitswaage der SSW, in der die Wechselstromleistung des Zählers mit der Gleichstromleistung am Kompensator über zwei gegeneinander geschaltete, richtkraftlose, eisenlose, elektrodynamische Meßwerke besonderer Bauart verglichen wird (Weg *2* in Abb. 355).

Außer den Grundgeräten der Zählerjustierung, nämlich Strom-, Spannungs-, Leistungsmessern, Prüfzählern und Stoppuhren benötigt man noch eine ganze Anzahl von Hilfsgeräten, Frequenzmesser, Leistungsfaktormesser, Drehfeldzeiger und Thermometer. Darüber hinaus wurden in letzter Zeit Einrichtungen entwickelt, die dem Eicher die Arbeit erleichtern und eine bessere Meßgenauigkeit ergeben.

II. Eichverfahren (Lit. XVIII).

1. Allgemeines.

Die Anzeige A des Motorzählers entspricht der Anzahl der Läuferumdrehungen u

$$A = k \cdot u. \tag{469}$$

Die Umdrehungszahl u des Läufers ist aber gleich seiner Winkelgeschwindigkeit ω_1 multipliziert mit der Zeit t und dividiert durch 2π,

$$u = \int_0^t \frac{\omega_1}{2\pi} \cdot dt, \tag{470}$$

und die Winkelgeschwindigkeit ist bei richtiggehendem Zähler proportional dem Augenblickswert der Meßgröße m

$$\omega_1 = \frac{1}{k_1} \cdot m. \tag{471}$$

Wir können demnach schreiben

$$A = k \cdot u = k_2 \int_0^t \omega_1 \cdot dt = k_3 \int_0^t m \cdot dt, \tag{472}$$

oder für konstante Belastung

$$A = k \cdot u = k_2 \cdot \omega_m \cdot t = k_3 \cdot M \cdot t. \tag{473}$$

ω_m ist die durchschnittliche Winkelgeschwindigkeit, M der Durchschnittswert der Meßgröße. Mit dieser Gleichung sind alle grundsätzlichen Möglichkeiten der Zählerprüfung erfaßt.

a) Zählwerkablesung. Als erstes Verfahren bietet sich die Zählwerkablesung an.

$$A = \int_0^t m \cdot dt. \tag{474}$$

Wenn man die Größe $\int_0^t m \cdot dt$ mit einem Präzisionszähler bestimmt, kann man aus der Angabe des Zählwerks den Fehler errechnen. Die Methode arbeitet integrierend und gibt den Gesamtfehler des Zählers, also die Summe des Meßwerkfehlers und Zählwerkfehlers, an. Die Genauigkeit ist bestimmt durch die Genauigkeit des Prüfzählers, der das Integral $m \cdot dt$ bildet, und die Beobachtungsdauer t. Als Prüfzähler kommt ein sehr genau geeichter Präzisionszähler in Frage. Verwendet man als Normal an Stelle eines integrierenden ein anzeigendes Meßgerät und hält die Meßgröße m während der Meßdauer t konstant auf dem Wert M, so ist die Angabe des Zählwerks

$$A = M \cdot t .$$

Die Genauigkeit des Verfahrens ist dann gegeben durch den Fehler der Konstanthaltung, den Fehler des Anzeigeinstruments und den Fehler der Zeitmessung, und es sind sehr gute elektronische Konstanthalteeinrichtungen erforderlich, wenn man eine ausreichende Meßgenauigkeit erreichen will.

Die Beobachtungsdauer ist verhältnismäßig lang, da das Zählwerk einen größeren Weg zurücklegen muß, bevor man den Betrag hinreichend genau ablesen kann (mindestens zwei Umdrehungen der letzten Zählwerkrolle), und darin liegt der Nachteil des Verfahrens. Vorteilhaft ist dagegen, daß gleichzeitig eine große Anzahl von Zählern geprüft werden kann.

Dieses Dauerprüfverfahren ist nicht auf Motorzähler beschränkt, es läßt sich ebensowohl bei Elektrolytzählern anwenden.

b) Umdrehungszählung. Anstatt die Angabe des Zählwerks abzulesen, kann man auch die Läuferumdrehungen u_p des Prüflings zählen nach der Gleichung

$$u_p = k_4 \int_0^t m \cdot dt . \tag{475}$$

Das Verfahren erfaßt nur die Fehler des Meßwerks, das Zählwerk muß getrennt geprüft werden. Als Normal kommt wieder ein Präzisionszähler in Frage oder ein Präzisionsanzeigeinstrument, wenn die Meßgröße während der Meßdauer konstant gehalten werden kann. Die Meßzeit ist erheblich kleiner als beim Zählwerkverfahren, da die Zahl der Läuferumdrehungen bedeutend größer ist als die der Ziffernrollen, ein Fehler demnach früher erkannt werden kann. Verwendet man als Normal einen Prüfzähler und zählt auch dessen Umdrehungen u_e, so kann man die Zeitmessung entbehren, wenn man nur Eichzähler und Prüfling gleichzeitig ein- und ausschaltet. Es muß dann

$$u_p = k_1 \cdot u_e \tag{476}$$

sein. Die Konstante k_1 ergibt sich aus den Zählerkonstanten der Zähler.

Die Methode kann für Einzel- und Serieneichung angewendet werden und läßt sich voll automatisieren, indem man vom Eichzähler und vom Prüfling nach jeder Umdrehung lichtelektrische Impulse auf ein Zählwerk oder Differenzzählwerk gibt. Das Verfahren wird in vielen Abwandlungen benutzt, die alle auf eine Umdrehungszählung zurückgehen.

c) Messen der Winkelgeschwindigkeit. Nach der Gleichung

$$\left.\begin{aligned} \int_0^t \omega_1 \cdot dt &= k_5 \int_0^t m \cdot dt \\ \text{ist} \qquad \omega_1 &= k_5 \cdot m . \end{aligned}\right\} \tag{477}$$

Die Winkelgeschwindigkeit ist also in jedem Augenblick proportional dem Augenblickswert der Meßgröße m. Darauf beruhen die stroboskopischen Zählerprüfmethoden, sie gehen vom Läufer aus und sagen deshalb nichts über die Fehler des Zählwerks.

Als Normal kommt ein Präzisionsprüfzähler in Frage oder ein Frequenznormal, wenn man die Meßgröße mit einem Anzeigeinstrument mißt und während der Meßdauer konstant hält. Es gibt zwei grundsätzlich verschiedene Arten von Stroboskopausführungen, bei beiden muß der Läufer eine Teilung tragen.

α) *Lichtblitzstroboskop.* (Einscheiben-Verfahren.) Beim Lichtblitzstroboskop beleuchtet man die Läuferscheibe mit kurzen Lichtblitzen, deren Häufigkeit der Sollgeschwindigkeit des Läufers proportional ist. Die Lichtblitze werden entweder vom Prüfzähler oder bei konstanter Meßgröße von einem Frequenznormal gegeben. Wenn der Läufer seine Sollgeschwindigkeit hat, steht bei jedem Lichtblitz an derselben Stelle eine Läufermarke und der Läufer scheint stillzustehen; weicht er von seiner Sollgeschwindigkeit ab, so scheint die Marke in der einen oder anderen Richtung zu wandern, und die Wandergeschwindigkeit ist ein Maß für die Abweichung vom Sollwert.

β) *Durchsichtstroboskop.* (Zweischeiben-Verfahren.) Beim Durchsichtstroboskop treibt man eine Schlitzscheibe mit einer Geschwindigkeit an, die der Geschwindigkeit des Eichzählerläufers proportional ist, und betrachtet die Läuferscheibenteilung des Prüflings durch die Schlitze dieser Scheibe. Hat der Prüflingsläufer seine Sollgeschwindigkeit, so erscheint eine Läufermarke stets bei derselben Stellung der Schlitzscheibe, und der Läufer steht scheinbar still.

Beide Verfahren sind außerordentlich wandlungsfähig; sie zeigen stets Augenblickswerte der Geschwindigkeit an, man kann den Fehler in sehr kurzer Zeit ablesen und die Wirkung eines Eingriffs sofort erkennen; darin liegt der Vorzug der Einrichtung und auch ihr Nachteil, denn infolge der Ungleichmäßigkeiten der Läuferscheibe und infolge der Hemmvorrichtung ist die Läufergeschwindigkeit während einer Umdrehung nicht konstant, und durch diese Ungleichförmigkeit der Läufergeschwindigkeit wandert das stroboskopische Bild während einer Läuferumdrehung hin und her, auch wenn der Läufer — auf die volle Umdrehung bezogen — die richtige Durchschnittsgeschwindigkeit hat. Man kann also nicht auf Stillstand des stroboskopischen Bildes justieren, sondern muß auf die Konstanz des Umkehrpunktes des pendelnden stroboskopischen Bildes achten. Die Schwankungen des stroboskopischen Bildes beschränken das Verfahren auf größere Drehzahlen, bei 400 Läufermarken liegt die untere Anwendungsgrenze etwa bei 12 Umdr./min. Ein weiterer Nachteil der stroboskopischen Prüfeinrichtungen ist ihre grundsätzliche Beschränkung auf Einzeleichung.

Die drei verschiedenen Eichverfahren umfassen alle Möglichkeiten der Zählerprüfung, sie lassen sich weitgehend abwandeln, und so gibt es eine Unzahl verschiedener Zählerprüfeinrichtungen.

2. Von der PTB anerkannte Prüfmethoden.

Die PTB erkennt folgende Prüfmethoden an:

a) Leistungs- und Zeitmessung mit Zählung der Umdrehungen des Prüflingsläufers (Abb. 356a). Die Meßgröße wird mit Präzisionsinstrumenten gemessen und während der Messung konstant gehalten. Die Meßzeit wird mit der Stoppuhr bestimmt und die Läuferumdrehungen während der Meßzeit gezählt. Es kann entweder die Umdrehungszahl oder die Meßzeit als Konstante gewählt werden, und man kann automatisch ein- und ausschalten bzw. zählen.

Die Meßzeit soll nicht kleiner als 50 sek sein. Es sei:

N [W] die während der Meßzeit konstante Leistung,
t_{soll} [sek] die Sollzeit für u Läuferumdrehungen,
t_{ist} [sek] die Istzeit für u Läuferumdrehungen,
C_z [Umdr./kWh] die Zählerkonstante;

dann ist:

$$N \cdot t_{soll}\,[\text{Wsek}] = \frac{u}{C_z} \cdot 3600 \cdot 1000\,[\text{Wsek}], \tag{478}$$

$$t_{soll} = \frac{u}{C_z \cdot N} \cdot 3{,}6 \cdot 10^6\,[\text{sek}]. \tag{479}$$

Der auf den Sollwert bezogene Fehler ist

$$F_{\%} = \frac{t_{soll} - t_{ist}}{t_{ist}} \cdot 100. \tag{480}$$

b) Leistungs- und Zeitmessung mit Zählwerkablesung (Abb. 356b). Die Meßgröße wird wieder mit Präzisionsinstrumenten gemessen und während der Messung konstant gehalten, die Meßzeit mit einer Präzisionsuhr bestimmt und die Anzeigeänderung des Zählwerks während der Meßzeit abgelesen. Die letzte Ziffernrolle des Zählwerks muß in der Meßzeit mindestens zwei Umdrehungen machen. Der Fehler läßt sich bei konstanter Meßzeit aus der Anzeige des Zählwerks oder bei konstantem Zählwerkweg aus der Meßzeit ermitteln.

Es sei:

A_{soll} Sollwert des Zählwerkfortschritts,
A_{ist} Istwert des Zählwerkfortschritts,
N konstante Leistung während der Meßzeit t,
t_{soll} Sollzeit für den Zählwerkfortschritt A_{soll}, bezw. Sollzeit für n Umdrehungen der letzten Zählwerkrolle,
t_{ist} Istzeit für n Umdrehungen der letzten Zählwerkrolle,
n Umdrehungszahl der letzten Zählwerkrolle,
x Zahl der Dezimalstellen hinter dem Komma des Zählwerks;

dann ist der Fehler

$$F_{\%} = \frac{A_{ist} - A_{soll}}{A_{soll}} \cdot 100\,; \tag{481}$$

oder auch

$$t_{soll} = \frac{n}{N} \cdot \frac{3{,}6 \cdot 10^6}{10^{(x-1)}} = \frac{n}{N} \cdot \frac{36 \cdot 10^6}{10^x} \text{[sek]} \tag{482}$$

und der Fehler

$$F_{\%} = \frac{t_{soll} - t_{ist}}{t_{ist}} \cdot 100\,. \tag{483}$$

c) Arbeitsmessung und Zählung der Umdrehungszahl des Prüflings unter Verwendung eines Eichzählers (Abb. 356c). Die Arbeit wird mit Prüfling und Eichzähler gezählt. Beide werden gleichzeitig ein- und ausgeschaltet und ihre Umdrehungszahlen verglichen. Die Meßzeit soll 50 sek nicht unterschreiten, der Läufer des Prüflings muß mindestens eine Umdrehung machen.

Es sei:

u [Umdr.] = Umdrehungszahl des Prüflingsläufers,
C_z [Umdr./kWh] = Zählerkonstante des Prüflings,
$A_p = \frac{u}{C_z}$ [kWh] = Anzeige des Prüflings,
A_e [kWh] = Anzeige des Eichzählers.

Der Fehler des Prüflings ist dann:

$$F_{\%} = \frac{A_p}{A_e}(100 \pm F'') - 100\,, \tag{484}$$

worin F'' den Fehler des Eichzählers in Prozent bedeutet.

Der relative Fehler des Prüflings gegenüber dem Eichzähler ist

$$F'_{\%} = \frac{A_p - A_e}{A_e} \cdot 100\,. \tag{485}$$

Wenn der Fehler F'' des Eichzählers klein ist, kann man ihn einfach zum Prüflingsfehler F' addieren. Dann ist der Fehler des Prüflings

$$F'''_{\%} = F' + F''\,. \tag{486}$$

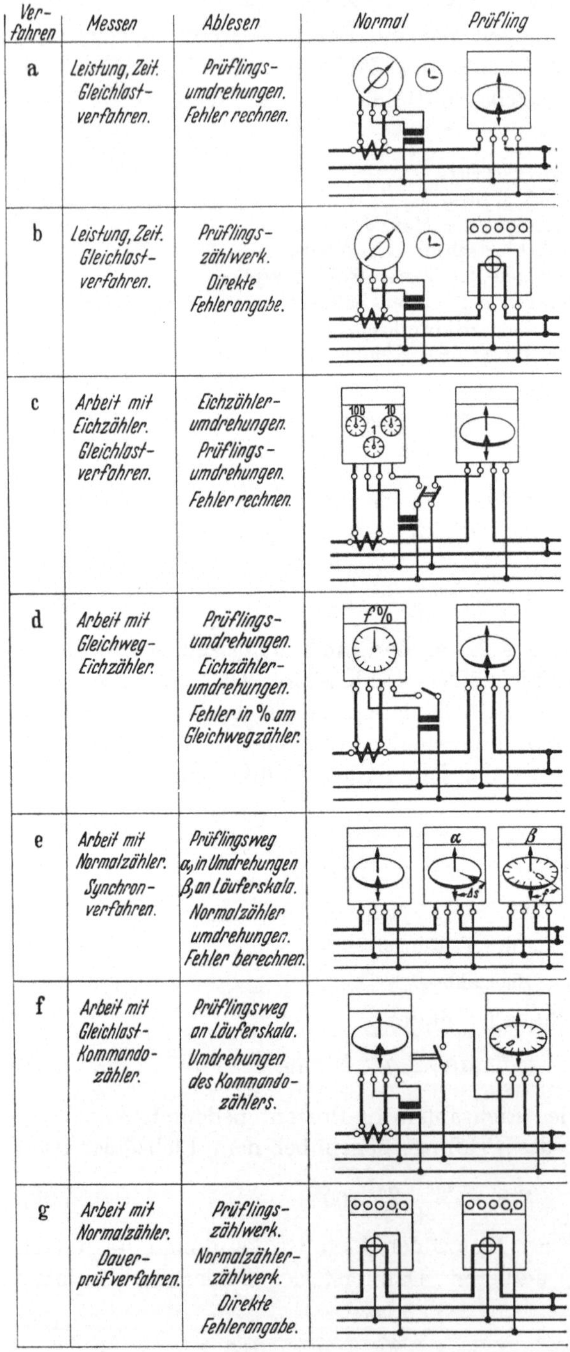

Verfahren	Messen	Ablesen	Normal	Prüfling
a	Leistung, Zeit. Gleichlastverfahren.	Prüflingsumdrehungen. Fehler rechnen.		
b	Leistung, Zeit. Gleichlastverfahren.	Prüflingszählwerk. Direkte Fehlerangabe.		
c	Arbeit mit Eichzähler. Gleichlastverfahren.	Eichzählerumdrehungen. Prüflingsumdrehungen. Fehler rechnen.		
d	Arbeit mit Gleichweg-Eichzähler.	Prüflingsumdrehungen. Eichzählerumdrehungen. Fehler in % am Gleichwegzähler.		
e	Arbeit mit Normalzähler. Synchronverfahren.	Prüflingsweg α, in Umdrehungen β, an Läuferskala. Normalzählerumdrehungen. Fehler berechnen.		
f	Arbeit mit Gleichlast-Kommandozähler.	Prüflingsweg an Läuferskala. Umdrehungen des Kommandozählers.		
g	Arbeit mit Normalzähler. Dauerprüfverfahren.	Prüflingszählwerk. Normalzählerzählwerk. Direkte Fehlerangabe.		

Beispiel:

Anzeige des Prüflings
$A_p = 101$,
Anzeige des Eichzählers
$A_e = 100$,
Fehler des Eichzählers
$F'' = -2\%$.

Fehler des Prüflings nach Gl. (484):

$$F_{\%} = \frac{101}{100}(100 - 2) - 100 = -1{,}02\%\,.$$

Relativer Fehler des Prüflings gegen den Eichzähler nach Gl. (485):

$$F'_{\%} = \frac{101 - 100}{100} \cdot 100 = +1\%\,.$$

Fehler des Prüflings nach Gl. (486):

$$F_{\%} = +1 - 2 = -1\%\,.$$

Selbst in diesem Extremfall, wo der Fehler des Eichzählers doppelt so groß ist wie der Prüflingsfehler, ist der Unterschied zwischen den beiden Ergebnissen praktisch bedeutungslos.

Abb. 356. Schematische Darstellung der von der PTB zugelassenen Zählerprüfverfahren.

a Leistungs-Zeit-Verfahren mit Zählung der Prüflingsläuferumdrehungen; — b Leistungs-Zeit-Verfahren mit Ablesung am Prüflingszählwerk; — c Arbeitsverfahren mit Zählung der Läuferumdrehungen; — d Arbeitsverfahren mit Gleichweg-Eichzähler; — e Synchronverfahren mit Normalzähler; — f Synchronverfahren mit Kommandozähler; — g Dauerprüfverfahren.

d) Arbeitsmessung und Zählung der Umdrehungszahl unter Verwendung eines Gleichweg-Eichzählers (Abb. 356d). Die Arbeit wird vom Prüfling und Eichzähler gezählt, der Eichzähler über Strom- und Spannungswandler stets mit den Nennwerten von Strom und Spannung betrieben und seine Konstante der des Prüflings so angepaßt, daß er bei richtiggehendem Prüfling stets denselben Weg zurücklegt. Der Prüflingsfehler kann dann am Eichzähler direkt abgelesen werden.

e) Synchronverfahren (Abb. 356e). α) *Ausmessen des Fehlers am Prüflingsläufer.* Prüfling und Normalzähler sind von gleicher Art und registrieren beide die Arbeit; zu Beginn der Zählung werden die Läufermarken der Prüflinge und des Normalzählers in eine bestimmte Stellung gebracht und nach mindestens fünf Umdrehungen die Abweichung der Prüflingsmarken von der Stellung der Normalzählermarke ausgemessen. Aus der Wegdifferenz kann man den Fehler errechnen. Das Verfahren ist für die amtliche Prüfung von Zählern mit Eisenkappen nicht zugelassen.

β) *Ablesen des Fehlers am Prüflingsläufer.* Die Läuferscheiben der Prüflinge haben eine 100teilige Skala, und die Wegdifferenz zwischen Prüflingsläufer und Normalzählerläufer wird an dieser Skala abgelesen. Die Ablesegenauigkeit für den Fehler muß in beiden Fällen mindestens 0,2% sein.

u_{soll} Sollumdrehungen des Prüflingsläufers;
u_{ist} Istumdrehungen des Prüflingsläufers;
$2\pi \cdot u_{soll}$ Sollweg des Prüflingsläufers;
$2\pi \cdot u_{ist}$ Istweg des Prüflingsläufers;
α Abweichung des Weges des Prüflingsläufers vom Sollwert.

$$2\pi \cdot u_{ist} = 2\pi \cdot u_{soll} \pm \alpha .$$

Dann ist der relative Fehler des Prüflings gegenüber dem Normalzähler:

$$F'_{\%} = \frac{u_{ist} - u_{soll}}{u_{soll}} \cdot 100 = \pm \frac{\alpha}{2\pi \cdot u_{soll}} \cdot 100 . \quad (487)$$

Ist F'' der Fehler des Normalzählers, so ist der Fehler des Prüflings:

$$F_{\%} = F' + F'' + \frac{F' \cdot F''}{100} . \quad (488)$$

Das Glied $\frac{F' \cdot F''}{100}$ kann vernachlässigt werden, wenn $F' \cdot F'' < 10$ ist; man kann demnach fast immer schreiben

$$F_{\%} = F' + F'' . \quad (489)$$

f) Synchronverfahren mit Gleichlast-Eichzähler als Kommandozähler (Abb. 356f). Die Läuferscheiben der Prüflinge haben eine 100teilige Skala. Die Meßgröße wird vom Prüfling und Gleichlastzähler gemessen. Die Prüflinge werden vom Gleichlastzähler ein- und ausgeschaltet und die Meßzeit so gewählt, daß fehlerfreie Prüflinge eine volle Umdrehungszahl machen. Die Differenz zwischen dem Soll- und Istweg wird an der Läuferscheibe der Prüflinge abgelesen. Der Fehler des Gleichlast-Eichzählers ist vernachlässigbar.

g) Arbeitsmessung mit Zählwerkablesung (Abb. 356g). Prüflinge und Normalzähler werden in Dauerbetrieb genommen und die Zählwerkangaben verglichen. Die Meßzeit ist so zu wählen, daß die letzte Ziffernrolle mindestens zwei Umdrehungen macht.

Der Fehler ist nach Gl. (484) bzw. (486) zu berechnen.

3. Zählerprüfeinrichtungen.

Zum Prüfen größerer Mengen von Zählern verwendet man festaufgebaute Zählerprüfeinrichtungen mit eingebauten Regelgeräten, Schaltern, Präzisionswandlern und Präzisionsmeßinstrumenten. Durch diese Zählerprüfeinrichtungen wird das Prüfen der Zähler sehr vereinfacht und eine gute Genauigkeit gewährleistet. Die Stationen sind

Abb. 357. Zählerprüfeinrichtung für Drehstromzähler mit fahrbarem und vertikal verschiebbarem Zähleraufhängegestell.

für verschiedene Prüfmethoden verwendbar, und man kann leicht von einem Verfahren auf ein anderes übergehen. Abb. 357 zeigt eine moderne Zählerprüfeinrichtung.

Zum Überprüfen von Meßsätzen im Betrieb verwendet man Kontrollwandler in Verbindung mit tragbaren Zählerprüfeinrichtungen oder Eichzählern.

III. Spezial-Eichgeräte der SSW.

1. Gleichweg-Eichzähler.

a) Gleichlastverfahren. Moderne Zählerprüfstationen arbeiten nach dem Gleichlastverfahren, bei dem das Normal — also der Leistungsmesser — unabhängig von Nennspannung, Nennstrom und Belastung des Prüflings stets mit Nennstrom und Nennspannung betrieben wird und infolgedessen nur bei den Belastungspunkten J_n, U_n und einigen speziellen Werten des Leistungsfaktors genau zeigen muß. Ersetzt man in einer solchen Station den Leistungsmesser durch einen Eichzähler, so kann man darauf verzichten, Strom und Spannung genau konstant zu halten, weil der Eichzähler ebenso integriert wie der Prüfling, und

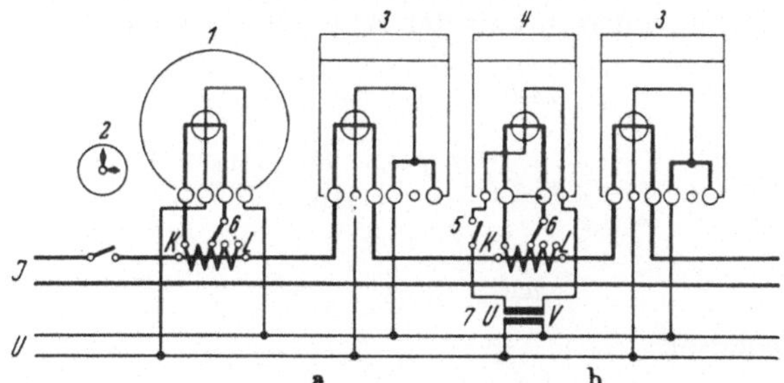

Abb. 358a u. b. Zählerprüfung nach dem Gleichlastverfahren.
a Mit Leistungsmesser und Stoppuhr; — b mit Gleichweg-Eichzähler.
1 Leistungsmesser; — *2* Stoppuhr; — *3* Prüfling; — *4* Gleichweg-Eichzähler; — *5* Schalter im Spannungskreis des Gleichweg-Eichzählers; — *6* Präzisionsstromwandler; — *7* Präzisionsspannungswandler.

man braucht keine Stoppuhr, weil man nur die Umdrehungen von Eichzähler und Prüfling innerhalb derselben Zeit zu zählen hat. Macht man außerdem die Zählerkonstante des Eichzählers veränderbar und paßt ihn dadurch an die Zählerkonstante des Prüflings an, so läßt sich der Prüflingsfehler am Eichzähler unmittelbar ablesen. Abb. 358 zeigt die Grundschaltung der Prüfstation. Da der Eichzähler stets denselben Strom und dieselbe Spannung erhält, legt sein Läufer innerhalb derselben Zeit stets dieselbe Anzahl von Umdrehungen zurück, es ist also ein Gleichwegzähler in Gleichlastschaltung, der als Gleichweg- oder Gleichlast-Prüf- oder Eichzähler oder im folgenden auch kürzer als Gleichlastzähler bezeichnet wird.

b) Anforderungen an den Gleichlast-Zähler. Der Gleichlast-Prüfzähler ist nach grundsätzlich anderen Gesichtspunkten konstruiert und bemessen als ein Verrechnungszähler. Er wird weder überlastet noch mit schwankender Frequenz betrieben, Abmessungen, Preis und Gewicht spielen keine Rolle gegenüber den Forderungen nach Konstanz und höchster Genauigkeit bei einigen Belastungspunkten, kleinem Temperatureinfluß und geringem Anwärmfehler.

Die Fehler sollen zwar klein sein, doch ist ihre absolute Größe nicht so sehr wichtig, sofern sie nur konstant sind, weil sie dann berücksichtigt werden können. Freilich soll nicht übersehen werden, daß man ohne Berichtigungen bequemer und schneller arbeitet. Um kleine Fehler zu erreichen, werden die Gleichlastzähler mit großer Sorgfalt aus bestem Material gefertigt, das Triebeisen wird nach Abb. 80 aus in sich geschlossenen Blechen aufgebaut, um vollkommen konstante Luftspalte zu erreichen; Lagersteine und -kugeln werden besonders sorgsam ausgesucht, und jeder Zähler wird längere Zeit im Dauerbetrieb erprobt, bevor man ihn endgültig justiert.

c) Berechnung der Gleichlastzählerkonstanten. In der Schaltung nach Abb. 358 macht der Gleichlastzähler u_e Umdrehungen und der Prüfling u_p Umdrehungen während der Zeit t und es ist

$$\left.\begin{aligned} u_e &= C_e \cdot \frac{U_e \cdot J_e \cdot t \cdot \cos\varphi \cdot 10^{-3}}{3600}, \\ u_p &= C_p \cdot \frac{U_p \cdot J_p \cdot t \cdot \cos\varphi \cdot 10^{-3}}{3600} \end{aligned}\right\} \tag{490}$$

oder

$$u_p = u_e \cdot \frac{C_p}{C_e} \cdot \frac{U_p \cdot J_p}{U_e \cdot J_e}. \tag{491}$$

Darin bedeuten:

C_e und C_p die Zählerkonstanten von Eichzähler und Prüfling in Umdr./kWh,
U_e und U_p die Spannungen an den beiden Zählern in V,
J_e und J_p der Strom der beiden Zähler in A.

Aus der Gleichung ergibt sich das Verhältnis der Umdrehungszahlen von Prüfling und Gleichlastzähler. Aus der Abweichung der Umdrehungszahlen von ihren Sollwerten läßt sich der Fehler leicht berechnen.

An Prüflingen mit nur einer Läufermarke kann man nur volle Umdrehungen genau feststellen, man liest deshalb den Fehler an der Skala des Gleichlastzählers ab. Es ist

$$f\% = \frac{u_{e\,soll} - u_{e\,ist}}{u_{e\,soll}} \cdot 100 = \pm \frac{\triangle u_e}{u_{e\,soll}} \cdot 100\,. \tag{492}$$

Das Vorzeichen der Fehlergleichung erscheint hier umgekehrt, weil der Fehler am Gleichlastzähler statt am Prüfling abgelesen wurde. Wählt man für $u_{e\,soll}$ ein für allemal einen bestimmten Wert, so kann man die Skala des Gleichlastzählers direkt in Fehlerprozenten beziffern, beispielsweise entspricht für $u_{e\,soll} = 6$ Umdrehungen ein Fehler von $\pm 1\%$ einer Abweichung von $\pm 0{,}06$ Umdrehungen oder $\pm 21{,}6°$ von der Sollstellung. Bei 4 Umdrehungen entspricht ein Fehler von $\pm 1\%$ einer Abweichung von $\pm 0{,}04$ Umdrehungen $= \pm 14{,}4°$. Bei 8 Umdrehungen würden 14,4° einem Fehler von 0,5% entsprechen. Da man beim Prüfen der Zähler den Fehler bei 5% der Nennlast noch messen will und am Prüfling nur volle Umdrehungen genau abgelesen werden können, muß $0{,}05 \cdot u_p$ eine ganze Zahl sein. Andererseits soll die Umdrehungszahl $u_{e\,soll}$ des Gleichlastzählers einen festen Wert haben, damit man ihm eine Prozentskala geben kann. Die Gl. (491) ist also überbestimmt und man muß eine andere Größe variabel machen. Dies ist die Konstante C_e des Gleichlastzählers. Ist C_e veränderbar, dann kann man für alle Werte der Prüflingskonstanten ein Wertepaar von u_e und u_p finden, das die gestellten Bedingungen für eine direkte und genaue Ablesung des Fehlers erfüllt.

Beispiel. Es soll ein Wechselstromzähler geprüft werden mit den Daten

$$J_p = 15\,\text{A}; \quad U_p = 120\,\text{V}; \quad C_p = 1200\,\text{Umdr./kWh},$$

und er soll bei Nennlast $u_p = 40$ Umdr. machen.

Der Gleichlastzähler habe

$$J_e = 5\,\text{A}; \quad U_e = 120\,\text{V}$$

und soll $u_e = 6$ Umdrehungen machen.

Dann wird

$$C_e = \frac{u_e}{u_p} \cdot C_p \cdot \frac{U_p \cdot J_p}{U_e \cdot J_e} = \frac{6}{40} \cdot 1200 \cdot \frac{120 \cdot 15}{120 \cdot 5} = 540\,\text{Umdr./kWh}.$$

Die Konstante des Gleichlastzählers muß auf 540 eingestellt werden.

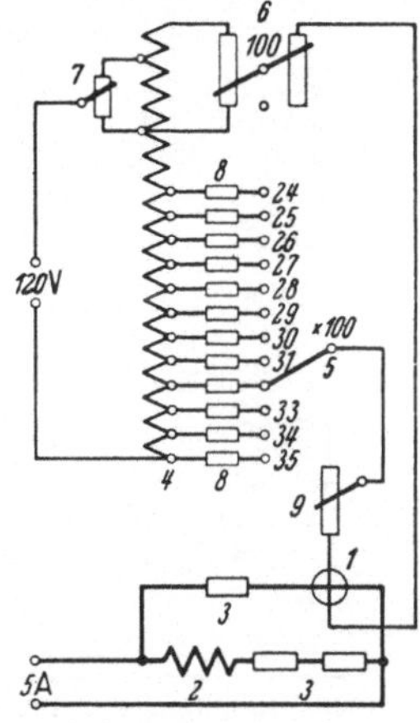

Abb. 359. Innenschaltung des Gleichlastzählers der SSW.
1 Meßwerk; — *2* Drossel im Strompfad; — *3* Widerstand der Temperaturkompensation im Strompfad; — *4* Sparwandler im Spannungskreis; — *5* Grobeinstellung der Zählerkonstanten; — *6* Feineinstellung der Zählerkonstanten; — *7* Feinjustierung der Drehzahl; — *8* Vorwiderstand für die Phasenabgleichung; — *9* Feinjustierung der Phasenverschiebung zwischen Strom- und Spannungstriebfluß.

d) Innenschaltung des Gleichlast-Zählers der SSW und Einstellen der Zählerkonstanten. Die Innenschaltung des Gleichlastzählers ist in Abb. 359 wiedergegeben. Mit den Anzapfungen *5* am Spannungswandler *4* und dem Spannungsteiler *6* kann man die Spannung am Triebsystem und damit die Konstante des Gleichlastzählers grob und fein einstellen. Mit dem linken Drehknopf in Abb. 360 bedient man die Grob-, mit dem rechten die Feineinstellung.

Es wäre selbstverständlich sehr umständlich, wollte man für jede Prüflingskonstante C_p die zugehörige Gleichlastzählerkonstante C_e sowie die zugehörigen Drehzahlen u_p und u_e errechnen. Deshalb werden den Gleichlastzählern Konstantentabellen beigegeben, aus denen man diese Werte für alle vorkommenden Zählerkonstanten, Ströme und Spannungen entnehmen kann.

e) Verwendung des Gleichlastzählers. Soll der Prüfling beim Nennstrom J_p und $\cos\varphi = 1$ gemessen werden, so ist der Gleichlastzähler an einen Stromwandler J_p/J_e anzuschließen, die Umdrehungszahl des

Prüflings sei für diesen Belastungspunkt u_p. Bei irgendeinem anderen Strom $a \cdot J_p$ und $\cos\varphi = 1$ wird der Gleichlastzähler über einen Wandler $a \cdot J_p/J_e$ angeschlossen und am Prüfling die Umdrehungszahl $a \cdot u_p$ abgezählt. Bei Messungen mit Leistungsfaktoren unter 1 bleibt die Umdrehungszahl u_p des Prüflings unverändert, die Meßzeit erhöht sich jedoch im Verhältnis $1 : \cos\varphi$.

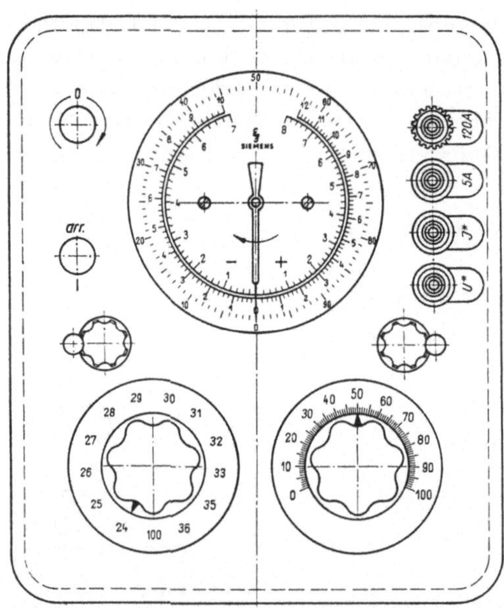

Abb. 360. Deckplatte des Gleichlastprüfzählers der SSW. Links oben Nullstellung, darunter die Arretierung des Läufers; in der Mitte links und rechts plombierbare Feineinstellung für Drehzahl und Phasenabgleich; unten 2 Drehknöpfe für Grob- und Feineinstellung der Zählerkonstanten; rechts oben die Anschlußklemmen.

f) Eigenschaften des Gleichlastzählers. Der in Abb. 361 gezeigte Gleichlastzähler der SSW wird für 5 A, 120 V bemessen und verbraucht im Strompfad 2,9 W, 3 VA; im Spannungspfad 2...2,4 W, 2,5...3,6 VA; er zeigt bei der mittleren Konstanten, Nennstrom, Nennspannung, Nennfrequenz, $\cos\varphi = 1$ und $\cos\varphi = 0{,}5$ ind. sowie bei 20° Raumtemperatur auf $\pm\, 0{,}1\%$ genau.

Abb. 361. Ansicht des Gleichlastprüfzählers der SSW.

Seine Konstante läßt sich um $\pm\, 20\%$ verändern. Der Temperatureinfluß ist etwa 0,1%/10° bei $\cos\varphi = 1$ und $\cos\varphi = 0{,}5$ ind., der Frequenzeinfluß etwa 1%/10% Frequenzänderung.

g) Kontrolle des Gleichlast-Zählers. Absolute Messungen.

Wenn man den absoluten Fehler des Gleichlast-Prüfzählers ermitteln will, muß man ihn nach einem Verfahren prüfen, dessen Gesamtfehler um eine Größenordnung kleiner ist als der des Gleichlast-Zählers selbst.

Ein solches Verfahren ist, den Gleichlast-Prüfzähler mit einem elektrostatischen Präzisionsleistungsmesser zu vergleichen, der seinerseits mit einem Gleichstromkompensator geeicht wurde, während der Beobachtungsdauer Leistung, Frequenz sowie Umweltbedingungen konstant zu halten und die Zeit für eine bestimmte Umdrehungszahl mit einer Präzisionsstoppuhr zu messen.

Ein anderes Verfahren ist, den Gleichlast-Prüfzähler über eine Gleichstrom-Wechselstrom-Arbeitswaage mit dem Gleichstromkompensator zu eichen und ebenfalls die Zeit für eine bestimmte Umdrehungszahl festzustellen. Dabei braucht die Leistung während der Meßdauer nicht vollkommen konstant zu sein.

Eine Kontrolle des Gleichlast-Prüfzählers mit dem elektrodynamischen Präzisionsleistungsmesser der Klasse 0,1 kommt nicht in Betracht, da die Fehler beider Geräte von derselben Größenordnung sind.

Absolute Fehlermessungen der genannten Art erfordern große Sorgfalt und einen erheblichen Aufwand sowie Prüfeinrichtungen, die im allgemeinen nicht zur Verfügung stehen, weshalb man sich mit Vergleichsmessungen begnügen muß.

Wenn man mehrere Gleichlast-Prüfzähler zur Verfügung hat, kann man die einzelnen Zähler miteinander vergleichen, indem man die Strompfade in Reihe, die Spannungspfade parallel schaltet. Da es unwahrscheinlich ist, daß sich alle Zähler in der gleichen Richtung um denselben Betrag geändert haben, kann man bei Übereinstimmung aller Anzeigen mit um so größerer Wahrscheinlichkeit annehmen, daß sie richtig zeigen, je größer die Anzahl der verglichenen Zähler ist. Weist ein einzelner Zähler eine Abweichung gegenüber einer größeren Gruppe von Zählern auf, so ist es wahrscheinlicher, daß er sich geändert hat, als daß alle anderen sich geändert hätten. Die Unsicherheit dieser Messung wird um so größer, je mehr Zähler aus der Reihe tanzen, und wenn sich zwei gleich große, verschieden zeigende Zählergruppen gebildet haben, weiß man nicht, welche Gruppe richtig zeigt; beispielsweise kann man bei zwei verschieden zeigenden Zählern nicht sagen, welcher richtig ist.

2. Drehstrom-Arbeitswaage.

a) Prinzip. Ebenso wie Wattmeter lassen sich Gleichlastzähler höchster Genauigkeit nur für Wechselstrom herstellen, mehrsystemige Zähler und Wattmeter würden nicht dieselbe Güte erreichen. Zum gleichseitigen Prüfen eines Drehstromzählers mit drei Systemen verwendet man deshalb drei Wechselstromwattmeter und müßte analog auch drei Wechselstrom-Gleichlast-Prüfzähler nehmen. Da sich unter diesen Umständen der Fehler nur recht umständlich berechnen ließe, hat man einen grundsätzlich anderen Weg beschritten. Wenn man nämlich die Gewähr hat, daß die Drehstromarbeit dreimal so groß ist wie die Arbeit einer Phase, braucht man nur in diese Phase einen Wechselstrom-Gleichlast-Prüfzähler zu setzen. Das Einhalten dieser Bedingung zeigt die Arbeitswaage an.

b) Beschreibung. Die Arbeitswaage ist ein ungedämpfter Induktionszähler mit vier gleichen Triebsystemen, von denen zwei links, zwei rechts drehen. Die Drehmomente der beiden linksdrehenden Systeme sind proportional den Leistungen in den Phasen R und T

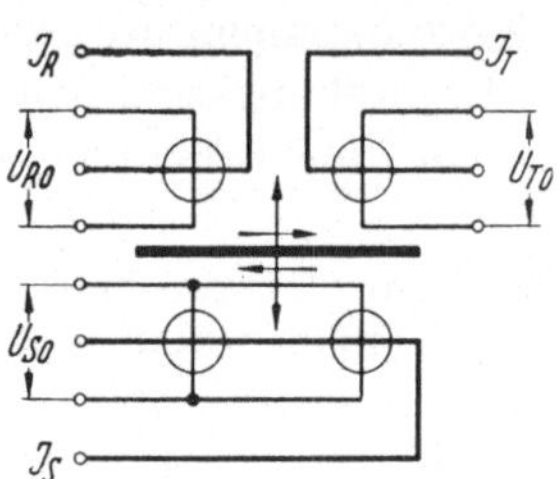

Abb. 362. Innenschaltung der Drehstrom-Arbeitswaage der SSW.

$$N_R = U_{RO} \cdot J_R \cdot \cos\varphi_R,$$
$$N_T = U_{TO} \cdot J_T \cdot \cos\varphi_T.$$

Die Drehmomente der beiden rechtsdrehenden Systeme sind proportional der Leistung der Phase S

$$N_S = U_{SO} \cdot J_S \cdot \cos\varphi_S.$$

Die Arbeitswaage zeigt demnach die Arbeit

$$A_Z = \int_0^t (N_R + N_T - 2\,N_S) \cdot dt, \qquad (493)$$

und für $A_Z = 0$ ist

$$\int_0^t (N_R + N_T) \cdot dt = 2 \cdot \int_0^t N_S \cdot dt. \qquad (494)$$

Die Drehstromarbeit ist

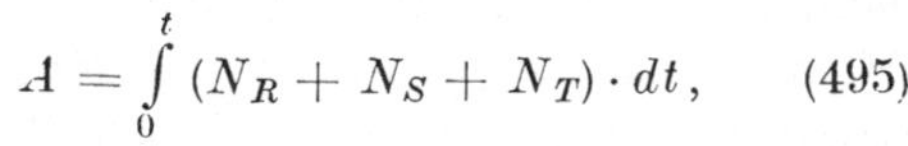

$$A = \int_0^t (N_R + N_S + N_T) \cdot dt, \qquad (495)$$

für $A_Z = 0$ ist

$$A = 3 \int_0^t N_S \cdot dt, \qquad (496)$$

Abb. 363. Ansicht der Drehstrom-Arbeitswaage der SSW.

d. h., wenn der Läufer der Arbeitswaage während der Meßzeit t den Weg 0 zurückgelegt hat, war während dieser Zeit die Drehstromarbeit dreimal so groß wie die Arbeit in der Phase S, und man kann einen Drehstromzähler mit einem Einphasen-Gleichlastzähler gleichseitig prüfen, wenn man diese Bedingung einhält. Da die Arbeitswaage integriert, braucht ihr Läufer nicht während der ganzen Meßzeit stillzustehen, er kann kleinere Wege zurücklegen und muß nur bis zum Ende der Messung auf demselben Weg wieder in seine Anfangslage gebracht werden. Die Arbeiten der Phasen R und T brauchen auch nicht gleich groß zu sein, nur ihre Summe muß doppelt so groß sein wie die Arbeit in der Phase S. Abb. 362 zeigt die Innenschaltung, Abb. 363 ist eine Ansicht der Arbeitswaage.

c) Eigenschaften. Die Arbeitswaage wird für 5 A, $3 \times 120/208$ V hergestellt und verbraucht je Triebsystem im Strompfad 1,75 W, 2,2 VA, im Spannungspfad 1,05 W, 2,8 VA. Sie spricht auf Leistungsdifferenzen von 0,1% an und macht bei Leistungsdifferenzen von 0,25% eine Läuferumdrehung/min. Der Temperatureinfluß ist Null, der Frequenzeinfluß etwa 0,2%/10% Frequenzänderung, der Spannungseinfluß etwa 0,3%/10% Spannungsänderung.

3. Spannungssymmetrie-Anzeiger.

a) Prinzip. Eine Art von Drehstrom-Blindverbrauchzählern schließt man an Ströme und Spannungen an, die bei $\cos\varphi = 1$ und symmetrischem Spannungsdreieck aufeinander senkrecht stehen. Will man diese Zähler prüfen, so muß man die Gewähr haben, daß die drei Dreieckspannungen des Drehstromnetzes gleichgroß sind, da sonst sehr erhebliche Meßfehler auftreten können. Das Einhalten dieser Bedingung könnte man mit drei Präzisionsspannungsmessern überwachen, es ist aber — abgesehen von der ungenügenden Genauigkeit — nicht einfach und würde den Eicher sehr belasten, neben seinen übrigen Arbeiten drei Spannungsmesser während der ganzen Meßperiode auf dem gleichen Wert zu halten; deshalb ging man auch hier auf ein integrierendes Gerät über, das die drei Spannungen miteinander vergleicht und Unsymmetrien anzeigt.

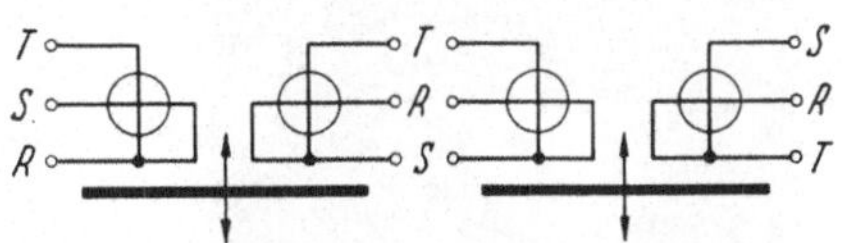

Abb. 364. Innenschaltung des Spannungssymmetrie-Anzeigers der SSW.

b) Beschreibung. Der Spannungssymmetrie-Anzeiger der SSW hat zwei getrennte Zählermeßwerke mit je zwei Triebsystemen in Spannungsquadratschaltung (Abb. 364). Die Anzeige des ersten Meßwerkes ist

$$A_1 = \int_0^t [U_{RS} \cdot U_{RT} \cdot \cos(U_{RS} \cdot U_{RT}) + U_{SR} \cdot U_{ST} \cdot \cos(U_{SR} \cdot U_{ST})] \cdot dt. \quad (497)$$

Das zweite Meßwerk zeigt

$$A_2 = \int_0^t [U_{SR} \cdot U_{ST} \cdot \cos(U_{SR} \cdot U_{ST}) + U_{TR} \cdot U_{TS} \cdot \cos(U_{TR} \cdot U_{TS})] \cdot dt. \quad (498)$$

Die Winkel zwischen U_{RS} und U_{RT}, U_{SR} und U_{ST} sowie U_{TR} und U_{TS} sind alle 60° und man darf folglich schreiben

$$\left.\begin{aligned} A_1 &= 0{,}5 \cdot \int_0^t (U_{RS} \cdot U_{RT} + U_{SR} \cdot U_{ST}) \cdot dt, \\ A_2 &= 0{,}5 \cdot \int_0^t (U_{SR} \cdot U_{ST} + U_{TR} \cdot U_{TS}) \cdot dt. \end{aligned}\right\} \quad (499)$$

Nun ist

$$U_{SR} = -U_{RS}; \quad U_{TR} = -U_{RT}; \quad U_{TS} = -U_{ST},$$

und somit

$$\left.\begin{aligned} A_1 &= 0{,}5 \cdot \int_0^t U_{RS} \cdot (U_{RT} - U_{ST}) \cdot dt, \\ A_2 &= 0{,}5 \cdot \int_0^t U_{ST} \cdot (U_{RT} - U_{RS}) \cdot dt. \end{aligned}\right\} \qquad (500)$$

Für $A_1 = A_2 = 0$ muß $U_{RT} = U_{ST}$, $U_{RT} = U_{RS}$ und damit auch $U_{RS} = U_{ST}$ sein, d. h., wenn die Zeiger der beiden Zählermeßwerke in der Meßzeit t den Weg Null zurückgelegt haben, war das Spannungsdreieck während der Meßdauer im Integral symmetrisch. Falls die Zeiger während der Meßdauer vorübergehend einen Weg zurückgelegt haben, aber auf demselben Weg wieder in ihre Anfangsstellung zurückgeführt wurden, war das Spannungsdreieck zwar vorübergehend unsymmetrisch, die Unsymmetrien glichen sich jedoch im Integral aus. Mit einem solchen Spannungssymmetrie-Anzeiger kann man das Spannungsdreieck sehr bequem und genau symmetrisch halten.

Abb. 365. Ansicht des Spannungssymmetrie-Anzeigers der SSW.

c) Eigenschaften. Der Spannungssymmetrie-Anzeiger wird für 120 V Nennspannung ausgeführt und kann von 90 . . . 130 V verwendet werden. Er verbraucht je Phase 4,5 . . . 6,0 W; 5,0 . . . 6,7 VA, spricht auf Spannungsdifferenzen von 0,1% an und macht bei 0,2% Spannungsdifferenz eine Läuferumdrehung/min. Sein Frequenzeinfluß ist Null, sein Temperatureinfluß etwa 0,02%/10°. Abb. 365 zeigt einen Spannungssymmetrie-Anzeiger.

IV. Wandlerprüfeinrichtungen (Lit. XIX).

1. Allgemeines.

Außer der Isolation ist der Übersetzungsfehler und der Fehlwinkel der Wandler bei einigen Belastungspunkten und Bürden zu prüfen, insbesondere ist bei Wandlern für bestimmte Meßsätze der Fehler bei der Betriebsbürde zu bestimmen. Da die Wandlerfehler sehr klein sind, kann man sie nicht durch direkte Messung der Primär- und Sekundärgrößen ermitteln, vielmehr muß man Kompensations- oder Differenzverfahren anwenden. Es wurde eine große Anzahl von Wandlerprüfeinrichtungen angegeben, die sich in zwei grundsätzlich verschiedene Verfahren aufteilen. Bei den absoluten Verfahren werden die Vergleichsgrößen über Normalwiderstände von den Primärgrößen abgeleitet und mit den Sekundärgrößen des Wandlers verglichen. Bei den Vergleichsmethoden wird der Prüfling mit einem Normalwandler verglichen, dessen Fehler nach einem absoluten Verfahren bestimmt wurden.

Bei den Kompensationsverfahren werden die beiden Vergleichsgrößen gegeneinander komplex kompensiert; bei den Differenzverfahren wird die Differenz der Vergleicbsgrößen mit einem komplexen Kompensator nach Größe und Richtung bestimmt.

2. Das Kompensationsverfahren der PTR mit Normalwiderständen.

Das Kompensationsverfahren der PTR ist eine absolute Methode mit Normalwiderständen. Man vergleicht die sekundäre Meßgröße des Wandlers mit einer an Normalwiderständen abgegriffenen und der Primärgröße proportionalen Meßgröße nach Amplitude und Phase. Die Fehler der Normalwiderstände müssen bekannt sein.

a) Stromwandler-Prüfeinrichtung (Abb. 366). Bei der Prüfung eines Stromwandlers wird in Reihe mit der Primärwicklung des Wandlers ein Normalwiderstand R_1 gelegt und parallel zu ihm ein Meßwiderstand R_2, von dem ein Teil als Schleifdraht ausgebildet ist. Durch den Widerstand R_2 fließt der Strom J_3

$$J_3 = J_1 \cdot \frac{R_1}{R_1 + R_2}. \qquad (501)$$

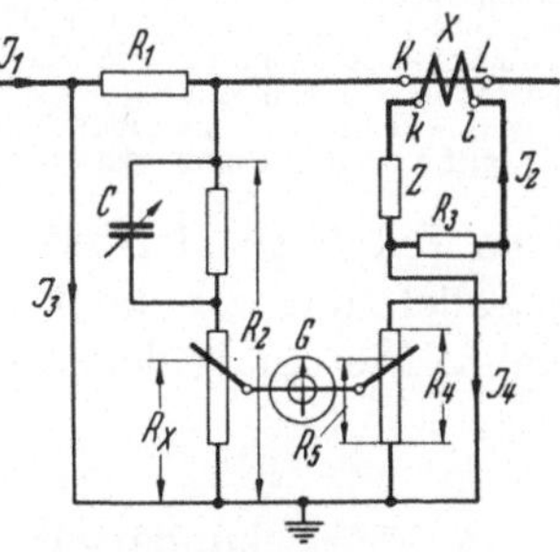

Abb. 366. Schematische Darstellung der Stromwandlerprüfung nach dem Kompensationsverfahren der PTR mit Normalwiderstand.

J_1 Primärstrom; — J_2 Sekundärstrom; — J_3, J_4 Vergleichsströme; — R_1 Normalwiderstand; — R_3 Normalwiderstand im Sekundärkreis des Prüflings; — R_2, R_4 Kompensationswiderstände; — Z Bürde; — X Prüfling; — C Kapazität zur Kompensation des Fehlwinkels; — G Vibrationsgalvanometer; — R_X, R_5 Abgriffe an den Kompensationswiderständen.

Zu einem Teil dieses Meßwiderstandes liegt der veränderbare Normalkondensator C parallel, mit dem die Phasenlage des Stromes J_3 geändert werden kann. Der Prüfling ist mit der Bürde Z und dem Normalwiderstand R_3 belastet, dem der Meßwiderstand R_4 parallel geschaltet ist. Durch den Meßwiderstand R_4 fließt der Strom

$$J_4 = J_2 \cdot \frac{R_3}{R_3 + R_4}. \qquad (502)$$

Mit den Abgriffen der Meßwiderstände und durch Verändern der Kapazität C wird das Vibrationsgalvanometer G auf Null abgeglichen. Dann ist

$$J_3 \cdot R_X = J_4 \cdot R_5$$

oder

$$J_1 \cdot \frac{R_1}{R_1 + R_2} \cdot R_X = J_2 \cdot \frac{R_3}{R_3 + R_4} \cdot R_5, \tag{503}$$

woraus

$$J_2 = J_1 \cdot R_X \cdot \frac{R_1}{R_1 + R_2} \cdot \frac{R_3 + R_4}{R_3 \cdot R_5} \tag{504}$$

folgt.

Man kann also aus den Sollwerten von J_1 und J_2 und aus den Größen der festen Widerstände den Sollwert des veränderbaren Widerstandes R_X berechnen. Die Abweichung von der Sollstellung gibt den Übersetzungsfehler an. Die Größe des Fehlwinkels kann man aus der Größe der für den Abgleich erforderlichen Kapazität C erkennen.

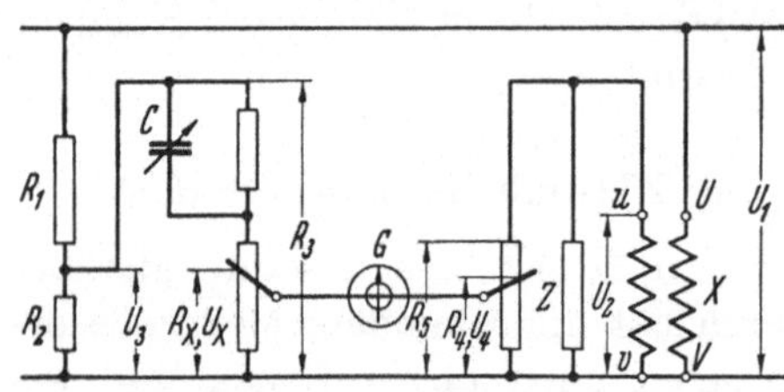

Abb. 367. Schematische Darstellung der Spannungswandlerprüfung mit Normalwiderständen nach dem Kompensationsverfahren der PTR.

U_1 Primärspannung; — U_2 Sekundärspannung; — U_3 Spannung am Spannungsteiler; — U_X, U_4 Kompensationsspannungen; — R_1, R_2 Spannungsteilerwiderstände; — R_3, R_4 Kompensationswiderstände; — X Prüfling; — C Kapazität zur Kompensation des Fehlwinkels; — Z Bürde des Prüflings; — G Vibrationsgalvanometer; — R_X, R_4 Abgriffe an den Kompensationswiderständen.

b) Spannungswandler-Prüfeinrichtung. Für Spannungswandler ist die Schaltung gemäß Abb. 367 abzuwandeln. Der Spannungswandler und ein Spannungsteiler R_1, R_2 liegen parallel an der Primärspannung U_1, die Teilspannung U_3 am Abgriff des Spannungsteilers ist:

$$U_3 = U_1 \cdot \frac{R_2 R_3}{R_1 R_2 + R_1 R_3 + R_2 R_3}. \tag{505}$$

Diese Teilspannung speist den Meßwiderstand R_3. Zu einem Teil dieses Meßwiderstandes liegt die regelbare Normalkapazität C parallel, mit der die Phasenlage der Meßspannung verändert werden kann. Die am Widerstand R_3 abgegriffene Spannung ist

$$U_X = U_3 \cdot \frac{R_X}{R_3}. \tag{506}$$

An der Sekundärseite des Spannungswandlers liegt die Bürde Z und der Meßwiderstand R_3. Die Spannung U_4 am Meßwiderstand R_4 ist

$$U_4 = U_2 \cdot \frac{R_4}{R_5}. \tag{507}$$

Werden die Abgriffe der Meßwiderstände sowie die Kapazität C so eingeregelt, daß das Vibrationsgalvanometer stromlos ist, dann sind die abgegriffenen Spannungen gleich groß und phasengleich, und es ist

$$\left.\begin{aligned} &\frac{R_X}{R_3} \cdot U_3 = U_2 \cdot \frac{R_4}{R_5} \\ \text{oder}\quad &U_1 \cdot \frac{R_2 R_3}{R_1 R_2 + R_1 R_3 + R_2 R_3} \cdot \frac{R_X}{R_3} = U_2 \cdot \frac{R_4}{R_5}, \\ &U_2 = U_1 \cdot R_X \cdot \frac{R_2}{R_1 R_2 + R_1 R_3 + R_2 R_3} \cdot \frac{R_5}{R_4}. \end{aligned}\right\} \tag{508}$$

Aus den Sollwerten von U_1 und U_2 und der Größe der festeingestellten Widerstände kann man den Sollwert von R_X ermitteln. Die Abweichungen von diesem Sollwert sind ein Maß für den Spannungsfehler, die Größe der Kapazität C ein Maß für den Fehlwinkel.

3. Differenzmethode der PTR.

Bei dem Differenzverfahren der PTR wird der Prüfling mit einem Normalwandler verglichen und die Differenz der Sekundärgrößen nach Amplitude und Phase mit einem komplexen Kompensator gemessen.

a) Stromwandler-Prüfeinrichtung. Für die Prüfung von Stromwandlern ist die Brücke nach Abb. 368 geschaltet. Die Primär- und Sekundärwicklungen der Wandler liegen in Reihe, die Differenz der Sekundärströme fließt durch den Meßwiderstand R_3. Im Sekundärkreis des Normalwandlers zeigt der Strommesser *2* den Sekundärstrom an. Außerdem liegt im Sekundärkreis ein Lufttransformator *3* und der Meßwiderstand R_1. Die Sekundärseite des Lufttransformators speist die Widerstände R_4, deren Strom gegenüber dem Sekundärstrom des Normalwandlers um 90° verdreht ist. Im Sekundärkreis des X-Wandlers liegt die Bürde Z und der Meßwiderstand R_2. Der Differenzstrom beider Wandler erzeugt am Meßwiderstand R_3 einen Spannungsabfall U_Z. Am Meßwiderstand R_1 kann eine Spannung U_R abgegriffen werden, die in Phase mit dem Sekundärstrom des Normalwandlers ist, und am Widerstand R_4 eine Spannung U_X, die gegen den Sekundärstrom des Normalwandlers um 90° verschoben ist, beide Spannungen werden in Reihe geschaltet und gegen die Spannung U_Z am Widerstand R_3 kompensiert. Wenn das Vibrationsgalvanometer G stromlos ist, entspricht die vektorielle Summe von U_R und U_X dem Spannungsabfall U_Z (Abb. 369).

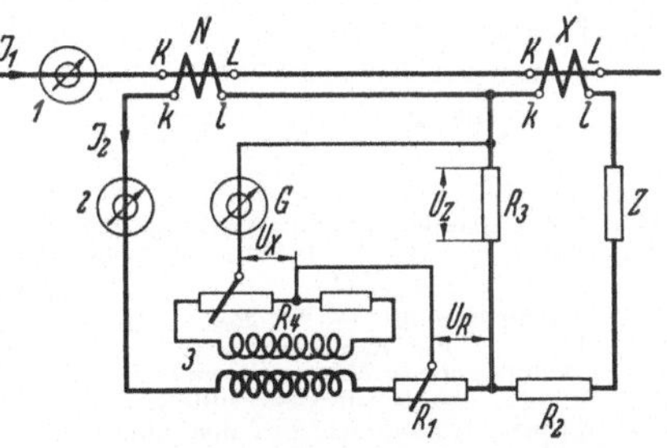

Abb. 368. Stromwandlerprüfung mit Normalwandler nach dem Differenzverfahren der PTR. J_1 Primärstrom; — J_2 Sekundärstrom; — R_1, R_2, R_3 Meßwiderstände; — R_4 Widerstand im Sekundärkreis des Lufttransformators; — N Normalwandler; — X Prüfling; — Z Bürde des Prüflings; — G Vibrationsgalvanometer; — *1*, *2* Strommesser; — *3* Lufttransformator; — U_Z Fehlerspannung am Widerstand R_3; — U_R Kompensationsspannung für den Stromfehler; — U_X Kompensationsspannung für den Winkelfehler.

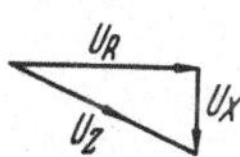

Abb. 369. Zusammensetzung der Kompensationsspannung U_Z aus einem Wirkspannungsanteil U_R und einem Blindspannungsanteil U_X.

Es ist

$$U_Z = \sqrt{U_R^2 + U_X^2}.$$

Die Spannung U_R ist proportional dem Wirkanteil, die Spannung U_X proportional dem Blindanteil des Differenzstromes, und man kann aus der Stellung der Abgriffe an den Meßwiderständen R_1 und R_4 Stromfehler und Fehlwinkel des Prüflings ablesen.

b) Spannungswandler-Prüfeinrichtung. Die beiden Wandler sind primär parallel geschaltet (Abb. 370). An der Sekundärseite des Normalspannungswandlers liegt in Reihe mit einem Normalwiderstand R_3 ein Präzisionsstromwandler *2*, dessen Sekundärstrom 5 A beträgt und dieselbe Prüfeinrichtung speist wie bei der Stromwandlerprüfung.

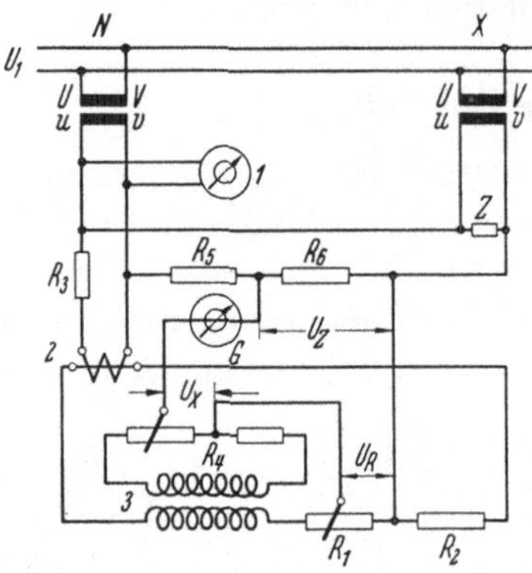

Abb. 370. Spannungswandlerprüfung mit Normalwandler nach der Differenzmethode der PTR.

U_1 Primärspannung; — R_1, R_2, R_4 Meßwiderstände; — R_5, R_6 Spannungsteiler; — R_3 Vorwiderstand; — *N* Normalwandler; — *X* Prüfling; — *Z* Bürde des Prüflings; — *G* Vibrationsgalvanometer; — *1* Spannungsmesser für die Sekundärspannung; — *2* Stromwandler; — *3* Lufttransformator; — U_Z Fehlerspannung am Widerstand R_6; — U_R Kompensationsspannung für den Spannungsfehler; — U_X Kompensationsspannung für den Winkelfehler.

Die Sekundärseiten der Wandler sind über einen Spannungsteiler R_5, R_6 parallel geschaltet. Unterscheiden sich die Sekundärspannungen der Wandler, so fließt über diese Widerstände ein Strom, dessen Spannungsabfall U_Z am Widerstand R_6 gegen die vektorielle Summe der Spannungen U_R und U_X kompensiert wird. Die Stellung der Abgriffe an den Widerständen R_1 und R_4 ist ein Maß für den Spannungsfehler und den Fehlwinkel.

4. Von der PTB zugelassene Prüfverfahren.

Von der PTB sind die nachstehend kurz gekennzeichneten Verfahren zugelassen:

a) Stromwandler-Prüfverfahren.

α) *Kompensationsverfahren.*

1. Kompensation mit je einem Normalwiderstand in Reihe mit der Primär- und Sekundärwicklung des Wandlers (SCHERING-ALBERTI) (Abb. 371).

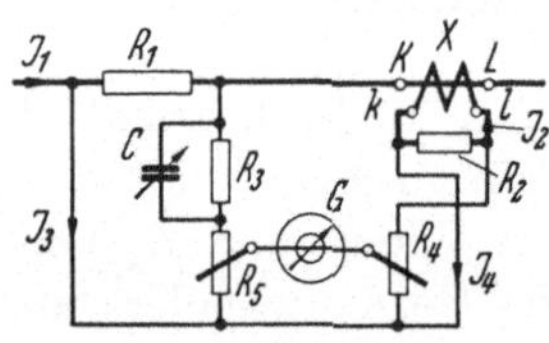

Abb. 371. Schematische Darstellung der Stromwandlerprüfung mit einem Normalwiderstand nach dem Kompensationsverfahren der PTR.

R_1, R_2 Normalwiderstände; — R_3 ... R_5 Meßwiderstände; — *X* Prüfling; — *C* Normalkondensator; — *G* Vibrationsgalvanometer.

Das Verfahren ist unter 2a ausführlich beschrieben. Der Sekundärstrom des Prüflings wird mit dem Primärstrom durch komplexe Kompensation verglichen.

An dem vom Primärstrom J_1 durchflossenen Normalwiderstand R_1 wird eine Spannung abgegriffen, die durch die Meßwiderstände R_3 und R_5 den Strom J_3 drückt. Die Phasenlage dieses Stromes kann durch einen Normalkondensator C in kleinen Grenzen verändert werden.

Am Prüfling liegt der Normalwiderstand R_2, durch den der Sekundärstrom J_2 fließt. Der Spannungsabfall an R_2 schickt durch den Meßwiderstand R_4 einen Strom J_4. Der Strom J_3 ist proportional dem Primärstrom J_1, der Strom J_4 ist proportional dem Sekundärstrom J_2. Wenn das Vibrationsgalvanometer keinen Ausschlag zeigt, sind die Spannungsabfälle an den Abgriffen der Meßwiderstände R_4 und R_5 nach Größe und Richtung gleich. Bei einem fehlerlosen Wandler wird dieser Abgleich bei der Nullstellung des Abgriffes an R_5 und des Normalkondensators C erreicht. Aus der für den Abgleich notwendigen Verstellung des Widerstandsabgriffes und der Kapazität kann man auf den Stromfehler und den Winkelfehler des Prüflings schließen. Mit dem Widerstand R_4 paßt man sich dem Übersetzungsverhältnis des Wandlers an.

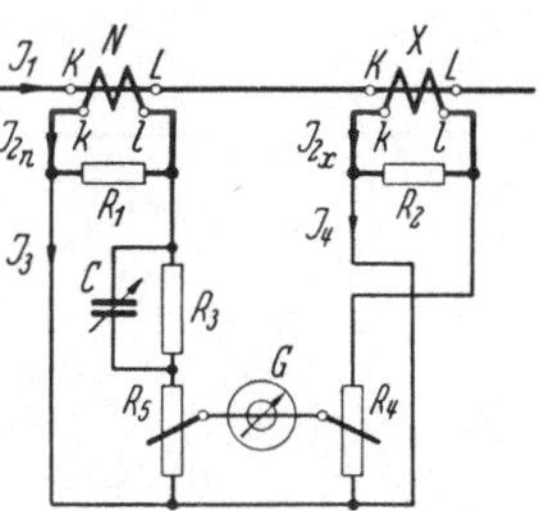

Abb. 372. Stromwandlerprüfung nach dem Kompensationsverfahren der PTR mit Normalwandler. N Normalwandler; — X Prüfling; — R_1, R_2 Normalwiderstände; — $R_3 \ldots R_5$ Meßwiderstände; — C Normalkapazität; — G Vibrationsgalvanometer; — J_1 Primärstrom; — J_{2n}, J_{2x} Sekundärströme von Normalwandler und Prüfling.

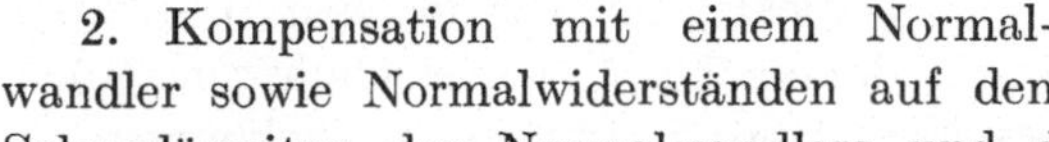

2. Kompensation mit einem Normalwandler sowie Normalwiderständen auf den Sekundärseiten des Normalwandlers und des Prüflings (Abb. 372). Die Sekundärströme eines Normalwandlers und des Prüflings werden durch komplexe Kompensation miteinander verglichen. Die Primärwicklungen der beiden Wandler liegen in Reihe, an den Sekundärwicklungen liegen die Normalwiderstände R_1 und R_2. Die Spannungsabfälle dieser Widerstände senden die Meßströme J_3 und J_4 durch die Meßwiderstände $R_3 + R_5$ und R_4; die Spannungsabfälle an den Abgriffen dieser Widerstände werden durch Verstellen des Abgriffs an R_5 und des Normalkondensators C gegeneinander kompensiert.

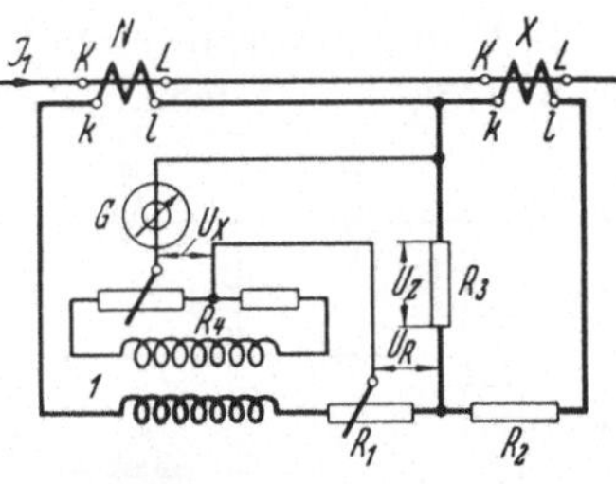

Abb. 373. Stromwandlerprüfung nach dem Differenzverfahren mit direkter Kompensation des Differenzstromes. N Normalwandler; — X Prüfling; — R_1 Widerstand zur Kompensation des Stromfehlers; — R_2 Widerstand im Sekundärkreis des Prüflings; — R_4 Widerstand zur Kompensation des Fehlwinkels; — R_3 Widerstand im Differenzkreis; — G Vibrationsgalvanometer; — *1* Lufttransformator; — U_z Fehlerspannung am Widerstand R_3; — U_R Kompensationsspannung für den Stromfehler; — U_X Kompensationsspannung für den Winkelfehler.

Das Verfahren entspricht dem vorher beschriebenen, nur ist an die Stelle des Normalwiderstandes im Primärkreis ein Normalwandler getreten, dessen Fehler bekannt sein müssen.

β) *Differenzverfahren.*

1. Direkte Differenzmessung (Hohle). Es wird die Differenz der Sekundärströme des Normalwandlers und des Prüflings mit einem komplexen Kompensator nach Größe und Richtung gemessen. Das

Verfahren ist einfacher als das unter α 2. genannte, doch müssen Normalwandler und Prüfling gleiche Übersetzung haben (Abb. 373).

2. Differenzwandler (Abb. 374). Die Sekundärströme von Normalwandler und Prüfling speisen zwei Wicklungen W_n und W_x eines Differenzwandlers. An einer dritten Wicklung W_d liegt das Vibrationsgalvanometer, dessen Ausschlag der Größe des vom Differenzstrom

$$\bar{J}_d = \bar{J}_{2n} - \bar{J}_{2x}$$

erzeugten Feldes proportional ist. Durch zwei Zusatzwicklungen, W_f und W_δ, von denen die eine über einen Widerstand, die andere über einen Kondensator vom Normalwandler gespeist wird, kann man das Differenzfeld und damit den Galvanometerausschlag zu Null machen. Die Größe der um 90° phasenverschobenen Ströme i_R und i_x in diesen Wicklungen ist ein Maß für Stromfehler und Winkelfehler des Prüflings.

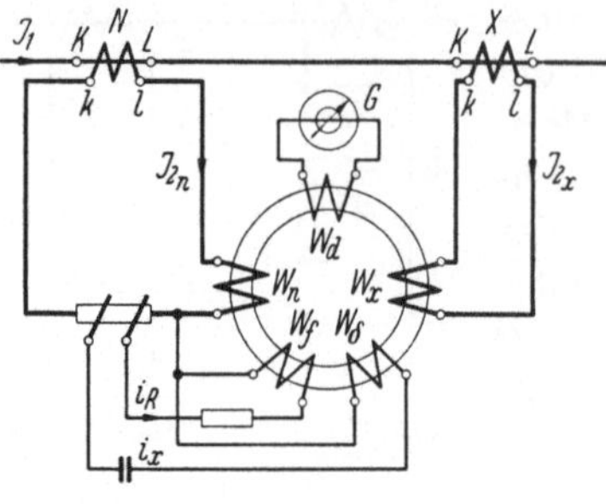

Abb. 374. Stromwandlerprüfung mit Differenzwandler.
N Normalwandler; — X Prüfling; — G Vibrationsgalvanometer; — W_n, W_x Erregerwicklungen des Differenzwandlers; — W_d Differenzwicklung zum Speisen des Vibrationsgalvanometers; — W_f Kompensationswicklung für den Stromfehler; — W_δ Kompensationswicklung für den Winkelfehler; — J_{2n}, J_{2x} Sekundärströme von Normalwandler und Prüfling; — i_R, i_x Kompensationsströme.

3. Differenzverfahren mit Wirk- und Blindstromanzeigeinstrumenten (Abb. 375). Der Normalwandler erhält eine dritte Wicklung, die über Spannungsregler *1* und Phasenschieber *2* mit einem solchen Strom gespeist werden kann, daß die Differenz der Sekundärströme des Normalwandlers und des Prüflings Null ist. Wirk- und Blindkomponente des Erregerstromes der dritten Wicklung werden von zwei Anzeigeinstrumenten angezeigt. Die Wirkkomponente ist proportional dem Stromfehler, die Blindkomponente proportional dem Winkelfehler.

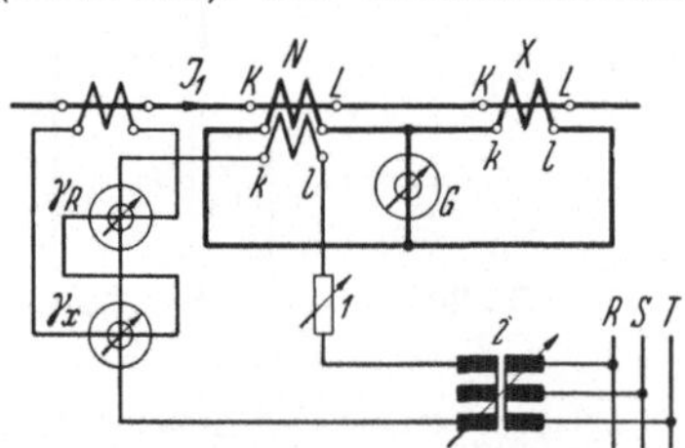

Abb. 375. Stromwandlerprüfung mit Anzeigeinstrumenten.
N Normalwandler; — X Prüfling; — G Vibrationsgalvanometer; — *1* Amplitudenregler für den Strom der Kompensationswicklung; — *2* Phasenregler für den Strom der Kompensationswicklung; — γ_R, γ_x Anzeigeinstrumente für Wirk- und Blindanteil des Kompensationsstromes.

4. Widerstandskompensator der PTR. Die Differenz der Sekundärströme des Normalwandlers und des Prüflings durchfließt den Meßwiderstand R_3 (Abb. 376). Am Normalwandler liegt der Normalwiderstand R_2, und die an ihm abgegriffene Spannung speist einerseits einen Spannungsteiler R_1, andererseits einen Meßwiderstand R_4, in dessen Kreis die Phasenlage des Stromes mit der Normalkapazität C verändert werden kann. Der Spannungsabfall am

Meßwiderstand R_3 im Differenzkreis wird durch den Spannungsabfall am Widerstand R_4 nach Größe und Richtung kompensiert.

b) Spannungswandler-Prüfverfahren. Die Spannungswandler können nach denselben Verfahren geprüft werden wie die Stromwandler.

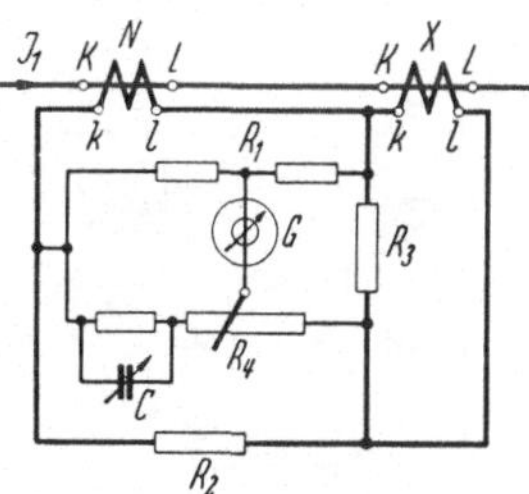

Abb. 376. Stromwandlerprüfung mit Differenzstromkompensation nach dem Verfahren der PTR.

N Normalwandler; — *X* Prüfling; — R_1 Spannungsteilerwiderstand; — R_2 Normalwiderstand am Normalwandler; — R_3 Widerstand im Differenzkreis; — R_4 Meßwiderstand; — *C* Normalkapazität; — *G* Vibrationsgalvanometer.

α) *Kompensationsverfahren.*

1. Kompensationsverfahren der PTR mit Normalwiderstand (Schering–Alberti) (Abb. 377). Das Verfahren ist unter 2b eingehend erläutert. Der Prüfling und ein Normalwiderstand liegen parallel an der Primärspannung U_1, am Normalwiderstand R_1 wird eine Teilspannung abgegriffen und speist den Meßwiderstand R_4, dessen Strom durch die Normalkapazität *C* in beschränktem Umfang verdreht werden kann. Auf der Sekundärseite des Prüflings liegt der Meßwiderstand R_3, an dem eine Teilspannung abgegriffen und gegen den Spannungsabfall am Widerstand R_4 kompensiert wird. Die Stellung des Abgriffs am Meßwiderstand R_4 und die Stellung des Normalkondensators geben Spannungsfehler und Winkelfehler an.

2. Kompensationsverfahren der PTR mit Normalwandler. An Stelle des Normalwiderstandes tritt ein Normalwandler *N*, im übrigen bleibt die Einrichtung unverändert (Abb. 378).

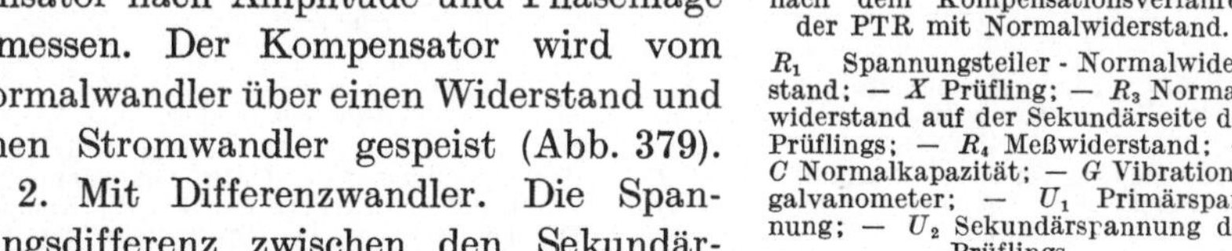

Abb. 377. Spannungswandlerprüfung nach dem Kompensationsverfahren der PTR mit Normalwiderstand.

R_1 Spannungsteiler - Normalwiderstand; — *X* Prüfling; — R_3 Normalwiderstand auf der Sekundärseite des Prüflings; — R_4 Meßwiderstand; — *C* Normalkapazität; — *G* Vibrationsgalvanometer; — U_1 Primärspannung; — U_2 Sekundärspannung des Prüflings.

β) *Differenzverfahren.*

1. Mit Normalwandler (Hohle). Normalwandler und Prüfling sind parallel geschaltet, die Differenz der Sekundärspannungen wird mit einem komplexen Kompensator nach Amplitude und Phasenlage gemessen. Der Kompensator wird vom Normalwandler über einen Widerstand und einen Stromwandler gespeist (Abb. 379).

2. Mit Differenzwandler. Die Spannungsdifferenz zwischen den Sekundärwicklungen des parallelgeschalteten Normalwandlers und des Prüflings speist die Erregerwicklung W_1 eines Differenzwandlers (Abb. 380). Der Differenzwandler trägt außerdem zwei Kompensationswicklungen W_2 und W_3, von denen die eine über einen Widerstand, die andere über einen Kondensator vom Normalwandler gespeist wird. Die von den Kompensationswicklungen erzeugten

Felder stehen aufeinander senkrecht. Ist der resultierende Fluß des Differenzwandlers Null, was man am Vibrationsgalvanometer erkennen kann, dann sind die Ströme i_R und i_x in den Kompensationswicklungen ein Maß für Spannungs- und Winkelfehler des Prüflings.

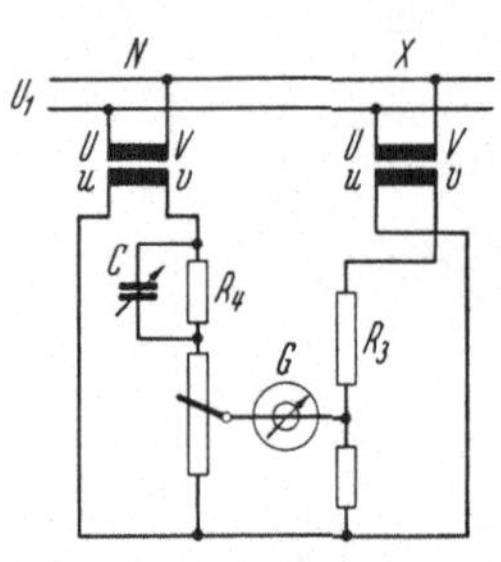

Abb. 378. Spannungswandlerprüfung mit Normalwandler nach dem Kompensationsverfahren der PTR.
N Normalwandler; — *X* Prüfling; — R_3, R_4 Meßwiderstände; — *C* Normalkapazität; — *G* Vibrationsgalvanometer; — U_1 Primärspannung.

3. Mit Anzeigeinstrumenten. Normalwandler und Prüfling sind primär und sekundär parallel geschaltet (Abb. 381). Stimmen die Sekundärspannungen nicht überein, so fließt über den Normalwiderstand R_1 und das Vibrationsgalvanometer *G* ein Strom, der proportional und phasengleich der Differenz der Sekundärspannungen ist. Über den Phasendreher *2* und den Regelwiderstand *1* wird dem Normalwiderstand ein Strom entgegengesetzter Richtung und gleicher Größe zugeführt, so daß das Vibrationsgalvanometer stromlos wird. Wirk- und Blindkomponente des Kompensationsstromes werden mit zwei Instrumenten gemessen, deren Ausschläge γ_R und γ_x ein Maß für Spannungs- und Winkelfehler sind.

γ) *Verfahren mit kapazitivem Spannungsteiler.* Die Sekundärspannung des Prüflings wird mit dem Spannungsabfall an einem Normalkondensator verglichen (Abb. 382). An der Primärspannung liegt der Prüf-

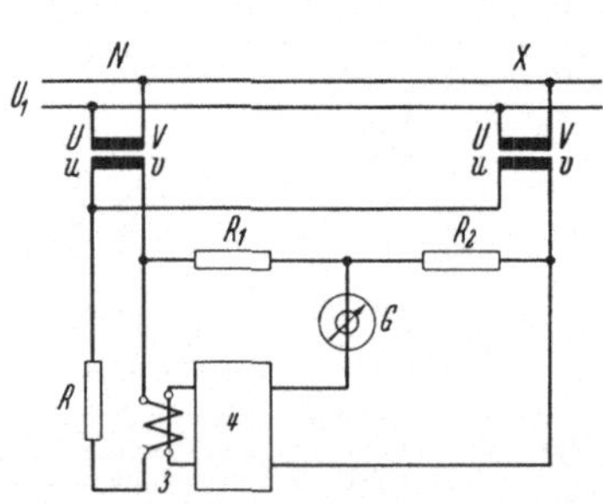

Abb. 379. Spannungswandlerprüfung mit Normalwandler, Differenzverfahren und Kompensation der Differenzspannung.
N Normalwandler; — *X* Prüfling; — R_1, R_2 Spannungsteiler; — *R* Vorwiderstand im Speisekreis des Kompensators; — *G* Vibrationsgalvanometer; — *3* Stromwandler im Speisekreis des Kompensators; — *4* komplexer Kompensator; — U_1 Primärspannung.

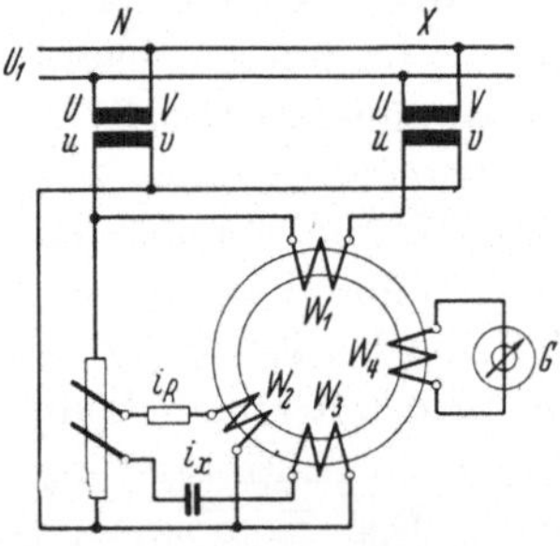

Abb. 380. Spannungswandlerprüfung mit Differenzwandler.
N Normalwandler; — *X* Prüfling; — *G* Vibrationsgalvanometer; — U_1 Primärspannung; — W_1 Differenzwicklung; — W_2, W_3 Kompensationswicklungen für Spannungsfehler und Fehlwinkel; — W_4 Speisewicklung des Vibrationsgalvanometers.

ling *X*, dessen Primär- und Sekundärwicklung in Reihe geschaltet sind; an der Summe der Primär- und Sekundärspannung liegt ein kapazitiver Spannungsteiler C_1, C_2, der sie entsprechend dem Nennübersetzungsverhältnis des Prüflings teilt. Die Spannung an der Kapazität C_3 entspricht dem Unterschied der Spannung U_3 an der Kapazität C_2 und der Sekundärspannung U_2 des Prüflings. Von der Sekundärseite des Wandlers wird über einen Widerstand und einen Wandler ein komplexer Kompensator gespeist und die Spannung an der Kapazität C_3 nach Größe und Richtung kompensiert. Das Vibrationsgalvanometer läßt den Abgleich erkennen. Die Stellung der Abgleichglieder des Kompensators ist ein Maß für Spannungs- und Winkelfehler.

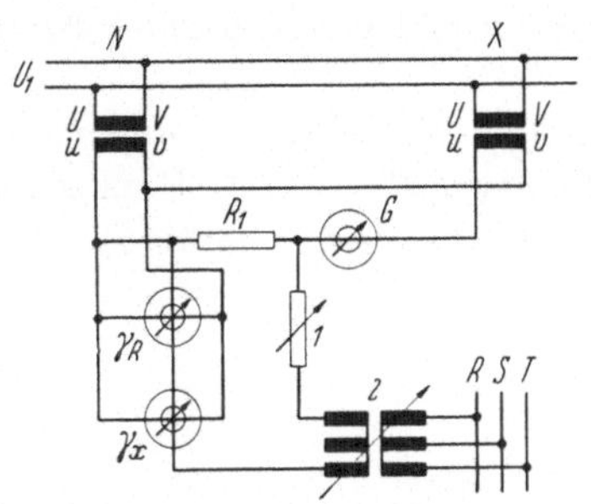

Abb. 381. Spannungswandlerprüfung mit Anzeigeinstrumenten.

N Normalwandler; — X Prüfling; — R_1 Kompensationswiderstand; — G Vibrationsgalvanometer; — *1* Amplitudenregler für den Strom des Kompensationswiderstandes R_1; — *2* Phasenregler für den Strom des Kompensationswiderstandes R_1; — γ_R, γ_x Anzeigeinstrumente für Wirk- und Blindanteil des Kompensationsstromes.

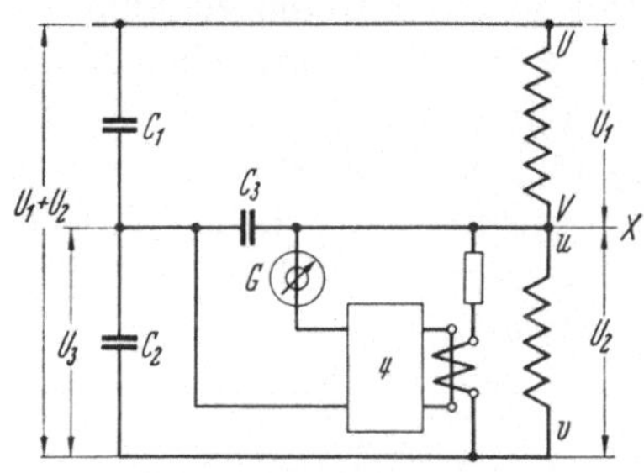

Abb. 382. Spannungswandlerprüfung mit kapazitivem Spannungsteiler.

U_1 Primärspannung; — U_2 Sekundärspannung; — U_3 Teilspannung am kapazitiven Spannungsteiler; — C_1, C_2 kapazitiver Spannungsteiler; — C_3 Meßkondensator; — G Vibrationsgalvanometer; — *4* komplexer Kompensator; — X Prüfling.

5. Wandlerprüfeinrichtungen.

Zum serienmäßigen Prüfen von Strom- und Spannungswandlern sind die Prüfeinrichtungen ebenso wie Zählerprüfeinrichtungen zu kompletten Geräten mit allen nötigen Schaltern, Widerständen, Bürden, komplexem Kompensator und Vibrationsgalvanometer zusammengebaut. Lediglich die Normalwandler müssen getrennt aufgestellt werden. Die Prüfeinrichtungen sind für Strom- und Spannungswandlerprüfung umschaltbar und geben die Wandlerfehler direkt in Prozent und Minuten an.

Für die Prüfung von Wandlern im Betrieb wurden tragbare Prüfeinrichtungen entwickelt.

G. Vorschriften.

Herstellung und Verwendung von Zählern für Verrechnungszwecke unterliegen einer Reihe von Vorschriften, die alle in der Forderung gipfeln: die Elektrizitätszähler müssen auf gesetzlichen Maßeinheiten beruhen und richtig zeigen.

I. VDE-Vorschriften.

Die VDE-Vorschriften sollen die Verständigung zwischen Herstellern und Benutzern erleichtern, einerseits unbillige Forderungen verhindern, anderseits zweckentsprechende Werte an Sicherheit und Güte gewährleisten, ohne daß es langer Verklausulierung bedarf. Sie sollen ferner die Zulassung in anderen Ländern erleichtern. Dementsprechend enthalten sie Begriffserklärungen und Bezeichnungen, geben Vorschriften für Bau, Prüfung und Kennzeichnung von Geräten und legen genormte Nennwerte für die elektrischen Größen fest.

Für den Zählerfachmann sind neben den Vorschriften allgemeiner Natur, wie Errichtungsvorschriften, Schlagwetter- und Explosionsvorschriften, Regeln für Kriech- und Luftwege usw., wichtig:

Regeln für Meßgeräte, VDE 0410,
Regeln für Wandler, VDE 0414,
Regeln für Elektrizitätszähler, VDE 0418.

II. Amtliche Vorschriften.

Die amtlichen Vorschriften sollen einen gerechten Handel mit der elektrischen Arbeit gewährleisten; sie sollen vor allem dem kleinen Abnehmer, der in der Regel nicht in der Lage ist, die Richtigkeit seines Elektrizitätszählers zu überprüfen, das Vertrauen geben, beim Kauf elektrischer Arbeit nicht übers Ohr gehauen zu werden. Die nachstehenden Auszüge aus den amtlichen Vorschriften entbinden den Zählerfachmann keineswegs von der unmittelbaren Einsicht. Die amtlichen Vorschriften sind in chronologischer Reihenfolge:

1. Das Gesetz, betreffend die elektrischen Maßeinheiten vom 1. 6. 1898 (RGBl. S. 905).

1a. Bestimmungen zur Ausführung des Gesetzes, vom 6. 5. 1901 (RGBl. S. 127).

Das Gesetz legt die gesetzlichen Einheiten Ohm, Ampere und Volt als Grundlagen für den Verkauf elektrischer Arbeit fest und beauftragt die PTR, Normalwiderstände und Normalelemente herauszugeben, elektrische Meßgeräte amtlich zu prüfen und zu beglaubigen, Normalgeräte für amtliche Prüfungen zu beglaubigen, Meßgeräte zur Beglaubigung zuzulassen, das Prüfwesen zu beaufsichtigen sowie Gebühren und Stempelzeichen festzulegen.

Die wichtigsten Bestimmungen für den Zählerfachmann lauten auszugsweise:

§ 1. Die gesetzlichen Einheiten ... sind das Ohm, das Ampere und das Volt.
§ 5. Der Bundesrath ist ermächtigt,

b) Bezeichnungen für die Einheiten der Elektrizitätsmenge, der elektrischen Arbeit und Leistung ... festzusetzen.
c) Bezeichnungen für die Vielfachen ... der elektrischen Einheiten vorzuschreiben.

§ 6. Bei der gewerbsmäßigen Abgabe elektrischer Arbeit dürfen Meßwerkzeuge ... nur verwendet werden, wenn ihre Angaben auf gesetzlichen Einheiten beruhen. Der Gebrauch unrichtiger Meßgeräte ist verboten ...

§ 8. Die PTR hat für die Ausgabe amtlich beglaubigter Widerstände und galvanischer Normalelemente ... Sorge zu tragen.

§ 9. Die amtliche Prüfung und Beglaubigung elektrischer Meßgeräte erfolgt durch die PTR. Der Reichskanzler kann die Befugnis hierzu auch anderen Stellen übertragen. Alle ... Normale und Normalgeräte müssen durch die PTR beglaubigt sein.

§ 10. Die PTR hat ... die technische Aufsicht über das Prüfungswesen zu führen und alle darauf bezüglichen technischen Vorschriften zu erlassen ...

2. Die Prüfordnung für elektrische Meßgeräte vom 1. 1. 1933

Herausgegeben von der PTR.

Auf Grund des unter 1. genannten Gesetzes hat die PTR die Prüfordnung für die elektrischen Meßgeräte herausgegeben, die zur Bestimmung der Vergütung beim gewerbsmäßigen Verkauf elektrischer Arbeit dienen. Sie enthält ein Verzeichnis der amtlichen Prüfstellen und regelt die Zuständigkeiten der PTR und der Prüfämter. Ein Abschnitt befaßt sich mit den Bestimmungen für die von der PTR durchzuführenden Systemprüfungen, ein anderer mit dem Verfahren bei den von den Prüfämtern auszuführenden Stückprüfungen. Der wichtigste Abschnitt der Prüfordnung legt die Beglaubigungs- und Verkehrsfehlergrenzen fest. Ein Zähler gilt als richtig, wenn seine Fehler innerhalb der Beglaubigungsfehlergrenzen liegen, als unrichtig, wenn seine Fehler außerhalb der Verkehrsfehlergrenzen liegen. Im Bereich zwischen den Beglaubigungsfehlergrenzen und den Verkehrsfehlergrenzen gilt ein Zähler weder als richtig, noch als unrichtig, d. h. seine Verwendung wird nicht bestraft, man muß ihn aber auf die Beglaubigungsfehlergrenzen bringen, sobald man davon Kenntnis erhielt, daß er sie überschreitet, und man ist verpflichtet, das Einhalten der Beglaubigungsfehlergrenzen ständig zu überwachen. Der letzte Abschnitt der Prüfordnung befaßt sich mit den Gebühren für System- und Stückprüfungen.

3. Das Maß- und Gewichtsgesetz vom 13. 12. 1935

(RGBl. I S. 1499).

Der erste Abschnitt des Gesetzes legt die gesetzlichen Einheiten, der zweite die Eichpflicht fest. Die nächsten Abschnitte befassen sich mit den Eichverfahren, der Beglaubigung und den Gebühren. Die letzten Abschnitte sind den Straf- und Übergangsbestimmungen gewidmet und in diesen steht der wichtige Satz: Der Reichswirtschaftsminister bestimmt, wann die Eichpflicht der Elektrizitätszähler in Kraft tritt.

Die wichtigsten Bestimmungen des Gesetzes für den Zählerfachmann sind nachstehend auszugsweise wiedergegeben.

§ 10. (1) Meßgeräte, die im öffentlichen Verkehr, bei der entgeltlichen Abgabe von Gas, Wasser und Elektrizität angewendet ... werden, müssen geeicht sein.
(2) Welche Arten von Meßgeräten für Abgabe von Elektrizität unter Absatz 1 fallen, bestimmt der Reichswirtschaftsminister ...

§ 16. Die eichpflichtigen Gegenstände sind innerhalb bestimmter Fristen zur Nacheichung zu bringen ...

§ 17. (2) Die Nacheichfrist für Gasmesser, Wassermesser und Elektrizitätszähler bestimmt der Reichswirtschaftsminister ...

§ 20. Der Reichswirtschaftsminister ist ermächtigt:
6. bestimmte Arten von Meßgeräten von der Eichpflicht zu befreien; er kann sie erforderlichenfalls der Beglaubigungspflicht unterwerfen.
7. Meßgeräte als ... gültig geeicht anzuerkennen, auch wenn sie nach Vorschriften geeicht sind, die auf Grund anderer Gesetze erlassen sind.

§ 22. Die PTR hat Vorschriften zu erlassen:
1. über die Bedingungen der Eichfähigkeit und Beglaubigungsfähigkeit der Meßgeräte.
2. über das Verfahren der Eichung und der eichamtlichen Beglaubigung.
3. über die Bedingungen, unter denen Geräte, die nicht oder nicht mehr den eichtechnischen Vorschriften entsprechen, aus dem Verkehr zu ziehen sind.

§ 23. Die PTR ist befugt:
1. zu bestimmen, ob und unter welchen Voraussetzungen Gegenstände zur Eichung und zur eichamtlichen Beglaubigung zuzulassen sind, die den allgemeinen Vorschriften über die Eichfähigkeit oder Beglaubigungsfähigkeit nicht entsprechen.

§ 24. (1) Die Eichung besteht in der eichtechnischen Prüfung und Stempelung des Gegenstandes durch die zuständige Eichbehörde.

§ 27. Eichfähig sind nur Meßgeräte, die von der PTR zur Eichung zugelassen werden.

§ 31. Gegenstände, die der Eichpflicht unterliegen, müssen auch nach der Eichung richtig bleiben ... Sie gelten als unrichtig, wenn sie über die Verkehrsfehlergrenze hinaus von ihrem Nennwert abweichen.

§ 32. Die PTB setzt die Eichfehlergrenzen und die Verkehrsfehlergrenzen fest.

§ 33. (1) Die Eichfehlergrenze bezeichnet das größte Mehr oder Minder, bis zu dem ein Gegenstand bei der Eichung vom Eichnormal abweichen darf.
(2) Die Verkehrsfehlergrenze bezeichnet das größte Mehr oder Minder, bis zu dem im eichpflichtigen Verkehr ein eichpflichtiger Gegenstand vom Eichnormal abweichen darf.

§ 34. Eichamtlich müssen beglaubigt sein:
1. Meßgeräte, die auf anderen als den gesetzlichen Einheiten beruhen ...
4. nach näherer Bestimmung der PTR die von der Industrie zur Herstellung und Berichtigung von Meßgeräten verwendeten Normale, Normalgeräte und Prüfungshilfsmittel.
5. die von den Eichbehörden zur vorschriftsmäßigen Prüfung verwendeten Gebrauchsnormale, Prüfnormale und Prüfungshilfsmittel.

§ 35. Die eichamtliche Beglaubigung ist innerhalb der für entsprechende geeichte Meßgeräte vorgeschriebenen Nacheichfrist zu wiederholen.

§ 37. Der Reichswirtschaftsminister wird ermächtigt ..., anzuordnen, daß bestimmte Arten von Meßgeräten nur mit eichamtlicher Beglaubigung versehen in den Handel gebracht werden dürfen.

§ 39. Keinem beglaubigungsfähigen Meßgerät darf die Beglaubigung versagt werden.

§ 40. Die eichamtliche Beglaubigung besteht in der Prüfung und Stempelung des Gegenstandes durch die zuständige Eichbehörde.

§ 64. Der Reichswirtschaftsminister bestimmt ..., wann der § 10 für die Eichpflicht der Elektrizitätszähler ... in Kraft tritt.

3a. Ausführungsverordnung zum Maß- und Gewichtsgesetz, vom 20. 5. 1936.

Die Ausführungsverordnung umreißt in einem allgemeinen Teil die Pflichten der Besitzer von Meßgeräten, der Maß- und Gewichtspolizei, und der Eichverwaltung sowie das Verfahren der Eichung und Nacheichung. Im besonderen Teil werden für die Eichung der Elektrizitätszähler Vorschriften in Aussicht gestellt, sobald die einschlägigen Bestimmungen des Gesetzes, betreffend die elektrischen Maßeinheiten vom 1. 6. 1898, aufgehoben sind.

Die wichtigsten Bestimmungen für den Zählerfachmann lauten auszugsweise:

§ 31. (2) Zu den gesetzlichen und den daraus abgeleiteten Einheiten gehören ... auch die im Gesetz, betreffend die elektrischen Maßeinheiten vom 1. 6. 98 ... festgelegten Einheiten.

§ 37. (1) Durch die Aufstellung des Grundsatzes, daß ... Elektrizitätszähler geeicht sein müssen, werden die Vorschriften des Gesetzes, betreffend die elektrischen Maßeinheiten vom 1. 6. 98 nicht berührt ...

(2) Über die Durchführung der Eichung der Elektrizitätszähler werden nach Außerkraftsetzung der entsprechenden Bestimmungen des Gesetzes über die elektrischen Maßeinheiten besondere Vorschriften ... ergehen.

§ 53. Die technische Oberbehörde hat die von ihr über die Bedingungen der Eichfähigkeit, die Befreiung von der Stempelung sowie die Eich- und die Verkehrsfehlergrenzen zu erlassenden Vorschriften in einer Eichordnung zusammenzufassen; ...

§ 55. Fehlergrenzen dürfen nicht planmäßig ausgenutzt werden, wenn nach dem Stande der Technik eine genauere Herstellung möglich ist.

§ 57. Soweit Beglaubigungsfehlergrenzen in Frage kommen, sind sie durch die PTR festzusetzen.

4. Eichordnung vom 21. 1. 1942

(Amtsblatt PTR 15).

In einem allgemeinen Teil befaßt sich die Eichordnung mit den Fragen der Eichfähigkeit, Zulassung, Eichung, Bestimmungen, Fehlergrenzen und Stempelung. In einem besonderen Abschnitt (XV) befaßt sie sich mit den Elektrizitätsmeßgeräten, gegliedert nach Zählern, Wandlern und Meßsätzen aus Wandlern und Zählern. Darin werden Bestimmungen über Ausführung, Isolationsfestigkeit, Bezeichnungen, Fehlergrenzen und Stempelung getroffen. Als Verkehrsfehlergrenze gilt bei Zählern und zusammen geeichten Meßsätzen das Doppelte der Eichfehlergrenze, bei Wandlern ist die Verkehrsfehlergrenze gleich der Eichfehlergrenze, bei Meßsätzen, die nicht zusammen geeicht wurden, gleich dem Doppelten der Eichfehlergrenze des Zählers und gleich der Eichfehlergrenze der Wandler.

Die Besonderen Vorschriften XV für Meßgeräte für Elektrizität sind für den Zählerfachmann so wichtig, daß ein Auszug praktisch nicht möglich ist.

4a. Zulassungsordnung vom 24. 1. 1942.

Die Verordnung befaßt sich mit dem Zulassungsantrag für Meßgeräte zur Eichung, der Zulassungsprüfung, der Erprobung, der Erteilung der Zulassung und den Zulassungsgebühren.

5. Eichanweisung „Allgemeine Vorschriften“ vom 1. 6. 1950.

Die allgemeinen Vorschriften der Eichanweisung enthalten zwar einige generell gültige Abschnitte, sind aber überwiegend auf nichtelektrische Meßgeräte abgestellt und deshalb für den Zählerfachmann von geringerer Bedeutung als die besonderen Vorschriften.

Wichtig ist:

1\. 2. Im Eichwesen wird bei der Prüfung des Meßgeräts der richtige Wert in den meisten Fällen durch das Normalgerät verkörpert, d. h. der Fehler des Normalgeräts wird nicht berücksichtigt. In den Besonderen Vorschriften ist festgesetzt, wann hiervon abweichend der Fehler des Normalgeräts berücksichtigt werden muß ...

§ 3. 2. (2) Bei einem Zähler wird die Beweglichkeit geprüft, indem festgestellt wird, ob er bei einem vorgeschriebenen unteren Grenzwert der Durchflußstärke sicher anläuft ...

§ 11. 1. Die Eichung eines Meßgeräts besteht aus der ... Prüfung und Stempelung ...

2\. (1) Durch die Prüfung wird festgestellt, ob das ... Meßgerät den Eichvorschriften entspricht ...

(2) Durch die Stempelung wird beurkundet, daß das Meßgerät ... den Eichvorschriften genügt hat.

4\. Die Befundprüfung ... ist eine Prüfung ohne Stempelung. Durch sie soll festgestellt werden, ob ein bereits geeichtes Meßgerät im eichpflichtigen Verkehr noch zulässig ist ... und ob das Meßgerät die Verkehrsfehlergrenzen einhält.

§ 17. 1. (1) Die Prüfung eines zur Eichung, zur Vorprüfung oder zur Befundprüfung vorgelegten Meßgeräts umfaßt ... 2 Teile:

a) die Prüfung seiner baulichen Ausführung ...,

b) die Prüfung seines meßtechnischen Verhaltens ...

§ 25. 1. (1) Die Befundprüfung ist, sofern ... in den Besonderen Vorschriften nicht anders bestimmt ist, nach den für die Neueichung geltenden Vorschriften durchzuführen. Für die Beurteilung der Richtigkeit sind jedoch die Verkehrsfehlergrenzen zugrunde zu legen.

(2) Bei der Befundprüfung sind die Beschaffenheitsprüfung und die meßtechnische Prüfung vollständig durchzuführen ...

§ 26. 1 (1) Bescheinigungen über die Eichung sind nur auszustellen, wenn es nach der Eichordnung vorgeschrieben oder gestattet ist ...

(2) Im Eichschein sind die festgestellten Fehler anzugeben ...

§ 28. 1. (1) Bei der Eichung erhalten die Meßgeräte als Hauptstempel die in der Verordnung ... vorgeschriebenen Stempelzeichen ... Jedes Meßgerät erhält nur einen Hauptstempel. Sind mehrere Meßgeräte zu einem Meßgerät zusammengefaßt (Meßsatz aus Elektrizitätszählern und Meßwandlern), so ist ... nach den Besonderen Vorschriften zu verfahren.

(2) Außer dem Hauptstempel sind nach den Besonderen Vorschriften gegebenenfalls weitere Stempel (Sicherungsstempel) aufzubringen ...

3. Bei der Befundprüfung erhalten die Meßgeräte keinen Stempel.

§ 32. 3. Die Prüfstände der Eichbehörden zum Prüfen von Meßgeräten für ... Elektrizität müssen von der Technischen Oberbehörde besonders zugelassen sein.

§ 34. 1. (1) Prüfmittel sind:

a) Normalgeräte; — b) Hilfsmeßgeräte; — c) Hilfseinrichtungen.

(3) Die Normalgeräte und die Hilfsmeßgeräte müssen beglaubigt sein ...

2. (1) Normalgeräte sind Meßgeräte, deren Fehler bei der Prüfung ... als Größe erster Ordnung ... eingeht, und zwar

a) β) Normalgeräte nach Art der anzeigenden und der schreibenden Meßgeräte sowie der Zähler, z. B. ... Normalleistungsmesser ...; Normalzähler ...; Normaluhren.

b) Normalgeräte, die eine andere Meßgröße als das zu prüfende Meßgerät verkörpern ... z. B. ... Normalwiderstände oder Normalkondensatoren zum Prüfen von Meßwandlern.

d) Normalgeräte, die eine Verbindung ... mehrerer Normalgeräte ... darstellen ... z. B. ... Prüfstände für Elektrizitätszähler mit Leistungsmesser und mit Stoppuhr sowie mit Strom- und Spannungswandlern; elektrische Kompensatoren zum Prüfen von Strommessern, von Spannungsmessern und von Leistungsmessern.

(2) Man unterscheidet bei Normalgeräten:

a) Gebrauchsnormalgeräte; — b) Kontrollnormalgeräte; — c) Hauptnormalgeräte; — d) Urnormalgeräte.

(3) In bestimmten Fristen werden die Gebrauchsnormalgeräte mit den Kontrollnormalgeräten oder unmittelbar mit den Hauptnormalgeräten ... verglichen ...

(4) Bei Normalgeräten ... ist jedes in die Meßanordnung eingebaute ... Normalgerät und Hilfsmeßgerät für sich allein zu beglaubigen ...

§ 35. 2. (1) Die Gebrauchsnormalgeräte dürfen von ihren Kontrollnormalgeräten ... höchstens um das 0,4fache der Fehlergrenze abweichen, die in der Eichanordnung für die Neueichung der mit ihnen zu prüfenden Meßgeräte festgesetzt ist ...

(3) Die Frist für die Wiederholung der Beglaubigung von Gebrauchsnormalgeräten beträgt 1 Jahr ...

§ 36. 2. (1) Die Kontrollnormalgeräte ... dürfen von ihrer Sollgröße höchstens um das 0,25fache der Fehlergrenzen abweichen, die für die Beglaubigung der mit ihnen zu prüfenden Gebrauchsnormalgeräte festgesetzt sind ...

3. (2) Die Frist für die Wiederholung der Beglaubigung von Kontrollnormalgeräten beträgt 5 Jahre ...

§ 37. 1. (1) Die Hauptnormalgeräte ... werden von der Technischen Oberbehörde beschafft, geprüft und nachgeprüft.

3. Die Hauptnormalgeräte sind der Technischen Oberbehörde in Fristen von 10 Jahren zum Nachprüfen einzureichen ...

§ 38. 1. (1) Die Gestalt und die Einrichtung der Hilfsmeßgeräte ist in den Besonderen Vorschriften festgelegt.

6. Eichanweisung „Besondere Vorschriften XV", Meßgeräte für Elektrizität. Entwurf der PTB vom 1. 9. 1950.

Die Eichanweisung gibt in je zwei Abschnitten Vorschriften über die Prüfung von Elektrizitätszählern, Wandlern und Meßsätzen sowie über die technischen Eichrichtungen der Amtsstellen. Der erste Abschnitt enthält Vorschriften über die meßtechnischen Prüfungen. In ihm sind die Eichfehlergrenzen und die zulässigen Prüfverfahren festgelegt. Der Abschnitt über die technischen Einrichtungen der Amtsstellen (Prüfämter) gibt an, welche Meßeinrichtungen vorhanden sein müssen, welche Normalgeräte der PTB zur Beglaubigung einzureichen sind und in welcher Weise die Meßeinrichtungen überwacht werden müssen.

Die Besonderen Vorschriften XV sind so wichtig für den Zählerfachmann, daß sich ein Auszug verbietet; auf sie wird in den Allgemeinen Vorschriften häufig verwiesen.

7. Schlußbemerkung.

Der kurze Sinn dieser Gesetze, Vorschriften und Anweisungen ist, dafür zu sorgen, daß die in Betrieb befindlichen Zähler eine bestimmte Genauigkeit haben und daraufhin laufend überprüft werden. Um dies zu gewährleisten, wird die Beglaubigung der Elektrizitätszähler und Wandler von einer Zulassung durch die PTB (PTR) abhängig gemacht und die Bauart durch ein Zulassungszeichen festgelegt. Die zulässigen Toleranzen bei den verschiedenen Belastungen sind angegeben und die Prüfmethoden vorgeschrieben. Über die Güte der Prüfgeräte und die Einrichtungen der Prüfämter wacht die PTB, von der die wichtigsten Normalprüfgeräte beglaubigt und laufend kontrolliert werden.

Durch dieses Prüfungssystem ist man in der Lage, mit großer Sicherheit für das Innehalten der zulässigen Eichfehlergrenzen geradezustehen. Um aber unnötige und für alle Teile unerquickliche Streitigkeiten auf ein Mindestmaß zu reduzieren, hat man Verkehrsfehlergrenzen festgelegt, die den doppelten Eichfehlergrenzen der Zähler entsprechen und bei deren Überschreitung Strafen drohen.

Literaturverzeichnis.

I. Zähler- und Wandlerbücher.

1. BAUER, R.: Die Meßwandler. Berlin/Göttingen/Heidelberg: Springer 1953.
2. BEETZ: Elektrizitätszähler. Braunschweig: Vieweg & Sohn 1949.
3. — Meßwandler. Braunschweig: Vieweg & Sohn 1950.
4. Edison Electric Institute: Electrical metermen's handbook. New York 1940.
5. GOLDSTEIN, J.: Die Meßwandler, 2. Aufl. Basel: Birkhäuser 1952.
6. KRUKOWSKI, v.: Vorgänge in der Scheibe eines Induktionszählers und der Wechselstromkompensator als Hilfsmittel zu deren Erforschung. Berlin: Springer 1920.
7. — Grundzüge der Zählertechnik. Berlin: Springer 1930.
8. MÖLLINGER: Wirkungsweise der Motorzähler und Meßwandler. Berlin: Springer 1925.
9. PAUL: Die Elektrizitätszähler. Stuttgart: Franck 1950.
10. SCHMIEDEL: Wirkungsweise und Entwurf der Motor-Elektrizitätszähler. Stuttgart: Enke 1916.
11. — Die Prüfung der Elektrizitätszähler, 3. Aufl. Berlin: Springer 1940.
12. STUMPF: Zählertechnik, ein Handbuch für die Praxis. Prakt. Wiss. Graz.

II. Allgemeine Aufsätze über Zähler.

1. BÄHRE, W.: Die Normung auf dem Gebiet der Elektrizitätszähler. Elektronorm 1952 Heft 5 (Sept./Okt.).
2. — Neubearbeitung der Regeln für Elektrizitätszähler VDE 0418. ETZ Bd. 72 (1951) S. 547.
3. Diskussion: Übersicht der Zählerpraxis im britischen Netz. Proc. Inst. Electr. Engrs. Vol. 97 (1950) S. 113/17.
4. HOMMEL, G.: Die Wirtschaftlichkeit der Zählerinstandhaltung. ATM Z 733-6 (Okt. 1932).
5. LONGSTAFF, R.: Modern facilities solve problems of metering expanding loads. Electr. Wld., N. Y. Vol. 135 (1951) S. 64/66.
6. TATE, E. H.: Portable meter checks powerfactor. Electr. Wld., N. Y. Vol. 133 (1950) S. 79.

III. Einzelteile, Einzelfragen.

1. BEETZ, W.: Über den Einfluß der Kurvenform auf die Angaben von Elektrizitätszählern. ETZ Bd. 55 (1934) S. 1223/24.
2. BUSCH, F. H., u. G. D. WILLIAMS: Surge protection in a modern watthourmeter. Trans. Amer. Inst. electr. Engrs. Vol. 68 (1949) S. 74/78.
3. DUNCAN, Electric Co.: Meter mounting for 200 A service. Electr. Wld., N. Y. Vol. 133 (1950) S. 146/51.
4. EDLER, H.: Der Einfluß der Ankerlagerung auf Lebensdauer und Meßgenauigkeit von Elektrizitätszählern. ETZ Bd. 72 (1951) S. 167/69.
5. — Bedeutung von Lagerung und Reibung bei neuzeitlichen Motorelektrizitätszählern. VDE-Fachberichte Bd. 15 (1951).
6. EDLER, H.: Doppelspur-Tromalit-Bremsmagnete für Elektrizitätszähler. ETZ B Bd. 5 (1953) S. 330/33.

7. Franck, S.: Über die Abhängigkeit der Induktion von der Walzrichtung bei Dynamoblechen. ETZ Bd. 60 (1939) S. 503/05.
8. Hämmerling, F.: Über die Auslegung der Zählwerke in Elektrizitätszählern. ETZ Bd. 72 (1951) S. 576/78.
9. Paschen, P.: Ein neues Zählwerk für Elektrizitätszähler. Siemens-Z. Bd. 17 (1937) S. 446/48.
10. Unterberger, R.: Beanspruchung von Springrollenzählwerken bei großen Zählgeschwindigkeiten. Feinwerktechnik Bd. 57 (1953) S. 339/43.

IV. Einphasen-Wechselstromzähler.

1. Beetz, W.: Einphasen-Wechselstromzähler, Wirkungsweise, Eigenschaften, konstr. Einzelheiten, Ausführungsbeispiele. ATM J 752–1/2 (Jan. 1936).
2. — Schüttelkräfte bei Wechselstromzählern. Arch. Elektrotechn. Bd. 39 (1949) S. 291/301.
3. — Die Strömung in der Scheibe des Induktionszählers. Arch. Elektrotechn. Bd. 37 (1943) S. 138/44.
4. Callsen, A.: Die Flußverdrängung und Flußverlagerung im verzweigten magnetischen Kreis und ihre Bedeutung für den Induktionszähler. Arch. Elektrotechn. Bd. 23 (1929) S. 40/65.
5. Franck, S.: Eine neue Justiervorrichtung für Elektrizitätszähler. ETZ Bd. 73 (1952) S. 429/31.
6. Grosse-Brauckmann, H., u. E. Hueter: Über die Drehfeldtheorie des Wechselstromzählers. ETZ Bd. 74 (1953) S. 505/08.
7. Hämmerling, F.: Wechselstrom-Großbereichzähler. ETZ Bd. 73 (1952) S. 348. AEG-Mitt. Bd. 41 (1951) S. 88/91.
8. Shotter, G. F.: Parasitische Kräfte in Induktions-Wh-Zählern und Diskussion. ETZ Bd. 71 (1950) S. 250. Proc. Amer. Inst. Electr. Engrs. Vol. 96 (1949) S. 729/72; Vol. 98 (1951) S. 67/68.

V. Drehstromzähler.

1. Beetz, W.: Drehstromzähler. ATM J 752–3 (Okt. 1936).
2. — u. H. Nützelberger: Die Abhängigkeit der Drehstromzähler von der Phasenfolge und die Mittel zu ihrer Beseitigung. Elektrotechn. u. Masch.-Bau Bd. 50 (1932) S. 28.
3. Franck, S.: Drehstromarbeitszählung in Hochspannungsanlagen. ETZ Bd. 75 (1954).
4. Ziemendorff, H.: Das Verhalten falschgeschalteter Drehstromzähler in Hochspannungsanlagen. ETZ Bd. 45 (1924) S. 952/955.

VI. Blind- und Scheinverbrauchzähler.

1. Beetz, W.: Blindverbrauchzähler. ATM J 752–4 (Juli 1936).
2. — Scheinverbrauchzähler. ATM J 752–5 (April 1937).
3. — Scheinverbrauchzähler. Siemens-Z. (Nov. 1928/11).
4. Nützelberger, H.: Einfluß eines unsymmetrischen Spannungsdreiecks auf die Einstellung und Prüfung von Blindverbrauchzählern. ATM J 752–10 (Juli 1943).
5. Paschen, P.: Scheinverbrauchzähler. ETZ Bd. 62 (1941) S. 211/14.

VII. Elektrodynamische Zähler.

1. Beetz, W.: Elektrodynam. Zähler. ATM J 752–7 (Jan. 1938).
2. Haase, F.: Ein neuer Gleichstrom-Wh-Zähler mit eisengeschlossenem Triebsystem. VDE-Fachberichte Heft 16 (1952).
3. — Der neue Gleichstrom-Wattstundenzähler mit eisengeschlossenem Triebsystem. Siemens Z. Bd. 28 (1954) S. 24/30.

VIII. *Tarife.*

1. Ferrari, F.: Registrierung von Zähl- und Meßgrößen und ihre Auswertung in der Elektrotechnik. ETZ Bd. 73 (1952) S. 113/19.
2. Schwaiger, A.: Zum Festmengentarif. ETZ Bd. 57 (1936) S. 1489; Bd. 58 (1937) S. 367.

IX. *Spezialzähler.*

1. Beetz, W.: Subtraktionszähler. ATM J 752–8.
2. — u. H. Nützelberger: Über einige Spezialzähler für Licht und Kraft. ETZ Bd. 51 (1929) S. 644/46.
3. Douglass, M. E., u. W. H. Morong: A new thermal demand meter. Trans. Amer. Inst. electr. Engrs. Vol. 68 (1949) S. 79/83.
4. Edler, H.: Über die Meßgenauigkeit von Spitzenzählern. Elektrizitätswirtsch. Bd. 40 (1942) S. 509/15.
5. Ott: Elektrizitätsselbstverkäufer. Elektro-J. 1926 Heft 9.
6. Paschen, P.: Der Fotomax, ein neues Gerät zum Fotografieren von Zählwerkständen. Siemens-Z. Bd. 15 (1935) S. 472/74.
7. Pröbster, F.: Sonderausführungen von Münzzählern. Elektro-J. 1928 Heft 9.
8. Schmidt, F.: Ein neuer Wechselstromspitzenzähler mit Hysteresis-Gegendrehmoment. Siemens-Z. Bd. 26 (1952) S. 345/46.
9. Singer, K., u. P. Paschen: Ein neuer Spitzenzähler. ETZ Bd. 43 (1922) S. 1377/79.
10. Sturm, C. H.: Das Hysteresemeßwerk. Diss. Karlsruhe 1948. Arch. Elektrotechn. Bd. 40 (1952) S. 421/34.

X. *Fernzählung.*

1. Kuhn, F., u. F. Giehl: Die neue Siemens-Fern- und Summenfernzählung. Siemens-Z. Bd. 26 (1952) H. 3.
2. Schmidt, F.: Elektromechanische Verstärker und damit zusammenarbeitende Getriebe für Fernzählgeräte. Feinwerktechnik Bd. 57 (1953) S. 174/81.

XI. *Elektrolytzähler.*

1. Beetz, W.: Elektrolytzähler. ATM J 772-1 (Febr. 1939).
2. Kessler, K., u. W. v. Krukowski: Der Wasserstoffelektrolytzähler der SSW. ETZ 1925 H. 35.

XII. *Gleichstromwandler.*

1. Barth, H.: Transduktoren. Elektrotechnik Bd. 7 (1953) S. 387/91.
2. Besag, E.: Messung starker Gleichströme auf große Entfernung. ETZ Bd. 40 (1919) S. 436/37.
3. Braun, H.: Magnetische und dielektrische Verstärker. Z. VDI Bd. 95 (1953) S. 335/40.
4. Feinberg, R.: Der magnetische Verstärker. Bull. schweiz. elektrotechn. Ver. Bd. 42 (1951) S. 148/52.
5. Hochrainer: Magnetische Gleichstrommeßverstärker. Elektrotechn. u. Masch.-Bau Bd. 68 (1951) S. 293/304.
6. Kafka, W.: Der Magnetverstärker. Siemens-Z. Bd. 27 (1953) S. 62/73.
7. Krämer, W.: Neuer Gleichstrommeßwandler. ATM V 3213-3 (Nov. 1939).
8. — Ein einfacher Gleichstrommeßwandler mit echten Stromwandlereigenschaften. ETZ Bd. 58 (1937) S. 1309/13.
9. Moore, R. W.: Industrial applications of magnetic amplifiers. Electr. Engng. Vol. 71 (1952) S. 912/16.
10. Ritz, H.: Gleichstrommeßwandler. ATM 3213-2 (Sept. 1938).
11. Rottsieper, K.: Gleichstrommessung. ATM V 3216-1 (Aug. 1933).

XIII. Wandler.

1. BBC: Strom- und Spannungswandler. BBC-Nachr. Bd. 36 (1949) S. 36/38.
2. BEETZ, W.: Die sekundäre Belastung der Stromwandler durch die Meßgeräte und Verbindungsleitungen. ATM Z 222-1 (Febr. 1943).
3. EDLER, H.: Summenschaltung mit Stromwandlern. Arch. Elektrotechn. Bd. 36 (1942) S. 743/50.
4. FRANKE, O.: Die Überstromziffer und ihre Bedeutung für die Beurteilung und Vorausberechnung der Stromwandler. Arch. Elektrotechn. Bd. 35 (1941) S. 127/54.
5. HELKE, H.: Messung von Höchststromwandlern. ETZ Bd. 74 (1953) S. 263/65.
6. IMHOF, A.: Kunstharz-Trockenmeßwandler. Bull. schweiz. elektrotechn. Ver. Bd. 41 (1950) S. 716/23.
7. KAFKA, H.: Untersuchungen über Stromwandler. Elektrotechn. u. Masch.-Bau Bd. 68 (1951) S. 529/40.
8. — Untersuchungen über Spannungswandler. Elektrotechn. u. Masch.-Bau Bd. 69 (1952) S. 523/32.
9. KALTOFEN, A.: Das Verhalten der Stromwandler im Überstromgebiet. ETZ Bd. 72 (1951) S. 707/10.
10. KOLLMANN, W.: Stromwandler. Elin-Z. Bd. 2 (1950) S. 11/18.
11. KÜCHLER, R.: Bestimmung der Überstromkennlinie bei Stromwandlern. ETZ Bd. 73 (1952) S. 480/81.
12. MÉTRAUX, A.: Meßwandler und Kompensationsmittel in 380-KV-Anlagen. Bull. schweiz. elektrotechn. Ver. Bd. 44 (1953) S. 162/66.
13. NÜTZELBERGER, H., u. R. RESCH: Diagramm zur Ermittlung des durch Meßwandler entstehenden Fehlers bei Leistungsmessungen in Drehstrom-Dreileiteranlagen. Arch. Elektrotechn. Bd. 24 (1930) S. 29/36.

XIV. Meßsätze.

1. BEETZ, W.: Beachtenswertes beim Anschluß von Meßgeräten an Stromwandler. ETZ Bd. 54 (1933) S. 1092.
2. WELLHÖFER, F.: Vergleichende Betrachtung über die Meßgenauigkeit von Wandlermeßsätzen. ETZ Bd. 58 (1937) S. 1082/85.

XV. Uhren.

1. FRANCK, S.: Selbstanlaufende Synchronkleinmotoren. ETZ Bd. 58 (1937) S. 117.

XVI. Fernschalter.

1. Verschiedene Verfasser: Netzkommandoanlagen. Bull. schweiz. elektrotechn. Ver. Bd. 41 (1950) S. 153/200.
2. Verschiedene Verfasser: Netzkommando. BBC-Mitt. Bd. 40 (1953) S. 103/38.

2a. BORER, W.: Netzkommandoanlagen, unter besonderer Berücksichtigung des Ghielmetti-Systems. Bull. SEV Bd. 45 (1954) S. 10/16.

3. FISCHER, O.: Netzkommandoanlagen. ETZ Bd. 73 (1952) S. 425/29.

XVII. Zählereichung.

1. BEETZ, W.: Ermittlung des Korrektionsfaktors bei Fehlschaltung von Elektrizitätszählern. ATM J 752-6 (Aug. 1937).
2. — Verfahren zur Eichung und Prüfung von Motorelektrizitätszählern. ATM 733-2 (März 1937).
3. BLUM, W.: Lichtelektrische Einstell- und Prüfverfahren für Zähler (zahlreiche Literaturangaben). VDE-Fachberichte 1952.
4. CROSBY, R. E.: Zero power factor attachment speeds meter testing. Electr. Wld. Vol. 133 (1950) S. 78.

5. DU COTY, R. L.: A compact meter testing laboratory. Electr. Wld. Vol. 133 (1950) S. 104.
6. HOMMEL, G.: Gleichlast-Eichverfahren. ATM Z 733-4 (Juni 1933).
7. MAURER, P.: Stroboskopische Zählereichung. ATM Z 733-5 (Nov. 1933).
8. NÜTZELBERGER, H.: Gleichlastverfahren zur Prüfung von Drehstromzählern. ETZ Bd. 61 (1940) S. 486/88.
8a. — Ein neues Arbeitsmengenmeßverfahren zur Prüfung und Justierung von Wechsel- und Drehstromzählern. ETZ Bd. 73 (1952) S. 771/74.
9. — u. G. TAUBER: Ein neues Prüfverfahren für Drehstromzähler. Siemens Z. Bd. 28 (1954) S. 31/36.
10. PAULUS, C.: Prüfung von Elektrolytzählern. ATM Z 733-1 (Juni 1934).
11. SCHELD, R.: Ein zeit- und arbeitsparendes Verfahren zur Prüfung von Elektrolytzählern. Arch. Elektrotechn. Bd. 1 (1947) S. 53/56.
12. VOGLER, H.: Das Prüf- und Eichwesen der Elektrizitätszähler. Energiewirtschaftliche Tagesfragen. Sonderbeilage 1951 Nr. 1.
13. — Über die Grenzen der Meßgenauigkeit bei Eichung und Kontrolle von Elektrizitätszählern. ETZ 1935 S. 98.

XVIII. Zählerprüfeinrichtungen.

1. DUQUESNE, Ligt Co.: Meters tested quickly in „On the spot unit“. Electr. Wld. Vol. 134 (1950) S. 94.
2. GRANNEMANN, F.: Einfluß der Spannungsungleichheiten auf Blindleistungsmessungen mit normalen Wirkleistungsmessern in Zählerprüfeinrichtungen. Bonner Univ. Buchdruckerei, Gebr. Scheuer, Bonn.
3. HOLTZ, F. C.: Apparatus for testing watthour meters. Trans. Amer. Inst. electr. Engrs. Vol. 71 (1952) S. 413.
4. MITCHELL, E. N.: Periodic testing of meters done from mobile shop. Electr. Wld. 1948 (Okt.) S. 90/91.
5. NÖLKE, O. E.: Selbsttätige Zählereicheinrichtungen. ATM Z 733-3 (Okt. 1936).
6. PETER, W.: Ein neuartiges Prüf- und Eichgerät für Elektrizitätszähler. Elektrotechniker Bd. 1 (1949) S. 137/38.
7. PFAFF, R. W.: Compact meter test kit has eight load circuits. Electr. Wld. Vol. 135 (1951) S. 155/58.
8. PREUSTER, R. E.: Eine lichtelektrische Einrichtung zur Prüfung von Elektrizitätszählern. Arch. Elektrotechn. Bd. 6 (1952) S. 79/81.
9. ROBISON, H. F., u. W. H. WICKHAM: A new device for calibrating watthour meters. Electr. Engng. Vol. 69 (1950) S. 514.
10. TAUBER, G.: Neuzeitliche Zählerprüfeinrichtungen für Justierung und Dauerprüfung. Siemens-Z. Bd. 26 (1952) S. 57/61.
11. WEGER, H.: Zähler und Zählerprüfeinrichtungen. Elektropost Bd. 4 (1951) S. 164/66.

XIX. Wandlerprüfeinrichtungen.

1. HOLLEUFER, W., u. F. KOPPELMANN: Verfahren zur absoluten Messung von Stromwandlern mit Spiegelgalvanometer und mech. Gleichrichter. Frequenz Bd. 4 (1950) S. 89/96.
2. KELLER, A.: Neuer Trafo-Übersetzungsmesser. ETZ Bd. 72 (1951) S. 63/64.
3. — Neuzeitliche Meßwandlerprüfeinrichtung nach dem Differentialverfahren. ETZ Bd. 74 (1953) S. 105/08.
4. LINCKH, H. E.: Absolute Messung von Stromwandlern. ETZ Bd. 73 (1952) S. 747/49.
5. S & H.: Meßwandlerprüfeinrichtung nach Angaben der PTR. ATM Z 224-5 (Okt. 1934).

Namenverzeichnis.

Sachverzeichnis.